中国科学技术大学本科教材出版专项经费支持

一流规划教材
电子信息

电子系统设计基础

FUNDAMENTALS OF ELECTRONIC SYSTEM DESIGN

梁晓雯　李玉虎　编著

中国科学技术大学出版社

内 容 简 介

本书是现代电子系统设计的基础教材，分为3篇。第1篇着重介绍电子设计自动化(EDA)的基本概念、设计内容和设计方法。以EDA技术“自顶向下”的设计流程为主线，详细说明系统建模与仿真、集成电路设计和系统电路设计3个部分的主要设计方法。作为数字系统实现的重要工具，可编程逻辑器件的工作原理在此篇中也有详细介绍。第2篇详细介绍Verilog HDL语言的语法规范和编程方法，给出大量的程序设计实例，并介绍现场可编程门阵列(FPGA)开发平台的硬件结构和软件工具Quartus Prime Lite的操作实例。第3篇以系统电路设计为核心，采用国产EDA软件嘉立创来说明电路原理图和PCB图的具体设计方法，并给出以美国Altera公司的Cyclone FPGA为核心构建的系统电路的设计实例。

本书可作为高等院校计算机、自动化、信息技术与电子工程等相关专业的高年级本科生或研究生的教材，也可作为相关专业的教师、科研人员及工程技术人员的参考书。

图书在版编目(CIP)数据

电子系统设计基础 / 梁晓雯，李玉虎编著. -- 合肥 ：中国科学技术大学出版社，2025. 8. --（中国科学技术大学一流规划教材）. -- ISBN 978-7-312-06419-7

Ⅰ. TN02

中国国家版本馆CIP数据核字第2025T9P832号

电子系统设计基础

DIANZI XITONG SHEJI JICHU

出版 中国科学技术大学出版社

安徽省合肥市金寨路96号，230026

http://press.ustc.edu.cn

http://zgkxjsdxcbs.tmall.com

印刷 合肥市宏基印刷有限公司

发行 中国科学技术大学出版社

开本 787 mm×1092 mm 1/16

印张 25.5

字数 649千

版次 2025年8月第1版

印次 2025年8月第1次印刷

定价 79.00元

前　　言

本书的编写工作早在六七年前就开始了，只是技术上的日新月异让作者觉得稿子总是不尽如人意，再加上正式出版要比印制讲义花费的时间和精力多得多，所以就断断续续地改着，每年换一本讲义。

作者最初教现场可编程门阵列（FPGA）课程是在1996年，那时可编程逻辑器件（PLD）开始在科研项目中广泛应用，而FPGA更是代表着最新的数字系统实现方式，将其纳入本科生的教学中属于创新尝试。在教学过程中，作者也在不断学习和探索，开始采用的是画逻辑门电路图的设计方式，后来又采用硬件描述语言编程的设计方式。随着教学工作的不断深入，作者逐渐感觉到想把FPGA设计做好，不仅要学会画电路图或者编写代码，而且要了解设计流程背后的核心思想。

21世纪初，随着互联网、无线通信、信号处理技术的快速发展，出现了多种用于构建电子系统的超大规模集成电路。除了FPGA之外，比较典型的还有数字信号处理器（DSP）、嵌入式处理器（MCU）以及一些专用集成电路（ASIC），它们各有所长，共同构建了电子系统设计的新图景。在21世纪的前十年里，可以说电子系统硬件的典型架构就是“DSP + FPGA + MCU”。FPGA完成系统前端的可重构的逻辑功能，DSP完成实时信号处理，MCU完成控制、人机交互等工作。

在这样的发展背景下，作者强烈地感觉到如果教学内容仅限于FPGA设计，就会出现很多概念讲不清楚的问题，比如为什么编写HDL程序叫做RTL级设计，FPGA和ASIC的设计流程有什么不同，等等。学生只知道按流程去操作，但不知道背后的思想是什么，这不利于他们对电子设计自动化（EDA）技术和电子系统设计总体的把控和了解。鉴于这样的情况，作者撰写本书的目的就是让学生对现代电子系统的设计方法和实现过程有一个全面的了解，同时，学习DSP和FPGA等主要器件的概念和应用。

2005年，美国德州仪器（TI）公司亚太区总裁来访，作者有幸与其探讨ASIC的发展方向。因为TI公司当时已经有了将ARM内核与DSP结合的产品，所以作者预想可能会有DSP与FPGA的融合产品“DSPGA”出现。在其后的十几年里，随着集成电路技术的不断创新、发展，不仅FPGA芯片的功能和规模得到很大发展，而且单片系统（SoC）也应运而生，将FPGA、DSP模块、ARM内核有机地融合到一块芯片上，甚至还融合了更多的功能模块，如高速通信模块等。SoC的发展给电子系统的设计方法和架构带来了深远的影响。

现代电子系统的复杂度越来越高、功能越来越强，而设计周期却越来越短，其实现方式也逐渐向 SoC 过渡，因此需要采用 EDA 技术进行设计。EDA 技术的核心思想就是将复杂的系统提升至更抽象的层次进行设计，提高工程师的设计效率。至于如何将抽象层次的设计转换为物理层次的设计，就交给计算机来完成了。因此，在 EDA 技术中需要用到多种层次、多种功能的 EDA 软件工具。

在高性能集成电路领域和 EDA 软件领域，目前占主导地位的还是国外产品。但我们也欣喜地看到，在国家大力支持和我国科技工作者的不断努力下，我国的 EDA 软件正在快速进步，集成电路也从 21 世纪初没有一块国产手机芯片到目前有拥有自主知识产权的高性能手机芯片、CPU 芯片、FPGA 芯片和 AI 算力芯片等，达到了世界先进水平。因此，本书中也加入了国产 EDA 软件和国产 FPGA 内容。

本书是现代电子系统设计的基础教材，分为 3 篇。第 1 篇着重介绍电子设计自动化(EDA)的基本概念、设计内容和设计方法。作为数字系统实现的重要方式，可编程逻辑器件的工作原理也在此篇中做了详细介绍。第 2 篇详细介绍 Verilog HDL 语言的语法规范和编程方法，给出大量的程序设计实例，并采用 Quartus Prime Lite 软件说明 FPGA 设计的具体过程。第 3 篇以系统电路设计为核心，介绍采用国产 EDA 软件嘉立创设计电路原理图和 PCB 图的方法，并给出以美国 Altera 公司的 Cyclone FPGA 为核心构建的系统电路的设计实例。本书偏重于电子系统硬件的设计，不包含处理器中的系统软件和应用软件的设计。

本书是中国科学技术大学信息科学技术学院、微电子学院的学科群基础课“电子系统设计”的配套教材，涵盖现代电子系统设计的系统级设计、集成电路设计和系统电路设计三大核心内容的概念和方法。同时，为了避免课程过于抽象，本书选择可编程逻辑器件和 Verilog HDL 语言进行深入介绍，并为学生提供了可以实际操作的一系列 FPGA 实验，形成了知识面广、重点内容深入的“面广点深”的特点。该课程目前包含 40 学时理论课和 20 学时实验课。

本书可以使学生对现代电子系统设计的总体内容和设计方法有初步了解，并知晓各种设计工作的难易程度和彼此之间的相互关系，为他们今后在项目设计中掌握全局、把控方向打下基础。

本书的第 1,2,3,4,8 章由梁晓雯编写，第 5,6,7 章由李玉虎编写，全书由梁晓雯负责统稿。全书力求内容全面，概念清晰，重点突出，语言精练，通俗易懂，可作为高等院校计算机、自动化、信息技术与电子工程等相关专业的高年级本科生或研究生的教材，也可作为相关专业的教师、研究人员及工程技术人员的参考书。

本书在编写过程中得到了中国科学技术大学信息科学技术学院领导的大力

支持和鼓励，得到了课程组老师的积极反馈和帮助，在此表示衷心感谢！在收集资料的过程中，也得到本校老师和一些企业的大力帮助，在此特别感谢中国科学技术大学自动化系凌强教授，北京华大九天科技股份有限公司赖小略先生，广东高云半导体科技股份有限公司梁岳峰先生、姚淑君女士，上海皮赛电子有限公司朱哲勇先生和Intel公司前大学计划负责人袁亚东先生！感谢研究生胡功达绘制了文中部分插图！书中使用了免费版的Quartus Prime Lite软件和嘉立创软件，在此也向软件的所有者表示诚挚感谢！本书在写作过程中，吸收了一些文献（见参考文献）的思路和内容，在此也向文献作者表示衷心感谢！

本书得到了中国科学技术大学出版社的大力支持，在此表示衷心感谢！

由于作者的水平和经验有限，难免有疏漏及不当之处，欢迎广大读者批评指正。

梁晓雯

2025年6月于中国科学技术大学

目　　录

第 3 篇 系统电路设计方法与实例

第1篇

电子系统设计内容与方法

第1章　绪　　论

电子技术的发展给人类社会带来了丰富多彩、功能各异的信息电子产品。由于电子系统的实现是以电子元器件为基础的，因此在电子元器件发展的各个阶段，电子系统也呈现出不同的特征。现代电子系统已经广泛采用了集成电路(Integrated Circuit，IC)，也称为芯片，特点是规模大、集成度高、结构复杂，在提高电子系统性能的同时，也增加了设计上的难度。传统的电子系统设计方法已经不能满足现代电子系统的设计要求了，因而需要有更先进的电子设计自动化(Electronic Design Automation，EDA)技术。

1.1　电子系统的概念

电子系统是指由一组电子元器件或基本的电子单元电路相互连接、相互作用而形成的电路整体，它能按特定的控制信号去完成所设想的功能，如数据采集系统、电子测量系统、计算机系统、通信系统等。一般来说，一个复杂的电子系统可以分解为若干个子系统，其中每个子系统又可以分解为若干个功能模块，而每个功能模块又可以由若干个单元电路或电子元器件组成。电子系统的结构图如图1.1所示。

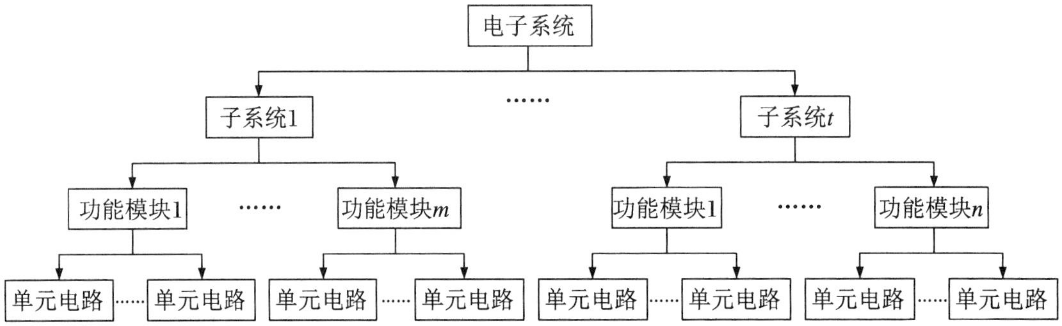

图1.1　电子系统结构图

电子系统中的系统、子系统、功能模块等概念是相对的，一个电子系统可以是更大的系统中的子系统，同时也可以包含若干子系统。电子系统一般可以分解为一些基本的子系统。例如，按照处理的信号划分，子系统可以分为模拟子系统、数字子系统、模/数混合子系统；按照系统中有无处理机划分，子系统可以分为处理机子系统和非处理机子系统等。

图 1.2 是一个电子测量系统的示意图。由图可知，该电子测量系统由模拟子系统、数字子系统(包含处理机子系统)、模/数混合子系统组成。模拟子系统包括传感器、放大器、系统电源、驱动电路等；模/数混合子系统包括模/数转换器(Analog to Digital Converter，ADC)、数/模转换器(Digital to Analog Converter，DAC)；数字子系统除了处理机以外，还包括存储器、通信接口、人机接口等；处理机子系统包括微处理器、引导存储器、时钟、基本接口等，当然微处理器内部运行的程序也是电子系统的组成部分。

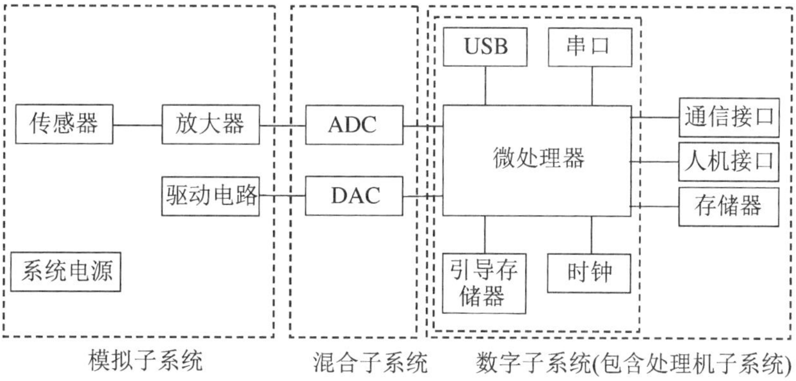

图 1.2 电子测量系统示意图

以处理机为核心构建的软硬件结合的电子系统一般又被称为智能型电子系统，因为它具有智能化所需的记忆、学习、分析和控制等基本特点。首先，它具有存储单元，可以接收并记忆信息、数据和命令；其次，处理机只要装入合适的软件，就可以在不改动系统硬件结构的前提下获得不同的功能，并且可以在记忆的基础上进行学习；再次，有了记忆和学习能力，它就可以进行必要的分析、判断，完成一些决策；最后，它可以通过输出接口，按决策执行相应动作。

最早的电子系统是以电子管为主要器件构造的，其特点是功能简单、体积庞大、功耗大。图 1.3 所示是真空管的外形图和世界上第一台电子计算机 ENIAC 的外观图。ENIAC 共使用了 18000 个电子管，70 万只电阻，1 万只电容，重达 30 吨，功率 40 千瓦，占地面积 170 平方米，速率是 5000 次/秒。

图 1.3 真空管和世界上第一台电子计算机 ENIAC(1946 年)

20 世纪 50 年代诞生了晶体管，使得电子系统在性能上得到进一步提高。图 1.4 所示是晶体管的外形图和世界上第一台晶体管计算机 TRADIC 的外观图。TRADIC 采用了 800

只晶体管、快速磁芯存储器及浮点数表示法，使得计算速率提升到每秒几十万次。晶体管的使用大大减小了计算机的体积，降低了功耗和价格，为高速计算机的发展奠定了基础。

图1.4 晶体管和世界上第一台晶体管计算机 TRADIC(1954 年)

到了 20 世纪 70 年代，中小规模集成电路迅速发展，并得到广泛应用，电子系统也逐渐过渡到以集成电路为基本组成器件的时代。20 世纪 80 年代以后，集成电路的规模进一步扩大，出现了大规模集成电路（Large Scale Integration，LSI）和超大规模集成电路（Very Large Scale Integration，VLSI），基于 LSI 和 VLSI 的电子系统在性能上又得到了进一步的提高。1979 年英特尔（Intel）公司推出 5 MHz 8088 微处理器之后，IBM 基于 8088 推出了全球第一台个人计算机（Personal Computer，PC）。图 1.5 所示是中小规模集成电路和 20 世纪 80 年代诞生的 IBM 个人计算机。

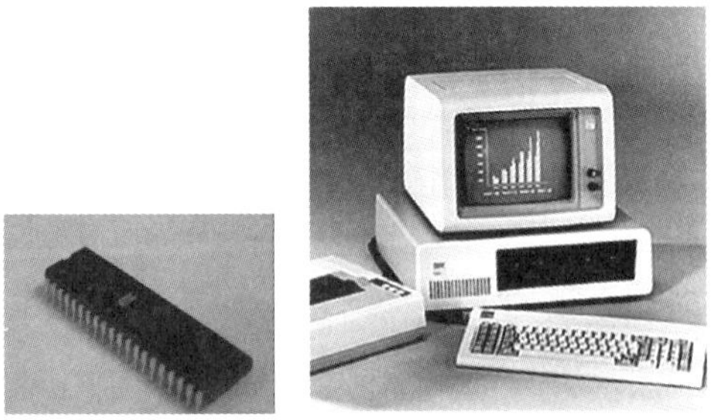

图 1.5 中小规模集成电路和 IBM 个人计算机(1981 年)

随着电子技术的不断发展，现代电子系统的复杂度日益提高。如果还采用中小规模的集成电路作基本的设计器件，那么一个电子系统可能需要使用数万个中小规模的集成电路芯片，这势必会带来体积大、功耗大、可靠性差等问题。解决这个问题的方法就是现代电子系统要逐步走向集成化，使用专用集成电路（Application Specific Integrated Circuit，ASIC）为核心来进行电子系统设计，进而向系统芯片（System on Chip，SoC）发展。图 1.6 所示是超大规模集成电路以及以它为核心构建的电子系统。

图 1.6 超大规模集成电路以及以它为核心构建的电子系统

1.2 电子系统的设计内容

现代电子系统设计是一项复杂的系统工程,要考虑技术、应用、成本、环保等多方面的因素,这里我们着重从技术的角度来说明电子系统的设计内容。

我们以一台微型计算机为例进行说明。当我们看到一台微型计算机时,首先看到的是它的外包装(机箱)和输入输出设备(键盘、鼠标、显示器等)。如果抛开这些外在的东西,那么我们看到的是以计算机主板及其辅助部件为硬件载体的电子系统,如图1.7所示。

在图1.7中,一块印刷电路板(Printed Circuit Board,PCB)上分布着多种集成度不同的芯片、各种模拟元器件以及接插件等。在加电的情况下,它们可以协同工作,实现预期的各种功能。我们对这样一个电子系统的设计过程进行分析和回溯,可以看到,它的设计工作主要体现在三个方面:系统级设计(也叫做系统建模与仿真)、集成电路(Integrated Circuit,IC)设计以及系统电路设计(也叫做板级电路设计)。

图1.7 微型计算机主板

1. 系统级设计

系统级设计又叫做系统建模与仿真,是电子系统设计的高层设计,它将设计任务转换成可表述和可实现的功能要求与技术指标,从而确定可行的技术方案。系统级设计首先要建立系统模型,所谓系统模型就是将电子系统抽象化以后得到的描述系统功能和性能的数学模型与算法模型。

建立系统模型要使用相应的软件设计工具,模型建立以后,还要使用设计工具对它的相关参数及技术指标进行分析和验证。这一过程的目的是要在系统设计的初始阶段,验证系统的功能及所能达到的技术指标,保证系统设计的正确性和有效性。

由于系统模型是一种抽象化的描述,所以这一层次的设计并不考虑实际的操作和算法用什么方法来实现，考虑更多的是系统的结构以及工作过程是否能达到系统设计指标的要求。

2. 集成电路设计

集成电路设计也称为芯片设计(或 IC 设计)，是将控制、运算和数据处理等功能模块集成在半导体芯片上。芯片设计包含两种情况：一种是从无到有地设计专用功能芯片；也就是设计 ASIC 芯片；另一种是利用已有的可编程芯片进行新功能的开发，也叫做二次开发。

根据所处理的信号类型的不同，集成电路设计可以分为模拟集成电路设计、数字集成电路设计以及模/数混合集成电路设计。由于模拟集成电路设计中考虑的因素比数字集成电路设计要多，而模拟集成电路设计的系统级设计软件也不成熟，因此模拟集成电路的设计难度要大于数字集成电路。在数字技术快速发展的情况下，集成电路设计主要还是集中在数字集成电路设计上。

由于电子系统的复杂度日益提高，诸如微处理器、数字信号处理器、可编程逻辑器件等 ASIC 芯片已经成为构建电子系统的核心器件，因此，芯片设计顺应了系统从标准通用电路向 ASIC 过渡的趋势，同时又满足了用户的特殊需求，保护设计者的知识产权。随着半导体工艺的不断发展，可以将一个完整的电子系统集成到一块芯片里，形成系统芯片(SoC)，即在同一块芯片上集成了控制部件(微处理器、存储器、I/O 端口)和执行部件(微型开关、微机械)，能够自成体系、独立工作的芯片。

3. 系统电路设计

当系统级设计完成以后，系统的总体方案就确定了，接着就要对系统各功能模块进行具体的电路设计。系统电路设计就是利用电路原理和电子技术的相关知识设计出各功能模块的电路结构形式，给出元器件参数，达到性能指标要求。系统电路设计包括电路原理图设计和 PCB 设计。

系统电路设计首先要对系统进行合理划分，确定哪些功能由软件完成，哪些功能由硬件实现，然后利用成熟的模拟电路、数字电路的基本结构以及专用芯片作为单元电路进行搭建，也可以研究新的电路结构、元器件加以应用，最后得到整个系统的电路原理图。

当电路设计完成以后，就要选择元器件来搭建整个系统的硬件部分，还要给整个系统电路供电、提供输入信号、输出驱动信号给外部设备等，要对模块与模块之间、多个芯片之间以及芯片与外部设备的输入/输出端口之间进行连接、测试，这些连接、测试工作只有在 PCB 上才能完成。所以，PCB 的功能就是在它上面安装实现系统的所有元器件，并按照要求将元器件连接成一个可以正常工作的系统。同时，由于现代电子系统中大多有高频时钟或高频信号，易产生电磁干扰，因此 PCB 的设计必须使整个系统的硬件满足电磁兼容的要求，这样才能保证在 PCB 上安装所有元器件后，系统正常运行。图 1.7 就是一台 PC 机在系统电路设计完成以后的形态。

在以处理机或计算机为核心的电子系统中，有一部分功能是由处理机或计算机里面运行的软件来完成的，因此软件设计也是电子系统的组成部分。但本书主要探讨电子系统硬件的设计和实现，对软件设计部分不做过多论述。

1.3　电子系统的设计方法

随着集成电路技术和计算机技术的不断发展，现代电子系统的复杂度迅速提高，传统的基于人工设计的方法已经不能满足系统设计的需求了。EDA设计方法具有与传统设计方法截然不同的流程和特点，已成为大规模复杂系统设计的强有力工具。

1.3.1　传统电子系统设计方法

电子系统设计长期以来一直采用传统的设计方法，也叫做“自底向上”法(Bottom-Up)。传统的设计方法是随着电子技术早期的发展而形成的，已经沿用了几十年，有它自身的特点和局限性，主要表现在以下四个方面。

1. 采用“自底向上”的设计流程

传统的电子系统设计方法主要基于人工方式完成，采用“自底向上”的设计流程，其步骤为：

(1) 对系统功能进行细化，合理划分功能模块，手工完成电路原理图；

(2) 从现有的元器件和电路模块中选择合适的元器件、电路结构；

(3) 购买元器件、制作PCB、搭建系统硬件；

(4) 对各功能模块电路进行调试；

(5) 各功能模块电路调试完成以后，将各功能模块连接起来进行子系统调试；

(6) 各子系统调试完成以后，对整个系统的硬件进行调试；

(7) 以上各步如有问题，需返回电路设计阶段进行修改，如没有问题，则完成整个系统的设计和测试。

以上这种“自底向上”的设计方法也可以用图1.8所示的流程来表示。从图1.8可以看到，当系统的功能和技术指标确定以后，系统设计是采用手工方式从各模块的具体电路设计和选择元器件(底层)开始的，然后完成各功能模块的设计，接着完成子系统的设计，最后将各子系统连接起来调试，完成整个系统(上层)的设计。在模块或系统的调试过程中，如果发现问题，还需要返回到初始阶段，重新对电路原理图进行修改。

这种“自底向上”的设计方法常常受到现有元器件和工程师设计经验的限制，没有明显的规律可循。在设计中，从调试、发现问题到电路修改的循环次数也会因系统规模和设计经验的不同而不同。

2. 采用通用的元器件

在传统电子系统设计方法中，设计者总是根据系统的实际需要，到市场上选择、购买通用的元器件来构建自己设计的电路。这些元器件的功能是确定的，易于购买，而且设计人员对它们也比较熟悉。设计人员首先用这些通用元器件来搭建各功能模块，然后再连接起来进行系统调试。采用通用元器件构建的系统电路集成度低、灵活性差，一旦设计完成，系统功能就固定不变了。

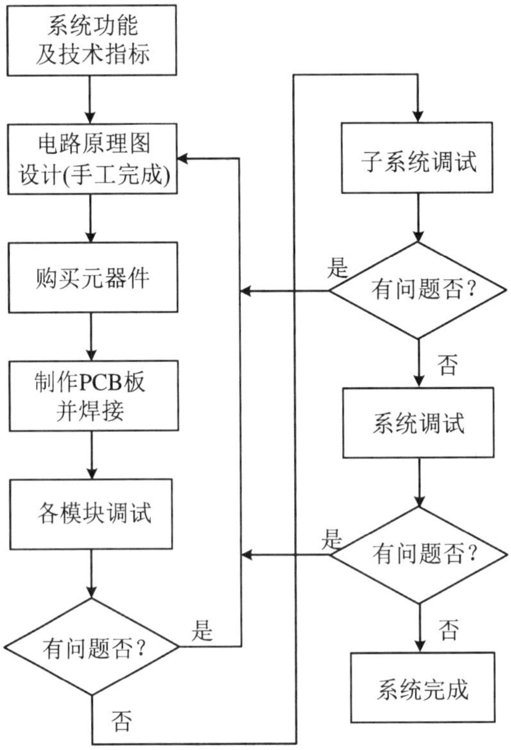

图 1.8 传统设计方法“自底向上”的设计流程

3. 在系统电路搭建完成后才能进行仿真和测试

在传统电子系统设计方法中，系统的仿真和测试只有在系统硬件搭建好以后才能进行，因为进行测试的仪器一般为系统仿真器、逻辑分析仪和示波器等，只有当系统硬件电路搭建完成后，这些仪器才能接上使用。如果系统在设计时存在较大缺陷，那么只有到了系统研制的后期缺陷才能被发现，此时就要重新进行设计，重新制作 PCB，重新购买元器件，重新调试。这个过程多次循环会耗费大量的人力、物力，而且使得设计周期大大增加，延误产品的快速上市。因此传统电子系统设计方法对系统设计人员的要求较高。

4. 主要设计文件是电路原理图

使用传统设计方法完成系统的设计以后，所形成的硬件设计文件主要是若干张电路原理图。在电路原理图中详细标注了各元器件的名称和彼此间的信号连接关系。该文件是用户使用和维护系统的依据。对于小系统，这种电路原理图只要几十张至上百张就行了。但是对于比较大的系统，硬件电路复杂，那么这种电路原理图可能要有成百上千张。如此多的电路原理图给归档、阅读、修改和使用都带来了极大的不便，也不利于复杂系统的任务划分和综合。

传统的电子系统设计方法已经沿用了几十年，也是目前被广大的电子工程师所熟悉和掌握的方法。这种方法可以充分利用已经成熟的单元电路，快速构建系统，适用于小规模系统。但是,随着计算机技术和超大规模集成电路技术的发展,这种方法已经不能满足快速可靠地设计大规模复杂系统,尤其是数字系统的需要了。

50多年前,英特尔公司创始人之一的戈登·摩尔(Golden Moore)提出了集成电路的复杂度每6年提升10倍的预言,并把它作为英特尔产品技术发展策略的最终定位,这就是著名的摩尔法则。在其后几十年的发展过程中,CPU技术复杂度每6年提升8倍,存储器技术复杂度每6年提升12倍。集成电路技术的发展导致越来越多的产品将整个系统,如微处理器、存储单元、控制逻辑等集成在一块芯片上,以便利用知识产权来生产高附加值的产品。另外,技术的发展和市场的竞争也要求厂家的新产品上市的速度要快。以SoC为核心构建的系统在可靠性、体积、功耗等方面得到很大改善,它是未来复杂系统的发展方向。传统的硬件电路设计方法显然是无法完成这种设计的,因此就迫切需要有新的系统设计方法,这就是EDA技术。

1.3.2 EDA技术

早期电子系统设计采用分立元件,之后出现了中小规模集成电路,电子系统设计主要集中在单元电路的设计和基本器件的选用上。随着集成电路的规模越来越大,电子系统的复杂度越来越高,人们逐步利用计算机来完成一些重复的、复杂的设计工作。在这个过程中,出现了计算机辅助设计(Computer Auxiliary Design,CAD)、计算机辅助制造(Computer Auxiliary Manufacture,CAM)、计算机辅助测试(Computer Auxiliary Test,CAT)和计算机辅助工程(Computer Auxiliary Engineering,CAE)等概念,表明计算机在电子系统设计的各个阶段起到了辅助作用,也为过渡到电子设计自动化(EDA)技术奠定了基础。

1.3.2.1 EDA技术的发展

电子设计自动化技术的发展往往体现在软件工具的发展和更新换代上,下面我们从软件工具(尤其是数字系统设计的软件工具)的变迁来说明EDA技术的发展过程。

在20世纪70年代,电子系统设计采用的元器件是分立元件和中小规模集成电路,这些元器件要焊接在PCB上才能进行系统调试。这个时期也是集成电路发展的初期,由于集成度不高,设计是在晶体管级进行的。为了提高工作效率,设计人员利用一些CAD工具直接进行繁杂的PCB的布局布线和集成电路版图的设计,这就是第一代EDA设计工具。当时的代表厂商有Applicon、Calma和Computer Vision等。这些软件的出现使得电子电路设计和印刷板布线工艺实现了自动化,但其设计流程仍然是自底向上的。

到20世纪80年代初,出现了第二代EDA设计工具,它将集成电路的设计提升到了门级电路的设计层次,功能包括逻辑图设计输入、仿真、自动布局布线和验证,版图将由工具自动生成。这一代设计工具才可称为真正的EDA工具,它的设计层次从版图提升到电路原理图,设计效率提高10倍以上,设计流程如图1.9(a)所示。这一代的优秀代表有Daisy、Mentor、Valid和Cadence等。1984年美国的Microsim公司也推出了电路仿真工具Pspice,它具有电路图绘制、自动电路检查和电路功能仿真等功能,给电路设计带来了极大的便利。

到了20世纪80年代末,集成电路的复杂度对设计工具提出了更高的要求,第二代EDA工具采用的原理图设计方法已经显得力不从心,在这种情况下,第三代EDA工具出现了。第三代 EDA 工具基于硬件描述语言(Hardware Description Language,HDL),可对数字系统进行描述、仿真和综合设计,用软件编程的方式来完成硬件电路的设计。设计者可以在寄存器传输级(Register Transfer Level,RTL)层次上,采用 HDL 语言描述系统功能,经过功能仿真验证后,由逻辑综合工具自动综合到门级电路,然后用 ASIC 或可编程逻辑器件(Programmable Logic Device,PLD)实现其功能,从而使设计能力又提升了 10 倍,设计流程如图 1.9(b)所示。

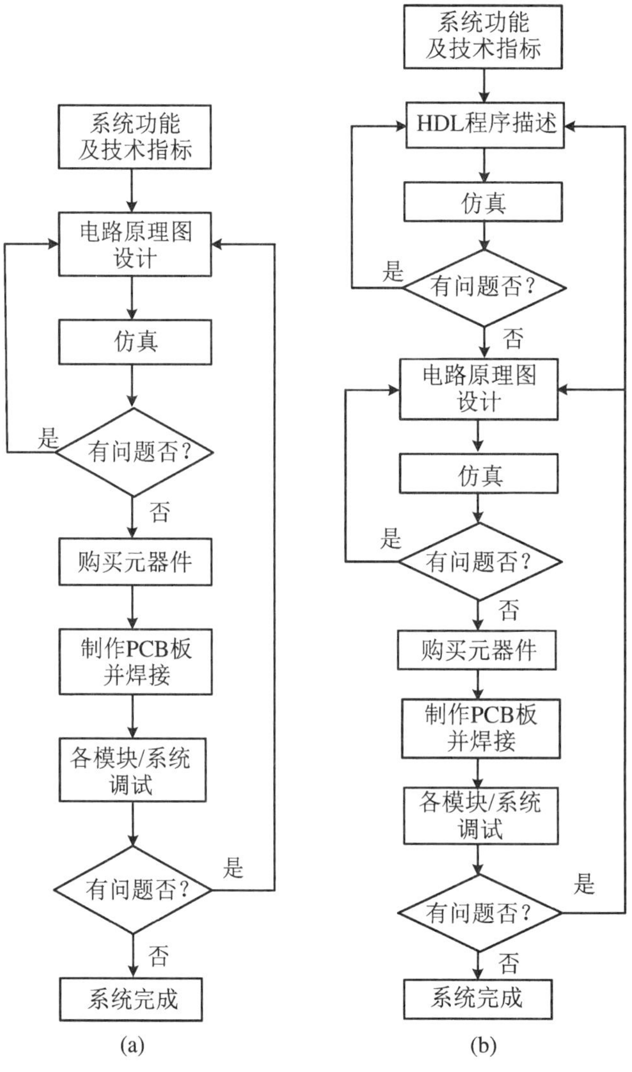

图 1.9 EDA 技术发展中的设计流程变化

20 世纪 90 年代中期,集成电路的复杂度又有 10 倍的增长,因此又出现了将 RTL 设计层次提升到系统级的设计软件工具。这种设计工具借助于高级语言或 HDL 语言对系统的行为进行描述。系统级的设计语言非常类似于 C 语言,便于学习和使用。基于系统级的设计可以优化 ASIC/PLD 的体系结构,实现资源共享、减少门数、提高电路工作效率,可以再一次提升设计能力和效率。

进入 21 世纪以来,SoC 芯片得到快速发展。SoC 芯片不再是单一功能模块电路,而是把一些嵌入式处理器、数字信号处理器、数字模块、数/模混合模块、射频模块等集成到一块芯片上，在单个芯片上实现系统功能。针对越来越复杂的电子系统，设计工作必然是从更加抽象、更加高级的系统层面开始，采用 IP 复用、算法模型等设计技术。在系统模型经过仿真和优化以后，再转化为低层次的描述。MATLAB 软件中的 Simulink 就可以进行基于模型的设计，并可以在系统模型设计完成以后，产生 RTL 级的设计文件。

从以上 EDA 技术发展的过程我们可以看出，诸如购买元器件、制作 PCB 这样的底层工作被逐渐后推，设计工作入手点的抽象层次越来越高，电子系统设计的设计流程已经从早期的“自底向上”逐步转变为“自顶向下”(Top-Down)。无论是模拟系统、数字系统还是低频、高频和微波系统都可以采用“自顶向下”的设计方法。现在 EDA 技术已经渗透到电子系统设计的各个阶段，它满足了现代大规模复杂电子系统的设计要求，带来了许多突出的优点，是硬件设计领域的一次重大变革。

1.3.2.2 EDA 设计方法

EDA 技术之所以被称为自动化技术，是因为在设计过程中主要的设计、仿真和优化等工作都是由计算机完成的，工程师只要给出系统的描述即可，因此 EDA 技术是以计算机作为工作平台，并要安装 EDA 软件工具作为开发环境。

在设计过程中，首先对系统进行抽象层次的描述，建立系统算法模型，并在建立模型的基础上进行计算、分析和仿真。对数字系统的设计可以使用硬件描述语言进行具体描述，并通过仿真加以验证。数字系统的功能可以采用 PLD 器件来进行硬件验证，最终可以产生目标器件 ASIC、SoC 芯片。对系统电路设计所得到的电路原理图也可以使用 EDA 软件进行仿真和分析，最后再进行 PCB 的设计。

EDA 技术的“自顶向下”的设计思想可以用图 1.10 表示出来。在图 1.10 中，根据系统的总体设计要求进行性能和算法的分析，然后进行结构设计，将系统划分为系统硬件和系统软件两个子系统，分别进行设计。系统软件一般包括操作系统、应用软件等，在此不多加讨论。系统硬件一般包括模拟子系统、数字子系统以及以微处理器、可编程逻辑器件为核心构建的子系统等，而每一种子系统的设计又可以采用“自顶向下”的设计方法来进行。我们以图 1.10 中的数字子系统为例来说明数字子系统“自顶向下”的设计流程。

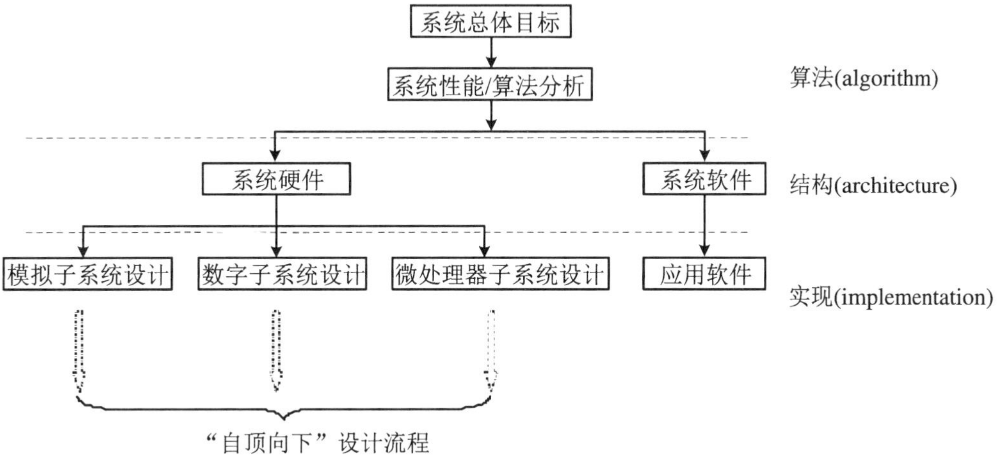

图 1.10 “自顶向下”设计流程

图 1.11 是数字子系统的“自顶向下”设计流程。目前的数字系统基本上不再采用大量的中、小规模芯片来搭建，而是采用 PLD 或 ASIC 这样的超大规模集成电路来构建。对于这样的数字系统的设计必须要采用 EDA 技术的“自顶向下”设计流程。

从图 1.11 中可见，当系统功能要求提出以后，首先从系统级(顶层)进行设计，主要验证数字系统的可行性和指标，目前已有支持 C 语言描述的系统级设计和仿真的 EDA 软件。系统级设计完成以后，就要对系统进行具体的结构描述，这个层次可以采用硬件描述语言来描述，并可进行功能仿真。

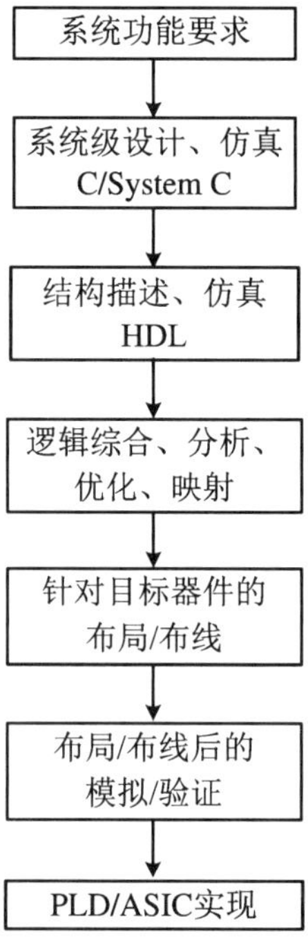

图 1.11 数字子系统的“自顶向下”设计流程

在硬件描述语言完成对系统的描述之后，可以采用逻辑综合工具对 HDL 的源代码进行综合、分析、优化和映射，得到门级电路。门级电路经过布局、布线，提取出物理参数，再进行模拟和验证。这一系列的设计都完成以后，最终产生的文件就可以配置到 PLD 里，实现所需的硬件结构，或者由半导体厂家制作出 ASIC 芯片(底层)。图 1.11 的设计流程只是数字系统“自顶向下”设计的一个粗略流程，对于具体的 PLD 或 ASIC 设计应有更细化的流程。

用 PLD 器件来实现系统的优点是集成度高、速度快、开发周期短、设计灵活方便。这种方式前期投资风险低，用户可自定义功能，器件可重复编程。PLD 器件是一类标准产品，可在市场上直接购买到。正是由于具有灵活性和通用性，此类器件成为目前研发电子产品的理想实现方式，适用于小批量试制产品。但是，当产品的产量增大时，这种方式的造价降不下来。此时，产品就应向专用集成芯片(ASIC)方向转化。

采用 ASIC 或 SoC 实现系统的方式可以达到更快的速度和更大的集成度，这是由于芯片是完全按照用户的设计来“定做”的，因此，在结构和性能上可以更加优化。另外，在生产大批量的产品时，造价可以比较低，具有市场竞争力。但是，这种方式前期设计成本较高，并需要半导体厂家的合作，所以在产品试制阶段可以采用可编程逻辑器件来实现。

1.4 EDA 技术的优势

EDA 技术中“自顶向下”的设计方法与传统的电子系统设计方法显著不同，适合于现代大规模复杂的电子系统设计，其优势主要表现为以下 5 点：

1. 降低了系统硬件电路的设计难度

EDA技术的基本思想就是把设计层次提高，设计层次越高，工程师给出的系统描述就越抽象、越注重功能，也就越远离繁杂的电路设计，而那些繁杂的电路设计以及重复性、运算复杂的工作则由计算机来完成，因此设计难度就会大大降低。比如采用传统的设计方法设计数字电路时，往往要求设计者必须先写出该电路的逻辑表达式或真值表。这项工作是相当复杂和困难的，尤其是当系统比较复杂时更是如此。而在"自顶向下"的设计方法中，采用HDL语言描述硬件电路，就不需要设计者再去编写数字电路的逻辑表达式或真值表了，这就大大降低了硬件电路的设计难度，从而缩短了设计周期。相关资料表明，仅此一项就可使设计周期缩短1/3～1/2。

2. 采用系统设计早期的仿真技术

传统的硬件电路设计方法采用的是后期仿真，即在系统硬件电路搭建完成以后，再进行仿真和测试。一旦发现问题，设计工程师可能要从头开始设计。在"自顶向下"的设计方法中，系统设计的每一个层次都要进行仿真和验证，因此在设计的早期就可发现并修正设计中存在的缺陷。这样就大大缩短了设计周期，节省了大量的人力和物力。

3. HDL语言是强有力的设计工具

在设计数字系统时，目前流行的VHDL和Verilog HDL等硬件描述语言功能很强大，具有多层次描述系统硬件功能的能力，支持"自顶向下"的设计方法和基于库（Library-Based）的设计方法，而且还支持同步电路、异步电路和其他随机电路的设计。另外，HDL语言还可以自定义数据类型，给设计者带来较大的自由和便利。

除了功能强大以外，HDL语言的另一大优点是设计与工艺无关。当门级或门级以上层次设计通过后，再用相应的EDA工具将设计映射成不同的工艺（如MOS、CMOS等）。这样，当工艺改进了也不用重新编写源程序代码，只要改变相应的映射工具就可以了。

VHDL和Verilog HDL语言已经作为IEEE的工业标准被广泛推广和应用了，这就便于成果的共享与复用。

4. 自行设计ASIC芯片

由于目前众多的ASIC厂家的设计软件都支持HDL语言，因此设计者可以将自己的硬件电路设计成ASIC芯片，这样就无须受通用元器件的限制了。ASIC设计最终可使系统电路设计更合理、性能更可靠、体积更小，也更利于知识产权的保护。如果采用PLD器件来实现专用功能，由于PLD器件可以重新编程设计，因此用户可以很容易地进行功能改进和升级。

5. 主要成果是工程文件

在传统的设计方法中，最后形成的主要文件是电路原理图。采用EDA技术设计的系统，主要设计成果是工程文件。比如采用HDL设计的数字系统，主要的设计文件是HDL源程序，如果需要也可以转换成电路原理图。工程文件归档有很多好处：一是资料量小，便于保存；二是可继承性好，当设计其他硬件电路时，可以使用文件中的某些库、进程和过程等描述局部硬件电路的程序；三是阅读方便，阅读者可以很容易在程序中看出某一硬件电路的工作原理和逻辑关系。

1.5 提供 EDA 工具的主要公司

在 EDA 技术中，大量重复、烦琐的设计与验证工作由计算机完成，因此 EDA 工具是进行 EDA 设计的基础。EDA 工具的品种繁多，在系统级设计、集成电路设计和系统电路设计等领域都有所体现，特别是在集成电路设计领域，贯穿了从设计、优化、验证、制造到封装等各个环节。

以集成电路设计领域的 EDA 工具为例，其种类包括系统类、数字设计类、模拟设计类、晶圆制造类和封装类。系统类针对 PCB 设计、可编程逻辑器件上的系统设计和系统仿真等工作；数字设计类针对数字芯片设计；模拟设计类针对模拟芯片设计；晶圆制造类和封装类是半导体厂家针对晶圆制造和封装的设计、仿真及验证工具。

EDA 工具是电子系统设计的基础，其开发难度大，开发时间长，需要跟半导体厂家深度捆绑，由半导体厂家提供包含基本电路单元特征的数据包。在此我们介绍几家国内外知名的 EDA 工具供应商。

1.5.1 Cadence 公司

Cadence 公司成立于 1988 年，总部位于美国加利福尼亚州的圣何塞市，是目前世界上规模很大的电子设计技术、解决方案和设计服务的提供商。Cadence 公司的设计工具主要针对模拟/数字 IC 设计、系统验证、IC 封装和 PCB 设计、电磁兼容（EMC）和计算流体动力学分析、分子建模和生物模拟等，其销售部门、设计中心与研究设施分布在世界 26 个国家和地区。

Cadence 公司的电子设计自动化（EDA）产品涵盖了电子设计的整个流程，包括系统级设计与验证、数字设计与签核（signoff）、定制 IC/模拟/射频（RF）设计、PCB 设计与验证、IC 封装设计与分析等。Cadence IP 产品组合包括预设计和可配置模块，可以快速集成到芯片设计中。同时，Cadence 公司还提供设计方法学服务，帮助客户优化其设计流程，提供设计外包服务，协助客户进入新的市场领域。

Cadence 公司的主要设计平台有以下 6 个：

1. Virtuoso 定制/模拟设计平台

该平台是一个 IC 设计的工具包，可用于数字电路、模拟电路和混合信号电路的设计与优化。Virtuoso 还包括制造设计（Design for Manufacturing，DFM）检查工具，以解决光刻、蚀刻和掩膜可能导致的制造问题。

2. Allegro 系统互连和系统级封装设计平台

Cadence Allegro 平台能协同设计高性能的集成电路、封装和印制电路板的互连，它提供了一个全面的 PCB 设计、分析和物理布局解决方案，可帮助工程师设计出高性能的 PCB，并可进行封装以及 PCB 设计信号完整性/电源完整性分析。

3. Incisive 功能验证平台

通过运用首个单内核架构，Cadence Incisive 功能验证平台为大型复杂的芯片提供最快、最高效的验证手段。Incisive 工具同时支持仿真和形式验证。

4. Innovus 数字后端设计工具

Innovus 工具的功能是对数字系统进行布局布线设计，它在组件摆放、优化、布线和时钟设置方面提供了一系列新功能，支持可感知布线轨道的时序优化，可尽早解决信号完整性问题并改善布线后的相关一致性。Innovus 包括全流程、多目标技术，支持同时进行电气和物理优化。Innovus 采用了机器学习技术，可为高性能模块的设计提供最佳功耗、性能和面积。

5. Spectre 电路仿真平台

该平台为模拟和混合信号设计、验证提供了全面的定制仿真解决方案。该平台包括解析器、器件模型、Verilog-A 行为建模、输入数据格式、输出数据格式等，无论选择何种仿真器，都能获得一致、准确的评估方法，使设计者可以在电路级、模块级和系统级仿真任务之间无缝切换。

6. Tempus 时序签核工具

Tempus 时序签核工具可以消除时序签核可能产生的瓶颈，使工程师加快时序签核收敛和分析过程，实现更快的流片。为取得更快的电源完整性和分析签核，Cadence 提供 Voltus IC 电源完整性解决方案。

1.5.2 Synopsys 公司

Synopsys 公司成立于 1986 年，1987 年正式取名 Synopsys（由 synthesize、optimize 和 system 的开头字母组成），该公司总部位于美国加利福尼亚州的桑尼维尔市，目前员工人数超过 19000 名。

Synopsys 公司在数字设计、模拟设计、物理验证、物理实现和 IP 设计软件领域处于世界领先地位，其提供的 EDA 工具覆盖了系统级到硅片级检验、完整的前端到后端设计和测试环境、IP 重用技术以及客户支持等专业服务，为客户设计集成电路、片上系统和电子系统提供了全范围的高层自动设计方案。Synopsys 公司也是逻辑综合技术商品化应用的先驱，其产品几乎被全球所有著名电子企业所采用。

Synopsys 的主要设计平台有定制/模拟设计、数字设计、电路仿真物理验证、签核以及 FPGA 设计。

1. 定制/模拟设计

Synopsys 定制设计平台是一套统一的设计和验证工具,可加速模拟和混合信号设计的开发。该系列工具包括快速、便捷的设计和布局工具,业界领先的电路仿真工具以及用于寄生参数提取、可靠性分析和物理验证的工具等。

模拟电路设计需要多种工具来精确仿真和分析电路,Custom Compiler 就是用于定制模拟和混合信号系统的原理图与布局的设计工具。结合 PrimeWave 设计环境,工程师可以拥有开放灵活的仿真设置、波形查看和后处理解决工具,为模拟、射频和毫米波设计提供全周期设计和可靠性分析。PrimeSim 提供一整套小信号、大信号模拟和射频仿真功能以及基于机器学习(Machine Learning,ML)的蒙特卡洛分析功能。

2. 数字设计

Synopsys RTL 级设计工具包括 Synopsys RTL Architect 和 Synopsys Design Compiler NXT。Synopsys RTL Architect 是一种预测性设计方法,可以对设计的可实施性、功耗、性能、面积和其他质量指标进行早期预测。Synopsys Design Compiler NXT 是 Design Compiler 系列 RTL 综合产品的最新发展,具有更短的运行时间、改进的结果质量(QoR)以及与 IC Compiler 极其紧密的 RC 和时序相关性。

Design Compiler 系列包括用于低功耗综合和优化的 Power Compiler 以及具有可综合 IP 种类的 Synopsys IP 库。它还与 TestMAX 系列测试产品紧密相连,进行高质量的制造测试,以及用于等效性检查的工作芯片和 Synopsys 形式验证。

作为数字设计平台的重要组成部分,Synopsys Fusion Compiler 是支持高度收敛、全数字实现流程的 RTL 到 GDS Ⅱ的设计工具。Synopsys Fusion Compiler 建立在单个高度可扩展的数据模型之上,包括综合、布局、合法化、时钟拓扑、创建布线、时序和提取的通用引擎。

3. 电路仿真

Synopsys PrimeSim 电路仿真工具提供了下一代仿真技术的统一工作流程,以加速超融合设计和签核。Synopsys PrimeWave 设计环境是一个新架构的设计验证环境,与 PrimeSim 集成,提供围绕所有 PrimeSim 仿真的无缝仿真体验。

4. 物理验证

Synopsys IC Validator 物理验证高性能签核工具可提高所有工艺节点的生产效率,它提供最佳的分布式处理可扩展性,可扩展到 4000 多个 CPU 内核。该工具的性能和可扩展性使一些具有数十亿个晶体管的最大标线限制芯片当天完成设计规则检查(DRC)、版图与原理图(LVS)设计等工作成为可能。

IC Validator 与数字设计工具中的 Synopsys Fusion Compiler 和 IC Compiler Ⅱ布局布线系统无缝集成。这种集成技术实现了独立的签核质量分析和自动修复,加速了设计收敛。

5. 签核

签核(Signoff)过程就是对设计进行全面检查,以确保设计满足所有规格要求,这包括电路性能、可靠性、功耗等方面的验证。

Synopsys 的设计分析和签核工具主要用于静态时序分析、高级信号完整性分析、电源和电源完整性分析、寄生参数提取、ECO 收敛、晶体管级分析和库表征等。签核技术集成在 IC Compiler Ⅱ 和 Fusion Compiler 中,使设计人员能够以最优的设计收敛路径实现设计的全部性能指标。

6. FPGA 设计

Synopsys 的 FPGA 综合工具是 Synplify,该产品可以加速硬件的交付工作,具有深度调试可见性、增量设计、语言支持,可获得基于 FPGA 产品的最佳性能和面积。

Synplify 支持最新的 VHDL 和 Verilog 语言结构,包括 VHDL-2008/2019 和 System Verilog。该软件还支持不同的 FPGA 架构,包括 Achronix、Intel、Lattice、Microsemi 和 AMD/Xilinx 等厂家的产品,所有这些都来自单个 RTL 和约束源。

此外,Synplify 综合工具还支持高性能、更快的运行操作,支持降低成本和功耗,优化面积,提高 FPGA 设计开发的能力。

1.5.3 Mentor Graphics 公司

Mentor Graphics 公司也是 EDA 领域处于领先地位的公司之一,成立于 1981 年,总部位于美国俄勒冈州的威尔逊维尔市。Mentor Graphics 公司主要提供软件和硬件设计的方案以使用户能快速、有效地设计产品,克服高速增长的复杂系统设计的挑战,尤其是在深亚微米技术(Deep Submicron,DSM)和单片系统(SoC)设计的情况下,设计的挑战性更大。2016 年,Mentor Graphics 公司被西门子公司(Siemens)收购,更名为 Siemens EDA 部门。

Mentor 的业务体量虽然比 Cadence 和 Synopsys 两家要小一些,但在 EDA 厂商中始终占有一席之地,原因是其某些特定工具的性能非常好,比如其 PCB 设计工具的信号分析就很准确。Mentor 的 EDA 工具主要包括 IC 设计工具、IC 验证和制造工具、PCB 设计和验证工具等。

Mentor 的 IC 设计、验证和制造工具主要有以下 9 种:

1. Analog FastSPICE 平台

Analog FastSPICE(AFS)平台是模拟电路仿真工具,具有晶圆厂家认可的纳米精度,仿真速度比传统 SPICE 快五倍,比并行 SPICE 快两倍。新的 AFS eXTreme 技术具有容纳超过 300 兆个元件的容量,适用于大型布局布线后的电路版图,速度比布局布线仿真器快三倍。AFS 平台还通过 Symphony 平台提供最快的混合信号仿真。为了实现硅片精确表征,AFS 平台提供了全频谱器件噪声分析,并与 Solido Variation Designer 集成,以更少的仿真数量支持完整的对变化敏感的设计。

AFS 平台包括 AFS 电路仿真器、AFS 瞬态噪声分析、AFS 射频分析、Symphony、AFS Mega 和 Solido Variation Designer 等。

2. Calibre 验证平台

Calibre 平台的物理验证在准确性、可靠性和性能方面处于行业领先地位，提供了完整的 IC 验证和 DFM 优化能力，可以加快设计从创建到制造的速度，满足所有签核要求。Calibre nmPlatform 物理验证工具集成了主要的定制设计工具、布局和布线器以及各种专业设计工具，使代工厂、IDM 和无晶圆厂公司能够满足所有物理验证要求。

3. Aprisa 平台

Aprisa 平台是一种从 RTL 至 GDS Ⅱ 的数字 IC 设计平台，可为顶级分层设计和模块级实现提供完整的综合与布局布线功能。它与 STA 时序和 DRC 签核工具实现流片质量相关联，减少了设计收敛时间并确保了最佳性能、功耗和面积（PPA）。

4. Catapult 平台

Catapult 是系统级的综合和验证工具，是基于 C++ 和 System C 的高级综合（HLS）硬件设计工具。Catapult 的物理感知多 VT 模式具有低功耗估计、优化功能以及一系列领先的验证功能。

5. Oasys-RTL 平台

Oasys-RTL 是物理 RTL 综合工具，其架构满足复杂、先进节点、高性能设计的需求，能够处理亿量级的逻辑门，并将运行时间缩短到原来的十分之一。Oasys-RTL 在更高级别上集成了完整的芯片级物理综合、布局规划和优化，使 RTL 设计人员能够在设计周期的早期准确识别和解决时序、可布线性和功耗问题。

6. Precision 平台

Precision 是独立于供应商的 FPGA 综合工具，它提供一流的性能和面积设计、高可靠性设计以及与仿真和形式等效性检查的紧密连接。Precision 有三种独特的 FPGA 综合解决方案，分别是 Precision Hi-Rel、Precision RTL Plus 和 Precision RTL。

Precision RTL 是入门级 FPGA 综合产品，可与 HDL Designer 紧密集成，使用 ModelSim/Questa 进行设计捕获和设计验证。Precision RTL Plus 为军用航空应用、片上调试和验证以及 DSP 与 RAM 的资源优化添加了认证实用程序。Precision Hi-Rel 为安全关键型和高可靠性应用提供多种 SEE 缓解策略。

7. ModelSim 平台

ModelSim 是用于 VHDL、Verilog 和 System Verilog 设计的功能强大、高效的仿真工具。除了支持标准的 HDL 之外，ModelSim 还提高了设计质量和调试效率。

ModelSim 提供了智能的 GUI 界面，该界面提供了高度直观的交互式图形元素（窗口、工具栏、菜单等）列表，使查看和访问各种功能变得容易。仿真结果也是一个功能丰富的 GUI，易于使用和快速掌握。ModelSim 将 Tcl 用户界面整合到其 HDL 仿真器中，重新定义了仿真中的开放性。ModelSim GUI 还提供了高效的设计、调试和分析功能，以及项目和文件管理功能。

8. Questa 平台

Questa 平台可自动验证和调试复杂的 SoC 和 FPGA，可最大限度地提高模块、子系统和系统级别的验证效率。

Questa Design 工具是一套自动化的集成验证工具，供设计人员提高初始 RTL 质量。在设计阶段，Questa Design 可以分析代码，以便及早发现错误、提高效率、增强开发可预测性并缓解进度压力。

Questa Verification 是第一个具有 UVM 感知调试解决方案的验证平台，为工程师提供基于类的动态仿真平台操作的基本信息。其高级模拟器是 Questa 验证的核心仿真和调试引擎，其高级仿真器通过针对 System Verilog 和 VHDL 的全局编译与仿真优化算法，实现了领先的性能和容量。

Questa ADMS 将 Questa 验证平台扩展到模拟和混合信号，为复杂的 AMS SoC 提供全面验证环境。

9. PCB 工具

适合于小团队进行 PCB 设计的工具是 PADS Professional Premium，它基于强大的 Xpedition 技术，简化了从概念到制造的流程，每一步都进行了集成验证，提供尖端的 PCB 设计功能。HyperLynx 是用于现代 PCB 设计的完整集成的分析工具，涵盖从原理图捕获到版图后验证的整个过程。Valor 是优化 PCB 设计、组装和测试工具，通过完整的数字孪生流程优化 PCB 设计和制造。

1.5.4 华大九天公司

北京华大九天科技股份有限公司(简称“华大九天”)是一家专注于 EDA 工具开发、销售和服务的公司。该公司成立于 2009 年，总部位于北京市。华大九天的主要 EDA 产品包括模拟电路设计全流程 EDA 工具、存储电路设计全流程 EDA 工具、射频电路设计全流程 EDA 工具、数字电路设计 EDA 工具、平板显示电路设计全流程 EDA 工具、晶圆制造 EDA 工具和先进封装设计 EDA 工具等，产品和服务主要应用于集成电路设计、制造及封装领域。

1. 模拟电路设计全流程 EDA 工具

华大九天的模拟电路设计全流程 EDA 工具包括原理图编辑工具、版图编辑工具、电路仿真工具、物理验证工具、寄生参数提取工具和可靠性分析工具等，为用户提供了从电路到版图、从设计到验证的一站式完整解决方案。

在该套 EDA 工具中，原理图和版图编辑工具 Empyrean Aether 搭建了一个高效便捷的模拟电路设计平台，它支持原理图编辑、版图编辑以及仿真集成环境，同时和电路仿真工具(Empyrean ALPS)、物理验证工具(Empyrean Argus)、寄生参数提取工具 (Empyrean RCExplorer) 以及功率器件可靠性分析工具(Empyrean Polas)等无缝集成，为用户提供了完整、平滑、高效的一站式设计流程。

2. 射频电路设计全流程 EDA 工具

华大九天根据化合物工艺射频电路设计的特殊性，设计了国内唯一的射频电路设计全流程 EDA 工具，其中包括射频模型提取工具(Empyrean XModel RF)、射频电路原理图和版图编辑工具(Empyrean Aether MW)、射频电路仿真工具(Empyrean ALPS RF)、射频电路物理验证工具(Empyrean Argus)等。同时，通过开放标准接口集成了合作伙伴的电磁场仿真工具，实现了射频电路设计全流程的贯通，为用户提供了从电路到版图、从设计到仿真验证的完整解决方案。

3. 数字电路设计 EDA 工具

华大九天的数字电路设计 EDA 工具为数字电路设计的部分环节提供了关键解决方案，包括单元库特征化提取工具(Empyrean Liberal)、存储器电路特征化提取工具(Empyrean Liberal Mem)、混合信号电路模块特征化提取工具(Empyrean Liberal IP)、单元库/IP 质量验证工具(Empyrean Qualib)、逻辑综合工具(Empyrean ApexSyn)、时序功耗优化工具(ICExplorer-XTop)、高精度时序仿真分析工具(ICExplorer-XTime)、时钟质量检视与分析工具(Empyrean ClockExplorer)、版图集成与分析工具(Empyrean Skipper)、数字物理验证工具(Empyrean Argus)和数字寄生参数提取工具(Empyrean RCExplorer)等。

4. 晶圆制造 EDA 工具

华大九天针对晶圆制造厂的工艺开发和 IP 设计需求，提供了相关的晶圆制造 EDA 工具，包括原有器件模型提取工具、IBIS 模型建模工具(Empyrean Demeter)、光刻掩模版布局设计工具(Empyrean Mage)、存储器编译器开发工具、单元库特征化提取工具、存储器电路特征化提取工具、混合信号电路模块特征化提取工具、单元库/IP 质量验证工具、版图集成与分析工具、模拟电路设计全流程 EDA 工具以及光刻掩膜版数据查看和分析工具(Empyrean GoldMask Viewer)、参数化版图单元开发工具(Empyrean Hail PCM)、界面化版图单元开发工具(Empyrean Hail PLM)、测试芯片版图自动化生成工具(Empyrean Hail TPM)、PDK 自动化开发和验证平台工具等，为晶圆制造厂提供了重要的技术支撑。

5. 先进封装设计 EDA 工具

华大九天在先进封装设计 EDA 工具领域新推出了先进封装自动布线工具(Empyrean Storm)和先进封装物理验证工具(Empyrean Argus PKG)，解决了先进封装设计流程中大规模版图布线效率低下的问题，突破了传统物理验证工具在先进封装设计中面临的伪错、校错效率低下等问题，实现了先进封装布线自动化。

1.5.5 拓展

随着电子系统规模和芯片复杂度的不断增加，设计人员面临的工作难度和挑战也越来越大。为了能够有效地进行芯片设计并与人工智能技术相融合，国内外各 EDA 公司都在积极探索将人工智能(Artificial Intelligence，AI)引入 EDA 工具，从而应对不断增加的设计复杂度、时间成本和制造成本。

首先，AI 赋能 EDA 工具是在单个 EDA 工具中引入机器学习(ML)方法，提升效率；其次，AI 与大数据融合驱动 EDA 流程，全面优化芯片的性能、功耗和面积(PPA)设计；最后，将生成式 AI 与 EDA 深度融合成为下一代 EDA 技术。目前各公司提出的“AI + EDA”解决方案已经覆盖了芯片设计、验证、测试、制造和模拟功能，显著提升了设计效率。

习题

1. 说明什么是电子系统。
2. 电子系统一般包括哪些子系统?
3. 简述电子元器件的发展对电子系统性能的影响。
4. 现代电子系统的设计工作主要体现在哪几个方面? 各包含什么内容?
5. 什么叫做 SoC?
6. 为什么会产生 EDA 技术?
7. 以数字系统为例，说明 EDA 技术“自顶向下”的设计流程，其中的“顶层”和“低层”各指什么?
8. 采用 EDA 技术进行电子系统设计有哪些优势?
9. 了解一些主要的 EDA 软件供应商及其产品特点。

第 2 章　现代电子系统的设计方法

现代电子系统是以超大规模集成电路为基础的高密度、高复杂度的系统，传统设计方法已经不能满足现代电子系统设计的需要了，因此产生了 EDA 技术。第 1 章介绍了现代电子系统的主要设计内容，包括系统级设计、集成电路设计和系统电路设计，本章将介绍采用 EDA 技术对这三部分进行设计的一些方法。

2.1　系统级设计

系统级设计主要描述系统的功能和技术指标，不考虑系统的具体实现，因此要建立系统的数学模型和算法模型；要利用相应的 EDA 设计工具对这些模型进行仿真、分析和论证，以保证这些模型的正确性和有效性。因此系统级设计也叫做系统建模与仿真。

2.1.1　系统与模型

"系统"是一个内涵非常丰富的概念。在本书中，系统主要指电子系统，是包括功能、性能、硬件（元器件、芯片、PCB 等）、软件等若干要素的有机整体。

在设计一个新的电子系统时，首先要从应用需求出发，对这个电子系统的功能和性能进行研究，研究的方法就是做试验。但是，此时真实的系统并不存在，不可能在真实的系统上做试验，因此就需要有一个替代的"系统"来进行试验。系统模型就是真实系统的一种替代物，它根据某种特定目标将系统一部分信息抽象出来进行研究。

"模型"一般分为物理模型和数学模型两大类。物理模型又称为实物模型，它是根据一定的规则对实际系统进行简化或缩放而得到的复制品，外观与实际系统极为相似，例如风洞试验的飞行器外形和船体外形。数学模型是根据一个特定的目标，在对现实世界的一个特定对象进行研究时，运用适当的数学工具得到的一个数学结构，它可以用来揭示系统的内在运动和系统的特性。本章中的模型是指数学模型。

我们在进行电子系统设计时，第一，要将设计任务转换成可表述和可实现的功能要求和技术指标，并根据功能要求和技术指标对系统进行抽象，形成系统的数学模型。第二，要在数学模型上进行"试验"，"试验"的方法就是利用计算机进行仿真。这样做的目的是在设计系统的具体电路之前，对系统的可行性和有效性进行研究，避免电子系统设计的盲目性。

以数字信号处理中最基本的有限冲击响应滤波器(FIR 滤波器)的设计为例，其设计的过程就是根据给定的滤波器的频率特性要求，找到满足该特性的传输函数

$$H(z) = \sum_{n=0}^{N-1} h(n) z^{-n} \tag{2.1}$$

$H(z)$在 $z=0$ 处有 $N-1$ 阶极点，无 Z 平面原点之外的极点。式(2.1)就是 FIR 滤波器在系统和信号层面上的一种数学表达形式。通过对该模型的研究和对系数 $h(n)$的选择，可以设计出高通、低通、带通和带阻等不同频率特性的滤波器。此时，我们考虑的是滤波器的性能(抽象层面)，并不考虑滤波器到底是采用软件编程方式来实现还是采用硬件电路来实现(具体实现层面)。

电子系统的建模可以看做一种“概念式设计”。在这个阶段，设计人员无须考虑具体的电路细节，而是集中精力进行创造性的概念设计和方案设计。一旦这种概念设计以高层次的描述输入计算机后，就可以通过 EDA 软件完成模型的仿真，得到试验结果。这项工作大大提高了后续产品的设计效率，缩短了开发周期。

2.1.2　计算机仿真

建立系统的数学模型的方法有很多种，比如根据一些已知定理、定律推导出系统模型的分析法，根据系统输入输出数据估计出系统模型的归纳法等。这些系统建模方法可以参考相关的书籍和资料，在此不做赘述。

有了系统的数学模型以后，下一步要对数学模型进行求解。求解的目的就是对系统的动态特性进行全面研究，从中提取出新的设计理论和方法。对数学模型的求解工作往往是比较困难的和烦琐的，特别是比较复杂的系统模型，靠人工方式难以完成，因此要通过计算机仿真来进行求解，并且通过仿真对各种模型进行对比，优化系统参数，找到最优化的系统模型。

计算机仿真是在计算机上进行试验的数字化技术，通过计算机程序运行来完成。但系统的数学模型是一种数学表达方式，并不能直接在计算机上运行，因此在计算机仿真之前要对数学模型进行二次建模，得到系统的算法模型并用程序加以实现。系统级设计的三个基本要素——系统、数学模型和算法模型的关系如图 2.1 所示。通过对系统某些信息的抽象得到系统的数学模型，对数学模型进行二次建模得到算法模型，通过算法模型的仿真实验对系统进行性能研究。

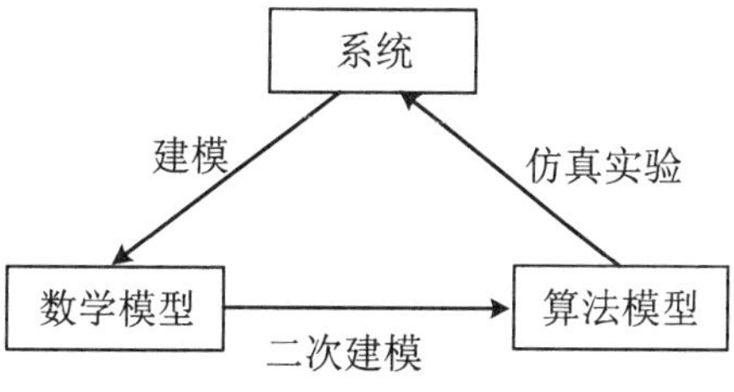

图 2.1　计算机仿真三要素及其关系

计算机仿真是用模型来模仿实际系统的表现，无论是安全性方面还是经济性方面都有

显著优势，因此，计算机仿真技术在各个领域都获得了广泛的应用。其主要作用有：

(1) 对于不能抽象出数学公式的系统，或者可以建立数学模型但求解过于复杂的系统，计算机仿真可以提供简单、有效的求解方法。

(2) 在实际系统建立之前，可以对系统的性能进行研究，优化系统架构和参数的设计，提高设计质量。计算机仿真的结果可以为后续系统的实施提供依据。

(3) 仿真可以避免某些实际系统(如高压、爆炸)试验的危险性，操作更安全方便。另外，仿真可以重复进行，无须物理耗材，可以降低设计成本，提高设计效率，缩短设计周期。

(4) 对系统操作人员而言，计算机仿真是学习系统原理、学习系统实际操作的良好的训练方法。

随着计算机仿真技术的发展，在工程领域已经形成了一些通用的仿真算法。比较常见的连续系统仿真算法有数值积分法、离散相似法和近年来发展的非线性系统仿真算法与分布参数系统仿真算法等。对离散事件系统有事件调度法、活动扫描法、进程交互法等。这些仿真算法可以通过程序设计在计算机上运行，求出系统模型的解。由于这些算法不是本课程的主要内容，在此不对其具体内容进行描述。

2.1.3 MATLAB 和 Simulink 简介

为了满足科学研究和工程设计的需要，许多公司推出了一系列的仿真软件，其中美国 MathWorks 公司的 MATLAB 软件是比较突出的一种，它为用户提供了一个人机交互式的数字系统环境，使用户可以方便地进行程序设计、数值计算、图形绘制、输入输出和文件管理等各项操作。

1980 年前后，美国新墨西哥大学的 Cleve Moler 教授为减轻学生编程负担，构思并开发了意为“矩阵实验室”的 MATLAB(MATrix LABoratory)软件。经过几年的试用，1984 年，MathWorks 公司正式将 MATLAB 推向市场。MATLAB 以线性代数软件包 LINPACK 和特征值计算软件包 EISPACK 中的子程序为基础，允许用户根据数值问题的复杂程度，对问题进行分段处理，这就使得矩阵的运算变得非常容易。

在 MATLAB 后续的版本中，除原有的数值计算功能外，还新增了丰富多彩的图形图像处理功能及多媒体功能，应用范围越来越广。20 世纪 90 年代，MATLAB 已成为国际自动控制界公认的标准计算软件。

MATLAB 软件可以用于建立系统传递函数模型、零极点模型和状态空间模型等的函数。例如，对传递函数为 $G(z)=\dfrac{1.5z^2-z}{z^2-0.8z+0.6}$ 的离散时间系统，若要在 MATLAB 中建立其算法模型，可在命令窗口中输入如下命令：

```
≫ num = [1.5  -1  0];
≫ den = [1  -0.8  0.6];
≫ TS = 1;
≫ sys = tf(num, den, TS)
```

运行后，在命令窗口得到系统的传递函数模型，显示如下：

```
sys =
     1.5 z^2 - z
  -----------------
  z^2 - 0.8 z + 0.6
Sample time: 1 seconds
Discrete-time transfer function.
```

MATLAB 软件提供了多种工具箱，可以针对通信、自动控制、数字信号处理等系统进行建模和仿真，提高了设计的效率。以式(2.1)表示的 FIR 数字滤波器为例，MATLAB 的数字信号处理工具箱提供了多种实现 FIR 滤波器的函数。例如，b = fir1(n, Wn)是采用窗函数法设计具有标准频率响应的 FIR 滤波器的函数。返回所设计的低通滤波器的系数向量 b，其阶数为 n + 1，截止频率为 Wn，取值范围为(0,1)，其中 1 对应于 0.5 fs，fs 为采样频率。

例如，设计一个 50 阶的 FIR 低通滤波器，截止频率为 0.25，可以在 MATLAB 命令行中输入程序：

≫b = fir1(49,0.25);

≫freqz(b,1,512)

得到如图 2.2 所示的低通滤波器特性。

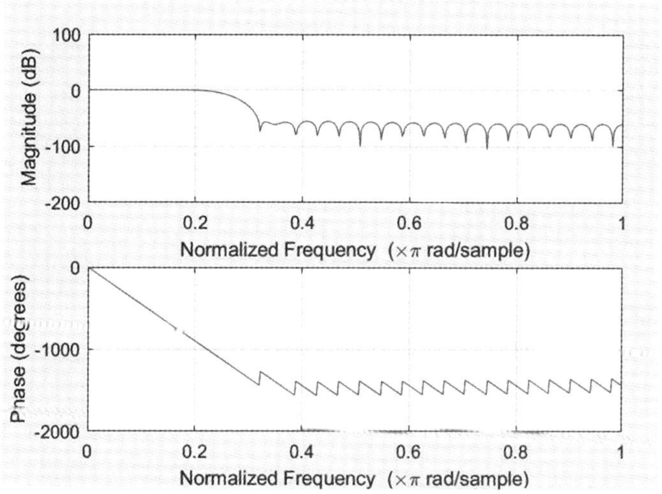

图 2.2 FIR 低通滤波器特性

为了能够给计算机输入一个准确的系统模型，并进行分析和仿真，1992 年 MathWorks 公司为 MATLAB 提供了新的控制系统模型图形输入与仿真工具 Simulink。Simulink 实现了可视化建模，并实现了 Simulink 与 MATLAB 等多工作环境间的文件互用和数据交换。

Simulink 是一个交互式操作的动态系统建模、仿真与分析的集成环境，它支持线性和非线性系统、连续和离散时间模型以及两者的混合模型。在建立系统模型时，Simulink 提供了一个图形化的用户界面(GUI)，可以用鼠标点击或拖拉模块的图标来建模。通过图形界面，可以在计算机上快速地“画”出模型图，不需要书写代码。这种直观形象的方式是以前的仿真软件包远远无法比拟的。

大多数的物理系统都可用代数方程组、微分方程组或差分方程组来描述，而 Simulink 采用的是面向结构图模块化的仿真原理，类似于系统结构图形式。Simulink 的模型不需要编写程序行，整个模型由系统提供的基本模块搭建而成。使用者可以将模块组成子系统，再由子系统组成多级模型。Simulink 对模块和连接的模块数没有限制。

Simulink 提供了许多专用的基本模型库，图形化建模功能就是由模型库支持的。这个库包括接收器、信号源、线性和非线性组件以及连接件等，用户自己也可以定制或创建模块。Simulink 还提供了交互性很强的非线性仿真环境，仿真结果可以在运行的同时通过示波器或图形窗口显示。

Simulink 可以在实际系统制作出来之前，预先对系统进行仿真分析，并可以对系统做适当的实时修正和参数调整，以提高系统的性能，减少反复修改的时间，实现高效开发系统的目标。

图 2.3 是 Simulink 中的模型库浏览器，左侧列出的是模型库和工具箱，右侧列出的是对应于左侧特定模型库的子模型库。这些模型库提供了构建多种系统的功能模块，例如公共模型库（Simulink）、航空模型库（Aerospace Blockset）、通信系统工具箱（Communications System Toolbox）、数字信号处理系统工具箱（DSP System Toolbox）、控制系统工具箱（Control System Toolbox）以及硬件描述语言编码器（HDL Coder）等。

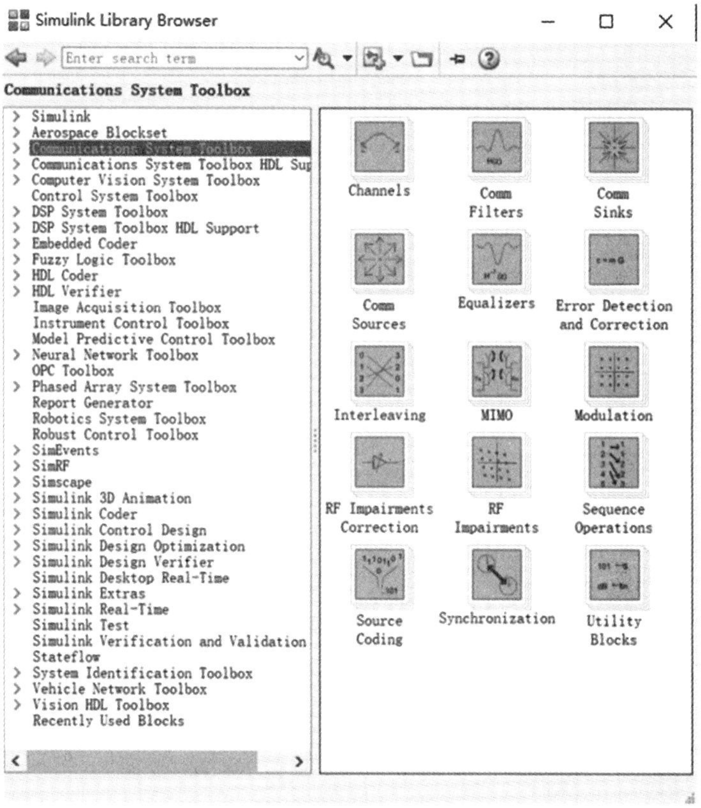

图 2.3　Simulink 模型库浏览器

如果在左侧栏中选中了通信系统工具箱，则右侧栏中会列出组成通信系统的各环节的模型，包括信道模型库（Channels）、接收器模型库（Comm Sinks）、信源模型库（Comm Source）、均衡器模型库（Equalizers）、检错和纠错编码模型库（Error Detection and Correction）、交织模型库（Interleaving）、多输入多输出模型库（MIMO）、调制模型库

(Modulation)、射频修复模型库(RF Impairments)、信源编码模型库(Source Coding)以及同步模型库(Synchronization)等。利用这些基本的模型，设计者可以搭建自己的通信系统模型，并进行动态的仿真。

当一个系统模型建立以后，就可以通过 MATLAB 的命令窗口或者 Simulink 的菜单对它进行仿真。图 2.4 是利用公共模型库里的模型搭建的一个连续系统，输入信号为单位阶跃信号，输出采用虚拟示波器模块 Scope 观察。对图 2.4 的系统启动仿真以后，其输出结果如图 2.5 所示。

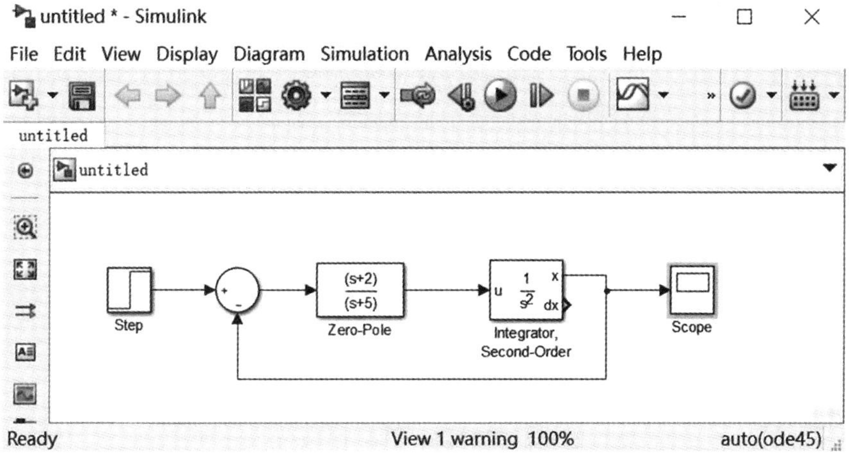

图 2.4　一个连续系统实例

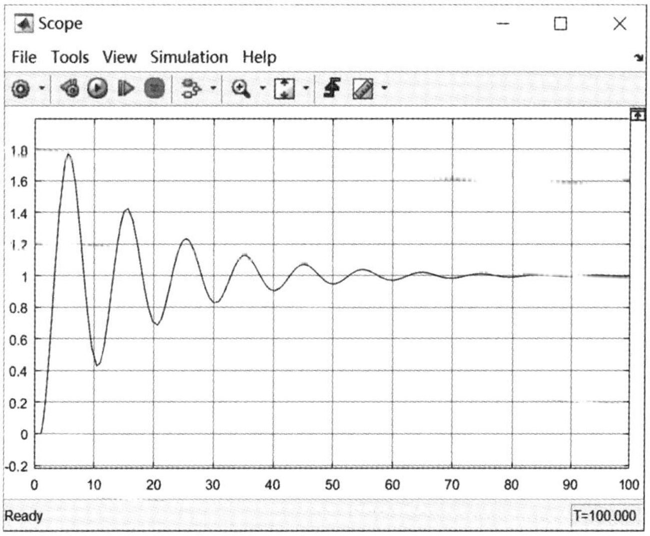

图 2.5　连续系统实例的仿真结果

Simulink 是功能强大的系统级设计和仿真工具，它提供了构建系统的各种模型，方便用户搭建所需要的系统。即使是一些复杂的系统，采用 Simulink 也比较容易搭建。同时，Simulink 也提供了仿真功能，用户可以设置仿真参数，并可以采用多种方式来观察仿真结果，更加直观清晰。采用这样的系统级建模和仿真工具，用户的设计重点就可以放在系统的功能和性能上，不需要花很多时间进行编程，也不需要考虑系统的具体实现方式。

2.2 集成电路设计

当一个系统经过建模和仿真研究之后，如果它是可行的，性能指标也能达到要求，那么就可以考虑如何来实现这个系统了。在现代电子系统的设计中，集成电路(也称为 IC 芯片)已经成为核心器件，电子系统的设计都是围绕集成电路来进行的，特别是目前快速发展的智能系统，都是以高性能处理器、嵌入式处理器或可编程逻辑器件为核心的，因此集成电路设计对整个系统而言是至关重要的部分。采用高度集成的芯片，可以有效解决现代电子系统在功耗、体积和可靠性等方面的一些问题。本节主要描述数字集成电路的设计方法，对模拟集成电路的设计方法也做一些简单的介绍。

2.2.1 集成电路的分类

集成电路可以按照不同的标准进行分类。如果按照所处理的信号来分，集成电路可分为模拟集成电路、数字集成电路和数/模混合集成电路三大类，它们的设计方法有很多的不同之处。如果按照集成度来分，集成电路可分为小规模集成电路(SSI)、中规模集成电路(MSI)、大规模集成电路(LSI)、超大规模集成电路(VLSI)、甚大规模集成电路(ULSI)和巨大规模集成电路(GLSI)等。为了说明数字集成电路的设计方法，这里我们根据集成电路制造工艺来分类。

按照制造工艺来分，集成电路一般分为两大类：非用户定制电路(标准电路)和用户定制电路，如图 2.6 所示。非用户定制电路又包括标准集成电路系列、软件组态标准电路和用户可再构造标准电路。用户定制电路又包括用户半定制电路(semi-custom IC)和用户全定制电路(full-custom IC)。

- 集成电路的设计和制造
  - 非用户定制电路
    - 标准集成电路系列
    - 软件组态标准电路
    - 用户可再构造标准电路
  - 用户定制电路
    - 用户半定制电路
    - 用户全定制电路

图 2.6 集成电路设计和制造的分类

2.2.1.1 非用户定制电路

早期的中、小规模集成电路主要完成一些基本的、通用的功能，如与非门、触发器、加法器、各类存储器和通用寄存器堆等，这就是标准集成电路系列。这种电路用量大、通用性强，所以在性价比方面可以做到最佳。但是，生产厂家和用户是“分离”的。

软件组态标准电路主要指通用微处理器芯片，如早期的 Z80、80386、80486、M68000 以及一些通用型单片机等。这类集成电路是靠一定的软件组态来完成所需功能的，即用户要先编程，然后在微处理器上运行，具有一定的灵活性。但是，用户要专门设计接口电路。

用户可再构造标准电路主要指发展比较快的 PLD 器件。早期的 PLD 器件有 PAL 门、GAL 门，现在 PLD 器件又包括大容量的 FPGA、CPLD 等。PLD 器件是由厂家大批量生产的，用户可到市场上购买，这一点与标准集成电路相似。不同厂家可生产具有相同结构和品种的集成电路产品，并有各自的用户手册，用户可按照自己的需求来挑选不同的品种。用户买到 PLD 器件后，要根据自己的实际需求进行电路设计，再用专门的编程器将它们"烧制"成所需要的电路，因此它兼具标准电路和半定制电路两者的特征。

2.2.1.2　用户定制电路

用户全定制电路是指用户要求厂家专门定做的芯片，如信号处理机、专用控制器、专用译码器等。这种芯片不再具有通用性，是一种特殊用途的集成电路。这种电路的布局布线要靠优秀的 EDA 软件设计工具来完成，优点是芯片在集成度、速度、大批量成本、面积优化等方面性能突出，缺点是复杂系统的初期投资风险大、小批量生产成本高，要与半导体厂家合作，设计和测试周期较长。

用户半定制电路是指设计和生产过程中的某些部分可以"预先加工"或"预先制作"，形成标准单元，并可为所有用户选用。例如"母片法"就是在用户提出具体要求之前，生产厂家可按照一些基本要求设计出各种规格的、布满晶体管或基本单元但未做最后连线的半导体芯片，称为母片。母片可以预先加工，等用户提出具体要求后，再借助布局或连线的软件工具完成整个芯片的制造，所以缩短了试制周期，但芯片尺寸较大。在这种方法中，用户仍需要制造厂家来协助完成工艺、封装等工作。

可编程逻辑器件具有标准电路和半定制电路两者的特征。一方面，可编程逻辑器件是由厂家生产出来、推向市场的完整产品，与标准电路类似，用户可以直接从市场购买。另一方面，可编程逻辑器件就好像厂家做的一个"平台"，具体的功能还要由用户进行设计、布局布线、配置来最终确定，这一点又与半定制电路相似。

针对目前集成电路技术的新发展，数字逻辑电路产品的分类有了一些变化。图 2.7 示出了目前数字逻辑电路产品的一些关系。

在图 2.7 中，数字逻辑电路被分为标准逻辑集成电路和专用集成电路（ASIC）两大类。标准逻辑集成电路一般指各种通用的数字集成电路。ASIC 又可以分为可编程逻辑器件、半定制 IC 和全定制 IC。可编程逻辑器件又可以分为简单的可编程逻辑器件（SPLD）、复杂的可编程逻辑器件（CPLD）和现场可编程门阵列（FPGA）。还有一种分类方法是将可编程逻辑器件作为一种特殊的 ASIC 单独列出来。考虑到可编程逻辑器件的通用性以及它与定制电路实现方式上的差异，本书将可编程逻辑器件与 ASIC 作为两种实现方式，分开讨论。ASIC 的有关内容将在本章讨论，可编程逻辑器件的原理和设计将在第 3 章详细讨论。

2.2.2　数字集成电路的设计流程

1947 年晶体管在贝尔实验室诞生，它利用半导体材料和结构实现了电流的放大与变换功能。到了 1958 年，美国德州仪器公司（Texas Instruments）的 Jack Kilby 提出了集成电路

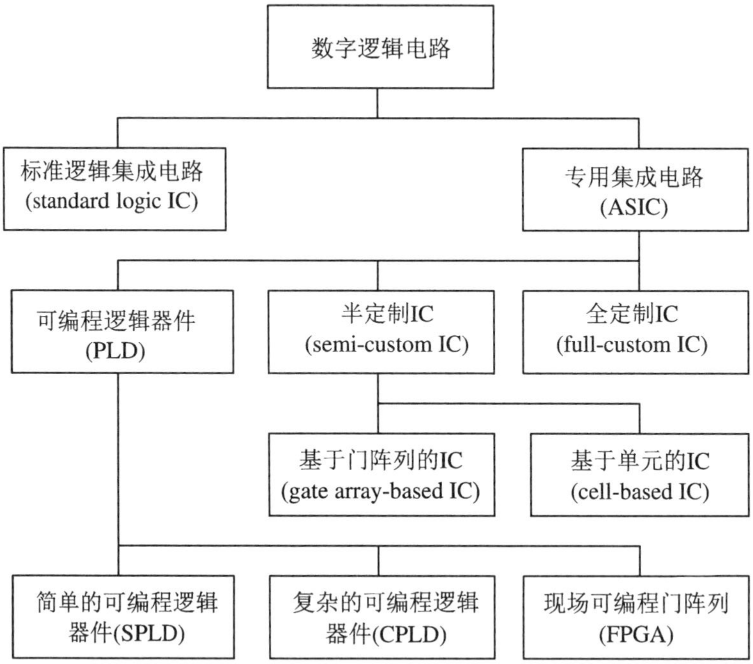

PLD：Programmable Logic Device　　SPLD：Small/Simple Programmable Logic Device
CPLD：Complex Programmable Logic Device　　FPGA：Field Programmable Gate Array
ASIC：Application Specific Integrated Circuit

图 2.7　几种逻辑电路的关系

的概念，就是把电阻、电容、晶体管等无源或有源器件都集成在一块半导体上。集成电路的出现给电子系统设计，尤其是数字系统的设计带来了革命性的变化。从 20 世纪 60 年代直到今天，集成电路遵循着摩尔定律飞速发展，即能够在一个单片上集成的晶体管数目每 18 个月翻一番。

在集成电路发展的初期，每个晶体管的版图都采用手工方式画出来并一个一个地优化，然后再被小心地放入它四周的结构之间。这种手工操作的方式耗时耗力，设计效率低下，显然不适合包含成千上万个晶体管的集成电路设计。

为了应对复杂的集成电路设计，有效的方法就是对复杂问题进行“抽象”，把低层次上复杂的结构抽象为高层次上的一个黑匣子或者模型，这一模型包含低层次上处理复杂结构的所有信息。

图 2.8 是数字系统设计中一般的抽象层次，最低层是版图设计，往高层方向依次为晶体管电路级、逻辑门级、功能模块级和系统级（如处理器）。当一个数字系统的设计复杂到在某一个层次上已经难以完成时，就要考虑把设计层次提高，在更高的抽象层次上进行设计。例如，如果数字系统太复杂，无法用逻辑门来描述，那我们就要把设计层次提高到模块级，描述系统各模块的功能。

目前数字集成电路中的晶体管数量已经达到亿量级，针对这样高复杂度和高集成度的数字集成电路，其设计层次必然会不断提高。因此现在的数字集成电路的设计采用自顶向下（从高层次向低层次）的设计流程和 EDA 设计技术。

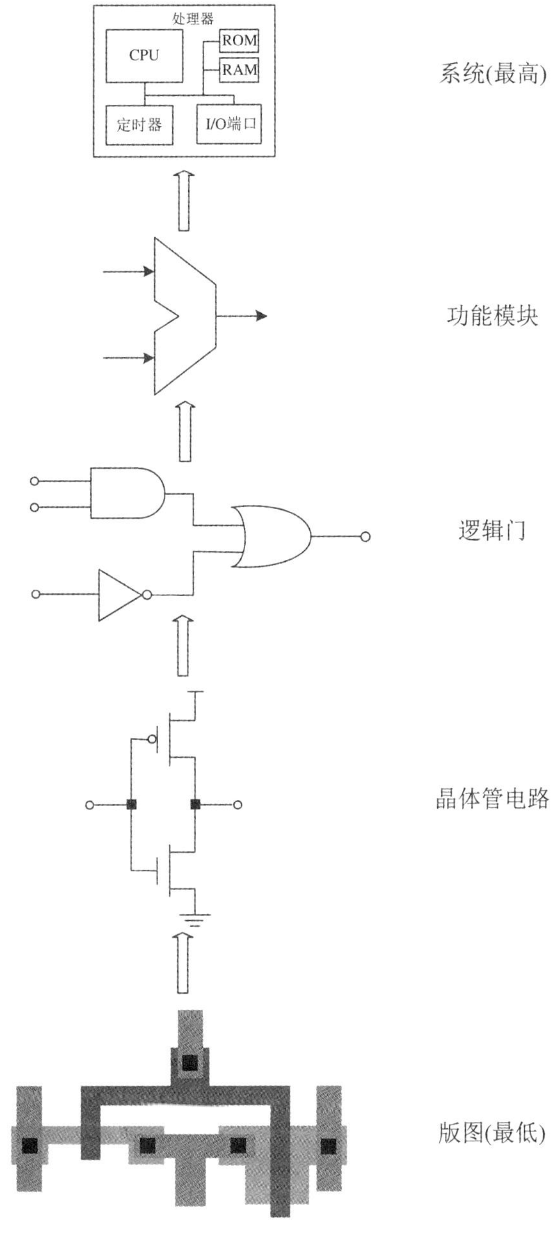

图 2.8　数字系统设计的抽象层次

我们用图 2.9 来说明 EDA 技术设计数字集成电路的简化流程。从图中可以看出，数字 IC 芯片的设计流程可分为前端设计和后端设计两大部分。一般来说，前端设计与系统的实现技术(如制造工艺、晶体管类型、导线等)无关，而后端设计与系统的实现技术密切相关，因而需要有半导体厂家的参与。前端设计主要包含三个层次，从高到低分别是系统级描述、寄存器传输级描述和逻辑综合，以下我们对这三个层次进行说明。

第一层次是系统级描述。所谓系统级描述，就是对整个芯片内部系统的数学模型的描述。它的目的是要在系统设计的初始阶段，通过对系统行为描述的仿真来发现设计中存在的问题。在系统级描述阶段，并不真正考虑其实际的操作和算法用什么方法来实现，考虑更多的是系统的结构及其性能能否达到系统设计指标的要求。

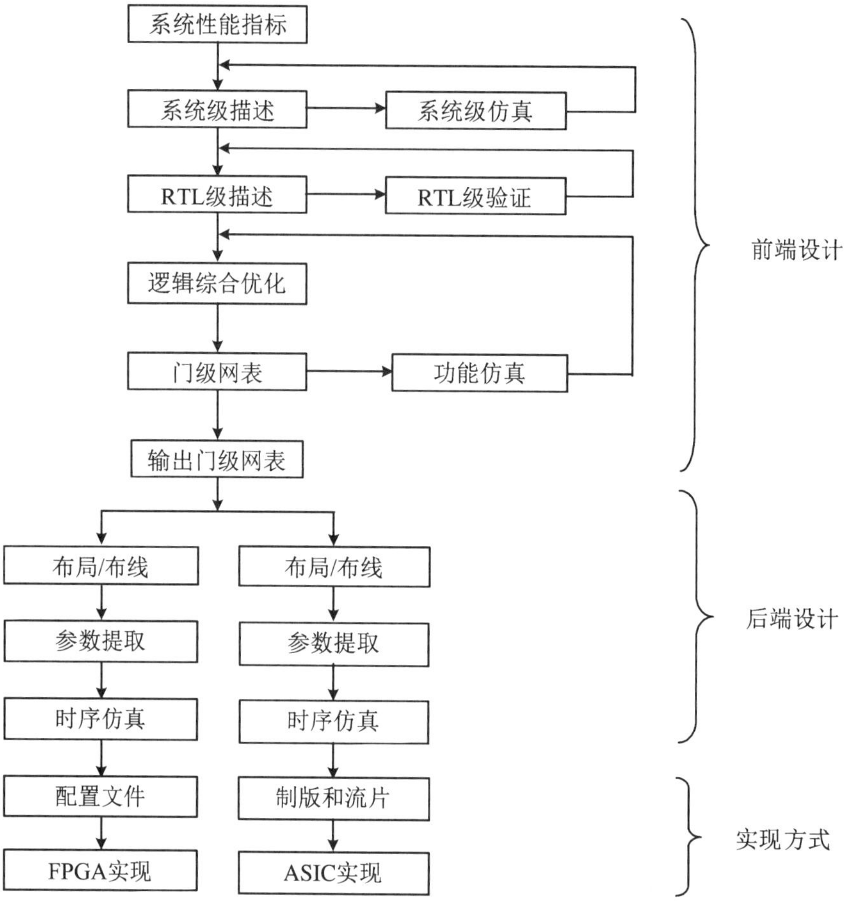

图 2.9 数字集成电路的设计流程

系统级描述需要有相应的 EDA 软件来支持,比如上一节中介绍的 MATLAB 中的 Simulink 就可以进行系统级描述、仿真和优化。对于一些数字信号处理算法,Simulink 可以与 Xilinx 公司的 FPGA 设计工具相联合,产生下一层设计需要的 DSP 模块。Xilinx 公司的 FPGA 设计软件 Vivado 中的高层次综合(HLS)工具也可以将一些 C、C++ 和 System C 等系统级的描述转换到 RTL 级描述。系统级仿真通过后,表明系统的设计模型是正确的。

第二层次是寄存器传输级描述。由于系统级描述比较抽象,所以很难直接映射到由具体逻辑元件描述的硬件结构。要想得到数字电路的具体结构,必须将系统级描述改写为寄存器传输级描述,其中一个重要特征是利用硬件描述语言(Hardware Description Language,HDL)编程来描述系统硬件的行为、功能和结构。

数字逻辑电路分为组合逻辑电路和时序逻辑电路,组合逻辑电路完成数据的逻辑运算,时序逻辑电路完成数据的存储和转移(主要靠寄存器来完成),因此可以把数字电路表示成如图 2.10 所示的 RTL 级的基本模型,RTL 级描述就是对这种结构加以描述,说明数据是如何在寄存器之间以用户说明的方式"传输"的。随着 EDA 技术的发展,RTL 级描述的概念更加泛化,只要是采用 HDL 语言描述的组合逻辑电路或时序逻辑电路都可以称为 RTL 级描述。

在用 HDL 语言编写程序,完成 RTL 级描述以后,再用仿真工具对 RTL 级描述程序进

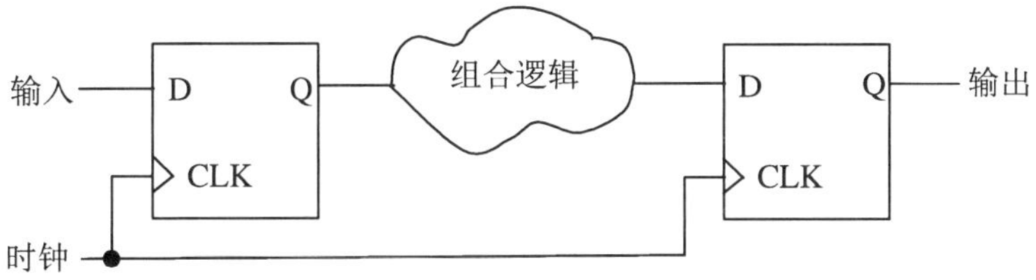

图 2.10　RTL 级基本模型

行验证。只有采用 RTL 描述才能导出系统的逻辑表达式，才能进行下一步的逻辑综合。

第三层次是逻辑综合，它是利用逻辑综合工具将 RTL 级描述程序转换成用基本逻辑元件表示的文件，这种文件叫做门级网表文件，具体过程如图 2.11 所示。在图 2.11 中，逻辑综合的过程被划分为转换、优化与映射。转换就是将 RTL 级的 HDL 语言程序翻译成一般性的网表文件，这种一般性的网表文件与最后的物理实现技术无关。一般性的网表文件再经过优化和映射，产生目标网表文件，目标网表文件就与物理实现技术密切相关了。如果需要，还可以将逻辑综合的结果以逻辑原理图的方式输出。此后，对逻辑综合结果在门级电路上再进行功能仿真，并检查定时关系。如果测试通过，那么芯片的前端设计就基本结束。

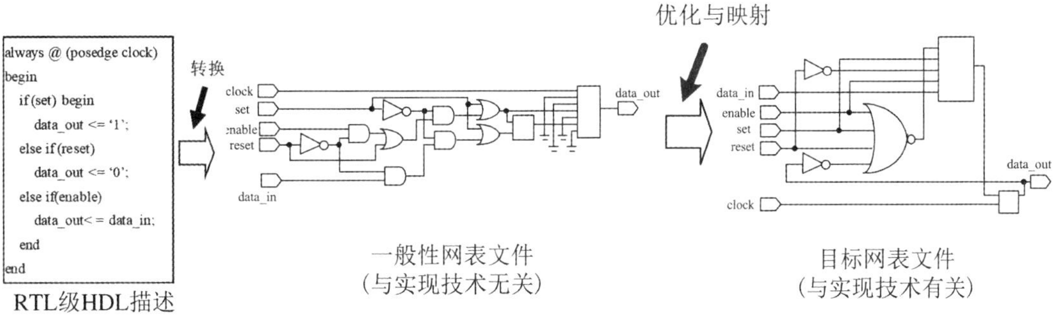

图 2.11　逻辑综合过程

如果在以上三个层次的某个层次中发现问题，应返回上一层，寻找并修改相应的错误，然后再向下进行。

由逻辑综合工具产生门级网表文件后，就可以进行后端设计了。后端设计的目的是完成最终的硬件实现，有两种方式可以选择。第一种是利用可编程逻辑器件 FPGA 或 CPLD 来实现硬件结构。第二种是由自动布线器将网表文件转换成相应的专用集成电路版图，做出 ASIC 或 SoC 芯片。不管哪一种实现方式，都必须用相应的 EDA 软件工具进行布局/布线、参数提取和时序仿真等工作，并且需要有半导体厂家提供的元件库支持。在后端设计中，更多地涉及微电子学、超大规模集成电路设计和制造工艺等方面的知识，本书不做详细介绍，请参考相关书籍。

用可编程逻辑器件 FPGA 或 CPLD 实现系统的优点是集成度高、速度快、开发周期短、设计灵活方便。这种方式前期投资风险低，用户可自定义功能，器件可重复编程。FPGA 或 CPLD 器件是一种标准产品，可在市场上直接购买到，因此用户在 FPGA 或 CPLD 中实现系统是对这类芯片的二次开发。正是由于具有灵活性和通用性，此类器件成为目前研发电子产品时的理想的实现手段，适用于小批量试制产品。但是，当产品的产量增大时，这种方式的造价降不下来。此时，产品就应向专用集成电路(ASIC)方向转化。

采用ASIC或SoC实现系统的方式可以达到更高的速度和更大的集成度，这是由于芯片是完全按照用户的设计来“定做”的，没有多余的部分，因此，在结构和性能上可以更加优化。另外，在生产大批量的产品时，造价可以比较低，具有市场竞争力。但是，这种方式前期设计成本较高，并需要半导体厂家的合作。所以，在产品试制阶段，可以考虑采用可编程逻辑器件来设计。

在如图2.9所示的设计流程中，设计工作的每一步都需要相应的EDA软件工具。EDA软件工具主要分为逻辑工具和物理工具，逻辑工具负责完成设计输入、逻辑综合、优化、仿真等工作，物理工具主要完成芯片的布局、布线工作和印刷电路板的布局、布线工作等。目前常用的EDA工具有编辑器、仿真器、综合优化工具、布局布线器、验证分析工具等。这些工具往往是独立的，具有不同的用户界面和使用方法。在设计过程中，需要按照设计流程一级一级地使用不同的EDA软件工具，而且各种工具之间还必须进行数据传输，这就给设计者带来了不便，增加了设计的负担。为了提高设计效率，避免重复工作，目前EDA软件工具正向着集成设计环境发展。

2.2.3 硬件描述语言的描述方法

在数字集成电路的前端设计过程中，RTL级的HDL语言编程是设计者的一项主要工作。通过HDL语言的编程，就可以导出系统的逻辑表达式，为后续的逻辑综合及物理实现打下基础。

有关HDL语言的知识，我们将在第4章和第5章中详细介绍，在此，我们以Verilog HDL语言为例，先简单介绍一下用HDL语言进行设计的一些描述方法。

Verilog HDL程序的主要结构是“模块”(module)，内部包括端口说明、数据类型说明、参数说明和电路描述语句等。一个“模块”描述的就是一个电路功能模块，如加法器、计数器和通信接口等。“模块”中的电路描述语句是Verilog HDL程序的主要部分，是设计人员主要的工作所在。

Verilog HDL语言允许采用不同的描述方式来描述电路模块。这些描述方式可以分为行为描述(Behavioral Descriptions)、数据流描述(Dataflow Descriptions)和结构化描述(Structural Descriptions)。工程师可以采用任何一种方式或几种方式的组合来进行RTL级设计。

2.2.3.1 行为描述

行为描述就是直接描述逻辑电路的行为，有时也被称为高级描述，因为它和高级编程语言类似。采用行为描述时，设计师可以定义一组状态，而不需要电路的结构或网表。行为描述的优点在于设计人员只需要关注实体行为、函数模型和输出结果，无须关注具体的电路组织和门级实现。行为描述中的有些语句不能综合。

例2.1 采用行为描述的比较器。

```
module equ2 (a,b,equ);
  input [1:0] a,b;
  output equ;
```

```
    reg equ;
    always @(a,b)
      if (a==b)
        equ = 1'b1;
      else
        equ = 1'b0;
endmodule
```

例 2.1 是一个行为描述的实例。两个 2 位二进制数 a 和 b 进行比较，若 a=b，则输出 equ=1；若 a≠b，则输出 equ=0。

在例 2.1 中，使用了 always 语句，其内部使用了 if 语句，它是一种顺序语句。有关 always 语句和 if 语句的内容请参考第 4 章有关 Verilog HDL 的语句部分。

2.2.3.2　数据流描述

数据流描述是指描述数据流程的运动路径、运动方向和运动结果。与行为描述的区别在于，数据流描述采用的是并行语句，例如 assign 语句。例 2.2 是对例 2.1 的改写，采用了数据流描述的方式。

例 2.2　采用数据流描述的比较器。

```
module equ2 (a,b,equ);
    input [1:0] a,b;
    output equ;
    assign equ = (a==b) ? 1:0;
endmodule
```

在例 2.2 的模块中，使用了连续赋值语句进行描述，其关键字是 assign。一个“模块”中可以有多个 assign 语句，并且这些语句是并行执行的。

2.2.3.3　结构化描述

如果一个系统的结构比较复杂、功能比较丰富，那么在设计时采用一个“模块”来描述就显得不方便了。对这样的系统，最好将一个大系统分成多个子系统，每个子系统又可以分为多个模块。然后以模块为设计单元，逐层合并。这种对结构的层次描述既便于系统的设计，又便于团队合作和大型电子系统设计的管理。

我们将例 2.1 中的程序用结构化描述方法来改写。假设已经设计完成了二输入异或门 xor 和二输入或非门 nor，并把它们作为两个可用的元件，那么就可以将例 2.1 中的比较器描述成例 2.3 的形式。

例 2.3　采用结构化描述的比较器。

```
module equ2 (a,b,equ);
    input [1:0] a,b;
    output equ;
    wire e0, e1;
      xor U1 (e0,a[0],b[0]);
      xor U2 (e1,a[1],b[1]);
```

```
    nor U3 (equ,e0,e1);
endmodule
```

在例 2.3 的程序中,使用了模块调用语句 U1,U2,U3。这三个模块调用语句所反映的连接关系如图 2.12 所示。从图 2.12 中可以看到,当低层的模块完成以后,高层的设计就可以直接把这些低层模块当成元件来调用。在调用过程中,高层设计人员无须了解低层模块的内部结构,只要把端口连接关系确定就可以了。

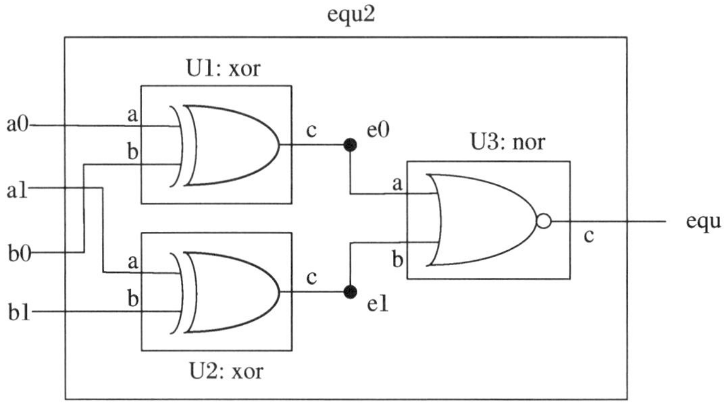

图 2.12 采用模块调用进行结构化描述

2.2.4 专用集成电路(ASIC)的设计方法

ASIC(Application Specific Integrated Circuits)是指专用集成电路,它是目前解决大规模复杂电子系统实现问题的有效方法。ASIC 的优势是便于实现高容量、高复杂度的数字系统,提高系统性能,并利于保护知识产权。世界上各种类型的 CPU、通信芯片及图像处理器等都采用 ASIC 实现方式,因此国际上许多 IT 业的大公司都非常重视与 ASIC 发展相关的各种技术。可以说,现代数字系统的发展趋势就是从标准通用电路向 ASIC 设计过渡。

2.2.4.1 ASIC 分类

从技术上看,目前 ASIC 的实现技术主要分为全定制设计和半定制设计。半定制设计又分为基于门阵列的设计和基于单元的设计。

在设计全定制的 ASIC 时,设计者要定义芯片上所有晶体管的几何图形和工艺规则,手工进行电路和物理设计,最后将设计结果交由 IC 厂家掩膜、制造完成。这种方式开发周期较长,前期投资费用较高,但是可以获得最优化的性能,如面积利用率高、速度快、功耗低、大批量产品成本低等。

由于全定制开发代价高和设计周期长等原因,目前采用全定制方式进行芯片设计的场合越来越少。这种方式主要应用在设计一些可重复使用的单元模块或者特别强调芯片性能(如超级计算机)的情况。

ASIC 芯片大多数情况下都采用半定制的设计方法。半定制设计方法属于约束性设计方法,即在设计具体功能之前,生产厂家已经按照一些基本要求设计出各种布满门阵列或基本单元的但未做最后连线的半成品,称为“母片”或“基板”。设计者只要利用这些已有的门阵列或标准单元实现具体的功能，按照要求选择布线方案即可。

图 2.13 是基于标准单元的版图设计。标准单元是指已经设计好的可以重复利用的一些功能模块，这些模块本身是经过设计、优化和验证的，放在一个单元库里。标准单元不仅包含一些常用的逻辑门电路，如反相器、与/或门等，还包含一些稍微复杂的模块，如计数器、译码器等。在设计时，单元模块放在行中，每行的高度相等，行与行之间有布线通道。由于标准模块可以反复调用，所以分摊了单元模块设计的费用，并且可以减少设计时间。

随着芯片规模的不断提高，仅有标准的逻辑单元是远远不够的，还需要有诸如乘法器、存储器和微处理器等复杂性比较高的模块，这样的单元模块又称为宏单元(macrocell)。

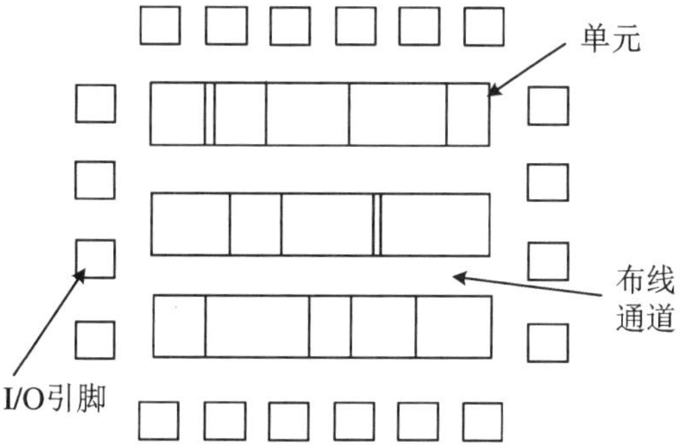

图 2.13　标准单元版图示意

图 2.14 是基于门阵列的版图设计。图中相同的门阵列结构放在一行中，行与行之间是布线通道，与标准单元有相似之处。当芯片采用更多的金属层时，可以取消掉布线通道，即把布线通道放在另一个层面中，这种无通道的结构叫做门海(sea of gate)。

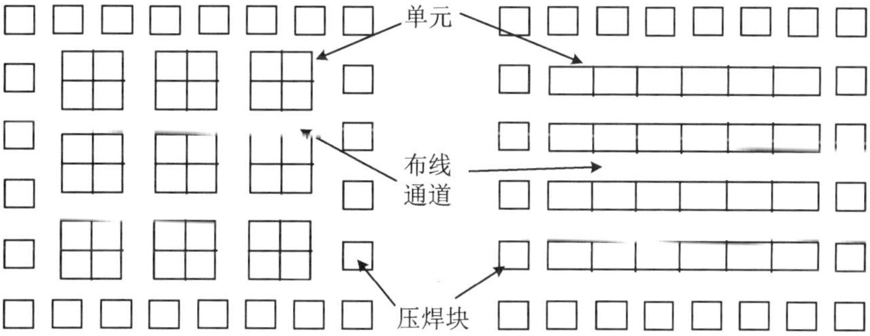

图 2.14　门阵列版图示意

半定制的设计方式简化了整个系统的设计，增加了设计的灵活性，缩短了开发时间，但同时也牺牲了芯片的性能(面积、速度、功耗)。另外，半定制 ASIC 的设计仍需要制造厂家来协助完成工艺、封装等工作。

2.2.4.2　ASIC 的设计流程

图 2.15 是 ASIC 设计的流程图，其前端设计的过程与图 2.9 相同。在图中，工程师进行设计有几个切入点：系统设计、HDL 设计、逻辑电路设计和晶体管电路设计。系统设计和 HDL 设计属于高层次设计，工程师可以着重描述系统行为，不考虑电路实现细节，由逻辑综合工具把 HDL 程序翻译成具体的逻辑电路。当然工程师也可以从逻辑电路开始设计，然后

进行“版图前模拟”,但这种方法不适合于复杂系统。对于一些模拟电路芯片,没有有效的设计工具,工程师往往还是要从晶体管电路开始设计,并进行电路模拟。

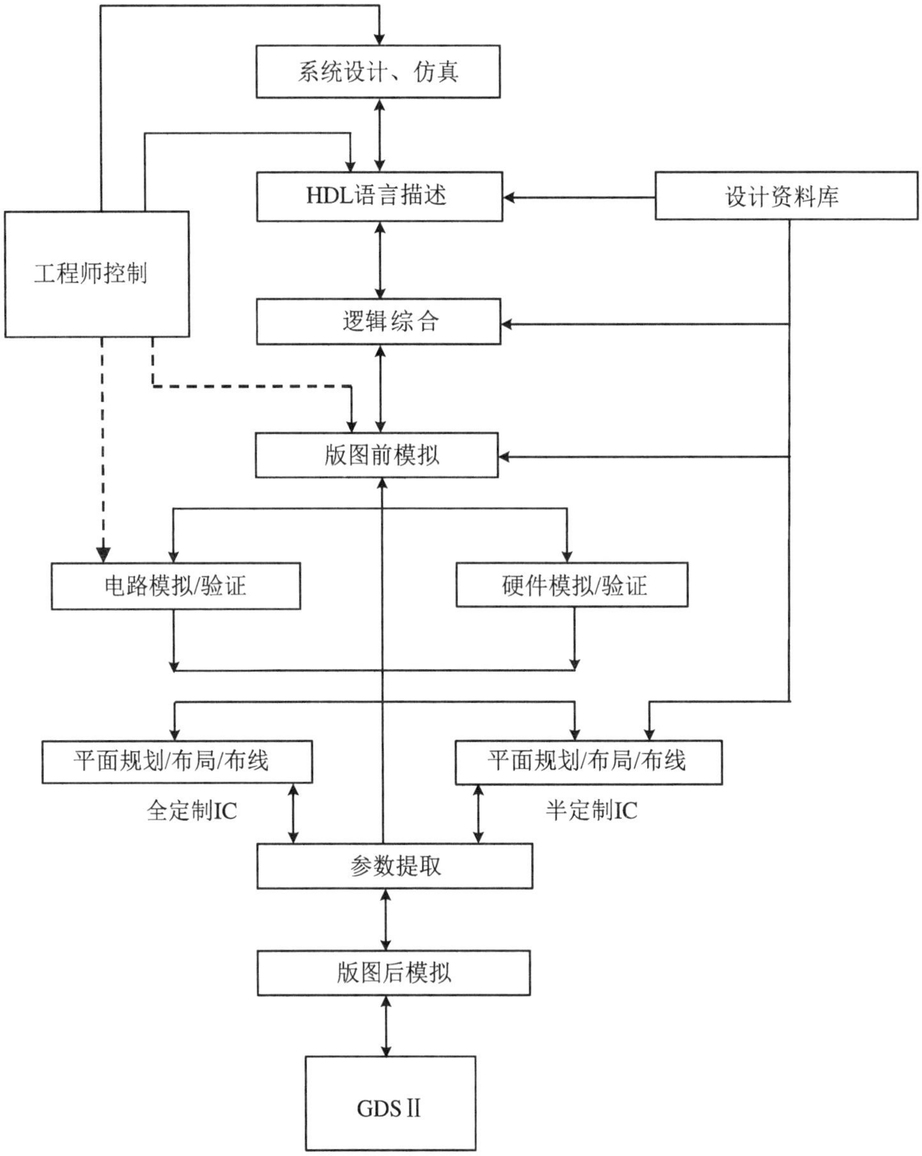

图 2.15 ASIC 设计流程

在本书中,我们将前端的综合过程与后端的布局布线区分开来,认为物理设计不影响前端的逻辑综合。这样做的目的是使 ASIC 的设计流程比较清晰,便于初学者学习。但值得注意的是,在目前的 ASIC 设计过程中,随着半导体工艺向着深亚微米的发展,互连延时对器件性能的影响比门延时的影响更突出,而且互连延时必须在物理布局布线以后才能得到。在这种情况下,只提取门器件的延时参数已经不能精确反映深亚微米工艺条件下的延时了,因此会出现前端设计成功并不能保证物理设计成功的问题。解决这个问题的方法是采用物理综合,即前端设计(高层的划分与布局规划)和后端的布局布线结合起来考虑,在设计的早期就兼顾芯片某些部分的布局,从而可以较精确地得到版图参数估计,以达到关键路径的延时要求。

EDA技术及软件工具的产生，极大地推动了集成电路的设计方法和制造工艺向前发展。反过来，集成电路工艺技术的进步，又给EDA技术提出了新的挑战，促使整个EDA工程不断向前发展。

2.2.4.3　ASIC电路的特点

本小节我们把ASIC电路的主要特点总结如下：

(1) 降低了产品的综合成本。用ASIC来设计和改造电子产品可以大幅度地减少印刷电路板的面积和接插件，降低装配和调试费用。

(2) 提高了产品的可靠性。大量的小规模集成电路芯片或分立元器件在印刷电路板上装配时，往往会发生由于虚焊或接触不良而造成的故障。这种故障常常难以发现，给调试和维修带来了极大的困难。采用ASIC之后系统的可靠性会大大提高。

(3) 提高了产品的保密程度和竞争能力。ASIC一般是根据特定的应用需求而设计的产品，因此设计者具有自主知识产权，保密性能好，不易被仿制或侵权，在市场竞争中具有优势。

(4) 降低了电子产品的功耗。由于ASIC内部电路尺寸很小、互连线短、分布电容小，驱动电路所需的功耗就大大降低。另外，由于芯片内部受外界干扰很小，所以可以采用较低的工作电压以降低功耗。

(5) 提高了电子产品的工作速度。ASIC芯片内部很短的连线能大大缩短延迟时间，并且其内部电路不易受外界干扰，这对提高速度非常有利，而且ASIC规模越做越大，有时可以将整个系统集成到一块芯片上，这比分立元器件构成的电子系统的速度要快。

(6) 大大减小了电子产品的体积和重量。高度集成的ASIC芯片使以前需要一大块PCB实现的电路缩小到一块芯片中，大大减小了PCB的面积和整机的体积，同时也减小了重量。

(7) ASIC的前端设计不涉及非常专业的布局布线知识和经验，使得非微电子领域的设计人员也普遍能够接受这种技术，参与到芯片设计的工作中来。

2.2.5　IP复用方法

随着EDA技术和超大规模集成电路的发展，单个芯片上已经能实现非常复杂的系统了，例如一个复杂的处理器就可能包含上亿个晶体管。如果任何一个大规模复杂系统的设计都要从头做起，那么设计难度势必会越来越大，设计周期也会越来越长。在电子产品日新月异的今天，这种情况是不能忍受的。解决这个问题的一个重要手段就是充分利用已有的成果，也就是本节要讨论的IP复用方法。

2.2.5.1　IP模块的概念

为了使一个复杂系统的设计更加有序、容易，可以将其分解成多个子系统，每个子系统再分成若干个模块，每个模块或子系统都具有一定的功能。设计时，可以将一个模块或一个子系统分配给一位设计师或一个团队，这样整个系统的设计可以由多人协作，并行进行。每个设计完成的模块或子系统都要分别进行仿真，通过验证后，就可以作为一个元件，被上一层系统调用。

上一层系统在调用模块时,不管该模块的内部是如何实现的,只要将模块的输入、输出端口连接正确即可,然后在本层中再做整体调试。以此类推,直到完成整个系统的设计和验证。

在设计过程中,任何一个已经设计完成的模块,无论其功能多么复杂,如一个 CPU,还是相对简单,如一个乘法器或一个门电路,都可以形成一个标准化模块。这种模块可用于同一系统中不同层次的调用,也可用于其他系统设计时的调用。在这些模块中,有一类模块是具有知识产权的,必须通过许可协议来使用这些模块,这类模块被称为 IP(Intelligent Property)模块或 IP 核(IP core),功能相对复杂,如 CPU 核、DSP 核以及存储器核等。所以 IP 模块就是指可以通过知识产权贸易在各设计公司间流通的完成特定功能的电路模块。而功能简单的通用模块称为元件,编写容易,一般不具有知识产权。

现代 ASIC 或 SoC 的规模越来越大,复杂程度越来越高,更新速度也越来越快,这种情况下,IP 模块复用方法越来越得到重视。设计师可以不用了解 IP 模块的内部设计,只要保证模块外部接口的正确使用,并将它们集成到新的单片系统中即可。这样的设计方式可以充分利用已有的设计成果,大大降低设计难度,缩短设计时间。

IP 模块是经过设计、优化和验证的成果,因此 IP 模块的供应商必须提供相关的文档和功能验证方法,以帮助用户方便快捷地使用 IP 模块。IP 模块设计不仅是集成电路设计公司的重要任务,也是 EDA 软件开发公司的实力表现。一套 EDA 软件所提供的 IP 模块越丰富,用户的设计就越方便、越容易。

2.2.5.2 IP 模块的分类

IP 模块可以分为软 IP(软核)、固 IP(固核)和硬 IP(硬核),它们具有不同的呈现形式,也具有不同的特性。

1. 软 IP

软 IP 又叫做软核(Soft Core),是指以硬件描述语言来描述的功能模块,以 HDL 源代码形式呈现。由于不涉及后端设计,软 IP 一般与具体实现技术无关,可以适用于不同的工艺,修改也方便,所以软 IP 具有灵活性和适应性。软 IP 设计时间短,成本不会太高。

但是,为了能够产生硅片,还需要将软 IP 中的 HDL 描述转换成掩膜布局,以产生合理的物理层结果。所以软 IP 复用要完成综合和后端设计的布局、布线、验证等设计过程,而且设计人员还需要深入理解软 IP 中的 HDL 代码。软 IP 的问题是对面积、时序和功耗的可预测性差,性能上不可能得到全面优化。

2. 固 IP

固 IP 又叫做固核(Firm Core),是指完成了综合的功能模块,在结构上已经有了一定的布局和优化,以网表文件的形式呈现。与软 IP 相比,固 IP 有了更深入的设计,它具有可综合性和物理实现效率。如果客户使用与固核同一个生产线的单元库,则 IP 模块的使用成功率会更高。

3. 硬 IP

硬 IP 又叫做硬核(Hard Core),是指已经对性能、尺寸和功耗进行了优化,并映射到一种特定的工艺技术,其物理掩膜布局已经得到验证的电路模块,以版图的形式呈现。当目前的设计与 IP 模块使用不同的语义环境,或目前的设计与 IP 模块的设计小组不同时,采用硬 IP 是最安全的途径。复用硬 IP 并把它移植到目标工艺中可以显著缩短工程的设计时间和降低难度,它需要较少的反复,不要求设计者具备丰富的电路知识,有利于新产品快速上市。

因为硬 IP 包含了所有的验证和仿真工作,使用时要做的后续工作就很少,因此硬 IP 比软 IP 的价值更高,但灵活度小,不易修改。另外,如果硬 IP 的物理设计本身存在缺陷,那么这种缺陷也会带入新的产品中。解决这个问题的方法是采用一个自动处理过程来调节物理设计的电气参数、信号完整性、设计规则和深亚微米(DSM)的栅格值,在保持整体拓扑结构和功能不变的情况下,消除这种缺陷。

硬 IP 移植到深亚微米工艺的层次后,还需要对被移植的设计进行仿真和验证,这里常常要解决一个新、旧工艺不同的问题,采用布局移植工具就能克服硬 IP 的这个缺点。移植工具按新的设计规则集成硬 IP,它调节信号线和电源线的宽度,以满足目标工艺技术的性能要求。

2.2.5.3　基于 IP 模块的设计方法

IP 复用技术已经成为超大规模集成电路和 SoC 设计的强有力手段。在单片系统上集成的 IP 模块可以是通用处理器内核(MCU core)、专用数字信号处理器内核(DSP core)、嵌入式软件/硬件、数字/模拟混合器件和 RF 处理器等。这些模块可由系统设计者自行开发,也可从第三方处购买。

以上三种 IP 模块有各自的特点,究竟使用哪种类型的 IP,也要视具体情况而定。可综合的 RTL 模型可以很方便地从一种工艺技术转换到另一种工艺技术,或从一种应用转换到另一种应用,适用于灵活性要求高的场合。存储器、DSP 或 MCU 这类模块通常以版图形式表述,它们与工艺条件密切相关,可以在芯片面积、速度和功耗等方面得到优化,是典型的硬 IP,适用于快速、安全移植的场合。模拟 IP 模块,如 RF 模块,通常也以版图数据表述,与工艺条件密切相关。

还有一种更为合理的方法是将需要移植的可复用的硬 IP 和软 IP 结合起来。这种方法依赖于设计者能够得到多少 IP 模块和哪些 IP 模块,以及它们的重要性如何,不一定非要用某一种内核。例如,许多旧的微处理器和微控制器的综合模型已经找不到了,并且也找不到最初的设计者了。此时,复用它们的唯一办法就是硬 IP,进行布局移植。

从完成 IP 模块设计所花费的代价来讲,硬 IP 的代价最高;从使用 IP 模块的灵活性来讲,软 IP 的灵活性最高。固 IP 的特性介于软 IP 和硬 IP 之间。一个 IP 模块的价值,不仅与模块本身的用途和设计复杂性有关,而且与其可重复使用的程度、自身设计完成的程度有关。从 IP 模块的价值角度出发,希望 IP 的物理设计完成,这可以降低设计的难度,但也会导致 IP 模块的灵活性降低。因此,实际设计中,灵活性和价值要综合考虑。

一个成功的设计复用,应该是在尽可能短的时间里,以尽可能小的代价,把可预测其性能、功能和面积的现有 IP 模块结合进一个新的片上系统(SoC)中,其中最关键的是“最小代价”和“可预测性”。

图 2.16 示出了移植硬 IP 和软 IP 的流程。无论是硬 IP 还是软 IP，经过移植转换，就可以作为当前系统设计库中的模块来调用。

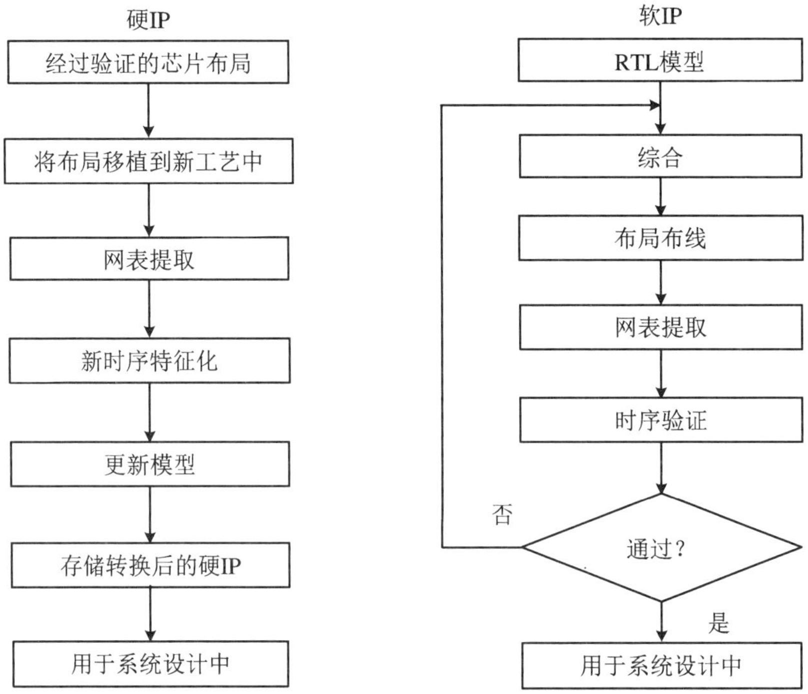

图 2.16 IP 移植流程

在使用 IP 模块进行系统设计时，可以有以下三种做法：

(1) 芯片厂商定制方法。采用这种方法，系统设计者只需给出系统指标，整个系统的设计，包括系统中的 IP 模块的调用和专用电路部分的设计可由芯片厂商完成，也可由专门设计芯片的公司完成。这种方法得到的系统成本可能最低，但需要较长的设计时间，设计完成后修改的灵活性较小。只适合用于产量特别大的情况。

(2) 部分集成法。系统设计者负责系统中的专用电路的设计。IP 模块由芯片厂商提供，并由芯片厂商负责把专用电路与各种 IP 模块集成到一个片上系统中。这种方法有一定的灵活性，新产品开发时间较短。

(3) 桌面集成法。在这种方法中，各种 IP 模块被提供给系统设计者。系统设计者设计其专用电路部分，并将专用电路与各种 IP 模块集成在一起后交给芯片厂商生产芯片。这种设计方法与普通的半定制方法类似，设计成本最低，设计灵活性最大。

以上三种方法中，大部分系统设计采用第 1 种或第 2 种方法，第 3 种方法还需要解决一些技术上的问题，比如知识产权的保护问题。IP 模块的开发者一般不愿公开其 IP 模块的精确模型。因此，系统设计者就无法深入了解 IP 模块的详细行为，缺乏系统设计的灵活性。

2.2.6 模拟集成电路设计

数字电路由于具有抗干扰能力强、可以大规模集成等优势，因此得到越来越广泛的应用。目前进行数字集成电路设计的 EDA 软件越来越成熟，使得工程师可以更容易地设计出功能复杂、大规模的数字集成电路。但是,自然界中广泛存在的还是模拟信号,模拟信号必须要经过模拟电路处理和变换以后,才能被数字电路接收和再处理;而数字电路处理完成的信号,也要转换成模拟信号才能作用于自然世界。从这个意义上来说,模拟电路是自然世界和数字世界的一个接口,模拟电路不可能完全被数字电路所替代。另外,在电源电路、驱动电路和射频电路等应用领域也广泛采用模拟电路设计。本小节将重点描述模拟集成电路的设计方法。

2.2.6.1　模拟集成电路设计的流程

模拟信号也叫做连续时间信号,是指在时间和幅度上都是连续的一类信号,因此模拟信号在一个时间段内的每一个时刻的值都是包含信息的,而且可以发生任意大小的变化。数字信号无论是在时间上还是在幅度上都是离散的,即信号只能在某些特殊的时刻才可以改变,变化值只能是某一最小单位 Δ 的整数倍且取值个数有限(比如 256 个取值,0～255Δ),在其他时刻,信号值保持不变。模拟信号和数字信号如图 2.17 所示,图中虚线为模拟信号,黑点为数字信号采样点。注意此处黑点并不完全与虚线重合,因为数字信号有量化误差。

从图 2.17 中可以看出,模拟信号包含的信息量远比数字信号包含的信息量丰富,在处理的过程中,这些信息都不能丢失,因此要求模拟电路必须能在任意时刻准确地处理具有任意精度取值的信号。从这一点来看,模拟信号处理比数字信号处理更复杂、更困难,模拟电路的设计比数字电路的设计需要更多的经验和知识。

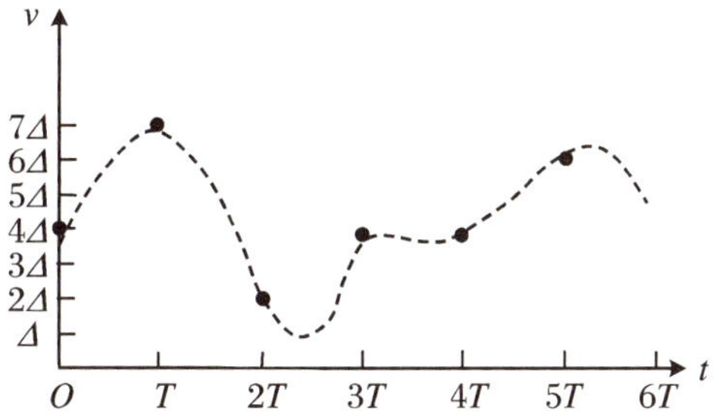

图 2.17　模拟信号与数字信号

从 2.2.2 小节的数字集成电路的设计流程中可以看出,数字集成电路的设计可以从比较抽象的系统级设计开始,借助于 EDA 软件,进行“自顶向下”设计。各层次之间的转换和验证工作都由计算机完成,设计难度大大降低,设计周期大大缩短。但是对模拟集成电路而言,目前还没有比较有效的支持高层设计的自动化软件,因此模拟集成电路的设计主要从后端的电路拓扑结构开始做起。

图 2.18 给出了模拟集成电路的设计流程。工程师从给定的设计指标开始进行设计规划,包括功能模块的划分和各模块的指标分配,以确保所有的功能模块组合起来以后能满足设计指标要求。设计规划是一个比较复杂的过程,需要工程师对各种典型的单元电路的特性都深入理解并能灵活应用。

在设计规划的基础上,工程师要根据经验选择初始的电路结构,并对电路结构进行分析和计算,获得其中各种元器件的初始参数值。

接下来就可以使用仿真工具把选择的电路结构图输入计算机中并进行仿真。这一步要使用厂家提供的标准模型库,验证电路结构是否满足设计指标的要求。如果电路特性不能满足指标要求,则应该调整电路中各元器件的参数或者调整电路结构,直至满足指标要求。由于电路仿真的计算比较复杂,所以不适用于规模较大的电路,一般是用来分析一个设计的关键部分。如果要对设计的总体进行分析,就要采用提高设计层次的模拟方法。

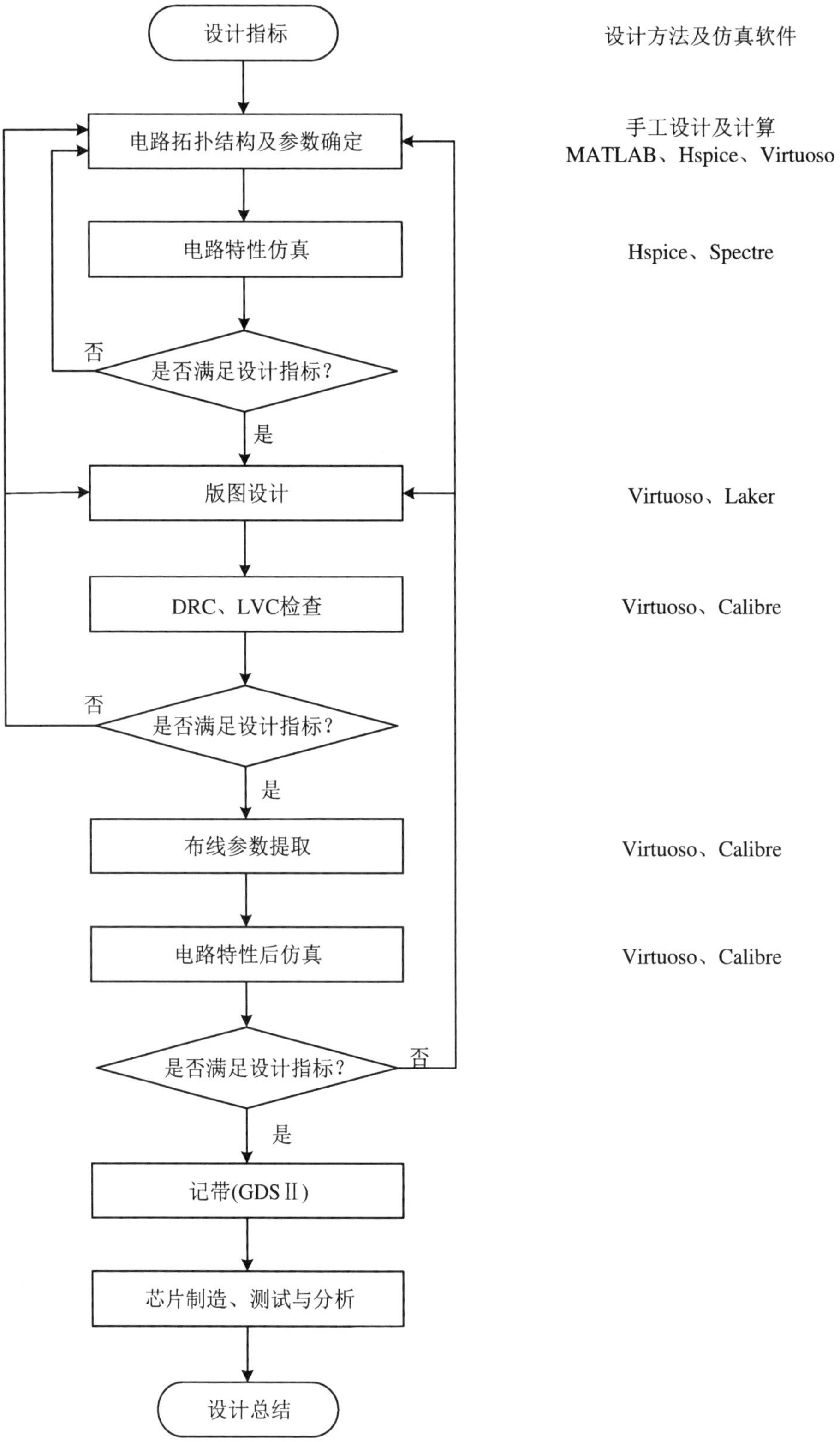

图 2.18　模拟集成电路的设计流程

电路特性仿真通过之后，下一步就是版图设计(也叫做 layout)。模拟集成电路的版图设计除了遵循厂家的工艺规则外，还要考虑诸如噪声、匹配、电源等很多因素，其优化程度直接关系到实际芯片的特性。这项工作在很大程度上依赖于工程师的经验和技术。版图设计完成后，要进行版图设计规则检查(Design Rule Check，DRC)和电学连接关系检查(Layout Versus Schematic，LVS)，确保版图设计符合工艺规则，并和电路图保持一致。

版图设计完成以后，可以提取布线的寄生参数，并在有寄生参数的情况下再次进行电路特性仿真(也叫做后仿真)，以检验寄生效应是否会对电路性能造成不利影响。如果后仿真的结果不能满足设计指标要求，则需要返回修改版图设计和元器件尺寸，甚至是调整电路的拓扑结构。这个调试过程一直循环到后仿真结果满足设计指标为止。

在后仿真通过后，就可以认为设计已经满足功能和指标要求了，此时就可以生成包含版图数据的二进制文件(GDS Ⅱ)，这一步叫做记带(tape-out)。集成电路制造厂家根据版图数据进行芯片加工。芯片制造出来以后，还要进行测试和分析。如果测试没有通过，工程师还需要返回前面的流程，查找问题，修改电路设计；如果测试通过，说明设计完成，最后提交设计报告。

从以上流程可以看出，模拟集成电路在重点设计环节都需要工程师人为操作，这就需要工程师具有扎实的电路理论基础和丰富的实践经验，对半导体工艺和元器件特性非常了解。另外，由于模拟集成电路的标准化模块比较少，设计工作往往要从头做起，设计难度大，因此模拟集成电路的设计周期比较长。

2.2.6.2　模拟集成电路设计的关键技术

在图 2.18 所示的模拟集成电路设计流程中，关键的部分是确定电路的拓扑结构和各种元器件的初始尺寸。由于选择电路拓扑结构的工作是由工程师来完成的，因此不同的工程师对同一个设计任务会提出不同的设计架构。如何使选择的电路拓扑结构更加合理、有效在很大程度上依赖于工程师的知识和经验。

模拟集成电路的设计是以电路分析为基础的。电路分析是在已知电路拓扑结构和元器件尺寸的基础上应用简单但足够精确的元器件模型来分析该电路所具有的各种性能，比如我们在电子线路课程里学过的对各种类型的放大器的分析，得到它们的增益、输入/输出阻抗等参数。对一个具体的电路进行分析所得到的结果应该是唯一的。

模拟集成电路工程师必须具备良好的电路分析能力，了解各种拓扑结构的优点和缺点，这样才能更好地选择电路结构，并在各种设计指标之间进行权衡，确定各元器件的参数。另外，工程师还必须了解模拟集成电路中常用的电路模块结构，如单管放大器、多管放大器、电流源、参考镜、运算放大器等，以及这些模块的大信号分析、小信号分析、频率响应和噪声特性等性能。

总结一下，模拟集成电路设计比数字集成电路设计更加复杂和困难，其主要原因有如下六个方面：

(1) 模拟信号是在时间和幅度上都连续的信号，信息量丰富，因此对模拟电路的处理精度要求高；

(2) 数字电路设计的主要性能指标是速度和功耗，而模拟电路除了关注速度和功耗之外，还需要关注增益、线性度、精度、电源电压等很多指标，是一个多维的设计空间，模拟电路的设计必须在这种多维的空间中进行优化；

(3) 数字电路处理的是二值信号,抗干扰能力强,而模拟电路对噪声、串扰和其他电路引入的干扰更加敏感,因此在设计中必须将外围环境的影响考虑在内;

(4) 模拟电路的性能会受到元器件的二阶效应的影响,特别是工艺进入深亚微米之后,二阶效应的影响更加显著;

(5) 模拟电路的建模和仿真还不够成熟,复杂系统的建模存在很大的困难,仿真时间也会很长,还没有比较成熟的EDA软件帮助工程师进行模拟电路综合;

(6) 现代工艺主要是针对数字电路进行优化的,对模拟电路的支持和优化力度远不如数字电路。

模拟信号在时间和幅度上具有连续可变的特性,使得模拟集成电路设计比数字集成电路设计相对更难,而且从系统级设计到综合再到工艺,EDA软件对模拟集成电路设计的支持力度也不够,需要更多的人工设计。这是对工程师的挑战,同时也给他们提供了更多发挥和创造的空间。

2.3 系统电路设计

当一个电子系统的系统级设计已经得到验证,并且主要的集成电路也获得了以后,就要进行这个电子系统的系统电路设计了。系统电路设计通常的表现形式是电路原理图和印刷电路板。

2.3.1 系统电路的硬件结构

随着数字信号处理理论和实现技术的发展,现代复杂的电子系统往往是以处理器或ASIC为核心来构建的。但是自然界的物理量经过转换而来的电信号大多是模拟信号,对这些信号的处理和转换也离不开模拟电路。图2.19给出了一个电子系统的硬件结构框图,其中既有模拟电路也有数字电路。模拟电路包括传感器、放大器、滤波器、驱动电路以及电源电路等,模数混合电路包括模/数转换器(A/D转换器或ADC)、数/模转换器(D/A转换器或DAC),数字电路主要指数字信号处理系统,通常包括核心处理器以及外围接口芯片等。

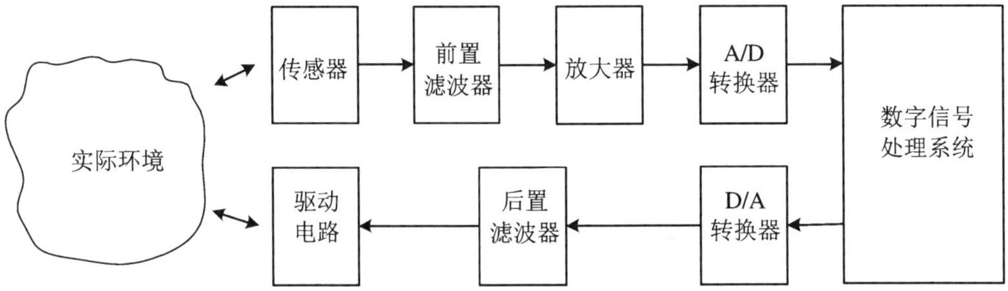

图2.19 电子系统硬件框图

传感器的作用是把自然界中的声、像、光、热、压力等物理量转换成电信号，这些电信号一般都是比较微弱的模拟信号，容易被干扰，因此要进行滤波和放大，滤除噪声并将信号放大到适合模数转换的范围内。目前也有将传感器和转换电路集成在一起的器件，如美国 DALLAS 公司的数字温度计 DS18B20，可以直接输出数字化的温度测量值。

A/D 转换器和 D/A 转换器是非常重要的一类集成电路，片内既包含模拟电路也包含数字电路。A/D 转换器对模拟信号进行采样(时间离散)、量化(幅值离散)和编码以后，输出二值的数字信号给其后的数字信号处理系统。D/A 转换器将处理完的数字信号转换成模拟信号输出，完成控制任务。

数字信号处理系统通常是电子系统的核心部分，起到信息存储和处理作用。现代复杂电子系统一般是以处理器或可编程逻辑芯片为核心构建的，完成复杂的数字信号处理算法。在以处理器为核心的系统中，DSP 算法主要以软件实现；在以 FPGA 为核心的系统中，DSP 算法主要以硬件实现。随着集成电路设计技术的不断发展，目前已有将处理器内核与可编程逻辑架构集成在一起的 SoC 芯片，兼顾了 DSP 算法实现的灵活性和速度，处理效率大大提高。

电子系统的输出结果要以图像、声音或控制操作的方式呈现出来，因此从 D/A 转换器输出的模拟信号要进行滤波，滤除掉数字信号处理引入的噪声，再送入到驱动电路，去控制显示部件、声音部件和机械部件等。

2.3.2　系统电路设计技术

系统电路从结构上来说可以分为多个模块，比如由分立元器件和模拟芯片组成的模拟电路与由处理器及其接口芯片组成的数字电路，或者可以分为低频信号处理模块和高频信号处理模块等。各模块按照信号处理的要求进行独立设计、仿真和测试，然后进行连接，组成子系统或系统，进行总体仿真和调试。

常用的模拟电路模块设计，如放大器、滤波器、电源电路等在电子线路类的相关课程中有详细的介绍，而典型的数字电路模块设计，如单片机系统、嵌入式处理器系统、可编程逻辑器件模块等也有专门的课程去讨论，在此不做赘述。本书第 3 篇将给出以 FPGA 为核心构建的数字系统的设计实例。这里我们只对系统整合过程中的一些共性的问题进行讨论。

2.3.2.1　常用无源元件的等效模型

常用的无源元件包括电阻、电容和电感，它们在处理低频信号的电路中呈现的是理想的电阻、电容和电感特性，但是随着信号频率的提高，这些无源元件的特性会发生一定的改变，所以在系统电路设计中需要了解这些最基本的分立元件的高频特性。

图 2.20 给出了常用无源元件在低频、高频情况下的阻抗特性。在高频信号下，一个电阻可以等效为一个电容并联一个电阻之后，再串联一个电感的结构；一个电容可以等效为电阻、电容和电感的串联结构；一个电感可以等效为电容与电感并联，再串联一个电阻的结构。另外，在高频情况下，导线也具有寄生电感，特性也会发生改变。

从图中的特性曲线可以看出，在高频情况下，元件的阻抗随着频率的变化也会发生变化，还存在 LC 谐振频率 f_0。在电容的高频特性中，信号频率高于 f_0 之后，电容的阻抗特性就转变为电感的阻抗特性，即频率越高，阻抗越大。

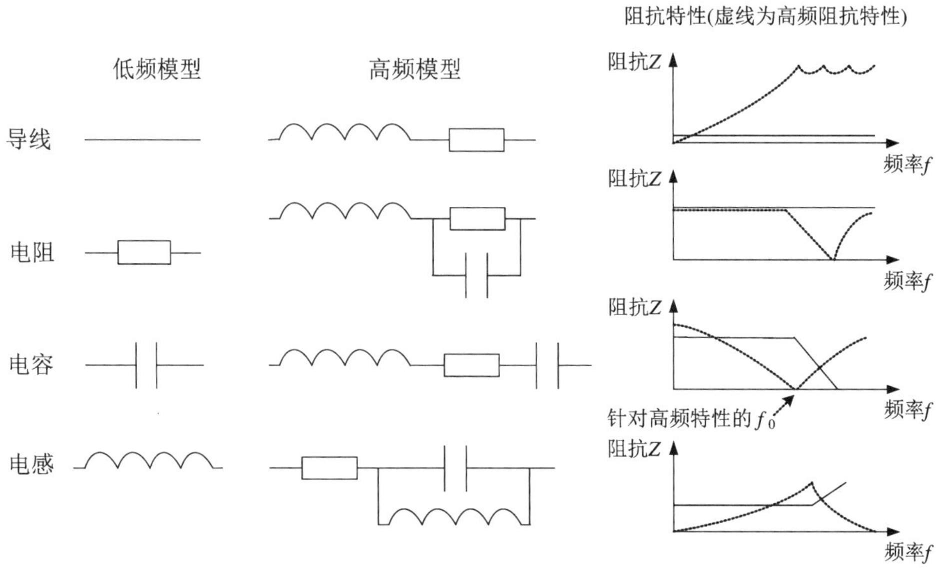

图 2.20 常用无源元件的阻抗特性

2.3.2.2 级间耦合

在系统电路的设计中，单元模块之间的连接称为级间耦合。通过级间耦合，前一级电路模块处理完的信号可以传递给下一级电路模块。模拟电路常用的级间耦合方式有直接耦合、电容耦合、光电耦合和变压器耦合等。图 2.21 给出了几种耦合方式的连接关系。

直接耦合方式使各级之间的直流通路相连，便于处理缓慢变化的信号，但可能会影响前后级的静态工作点，给电路的分析、调试带来一定的困难。放大器之间的直接耦合方式常用在集成电路中。

电容耦合方式应用十分广泛。由于电容只允许变化的信号通过，隔断了直流通路，使得前后级的静态工作点相互独立，互不干扰，但低频特性差。耦合电容的容量选取与后级的输入电阻、耦合电阻以及信号最低频率分量都有关系。

光电耦合方式采用“电-光”转换和“光-电”转换来传递信号，所用器件是光电耦合器。光电耦合器将输入信号回路和输出信号回路进行了电气隔离，可有效地抑制干扰，在强-弱电接口中应用广泛。

变压器耦合是将前级电路的输出信号通过变压器接到后级的输入端。变压器耦合方式靠磁路耦合，也可以隔离前、后级电路模块，所以使各级静态工作点相互独立，便于分析和调试。但它的低频特性差，不便于集成化，在分立元件功率放大电路中得到广泛应用。

数字电路不同模块之间的信号传递要注意所使用的数字逻辑标准。在兼容的情况下，通常可以直接进行前后级的连接，同时在下一级的输入端连接上拉电阻或下拉电阻。

2.3.2.3 旁路和去耦

在系统电路设计中，旁路和去耦的作用是去除高频噪声。旁路主要针对元件或者电缆引入的射频噪声，实际上就是利用电容产生一个交流短路，以去除多余能量，起到滤波的作用。

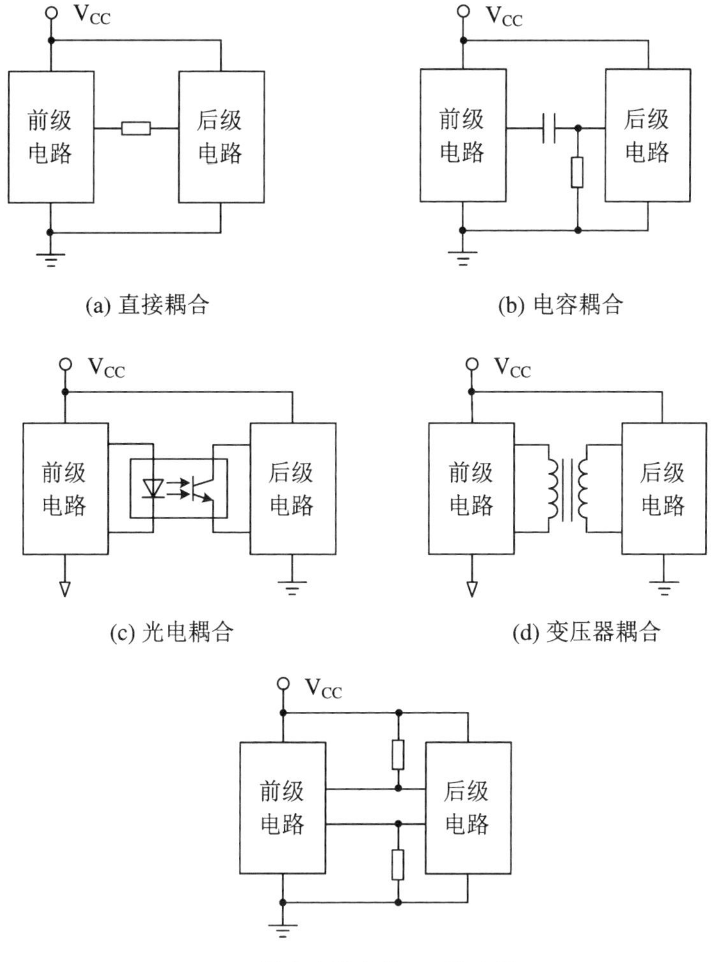

(a) 直接耦合　(b) 电容耦合　(c) 光电耦合　(d) 变压器耦合　(e) 数字电路上拉、下拉电阻

图 2.21　常用电路耦合方式

去耦主要针对电源网络中的高频干扰。由于实际电源都有内阻，在电流变化时，电源内阻上的电压降也会发生变化，导致电源输出给电路系统的电压不稳定。去耦电容可以有效地降低电源电压的波动，防止浪涌电流。根据电路需要，也可以采用 LC 去耦电路。

实际电路中，可以在电源部分并联不同种类的电容，这样可以实现宽频率范围的滤波。多个并联电容的最大电容容量是最小电容容量的 10～100 倍。

2.3.2.4　电源

电子系统中的有源器件需要有稳定的直流电源供电才能正常工作，直流电源可以由交流电源转换而来或者由电池提供，常用的直流电源有 ± 15 V，± 12 V，± 5 V 等。早期的数字集成电路大多使用 5 V 电源，随着技术的发展，数字集成电路的直流电源逐渐降低到 3.3 V，2.5 V 甚至 1.8 V，更加降低功耗，节约能源。

把交流电转换为直流稳压电源的电路包括变压器、整流、滤波和稳压四个部分，如图 2.22所示。电源变压器把 220 V 交流电网电压适当降压，缩小电网电压与实际使用电压的差距，方便后续处理。整流电路可以分为半波整流和全波整流，作用是将正负两个方向变化的交流电转变成单一方向变化的电压。但是这个单一方向变化的电压依然含有复杂的交流成分，不能直接使用，必须由滤波电路进行滤波，减小电压的波动，使输出电压平滑。

经过滤波电路输出的直流电压的稳定性不高，容易受到电网电压波动和负载变化的影响，因此要对滤波之后的直流电压进行稳压处理。常用的稳压处理方式有线性稳压方式和开关稳压方式，这样就形成了线性稳压电源和开关稳压电源两大类。

线性稳压电路中的有源器件工作在线性区域，电路简单，纹波小，对交流线路影响小，但是功耗大，效率低，适用于对电源稳定性要求高的场合；开关稳压方式中的调整管工作在开关状态，电路复杂，纹波较大，但是功耗低，效率高，适用于负载对纹波要求不高的场合。目前这两大类稳压电源都有比较成熟的集成化产品。

在模数混合系统中，模拟电路和数字电路尽量采用不同的直流电源，以免数字信号的快速跳变对模拟电路产生干扰。不同频率的电路如果共用同一个直流电源，应该在每一个电源馈入点加上滤波电容。

在进行电子系统设计时，要根据系统中所用的各类集成电路和有源器件的工作电压/电流、驱动发光管、继电器、LED 等的驱动电流进行计算，以决定采用哪种稳压电路和哪种稳压芯片。

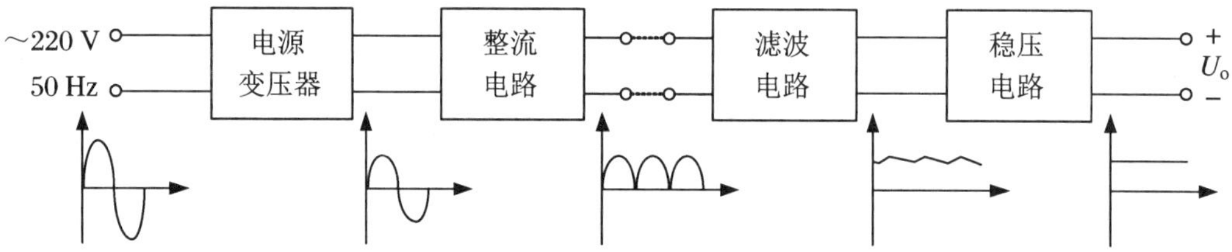

图 2.22 交流电源转换成直流电源的结构图

2.3.2.5 接地

电子系统通常有两种“地”：工作地和安全地。工作地是电路里的“零”电位点，即电子系统信号参考点。为了保证用电安全，可以将电子设备的外壳通过一个低阻抗通路接到大地，此时设备的外壳是真正的接地，称为安全地。工作地如果不和设备的外壳相连，则是独立的“浮地”，如果和接地的外壳相连，可以起到良好的抗干扰作用。

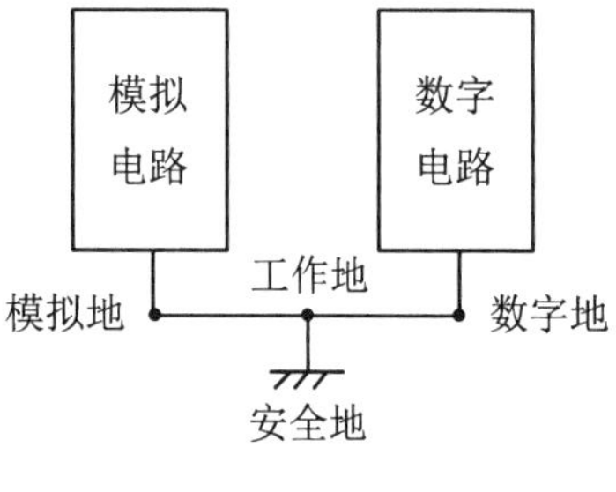

图 2.23 模数混合系统的接地方式

在有高频信号的模数混合系统中，模拟电路的“地”要连接在一起，形成“模拟地”，数字电路的“地”要连接在一起，形成“数字地”，最后“模拟地”和“数字地”采用星形连接到工作地和安全地，如图 2.23 所示。

2.3.3 电路原理图设计

在设计单元电路的时候，一般要应用 EDA 软件进行功能仿真，以便在设计早期就发现设计中的问题。当各单元电路都设计完成后，还要将它们连接起来，进行整个系统电路的仿真。无论是单元电路的仿真还是系统电路的仿真，第一步都是要将电路架构输入计算机中，形成计算机中的电路原理图。

支持电路原理图设计和仿真的 EDA 软件有多种，如 Pspice、Proteus 和 Protel 等。采用这些软件工具进行电路原理图设计和仿真的流程如图 2.24 所示。

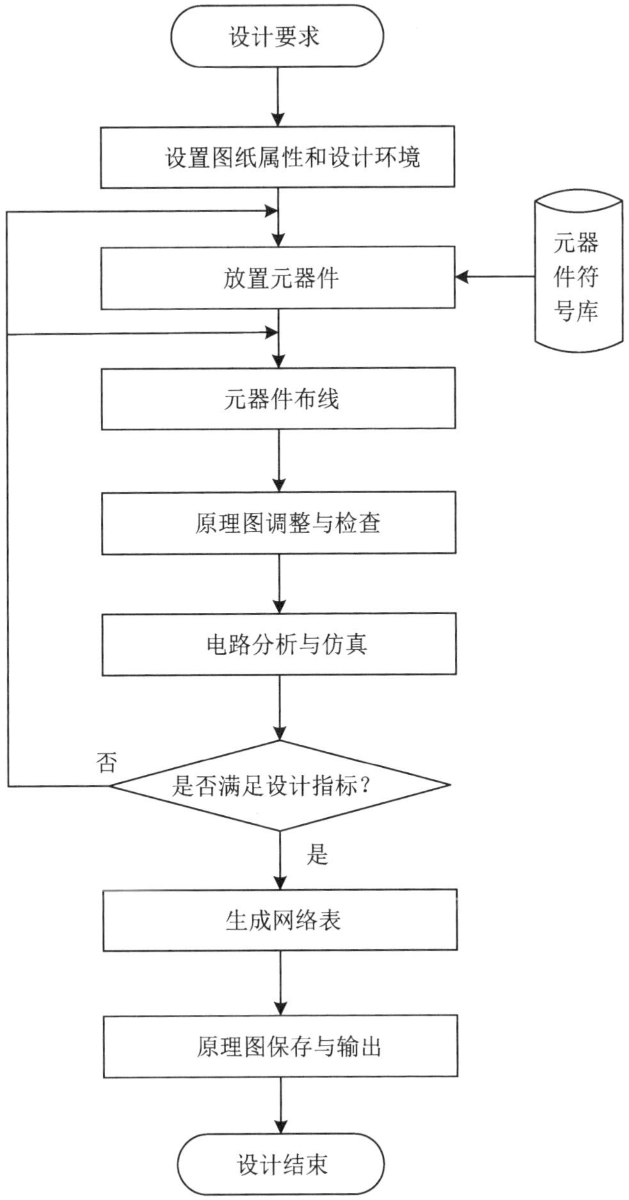

图 2.24 电路原理图设计流程

电路原理图设计流程中每一步的作用如下：

(1) 设置图纸属性和设计环境。在电路原理图的设计流程中，不仅要根据系统电路的规模设置图纸的尺寸、类型等属性，还要设置好设计环境的格点、光标等一些参数。

(2) 放置元器件。根据电路设计要求，从设计软件所带的元器件库中调出相关的元器件符号放置到图纸中，并对元器件的参数、属性、编号等进行设置。

(3) 元器件布线。当所有的元器件都摆放完成后，根据电路原理，将图纸上的元器件用具有电气意义的导线和符号连接起来，构成一个完整的电路原理图。

(4) 原理图调整与检查。对已经完成的电路原理图进行调整，使得整体更加美观。利用软件提供的检测功能对原理图进行检查，保证原理图符合电气规则。

(5) 电路分析与仿真。利用 EDA 软件提供的电路仿真功能对电路原理图进行仿真，验证所设计的电路功能是否达到设计要求，以便尽早发现设计中的问题。

(6) 生成网络表。如果仿真结果达到设计要求，则可以生成该电路原理图的网络表，就是把电路表示成一个由节点、元件和连线组成的网络，以方便后续的印刷电路板(PCB)的自动化设计。

(7) 原理图保存与输出。对设计好的原理图进行保存、打印，做好设计工作的总结和管理。

2.3.4 印刷电路板设计

2.3.4.1 印刷电路板设计流程

当电路原理图设计完成以后，就可以设计印刷电路板(PCB)来实现这个电子系统。PCB 设计也是系统电路设计的一部分，它的作用是根据电路原理图，把组成系统电路的各分立元器件、芯片、I/O 端口、接插件等进行物理连接，提供电源、输入信号，并输出驱动信号给外部设备等。同时，PCB 的设计要使整个系统的硬件实现满足电磁兼容的要求，这样才能保证在 PCB 上安装分立元器件、芯片及其他辅助电路后，系统能够正常运行。采用 EDA 软件进行 PCB 图设计的流程如图 2.25 所示。

PCB 图设计流程中的每一步的作用如下：

(1) 电路原理图设计。在系统电路的设计中，首先要进行电路原理图的设计，得到网络表，网络表是自动进行 PCB 设计的关键。如果是单独设计 PCB，首先要导入已有的或者其他设计者设计的电路原理图网络表。

(2) 元器件实际封装的布局。这一步是将元器件实际封装形状布置在选定的 PCB 图的适当位置上。在布局的时候，要选择合适的 PCB 尺寸和类型，保证所有的元器件都可以放置进去，并且考虑各元器件的位置是否便于后续的布线。

(3) 布线。布线就是根据电路原理图，将各元器件进行连接。这一步可以由 EDA 软件自动进行布线，也可以手工进行布线。或者先进行自动布线，再用手工布线进行调整。

(4) 电气规则检查和 PCB 分析。布局布线完成以后，可以利用 EDA 软件进行电气规则检查，如元器件不能重叠、网络不能短路等。另外，PCB 设计要进行“后分析”，包括热分析、噪声分析及干扰分析、电磁兼容性分析、可靠性分析等，以验证 PCB 在实际工作环境中的可行性。

(5) PCB 图的保存和输出。保存设计好的 PCB 图，需要的时候可以打印、输出，作为后续加工的基础。

2.3.4.2 印刷电路板的布局

印刷电路板布局是指组成系统的芯片、元器件以及接插件等在 PCB 上的位置安排，它是整个 PCB 设计中最重要的一环，对于模拟电路和高频电路尤为关键。印刷电路板布局的

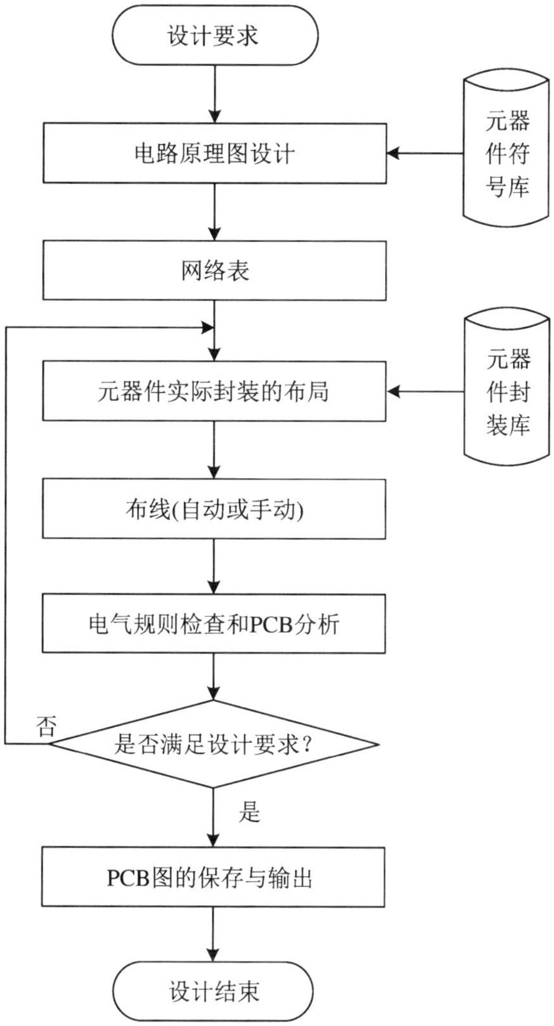

图 2.25　PCB 图设计流程

首要任务是保证电路的电气性能得到满足，其次是便于产品的生产、维护和使用。

在 PCB 上分布着众多的元器件以及连接这些元器件的导线，这些元器件和导线会产生寄生的电容和电感，而且寄生参数往往与频率有关。再加上外部的干扰，整个 PCB 就呈现了一种复杂的电磁环境，如果处理不当，会给系统带来致命的影响。因此在这种电磁环境中，合理地安排元器件的位置，可以减小不利因素对系统电气性能的影响。

在对 PCB 进行布局时，还应考虑到电子产品生产、维护和使用时的便利性。一些测试点、开关和旋钮应布局在测试仪器方便连接和工程师方便调节的位置。另外，还要注意 PCB 在机箱中的固定位置，预留出固定螺钉的位置。

目前已有多种 PCB 设计软件具有自动布局功能。但为了保证电路的指标特性，工程师往往要进行人工布局调整。

虽然 PCB 的电磁环境比较复杂，但在进行 PCB 布局时，我们还是可以找到一些可遵循的基本规律，来减小不利因素的影响。这些基本规律如下：

1. 选择合适的印刷电路板

印刷电路板有单层、双层和多层之分。选用时要根据系统中元器件的多少、连线的密度以及成本等因素来权衡。单层板成本最低,可避免金属化过孔,适用于元器件少的电路设计。双层板适用于中等规模的电路设计,通过使用金属化过孔可将元件面和焊接面的走线连接在一起,大大提高了布局、布线的灵活性。多层板适用于元器件多、连线复杂的大规模电路设计,其成本远高于单层板和双层板,加工周期也比较长。对于高频电路所用的 PCB,还应考虑绝缘板材的材质、厚度、表面金属处理等因素。

2. 合理安排不同类型的电路模块

一个系统中往往包含多种电路模块,各电路模块应按信号的传输关系来安排位置,传输关系紧密的就放在相邻位置。另外,模拟电路和数字电路要分开放置,大功率电路和小功率电路也应尽量分开。

3. 合理排列各类元器件

首先,要把一个电路模块中的元器件尽量集中在一起,元器件之间的间距要合理,而且元器件要设置在 PCB 的元件面上。其次,需要调节的元器件应安排在方便调节的地方,大功率管、电源变压器等应考虑散热问题,重量大的元件应靠近紧固点。最后,还要考虑好 PCB 本身的安装问题,预留安装孔。

4. 合理安排电源和地线

为了减小分布参数及外部干扰带来的不利影响,在印刷电路板上对电源和地线要做一些处理。对电源区域,一般要加去耦电容,以去除电源分配网络的射频能量。对一些元件也有必要增加旁路电容,提供滤波功能。模拟地和数字地要分开设置,在地线的出口处再汇集在一起,如菊花形地线等。地线和电源线应尽量宽一些,并且在 PCB 板面边缘空白处尽量布上地线。

2.3.4.3 印刷电路板的布线

在元器件布局完成后,就可以进行布线设计了。可以通过软件工具,设定设计规则,进行自动布线。在布线设计时,如果发现布局不合理,可以重新调整元件的布局;如果自动布线没有完全成功,也可以进行手工调整。布线设计时应注意以下一些要点:

(1) 首先设计地线和电源线。这些线要连接每个器件,走线距离最长,宽度比其他信号连线要粗,先设计它们便于整体线路的规划及一些滤波电容的放置。

(2) 在设计信号导线时,一般按信号的传输走向,顺序设计各个电路模块的导线。

(3) 导线的宽度和线距应尽量做到整齐均匀,长度尽量短,在转弯处要避免形成锐角。

(4) 在双面板上,同一层面上的导线方向应尽量保持一致,如果元件面保持水平方向的走线,则焊接面就应该保持垂直方向走线,反之亦然。两个层面上的导线必须通过过孔连接。

习题

1. 系统级建模和仿真有什么样的重要性?

2. 什么叫做用户全定制 IC 设计、用户半定制 IC 设计?

3. 简述数字系统设计的抽象层次。

4. 在数字 IC 的设计流程中,前端设计和后端设计一般是如何划分的? 它们分别包括哪些内容?

5. 数字 IC 的前端设计分为哪几个层次? 每一个层次的功能是什么?

6. 设计出数字系统的网表文件后,最终的硬件实现有哪两种方式? 它们各有什么特点?

7. ASIC 电路有哪些特点?

8. 采用 Verilog HDL 语言对系统进行描述一般有几种方式?

9. 什么叫做 IP 模块? IP 模块有哪几种类型? 它们各有什么特点?

10. IP 复用方法有什么重要性?

11. 简述模拟 IC 芯片的设计流程。

12. 在模拟 IC 设计中,电路分析有什么作用?

13. 模拟 IC 设计比较困难的原因有哪些?

14. 了解图 2.19 中电子系统的每部分功能。

15. 印刷电路板的布局、布线设计中有哪些应遵循的基本规律?

第3章　可编程逻辑器件的工作原理

可编程逻辑器件(PLD)是目前电子系统设计中常用的一种超大规模集成电路,具有功能强、使用灵活、修改方便等优点。用户可以从市场上购买 PLD,并可以自主对其内部的硬件结构进行配置,实现所需的功能。随着集成电路设计方法和工艺技术的不断发展,可编程逻辑器件的性能越来越强,应用越来越广泛,成为备受电子系统设计者关注的器件。本章我们介绍可编程逻辑器件的内部结构、工作原理及设计流程。

3.1　概　　述

本节通过与中小规模逻辑器件进行对比,引出可编程逻辑器件的概念,并介绍其发展过程和特性。

3.1.1　可编程逻辑器件的概念

我们在学习数字电路时,经常用一些中小规模逻辑器件(如 74 系列)来搭建数字系统。这些中小规模逻辑器件可以实现固定的逻辑功能,比如图 3.1 所示的 74xx04 和 74xx08 分别是实现六个非门和四个与门的逻辑器件。这些逻辑器件从工厂生产出来以后,其内部结构就无法改变了,功能也是固定的,而且每个芯片内部包含的逻辑门个数也较少。对于 74xx04 来说,它的 1 号管脚是输入管脚,2 号管脚是输出管脚,而且 2 号管脚的输出信号是 1 号管脚输入信号的逻辑反相信号,这些功能都是固定的。对于 74xx08 来说,它的 1 号、2 号和 3 号管脚组成一个两输入的与门,1 号、2 号管脚是输入管脚,3 号管脚是与门结果输出管脚,功能也是固定的。

采用中小规模逻辑器件构建的数字系统功能固定,灵活性不强。如果数字系统比较复杂,所用的元器件个数就比较多,PCB 面积也比较大,故障概率较高。另一种实现数字系统的方式是直接把数字系统做成一块专用芯片,即采用 ASIC 设计方式,可以大大缩小产品体积,减小功耗,提高速度、可靠性等性能,但是 ASIC 方式前期投入高,设计周期长,而且需要集成电路生产厂家协助完成,对于一般用户来说也难以接受。

可编程逻辑器件是一种由用户自主配置来实现所需逻辑功能的逻辑器件。这种逻辑器

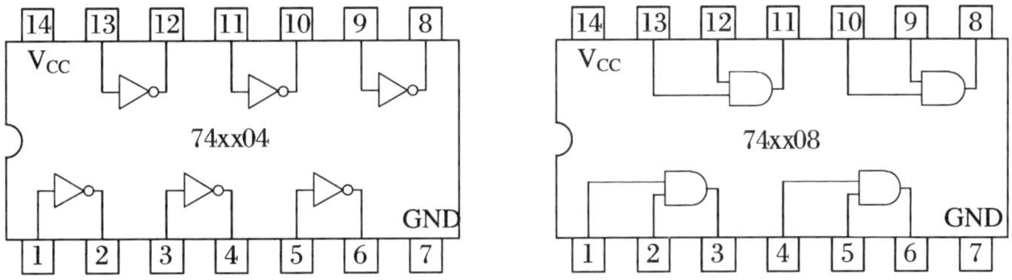

图 3.1　中小规模集成电路 74 系列示例

件在半导体厂家生产出来以后，并不具备固定的逻辑功能，用户可以在自己的实验室里对它们进行编程设计和配置，从而实现自己想要的逻辑功能。图 3.2 给出 PLD 的一个说明示意图，图中 2,3,4 号管脚是用户可以编程设定的管脚，用户可以根据需要把 2,3 号管脚设定为输入管脚，4 号管脚设定为输出管脚，实现一个与门功能，如图 3.2(a)所示。用户也可以把 3,4 号管脚设定为输入管脚，2 号管脚设定为输出管脚，实现一个或门功能，如图 3.2(b)所示。这样，用户可以利用一块 PLD 来实现不同的功能，修改灵活方便，而且前期投资小，设计周期短。

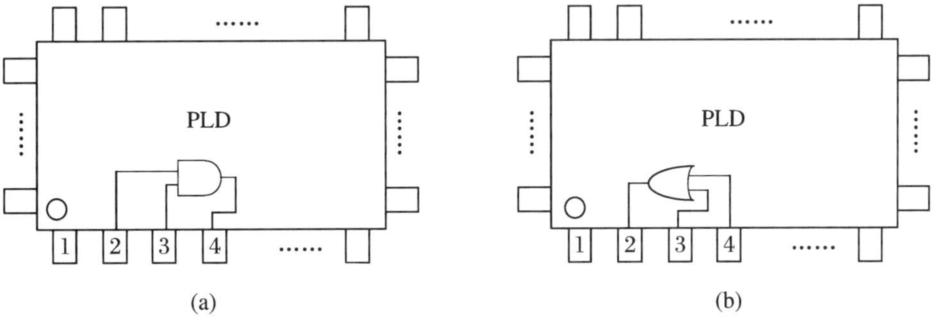

图 3.2　PLD 设计示例

3.1.2　可编程逻辑器件的发展

可编程逻辑器件是 20 世纪 70 年代初开始发展的。早期的 PLD 有只读存储器(PROM)、紫外线可擦除只读存储器(EPROM)和电可擦除只读存储器(EEPROM)三种。由于结构的限制，它们只能完成简单的数字逻辑功能。其后，出现了结构复杂一些的 PLD，主要产品有可编程阵列逻辑(Programmable Array Logic，PAL)门和通用阵列逻辑(Generic Array Logic，GAL)门。

这些早期的 PLD 器件可以实现速度特性较好的逻辑功能，但其过于简单的结构使它们只能实现规模较小的电路。到了 20 世纪 80 年代中期，出现了类似于 PAL 结构的扩展型复杂可编程逻辑器件(Complex Programmable Logic Device，CPLD)和类似于标准门阵列的现场可编程门阵列(Field Programmable Gate Array，FPGA)，它们都具有体系结构和逻辑单元灵活、集成度高、使用范围广等特点。与其他 ASIC 相比，它们又具有设计开发周期短、设计制造成本低、开发工具先进、标准产品无须测试、质量稳定及可实时在线检验等优点，因此被广泛应用于产品的原型设计和小批量产品生产中。

FPGA起源于美国的Xilinx公司(2020年被AMD公司收购),其创新概念形成于1984年,开发目标一开始就很明确,就是将LSI/VLSI的高逻辑密度及通用性和用户可编程器件的设计灵活、上市快捷以及成品的有效性结合起来。1985年,Xilinx公司推出了第一款FPGA芯片。其后的几十年中,许多公司都开发出了多种类型的可编程逻辑器件。比较典型的是Xilinx公司和Altera公司(2015年被Intel公司收购)的PLD系列器件,它们已经占据了较大的PLD市场。另外,还有Lattice公司的Avant系列、Certus-NX系列等低功耗、小尺寸中端通用FPGA,以及Actel公司(2016年被Microchip公司收购)反熔丝技术、Flash架构、耐辐射的可编程器件等。

进入21世纪以来,可编程逻辑器件在规模、结构、工艺和设计方式上有了进一步的发展。以FPGA为例,器件规模可以达到千万门级,内部不仅有可编程逻辑部分,还添加了诸如DSP模块、存储器、时钟管理模块和高速I/O端口等硬件资源,使用户的设计更加方便、快捷。目前可编程逻辑器件与微处理器的融合更加紧密,形成了在一块芯片内部既有微处理器又有可编程逻辑的SoC芯片,如Xilinx公司的Zynq-7000和Altera公司的Cyclone Ⅴ系列等,就是采用可编程逻辑与ARM处理器内核相结合的系统级设计平台。

3.1.3 现场可编程性

早期的PLD器件是只读存储器,如EPROM等。这类PLD在进行编程设计时,一般需要专门的擦除设备和编程环境,这个过程俗称“烧写”。PLD烧写完成以后,再放置到实际的硬件系统中使用,即PLD的烧写环境和使用环境是分开的,修改不是很方便。目前最主要的可编程逻辑器件是FPGA和CPLD,它们都具有现场可编程性(Field-Programmability)。

所谓现场可编程性就是指用户任何时候都可以通过电路板上的下载电缆或硬件配置器件来修改FPGA/CPLD的配置,以达到修改逻辑功能的目的。也就是说用户可以在实际系统的工作现场对PLD进行内部结构修改,不需要把芯片送回半导体厂家修改,也不需要特殊的设备对PLD进行修改。

图3.3说明了PLD的现场可编程性。用户在PC机上采用EDA设计环境进行“自顶向下”的数字系统设计和仿真,设计完成后得到的文件叫做配置文件。用户可以直接将配置文件通过下载电缆装载到实验系统的FPGA/CPLD芯片中,也可以将配置文件烧写到非易失性存储器中,通过非易失性存储器对FPGA/CPLD芯片进行装载。当配置文件被装载到FPGA/CPLD中以后,实验系统就可以按照用户的设计功能进行工作了,结果可以通过输出设备(如数码管、显示屏等)显示出来。用户如果要修改自己的设计,只需要在PC机上重新设计、重新生成配置文件、重新装载FPGA/CPLD芯片就可以了,整个修改过程就在实验现场完成,实验系统的硬件电路可以不做修改。

这种现场可编程性的优势是缩短了数字系统设计的建模、仿真、调试时间,使产品能快速地投放市场。同时可编程逻辑器件可以反复擦除和配置,便于修改,非常适合于初学者学习和高校教学。FPGA/CPLD与其他几种集成电路的性能比较见表3.1,从中可以看出FPGA/CPLD在小批量产品生产费用、投放市场时间、前期投资风险、灵活性和教学等方面具有优势。

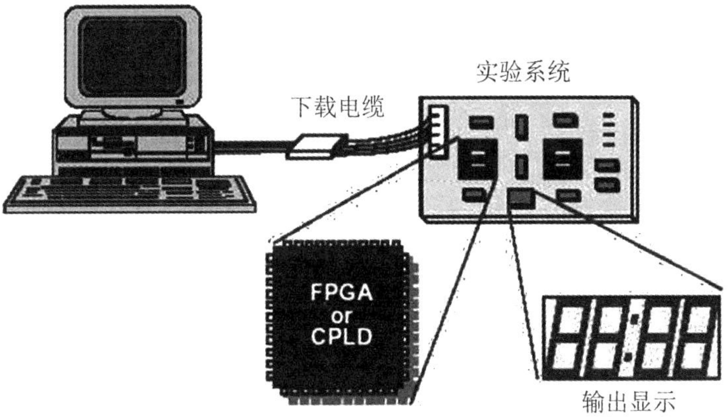

图 3.3　现场可编程性图示

表 3.1　几种集成电路的性能比较

	全定制 IC	基于单元的 IC	基于门阵列的 IC	高密度的 PLD
速度	√√	√	√	√
集成密度	√√	√	√	√
大批量产品生产费用	√√	√√	√	√
小批量产品生产费用			√	√√
投放市场时间			√	√√
降低风险				√√
未来的修改				√√
开发工具	√	√	√	√√
教学目标				√√

注：√表示性能好；√√表示性能很好。

3.2　简单 PLD 的工作原理

PLD 可编程设计方式使数字系统的设计更加灵活方便，这也是此类器件的优势所在。从早期的简单 PLD 到现在的高集成度 PLD，其可编程方式和工艺都有一些不同。本节将介绍各种 PLD 的工作原理。

3.2.1　PROM 的工作原理

我们以 PROM 为例来介绍简单 PLD 的工作原理。由于 PLD 的结构比较复杂，为了使得图示比较清楚，先说明一下 PLD 结构图中用到的一些图示符号，如图 3.4 所示。比如三输入与门的传统表示法是三个输入端 A,B,C 各有一根横线接入与门,而在 PLD 表示法中,接入到与门的只有一根横线,各输入端通过竖线和交叉点表示接入与门,注意此处 A,B,C 三个输入并不直接相连。

由于 PLD 的内部结构是可以通过编程来修改的,因此还设定了连接线交叉点处的几种情况,如图 3.5 所示。如果横线和竖线交叉点处没有符号,则表示横线和竖线不连接;有黑点表示横、竖线是固定连接在一起的,无法断开;有十字叉符号表示这个连接点是可以通过编程的方式来连接的。

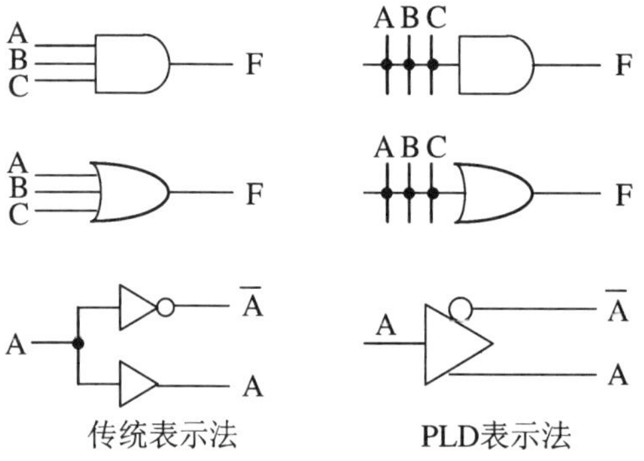

图 3.4　PLD 图示表示法

图 3.5　PLD 连接表示

由数字电路的知识可以知道,任意一个组合逻辑都可以用输入变量的“与-或”表达式来描述,因此 PROM 的结构是由一个与门阵列和一个或门阵列组成的,如图 3.6 所示。其中 $I_2 \sim I_0$ 为输入端,$O_3 \sim O_0$ 为输出端,与门阵列是固定连接,或门阵列是可编程连接,另外输入端还有一个互补输入缓冲器阵列,将每个输入变量都变为同相和反相两路输入。

从图 3.6 可以看出,PROM 的与门阵列是一个全排列的阵列,即如果有 n 个输入端,每个输入端有同相和反相 2 种信号,则信号的全部组合就有 2^n 种。图中所示 $n=3$,则信号的组合就有 8 种,需要有 8 个与门,每个与门的输出相当于产生一个乘积项(即逻辑乘运算)。或门阵列是可编程结构,可根据用户需求将某些交叉点连通,实现多个乘积项之和(即逻辑加运算)。图 3.7 所示为实现用户逻辑的实例,输出逻辑函数为

$$O_0 = \bar{I}_2\bar{I}_1\bar{I}_0 + \bar{I}_2 I_1\bar{I}_0 + I_2\bar{I}_1\bar{I}_0 = \bar{I}_1\bar{I}_0 + \bar{I}_2 I_1\bar{I}_0$$

$$O_1 = \bar{I}_2\bar{I}_1 I_0 + \bar{I}_2 I_1 I_0 + I_2\bar{I}_1 I_0 = \bar{I}_1 I_0 + \bar{I}_2 I_1 I_0$$

$$O_2 = \bar{I}_2 I_1\bar{I}_0 + \bar{I}_2 I_1 I_0 + I_2 I_1\bar{I}_0 + I_2 I_1 I_0 = I_1$$

$$O_3 = I_2\bar{I}_1\bar{I}_0 + I_2\bar{I}_1 I_0 + I_2 I_1 I_0 = I_2\bar{I}_1 + I_2 I_1 I_0$$

如果将输入 $I_2 \sim I_0$ 作为地址线,输出 $O_3 \sim O_0$ 作为数据线,则图 3.7 也可以看成是 PROM 中存储了 8 个 4 比特数据,具体如图中的表所示。

PROM 采用“与-或”阵列可以方便地实现多个输入和多个输出的组合逻辑。它的缺点是每当输入增加一个,与门阵列的规模就会翻一番,芯片面积增大,功耗也会增加,所以阵列规模不能做得太大。

以“与-或”阵列来构建的 PLD 还有可编程阵列逻辑器件(Programmable Array Logic, PAL),但它与 PROM 相反,与门阵列可编程连接,或门阵列固定连接,如图 3.8 所示。如果与门阵列和或门阵列都采用可编程连接方式,就得到更为一般的扩展型的可编程逻辑阵列

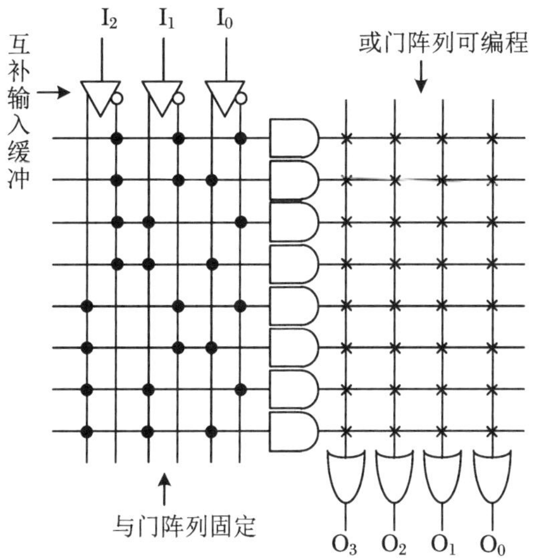

图 3.6　PROM 内部阵列示意图

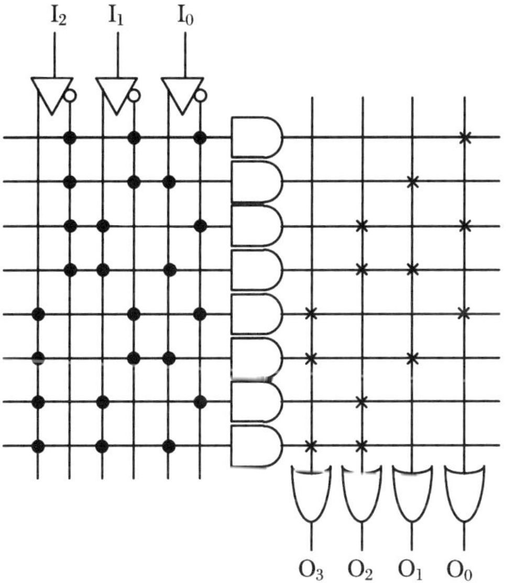

地址线 $I_2I_1I_0$	存储器数据 $O_3O_2O_1O_0$
000	0001
001	0010
010	0101
011	0110
100	1001
101	1010
110	0100
111	1100

图 3.7　PROM 实现逻辑实例

(Programmable Logic Array, PLA)，如图 3.9 所示。可以说 PROM 和 PAL 是 PLA 的特例。

PROM 和 PAL 的可编程连接点采用的都是熔丝编程工艺，即在每个可编程连接点上都接了熔丝开关。如果连接点需要连通，则保留熔丝；如果连接点不需要连通，则用编程大电流熔断熔丝。熔丝开关的缺点是熔断之后就不能再恢复，只能一次性使用，并且占用面积比较大，不利于大规模集成。

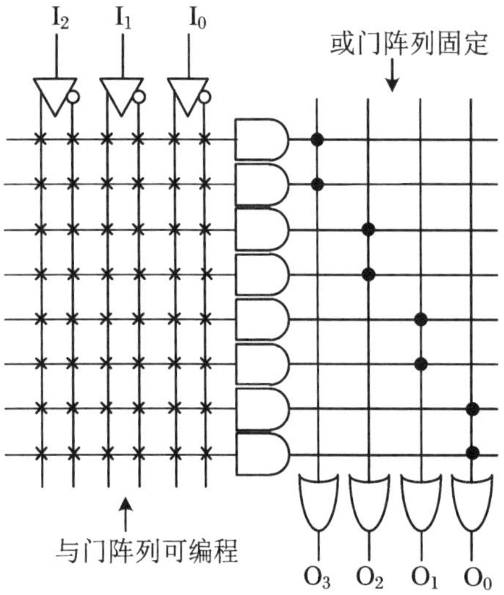

图 3.8 PAL 内部阵列示意

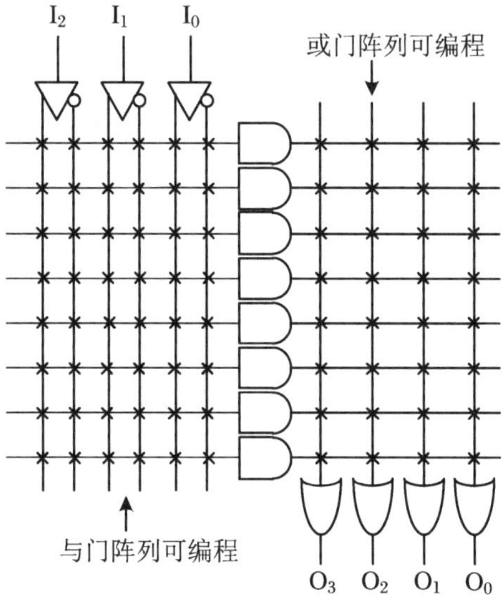

图 3.9 PLA 结构示意

3.2.2 GAL 的工作原理

"与-或"阵列结构可以方便快速地实现组合逻辑功能,但是也存在两个问题:第一个是单个大阵列实现复杂逻辑不灵活,会降低使用效率;第二个是无法实现时序逻辑功能。因此在 PAL 和 GAL 的结构中把一个大阵列划分为多个部分,又增加了触发器和反馈结构。GAL 是在 PAL 的基础上发展起来的 PLD,其结构和 PAL 相似,也采用"与-或"阵列形式,但是 GAL 在工艺、性能和结构上有了一些改进。

第一,GAL 增加了输出逻辑宏单元(Output Logic Macro Cell,OLMC)。OLMC 有多种组态供用户选择,增强了器件的通用性和灵活性。另外,通用型 GAL 采用了与门阵列可编程、或门阵列固定的结构,也有采用与门阵列和或门阵列都可编程的结构,即类似于 PLA 的结构。

第二,GAL 的可编程连接点不再采用熔丝工艺,而是采用电可擦除 CMOS 工艺,即悬浮栅存储电荷的方法。在编程时向浮栅注入电子,使浮栅 MOS 管处于截止状态;在擦除时,浮栅中的电子泄放,使浮栅 MOS 管处于导通状态。因此 GAL 器件可以反复编程,而且编程的速度快、功耗低。

我们以通用型 GAL16V8 为例来介绍 GAL 器件的结构和特性。图 3.10 所示为 GAL16V8 的内部结构图,图 3.11 为 GAL16V8 的外形图。

3.2.2.1 GAL16V8 基本结构

从图 3.10 和图 3.11 可知,GAL16V8 的内部结构和外部管脚为:

(1) 1 号管脚为系统时钟输入端(CLK),11 号管脚为输入三态公共使能端(OE),10 号管脚为接地端(GND),20 号管脚为电源端(V_{CC})。

(2) 2~9 号管脚为输入管脚,可以输入用户变量到与门阵列。12~19 号管脚既可作为输入管脚又可作为输出管脚，是双向的 I/O 管脚，因此该器件最多有 16 个输入管脚，最多有 8 个输出管脚。

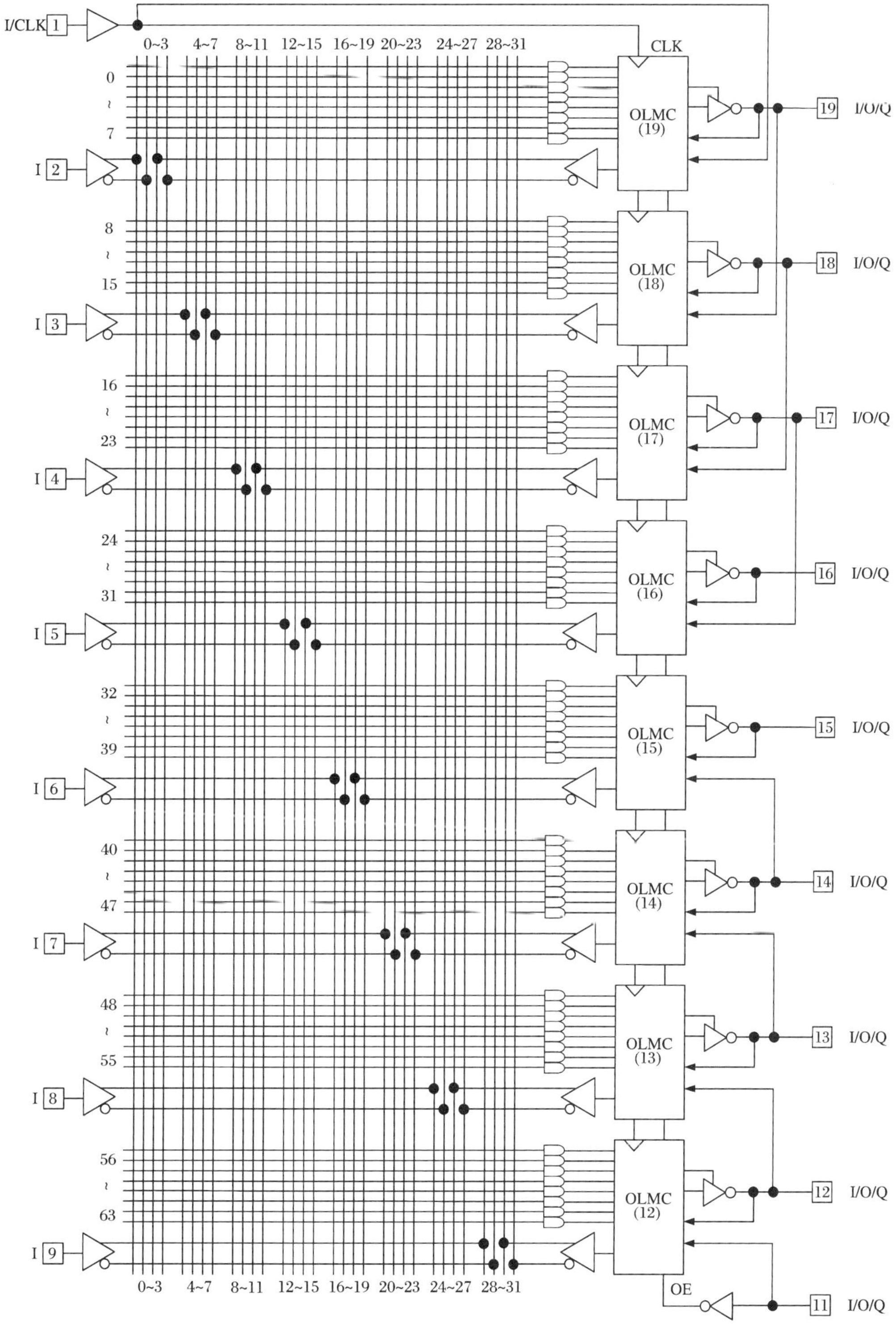

图 3.10　GAL16V8 内部结构图

（3）GAL16V8 内部有 8 个 OLMC，每个 OLMC 连接一个 I/O 管脚。每个 OLMC 中包含一个 8 输入端或门、一个异或门、一个 D 触发器、两个辅助门和四个数据选择器。其中 8 输入端或门就是把或门阵列分散到各个 OLMC 中的结果，所以 GAL 中没有集中式的或门阵列。

（4）与门阵列为 64 行、32 列，共有 2048 个编程单元。32 列接入 8 个输入端的同相/反相信号和 8 个来自 OLMC 的反馈信号的同相/反相信号。64 行对应 64 个乘积项，分成 8 组，每组 8 个乘积项送入一个 OLMC。每组 8 个乘积项及后面的 OLMC 合在一起构成一个宏单元（macrocell）。

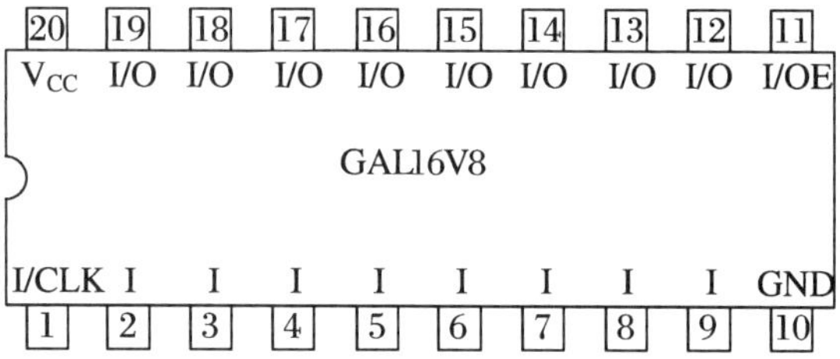

图 3.11　GAL16V8 外形图

3.2.2.2　编程单元地址分配

GAL16V8 内部除了完成逻辑功能的与门阵列和 OLMC 单元之外，还有一些编程单元，其地址分配如图 3.12 所示，每一行的功能如表 3.2 所示。

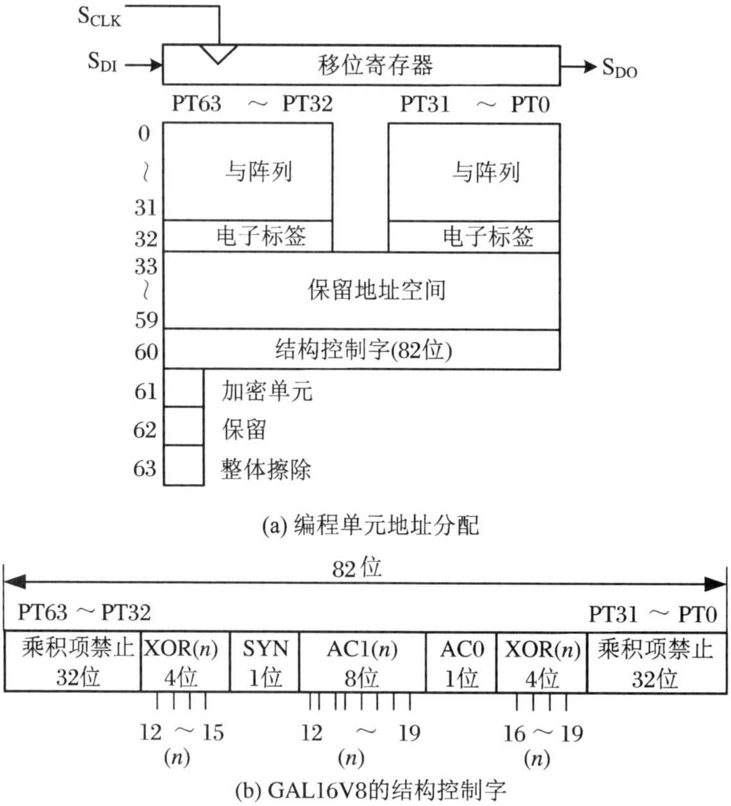

图 3.12　GAL16V8 的编程单元地址分配及结构控制字

表 3.2　编程单元各地址的功能

行地址	功　　能
0～31	这 32 个行地址对应于阵列的 32 个输入，每行有 64 位，对应 64 个乘积项
32	这一行是器件的电子标签，共 64 位，存放各种器件信息，如器件编号、编程日期、编程次数等
33～59	制造厂家备用，用户不可用
60	结构控制字，共 82 位，具体结构如图 3.12(b)所示，功能如表 3.3 所示
61	加密单元，只有一位。如果该单元被编程，就禁止对与阵列做进一步的编程和读出，可有效防止设计的电路被抄袭。当器件被整体擦除时，该单元也同时被擦除
62	保留单元
63	整体擦除单元，只有一位。当该单元被编程时，所有编程单元被擦除，器件恢复到原始状态

表 3.3　结构控制字中对 OLMC 有影响的各字段功能

名称	位数	功　　能
SYN	1	该信号是公共信号，决定是否使用寄存器。如果 SYN＝0，则器件具有寄存器输出功能，时钟信号 CLK 和三态选通信号 OE 分别与芯片相连；如果 SYN＝1，器件不使用寄存器，只有组合逻辑输出功能，CLK 和 OE 不连通，管脚 1 和管脚 11 作为普通输入管脚
AC0	1	该信号是 8 个 OLMC 的公共信号，与 AC1(n)配合使用，共同控制对应 OLMC 中的四个数据选择器的状态
AC1(n)	8	每个 OLMC 都有一个独立的 AC1(n)，n 表示管脚号，取值为 12～19。AC1(n)与 AC0 配合使用，共同控制对应 OLMC 中的四个数据选择器的状态
XOR(n)	8	XOR(n)决定每个 OLMC 中或门输出的极性。n 表示管脚号，取值为 12～19

3.2.2.3　OLMC 结构

OLMC 的结构如图 3.13 所示，包含一个 8 输入端或门、一个异或门、一个 D 触发器、四个数据选择器和一些辅助电路。

1. 8 输入端或门

8 输入端或门的输入信号来自前面的与门阵列，完成最多 8 个乘积项之和的操作。异或门用来改变或门的输出，当 XOR(n)＝1 时，或门的输出经过异或门后被反相；当 XOR(n)

=0时，或门的输出经过异或门之后极性不变。D触发器可以对或门输出进行寄存，使该电路能够完成时序逻辑功能。

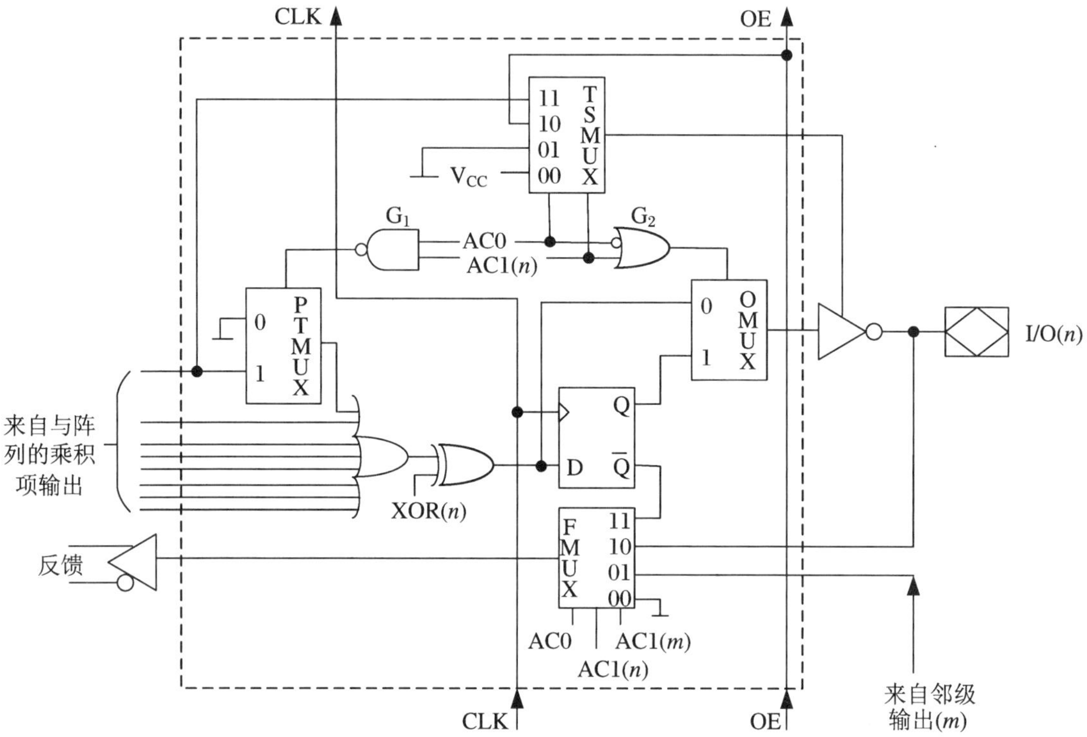

图 3.13 OLMC的结构

2. 乘积项数据选择器(PTMUX)

PTMUX是二选一的选择器，决定或门的第一个输入是来自阵列中的一个乘积项还是来自“地”信号。该选择器的控制信号是由AC0和AC1(n)经过组合以后得到的。

3. 三态控制数据选择器(TSMUX)

TSMUX是四选一的选择器，用于选择输出三态缓冲器的使能信号。TSMUX的四个输入分别是电源V_{CC}、地、OE和来自阵列的第一个乘积项。该选择器的控制信号还是AC0和AC1(n)。

4. 输出数据选择器(OMUX)

OMUX是二选一的选择器，其两个输入分别是异或门的输出和D触发器的输出。如果选择异或门的输出，可以构成组合逻辑电路；如果选择D触发器的输出，可以构成时序逻辑电路。该选择器的控制信号还是由AC0和AC1(n)经过组合以后得到。

5. 反馈数据选择器(FMUX)

FMUX是四选一的选择器，用于选择反馈信号的来源。它的四个输入分别是地、相邻级管脚输出、本级D触发器反向端输出、本级管脚输出。该选择器的控制信号为AC0、

AC1(n)和 AC1(m)，其中 n 为本级管脚号，m 为相邻级管脚号。

3.2.2.4　OLMC 组态

从图 3.13 的结构可知，通过结构控制字中 SYN、AC0 和 AC1(n)的设置，可以控制 OLMC 形成五种不同的工作组态，具体取值如表 3.4 所示。

表 3.4　OLMC 的不同组态

SYN	AC0	AC1(n)	工　作　组　态
1	0	1	专用输入模式
1	0	0	专用组合输出模式
1	1	1	选通组合输出模式
0	1	1	时序电路组合输出模式
0	1	0	寄存器输出模式

1. 专用输入模式

OLMC 的专用输入模式如图 3.14 所示，图中虚线框代表 OLMC。从图中可见，由于输出三态缓冲器的控制端接地，三态门处于高阻状态，所以 I/O 端不能作为输出端，只能作为输入端。但该端的输入并不是从本级宏单元反馈到与门阵列的，而是通过相邻级的宏单元反馈到与门阵列的。比如管脚 12 的信号借助管脚 13 对应的宏单元反馈，管脚 17 的信号借助管脚 16 对应的宏单元反馈。

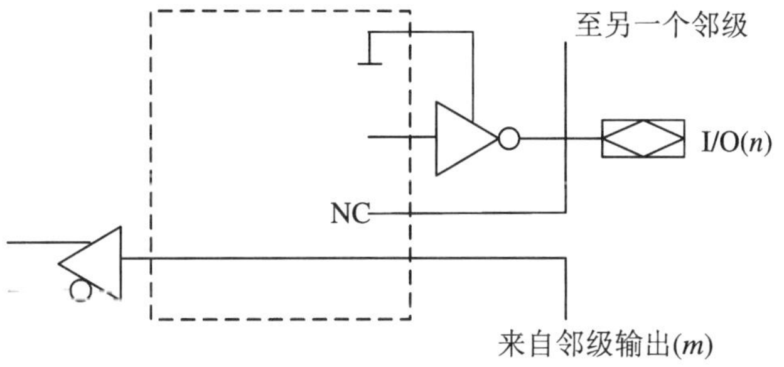

图 3.14　专用输入模式

在该模式中，管脚 1 和 11 作为输入端使用，它们的信号借助管脚 19 和 12 对应的宏单元反馈输入。管脚 15 和 16 对应的宏单元没有这种工作模式，因为它们没有向相邻宏单元反馈的连线。

2. 专用组合输出模式

OLMC 专用组合输出模式如图 3.15 所示。从图中可见，输出三态缓冲器的控制端接 V_{CC}，三态门始终处于导通状态，所以 I/O 端只能作为组合输出端，不能作为输入端。管脚 1 和 11 可以作为输入端使用。

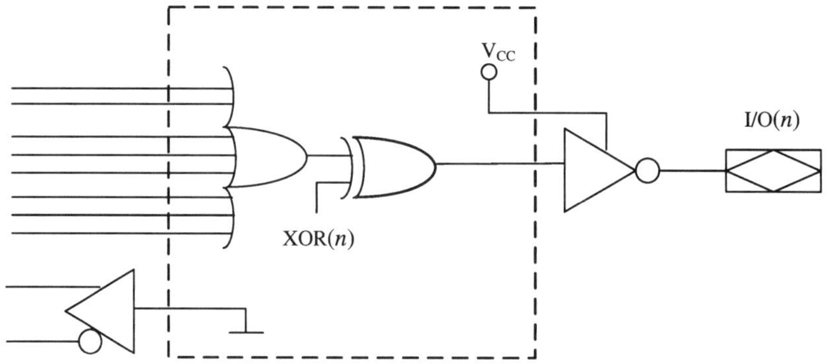

图 3.15　专用组合输出模式

3. 选通组合输出模式

OLMC 选通组合输出模式如图 3.16 所示。从图中可见,来自阵列的第一个乘积项作为输出三态缓冲器的控制端,因此或门最多只有 7 个输入。在这种模式下,I/O 端既可以作为输入端也可以作为输出端。作为输入端时,信号可以通过本级反馈通路输入;作为输出端时,输出信号也可以通过本级的宏单元反馈到与门阵列。在该模式下,管脚 1 和 11 作为输入端,但要借助管脚 19 和 12 的反馈通路,所以管脚 19 和 12 只能作为无反馈的输出端。

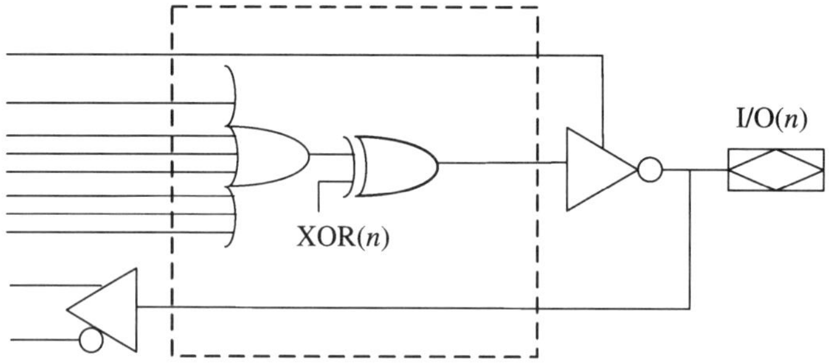

图 3.16　选通组合输出模式

4. 时序电路组合输出模式

OLMC 时序电路组合输出模式的结构与选通组合输出模式相同,功能也相同,如图 3.16 所示。在这种模式下,管脚 1 和 11 分别作为时钟信号 CLK 与选通信号 OE,不再作为一般输入端使用,也不占用管脚 19 和 12 的反馈通路,而且其他 OLMC 中至少有一个设置为寄存器输出模式。

5. 寄存器输出模式

OLMC 寄存器输出模式如图 3.17 所示。在这种模式下,管脚 1 和 11 分别作为时钟信号 CLK 和选通信号 OE,并被所有设置成时序输出模式的 OLMC 公用。时序输出信号可以通过本级的反馈通路反馈到与门阵列。

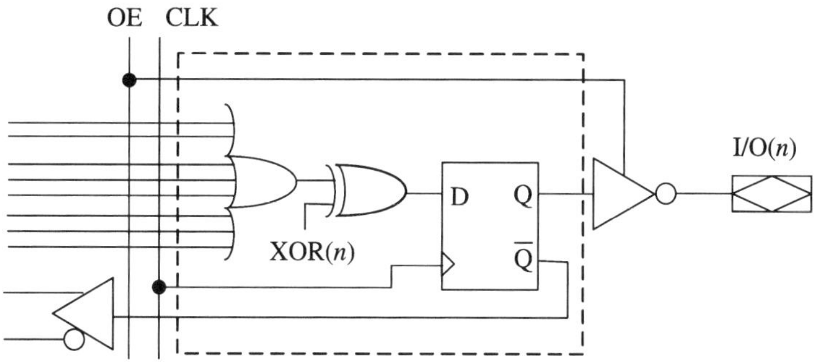

图 3.17 寄存器输出模式

3.2.2.5 小结

用户可以根据实际需要,对 SYN、AC0 和 AC1(n)进行设置,构建不同的 OLMC 工作模式。可以将所有 OLMC 设置成相同的工作模式,也可以将不同的 OLMC 设置成不同的工作模式。结构控制字的设置是通过在软件工具里编写源代码的方式来完成的。

3.3 CPLD 的工作原理

随着半导体设计和制造技术的不断发展,到了 20 世纪 80 年代,出现了规模更大、性能更高的复杂可编程逻辑器件 CPLD。CPLD 沿用了与 GAL 门类似的结构,内部包含与门阵列、或门阵列和触发器,并在结构上进行了改进。

MAX7000 家族是 Altera 公司典型的 CPLD 产品,它基于第二代多阵列矩阵(Multiple Array Matrix,MAX)结构,采用 CMOS 工艺和 EEPROM 存储方式。MAX7000 家族又可以细分为 MAX7000 系列(包括 MAX7000 器件、MAX7000E 器件和 MAX7000S 器件)、MAX7000A 系列和 MAX7000B 系列,可以提供 600～5000 个逻辑门,管脚到管脚的延迟时间为 5 ns,计数器频率最高达 175.4 MHz。

MAX7000 器件具有最基本的功能,MAX7000E 增加了全局时钟、使能控制,增强了互连资源,提供了更快的输入寄存器和可编程设置的压摆率(slew rate),MAX7000S 器件提供了 5 V 电压的在系统可编程(In-system Programmability,ISP)功能。MAX7000A 和 MAX7000B 分别提供了 3.3 V 电压和 2.5 V 电压的 ISP 功能,这个功能是通过 JTAG 接口实现的。本节以 MAX7000 系列为例说明 CPLD 的结构和工作原理。MAX7000 系列中最基本的器件型号分为 EPM7032、EPM7064 和 EPM7096,型号后面带字母 E 的器件属于 MAX7000E,带字母 S 的器件属于 MAX7000S,表 3.5 和表 3.6 给出了它们的部分性能参数。

表 3.5 MAX7000 系列器件特性一

特性	EPM7032	EPM7064	EPM7096	EPM7128E	EPM7160E	EPM7192E	EPM7256E
可用门数	600	1250	1800	2500	3200	3750	5000
宏单元数	32	64	96	128	160	192	256
LAB 数	2	4	6	8	10	12	16
最大用户 I/O 数	36	68	76	100	104	124	164
计数器频率 f_{CNT}(MHz)	151.5	151.5	125.0	125.0	100.0	90.9	90.9
特性	EPM7032S	EPM7064S	EPM7128S	EPM7160S	EPM7192S	EPM7256S	
可用门数	600	1250	2500	3200	3750	5000	
宏单元数	32	64	128	160	192	256	
LAB 数	2	4	8	10	12	16	
最大用户 I/O 数	36	68	100	104	124	164	
计数器频率 f_{CNT}(MHz)	175.4	175.4	147.1	149.3	125.0	128.2	

表 3.6 MAX7000 系列器件特性二

特　　性	MAX7000	MAX7000E	MAX7000S
通过 JTAG 接口的 ISP			√
JTAG 边界扫描电路			√
漏极开路输出			√
快速输入寄存器		√	√
六个全局输出使能		√	√
两个全局时钟		√	√
压摆率控制		√	√
多电压接口	√	√	√
可编程寄存器	√	√	√
并联扩展乘积项	√	√	√
共享扩展乘积项	√	√	√
节能模式	√	√	√
安全位	√	√	√
PCI 设备兼容性	√	√	√

3.3.1 MAX7000 系列的结构

MAX7000 系列的基本结构是类似的，主要包括逻辑阵列块(Logic Array Block，LAB)、可编程连线阵列(Programmable Interconnect Array，PIA)和输入/输出控制模块

(I/O Control Block),如图3.18和图3.19所示。高性能、灵活的LAB是MAX7000系列器件体系结构的基础,用来实现逻辑功能。多个LAB可以通过PIA同全局总线连接起来,专用输入、I/O管脚和宏单元为全局总线提供信号。MAX7000器件有四个专用输入信号线,它们既可以作为通用输入信号线,也可以作为高速全局控制信号,即时钟(GCLK)、清除(GCLR)和输出使能(OE)信号。

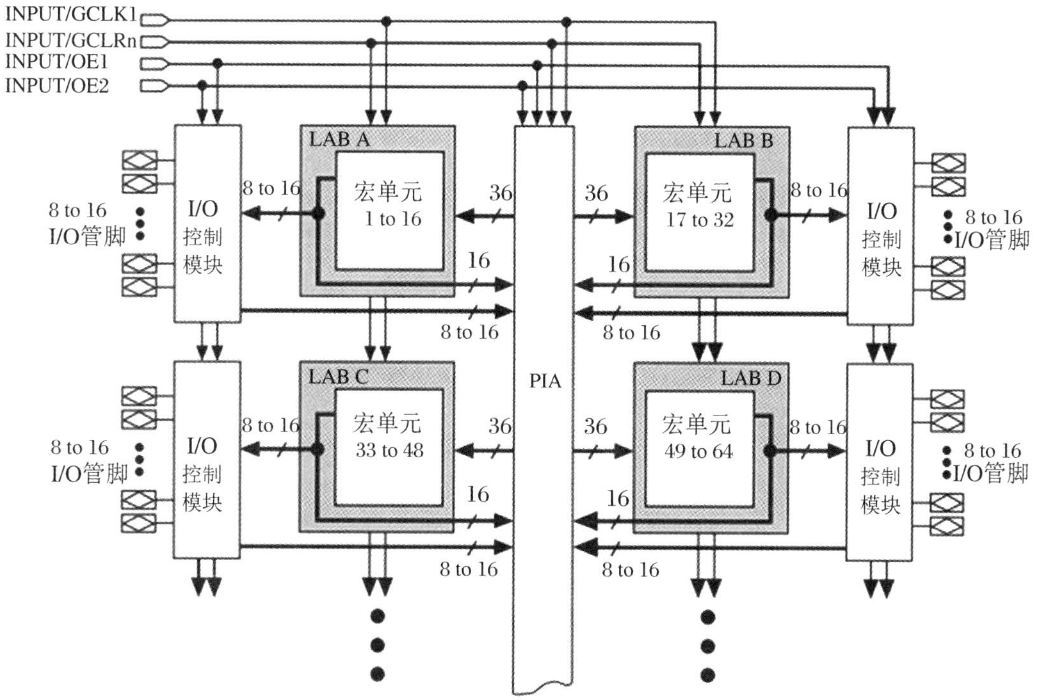

图3.18 EPM7032、EPM7064和EPM7096的结构框图

3.3.1.1 逻辑阵列块

不同型号的MAX7000系列包含的LAB的数量不一样,但LAB的结构都是一样的。LAB的输入信号有三个来源:第一是来自PIA的36个输入;第二是控制寄存器功能的全局控制信号;第三是从I/O管脚直接输入寄存器的信号。每个LAB包含16个宏单元(Macrocell)、共享扩展乘积项和并联扩展乘积项。

1. 宏单元

LAB的宏单元结构如图3.20所示,与GAL门的宏单元相比有了进一步的改进。每个宏单元由逻辑阵列、乘积项选择矩阵和可编程触发器三个功能块组成。逻辑阵列包括信号输入和与门阵列,为每个宏单元提供5个乘积项。乘积项选择矩阵分配这些乘积项到后面的或门和异或门,以实现组合逻辑功能,这是乘积项选择矩阵的主要作用。另外,乘积项选择矩阵也可以分配一些乘积项信号作为触发器的控制信号,对触发器进行清除、预置、提供时钟和时钟使能等控制操作,这是乘积项选择矩阵的辅助功能。可编程触发器可以单独编程设计成D、T、JK或RS触发器工作模式,并有可编程的时钟控制信号。如果需要,可以将触发器旁路掉,以实现组合逻辑。

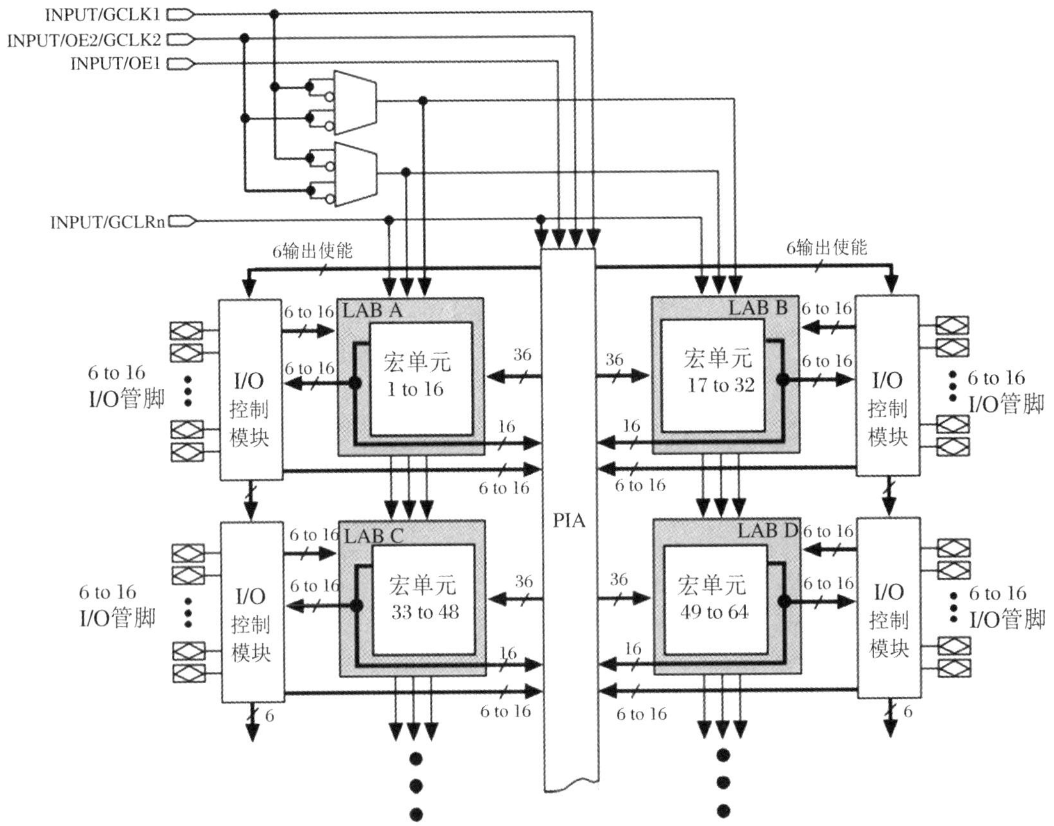

图 3.19　MAX7000E 和 MAX7000S 的结构框图

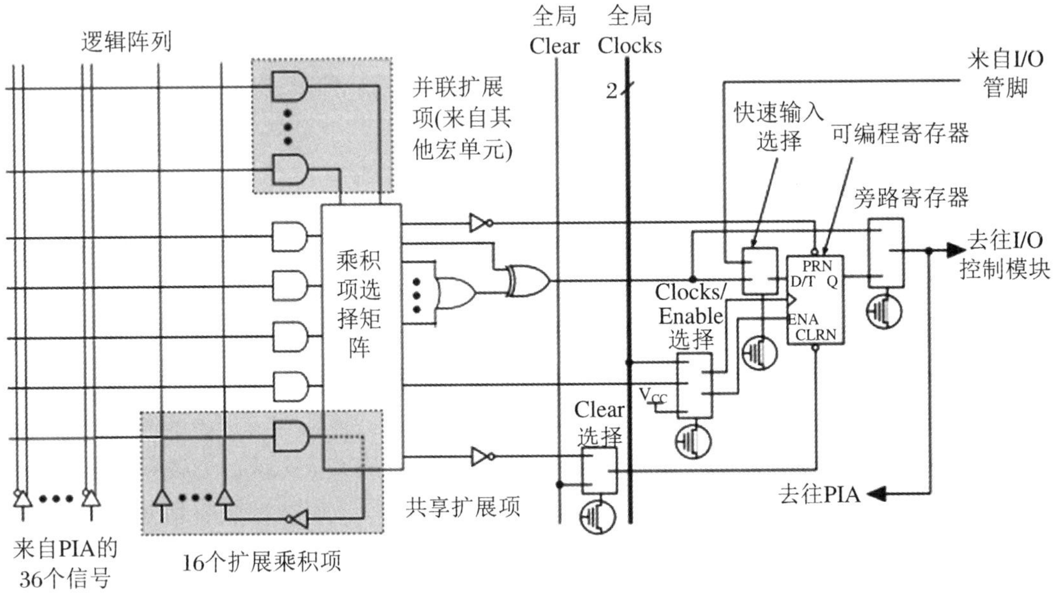

图 3.20　MAX7000 系列的宏单元结构

每个可编程触发器可以配置 3 种类型的时钟：

（1）配置一个全局时钟信号。这种模式可以获得最快的时钟到输出性能。

（2）配置一个全局时钟信号和一个高电平有效的时钟使能信号。这种模式在获得最快的时钟到输出性能的同时，为每一次触发提供一个使能信号。

（3）配置一个由乘积项提供的时钟信号。在这种模式中，触发器可以用一个来自隐秘宏单元或I/O管脚的信号作为时钟信号。

在EPM7032、EPM7064和EPM7096器件中，全局时钟信号由一个专用的时钟管脚GCLK1提供，如图3.18所示。MAX7000E和MAX7000S器件可以有两个全局时钟信号，这两个全局时钟信号可以是GCLK1和GCLK2，也可以是GCLK1和GCLK2的反相信号，如图3.19所示。

宏单元中的触发器支持异步置位（PRN）和异步清除（CLRN）操作，如图3.20所示。乘积项选择矩阵分配一些乘积项信号去控制PRN和CLRN操作。虽然乘积项驱动的触发器置位和清除信号是高电平有效，但在逻辑阵列中反转信号也可以获得低电平有效的控制信号。另外，每个触发器的清除功能也可以通过低电平有效的专用的全局清除信号GCLRn来驱动。

宏单元中的触发器都有一个来自I/O管脚的快速输入通道，它能够旁路PIA和组合逻辑，直接将I/O管脚信号快速送到触发器，使触发器成为具有极快输入建立时间（3 ns）的输入寄存器。

2. 扩展乘积项

尽管大多数逻辑函数可以用每个宏单元中的5个乘积项来实现，但对一些更加复杂的逻辑函数，还需要附加乘积项。为了提供所需的逻辑资源，MAX7000系列在结构中设计了扩展乘积项。扩展乘积项作为附加的乘积项，可以直接送到本LAB的任意宏单元中，保证在实现逻辑综合时，用尽可能少的逻辑资源实现尽可能快的工作速度。扩展乘积项有两种类型：共享扩展项和并联扩展项。

每个LAB有多达16个共享扩展项。共享扩展项是由每个宏单元提供的一个未使用的乘积项组成的，它们经过反相后反馈到逻辑阵列，以便集中使用。每个共享扩展项可以被LAB内任何一个或全部宏单元使用和共享，以实现复杂的逻辑函数，但采用共享扩展项将增加一个延时 t_{SEXP}。图3.21给出了共享扩展项的反馈通路。

并联扩展项是一些宏单元中没有使用的乘积项，这些扩展乘积项可以分配给相邻的宏单元使用，以实现快速复杂的逻辑函数。对一个宏单元来说，最多可以有20个乘积项直接馈入它的“或”逻辑，其中5个乘积项是由它本身提供的，15个乘积项是由相邻的宏单元通过并联乘积项提供的。

开发系统的软件工具可以自动给并联扩展项布线，最多将3组、每组最多5个并联扩展项连接到需要扩展项的宏单元上。若一个宏单元需要14个乘积项，编译器可以采用宏单元本身的5个乘积项，并分配给它2组并联扩展项（第1组包含5个乘积项，第2组包含4个乘积项），总延时增加 $2\times t_{SEXP}$。

一个LAB内的16个宏单元分为两组，每组包含8个宏单元（一个组包含宏单元1～8，另一个组包含宏单元9～16），因此在一个LAB中形成两个借出和借用并联扩展项的链。一个宏单元可以从较小编号的宏单元中借用并联扩展项，例如宏单元8可以从宏单元7，6，5中借用并联扩展项。在8个宏单元的一个组内，最小编号的宏单元只能借出并联扩展项，而最大编号的宏单元只能借用并联扩展项。图 3.22 给出了从相邻宏单元借用并联扩展项的连接通路。

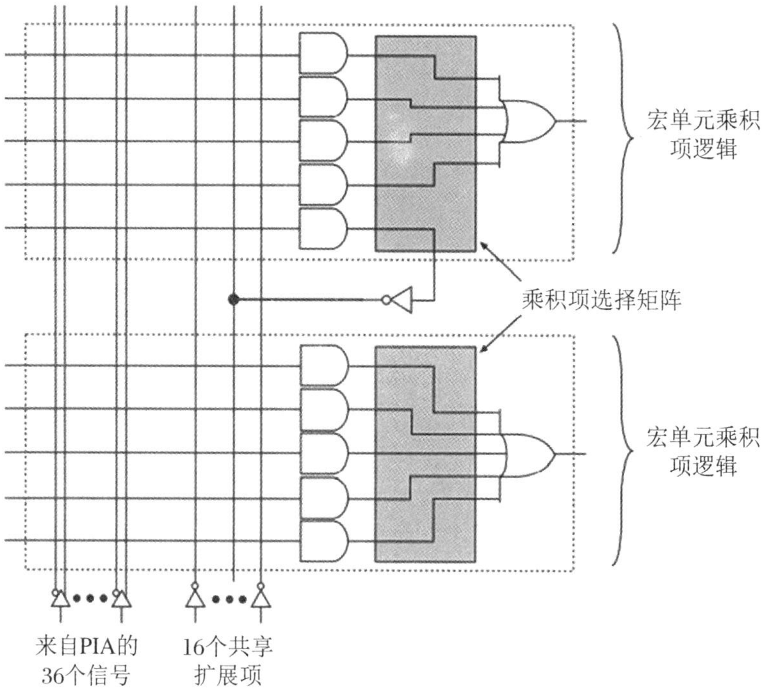

图 3.21 MAX7000 的共享扩展项

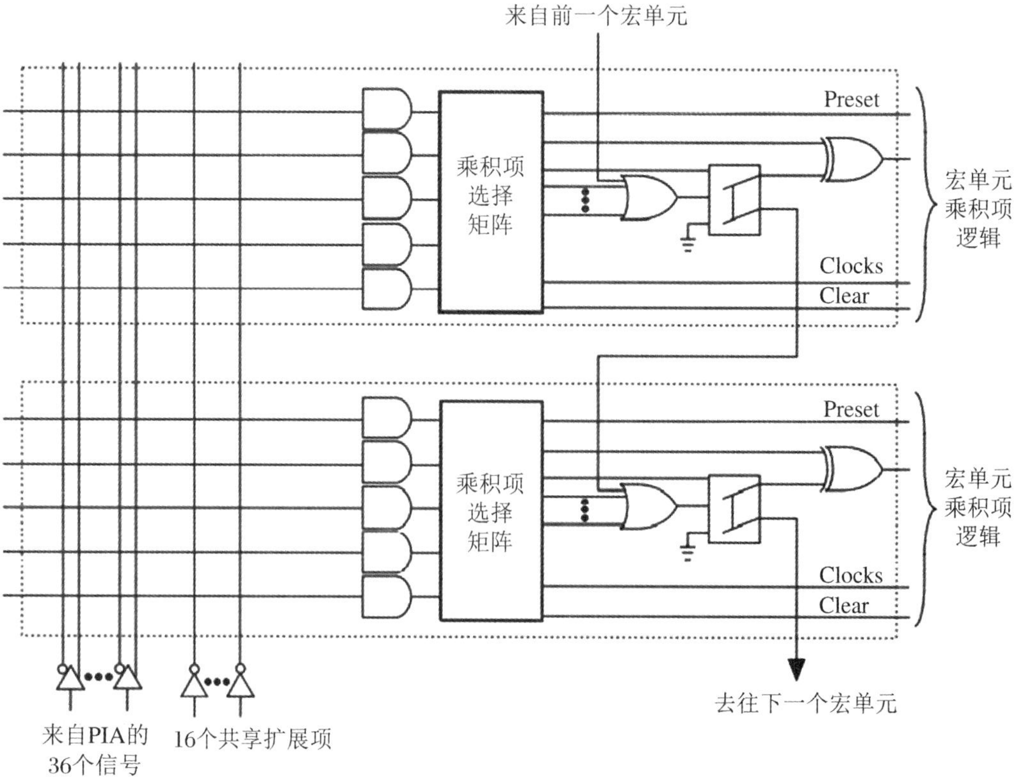

图 3.22 MAX7000 的并联扩展项

3.3.1.2　可编程连线阵列

可编程连线阵列(PIA)可以将 LAB 连接起来,形成需要的逻辑功能。PIA 是全局总线,可以通过编程设计把器件中的任意一个源点连接到任意一个目标点。MAX7000 中所有的专用输入信号、I/O 管脚输入信号和宏单元输出信号都可以馈入 PIA,通过 PIA 将信号传遍整个器件。每个 LAB 需要的信号也可以通过 PIA 的布线,从 PIA 传送进 LAB。图 3.23 显示了 PIA 的信号是如何传送到 LAB 中去的。一个 EEPROM 单元控制一个输入到一个两输入的 AND 门,由它选择一个 PIA 信号去驱动 LAB。

MAX7000 的 PIA 的延迟是固定的,与路径无关,不会积累,因此消除了信号之间的偏移,使得其时序性能可以预测。

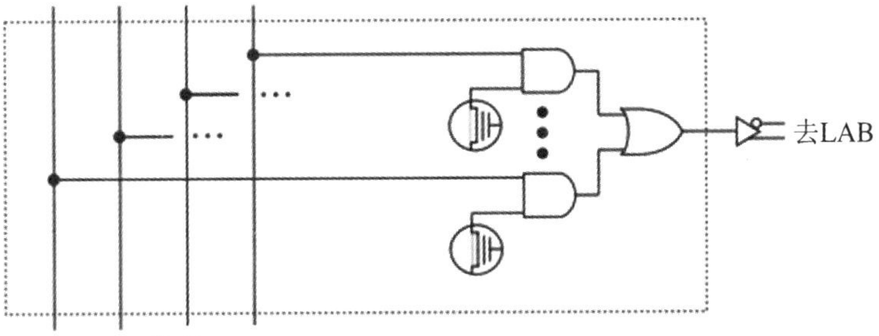

图 3.23　PIA 路径

3.3.1.3　输入/输出控制模块

MAX7000 系列的 I/O 控制模块可将 I/O 管脚配置成独立的输入、输出或双向工作模式。所有的 I/O 管脚都有一个三态缓冲器,这个缓冲器可以独立地被一个全局输出使能信号控制,或者直接连接到地或 V_{CC}。图 3.24 给出了 MAX7000 系列 I/O 控制模块的结构图,EPM7032、EPM7064 和 EPM7096 器件有两个全局输出使能信号,它们由两个专用的低电平有效的输出使能管脚 OE1 和 OE2 驱动。MAX7000E 和 MAX7000S 器件的 I/O 控制模块有 6 个全局输出使能信号,这 6 个使能信号的驱动信号可以是以下信号:两个输出使能信号、一个 I/O 管脚的集合或一个 I/O 宏单元的集合,也可以是这些信号的反相信号。

当三态缓冲器的控制端接地(GND)时,其输出为高阻态,I/O 管脚可以作为专用输入管脚。当三态缓冲器的控制端接电源(V_{CC})时,输出被使能。

MAX7000E 提供了双 I/O 反馈,即宏单元反馈和 I/O 管脚反馈,它们之间是相互独立的。当 I/O 管脚配置成输入管脚时,跟其相关的宏单元可以用于内部隐含逻辑。

3.3.2　MAX7000 系列器件的管脚

MAX7000 系列器件有多种封装形式,图 3.25 给出了 44 个管脚的器件封装形式,包括 PQFP、PLCC、TQFP 封装和 160 个管脚的 PGA 封装。外部管脚的功能分为电源、地、专用功能管脚和通用输入/输出管脚。有些管脚是复用管脚,可以作为全局信号使用,也可以作为通用的 I/O 管脚使用。44 个管脚的功能由表 3.7 给出。

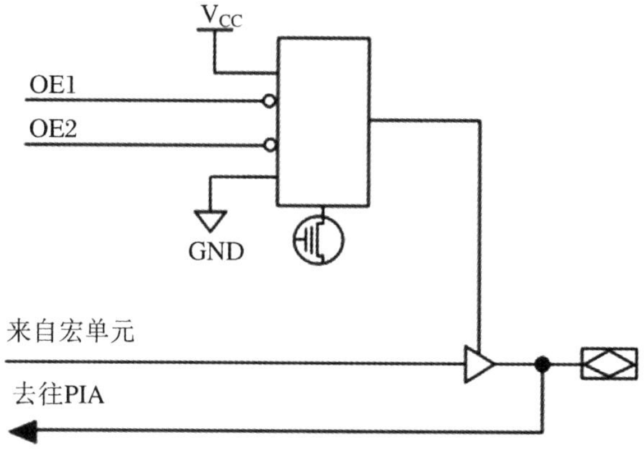

(a) EPM7032、EPM7064和EPM7096的I/O控制模块

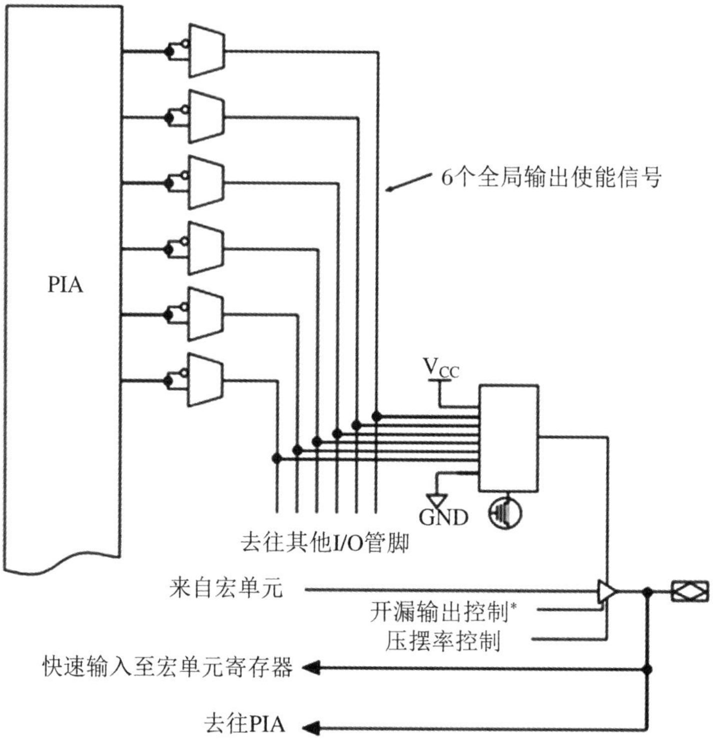

* 开漏输出仅在MAX7000S器件中有效

（b）MAX7000E和MAX7000S的I/O控制模块

图 3.24 MAX7000 系列 I/O 控制模块的结构图

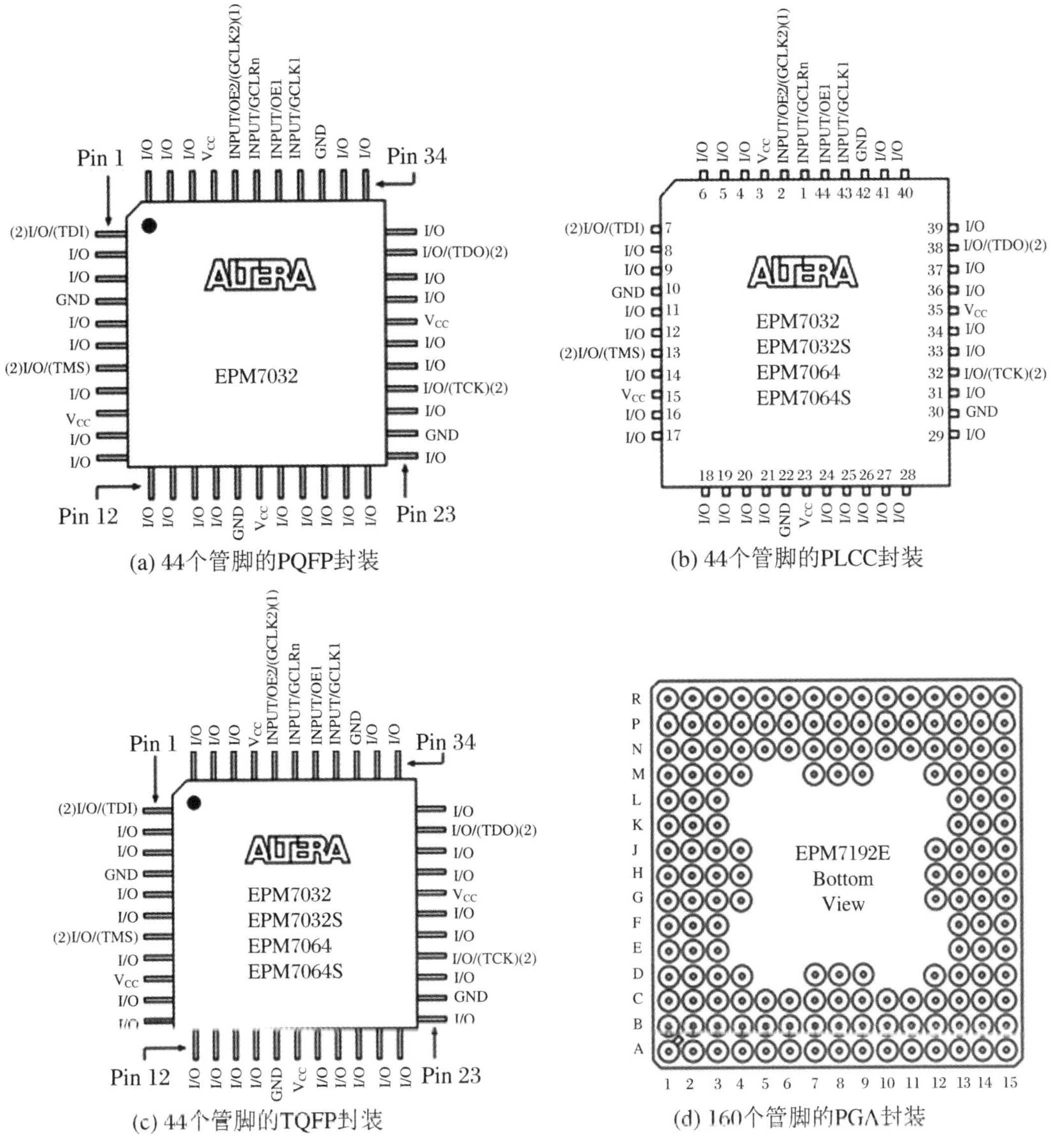

(a) 44个管脚的PQFP封装　　(b) 44个管脚的PLCC封装

(c) 44个管脚的TQFP封装　　(d) 160个管脚的PGA封装

注:(1) 括号内的管脚功能只在MAX7000E和MAX7000S器件中有效;
(2) JTAG接口只在MAX7000S器件中有效。

图 3.25　MAX7000 器件的多种封装形式

表 3.7　MAX7000 器件管脚功能说明(44 个管脚)

管　脚　号	功　　能	说　　明
1	I/O 或 TDI	用户标准输入/输出管脚或者 JTAG 串行数据输入管脚 TDI
4,16,24,36	GND	接地
7	I/O 或 TMS	用户标准输入/输出管脚或者 JTAG 模式选择输入管脚 TMS

续表

管脚号	功能	说明
9,17,29,41	V_{CC}	电源
26	I/O 或 TCK	用户标准输入/输出管脚或者 JTAG 时钟输入管脚 TCK
32	I/O 或 TDO	用户标准输入/输出管脚或者 JTAG 串行数据输出管脚 TDO
37	INPUT 或 GCLK1	输入信号或全局时钟
38	INPUT 或 OE1	输入信号或使能信号
39	INPUT 或 GCLRn	输入信号或全局清除信号
40	INPUT 或 OE2 或 GCLK2	输入信号或使能信号或全局时钟
2,3,5,6,8,10,11,12,13,14,15,18,19,20,21,22,23,25,27,28,30,31,33,34,35,42,43,44	I/O	用户标准输入/输出管脚

从 MAX7000 系列 CPLD 的结构可以看出,CPLD 沿用了"与-或"门阵列的结构,采用乘积项之和的方式实现组合逻辑。在"与-或"门阵列之后添加了触发器,以实现时序逻辑。CPLD 无论是在容量上还是在功能上,比 GAL 门都有了很大的改进和提升。

3.4 FPGA 的工作原理

现场可编程门阵列(FPGA)是目前广泛使用的另一类可编程逻辑器件,它结合了查找表和网格型的互联网络,具有容量大、功耗低、功能强、设计灵活等优点。本节以 Xilinx 公司和 Altera 公司的 FPGA 为代表进行介绍。

Xilinx 公司在 1985 年推出了第一款 FPGA 芯片 XC2064,其早期的 FPGA 产品还有 XC3000、XC4000 和 XC5200 等系列,后续出现了 Spartan 系列、Artix 系列、Kintex 系列和 Virtex 系列等产品。目前,主流产品是 Spartan 7 系列、Artix 7 系列、Kintex 7 系列和 Virtex 7 系列,这些产品在 I/O 端口、价格、集成度、功耗、性能等方面有着不同的优化目标,为不同应用提供了多种解决方案。Xilinx 公司早期的 CPLD 器件有 XC9500 系列、CoolRunner 系列,其中 CoolRunner-Ⅱ是 1.8 V 低功耗 PLD 产品,适用于电池供电系统,目前这些 CPLD 产品不再更新。Xilinx 公司早期的 PLD 开发工具是 Foundation、ISE,现在使用的集成开发工具是 Vivado。

另外,Xilinx 公司目前还有 Zynq 7000、Zynq UltraScale+、Versal 等系列的 SoC 产品,

在单个芯片上集成了FPGA、ARM处理器、通信部件、DSP以及AI引擎等，提供了功能更强大的系统级设计平台。

Altera公司多年来一直致力于PLD的开发，早期产品有MAX系列、FLEX系列、APEX系列等，其后，该公司又推出了Stratix系列和Cyclone系列产品。目前主要的CPLD产品有MAX Ⅴ系列，它具有非易失性、功耗更低和在系统可编程(ISP)等特点。FPGA产品有Stratix系列、Arria系列、Cyclone系列和Agilex系列。

Stratix系列的FPGA和SoC是SRAM工艺的大规模FPGA，集成了硬件乘加器，可提供更多功能和最大化系统带宽，减少风险。Arria系列在中端应用领域提供最佳性能和功率效率，具有丰富的内存、逻辑单元和DSP处理单元，集成25.78 Gbps收发器，其SoC产品集成了ARM的硬核处理器系统，提供更大的集成度并节省功耗。Cyclone系列是采用SRAM工艺的中等规模FPGA，功耗和成本更低，具有高带宽收发器、浮点DSP模块，支持LVDS、DDR3 SDRAM存储器。Cyclone Ⅴ集成了高速收发器和ARM硬核处理器，适用于低功耗、成本敏感型应用。

Altera公司的最新Agilex系列包括多种FPGA及SoC系列产品，有的针对需要更小外型尺寸、低功耗、低成本的应用，有的针对中端高性能、低功耗、小型化应用，有的针对高性能、高I/O速度、高带宽、计算密集型应用。这些产品为用户提供了丰富的、灵活的解决方案。

3.4.1 Xilinx XC3000系列的结构

为了说明FPGA的工作原理，我们选择了Xilinx公司早期产品XC3000系列进行介绍。该产品结构简单、原理清晰、容易理解。

Xilinx公司的FPGA采用一种基于门阵列的结构，每个芯片由二维的逻辑块构成，每个逻辑块由水平和垂直的布线通道连接。XC3000系列的FPGA也是一个二维的阵列结构，主要包括三大部分：可编程逻辑块(Configurable Logic Block，CLB)、可编程输入输出模块(Input/Output Block，IOB)和可编程内部连线(Programmable Interconnect，PI)。另外，还有一个分布式的可配置存储器(SRAM阵列)。图3.26给出了XC3000的内部结构。

在图3.26中，芯片中间大片区域是由很多CLB组成的阵列，每个CLB都可以通过配置实现不同逻辑功能。这种CLB阵列也叫做逻辑单元阵列结构(Logic Cell Array，LCA)。在芯片四周分布着IOB，它们对FPGA的输入/输出信号进行控制和转换。在CLB的行列之间有连接CLB、IOB以及其他内部资源的连接线，叫做PI。

另外，在芯片中有一个以点阵状分布的存储器层面，这个分布式存储器就叫做可配置存储器，主要作用是装载配置文件，控制CLB、IOB和PI的连接，可重复使用。该存储器是SRAM类型，当FPGA芯片掉电以后，可配置存储器中的内容丢失。

从图3.26可以看出，Xilinx FPGA在结构上有两个创新概念：一是具有逻辑单元阵列结构LCA，因此整个芯片就具有门阵列和可编程器件的双重特性；二是逻辑功能的实现是通过对可配置存储器的配置来完成的，即将逻辑功能变换成数据流文件写入可配置存储器(SRAM)中，由SRAM所存的数值来控制内部的连接关系。这里需要注意的是FPGA结构是立体多层面的。

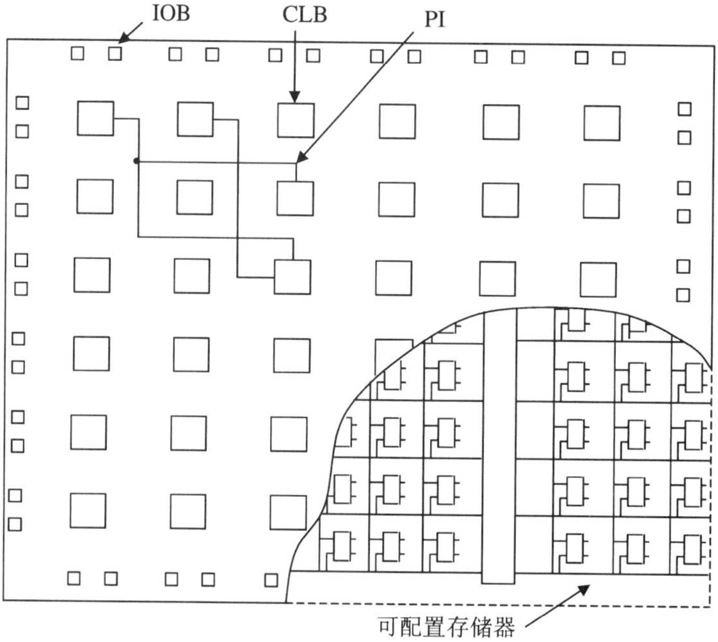

图 3.26 XC3000 FPGA 结构图

3.4.1.1 可编程逻辑块(CLB)

图 3.27 示出了 XC3000 系列 CLB 的结构。从图中可见，每个 CLB 有 5 个外部逻辑变量输入端(A,B,C,D,E)、2 个逻辑变量输出端(X,Y)，另外还有一个时钟使能端 ec、一个时钟端 k、一个复位信号 rd 以及一个直接输入到内部触发器的数据输入端 di。

CLB 内部结构分为组合逻辑部分和 D 触发器部分。组合逻辑部分采用查找表(Look Up Table,LUT)方式，这是跟 CPLD 采用"与-或"门阵列实现组合逻辑不一样的结构，在此我们先说明一下查找表结构。

我们以一个组合逻辑函数 $F=\overline{A}\cdot B+C\cdot D$ 为例，要实现这个逻辑函数，前面已经给出了多种方式，比如采用相应的逻辑门电路、采用"与－或"门阵列结构，如图 3.28(a)、图 3.28(b)所示。这些结构实现逻辑函数时，如果逻辑函数改变了，那么电路结构或者使用的门数就会发生改变，电路的延时特性也不同。

查找表的设计思路是将一个组合逻辑函数所有输入变量的取值组合都遍历一次，计算出每种输入组合对应的输出值 F，并将 F 值存在一张表中。只要给出输入变量的取值组合，通过查表就可以得到相应的逻辑输出值。查找表可以存放在存储器中，输入变量作为存储器地址。所需的存储器单元数量和查找表延时特性只与输入变量的个数有关，与逻辑函数复杂程度无关。例如，如果逻辑函数的输入变量是 3 个，则查找表需要 8 个存储器单元，如果逻辑函数的输入变量是 4 个，则查找表需要 16 个存储器单元，如图 3.28(c)所示。

XC3000 的 CLB 中的组合逻辑部分有 5 个外部输入(A,B,C,D,E)和 2 个内部反馈输入(QX,QY)，可以从这 7 个输入中任意选取信号，实现最多 1 个五变量的任意函数或 2 个四变量的任意函数。图 3.29 给出了组合逻辑的三种结合模式。

CLB 的触发器部分包含两个 D 触发器和一些多路选择开关。两个 D 触发器的时钟端

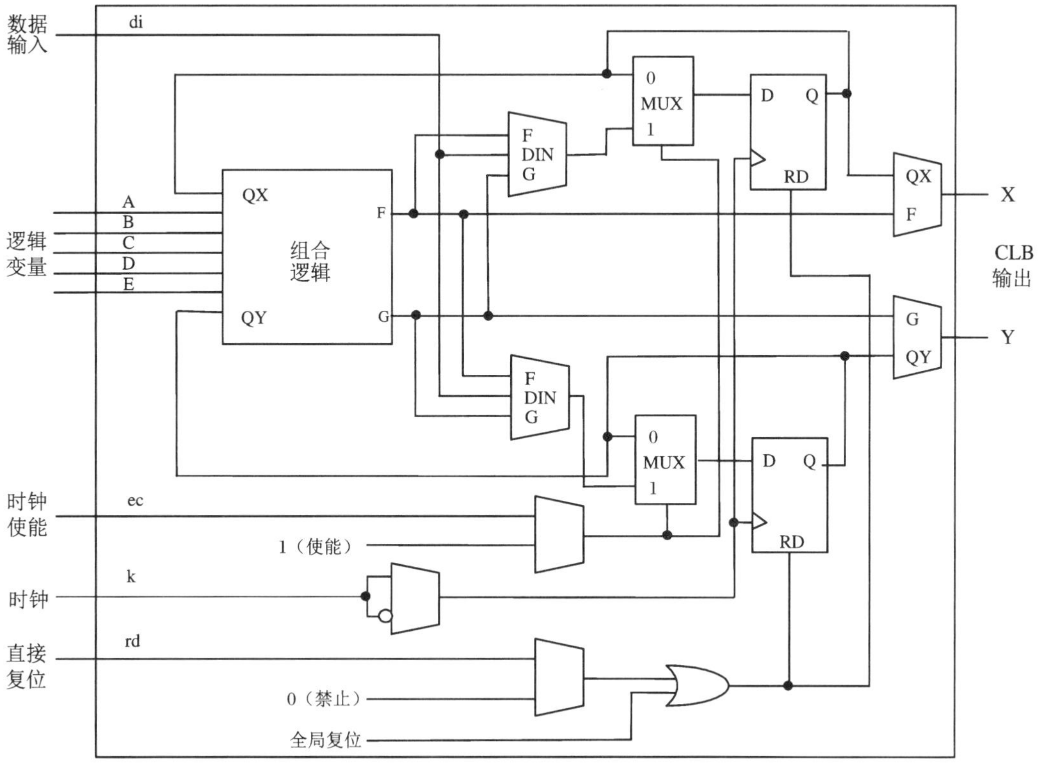

图 3.27　XC3000 系列的 CLB 的结构

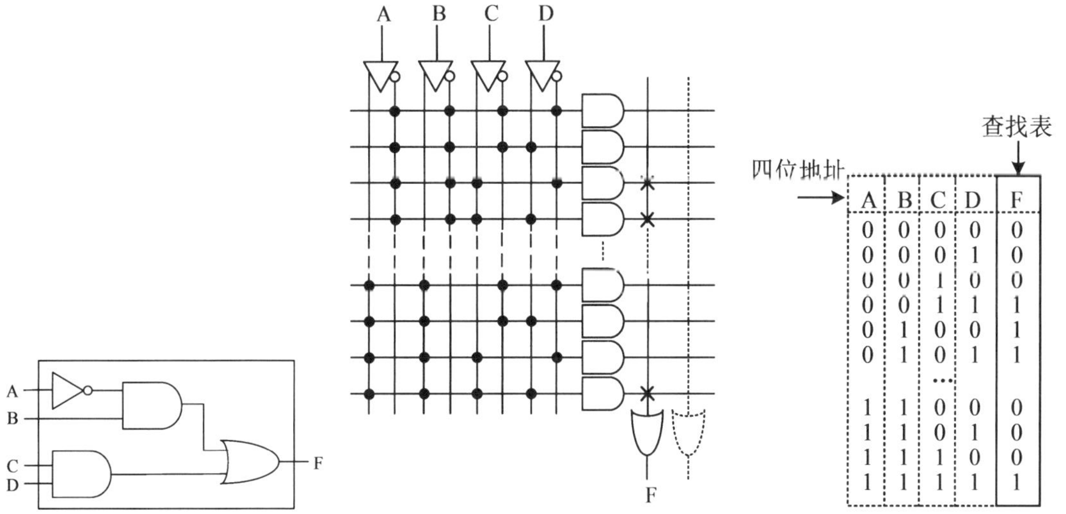

(a) 逻辑门电路　　(b)“与-或”门阵列　　(c) 查找表

图 3.28　组合逻辑的实现方式

由外部时钟 k 驱动，复位端由 rd 复位信号或内部全局复位信号驱动，用户可设定时钟上升沿或下降沿为有效极性。触发器输入端 D 的信号可从直接数据输入 di，组合逻辑输出 F、G 三个信号中选取，输出端 Q 既可以直接驱动 CLB 的输出 X，Y，又可以反馈，作为组合逻辑的输入变量。

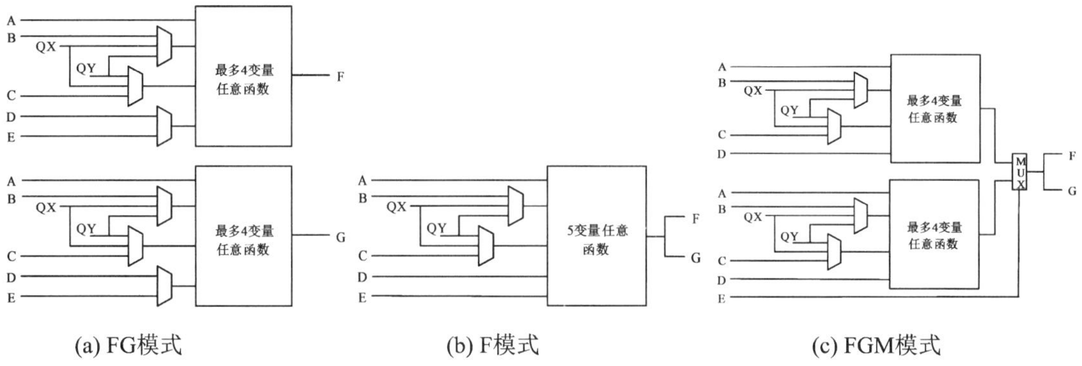

图 3.29 CLB 组合逻辑的三种结合模式

CLB 的组合逻辑部分和 D 触发器部分结合起来可以实现各种逻辑函数。如果只需要实现组合逻辑功能,则组合逻辑的输出 F,G 可以直接传递给外部输出 X,Y。如果需要实现时序逻辑功能,则在组合逻辑之后再加上 D 触发器。

3.4.1.2 可编程输入输出模块(IOB)

XC3000 的 IOB 位于芯片的四周,其结构如图 3.30 所示,上半部分为输出控制,下半部分为输入控制,输入和输出选择由可配置存储器单元决定。

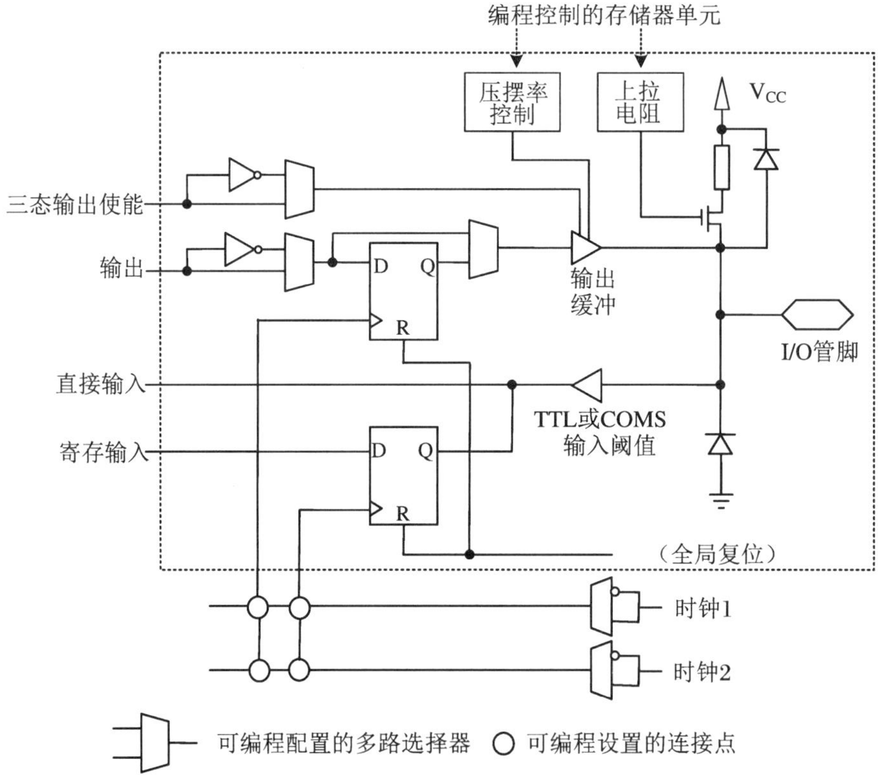

图 3.30 XC3000 系列 IOB 结构

在输入控制中,外部输入信号经过 I/O 管脚到达输入缓冲器,输入缓冲器根据用户编程信息将外部输入的TTL或CMOS信号转换成内部逻辑需要的电平。信号通过输入缓冲器之后可直接进入芯片内部，也可以由D触发器或D锁存器进行寄存或锁存，之后再进入芯片内部。上拉电阻只在输入端使用，输出端不使用。

在输出控制中，来自芯片内部的信号首先选择同相输出还是反相输出，接着选择直接输出还是寄存输出，最后到达输出缓冲器，可选择是否需要三态输出。输出缓冲器还可以调整输出传递速度，即压摆率。若传递速度快，可提高时间效率，但系统噪声大；若传递速度慢，可降低系统噪声，但延时长。

IOB的公共部分有全局复位和两路时钟信号。时钟信号可编程设定为上升沿有效（若为锁存器则低电平有效）或下降沿有效（若为锁存器则高电平有效）。因为芯片一边的IOB共享这两路时钟信号，因此时钟的极性一旦规定好了，则整条边的IOB都遵循此规定。

3.4.1.3　可编程内部连线(PI)

FPGA芯片内部的CLB之间、IOB之间、IOB与CLB之间的连接是由可编程连线实现的。内部PI资源有三种：通用内部连线、直接连线和长线，如图3.31所示。

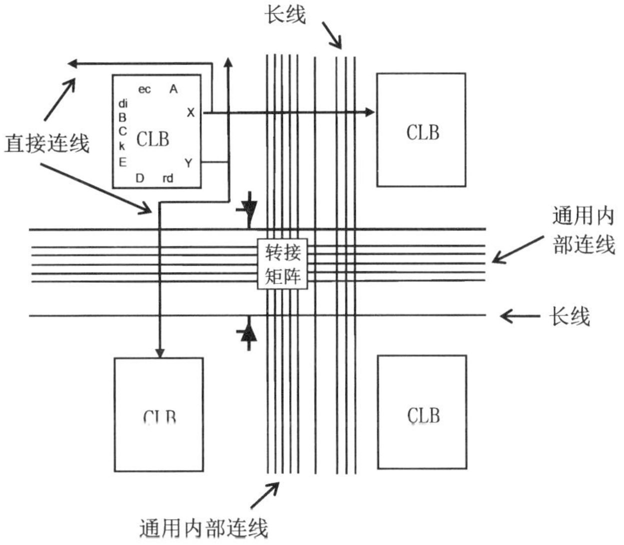

图3.31　XC3000系列的PI结构

通用内部连线由夹在两列CLB之间的五根垂直金属线段和夹在两行CLB之间的五根水平金属线段组成，垂直线段和水平线段的交接处有转接矩阵，它的作用是将金属线段连接起来，形成网络。转接矩阵具有一定的连接规则。

直接连线实现CLB与CLB之间的互连。在图3.31中，某一个CLB的输出端X，Y可以通过直接连线与相邻的其他CLB的输入端直接连接。

长线是在水平或垂直方向上贯穿整个芯片的一种内部连线。长线用于传递传输距离长的信号或偏移率小的信号。在芯片最边上的转接矩阵旁还有两根附加的长线。

XC3000系列FPGA除了以上几个主要部分以外，还有一些其他的部件，如内部晶体振荡器、全局缓冲器、三态缓冲器、上拉电阻及I/O时钟等。

从XC3000的结构可以看到，早期的FPGA结构主要有三大部分，CLB负责完成逻辑功能，IOB负责输入/输出信号的控制和转换，PI负责内部连接，它们各负其责，缺一不可。另外整个结构的搭建是通过可配置存储器中的配置文件控制的。随着半导体技术和工艺的发展，FPGA的结构也在不断改进，更多的功能部件不断加入FPGA的结构中。

3.4.2 Altera FLEX 10K 系列

FLEX系列是Altera公司的早期FPGA产品，其内部的逻辑单元也采用查找表结构，配置文件也存放在SRAM存储器中。以下我们以FLEX 10K器件为例，对Altera FPGA的基本结构进行介绍。FLEX 10K器件的用户I/O管脚数为137～570，可用逻辑门数为1万～25万。

3.4.2.1 FLEX 10K 器件的内部结构

FLEX 10K器件的内部结构如图3.32所示，主要由嵌入式阵列、逻辑阵列、快速通道和I/O单元四部分组成，存放配置文件的SRAM阵列并没有显示在图中。

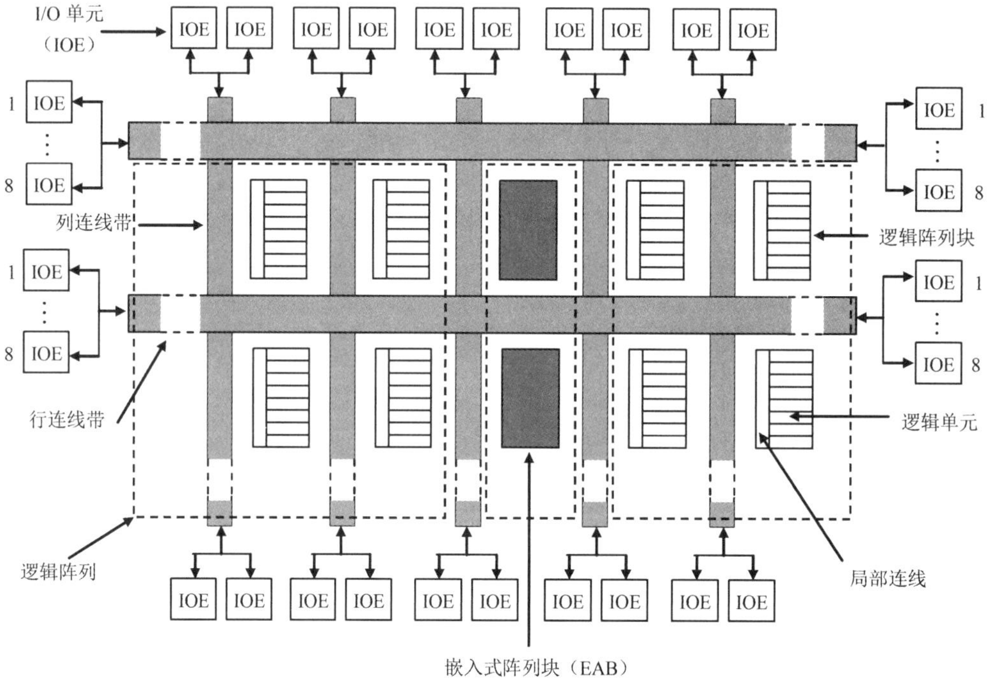

图 3.32 FLEX 10K 内部结构图

嵌入式阵列是把定制的硅片嵌入PLD门阵列基片中的大块RAM，它由一系列嵌入式阵列块（Embedded Array Block，EAB）构成。逻辑阵列是由一系列逻辑阵列块（Logic Array Block，LAB）构成的。每个LAB包含8个逻辑单元（Logic Element，LE）和内部连接线，每个LE含有一个4输入查找表（LUT）、一个可编程触发器、进位链和级联链。FLEX 10K器件内部的信号互连和器件管脚之间的信号互连是由快速通道连线提供的，它是贯通器件长、宽的快速连续通道。I/O单元（Input/Output Element，IOE）负责完成FLEX 10K器件I/O管脚的驱动。

3.4.2.2 嵌入式阵列块(EAB)

与 XC3000 相比,FLEX 10K 器件在内部结构中增加了嵌入式阵列。嵌入式阵列是由一列 EAB 组成的,用来实现逻辑功能和存储功能,适用于需要较多存储功能的场景。

EAB 内部结构如图 3.33 所示,它是大块的 RAM,在输入、输出口上带有触发器,可以非常方便地实现一些规模不太大的 FIFO,ROM,RAM 和双端口 RAM 等功能,还可以实现乘法器、定标器、算术逻辑单元、数字滤波器、微控制器和微处理器等。

每个 EAB 含有 2048 比特的 RAM,可以配置成 256×8,512×4,1024×2,2048×1 的 RAM。因此其数据线可分别配置为 8,4,2,1 位,地址线可配置为 8,9,10,11 位。可以将 EAB 级联成更宽的 RAM,例如可用两个 EAB 组成 512×8 的 RAM。级联 EAB 不需要附加逻辑,因此,级联和非级联的 EAB 具有同样的存取时间。

当 EAB 用来实现乘法器、微控制器、状态机以及 DSP 等复杂逻辑时,每个 EAB 可以贡献 100~600 个门。EAB 可以单独使用,也可以组合起来使用。

EAB 的写使能信号(WE)可以与输入时钟同步,也可以异步工作。EAB 包含用于同步性设计的输入寄存器、输出寄存器和地址寄存器,EAB 输出可以是寄存器输出也可以是组合输出,寄存器输出可用于流水线设计。

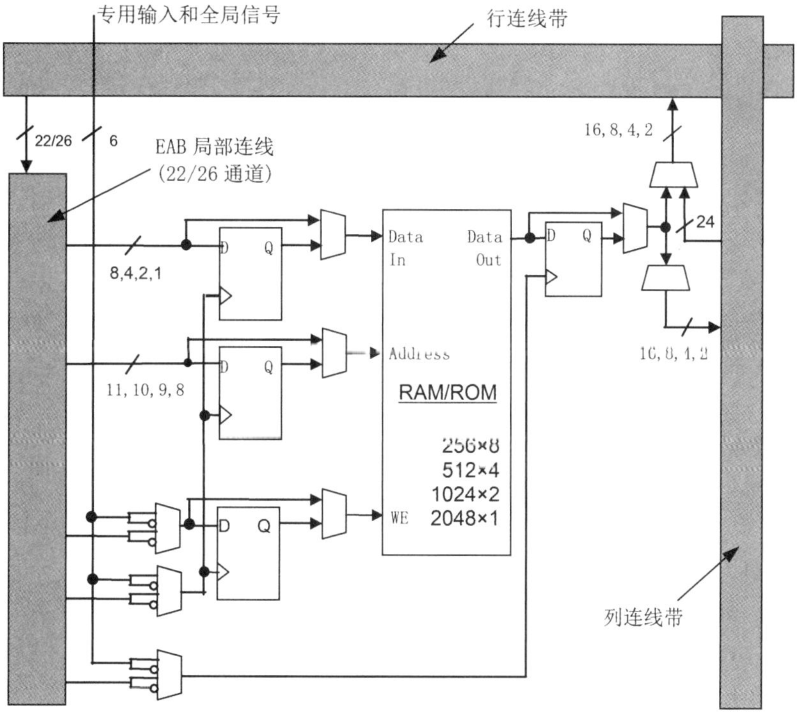

图 3.33 EAB 内部结构图

3.4.2.3 逻辑阵列块(LAB)

一个逻辑阵列块(LAB)包含 8 个逻辑单元(LE)以及和 LE 相连的进位链和级联链、LAB 控制信号、LAB 局部互连线等。LE 是 FLEX 10K 结构中的最小逻辑单元,它很紧凑,能有效地实现逻辑功能。一个 LE 的结构如图 3.34 所示,它包括一个 4 输入的查找表、一个带有同步使能的可编程触发器、一个进位链和一个级联链。每个 LE 都能驱动局域互连通道和快速通道互连。

LE 采用查找表的方式比计算的方式快,可以快速实现 4 个变量的任意函数。LE 中的可编程触发器可设置为 D,T,JK 或 SR 触发器。该触发器的时钟、清除和置位控制信号可由专用的输入管脚、通用 I/O 管脚或任何内部逻辑驱动。实现组合逻辑功能时,可将该触发器旁路,LUT 的输出可直接接到 LE 的输出。

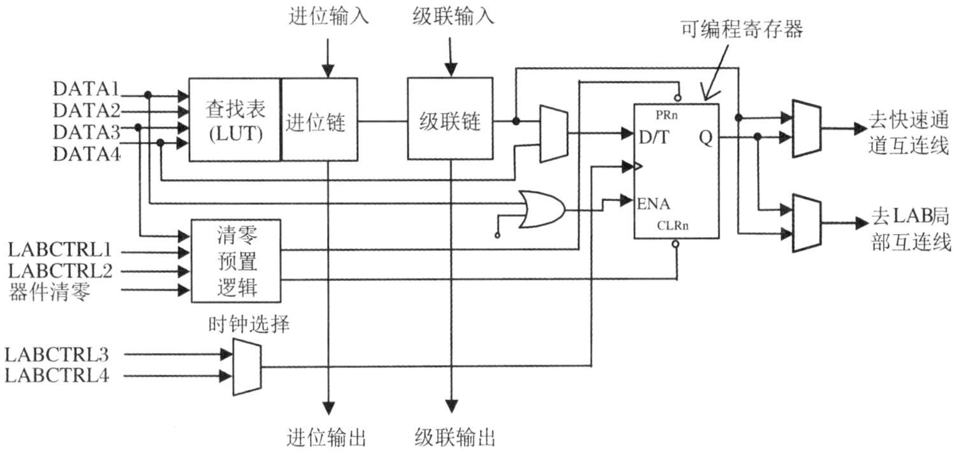

图 3.34 LE 结构图

LE 有两个驱动互连输出,一个是驱动局部的互连输出,另一个是驱动行或列的快速通道的互连输出,这两个输出可以单独控制。

FLEX 10K 还提供两条专用高速数据通道,即进位链和级联链,它们连接相邻的 LE,但不占用局部互连通路。进位链提供 LE 之间非常快的向前进位功能(大约 0.2 ns),支持高速计数器和加法器。级联链可以在最小延时的情况下实现多输入逻辑函数,可用相邻的 LUT 并行计算函数的各个部分,再通过级联链把中间结果串接起来。每增加一个 LE,函数的有效输入增加 4 个,其延时大约增加 0.7 ns。

FLEX 10K 逻辑单元有 4 种工作模式:正常模式、运算模式、加减计数模式和可清除的计数模式,每种模式对 LE 资源的使用不同。Altera 的 EDA 设计软件能自动为每种应用选择适当的模式。

有了 LE 的基本结构,我们再来看 LAB 的结构。每个 LAB 包含 8 个 LE、进位链、级联链、LAB 控制信号以及 LAB 局部互连线,如图 3.35 所示。

每个 LAB 提供 4 个可供所有 8 个 LE 使用的与可编程反向的控制信号,其中 2 个控制信号可以用做时钟,另外 2 个用做清除/置位控制。

每个 LAB 是一个独立的结构,它具有共同的输入、互连与控制信号,LAB 的这种“粗粒度”结构有利于布线和实现高性能的模块,例如 8 位计数器、地址译码器或状态机。多个 LAB 组合起来也可以构成更大的逻辑块,每个 LAB 代表大约 96 个可用的逻辑门。

3.4.2.4 快速通道

在 FLEX 10K 中,LE 和 I/O 管脚之间的连接是通过快速通道(FastTrack)实现的。快

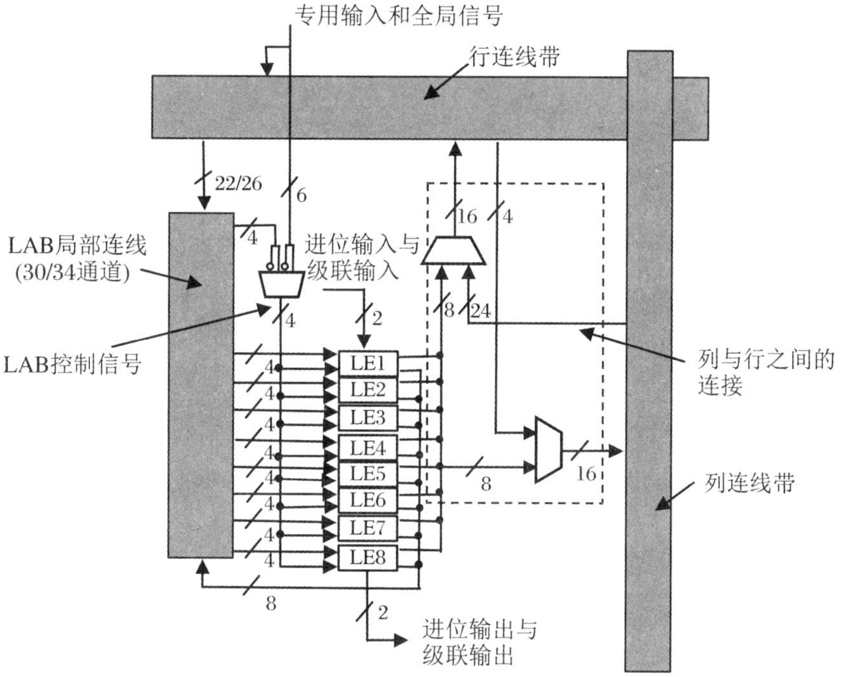

图 3.35 LAB 结构图

速通道是遍布整个 FLEX 10K 器件长、宽的一系列水平和垂直的连续式布线通道。即使对于复杂的设计,这种布线结构也可进行性能预测。

快速通道是由遍布整个器件的"行连线带"和"列连线带"组成的。每行的 LAB 有一个专用的"行连线带","行连线带"可以驱动 I/O 管脚或馈送到器件中的其他 LAB。"列连线带"分布于两行之间,也能驱动 I/O 管脚。图 3.36 示出了 FLEX 10K 的快速通道连接图。

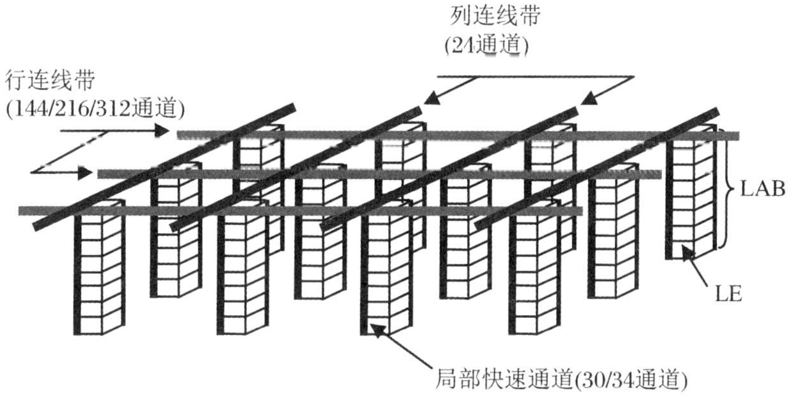

图 3.36 FLEX 10K 的快速通道连接图

3.4.2.5 I/O 单元

IOE 位于快速通道的行和列的末端,每个 IOE 单元包含一个双向 I/O 缓冲器和一个 D 触发器,可以作为输入/输出或双向管脚。IOE 的内部结构如图 3.37 所示。

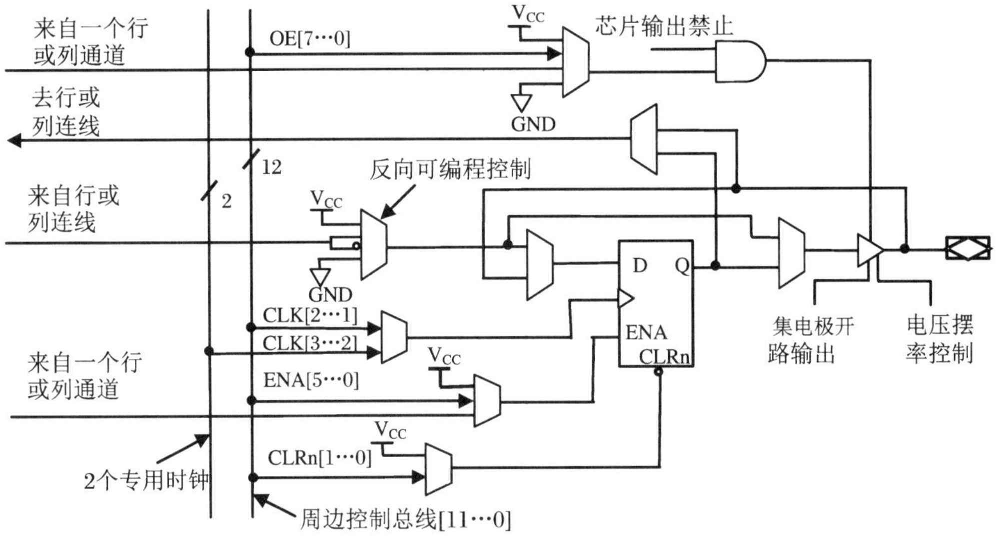

图 3.37 IOE 内部结构图

当 IOE 作为输入时,从 I/O 管脚输入的信号可选择是直接输入还是通过 D 触发器寄存输入。输入电路可提供少于 4.2 ns 的建立时间和 0 ns 的保持时间;作为输出时,内部输出信号可选择同相还是反相输出、直接还是寄存输出、是否三态缓冲输出、是否漏极开路输出等,还可以对压摆率进行控制。输出电路可提供少于 5.7 ns 的"时钟到输出"的时间。当 IOE 作为专用时钟管脚时,其中的电路提供了特殊的性能。

每个 IOE 中输出缓冲器的压摆率可调,可通过配置达到低噪声或高速度的要求。压摆率的加快能使速度提高(最大延时为 4.5 ns),但这会在系统中引入很大的噪声。因此,选择合适的压摆率是非常重要的。

每个 IOE 的时钟、清除、时钟使能和输出使能控制均由周边控制总线的 I/O 控制信号网络提供,周边控制总线提供 12 个控制信号、2 个专用时钟信号,它的高速驱动使能通过器件的偏移最小。

FLEX 10K 还提供了 6 个专用输入管脚,这些管脚用来驱动触发器的控制端,以确保控制信号高速、低偏移(1.2 ns)地有效分配。这些信号使用了专用的布线支路,以便具有比快速通道更短的延迟和更小的偏移。专用输入中的 4 个输入管脚可用来驱动全局信号,这 4 个全局信号也能由内部逻辑信号驱动,产生用以清除器件内部多个触发器的异步清除信号。

3.4.2.6 其他结构特性

除了以上几个主要的部分之外,FLEX 10K 器件还有如下一些结构特性:

1. 时钟锁定和时钟自举

FLEX 10K 器件提供了可供选择的时钟锁定(Clock Lock)和时钟自举(Clock Boost)电路,这两种电路中均含有锁相环(PLL)。时钟锁定电路是一个同步 PLL,它减小了器件内的时钟延迟和偏移,使其建立时间和时钟到输出的时间减到最小。时钟自举电路提供了一个时钟乘法器,它能使设计人员容易地实现时域逻辑乘法,并减少资源使用。

2. 集电极开路输出选择

FLEX 10K 器件的每个 I/O 管脚都提供了可供选择的集电极开路输出。这种集电极开路输出使器件能够提供系统级的控制信号(例如中断和写使能信号),还可以实现"线或"功能。

3. 多电压 I/O 端口

FLEX 10K 支持多电压 I/O 端口,允许 FLEX 10K 器件接到不同电源电压工作的系统中,例如 I/O 端口的电压可以是 2.5 V,3.3 V 或 5.0 V。FLEX 10K 器件有一组供内部电路工作的电源(V_{CC})、供输入缓冲器工作的电源管脚(V_{CCINT})以及一组 I/O 输出驱动器的电源管脚(V_{CCIO})。

4. JTAG 接口

所有的 FLEX 10K 器件都遵守联合测试行动组(Joint Test Action Group,JTAG)开发的边界扫描测试规范(Boundary-Scan Test,BST),即 IEEE Std. 1149.1-1990 规范。器件内部有 JTAG 边界扫描测试电路,能够使用 JTAG 编程指令进行配置。有关 JTAG 接口的详细内容,请参考 8.2.4.3 小节。

3.4.2.7　小结

在 FLEX 10K 的结构中,LAB 负责实现逻辑功能,IOE 负责输入、输出信号的控制和转换,快速通道负责完成各模块的连接,这三个部分与 XC3000 的功能是相同的。除此以外,FLEX 10K 还添加了 EAB,可实现高效存储器和特殊逻辑功能,开始出现了在单个器件中进行系统集成的趋势。从下一小节的 Altera Cyclone 系列可以看出,这种系统集成的趋势愈发明显。

3.4.3　Cyclone 结构简介

Altera Cyclone 系列从诞生之初,已历经 Cyclone、Cyclone Ⅱ、Cyclone Ⅲ、Cyclone Ⅳ、Cyclone Ⅴ、Cyclone 10 等子系列的发展,目前 Cyclone Ⅳ、Cyclone Ⅴ、Cyclone 10 属于厂家支持的产品。本小节以最早的 Cyclone 子系列为例来说明 FPGA 结构集成化的发展特点。

Cyclone 子系列是基于 0.13 μm 工艺的低成本 FPGA,内部有丰富的逻辑资源,集成了锁相环(Phase-Locked Loop,PLL)和专用双倍速存储器(Double Data Rate,DDR)接口,对外支持多种 I/O 标准接口、外围设备连接(Peripheral Component Interconnect,PCI)接口和低电压差分信号(Low Voltage Differential Signaling,LVDS)的传输等。Cyclone 子系列包含的器件型号有 EP1C3、EP1C4、EP1C6、EP1C12 和 EP1C20。

Cyclone 器件延续了 FLEX 10K 的基本结构,主要包括逻辑阵列块、I/O 单元和多通道连接线(MultiTrack Interconnect),配置数据也是采用 SRAM 存放。另外,它还具有 M4K 存储器模块和内部锁相环等结构。图 3.38 给出了 EP1C12 的结构框图,比较烦琐的 SRAM 和多通道连接线并未在图中给出。表 3.8 给出了 Cyclone 子系列器件的内部资源。

表 3.8 Cyclone 器件的资源

器件	M4K RAM		PLL 个数	LAB 列数	LAB 行数
	列数	块数			
EP1C3	1	13	1	24	13
EP1C4	1	17	2	26	17
EP1C6	1	20	2	32	20
EP1C12	2	52	2	48	26
EP1C20	2	64	2	64	32

3.4.3.1 逻辑阵列块

在图 3.38 中，中间大片浅灰色区域就是逻辑阵列块(LAB)排成行、列的逻辑阵列区域，逻辑功能就是由逻辑阵列来实现的。每个 LAB 包含 10 个逻辑单元(LE)、LAB 控制信号、LE 进位链(LE carry chains)、查找表链(LUT chain)、寄存器链(Register chains)和局部连接线。局部连接线可以在一个 LAB 中的 LE 之间传输信号，查找表链可以将同一个 LAB 中的一个 LE 查找表的输出端快速地串接到相邻的 LE，寄存器链可以将 LAB 中的一个 LE 寄存器的输出端和相邻 LE 的寄存器相连。图 3.39 示出了 LAB 的结构框图。

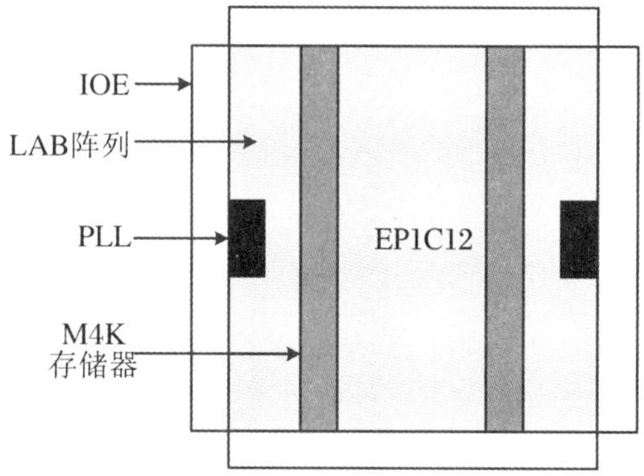

图 3.38 EP1C12 的结构框图

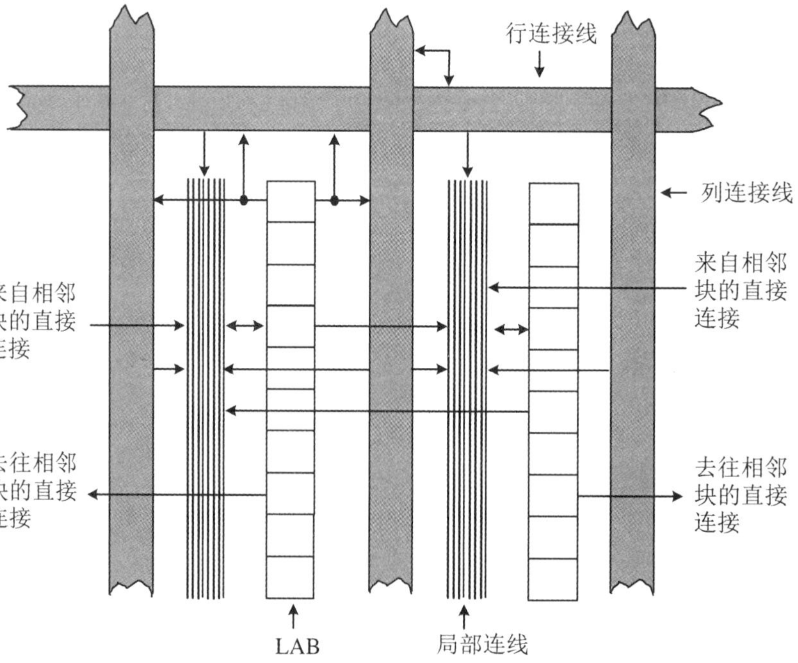

图 3.39 LAB 的结构框图

每个 LAB 都有专门的逻辑电路产生控制信号，用来驱动内部的 LE。这些控制信号包括两个时钟信号（labclk1，labclk2）、两个时钟使能信号（labclkena1，labclkena2）、两个异步清除信号（labclr1，labclr2）、一个同步清除信号（synclr）、一个异步预置/装载信号（asyncload or labpre）、一个同步装载信号（syncload）和一个加/减控制信号（addnsub），因此最多有 10 个信号同时作用。图 3.40 给出了 LAB 中的控制信号。

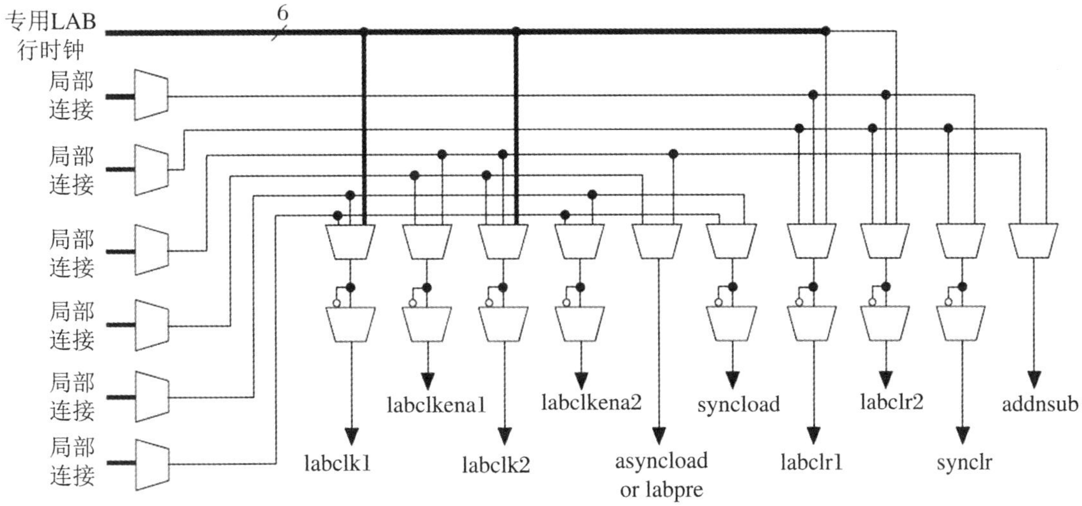

图 3.40　LAB 的控制信号

LE 是 Cyclone 器件实现逻辑功能的最小逻辑单元，其内部结构如图 3.41 所示，它包含一个四输入查找表（LUT）、一个可编程寄存器、一条带有进位选择功能的进位级联链（carry chain）以及同步装载/清除逻辑。LUT 可以实现任意四变量的逻辑函数，一个 LE 还支持动态的单比特加/减模式。LE 可以驱动所有种类的连线，包括局部连线、行连接线、列连接线、LUT 链、寄存器级联链和直接连接线。不同的 Cyclone 器件的 LE 数量为 2910～20060 不等。

3.4.3.2　多通道连接线

在 Cyclone 器件中，多通道连接线将 LE、M4K 存储器和 I/O 管脚连接起来，采用了直接驱动技术（DirectDrive technology）。多通道连接线由连续的、性能优化的、不同速率的连接线组成，可以完成模块内部或者模块之间的连接。

多通道连接线包括间距固定的行向连接线和列向连接线。当设计在不同器件之间移植时，因不同器件都具有固定长度的布线结构，设计的性能可以预测且可重复。

1. 行向连接线

行向连接线为处于同一行的逻辑阵列块（LAB）、锁相环（PLL）、M4K 存储块传送进出的信号，包括直接连线和 R4 连线。直接连线可以直接连接相邻的 LAB 或其他模块。R4 连线可以连通左右 4 个模块。

一个 LAB 或 M4K 存储块可以通过直接连线驱动其左右相邻模块的局部连接线，一个 PLL 模块只能有一侧连接直接连线或行连接线。直接连线可以为相邻的 LAB 和模块提供

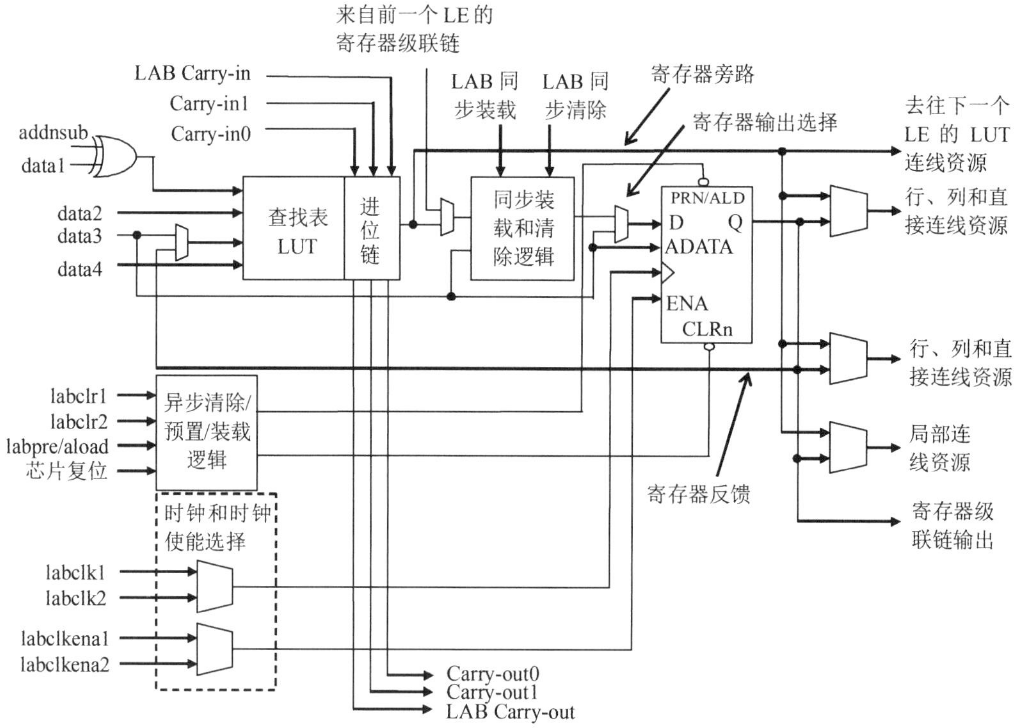

图 3.41 Cyclone 器件的 LE 结构

快速的通信通道。

R4 连线可以横跨四个 LAB 或者两个 LAB 和一个 M4K 存储块,可以快速连接四个 LAB 的局部区域。每个 LAB 有自己的 R4 连接线,图 3.42 给出了一个 LAB 的 R4 连接线。R4 连接线可以驱动 M4K 存储块、PLL 和行向的 IOE,也可以驱动 C4 连接线。

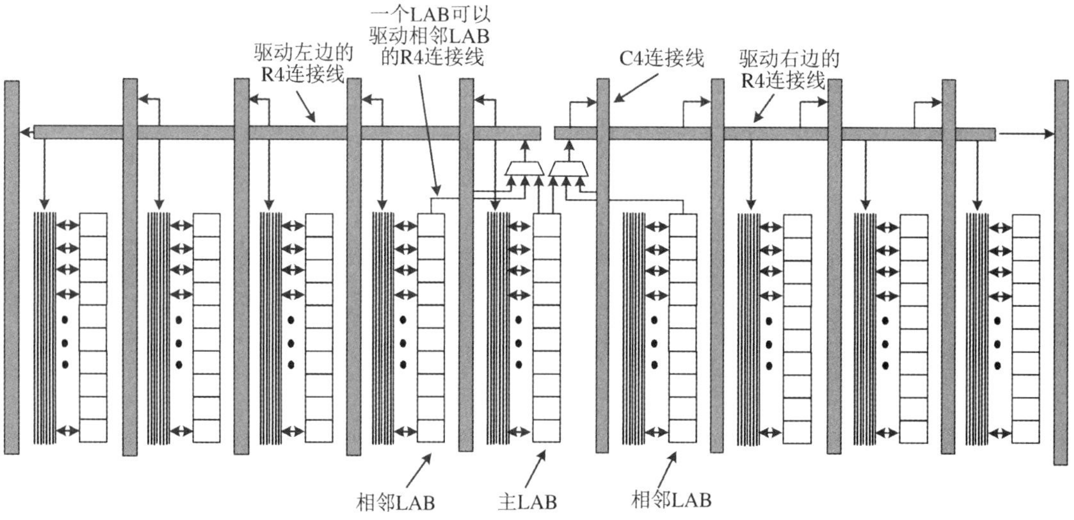

图 3.42 R4 连接线

2. 列向连接线

列向连接线与行向连接线作用相同，为处于同一列的 LAB 块、M4K 存储块和 IOE 块传送进出的信号，这些连接资源包括 LUT 链路、寄存器链路和 C4 连线。

LUT 链路的作用是在一个 LAB 内，使一个 LE 的组合逻辑输出直接快速地驱动它下面的 LE 的输入，不需要使用局部连接线。

寄存器链路的作用是在一个 LAB 内，将一个 LE 的寄存器输出直接连接到另一个 LE 的寄存器输入端，组成快速移位寄存器。

C4 连线可以上下跨越四个 LAB 或 M4K 存储块。每个 LAB 有自己的 C4 连接线，可以对上下的其他模块进行驱动。图 3.43 给出了一个 LAB 的 C4 连接线。C4 连接线可以驱动行连接线，也可以相互驱动以扩大连接范围。

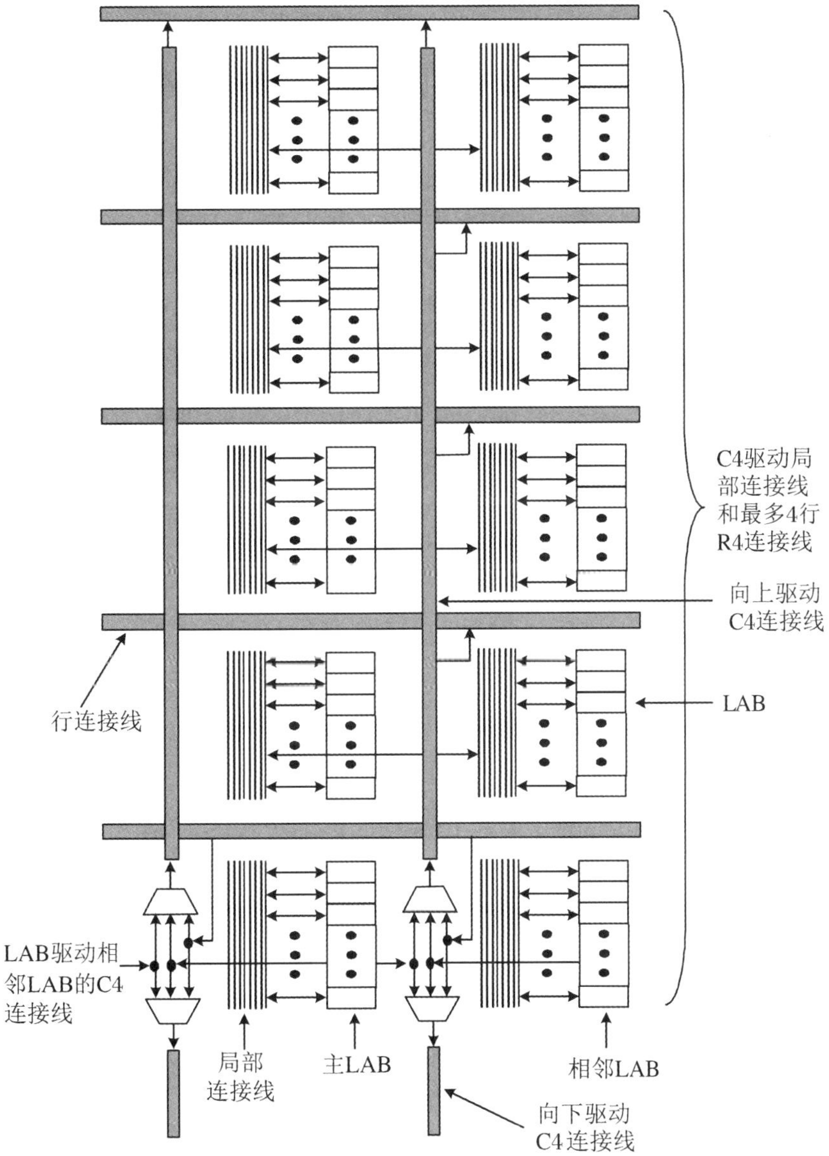

图 3.43　C4 连接线

3.4.3.3 嵌入式存储块

Cyclone 器件的嵌入式存储器由列向排列的 M4K 存储块构成，如图 3.38 中深灰色长条区域所示。有的器件只有一列 M4K 存储块，有的器件有两列。每个 M4K 存储块包含 4K 存储器比特和校验比特，总共为 4608 比特，可以实现各种带（或不带）奇偶校验的存储器功能。

M4K 存储块是真正的双端口存储模块，可以配置成完全双端口存储器、简单双端口存储器以及单端口 RAM、ROM 和先进先出（FIFO）缓存器等。M4K 存储块还包括输入寄存器和输出寄存器，输入寄存器可以同步写操作，输出寄存器用来进行流水线设计，改进系统性能。图 3.44 给出了 M4K 存储块配置成不同存储器的模式。

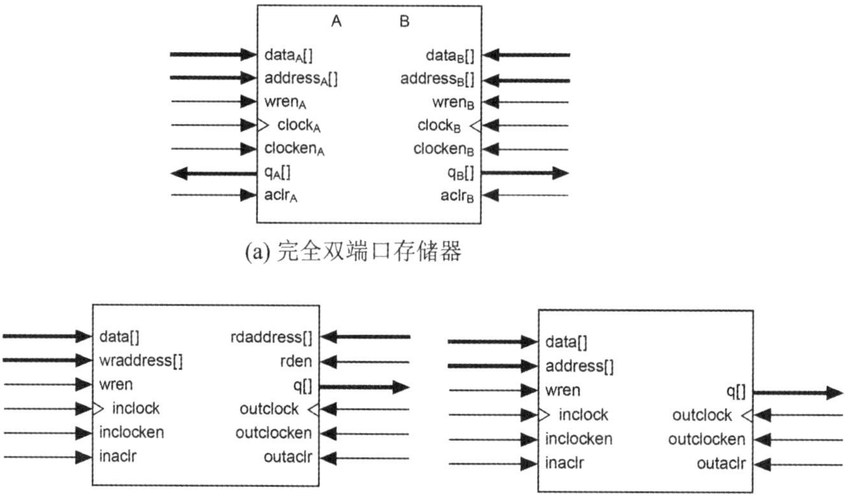

(a) 完全双端口存储器

(b) 简单双端口存储器

(c) 单端口存储器

图 3.44 M4K 配置模式

当 M4K 存储块配置成 RAM 或 ROM 时，可以用初始化文件预先对存储器进行装载。M4K 可以配置成 4096×1，2048×2，1024×4，512×8（或 512×9），256×16（或 256×18），128×32（或 128×36）等形式。混合数据宽度的配置也是可以的，允许读、写操作的数据宽度不一样。

图 3.45 给出了 M4K 与 LAB 的行向连接。来自相邻 LAB 的 R4、C4 和直接连线可以驱动 M4K 局部连接线，M4K 可以通过这些连线资源与左边或右边的 LAB 通信。

3.4.3.4 I/O 单元

I/O 单元（IOE）分布在 Cyclone 器件四周的 I/O 模块中。每行 I/O 模块最多包含 3 个 IOE，每列 I/O 模块最多包含 3 个 IOE。行 I/O 模块可以驱动行、列和直接连线，而列 I/O 模块只能驱动列连接线。图 3.46 和图 3.47 分别给出了行 I/O 模块和列 I/O 模块与内部连接线的连接关系。

IOE 的简化结构如图 3.48 所示，包括一个双向的 I/O 缓冲器和三个寄存器，分别为一个输入寄存器、一个输出寄存器和一个输出使能寄存器，可以实现快速的建立时间和快速的传递时间。输入信号有两条路径连接到内部逻辑阵列，这两条路径是独立的，有各自的时延。IOE 可以支持输入、输出和双向管脚。

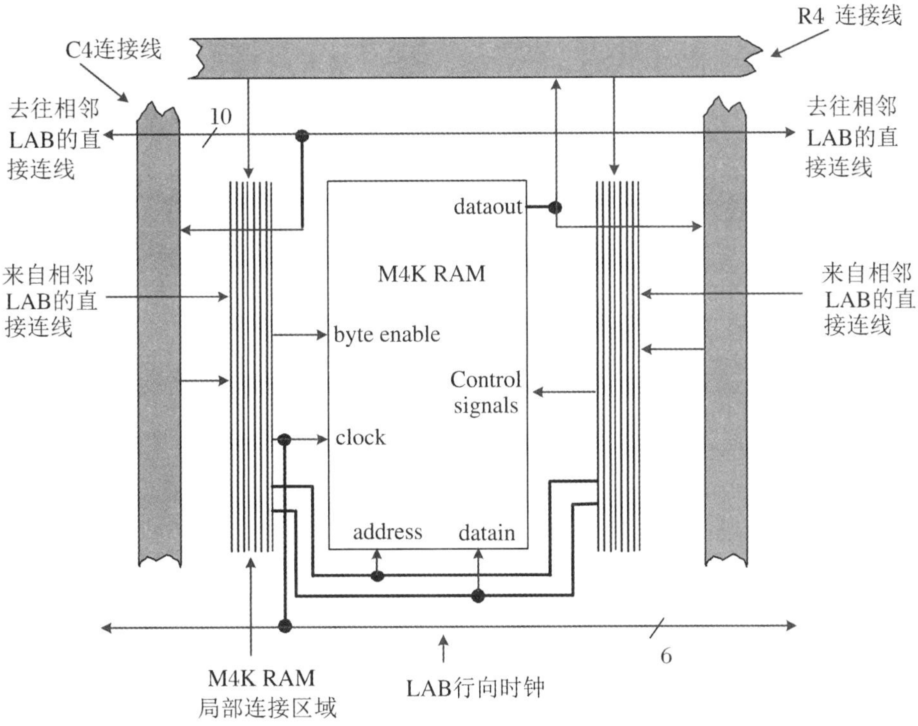

图 3.45　M4K RAM 与 LAB 的行向连接

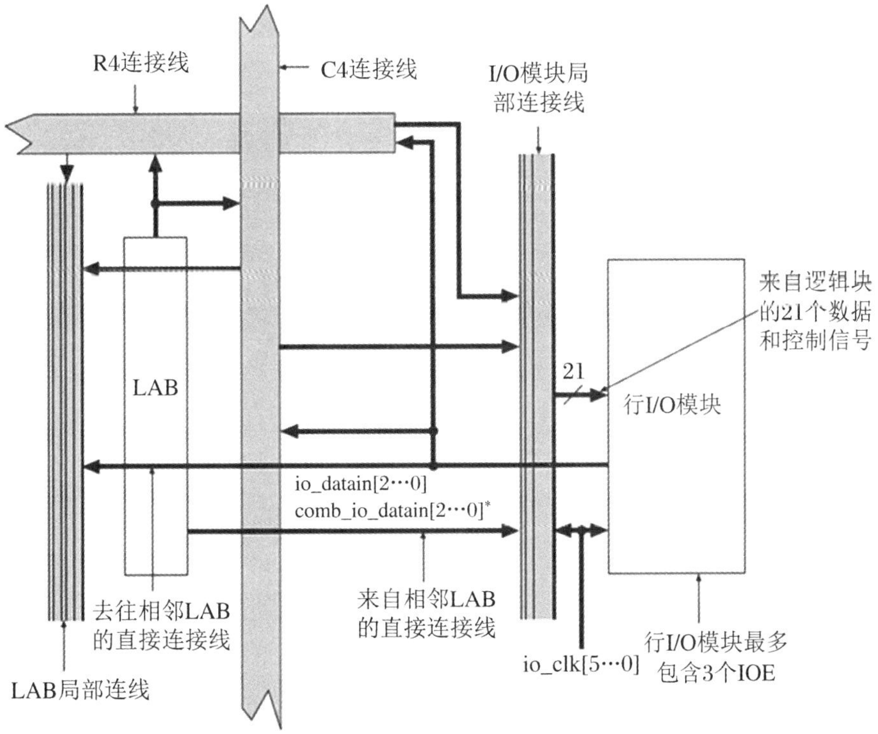

* 行I/O模块里的三个IOE都可以有一个io_datain输入信号和一个comb_io_datain输入信号

图 3.46　行 I/O 模块的连接关系图

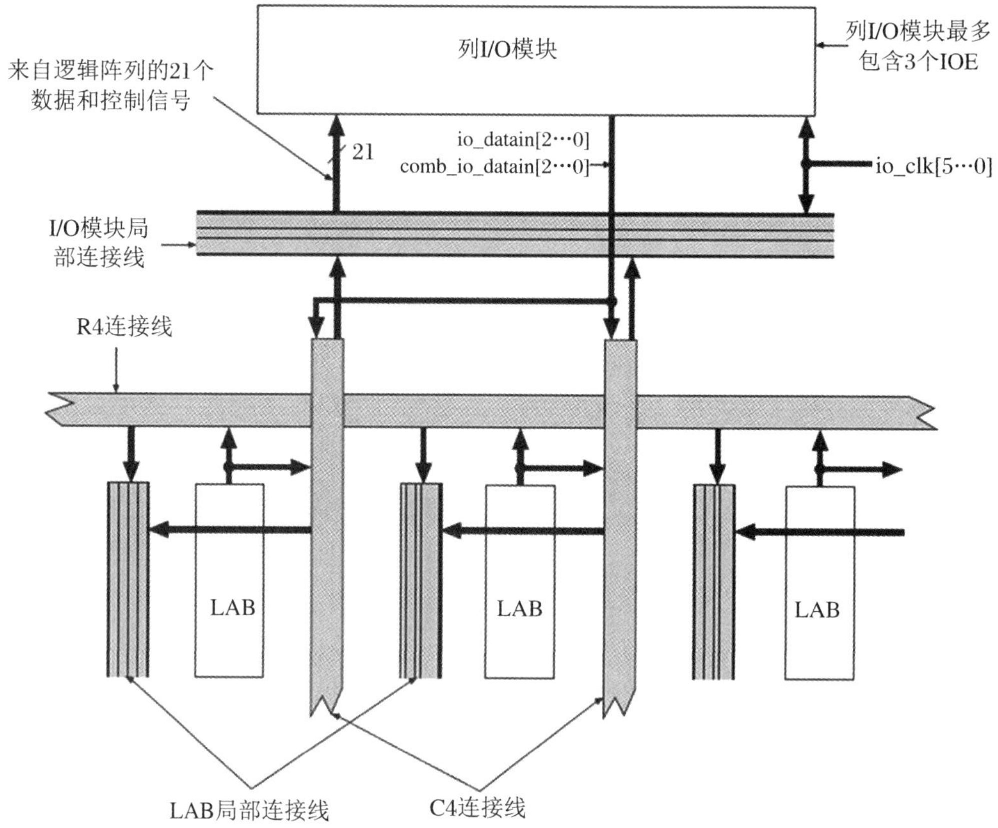

图 3.47 列 I/O 模块的连接关系图

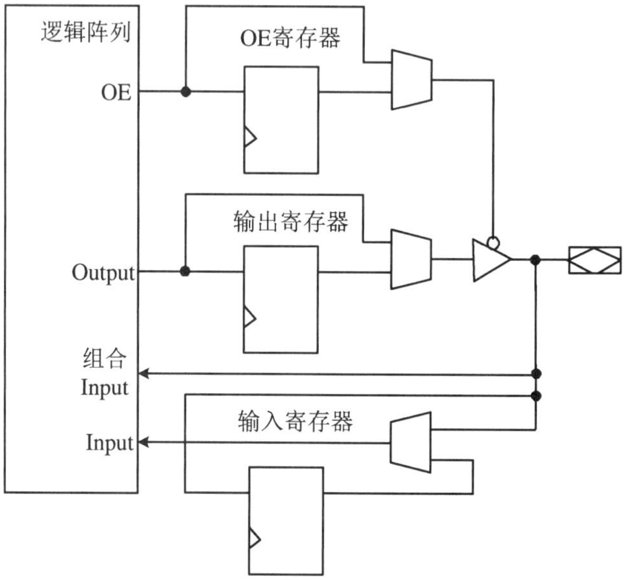

图 3.48 IOE 的结构框图

Cyclone 器件中的 IOE 有多种特性，支持多种工作电压、多种 I/O 端口标准、存储器接口以及一些可编程特性。

1. 外部存储器接口

Cyclone 器件中的专用电路可以支持最高 133 MHz 的 DDR SDRAM 和 FCRAM(Fast Cycle RAM)存储器接口,所有 I/O 块都支持连接 DDR SDRAM 和 FCRAM 的管脚。I/O 模块提供的存储器接口包括数据线(DQ)、数据选通信号(DQS)和数据屏蔽信号(DM)。

DQ 可以组成 8 根线×8 模式。在这种模式下,Cyclone 器件最多可以组成 8 个组,每个组包括八个 DQ 引脚、一个 DQS 引脚和一个 DM 引脚,由 DQS 驱动同一个组内的 DQ。

2. 可编程设定的驱动能力

针对某些 I/O 标准,Cyclone 器件 I/O 管脚的输出缓冲器的驱动能力可以编程设定。例如 LVTTL 和 LVCMOS 标准就可以设定几个档次的驱动能力,SSTL-3 Ⅰ类和Ⅱ类、SSTL-2 Ⅰ类和Ⅱ类都支持最小驱动能力设定,保证接口标准所要求的 I_{OH}/I_{OL}。最小驱动能力可以控制压摆率,降低系统噪声。

3. 漏极开路输出

Cyclone 器件为每个 I/O 管脚提供可选的开漏输出模式。开漏输出模式可以提供系统级的控制信号(如中断信号和写使能信号),这些信号可以被连接在一起的几个设备中的任何一个激活。

4. 压摆率控制

每个 I/O 管脚的输出缓冲器都有可编程控制的压摆率(slew rate)功能,可以配置成低噪声或高速率两种性能。快速压摆率可以提供高速的信号转换,但会引入系统噪声。低压摆率可以降低系统噪声,但增加了信号上升沿和下降沿的延迟时间。

5. 总线保持

每个 Cyclone 器件的 I/O 管脚都有可选的总线保持(bus hold)功能。总线保持电路可以使 I/O 引脚保持上一次驱动的信号状态,一直持续到下一次的信号有效为止,因此当总线是三态时就不需要外部的上拉电阻和下拉电阻了。

如果使用了总线保持功能,那么就不能再使用可编程的上拉电阻功能;如果 I/O 管脚被配置成差分信号线,也要禁止总线保持。

6. 可编程上拉电阻

每个 Cyclone 器件的 I/O 管脚都有一个可选的可编程上拉电阻,该电阻可在用户模式下使用。如果用户选用这个功能,那么在电源和输出信号之间就有一个上拉电阻(典型值为 25 kΩ)。

7. 支持多种 I/O 标准

Cyclone 器件的 IOE 支持多种 I/O 端口标准,包括 3.3V LVTTL/LVCMO、2.5V LVTTL/LVCMO、1.8V LVTTL/LVCMO、1.5V LVCMO、3.3V PCI、LVDS、SSTL-2 Ⅰ类和Ⅱ类、SSTL-3 Ⅰ类和Ⅱ类、差分 SSTL-2 Ⅱ类。

8. 多电压电源管脚

Cyclone 器件支持多电压电源管脚，整个器件内部的资源可以连接到不同的供电电源上。这些多电压电源管脚包括一组供给内部操作的 V_{CC}管脚、一组供给内部缓冲器的 V_{CCINT}管脚、四组供给 I/O 输出驱动的 V_{CCIO}管脚。

3.4.3.5 小结

从 Cyclone 的结构可以看出，Cyclone 器件的可编程能力依然依赖于 LAB、IOE 和多通道连接线结构，但这三大部分的性能都进行了升级和扩展，可利用的资源增加了，同时，配置数据依然采用 SRAM 存放，具有易失性。另外，Cyclone 器件增加了 M4K 存储块，大大增加了存储器容量，并且可构造的存储器类型多样化。内部时钟网络和锁相环结构为系统设计提供灵活可变的时钟信号。Cyclone 器件管脚的多电压连接能力，使得它可以连接不同 I/O 标准的外部设备。

按照系统集成的思路，在芯片设计和制造技术的加持下，后续的 FPGA 产品中不断加入新的组成部分，例如硬件乘法器、数字时钟管理器、存储器接口和总线接口等，使得 FPGA 能实现的功能越来越强大，逐渐从简单逻辑功能向系统功能方向发展。

3.4.4 高云 GW2A 结构

我国的半导体产业虽然起步较晚，但近十几年发展很快，取得了多个领域的长足进步和突破性成果。在 FPGA 领域出现了一大批高科技公司，研发出了具有自主知识产权的 FPGA 产品。本小节以广东高云半导体科技股份有限公司(简称高云半导体)的晨熙家族产品(GW2A)为例，对国内的 FPGA 产品做简要介绍。

3.4.4.1 晨熙家族产品简介

高云半导体 FPGA 器件有三大家族：小蜜蜂(GW1N)家族、晨熙(GW2A)家族和 GoBridge 家族。小蜜蜂家族采用 55 nm 嵌入式 Flash 和 SRAM 制造工艺，实现了非易失性 FPGA 器件，主要应用于需要低密度 FPGA 的场景。GoBridge 家族产品提供灵活的接口扩展和转换，支持全速 USB 接口，更方便控制系统设计。

晨熙家族 FPGA 包括五个系列产品，分别是 GW2A 系列、GW2AR 系列、GW2AN 系列、GW2ANR 系列和第五代 Arora Ⅴ系列。前四代产品采用 55 nm SRAM 制造工艺，主要应用于需要中高端 FPGA 的场景，第五代产品(Arora Ⅴ系列)采用 22 nm SRAM 制造工艺，具有更丰富的内部资源，适用于低功耗、高性能及兼容性设计等场景。这里我们以 GW2A 系列为例，介绍高云 FPGA 器件的结构和特点。表 3.9 和表 3.10 给出了 GW2A 的主要特性和参数。

表 3.9　GW2A FPGA 的主要特性

特　　性	GW2A
低功耗	55 nm SRAM 工艺； 核电压 1.0 V； 支持时钟动态打开/关闭
支持多种 I/O 电平标准	LVCMOS33/25/18/15/12、LVTTL33、SSTL33/25/18 Ⅰ/Ⅱ、SSTL15、HSTL18 Ⅰ/Ⅱ、HSTL15 Ⅰ、PCI、LVDS25、RSDS、LVDS25E、BLVDSE MLVDSE、LVPECLE、RSDSE； 提供输入信号去迟滞选项； 支持 4 mA、8 mA、16 mA、24 mA 等驱动能力； 提供输出信号压摆率选项； 提供输出信号驱动电流选项； 对每个 I/O 提供独立的 Bus Keeper、上拉/下拉电阻及开漏输出选项； 支持热插拔
高性能 DSP 模块	支持 9 bit×9 bit、18 bit×18 bit、36 bit×36 bit 的乘法运算和 54 bit 累加器； 支持多个乘法器级联； 支持寄存器流水线和旁路功能； 预加运算实现滤波器功能； 支持桶形移位寄存器
丰富的基本逻辑单元	支持 4 输入 LUT； 支持双沿触发器； 支持移位寄存器和分布式存储器
支持多种模式的静态随机存储器	支持双端口、单端口和伪双端口模式； 支持字节写使能
灵活的 PLL 资源	实现时钟的倍频、分频和相移； 具有全局时钟网络资源
编程配置模式	支持 JTAG 配置模式； 支持 4 种 GowinCONFIG 配置模式(SSPI、MSPI、CPU、SERIAL)； 支持 JTAG、SSPI 模式直接编程 SPI Flash，其他模式可以通过 IP 的方式编程 SPI Flash； 支持数据流文件加密和安全位设置

表 3.10 GW2A 系列主要参数

参　　数	GW2A	
	GW2A-18	GW2A-55
逻辑单元(LUT4)	20736	54720
寄存器(FF)	15552	41040
分布式静态随机存储器(SSRAM)(bit)	40 K	106 K
块状静态随机存储器(BSRAM)(bit)	828 K	2520 K
块状静态随机存储器(BSRAM)数目(个)	46	140
18 bit×18 bit 乘法器数量	48	40
最多锁相环数量	4	6
I/O Bank 总数	8	8
最多 GPIO 数	384	608

3.4.4.2 GW2A 内部结构

GW2A 系列 FPGA 的内部结构如图 3.49 所示，内部是一个逻辑单元阵列，四周是输入/输出模块(IOB)。器件内部还嵌入了锁相环(PLL)、块状静态随机存储器(BSRAM)、数字信号处理模块(DSP)和片内晶振(OSC)等功能部件。

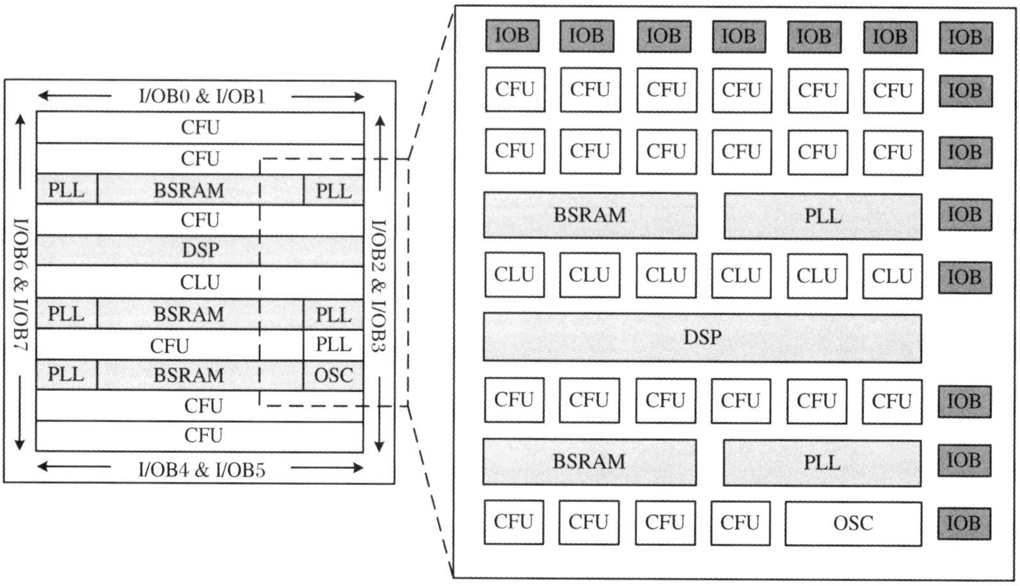

图 3.49 GW2A 结构框图

GW2A 系列内部的逻辑单元阵列是最基本的部分，包括可配置功能单元(Configurable Function Unit，CFU)和可配置逻辑单元(Configurable Logic Unit，CLU)。这些基本单元在器件内部排列成矩阵，不同器件的矩阵行数和列数不同，可提供的资源也不相同。

GW2A 系列的 I/O 资源分布在器件外围，划分为 8 个块(bank)，标注为 Bank0～Bank7。每个 Bank 有独立的 I/O 电源 V_{CCIO}，还有一个独立的参考电源 V_{REF}，用户可以选择使用 IOB 内置的 V_{REF} 源，也可以选择外部的 V_{REF} 输入。I/O 资源支持多种电平标准，支持普通工作模式、SDR 工作模式、通用 DDR 模式和 DDR_MEM 模式。

GW2A 系列内置了丰富的可编程布线单元(Configurable Routing Unit，CRU)，为 FPGA 内部的所有资源提供连接关系。这些布线资源可通过高云半导体的 FPGA 设计软件自动生成。作为对 CRU 的有效补充，GW2A 系列还提供了灵活丰富的长线资源，适用于时钟、时钟使能、置位、复位或其他高扇出的信号。

块状静态随机存储器(BSRAM)在器件内部按行排列，一个 BSRAM 在器件内部占用三个 CFU 的位置。一个 BSRAM 的容量大小为 18 Kbit，支持多种配置模式和操作模式。

数字信号处理器模块(DSP)在内部也按行排列，每个 DSP 占用九个 CFU 的位置。每个 DSP 模块包含两个宏单元，每个宏单元包含两个预加器、两个 18 位的乘法器和一个三输入的算术逻辑运算单元(ALU54)

锁相环(PLL)模块能够提供可以综合的时钟频率。通过配置不同的参数可以进行时钟的频率调整(倍频和分频)、相位调整、占空比调整。同时，产品内嵌了可编程片内晶振，支持 2.5～125 MHz 时钟频率范围，为 MSPI 编程模式提供时钟。

3.4.4.3 可配置功能单元(CFU)

GW2A 中的 CFU 和 CLU 是两种基本单元，每个基本单元由四个可配置逻辑块(Configurable Logic Section，CLS)和相应的可配置布线单元(CRU)组成，如图 3.50 所示。其中三个 CLS 各包含两个输入查找表(LUT)和两个寄存器(REG)，另外一个 CLS 只包含两个四输入查找表。图中 SREG 需要特殊的软件支持，需要单独向厂家申请。

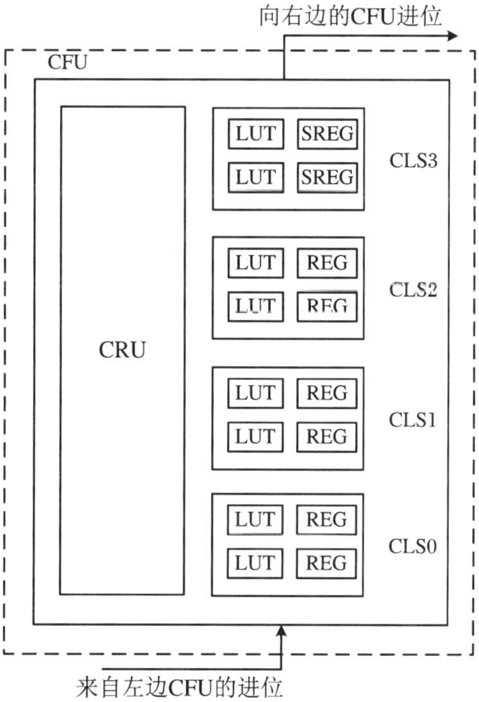

图 3.50 CFU 结构示意图

CFU 中的 CLS 可以根据需要配置成基本查找表、算术逻辑单元、静态随机存储器和只读存储器四种工作模式，而 CLU 中的 CLS 不能配置成静态随机存储器，可配置成基本查找表、算术逻辑单元和只读存储器。表 3.11 给出了 CLS 工作模式的说明。

表 3.11 CLS 工作模式

工作模式	说明
基本查找表模式	每个查找表可以被配置为一个 4 输入查找表(LUT4)，CLS 可以实现高阶查找表功能： 一个 CLS 可配置成一个 5 输入查找表(LUT5)； 两个 CLS 可配置成一个 6 输入查找表(LUT6)； 四个 CLS 可配置成一个 7 输入查找表(LUT7)； 八个 CLS 可配置成一个 8 输入查找表(LUT8)
算术逻辑模式	结合进位链，查找表可配置成算术逻辑模式(ALU)，可以实现以下功能： 加法/减法运算； 计数器，包括加计数器和减计数器； 比较器，包括大于、小于和不相等比较； 乘法器
存储器模式	在此模式下，一个 CLS 可构成 16 bit×4 bit 的静态随机存储器(SRAM)或只读存储器(ROM16)

CFU 中的 CRU 主要有两方面的功能：一是为 CFU 选择输入源信号；二是为 CFU 的输入、输出信号提供连接关系，包括 CFU 内部连接、CFU 之间连接以及 CFU 和 FPGA 内部其他功能模块之间的连接。

3.4.4.4 输入输出模块(IOB)

GW2A 中的 IOB 主要包括 I/O 缓冲器(Buffer)、I/O 逻辑以及相应的可编程布线资源三个部分，如图 3.51 所示。

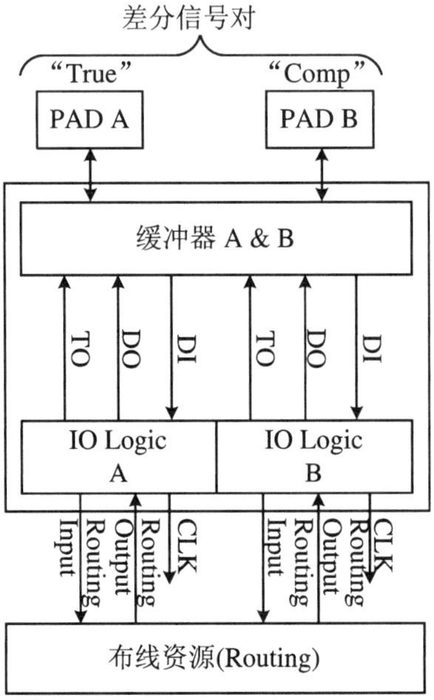

图 3.51 IOB 结构示意图

每个IOB包括两个I/O管脚，分别标记为A和B，它们可以配置成一组差分信号对，也可以作为单端信号分别配置。作为差分信号时，管脚A对应于差分信号的T(True)端，管脚B对应于差分信号的C(Comp)端。I/O缓冲器支持各种单端电平标准和差分电平标准，可参见表3.9。I/O逻辑集成了串并转换、并串转换、延时控制以及字节对齐等功能，可用于高速数据传输场合。可编程布线资源用于I/O模块与其他片内资源的连接，它与CFU中的CRU类似。

IOB中的I/O逻辑支持单倍速(SDR)和双倍速(DDR)工作模式。每种工作模式下管脚都可以配置成输入信号、输出信号、双向信号以及三态输出信号。图3.52是I/O逻辑的结构示意图，上半部分为输出控制逻辑，下半部分为输入控制逻辑。

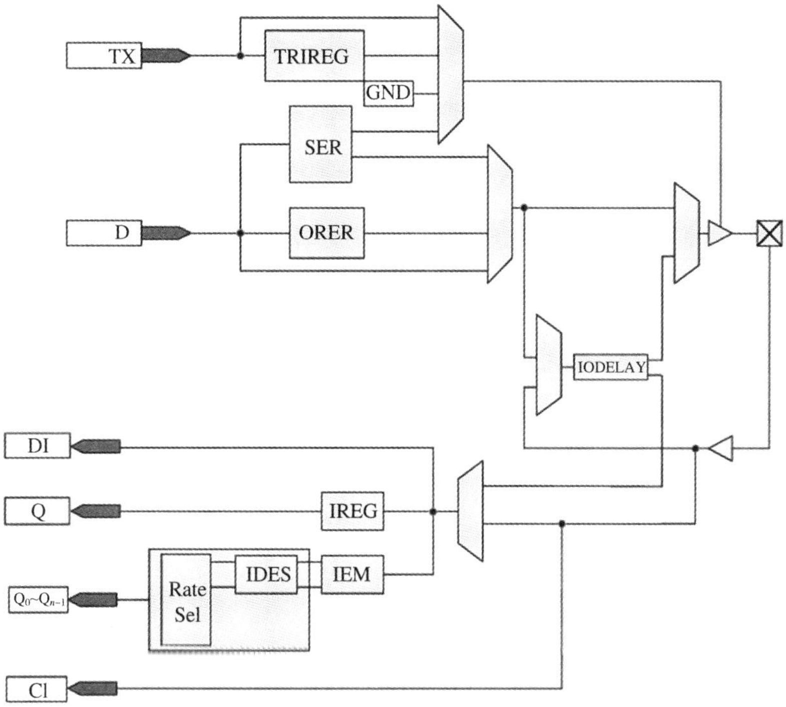

图3.52　I/O逻辑的结构示意图

上半部分的输出控制逻辑主要包含三态控制寄存器(TRIREG)、串化器(SER)和输出寄存器(OREG)。TRIREG可以对三态缓冲器的控制信号TX进行寄存，SER进行并串转换，OREG可以对输出数据D进行寄存输出。输出数据可以经过延迟部件IODELAY来调整输出延时。

下半部分的输入控制逻辑主要包含输入寄存器(IREG)、取样模块(IEM)、解串器(IDES)以及速率选择模块(Rate Sel)。IREG用于产生寄存输入数据Q，IEM用来取样数据边沿，适用于通用DDR模式。IDES将串行数据转换为并行数据，产生输入信号Q_0～Q_{n-1}。延迟部件IODELAY也可以用于输入控制，可与IEM模块一起调节动态取样窗口。需要注意的是IODELAY不能同时用于输入和输出。另外，DI是直接输入的数据，CI是该IOB作为全局时钟GCLK时的输入信号。当CI作为GCLK输入时，DI，Q和Q_0～Q_{n-1}不能作为I/O输入输出使用。

从GW2A的结构可以看出，高云半导体的FPGA产品依然采用最基本的三个可配置结构:可配置功能模块、可配置 I/O 模块和可配置布线单元。在提升三个可配置结构功能的同时,增加了 BSRAM 存储块、DSP 模块、内部时钟网络、片内晶振等部件,并配有多种可配置的工作模式,为用户的设计工作带来很多便利。

3.5 可编程 SoC

随着集成电路技术的发展,越来越多的功能模块被集成到一块芯片中,从而促进了 FPGA 和各种 ASIC 功能模块的不断融合,形成了具有可编程逻辑功能的 SoC 产品。本节以 Altera 公司的 Cyclone Ⅴ系列 FPGA 为例,介绍 FPGA 向可编程 SoC 发展的趋势。

3.5.1 Cyclone Ⅴ结构概述

Cyclone Ⅴ系列 FPGA 是 Altera 公司提供的高性能、低成本和最低功耗的 28 nm 工艺的 FPGA,包括 Cyclone Ⅴ E、Cyclone Ⅴ GX、Cyclone Ⅴ GT、Cyclone Ⅴ SE、Cyclone Ⅴ SX 和 Cyclone Ⅴ ST 六个子系列。从结构上看,Cyclone Ⅴ已经不是单纯的可编程逻辑芯片,在保留可编程逻辑模块和基本扩展模块(如存储器模块、数字信号处理模块)的同时,增加了收发器模块以及嵌入式处理器,形成了可编程 SoC。与以前的 FPGA 器件相比,Cyclone Ⅴ最大可降低 40%的功耗,适用于自动控制、无线/有线通信等领域。

表 3.12 给出了 Cyclone Ⅴ子系列在结构上增加的主要模块,图 3.53 示出了 Cyclone Ⅴ系列器件的主要功能模块,除了可编程逻辑模块,还有基于 ARM 的硬核处理器系统(Hard Processor System,HPS)、存储器模块、精度可变的数字信号处理模块、外部存储器接口控制器、PCIe 硬核模块、PLL 和通信收发器等。

表 3.12 Cyclone Ⅴ子系列主要功能模块

Cyclone Ⅴ子系列	功能模块说明
Cyclone Ⅴ E	该系列性能经过优化,达到最低系统开销和最低功耗,适用于很多需要通用逻辑设计和 DSP 的应用场景
Cyclone Ⅴ GX	该系列增加了收发器,针对 614 Mbps～3.125 Gbps 通信应用场景进行了性能优化,达到最低开销和最低功耗
Cyclone Ⅴ GT	该系列增加了收发器,它是针对 6.144 Gbps 通信应用的最低开销和最低功耗的 FPGA 器件
Cyclone Ⅴ SE	该系列是集成了基于 ARM 内核的 HPS 的 SoC 器件
Cyclone Ⅴ SX	该系列是集成了基于 ARM 内核的 HPS 和 3.125 Gbps 收发器的 SoC 器件
Cyclone Ⅴ ST	该系列是集成了基于 ARM 内核的 HPS 和 6.144 Gbps 收发器的 SoC 器件

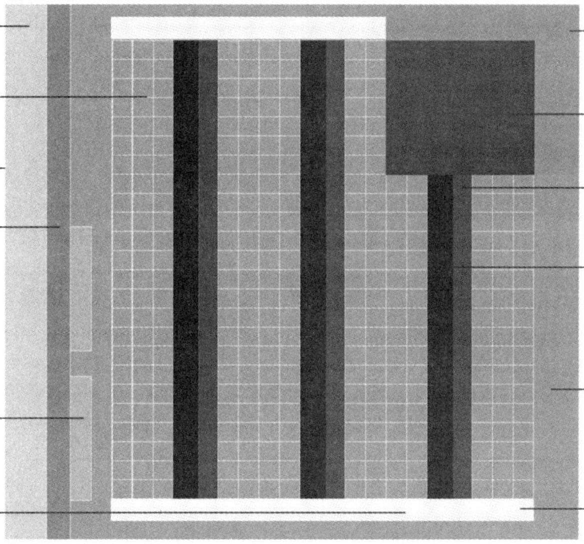

图 3.53　Cyclone Ⅴ 系列器件的主要功能模块示意图

表 3.13 给出了 Cyclone Ⅴ 各子系列器件的最多内部资源。因为每个子系列包含不同的型号,每种型号的内部资源种类和数量也各不相同,所以此处仅选择每个子系列中内部资源最多的型号列出,所选择的型号放在子系列名称后面的括号里。

表 3.13　Cyclone Ⅴ各子系列器件的最多内部资源

内部资源		名称					
		Cyclone Ⅴ E(A9)	Cyclone Ⅴ GX(C9)	Cyclone Ⅴ GT(D9)	Cyclone Ⅴ SE(A6)	Cyclone Ⅴ SX(C6)	Cyclone Ⅴ ST(D6)
逻辑单元(LE)(K)		301	301	301	110	110	110
ALM		113560	113560	113560	41509	41509	41509
寄存器		454240	454240	454240	166036	166036	166036
存储器(Kb)	M10K	12200	12200	12200	5570	5570	5570
	MLAB	1717	1717	1717	621	621	621
可变精度 DSP 块		342	342	342	112	112	112
18×18 乘法器		684	684	684	224	224	224
FPGA PLL		8	8	8	6	6	6
HPS PLL		–	–	–	3	3	3
3 Gbps 收发器		–	12	–	–	9	–
6.144 Gbps 收发器		–	–	12	–	–	9
FPGA GPIO		224	560	560	288	288	288
HPS I/O		–	–	–	181	181	181
LVDS	发送器	56	140	140	72	72	72
	接收器	56	140	140	72	72	72

续表

内部资源	名称					
	Cyclone Ⅴ E(A9)	Cyclone Ⅴ GX(C9)	Cyclone Ⅴ GT(D9)	Cyclone Ⅴ SE(A6)	Cyclone Ⅴ SX(C6)	Cyclone Ⅴ ST(D6)
PCIe 硬核 IP 模块	–	2	2	–	2	2
FPGA 硬核存储器控制器	1	2	2	1	1	1
HPS 硬核存储器控制器	–	–	–	1	1	1
ARM Cortex-A9 微处理器内核	–	–	–	单核或双核	双核	双核

3.5.1.1 逻辑阵列块(LAB)

Cyclone Ⅴ器件实现可编程逻辑的核心架构是逻辑阵列,由逻辑阵列块(LAB)组成。用户可以对 LAB 进行配置,实现逻辑功能、运算功能和寄存器功能。此外,Cyclone Ⅴ器件有四分之一的 LAB 可以配置成存储器来使用,这样的 LAB 叫做 MLAB。MLAB 除了具备常规 LAB 的全部性能以外,还可以配置成双端口存储器。

图 3.54 给出了 LAB/MLAB 及其内部连接的概览图。从图中可见,每个 LAB/MLAB 包含 10 个自适应逻辑模块(Adaptive Logic Modules,ALM),一个 LAB/MLAB 可以通过局部连线(local interconnect)、行连线带(row interconnect)、列连线带(column interconnect)、直接连线(direct link interconnect)等连线资源和其他 LAB/MLAB、存储器模块、数字信号处理模块、输入/输出模块相连。

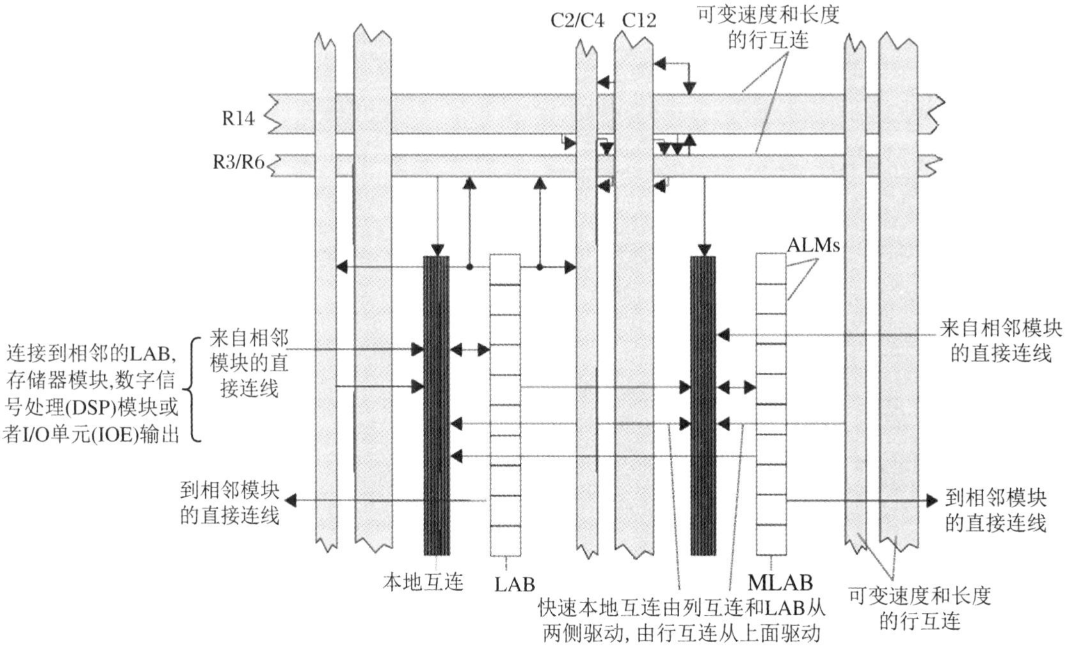

图 3.54 Cyclone Ⅴ器件的 LAB 及其内部连接图

一个 LAB/MLAB 中 ALM 的排列如图 3.55 所示。MLAB 中的每个 ALM 可以作为常规 ALM 使用,也可以配置成一个简单的 32×2 双端口 SRAM,因此 10 个 ALM 可以配置成一个 32×20 双端口 SRAM。一个 LAB 可以驱动自身内部的 10 个 ALM,还可以驱动左右相邻的 LAB 内的 10 个 ALM,因此总共可以驱动 30 个 ALM。

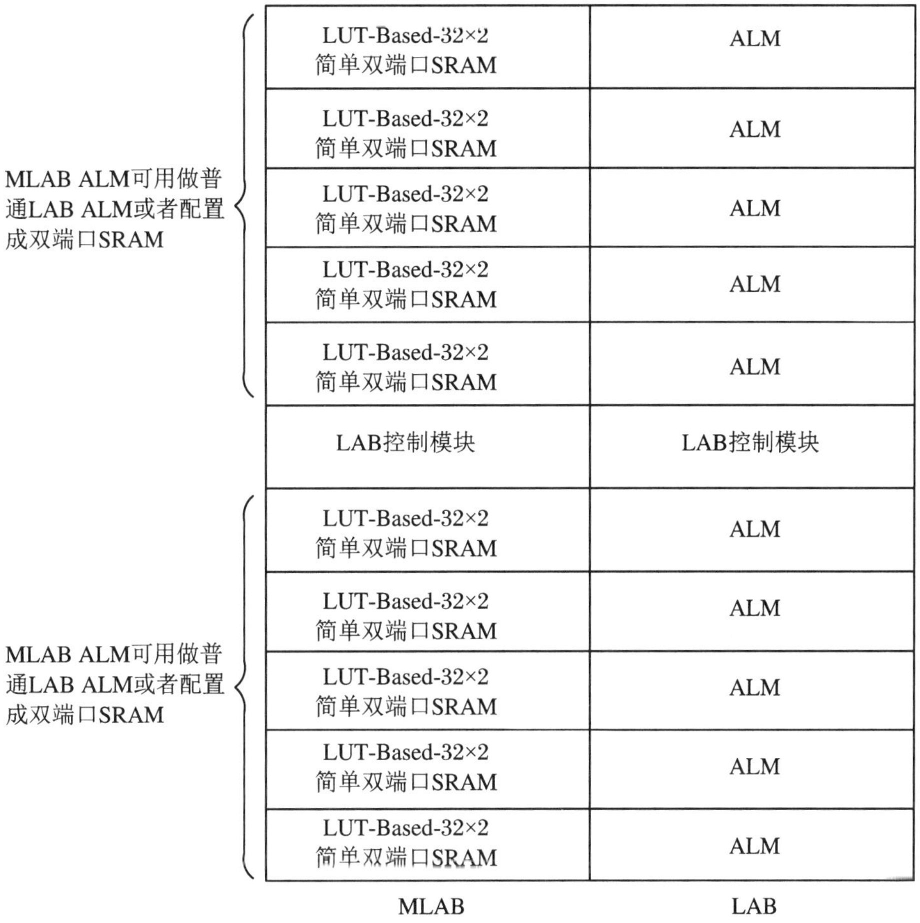

图 3.55　一个 LAB/MLAB 中 ALM 的排列情况

一个 ALM 最多有 8 个外部输入信号,内部结构包括自适应 LUT、进位链/共享算术链、两个全加器和四个寄存器,如图 3.56 所示。ALM 可以工作在不同模式下,每种工作模式可以形成不同输入个数的查找表,可以实现逻辑功能和运算功能。自适应 LUT、全加器和寄存器都可以驱动 ALM 的输出线,ALM 的输出线又可以驱动局部连线、行连线带、列连线带、直接连线等连线资源。实现组合逻辑功能时,寄存器可以被旁路掉。

3.5.1.2　精度可调的 DSP 模块

Cyclone Ⅴ器件的 DSP 模块支持高精度、高性能的数字信号处理应用,其运算精度可以根据需要进行改变。一个精度可调的 DSP 模块可以完成多种精度的乘法运算或乘/累加运算,具体类型如表 3.14 所示。

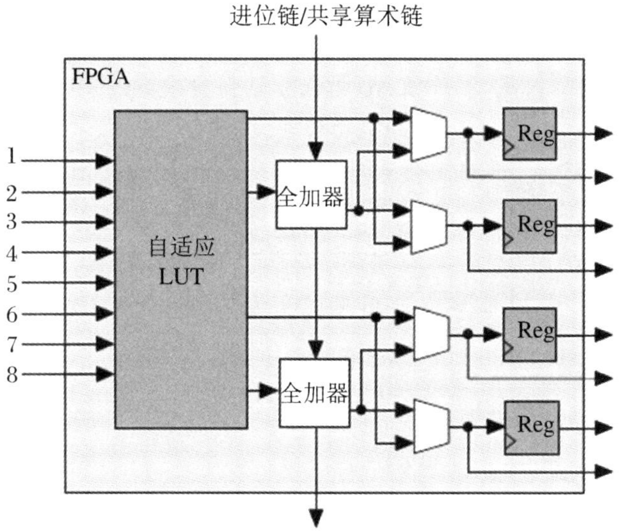

图 3.56　ALM 的内部结构

表 3.14　精度可调的 DSP 模块支持的操作类型

支持的操作类型	支持的操作个数	是否支持预加器	是否支持内部系数	是否支持输入级联	是否支持链式输出	备　注
独立的 9×9 乘法	3	否	否	否	否	在一个精度可调的 DSP 模块内部
独立的 18×18 乘法	2	是	是	是	否	
独立的 18×19 乘法	2	是	是	是	否	
独立的 18×25 乘法	1	是	是	是	是	
独立的 20×24 乘法	1	是	是	是	是	
独立的 27×27 乘法	1	是	是	是	是	
两个 18×19 乘法之后相加	1	是	是	是	是	
18×18 乘法并加 36 比特输入	1	是	否	否	是	
18×19 复数乘法	1	否	否	是	否	需要两个精度可调的 DSP 模块

精度可调的 DSP 模块的结构如图 3.57 所示，主要包括输入寄存器组（input register bank）、预加器（pre-adder）、内部系数表（internal coefficient）、乘法器（multiplier）、加法器（adder）、累加器/链式输出加法器（accumulator/chainout adder）、脉动寄存器（systolic register）、双累加寄存器（double accumulator register）和输出寄存器组（output register bank）等。

1. 输入寄存器组

输入寄存器组包括数据、动态控制信号和两组延迟寄存器，如图 3.58 所示。所有的寄存器都是上升沿触发，在上电时清除。乘数可以先送给输入寄存器，通过输入寄存器传送给乘法器，或者直接送给乘法器，把输入寄存器旁路掉。输入寄存器接收的控制信号有时钟信号 CLK[2…0]、使能信号 ENA[2…0]和清除信号 ACLR[0]。

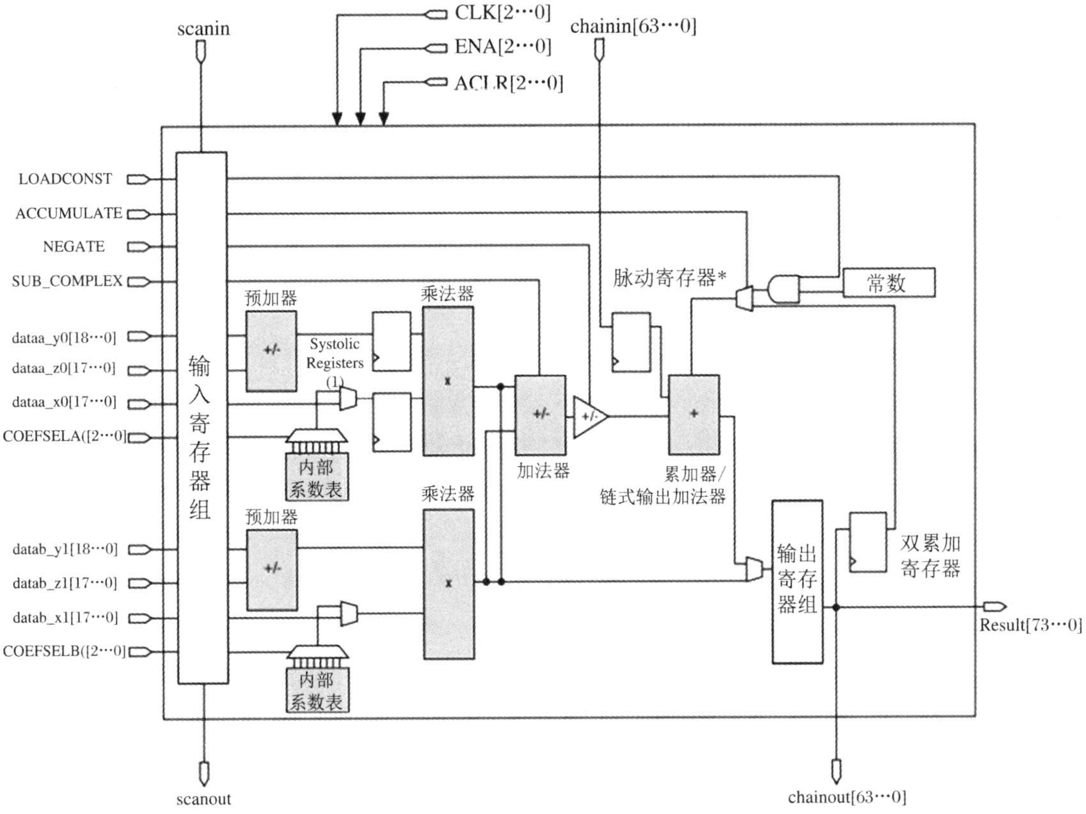

图 3.57　精度可调的 DSP 的内部结构

2. 预加器

每个 DSP 模块中有两个 19 bit 的预加器，可以配置成两个独立的 19 bit 预加器或者一个 27 bit 预加器。预加器可以完成加法和减法运算，在 18×19 乘法中可以完成 18 bit 有符号数的加/减法或 17 bit 无符号数的加/减法，在 27×27 乘法中可以完成 26 bit 的加/减法。

3. 内部系数表

DSP 模块的乘法器的输入数据既可以来自外部输入又可以来自内部系数表。内部系数表最多可以存放 8 个常系数，支持 18 bit 和 27 bit 的乘法模式。在使用内部系数表时，控制信号 COEFSELA/COEFSELB 用来选择多路复用器。

4. 乘法器

每个 DSP 模块中有两个乘法器，这两个乘法器可以根据需要配置成一个 27 bit×27 bit 乘法器，或配置成两个 18 bit×19 bit 乘法器，或配置成三个 9 bit×9 bit 乘法器，因此，在一个 DSP 模块中可以并行执行多个乘法操作。

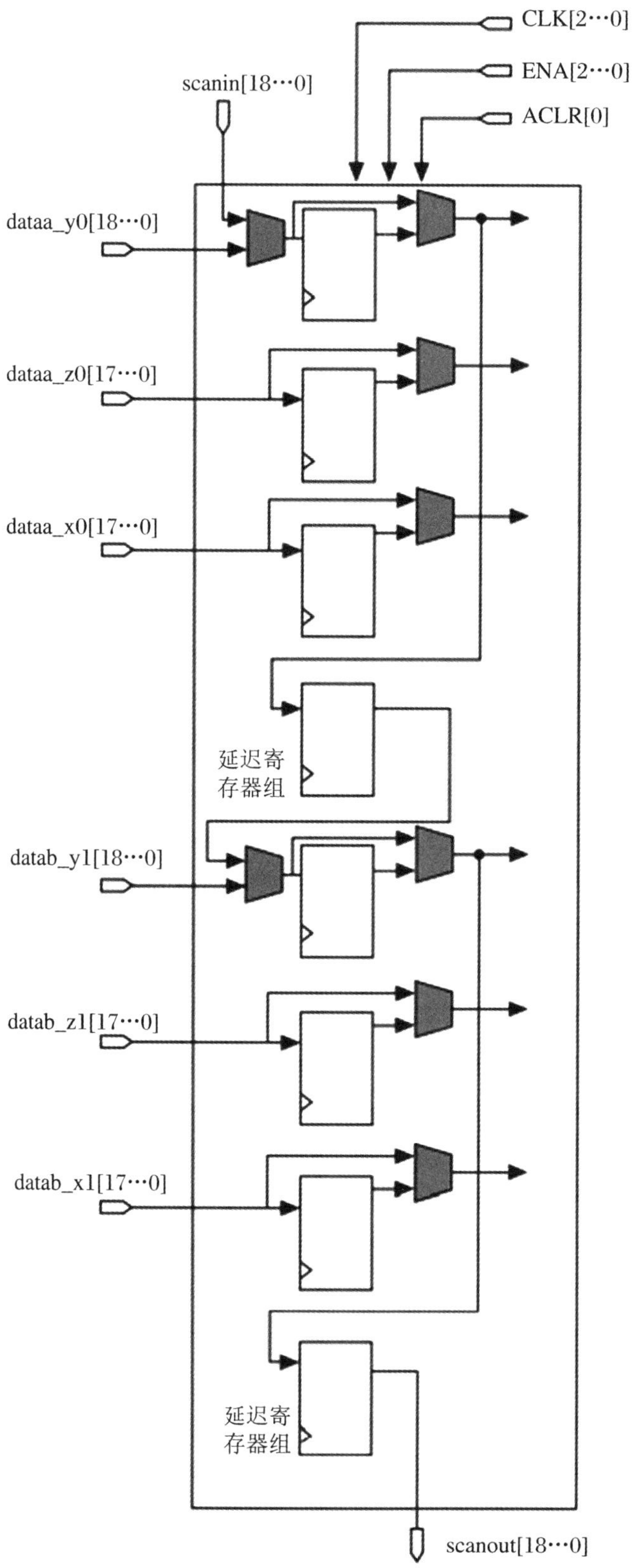

图 3.58　18×19 乘法模式中的输入寄存器组

5. 加法器

乘法器之后的加法器也有各种配置形式，可以配置成一个 64 bit 加法器，和后面的累加器一起使用。在 18×19 乘法模式下，加法器可以分成两个 37 bit 加法器，为两个独立的 18×19 乘法运算分别生成 37 bit 的完整结果。在 9×9 乘法模式下，加法器可以分成三个 18 bit 加法器，分别产生三个 9×9 乘法运算结果。

6. 累加器/链式输出加法器

精度可调 DSP 模块中有一个 64 bit 累加器（或作为 64 bit 链式加法器），可以在控制信号 NEGATE、LOADCONST、ACCUMULATE 的控制下完成清零、预置、累加和抽取运算。在使能了双累加寄存器的情况下，该累加器可以实现双累加操作。

7. 脉动寄存器

每个精度可调 DSP 模块中有两组脉动寄存器。第一组脉动寄存器包括 18 bit 和 19 bit 寄存器，分别用于存放图 3.57 中上面一个乘法器的 18 bit 和 19 bit 输入数据。第二组脉动寄存器对传递给下一个 DSP 模块的链式输出数据进行延迟。脉动寄存器在使用时，其时钟信号要与输出寄存器的时钟信号同源。如果 DSP 模块没有被配置成脉动 FIR 模式，则脉动寄存器就可以旁路掉。

8. 双累加寄存器

双累加寄存器是在累加器反馈通路上附加的寄存器，它的控制信号 CLK、ENA、ACLR 与输出寄存器一致。启动双累加寄存器可以实现两个累加器通道，但会引起累加器反馈通路上额外的时钟周期延迟。

9. 输出寄存器组

64 bit 输出寄存器是上升沿触发，在上电时清除，不使用时可以旁路掉。输出寄存器接收的控制信号有时钟信号 CLK[2…0]、使能信号 ENA[2…0]和清除信号 ACLR[1]。

3.5.1.3　嵌入式存储器

Cyclone Ⅴ器件有两类嵌入式存储器资源：M10K 和 MLAB。M10K 是专用的存储器模块，每块包含 10 Kbit 容量，适用于需要大量存储器阵列，同时需要大量独立端口的情况。MLAB 是包含 640 bit 存储器的逻辑阵列块，适合构建字宽大、深度浅的存储器阵列。MLAB 的优化结构适合于实现 DSP 应用中的移位寄存器、FIFO 缓冲器（字宽大、深度浅）以及滤波器延迟线等功能。每个 MLAB 由 10 个 ALM 组成，可以配置成 32×20 简单双端口 SRAM。表 3.13 给出了 Cyclone Ⅴ各子系列的最大的 M10K 和 MLAB 资源量。

嵌入式存储器资源可以构建的双端口存储器的数据流形式如图 3.59 所示。端口 A 和端口 B 分别有数据输入端和数据输出端。如果端口 A（端口 B）的输入数据从端口 A（端口 B）的输出端输出，称为相同端口数据流；如果端口 A（端口 B）的输入数据从端口 B（端口 A）的输出端输出，则称为混合端口数据流。

嵌入式存储器有六种工作模式，分别是单端口 RAM（single-port RAM）、简单双端口

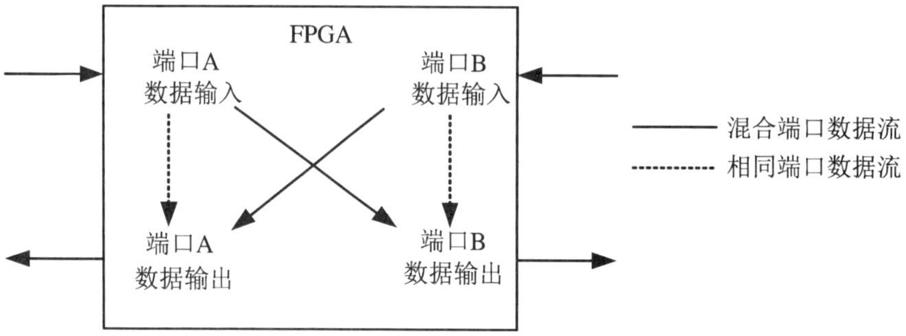

图 3.59 相同端口数据流和混合端口数据流

RAM(simple dual-port RAM)、双端口 RAM(dual-port RAM)、移位寄存器(shift-register)、ROM 和 FIFO 模式，它们的功能描述见表 3.15。

表 3.15 嵌入式存储器模式

存储器模式	M10K	MLAB	说明
单端口 RAM	支持	支持	该模式下，存储器在某个时刻只能进行一个读操作或一个写操作
简单双端口 RAM	支持	支持	该模式下，可以对不同存储单元同时执行一个读操作和一个写操作，比如端口 A 执行写操作，端口 B 执行读操作
双端口 RAM	支持	-	该模式下，可以对两个端口进行各种组合操作，比如两个读操作，或者两个写操作，或者一个读操作和一个写操作，并且可以采用两个不同时钟信号
移位寄存器	支持	支持	该模式下，存储器模块可以用做移位寄存器以节约逻辑资源和布线资源。这种模式适用于需要局部数据存储的 DSP 应用，比如 FIR 滤波器、伪随机数产生器、多通道滤波器、自相关/互相关功能。传统方式中，局部数据存储采用标准触发器来完成，大移位寄存器会耗费大量逻辑单元
ROM	支持	支持	该模式下，存储器模块可以用做 ROM，该 ROM 有如下特征： 可以用.mif 或.hex 文件来初始化 ROM 内的数据； 在 M10K 中，ROM 的地址线是寄存传输的，而在 MLAB 中，ROM 的地址线是不被寄存的，只适用于简单双端口模式； 输出数据可以是寄存输出，也可以是非寄存输出； 输出寄存器可以被异步清除； ROM 的读操作与单端口 RAM 的读操作相同
FIFO	支持	支持	该模式下，存储器模块可以用做 FIFO 缓冲器。MLAB 适用于小型的、深度浅的 FIFO 设计，但是它不支持混合宽度的 FIFO 模式(输入端口和输出端口的数据宽度不一致)

3.5.1.4　I/O单元特性

Cyclone Ⅴ器件的I/O单元(IOE)分布在器件四周的I/O模块中,内部包含双向I/O缓冲器和寄存器,支持嵌入式的双向单倍速(SDR)或双倍速(DDR)数据传输。在Cyclone Ⅴ SE、SX、ST几个子系列器件中,还有为HPS服务的IOE。Cyclone Ⅴ器件的IOE结构如图3.60所示。

IOE的输入通路把来自外部管脚的数据送到芯片内部,该通路包括DDR输入寄存器、对准和同步寄存器以及半速率模块(half data rat block),在不需要的情况下,这些寄存器都可以旁路掉。IOE的输出通路是把内部数据送到外部管脚,包括输出寄存器和OE寄存器、对准寄存器以及半速率模块,在不需要的情况下,这些寄存器也可以旁路掉。

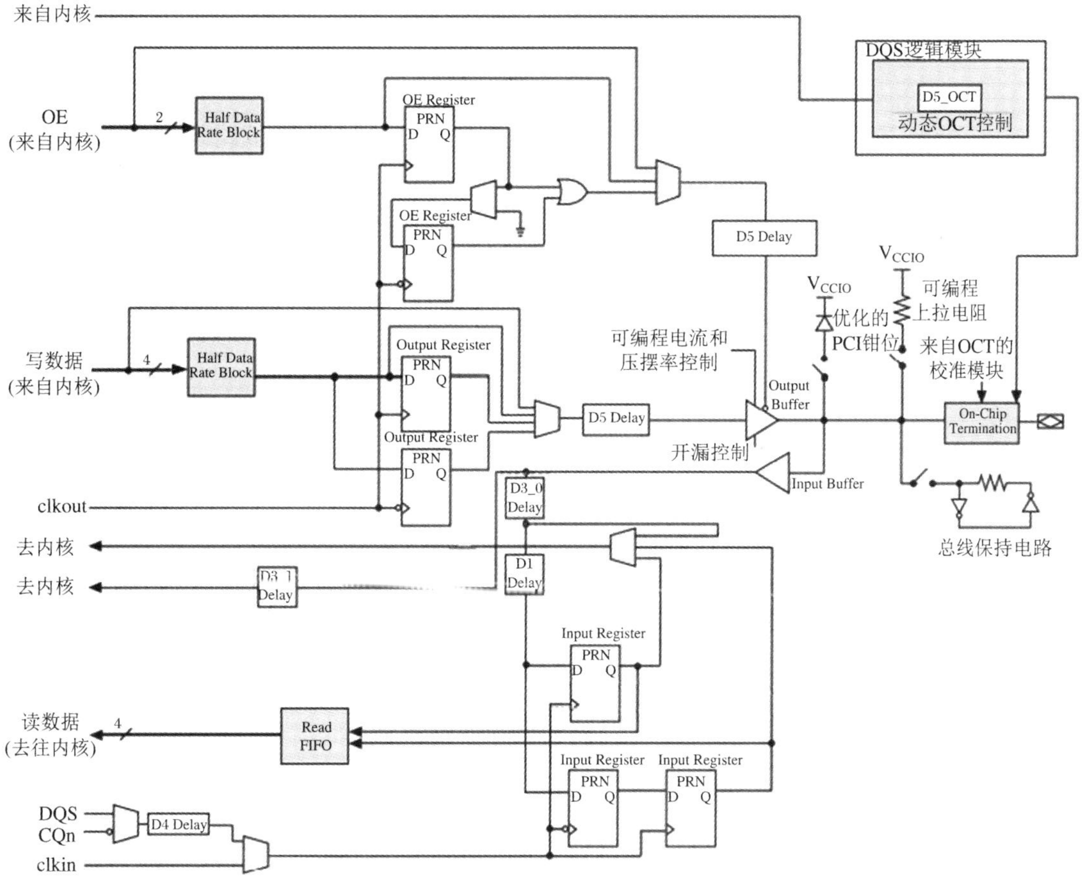

图3.60　Cyclone Ⅴ器件的IOE结构

表3.16列出了IOE的可编程设置的特性,这些可编程特性可以提高性能、减小干扰、优化延时特性。

表 3.16　IOE 可编程设置的特性

特　　性	设　置	支　持　的　I/O　标　准	是否支持 HPS I/O
压摆率控制 (slew rate)	0:慢速 1:快速(缺省)	3.0/3.3 V LVTTL 1.2/1.5/1.8/2.5/3.0/3.3 LVCMOS SSTL-2/SSTL-18/SSTL-15 1.8/1.5/1.2 V HSTL 3.0 V PCI 3.0 V PCI-X Differential SSTL-2/ Differential SSTL-18/ Differential SSTL-15 Differential 1.8/1.5/1.2 V HSTL	是
可编程的输出缓冲器延迟 (output buffer delay)	0 ps(缺省) 50 ps 100 ps 150 ps	3.0/3.3 V LVTTL 1.2/1.5/1.8/2.5/3.0/3.3 LVCMOS SSTL-2/SSTL-18/SSTL-15/ SSTL-135/SSTL-125 1.8/1.5/1.2 V HSTL HSUL-12 3.0 V PCI 3.0 V PCI-X Differential SSTL-2/ Differential SSTL-18/ Differential SSTL-15 Differential SSTL-135/ Differential SSTL-125 Differential 1.8/1.5/1.2 V HSTL Differential 1.2 V HSUL	–
开漏输出 (open drain)	On Off(缺省)	3.0/3.3 V LVTTL 1.2/1.5/1.8/2.5/3.0/3.3 LVCMOS SSTL-2/SSTL-18/SSTL-15/ SSTL-135/SSTL-125 1.8/1.5/1.2 V HSTL HSUL-12 3.0 V PCI 3.0 V PCI-X	是
总线保持 (enable bus-hold circuitry)	On Off(缺省)	3.0/3.3 V LVTTL 1.2/1.5/1.8/2.5/3.0/3.3 LVCMOS SSTL-2/SSTL-18/SSTL-15/ SSTL-135/SSTL-125 1.8/1.5/1.2 V HSTL HSUL-12 3.0 V PCI 3.0 V PCI-X	是

续表

特　性	设　置	支 持 的 I/O 标 准	是否支持 HPS I/O
弱上拉电阻 (weak pull-up resistor)	On Off(缺省)	3.0/3.3 V LVTTL 1.2/1.5/1.8/2.5/3.0/3.3 LVCMOS SSTL-2/SSTL-18/SSTL-15/ SSTL-135/SSTL-125 1.8/1.5/1.2 V HSTL HSUL-12 3.0 V PCI 3.0 V PCI-X	是
预加重 (programmable pre-emphasis)	0(禁止) 1(使能) 缺省为1	LVDS RSDS Mini-LVDS	–
差分输出电压 (programmable differential output voltage(VOD))	0(低) 1(中) 2(高,缺省)	LVDS RSDS Mini-LVDS	–
片内钳位二极管 (clamping diode)	On Off(缺省)	3.0/3.3 V LVTTL 3.0/3.3 LVCMOS 3.0 V PCI 3.0 V PCI-X	是

3.5.1.5　外部存储器接口

Cyclone Ⅴ器件的结构可以支持高数据带宽的外部存储器接口,其I/O模块可以满足高性能的外部存储器接口的设计需求。Cyclone Ⅴ器件支持的外部存储器标准有DDR3、DDR2和LPDDR2 SDRAM。

Cyclone Ⅴ内部的存储器控制器有两种实现方式,采用内部逻辑实现的为软核存储器控制器,采用专用硬件实现的为硬核存储器控制器。硬核存储器控制器支持全速率的外部存储器接口,软核存储器控制器支持半速率的外部存储器接口。Cyclone Ⅴ SoC器件的HPS还包含一个额外的硬核存储器接口控制器,也支持DDR3、DDR2和LPDDR2 SDRAM。

每个存储器控制器支持宽度为8～32 bit、最大容量为4 Gbit的存储器。表3.17给出了Cyclone Ⅴ外部存储器接口的性能。

表 3.17 Cyclone Ⅴ外部存储器接口的性能

接口标准	电压(V)	最大频率(MHz)		最小频率(MHz)
		硬核控制器	软核控制器	
DDR3 SDRAM	1.5	400	303	303
	1.35	400	303	303
DDR2 SDRAM	1.8	400	303	167
LPDDR2 SDRAM	1.2	333	300	167

在 Cyclone Ⅴ器件中，不支持收发器的 I/O 模块都可以构建存储器接口电路。这些I/O 模块提供了差分输入缓冲器，可以完成差分读数据选通和提供时钟等操作。

Cyclone Ⅴ的存储器接口支持外部存储器的输入/输出线 DQ 和选通线 DQS，DQ 总线的宽度可以是×8、×16 模式。由于 I/O 模块是分布在器件四周的，因此在上、下、左、右四周都可以形成存储器接口的 DQ/DQS 总线组，不同器件各边的 DQ/DQS 总线组的个数不一样。

Cyclone Ⅴ的存储器接口包括 DQS 相移电路、PHY 时钟网络、DQS 逻辑时钟、动态片内匹配阻抗(OCT)控制、IOE 寄存器、延迟链路等，这些结构能够实现快速和稳健的存储器接口。

DQS 相移电路的作用是利用延迟锁相环(DLL)给 DQS 管脚的信号提供相位偏移，用于 DQS 管脚作为 FPGA 的输入时钟或选通信号时，以补偿由于处理、电压和温度等带来的延迟误差。

PHY 时钟网络是为外部存储器接口专门设计的高速、低偏移物理层时钟网络。Cyclone Ⅴ器件的上、下两边最多有四个 PHY 时钟网络，左、右两边最多有两个 PHY 时钟网络。每个 PHY 时钟网络都可以覆盖一个 I/O 模块，并由相邻的锁相环(PLL)驱动。

每个 DQS 管脚都会连接到一个独立的 DQS 逻辑块，这个逻辑块包括 DQS 使能控制电路、DQS 延迟链和 DQS 后同步电路等，其主要功能是实现 DQS 信号的设置，保持 DQS 信号的稳定，达到延迟要求。

动态 OCT 控制模块由一系列寄存器组成，这些寄存器可以在读操作时动态地开启片内并行匹配阻抗(R_TOCT)，在写操作时关闭 R_TOCT。

IOE 寄存器包括输入通道寄存器和输出通道寄存器。输入通道寄存器可以捕获数据、同步数据，实现数据的快速传输。输出通道寄存器可以把来自 FPGA 内部的组合输出或寄存输出数据以单倍速和双倍速(或双倍速的一半速率)的方式传输出去。这些寄存器在不需要时都可以旁路掉。

Cyclone Ⅴ器件的 I/O 模块和 DQS 逻辑模块中都有在运行时可调的延迟链路，延迟链路可以通过 I/O 模块和 DQS 的配置来设置，以达到信号在时间上的匹配。

3.5.2 低功耗串行收发器

Cyclone Ⅴ器件带有低功耗收发器，总的传输速率为 3.125～6.144 Gbps，最多有 12 个全双工信道，串行数据速率为 614 Mbps～6.144 Gbps。Cyclone Ⅴ器件有背板式兼容收发器，支持 PCIe Base Specification 2.0 Gen1 和 Gen2 协议，收发器中有物理编码子层(Physical Coding Sublayer, PCS)和物理媒体连接层(Physical Medium Attachment Layers, PMA)。Cyclone Ⅴ器件的收发器符合很多协议和数据传输标准，应用范围较广。

Cyclone Ⅴ器件的收发器的一种基本布局如图 3.61 所示，图中展示了 Cyclone Ⅴ器件内部的主要功能模块。收发器的时钟由内部高速时钟网络提供的专用时钟连接通道来提供，也可以使用非整数锁相环(Fractional Phase-Locked Loop, fPLL)给收发器提供时钟。

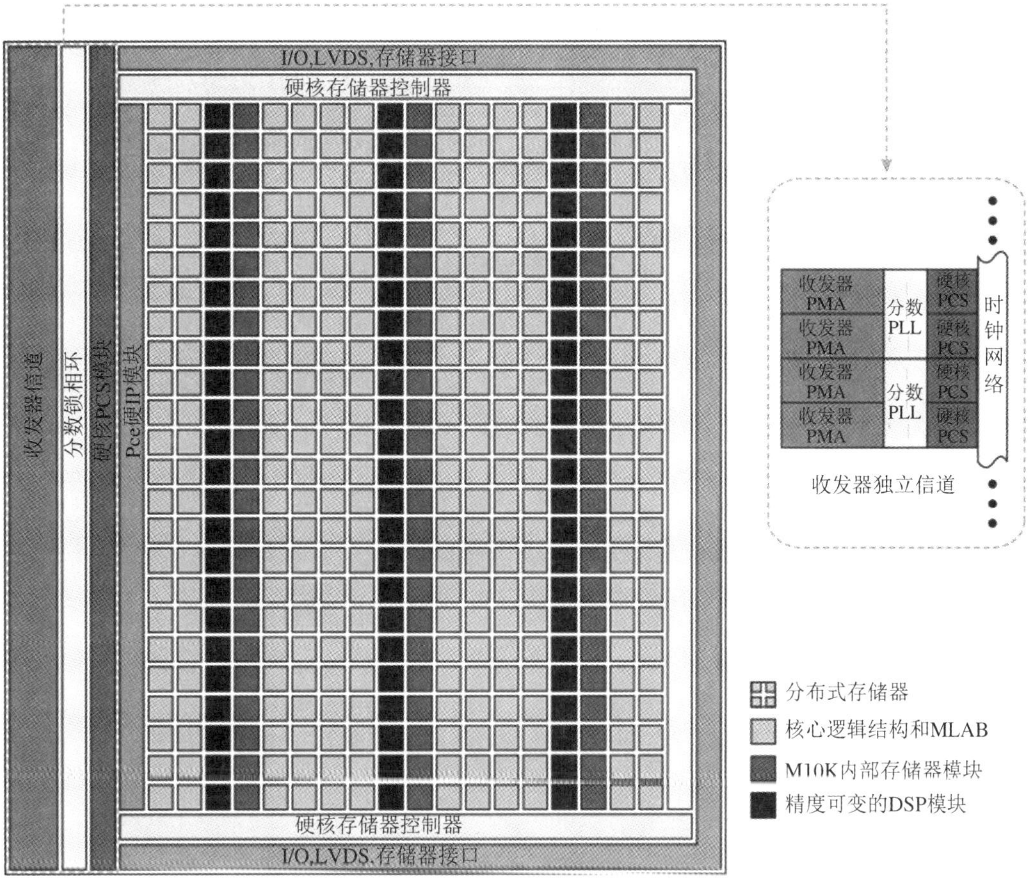

图 3.61 Cyclone Ⅴ收发器的布局

嵌入式 PCIe 硬核可以实现以下 PCIe 协议栈：

(1) 物理接口/媒体接入控制层(PHY/MAC)；

(2) 数据链路层；

(3) 传输层。

像收发器这样的嵌入式硬核在提升器件性能的同时，大大节省了 FPGA 的逻辑资源，缩短了设计时间，提高了设计效率。

在 Cyclone Ⅴ器件的收发器中，3 个信道组成一个收发器组，有些器件也支持 4 个信道一组或者 5 个信道一组的情况。收发器组最多有 4 个，即 12 个信道。图 3.62 是 GX/GT 器件的信道分组情况，可以是 3 个信道一组也可以是 5 个信道一组，只有 1 个 PCIe 硬核。

图 3.63 是收发器信道的结构框图，包括物理传输媒介、发送器 PMA 和 PCS、接收器

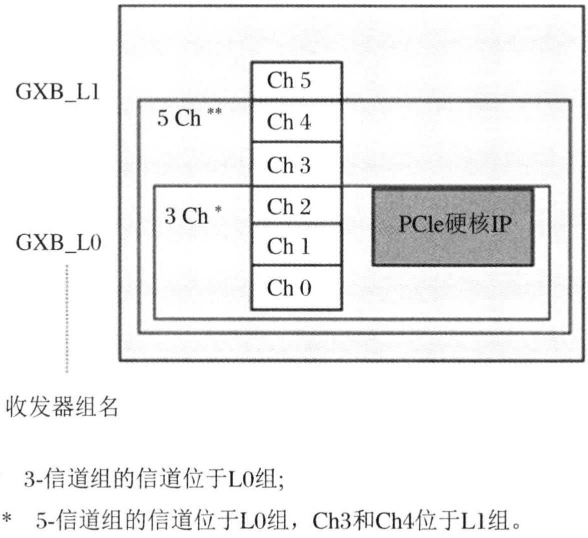

图 3.62 GX/GT 器件的信道分组

PMA 和 PCS、PIPE 接口、PCIe 硬核以及 FPGA 结构。收发器信道与 FPGA 结构的连接可以通过两种方式进行:一种是旁路掉 PIPE 接口和 PCIe 硬核,直接与 FPGA 结构相连;另一种是通过 PIPE 接口和 PCIe 硬核与 FPGA 结构相连。用户可以采用多个信道一起使用的方式来实现多通道连接。

物理媒体连接层(PMA)的结构如图 3.64 所示,包括发送器和接收器通路、时钟倍频单元(PLL)和时钟分频器。PMA 的模拟电路和片内差分负载需要校准模块来补偿由于处理、电压和温度因素引起的误差。

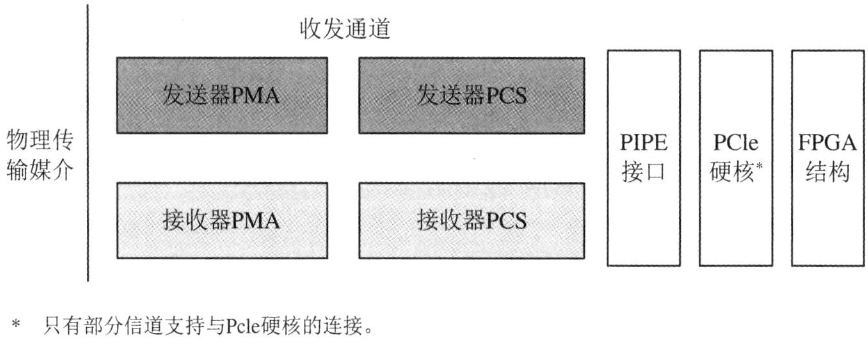

图 3.63 GX/GT 器件的收发器信道结构

收发器的物理编码子层(PCS)路径有两种配置形式:单字节宽度和双字节宽度,具体采用哪一种取决于 PMA 和 PCS 之间的信道宽度。单字节宽度为 8 或 10 bit,双字节宽度为 16 或 20 bit。图 3.65 给出了 PCS 的结构图。

从图 3.65 可见,发送器 PCS 数据通路包括相位补偿 FIFO、字节串化器、8/10 bit 编码器和比特对齐等模块。接收器 PCS 数据通路包括字节对准、速率匹配 FIFO、8/10 bit 解码器、字节解串化器、字节排序以及相位补偿 FIFO 等。

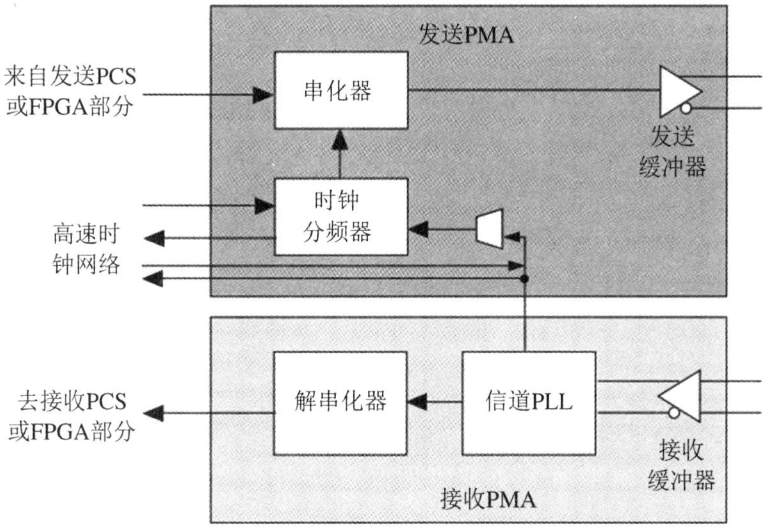

图 3.64　PMA 结构图

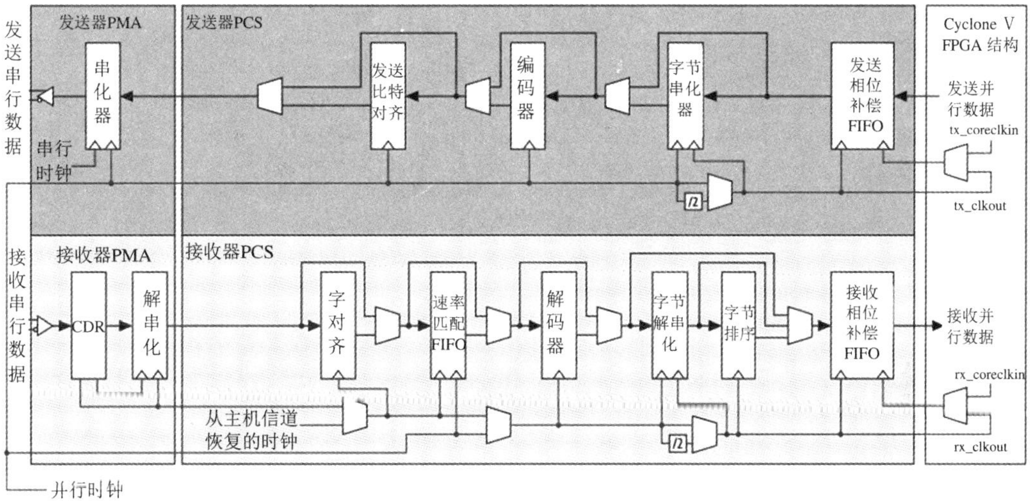

图 3.65　PCS 结构图

3.5.3　HPS

Cyclone Ⅴ SoC 器件包括两大部分：单核或双核 ARM Cortex-A9 硬核处理器系统(Hard Processer System，HPS)和 FPGA。HPS 架构集成了丰富的外设，可以增强单片器件的性能，减小板级尺寸。因为 Cyclone Ⅴ SoC 器件包含了 HPS，所以外部管脚就要区分 HPS 的 I/O 和 FPGA 的 I/O。

Cyclone Ⅴ SoC 器件的结构框图如图 3.66 所示，从图中可见，SoC 器件的内部架构分为 HPS 部分和 FPGA 部分，两部分之间通过 HPS-FPGA 接口连接。

HPS 包括的模块有：

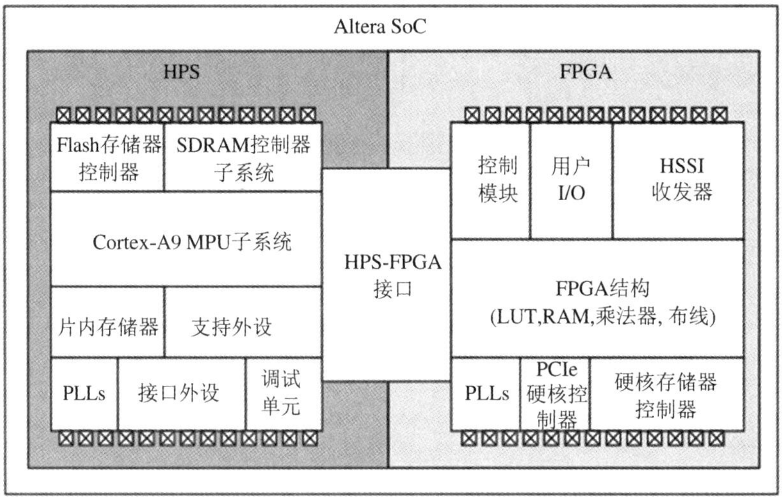

图 3.66 Cyclone Ⅴ SoC 器件的结构框图

(1) 单个或两个 ARM Cortex-A9 内核的微处理器单元(MPU);
(2) Flash 存储器控制器;
(3) SDRAM 控制器子系统;
(4) 系统连接网络;
(5) 片内存储器;
(6) 接口外设;
(7) 调试单元;
(8) PLLs。

FPGA 包括的模块有:
(1) FPGA 可编程逻辑结构;
(2) 控制模块;
(3) PLLs;
(4) 高速串行接口收发器;
(5) PCIe 硬核控制器;
(6) 硬核存储器控制器。

HPS 和 FPGA 之间的通信是通过两者之间的总线桥来进行的。在上电复位时,HPS 可以有多种启动方式,包括由 FPGA 启动或外部 Flash 启动。FPGA 可以由 HPS 来配置,也可以由外部器件来配置。

HPS 和 FPGA 有各自的管脚,两者之间的管脚不能共享。HPS 的 I/O 管脚由 MPU 运行的启动软件来配置,FPGA 的 I/O 管脚由 FPGA 配置文件来配置。

HPS 和 FPGA 的外部供电电源是分开的,上电操作也是独立的。用户可以只打开 HPS 的电源,不打开 FPGA 的电源。但是打开 FPGA 电源时,HPS 必须是已经上电的状态或者与 FPGA 同时上电,FPGA 不能单独上电。

图 3.67 是 HPS 的结构框图,从图中可见,HPS 包含了丰富的外设资源和多种接口功能,以下对 HPS 各部分的功能做进一步的介绍。

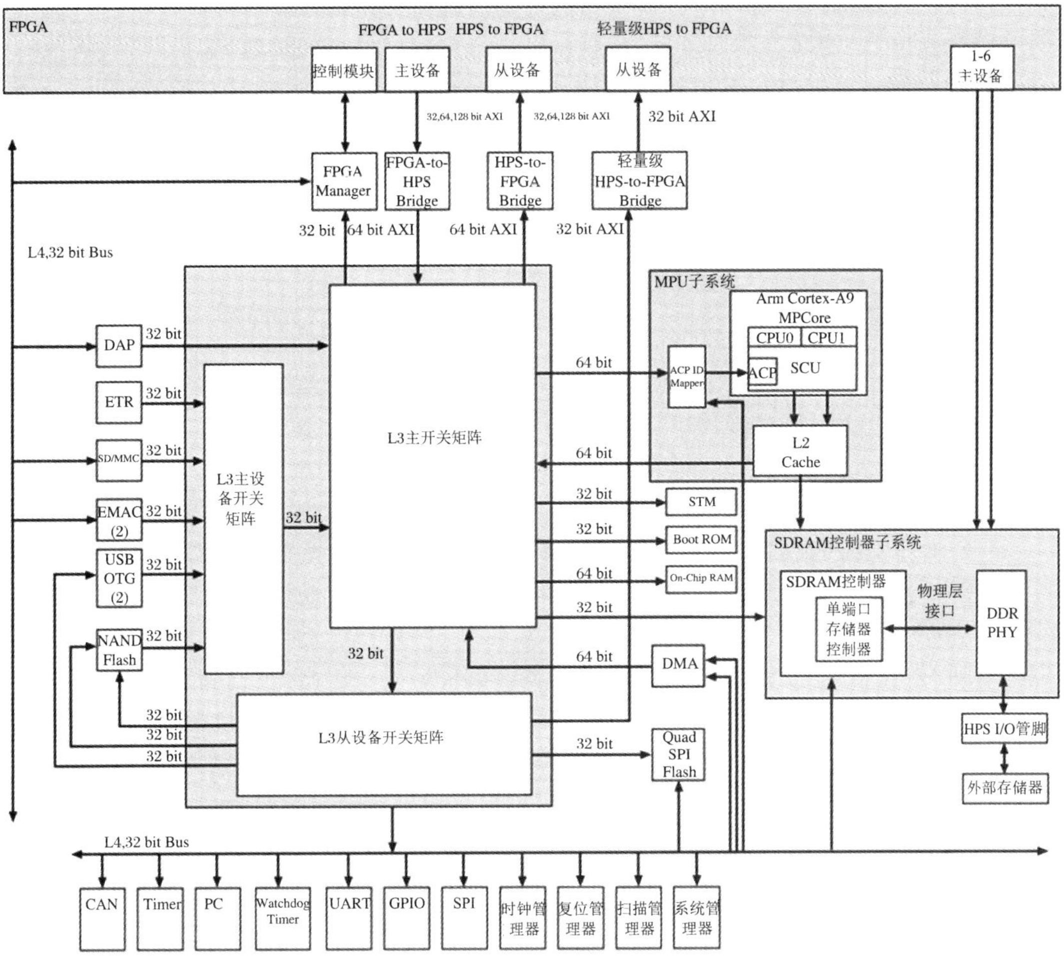

图 3.67　HPS 结构框图

1. Cortex-A9 MPCore

HPS 的核心是单个或两个 Cortex-A9 处理器，每个处理器是单指令流、多数据流(SIMD)协同处理器，可以进行向量浮点操作。处理器有 SCU(Snoop Control Unit)机制，以确保处理器之间的一致性，有 ACP(Accelerator Coherency Port)机制，接收一致性存储器访问请求，有中断控制器。每个处理器有一个通用定时器和一个看门狗定时器，有 32 KB 指令高缓和 32 KB 数据高缓(L1 层)，有存储器管理单元(MMU)。L2 共享高缓容量为 512 KB。

2. HPS 接口

HPS 有多种对外接口，其中 HPS-FPGA 存储器映射接口是两者之间主要的通信桥梁。HPS-FPGA 存储器映射接口又分为 FPGA-to-HPS 桥、HPS-to-FPGA 桥以及轻量级 HPS-to-FPGA 桥，这些通信桥使用 AMBA 总线高级可扩展接口协议(AXI)。

FPGA-to-HPS 桥是高性能总线，配置的数据宽度可以是 32 位、64 位或 128 位。FPGA 作为主设备，可以访问 HPS 里面的从设备，此时，HPS 的地址空间对 FPGA 来说都是可见的。这个接口还支持对一致性存储器接口的访问。

HPS-to-FPGA 桥是高性能总线，配置的数据宽度可以是 32 位、64 位或 128 位。此时，HPS 作为主设备，可以访问 FPGA 里面的从设备。轻量级 HPS-to-FPGA 桥的数据宽度固定为 32 位，允许 HPS 作为主设备去访问 FPGA 里面的从设备。

HPS 还有一些其他的接口，包括 TPIU trace、DMA 外设接口、FPGA 管理器接口、中断、HPS 调试接口、HPS-to-FPGA JTAG 接口等，在此不一一介绍，请查阅 Cyclone Ⅴ SoC 器件的相关手册。

3. 系统互连网络

HPS 互连网络包括 L3 互连网络和 L4 总线。L3 互连网络包括 L3 主开关矩阵、L3 主设备开关矩阵和 L3 从设备开关矩阵。

4. SDRAM 控制器子系统

HPS 和 FPGA 中的主设备都可以访问 SDRAM 控制器子系统。SDRAM 控制器子系统支持 DDR2、DDR3、LPDDR2 器件，支持纠错码(ECC)，其所有的端口都支持存储器保护和相互访问功能。

SDRAM 控制器子系统由 SDRAM 控制器、DDR PHY、控制和状态寄存器以及它们的接口组成。SDRAM 控制器包含一个多端口前端(MPFE)，可以接收来自 HPS 和 FPGA 的访问请求，DDR PHY 把一个单端口存储器控制器连接到 HPS 存储器 I/O 端口上。

5. 片内存储器

HPS 片内 RAM 容量是 64 KB，有 64 bit 从设备接口。片内启动 ROM 容量是 64 KB，里面存放的是支持 HPS 启动的代码，只能用于 HPS 的启动。

6. Flash 存储器控制器

HPS 的 Flash 控制器包括 NAND Flash 控制器、Quad SPI Flash 控制器。NAND Flash 控制器支持多种类、多公司的 Flash 存储器产品，支持可编程 512 字节和 1024 字节 ECC 扇区尺寸，支持每页的容量可以是 512 B，2 KB，4 KB 和 8 KB，支持内部 DMA 以及支持可编程的访问时序等。

Quad SPI Flash 控制器支持 SPIx1、SPIx2、SPIx4 串行 NOR Flash 存储器，支持直接访问和间接访问模式，支持单、双、四个 I/O 指令，支持最多 4 颗芯片的选择。Quad SPI Flash 控制器提供可编程设置的写保护区域、可编程设置的延迟、可编程设置的器件容量、可编程波特率产生器等功能。

7. SD/MMC 控制器

SD/MMC 控制器支持 CE-ATA 数字协议命令，只支持单数据速率(SDR)模式，支持多种类型的多媒体卡，提供可编程的 1 bit，4 bit 和 8 bit 数据宽度，提供可编程的卡的类型有 SD、SDIO 和 MMC。

8. 片内外设

HPS支持的外设有时钟管理器、复位管理器、系统管理器、扫描管理器、定时器、看门狗定时器、DMA控制器、FPGA管理器等。这些外设分别对时钟、复位资源、系统功能和控制信号、I/O管脚扫描、定时、高带宽数据传输、FPGA配置等功能进行管理。

9. 外设接口

HPS支持多种类型的片外的外设接口，包括EMAC、USB、I2C、UART、CAN、主SPI、从SPI、GPIO等，提供了强大的系统构建能力。

3.5.4 小结

可编程SoC将过去分散在独立FPGA芯片、DSP芯片、嵌入式处理器芯片以及通信芯片里的功能整合到一块芯片里，形成了单片上的系统级设计平台，大大提高了系统设计效率，提高了系统性能，同时也大大降低了系统PCB面积，是未来复杂电子系统的发展方向。

3.6 FPGA的设计流程

本章主要介绍了可编程逻辑器件的工作原理，重点是CPLD和FPGA，它们也是目前被广泛使用的PLD器件。CPLD和FPGA在内部结构上有共性，也有差异，本节将对这两种PLD器件做一个结构和性能上的对比，并总结FPGA的设计流程。

3.6.1 FPGA/CPLD结构总结

FPGA和CPLD在基本结构上具有的共性由三大部分组成，这三大部分是：

(1) 一个二维的逻辑块阵列，构成了PLD器件的逻辑组成核心；

(2) 输入/输出块，对PLD的输入/输出信号进行控制；

(3) 连接逻辑块的互连资源，由线段、通道组成，其中也有一些可编程的连接开关，它们用于逻辑块之间、逻辑块与输入/输出块之间的连接。

但由于在局部结构实现方式上存在差异，CPLD和FPGA在功能与性能上有所不同。图3.68和图3.69分别示出了CPLD和FPGA的一般结构。

从图3.68可以看出CPLD主要由逻辑阵列块(LAB)、I/O控制模块(IOB)和可编程连线阵列(PIA)组成。LAB采用了宏单元结构，包括“与阵列”、或门和触发器，是基于乘积项的结构，能够有效地实现用户设计的各种组合逻辑和时序逻辑，IOB用来驱动I/O引脚，PIA是集中式的布线资源，其作用是实现内部信号之间以及内部信号与芯片管脚之间的互连。另外，CPLD中采用EPROM、EEPROM和Flash等存储器来保存编程信息。

FPGA芯片由可配置逻辑块(CLB)、可配置输入/输出块(IOB)和可编程连线(PI)三种

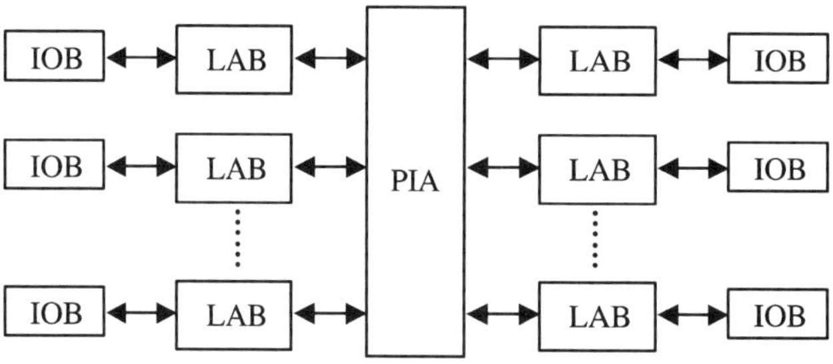

图 3.68 CPLD 内部结构图

基本单元组成，如图 3.69 所示。CLB 是 FPGA 的核心部分，它可以实现用户设计的逻辑功能。每个 CLB 由一个组合逻辑、几个触发器、几个多路选择器和控制单元组成，组合逻辑采用查找表来实现，是基于查找表的结构。IOB 位于芯片的四周，其作用是为芯片外部管脚和内部逻辑阵列提供一个接口，它主要由逻辑门、触发器和控制单元组成。PI 分布于芯片内部，经编程后形成连线网络，用于芯片内部逻辑之间的相互连接。另外，在 FPGA 芯片中还有点状分布的可配置存储器阵列，该存储器是 SRAM 存储器，用来装载配置文件，以控制 CLB、IOB、PI 的配置。

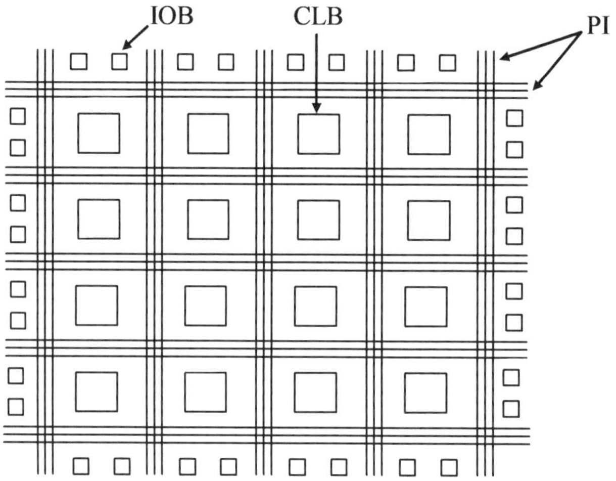

图 3.69 FPGA 内部结构图

从以上 CPLD 和 FPGA 的结构对比可以总结出它们主要在以下几个方面存在差别：

(1) 逻辑单元的粒度(最小逻辑结构)不一样，设计灵活性不同。FPGA 逻辑单元的粒度比 CPLD 小，因此设计更为灵活。

(2) FPGA 芯片的逻辑门密度比 CPLD 芯片高。

(3) CPLD 的内连线采用 PIA 结构，内连率很高，内部连线长度不会积累。FPGA 采用有限的布线线段连接内部各部件，内部连线长度会产生积累，因此需要通过布局、布线来优化速度和面积。

(4) CPLD 的 PIA 结构决定了它的布线延时是固定的、可预测的，即在设计输入不变的情况下，每次布局布线后的布线延时是一定的。FPGA 分段式布线结构导致了每次布局布线后延时是不一样的。

(5) 比较而言，CPLD 更适合完成各类算法和组合逻辑，而 FPGA 具有更丰富的触发器资源，更适合完成时序较多的逻辑电路。

(6) CPLD 中采用 EPROM、EEPROM 和 Flash 等存储器来保存配置信息，断电以后配置信息不丢失，是非易失性的 PLD。FPGA 大多采用易失性的 SRAM 来存储配置信息，一旦掉电，芯片中的配置信息丢失，因此是易失性的 PLD。目前也有非易失性的 FPGA，采用 EEPROM 或 Flash 等非易失性的存储器来保存配置信息。由于非易失性存储器需要特殊的制造工艺步骤，需要编程的高电压(>10 V)，因此大大增加了 FPGA 设计的复杂性。

(7) CPLD 的宏单元结构导致其功耗比 FPGA 高，集成度越高时，这种情况就越明显。

3.6.2　FPGA/CPLD 优点

FPGA 和 CPLD 都是应用广泛的可编程逻辑器件，用它们来设计电子系统，具有中小规模集成电路无法比拟的优点，表现在以下四个方面：

(1) 随着 VLSI 技术的不断提高，FPGA/CPLD 芯片的集成度越来越大，单片容量已达到几百万个逻辑门，能实现的功能越来越强，也易于实现单片系统。

(2) FPGA/CPLD 芯片由厂家生产，设计人员只通过相应的软件来设计系统，不会带来硬件方面的损耗，因此采用 FPGA/CPLD 设计系统的研制开发费用相对较低。

(3) 用户可以对 FPGA/CPLD 芯片反复编程、擦除和使用，因此用 FPGA/CPLD 可以很灵活地试制原型产品，并可以在外围电路不变的情况下，通过修改配置文件来改变设计的功能。

(4) FPGA/CPLD 芯片的电路设计周期短，可以快速地投放市场。FPGA/CPLD 设计工具中包括输入工具、仿真工具、版图设计工具和编程器等全线产品，使得设计人员在短时间内就可完成输入、编译、优化、仿真直至芯片配置等一系列工作，大大缩短了产品的开发周期。

3.6.3　FPGA/CPLD 设计流程

尽管 FPGA/CPLD 在结构上有一定的差异，但采用 EDA 方法对其进行设计的流程是一致的，如图 3.70 所示，一般可以归纳为以下一些步骤：

第一步：设计输入。在传统设计中，设计人员是从原理图输入方法开始设计的。自 20 世纪 90 年代开始，采用硬件描述语言描述数字系统的输入方法得到了广泛的应用。随着现代数字系统的复杂度不断增加，设计输入的抽象性越来越强，采用高级语言描述的方式逐渐得到应用。

第二步：设计编译(综合)。设计输入之后就有一个从高层次系统行为设计向低层次门级逻辑电路的转化翻译过程，即把设计输入的某种描述方式(例如 HDL 源代码)转化为底层软件能够识别的另一种数据格式(例如门级网表)，以求得到具体的门级电路。

第三步：设计优化。对于上述综合生成的网表，根据布尔方程功能等效的原则，用更小更快的综合结果替代一些复杂的单元，并与指定的库映射生成新的网表，这是硬件描述语言描述方式中减小电路规模的一条必由之路。

第四步：前仿真。用户所设计的电路必须在布局布线前进行功能验证，前仿真的目的是验证电路的逻辑功能是否有效。

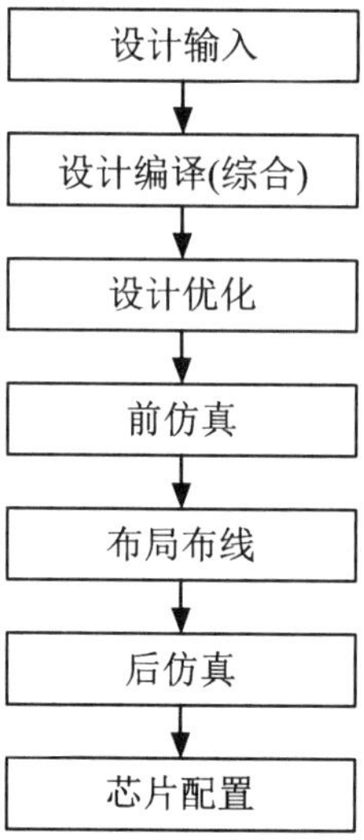

图 3.70 FPGA/CPLD 设计流程

第五步:布局布线。当设计的功能在前仿真中被验证后,就可以布局布线了。这一步可相对规划出 FPGA/CPLD 设计。

第六步:后仿真。设计人员需要利用在布局布线中获得的更精确的 RC 参数再次验证电路的功能和时序。

第七步:芯片配置。将经过仿真验证的设计通过下载电缆配置到 FPGA/CPLD 芯片中,实现设计的功能。

习题

1. 什么叫做现场可编程性?
2. FPGA/CPLD 器件有什么优点?
3. 基于乘积项和基于查找表的方法是如何实现组合逻辑的?
4. 简述 XC3000 系列 FPGA 结构的三大组成部分及其功能。XC3000 内部分布式 SRAM 的功能是什么?
5. Altera 的 FLEX 10K 系列器件结构包括哪四个主要部分?各部分功能是什么?
6. Altera 的 Cyclone 系列器件结构包括哪些主要部分?各部分功能是什么?
7. 高云半导体 GW2A 系列器件结构包括哪些主要部分?各部分功能是什么?
8. 除了可编程逻辑部分之外,Cyclone Ⅴ SoC 器件在结构上还有哪些主要部分?
9. FPGA 和 CPLD 在性能上有哪些相同点和不同点?
10. 简述 FPGA/CPLD 的设计流程。

第2篇

硬件描述语言与数字电路设计

第 4 章 Verilog HDL 语言基础

Verilog HDL 是目前使用较多的硬件描述语言，具有强大的硬件描述能力，可以从开关级、门级、RTL 级到系统级/算法级对数字系统进行建模，并支持多层次的混合描述。Verilog HDL 与其他硬件描述语言一样，独立于具体实现技术和制造工艺，使设计者可以选择不同的实现方式。本章和第 5 章将详细介绍 Verilog HDL 的语言要素和程序设计方法。

4.1 Verilog HDL 概述

Verilog HDL 是 Gateway Design Automation 公司在 1983 年开发出来的硬件描述语言，专用于其模拟器产品的开发建模。由于该公司的仿真器 Verilog-XL 取得了巨大的成功，再加上这种语言比较实用，与 C 语言的编写风格相似，所以逐渐被众多设计者接受。Gateway Design Automation 公司在 1989 年被 Cadence 公司收购，因此 Verilog HDL 语言的所有权也归属于 Cadence 公司。

1990 年 Cadence 公司公开了 Verilog HDL，并且成立了 OVI（Open Verilog International）组织推广 Verilog HDL。经过几年的发展，Verilog HDL 于 1995 年成为 IEEE 标准，称为 IEEE STD 1364-1995。之后，标准化组织对 Verilog-1995 进行了修正和扩展，到了 2001 年，Verilog HDL 的第二个 IEEE 标准发布，称为 IEEE STD 1364-2001。

Verilog-2001 是目前的主流版本，它对 Verilog-1995 进行了重大改进，添加了诸如通用敏感列表、多维数组、生成语句块和命名端口连接等实用功能，大部分的 EDA 设计工具都支持 Verilog-2001 版本。

2005 年，IEEE 又推出了 IEEE STD 1364-2005 版本的 Verilog HDL，但这个版本只是对 Verilog-2001 进行了细微的修正。这个版本中新增加的 Verilog-AMS 可以对模拟和混合信号系统进行建模。同年，IEEE 还公布了 System Verilog 语言的 IEEE 1800-2005 标准。System Verilog 语言在 Verilog-2001 的基础上，提高了系统级设计的能力，将设计推向了系统级空间和验证级空间。

2009 年，IEEE STD 1364-2005 版本和 IEEE 1800-2005 版本合并为 IEEE 1800-2009，成为了统一的 System Verilog 硬件描述和验证语言（Hardware Description and Verification Language，HDVL）。该版本在 2012 年又进行了修订。

Verilog HDL 可以在不同层次上对硬件电路进行描述，设计者可以根据任务目标、性能指标、应用场景等进行选择，也可以采用不同层次混合描述方法。设计层次从高到低可以分为系统级/算法级、RTL 级、门级和开关级，它们的主要内容如下：

1. 系统级/算法级

该层次主要描述电路系统的行为，关注各类复杂算法的实现，是高层次、抽象的描述，通常用于建模和仿真。大多数情况下，系统级设计不能直接综合，但目前也有支持部分系统级设计的高级综合工具。目前很多综合工具可以支持算法的描述，并能直接生成 RTL 代码或门级电路网表。

2. RTL 级

该层次主要描述数字逻辑电路中寄存器的行为以及寄存器之间的组合逻辑关系，是硬件描述语言主要的应用层次，可综合程度较高。

3. 门级

该层次描述基本的逻辑门功能以及逻辑门之间的连接关系，以基本的逻辑门来实现整个电路的功能。

4. 开关级

该层次描述器件中三极管和存储节点的功能以及它们之间的连接模型。芯片设计中，布局布线结果就是形成开关电路。在 FPGA 设计中，一般不采用开关级设计。

4.2 Verilog HDL 程序的基本结构

为了对 Verilog HDL（以下简称 Verilog）程序有一个总体认识，我们首先来看一个 Verilog 程序实例，了解组成一个 Verilog 程序的主要部分和基本语言要素。以下若无特别说明，均以 Verilog-2001 版本的内容为准。

4.2.1 Verilog HDL 程序结构说明

例 4.1 是一个模为 256 的计数器的 Verilog 程序，其结构图如图 4.1 所示，功能仿真如图 4.2 所示。该程序描述的电路模块的名字叫做 CounterHEX，CLK、RST 是输入端口，COUT 是输出端口。CLK 是时钟信号，RST 是异步复位信号。当 RST 为逻辑 0 时，计数器复位，输出端口 COUT 清零；当 RST 为逻辑 1 时，在每个 CLK 的上升沿，计数器进行计数，COUT 为计数值。

描述一个电路模块的完整的 Verilog 程序包含在 module…endmodule 结构之中，如例 4.1 所示，其内部还包括端口说明、数据类型说明、参数说明和电路描述语句等部分。

module 本身就有“模块”的意思，在这里也指电路功能模块。如果没有 module…endmodule 结构，只能表示电路片段。一个 module…endmodule 结构所描述的电路功能可以复杂，也可以简单，比如可以在一个 module…endmodule 结构中描述一个 CPU，也可以描述一个计数器。一个模块可以调用其他的模块，而多个模块也可以结合起来，构建出一个更大的模块。

例 4.1 Verilog 程序的基本结构。

```
module CounterHEX(CLK, RST, COUT);
  input CLK, RST;
  output [7:0] COUT;

  reg [7:0] COUTA;

  always @(posedge CLK or negedge RST)
  begin
          if (!RST) COUTA <= 0;
          else COUTA <= COUTA + 1;
  end

  assign COUT = COUTA;

endmodule
```

端口说明

数据类型说明

电路描述语句

完整电路模块

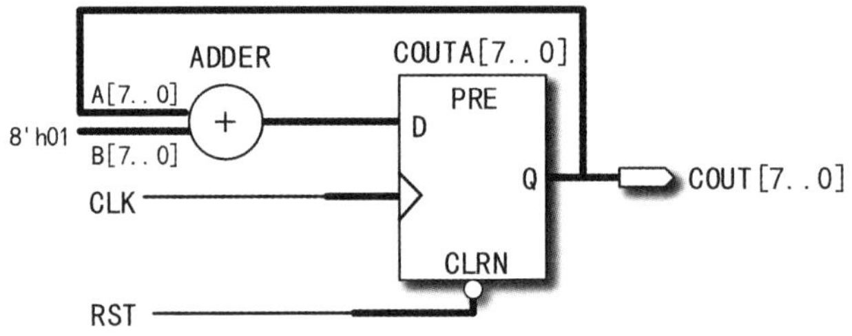

图 4.1 例 4.1 的结构图

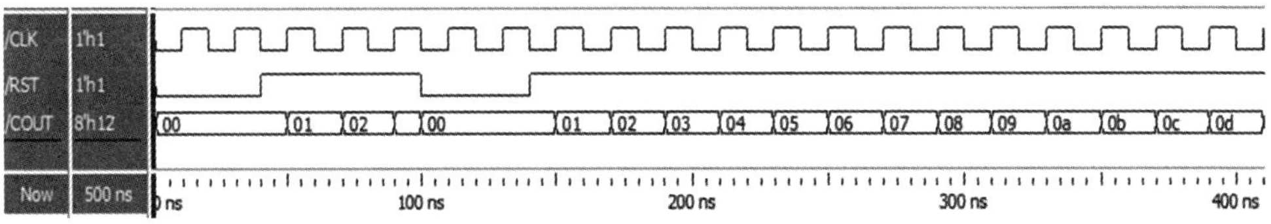

图 4.2 例 4.1 的功能仿真波形

模块 module…endmodule 结构的一般语法格式为

```
module 模块名(模块端口列表);
    端口说明;
      (input,output,inout)
    数据类型、参数、函数等说明;
      (wire,reg,parameter,function,task…)
    电路描述语句;
      (initial 语句,always 语句,例化语句等)
endmodule
```

模块定义以 module 开头，其后间隔一个或多个空格，紧接着是“模块名”，这是设计者给模块取的名字。虽然模块名可以取任意合法的标识符，但建议根据模块的具体功能来取模块名，起到提示的作用。比如全加器可以取名 full_add，模 16 计数器可以取名 counter16 等。例 4.1 中的模块名为 CounterHEX。

模块名右侧的括号中是模块端口列表，其中要列出该模块所有输入、输出端口的名称。如例 4.1 中，(CLK，RST，COUT)就是端口列表，这里有三个端口，它们之间用逗号或“or”隔开，即(CLK，RST，COUT)或(CLK or RST or COUT)。端口名也是由设计者确定的，可以取任意合法的标识符。注意 Verilog 语言区分字母的大小写，即 CLK 与 clk 是不一样的标识符。模块端口列表之后还有一个分号，在书写时千万不要丢掉。

在 module 语句之后是模块的端口说明。对于一个电路模块来说，它的端口是信号进入或者输出的通道，因此要对端口的数据流动方向加以说明。端口说明有 input、output、inout 三种模式，如图 4.3 所示。

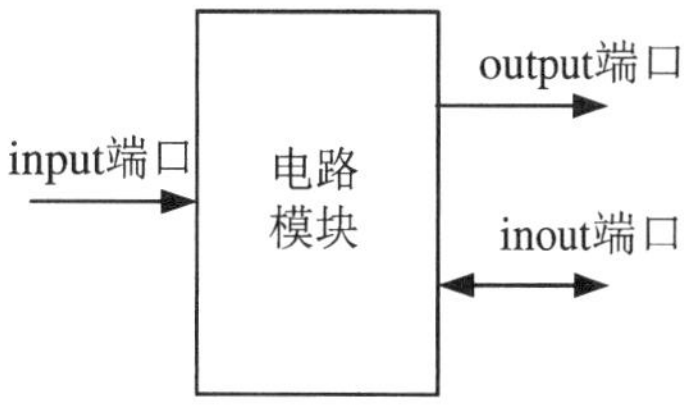

图 4.3　Verilog 端口模式

1. input:输入端口

用 input 说明的端口为输入端口，表示数据流可以通过该类端口送入所设计的电路模块中，但不能反向输出。从程序的角度来看，输入端口只能被读取，不能被赋值。输入端口的说明语句格式为

```
input   端口名 1,端口名 2,…;
input   [msb:lsb] 端口名 1,端口名 2,…;
```

input 是关键字，后面跟端口名。如果要说明多个相同的输入端口，可以把端口都列出来，端口名之间用逗号隔开，最后以分号结尾。上面第一个语句说明的输入端口只有一位，或称单比特端口，第二个语句说明的是多比特端口，或矢量端口，其位宽由[msb:lsb]来说明，msb 表示最高有效位，lsb 表示最低有效位。例如：

```
input CLK, RST;       //说明 CLK、RST 为一位输入端口
input [3:0] ADDR;     /* 说明 ADDR 为四位输入端口，可以等同于 ADDR[3]、
                         ADDR[2]、ADDR[1]、ADDR[0]四个一位端口 */
input [1:8] DBUS;     //说明 DBUS 为八位输入端口，注意小序号在前
```

2. output:输出端口

用 output 说明的端口为输出端口，表示电路模块中的数据流可以通过该类端口向外输出，但不能反向输入。从程序的角度来看，输出端口只能被赋值，不能被读取。输出端口的说明语句格式为

```
output   端口名 1,端口名 2,…;
output   [msb:lsb] 端口名 1,端口名 2,…;
```

output 是关键字，后面跟端口名。如果要说明多个相同的输出端口，可以把端口都列出来，端口名之间用逗号隔开，最后以分号结尾。上面第一个语句说明的输出端口只有一位，或称单比特端口，第二个语句说明的是多比特端口，或矢量端口，其位宽由[msb:lsb]来说

明,msb 表示最高有效位,lsb 表示最低有效位。例如:

```
output SUM, Y;          //说明 SUM、Y 为一位输出端口
output [7:0] COUT;      /* 说明 COUT 为八位输出端口,可以等同于 COUT[7]~
                           COUT[0]八个一位输出端口 */
```

3. inout:双向端口

用 inout 说明的端口为双向端口,表示数据流既可以通过该类端口向模块内输入,又可以向模块外输出。从程序的角度来看,双向端口既能被赋值,也能被读取。需要注意的是,双向端口的双向传输功能不是同时的,某个时刻,该端口只能是输入或输出一种功能,比如存储器的数据线。输出端口的说明语句格式为

```
inout   端口名 1,端口名 2,…;
inout   [msb:lsb] 端口名 1,端口名 2,…;
```

inout 是关键字,后面跟端口名。如果要说明多个相同的双向端口,可以把端口都列出来,端口名之间用逗号隔开,最后以分号结尾。上面第一个语句说明的双向端口只有一位,或称单比特端口,第二个语句说明的是多比特端口,或矢量端口,其位宽由[msb:lsb]来说明,msb 表示最高有效位,lsb 表示最低有效位。例如:

```
inout A, B;             //说明 A、B 为一位双向端口
inout [7:0] DATA;       /* 说明 DATA 为八位双向端口,可以等同于 DATA[7]~
                           DATA[0]八个一位双向端口 */
```

根据 Verilog-2001 版本,端口说明也可以与端口列表结合起来书写,使整个程序更加简洁。例如下面的端口列表和说明:

```
module DFF(CLK, D, Q);
  input CLK;
  input [3:0] D;
  output [3:0] Q;
  ……
endmodule
```

也可以写成:

```
module DFF( input CLK, input [3:0] D, output [3:0] Q );
  ……
endmodule
```

程序结构的端口说明之后是端口、变量的数据类型说明,这一部分将在下一节进行描述。例 4.1 使用了一个 always 语句(过程赋值语句)和一个 assign 语句(连续赋值语句)描述电路功能,这些 Verilog 语句将在后续各小节中分类进行说明。程序最后以 endmodule 结束,末尾不加任何符号。

4.2.2 Verilog HDL 语言要素

与其他高级语言类似,Verilog 语言也是由标识符、表达式、数据类型、描述语句等语言要素组成的,这些内容是构建程序的基础,而且有相应的规范。在编写程序时,要注意遵守

这些语言规范。

4.2.2.1 标识符

在设计电路模块时，设计者要给电路模块、端口、变量等对象起名字，这些名字就是标识符(identifier)。在 Verilog 语言中，标识符的选取要遵守以下规则：

- 标识符可以包括的符号为 26 个英文字母(包括大小写)、数字 0～9、符号 $ 和_(下划线)，以及这些符号的组合；
- 标识符的第一个符号必须是字母或下划线；
- 标识符中不能有两个连续的下划线，单一下划线前或后必须有英文字母或数字；
- 标识符中的英文字母区分大小写；
- 标识符中的字符数不能大于 1024 个；
- 标识符不能使用 Verilog 的关键字。

以下标识符为合法标识符：

adder，counter8，code8_to_3，_DECODER_，REG，FOUR $

以下标识符为不合法标识符：

3to8，Mux_ _41，add8 * 8，reg，&read，Not-Ack

还有一类标识符叫做转义标识符(escaped identifier)，可以包含任意可打印字符。转义标识符以反斜线符号“\”开头，以空白符结尾。这里的空白符可以是空格、制表符或换行符。转义标识符可用于表示特殊的含义，例如：

\n ：换行符。

\r ：回车符。

如果转义标识符中没有特殊字符，则可以当成一般标识符使用，例如“\OutGate”和“OutGate”是一样的。如果转义标识符是数字开头或者是 Verilog 关键字，则使用时要带着反斜线符号“\”。例如：

\74LS04 ：假设该标识符为一位变量，使用时为 \74LS04 <= 1′b1，注意转义标识符最后有一个空格。

\reg ：假设该标识符为四位矢量，使用时为 \reg <= 4′b1001。

4.2.2.2 空白符

空白符包含空格、制表字符和换行符。除了出现在字符串中之外，空白符仅用于分隔标识符，在编译时被忽略。

Verilog 程序是自由书写格式，可以在一行内书写，也可以跨越多行书写，因此，空白符没有特殊的含义。例如下面在一行中书写的语句：

```
initial begin Data = 4'b0001;  #10 Data = 4'b0010; end
```

也可以写成：

```
initial
  begin
  Data = 4'b0001;
  #10 Data = 4'b0010;
end
```

4.2.2.3 关键字

Verilog 语言中预先定义和使用的一些有固定含义的英文单词称为关键字(key word),也叫做保留字,例如 module、input、begin 等。Verilog 中的关键字必须用小写字母,如果用大写字母,如 MODULE、INPUT 等就不是关键字。关键字具有特殊含义,不能作为一般标识符来使用。Verilog-2001 版本中的关键字参见表 4.1。

表 4.1 IEEE STD 1364-2001 标准中的 Verilog 关键字

always	and	assign	automatic		
begin	buf	bufif0	bufif1		
case	casex	casez	cell	cmos	config
deassign	default	defparam	disable		
edge	else	end	endcase	endconfig	endfunction
endgenerate	endmodule	endprimitive	endspecify	endtable	endtask
event					
for	force	forever	fork	function	
highz0	highz1				
if	ifnone	ifcdir	include	initial	inout
input	instance	integer			
join					
large	liblist	library	localparam		
macromodule	medium	module			
nand	negedge	nmos	nor	not	notif0
notif1	noshowcancelled				
or	output				
parameter	pmos	posedge	primitive	pull0	pull1
pullup	pulldown	pulsestyle_onevent	pulsestyle_ondetect		
rcmos	real	realtime	reg	release	repeat
rnmos	rpmos	rtran	rtranif0	rtranif1	
scalared	showcancelled	signed	small	specify	specparam
strong0	strong1	supply0	supply1		
table	task	time	tran	tranif0	tranif1
tri	tri0	tri1	triand	trior	trireg
unsigned	use	uwire			
vectored					

续表

wait	wand	weak0	weak1	while	wire
wor					
xnor	xor				

4.2.2.4　注释

在 Verilog 程序中也可以添加注释，以方便程序阅读、理解和管理。Verilog 程序有两种注释方式：单行注释和多行注释。下面第一个例子是单行注释，采用双斜杠“//”表示注释开始，并且注释在本行完成。第二个例子是多行注释，跨行的注释以“/ * ”开始，以“ * /”结束。

assign Q = D;　　　　　//将 D 的值赋给 Q

assign Q = (RST)? 0 : D;　/ * 该语句首先判断 RST 的值。若 RST 为逻辑 1，则将 0 赋给 Q；否则将 D 的值赋给 Q * /

4.2.2.5　数字表达方式

Verilog 定义了四种基本的值：0，1，x 和 z，它们的含义为：

- 0：表示逻辑 0、事件判别为“伪”；
- 1：表示逻辑 1、事件判别为“真”；
- x/X：未知或不确定；
- z/Z：高阻态。

这四种基本的值是内置在 Verilog 语言中的，例如一个为 0 的值就是指逻辑 0。x 和 z 是不区分大小写的，即 x 和 X 都表示“不确定”，z 和 Z 都表示“高阻态”，0x1z 和 0X1Z 是相同的。在逻辑门或者表达式中的 z 通常解释为 x。其他的数字常量都是由以上四种基本值组成的，分为整数、实数和字符串。

1. 整数

整数的书写格式有两种：简单的十进制格式和基数格式。简单的十进制格式是可以带“ + ”和“ - ”的数字序列，比如下面的语句：

A <= 16;　/ * 十进制数 16 转换成 32 位二进制赋给 A。若 A 的位数少于 32 位，则高位被截掉 * /

B <= -25; / * -25 转换成 32 位二进制补码赋给 B。若 B 的位数少于 32 位，则高位被截掉 * /

基数格式包括位宽(size)、撇号(反引号)、进制(base)和数值(value)，具体形式为：

<位宽(size)>'<进制(base)><数值(value)>

<位宽>表示数值的二进制位数，与<进制>之间用撇号隔开。<进制>表示后面的数字采用的是哪一种进制格式。b 或 B 表示二进制，o 或 O 表示八进制，d 或 D 表示十进制，h 或 H 表示十六进制。<数值>是基于<进制>的数字序列，包括 x，z。值 x，z 以及十六进制中的 a~f 不区分大小写。当<数值>的实际位宽大于指定的<位宽>时，高位被截掉。以下是基数格式的一些实例：

```
4'b1101              //位宽为 4 的二进制数,数值为 1101
6'o025               //位宽为 6 的八进制数,转换成二进制是 010101
8'h9A                //位宽为 8 的十六进制数,转换成二进制是 10011010
10'B11_0001_1011     //位宽为 10 的二进制数,数值中的下划线只起到方便阅读的作用
-6'd23               //位宽为 6 的十进制数,转换成二进制补码为 101001
7'Hz                 // 将 z 扩展成 7 位,即 zzzzzzz
```

当数值中的数位较多时,可以在其中插入下划线,对数位进行分隔,以方便阅读,如 32'b1000_0101_1100_0011。注意下划线不能出现在数值的最高位前,它本身没有任何意义,在编译时被忽略。

x(或 z)在二进制中表示一个 x(或 z),在八进制中表示三个 x(或 z),在十六进制中表示四个 x(或 z)。例如,6'o1x 与二进制 001xxx 相同,8'h8z 与二进制 1000zzzz 相同。

如果数字中没有给出<位宽>,则位宽为相应数值定义的长度。例如,'o437 是八进制数,每个八进制数占 3 位,因此其位宽为 9,即'o437 = 9'o437。'hA126 是十六进制数,每个十六进制数占 4 位,因此其位宽为 16。

如果数字中没有给出<位宽>和<进制>,只给出了<数值>,则默认为十进制数,即简单的十进制格式。十进制数默认为 32 位长度,正数可以用二进制原码表示,负数可以用二进制补码表示。例如 78 = 32'h0000004E,-5 = 32'hFFFFFFFB。注意,负号要放在<位宽>之前,不能放在<数值>之前,即 6'd-23 不合法。

如果<位宽>定义的长度比<数值>所需的长度大,一般在左边补 0,例如 4'b01 = 4'b0001。如果此数最高位为 x 或 z,则在高位补 x 或 z,例如 4'bx1 = 4'bxxx1。如果<位宽>定义的长度比<数值>所需的长度小,则<数值>的高位被截掉,例如 3'b110001 = 3'b001。

问号"?"有时也可以代替高阻态 z 出现在数字中,表示"不关心",以提高程序的阅读性。

2. 实数

在 Verilog 中,实数有两种书写格式:第一种是采用十进制数格式,但必须带有小数点,且小数点两边都要有数字,例如"7."就是不正确的;第二种是科学计数法格式,用 e 或 E 表示指数。以下都是正确的实数表示。

7.0,1.54,15_000_067.584,0.1314,237.2e2(=23720.0),8E-3(= 0.008)

Verilog 定义了实数隐含地转换成整数的方式,即采用四舍五入的方式转换成最接近的整数。例如:

```
16.478,16.34     //转换成整数 16
-9.57,-9.8       //转换成整数 -10
-31.02           //转换成整数 -31
```

3. 字符串

字符串是用双引号括起来的字符序列,例如"INTERNAL ERROR""ALL IS ONE"等,不能分成多行书写。在 Verilog 中,字符串主要在仿真时显示一些提示信息。

字符串中每个字符用其 8 位 ASCII 码来保存,因此保存一个字符串所需要的位宽为字符个数乘以 8。例如,要保存字符串"INTERNAL ERROR",需要的位宽是 14×8 位。

4.3　Verilog HDL 的数据类型

Verilog 语言是描述数字逻辑电路的语言，因此它必须要有与硬件电路中物理连线、寄存器、存储器、传输单元等相对应的模型，比如常量和变量。常量的数值一旦定义了就不能更改，变量的数值在程序中可以更改。不同的变量具有不同的特性，可以用数据类型来区分和表达。

Verilog 语言定义了两大类数据类型：线网类型（net type）和寄存器类型（register type），这两种类型各自又分为多种子类型。

4.3.1　线网类型

线网类型的变量通常表示硬件结构之间的物理连线，它的值是由驱动源的值决定的。如果线网类型的变量没有驱动源，则其默认值为 z。线网类型通常用在由 assign 引导的连续赋值语句中。

根据功能不同，线网类型又可以分为多种子类型，如表 4.2 所示，其中常用的 wire、tri、supply0 和 supply1 类型可以综合，其他类型主要在建模和仿真时使用。

表 4.2　线网子类型一览表

序号	名称	说　明	序号	名称	说　明
1	wire	连线	7	trireg	三态寄存器
2	tri	三态线网	8	tri1	上拉类型
3	wor	线或驱动	9	tri0	下拉类型
4	trior	三态线或驱动	10	supply0	对“地”建模类型
5	wand	线与驱动	11	supply1	对电源建模类型
6	triand	三态线与驱动			

4.3.1.1　wire 类型

wire 是最常用的线网类型，即连线类型，其定义的一般语法格式为：

```
wire  变量名 1,变量名 2,…;
wire  [msb:lsb] 变量名 1,变量名 2,…;
```

wire 是关键字，后面跟变量名。如果要说明多个相同类型的变量，可以把变量名都列出来，变量名之间用逗号隔开，最后以分号结尾。上面第一个语句说明的 wire 类型只有一位，第二个语句说明的是多位 wire 类型，其位宽由[msb:lsb]来说明，msb 表示最高有效位，

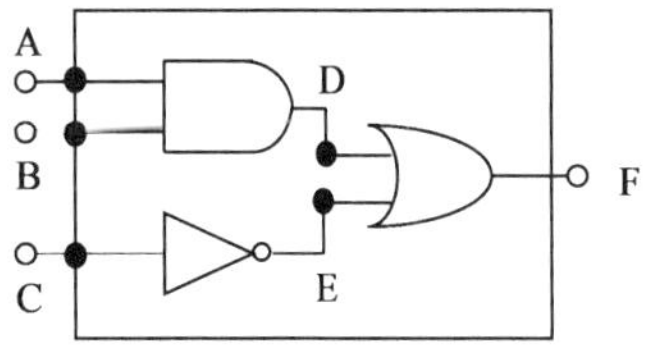

图 4.4 例 4.2 的简单逻辑电路

lsb 表示最低有效位。位宽[msb:lsb]可以从小数到大数,如[1:8],也可以从大数到小数,如[3:0]。

例 4.2 是一个包含了 wire 类型定义的例子,描述的逻辑电路如图 4.4 所示。变量 D,E 被定义为 wire 类型,并在 assign 语句中被赋值。在 Verilog 中,输入、输出端口默认为 wire 类型,因此,输出端口 F 可以直接在 assign 语句中赋值。

例 4.2 wire 类型定义。

```
module mylogic(A, B, C, F);
  input A, B, C;
  output F;
  wire D, E;
  assign D = A & B;   //A 和 B 进行逻辑与操作,& 是按位逻辑与操作符
  assign E = ~ C;     //对 C 进行逻辑取反操作,~是按位逻辑取反操作符
  assign F = D | E;   //D 和 E 进行逻辑或操作,|是按位逻辑或操作符
endmodule
```

wire 类型的变量可以作为任何类型的表达式或赋值语句(包括连续赋值语句和过程赋值语句)的输入信号,也可以作为连续赋值语句或模块例化语句中的输出信号。在例 4.2 中,D,E 在前两个 assign 语句中是被赋值的输出信号,最后一个 assign 语句中,D,E 出现在右边的表达式中,作为赋值语句的输入信号。

4.3.1.2 tri 类型

tri 是三态线网类型,与 wire 类型的特性、语法一致。tri 类型可以用来描述多个驱动源驱动同一根线的连接情况。如果有多个驱动源连接到同一个 tri 类型的变量上,则该变量值由表 4.3 确定。

表 4.3 多驱动源时的 wire/tri 取值

wire/tri	0	1	x	z
0	0	x	x	0
1	x	1	x	1
x	x	x	x	x
z	0	1	x	z

例如:

```
tri A, B, F;
……
assign F = A;
assign F = B;
```

F 有 A 和 B 两个驱动源,若 A 为 0,B 为 1,则 F 为 x。

4.3.1.3　wor 和 trior 类型

wor 和 trior 是线或类型和三态线或类型，它们的功能和用法一样。如果驱动源为 1，则线或值也为 1。如果有多个驱动源连接到同一个线或类型的变量上，则该变量值由表 4.4 确定。

表 4.4　多驱动源时的 wor/trior 取值

wor/trior	0	1	x	z
0	0	1	x	0
1	1	1	1	1
x	x	1	x	x
z	0	1	x	z

例如：

wor [1:0] A;

trior S;

4.3.1.4　wand 和 triand 类型

wand 和 triand 是线与类型和三态线与类型，它们的功能和用法一样。如果驱动源为 0，则线与值也为 0。如果有多个驱动源连接到同一个线与类型的变量上，则该变量值由表 4.5 确定。

表 4.5　多驱动源时的 wand/triand 取值

wand/triand	0	1	x	z
0	0	0	0	0
1	0	1	x	1
x	0	x	x	x
z	0	1	x	z

例如：

wand [1:0] DBUS;

triand clk，reset;

4.3.1.5　trireg 类型

trireg 是三态寄存器类型，用于节点电容的建模，默认值为 x。当所有驱动源都为高阻态 z 时，三态寄存器类型的变量保存作用在其上的最后一个值。例如：

trireg [1:8] PBUS;

4.3.1.6　tri0 和 tri1 类型

tri0 和 tri1 类型可用于线逻辑的建模。在无驱动源的情况下，tri0 线网变量为 0，相当于下拉到逻辑 0,tri1 线网变量为 1,相当于上拉到逻辑 1。如果有多个驱动源连接到同一个 tri0 或 tri1 类型的变量上,则该变量值由表 4.6 确定。

表 4.6 多驱动源时的 tri0/tri1 取值

tri0/tri1	0	1	x	z
0	0	x	x	0
1	x	1	x	1
x	x	x	x	x
z	0	1	x	0(1)

4.3.1.7 supply0 和 supply1 类型

supply0 类型用来对"地"建模,即逻辑 0,supply1 类型用来对电源建模,即逻辑 1。例如:

```
supply0 AGND, DGND;
supply1 [2:0] VCC;
```

4.3.2 寄存器类型

寄存器类型的变量不仅可以描述组合逻辑电路,还可以描述具有存储功能的单元。这类变量在下一次赋值之前保持前一个值不变,起到寄存器的作用。寄存器类型又可以分为五种子类型,分别为 reg、integer、time、real 和 realtime。其中 reg 和 integer 可以进行综合,time、real 和 realtime 主要用于仿真和建模。

4.3.2.1 reg 类型

reg 是最常用的寄存器类型,其定义的一般语法格式为:

```
reg  变量名 1,变量名 2,…;
reg  [msb:lsb] 变量名 1,变量名 2,…;
```

reg 是关键字,后面跟变量名。如果要说明多个相同类型的变量,可以把变量名都列出来,变量名之间用逗号隔开,最后以分号结尾。上面第一个语句说明的 reg 类型只有一位,第二个语句说明的是多比特 reg 类型,其位宽由[msb:lsb]来说明,msb 表示最高有效位,lsb 表示最低有效位。例如:

```
reg AT,BT;
reg [3:0] ABUS, PBUS;
reg [1:8] Datain;
```

多位 reg 变量相当于多个一位 reg 变量的组合,如果不做特殊说明,变量中的每一位都可以单独使用,或取其中一段使用。例如上例中定义的 ABUS 就等效于 ABUS[3]、ABUS[2]、ABUS[1]和 ABUS[0]四个一位的 reg 变量,可以单独赋值或取一段赋值,如:

```
ABUS[3] = 1'b1;
ABUS[2:0] = 3'b000;
```

reg 类型的变量只能用在 always 和 initial 引导的过程赋值语句中，不能用在 assign 引导的连续赋值语句中，而 wire 类型的变量不能在过程赋值语句中被赋值。因为输出端口默认是 wire 类型，不能在过程赋值语句中被赋值，所以若要在过程赋值语句中对输出端口赋值，必须要将其重新定义为 reg 类型。例 4.3 对例 4.1 进行了修改，去掉了内部 reg 变量 COUTA，将输出端口 COUT 重新定义为 reg 类型，可以直接用在过程赋值语句 always 中。注意，输入端口不能被定义为寄存器类型。

例 4.3　输出端口重新定义为 reg 类型。

```
module CounterHEX(CLK, RST, COUT);
  input CLK, RST;
  output [7:0] COUT;
  reg [7:0] COUT;    //定义 COUT 为 reg 类型
  always @(posedge CLK or negedge RST)
  begin
    if (! RST) COUT <= 0;
    else COUT <= COUT + 1;
  end
endmodule
```

4.3.2.2　integer 类型

integer 类型包含整数值，多用于循环变量，或者进行高层次的建模，其定义的一般语法格式为：

integer 变量名 1，变量名 2，…，变量名 *N* [msb:lsb];

integer 是关键字，后面跟变量名。如果要说明多个相同类型的变量，可以把变量名都列出来，变量名之间用逗号隔开，最后以分号结尾。这里[msb:lsb]表示的是变量的范围界限，不是位宽。integer 类型的定义没有位宽说明，位宽默认为 32 位。例如下面的语句定义了五个 integer 类型变量 J，K[3]，K[2]，K[1]，K[0]，每个变量的位宽都是 32 位。

```
integer J, K[3:0]; //定义了 J，K[3]，K[2]，K[1]，K[0]五个 integer 类型的变量
```

给 integer 变量赋的值是有符号的整数值，负数是 32 位二进制补码，整数值的书写格式可以是简单的十进制格式或基数格式。例 4.4 是一个 integer 变量使用的实例，其中 i 是 integer 变量，作为循环语句的循环变量，使用方法与 C 语言相似。

例 4.4　integer 变量的使用。

```
module MyAnd(A, B, C);
  input [7:0] A, B;
  output [7:0] C;
  reg [7:0] C;
  integer i;
  always @(A or B)
  begin
    for (i=0; i<8;i=i+1)     //i 作为循环变量
      C[i] = A[i] & B[i];
```

```
  end
endmodule
```

integer 类型变量是一个整体,不能对其中的某一位或某几位进行操作。例如,对于上面定义的 J,J[8]和 J[3:0]都是不合法的。一种截取整数位值的方法是先把整数赋给 reg 类型的变量,再截取位值。

例如:

```
reg [31:0] JREG;
integer J;
……
JREG = J;//类型转换自动完成,此时 JREG[8]和 JREG[3:0]是合法的
……
```

也可以把 reg 变量的值赋给 integer 变量,类型转换自动完成。如果 reg 变量少于 32 位,高位补 0。例如:

```
reg [3:0] JREG;
integer J;
……
JREG = 4'b0111;
J = JREG;//类型转换自动完成,此时 J=32'b00000……0111
……
```

4.3.2.3 time 类型

time 类型的变量用于仿真时间的存储与管理,其定义的一般语法格式为:

time 变量名 1,变量名 2,…,变量名 *N* [msb:lsb];

time 是关键字,后面跟变量名。如果要说明多个相同类型的变量,可以把变量名都列出来,变量名之间用逗号隔开,最后以分号结尾。这里[msb:lsb]表示的是变量的范围界限,不是位宽。time 类型的变量位宽一般为 64 位。下面的第一个语句定义了一个时间变量 current_time,第二个语句定义了一个时间变量数组,event_time[0]～event_time[31]。

```
time current_time,
time event_time[0:31]; //定义了 32 个 time 类型的变量
```

4.3.2.4 real 和 realtime 类型

real 和 realtime 类型分别是实数寄存器类型和实数时间寄存器类型,两者使用完全一样,其定义的一般语法格式为:

real 变量名 1,变量名 2,…,变量名 *N*;
realtime 变量名 1,变量名 2,…,变量名 *N*;

real 和 realtime 类型定义中没有范围界限,是双精度浮点数,默认值为 0,位宽为 64 位。它们主要用于辅助设计和仿真,不可综合,也不对应任何硬件电路。例如:

```
real as;
……
```

```
as = 1.34;
……
```

4.3.3　存储器类型

存储器类型不是一种独立的数据类型，而是由 reg 类型扩展得到的类型，也可以把存储器类型看成一个寄存器数组。存储器类型经常用于存储器的建模和描述，其定义的一般语法格式为：

reg [N-1:0]　存储器变量名 [M-1:0];

定义存储器类型的关键字还是 reg，后面是位宽表达式[$N-1:0$]，然后是存储器变量名和存储器深度(容量)表达式[$M-1:0$]，即定义了一个包含 M 个寄存器的寄存器数组，每个寄存器的位宽是 N 位。例如：

```
reg [7:0] MEM [0:127]; //定义了一个位宽为 8、深度为 128 的存储器
reg   XROM [1:8];        //定义了一个位宽为 1、深度为 8 的存储器
```

上面第一句可以理解为定义了一个位宽为 8、深度为 128 的存储器 MEM，也可以理解为定义了一个寄存器数组，该数组中有 128 个寄存器，用 MEM[0]～MEM[127]来表示，每个寄存器的位宽是 8。第二句没有写出位宽，此时默认位宽为 1，即定义了一个寄存器数组 XROM，包含 8 个寄存器，每个寄存器只有 1 位。

在程序设计中，要注意寄存器和存储器定义的不同，下面两句定义语句中，第一句是寄存器定义，第二句是存储器定义。

```
reg [1:8] XREG;
reg XROM [1:8];
```

对寄存器可以进行整体赋值，对存储器不能进行整体赋值。例如对以上定义的两个变量，“XREG = 8′b10010011;”是合法的，但“XROM = 8′b10010011;”是不合法的。

对存储器赋值可以采用对其中每个字赋值的方式，例如：

```
reg [7:0] mymem [0:3];
……
mymem[0] = 8'b00000001;
mymem[1] = 8'b00000010;
mymem[2] = 8'b00000100;
mymem[3] = 8'b00001000;
```

也可以采用系统任务给存储器进行赋值。系统任务和系统函数在后续给予介绍，这里先给出一个例子。

```
reg [7:0] mymem [0:63];
……
$readmemb ("ram.dat", mymem);
```

$readmemb 是 Verilog 中的系统任务，功能是加载二进制值，它可以从文本文件中读取二进制值，加载到存储器中。在此例中，mymem 是存储器，ram.dat 是包含二进制值的文件。

4.3.4 参数类型

为了方便程序的阅读和修改，Verilog 中定义了参数说明，即采用一个标识符来代表一个具体数值或字符串。参数类似于常量，采用关键词 parameter 进行说明，其定义的一般语法格式为：

parameter 标识符 1 = 表达式 1，标识符 2 = 表达式 2，…，标识符 *n* = 表达式 *n*；

以上定义中，表达式可以是具体数值、字符串，也可以是以前定义过的标识符。参数可以用来表示存储器位宽、深度、总线宽度、延迟时间等。参数说明一般在程序的开始处，只能被赋值一次。定义了参数以后，后续程序就可以使用定义过的参数。例如：

```
parameter BASE = 2'b10, PI = 3.14;
parameter NOTE = "Compile is failure!";
……
parameter width = 8;
input [width-1:0] A, B;
```

另外，还有一个与 parameter 功能相似的参数定义关键词 localparam，它的用法与 parameter 相似，但定义的是局部参数，不能被外部程序使用。

4.4 Verilog HDL 的操作符

表达式是 Verilog 语句的重要组成部分，一般由操作数和操作符组成。操作数可以是常量、参数、线网类型变量、寄存器类型变量，也可以是数组类型变量中的位选择、位段选择、存储器单元以及函数调用等。这些操作数在前面已经进行了说明，本节着重对 Verilog 语言中的操作符进行介绍。

按照携带的操作数的个数划分，Verilog 中的操作符可以分为单元操作符、二元操作符和三元操作符。单元操作符带一个操作数，且操作数放在操作符的右边，如"～CLK"；二元操作符带两个操作数，操作数放在操作符的两边，如"A && B"；三元操作符带三个操作数，三个操作数被操作符分割开，如"rst ? a:b"。

按照功能来划分，操作符又可以分为按位逻辑操作符、逻辑操作符、缩位操作符、算术操作符、关系操作符、移位操作符、条件操作符和拼接操作符等。

4.4.1 按位逻辑操作符

按位逻辑操作符是 Verilog 中针对二进制位的基本逻辑操作符，包含的操作符如表 4.7 所示。其中，除了逻辑取反操作符"～"为单元操作符以外，其他操作符都是二元操作符。

表 4.7　按位逻辑操作符

操作符	名　　称	操作数	实　　　　例
~	逻辑取反	1	若 A=4′b1001，则~A=4′b0110
&	逻辑与	2	若 A=4′b1001，B=4′b0111，则 A&B=4′b0001
|	逻辑或	2	若 A=4′b1001，B=4′b0111，则 A|B=4′b1111
^	逻辑异或	2	若 A=4′b1001，B=4′b0111，则 A^B=4′b1110
~^或^~	逻辑异或非(同或)	2	若 A=4′b1001，B=4′b0111，则 A~^B=4′b0001

按位逻辑操作符针对操作数的每一位进行操作，图 4.5 给出了按位逻辑操作符对四种逻辑取值的操作结果。

如果两个操作数的位宽不等，综合器将按照位宽较大的操作数进行运算，位宽较小的操作数在左边补 0。例如：

A = 5′b11001；

B = 4′b0111；

则 A^B 的结果是 5 位二进制数 5′b11110。

逻辑与&	0	1	x	z
0	0	0	0	0
1	0	1	x	x
x	0	x	x	x
z	0	x	x	x

逻辑或|	0	1	x	z
0	0	1	x	x
1	1	1	1	1
x	x	1	x	x
z	x	1	x	x

逻辑异或^	0	1	x	z
0	0	1	x	x
1	1	0	x	x
x	x	x	x	x
z	x	x	x	x

逻辑异或非~^	0	1	x	z
0	1	0	x	x
1	0	1	x	x
x	x	x	x	x
z	x	x	x	x

逻辑取反~	0	1	x	z
	1	0	x	x

图 4.5　按位逻辑操作结果

4.4.2 逻辑操作符

逻辑操作符有三种,如表 4.8 所示。其中逻辑与“&&”和逻辑或“||”是二元操作符,逻辑非是单元操作符。

表 4.8 逻辑操作符

<table>
<tr><th>操作符</th><th>名称</th><th>操作数</th><th>实　　例</th></tr>
<tr><td>&&</td><td>逻辑与</td><td>2</td><td>若 A=4'b1001,B=4'b0000, 则 A&&B=1'b0</td></tr>
<tr><td>||</td><td>逻辑或</td><td>2</td><td>若 A=4'b1001,B=4'b0000, 则 A||B=1'b1</td></tr>
<tr><td>!</td><td>逻辑非</td><td>1</td><td>若 A=4'b1001, 则! A=1'b0</td></tr>
</table>

无论操作数有多少位,逻辑操作符只在逻辑 1 和逻辑 0 上操作,结果只有一位逻辑 1 或逻辑 0。例如当 A=4'b1001,B=4'b0000 时,若要计算 A&&B,首先判断 A 和 B 是否为全 0。A 不是全 0,即非 0,因此 A 为逻辑 1(或判断为真),B 为全 0,即为逻辑 0(或判断为假),因此 A&&B=1'b1 & 1'b0,结果为逻辑 0。

以上的操作过程也可以理解为先将操作数的所有位进行“或”操作,得到的结果再进行逻辑操作符定义的操作,即 A&&B=(1|0|0|1)&(0|0|0|0)=1'b1 & 1'b0=1'b0。

当操作数中任何一个包含 x 或 z 时,结果可能为 0,1,x。例如:

(4'b000x && 4'b0001)=(0|0|0|x)&(0|0|0|1)=1'bx & 1'b1=1'bx

(4'b001x && 4'b0001)=(0|0|1|x)&(0|0|0|1)=1'b1 & 1'b1=1'b1

(4'b000x && 4'b0000)=(0|0|0|x)&(0|0|0|0)=1'bx & 1'b0=1'b0

4.4.3 缩位操作符

缩位操作符有六种,如表 4.9 所示。所有的缩位操作符都是单元操作符,针对一个操作数的所有位,从左到右进行操作,得到一位结果。例如,若 A=4'b1001,则 &A=1&0&0&1=1'b0,~&A=~(&A)=~(1&0&0&1)=1'b1。

表 4.9 缩位操作符

<table>
<tr><th>操作符</th><th>名称</th><th>操作数</th><th>实　　例</th></tr>
<tr><td>&</td><td>缩位与</td><td>1</td><td>若 A=4'b1001,B=4'b1111, 则 &A=1'b0, &B=1'b1,
若某位的值为 x 或 z,则结果可能为 0,x</td></tr>
<tr><td>~&</td><td>缩位与非</td><td>1</td><td>若 A=4'b1001,B=4'b1111, 则~&A=1'b1, ~&B=1'b0</td></tr>
<tr><td>|</td><td>缩位或</td><td>1</td><td>若 A=4'b1001,B=4'b0000, 则|A=1'b1, |B=1'b0,
若某位的值为 x 或 z,则结果可能为 1,x</td></tr>
<tr><td>~|</td><td>缩位或非</td><td>1</td><td>若 A=4'b1001,B=4'b0000, 则~|A=1'b0, ~|B=1'b1</td></tr>
<tr><td>^</td><td>缩位异或</td><td>1</td><td>若 A=4'b1001,B=4'b0111, 则^A=1'b0, ^B=1'b1,
若某位的值为 x 或 z,则结果为 x</td></tr>
<tr><td>~^或^~</td><td>缩位异或非</td><td>1</td><td>若 A=4'b1001,B=4'b0111, 则~^A=1'b1, ~^B=1'b0</td></tr>
</table>

4.4.4 算术操作符

算术操作符有五种，如表 4.10 所示，它们都是二元操作符，其中加法、减法、乘法可以综合出具体电路，除法和取模操作在被除数是 2 的幂次方的情况下才能进行综合。

表 4.10　算术操作符

操作符	名称	操作数	实　　　例
+	加法	2	若 A=4'b1101，B=4'b0101，F 位宽为 8，则 F=A+B=8'b00010010
-	减法	2	若 A=4'b1101，B=4'b0101，则 F=A-B=8'b00001000
*	乘法	2	若 A=4'b1101，B=4'b0101，则 F=A*B=8'b01000001
/	除法	2	若 A=4'b1101，B=4'b0101，则 F=A/B=8'b00000010，取商的整数 2，小数丢弃
%	取模	2	若 A=4'b1101，B=4'b0101，则 F=A%B=8'b00000011，除法取余数 3，取第一个操作数符号

在进行算术运算时，如果操作数的位宽不同，则表达式的结果取最大的位宽。在赋值语句中，结果的位宽以左侧目标变量的位宽为准。例如：

```
reg [3:0] AT, BT,FT;
reg [4:0] CT;
reg [7:0] S;
……
S = BT * (AT + CT);
FT = AT + BT;
……
```

在第一个赋值语句中，因为 AT 和 CT 的位宽不一样，因此表达式 AT+CT 的位宽取较大者，即 CT 的 5 位，AT 高位补 0。整个赋值语句左侧目标 S 的位宽为 8 位，因此最后的计算结果为 8 位。第二个赋值语句左侧目标 FT 的位宽是 4 位，最后结果的位宽也为 4 位。如果 AT+BT 的结果大于 4 位，则高位被丢弃。

算术运算中的操作数可以是二进制数、整数或者它们的混合类型。在具体计算时，要注意所处理的数据是作为无符号数对待的还是作为有符号数对待的。一般而言，存储在 wire、reg 类型中的数据以无符号数对待，存储在 integer 类型中的数据以有符号数对待。例如：

```
reg [31:0] DATA0;
integer DATA1;
……
DATA0 = -12; /*赋值后，DATA0 中存储的是 32'b11……110100，作为无符号数看
                待*/
DATA1 = -12; /*赋值后，DATA1 中存储的是 32'b11……110100，作为有符号数看
```

待 * /

……

在上面的例子中,DATA0 和 DATA1 分别定义为 reg 和 integer 类型。当它们被赋值 -12 时,存入变量中的值为 -12 的二进制补码,即 32′b11……110100(省略号处全为 1)。虽然形式上两者一致,但 DATA0 作为无符号数,其表示的值是 4294967284,DATA1 作为有符号数,其表示的值是 -12。DATA0 除以 2 的结果是 32′b01……110100,即 2147483642,而 DATA1 除以 2 的结果是 32′b11……111010,即 -6。

Verilog-2001 版本增加了 signed 类型和 unsigned 类型,可以用 signed 对 wire、reg 类型进行说明,显式设定为有符号数。例如:

input signed [3:0] A, B; //对输入端口 A、B 设定为有符号数

reg signed [7:0] data; //对 reg 变量 data 设定为有符号数

可以用 unsigned 明确定义 integer 类型变量为无符号类型,例如:

integer unsigned FT;

4.4.5 关系操作符

关系操作符分为不等操作符和相等操作符两类,每一类又各自包含四种操作符,如表 4.11和表 4.12 所示,它们都是二元操作符。关系操作符的结果为“真”(逻辑 1)或“假”(逻辑 0)。

在不等操作中,如果操作数中有 x 或 z,就把它们看成不确定因素,则不等操作的结果为 x;如果操作数的位宽不一致,则将长度较小的操作数的左边补 0,然后再进行比较。

表 4.11 不等操作符

操作符	名称	操作数	实例
>	大于	2	15 > 60,结果为 0;4′b0110 > 4′b0101,结果为 1
<	小于	2	15 < 60,结果为 1;28 < 6′b1x0101,结果为 x;
>=	大于或等于	2	4′b110 >= 4′b0101,结果为 1
<=	小于或等于	2	4′b0111 <= 4′b0011,结果为 0

表 4.12 相等操作符

操作符	名称	操作数	实例
= =	等于	2	4′b0110 = = 4′b0110,结果为 1;2′b0x = = 2′b0x,结果为 x
! =	不等	2	7! = 20,结果为 1
= = =	全等	2	2′b0x = = = 2′b0x,结果为 1;4′b0110 = = = 4′b011x,结果为 0
! = =	不全等	2	4′b0110! = = 4′b0010,结果为 1

在使用等于操作符“= =”进行比较时,操作数按照二进制逐位进行比较。当两个操作数相等时,结果为“真”,否则为“假”。如果两个操作数的位宽不等,则将长度较小的操作数的左边补 0,然后再进行比较。如果两个操作数中包含 x 或 z,则比较结果可能为 0 或 x,以

下给出两个例子。

例如,当 A=4′b011x,B=3′b11x 时,若要计算(A= =B),则先把 B 扩展成 4′b011x,然后再进行比较。此时 A,B 的前三位相同,但最后一位都是 x,都是不确定状态,则判断结果就是 x。如果 A,B 之中有一个最后一位不是 x,比如 A=4′b0110,则因为 B 的最后一位是 x,判断结果还是 x。

如果 A=4′b111x,B=3′b11x,若要计算(A= =B),同样先把 B 扩展成 4′b011x,然后再进行比较。此时 A,B 的最高位是不同的,不管后面是不是有 x,都可以明确判断两者是不等的,所以判断结果就是 0。

在使用全等操作符"= = ="进行比较时,比较过程与等于操作符"= ="是一样的,区别就是全等比较将 x 或 z 当成确定值进行比较,当两个操作数的表述完全相同时,结果为"真"。例如,当 A=4′b011x,B=4′b011x 时,全等操作符判断的结果为"真"(即逻辑 1)。

4.4.6 移位操作符

移位操作符有逻辑左移操作符和逻辑右移操作符,在 Verilog-2001 版本中还增加了有符号数的左移和右移操作,如表 4.13 所示。移位操作符左侧操作数为被移位的数据,右侧操作数为移动的位数。逻辑左移和右移操作在空出的位置补 0,有符号数右移操作在空出的位置补符号位,有符号数左移操作在空出的位置补 0。

表 4.13 移位操作符

操作符	名称	操作数	实例
≪	逻辑左移	2	8′b01101110 ≪ 3,结果为 8′b01110000
≫	逻辑右移	2	8′b01101110 ≫ 4,结果为 8′b00000110
⋘	有符号数左移	2	8′b10001010 ⋘ 2,结果为 8′b00101000
⋙	有符号数右移	2	8′b10001010 ⋙ 2,结果为 8′b11100010

4.4.7 条件操作符

条件操作符的作用是根据条件表达式的值进行选择,其一般语法格式为:

条件表达式 ? 表达式 1:表达式 2

如果条件表达式为"真"(逻辑 1),则选择表达式 1 的值;如果条件表达式为"假"(逻辑 0),则选择表达式 2 的值。例如:

Date=(Flag > 30) ? Cur : Nex;

先对表达式 Flag > 30 进行判断,如果为"真",则将 Cur 的值赋给 Data;如果为"假",则将 Nex 的值赋给 Data。例 4.5 是采用条件操作符描述的 D 触发器。

例 4.5 条件操作符描述的 D 触发器。

```
module MYDFF(CLK, RST, D, Q);
  input CLK, RST, D;
  output Q;
```

```
    reg Q;
    always @(posedge CLK or negedge RST)
      Q <= (! RST) ? 1'b0 : D;
endmodule
```

4.4.8 拼接操作符

拼接操作符用花括号{}表示，可以将多个操作数的二进制表达式或者其中的某些位连接成一个新的操作数，其一般语法格式为：

{表达式 1,表达式 2,…,表达式 n}

这里的表达式可以是标量、矢量、矢量的某些位等，例如：

```
reg A, B;
reg [3:0] A1BUS, A2BUS;
reg [7:0] CBUS;
......
CBUS = {A1BUS, A2BUS[3], A2BUS[2], A, B};
......
```

进行连接的每个操作数的位宽必须是固定的，位宽未知的常数不能进行拼接操作，例如{A1BUS,5}是非法的。拼接操作可以重复和嵌套，以简化某些表达方式，例如：

```
CBUS = {2{A1BUS}}; // 等效于{A1BUS, A1BUS}
CBUS = {4{A, B}};  // 等效于{A, B, A, B, A, B, A, B}
CBUS = {4{2'b10}}; // 等效于 10101010
```

4.4.9 操作符优先级

在实际编程中，如果需要在一个语句中描述一个复杂表达式，就要使用多种操作符。此时就需要通过操作符优先级来确定复杂表达式各个部分的计算顺序，否则就可能导致程序结果与预期不符。

表 4.14 给出了 Verilog 语言中各种操作符的优先级，处在同一栏中的操作符的优先级相同，不同栏中的操作符从上到下优先级依次降低。例如“&”比“|”优先级高，那么在计算“A|B&C”时先算“B&C”，结果再与 A 进行“|”运算。

如果表达式中的多个操作符的优先级不明确或者优先级低的操作符需要先算时，可以使用括号来指定运算的优先级，括号的优先级最高。例如，在表达式“(A|B)&C”中，先算括号中的“A|B”，其结果再与 C 进行“&”运算。

表 4.14 操作符优先级

优先级(从高到低)	操　作　符
1	! ～
2	* / %

续表

<table>
<tr><th>优先级(从高到低)</th><th>操　　作　　符</th></tr>
<tr><td>3</td><td>+　-　≪　≫</td></tr>
<tr><td>4</td><td><　<=　>　>=</td></tr>
<tr><td>5</td><td>==　!=　===　!==</td></tr>
<tr><td>6</td><td>&</td></tr>
<tr><td>7</td><td>^　^~</td></tr>
<tr><td>8</td><td>|</td></tr>
<tr><td>9</td><td>&&</td></tr>
<tr><td>10</td><td>||</td></tr>
<tr><td>11</td><td>?　:</td></tr>
</table>

4.5　Verilog HDL 的语句

Verilog 描述硬件电路的基本单元是模块，在程序中要描述模块的功能、结构以及输入、输出端口等。一个 Verilog 模块的基本结构为：

```
module module_name (port_name);
   // 说明部分
   reg, wire, parameter,
   input, output, inout,
   function, task, ……
   // 语句部分
   initial 语句
   always 语句
   assign 语句
   模块例化语句
   基本门例化语句
   用户自定义例化语句
   ……
endmodule
```

Verilog 模块的基本结构可以分为说明部分和语句部分。说明部分对模块做一些定义，比如端口、变量、参数等，大部分内容已经在前面各节有所介绍。语句部分描述电路的具体功能，不同的语句可以分别从数据流、行为和结构等方面对电路进行描述。以上所列出的语句是常用的一些并行语句，这些语句并不一定出现在同一个模块中。写程序时，要根据实际需要，选择其中的某些语句对电路进行描述。

说明部分的一些内容，如变量、参数的定义，可以放在模块内的任何地方，并不一定要放在所有语句之前，但一定要放在使用它的语句之前，这一点跟 C 语言相似。为了使程序的结构清晰，便于阅读，建议将说明部分放在所有语句之前。

以上所列出的语句都是并行语句。并行语句的含义就是这些语句所描述的电路模块是同时工作的，与这些语句在程序中书写的前后顺序无关。在例 4.1 中有一个 always 语句和一个 assign 语句，always 语句在前，assign 语句在后。因为它们是并行语句，所以可以调换顺序，写成如下形式。注意 always 语句是一个复合结构，其中还包括 if 语句。

```
……
assign COUT = COUTA;
always @(posedge CLK or negedge RST)
begin
  if (! RST) COUTA <= 0;
  else COUTA <= COUTA + 1;
end
……
```

Verilog 语句都可以用于仿真，但只有一部分语句可以综合，得到具体的电路结构。因此要编写可综合程序时，必须注意选用的语句和设计方式。

4.5.1 连续赋值语句

Verilog 模块有数据流描述方式、行为描述方式和结构描述方式，其中采用连续赋值语句的描述方式被称为数据流描述方式，它的一般语法格式为：

assign ［延时］ 目标变量名 = 表达式;

assign 是连续赋值语句的关键字，方括号表示可以省略的部分，目标变量必须是线网型变量，赋值符号采用"="。右边表达式可以是线网类型、寄存器类型或函数，最后以分号结束。

连续赋值语句的执行过程是：当等号右边的表达式中任何一个变量发生了变化，就会导致表达式重新计算一次，并将结果赋值给左边的目标变量。如果语句中没有延时部分，则表达式的值立即赋给目标变量；如果有延时部分，则经过给定的延时之后，表达式的值赋给目标变量。延时只在仿真时有意义，不能综合。这种赋值操作过程持续保持下去，所以叫做连续赋值语句。

在例 4.2 中，采用了三个 assign 语句，它们是并行执行的，所以书写顺序可以任意调换。由于 wire 和 assign 的特性很相似，可以直接用 wire 替代 assign。例如，例 4.2 中对 F 的赋值语句可以写成：

```
wire F = D | E;
```

例 4.6 给出了用 assign 语句设计的无符号数加法器程序。IN1，IN2 是位宽为 4 的无符号数，它们相加的结果存放在 COUT 中，进位存放在 C 中。

例 4.6 用连续赋值语句设计的加法器。

```
module ADD2(IN1, IN2, C, COUT);
input [3:0] IN1, IN2;
```

```
output C;
output [3:0] COUT;
assign {C, COUT} = IN1 + IN2;
endmodule
```

4.5.2 过程语句

在 Verilog 程序中,过程语句用于对电路的行为进行描述。对复杂电路进行设计时,行为描述方式更加清楚、有效。过程语句主要有 always 语句和 initial 语句两种。一般 initial 语句用于仿真,用做初始化设置,不能进行综合。always 语句可以进行综合,它是 Verilog 程序中使用最多的过程语句。

4.5.2.1 always 语句

always 语句其实是一个语句结构,其内部可以包含其他的语句或语句块,它的一般语法格式为:

```
always @(敏感信号列表)
    begin 语句或语句块;end
```

always 语句结构以 always @做引导。在@符号之后,是一个敏感信号列表。只要敏感信号列表中任意一个信号有变化,就会触发 always 语句执行一遍,即 always 语句对这些信号"敏感"。一般要求把 always 语句所有的输入信号都作为敏感信号。在例 4.4 中,将输入 A,B 作为敏感信号。

敏感信号列表的写法有以下几种形式,其中前三种是电平触发,即敏感信号的电平发生了变化,比如从 0 变成 1 或者从 1 变成 0,就触发 always 语句执行一遍。后两种是边沿触发,即当敏感信号的上升沿出现(用关键字 posedge)或者下降沿出现(用关键字 negedge),就触发 always 语句执行一遍。always 语句执行完一遍以后,又处于等待状态,等待下一次触发,所以 always 语句是可以循环执行的。

```
always @(A or B or C)      //假设有 A、B、C 三个敏感信号,可以用 or 把它们隔开
always @(A,B,C)            //敏感信号之间可以用逗号隔开
always @(*)                /*在综合器默认所有敏感信号都列入的情况下,可以用
                             *代替敏感信号列表*/
always @(posedge CLK)                      /*如果 CLK 有上升沿出现,则触发
                                             always 语句*/
always @(posedge CLK or negedge RST)       /*如果 CLK 有上升沿出现,或者 RST
                                             为低电平,则触发 always 语句*/
```

always 结构中包含的语句具有顺序执行的特点,也叫做顺序语句,如 if 语句、case 语句等,将在 4.5.2.3 小节进行说明。一个 always 语句中可以包含一条顺序语句,也可以包含多条顺序语句,这些顺序语句用 begin……end 包括起来,表示一个顺序语句块。例 4.7 描述的是一个四选一的多路选择器,always 语句中包括了一个 case 语句。

例 4.7 四选一选择器。

```
module MUX4to1(A, B, C, D, S, Y);
```

```
    input A, B, C, D;
    input [1:0] S;
    output Y;
    reg Y;
    always @(A or B or C or D or S)
      begin
        case (S)
          2'b00: Y <= A;
          2'b01: Y <= B;
          2'b10: Y <= C;
          2'b11: Y <= D;
          Default: Y <= A;
        endcase
      end
  endmodule
```

在以上例子中，always 语句中只包含一个 case 语句，所以 begin……end 可以省略。可以看出，case 语句也是一个复合结构，将在 4.5.2.3 小节介绍。

例 4.8 是一个计数器的描述程序，采用了两个 always 语句。第一个 always 语句描述的是一个计数器的操作，当时钟上升沿到来时，计数器加 1。第二个 always 语句描述输出使能信号 OE 的作用。当 OE 为 1 时，使能有效，允许计数器的值输出，即 COUT 端口输出计数器的值，否则，COUT 端口为高阻态。

例 4.8 十六进制计数器 1。

```
module COUNTER16_1(CLK, RST, OE, COUT);
  input CLK, RST, OE;
  output [3:0] COUT;
  reg [3:0] COUT;
  reg [3:0] CT;

  always @(posedge CLK or negedge RST)
  begin
    if (! RST)
      CT <= 4'b0000;
    else
      CT <= CT + 1;
  end

  always @(OE, CT)
    COUT = OE ? CT: 4'bzzzz;
endmodule
```

例 4.8 中的两个 always 语句是并行执行的，它们的顺序可以调换。另外，always 语句与 assign 语句在一些情况下可以相互转换。例如，例 4.8 也可以写成例 4.9 的形式，其中第二个 always 语句用 assign 语句替代了，同时，也去掉了“reg [3:0] COUT;”说明语句。

例 4.9　十六进制计数器 2。

```
module COUNTER16_2(CLK, RST, OE, COUT);
  input CLK, OE, RST;
  output [3:0] COUT;
  reg [3:0] CT;

  always @(posedge CLK or negedge RST)
  begin
    if (! RST)
      CT <= 4'b0000;
    else
      CT <= CT + 1;
  end

  assign COUT = OE ? CT: 4'bzzzz;
endmodule
```

在仿真程序中，经常会用到不带敏感信号列表的 always 语句，例如：

```
always #10 CLK = ~CLK;
```

这个语句中有一个时延#10，表示每隔 10 个时间单位 CLK 就翻转一次，因此可以产生周期为 20 个时间单位的时钟信号。若时间单位为 1 ns，则时钟周期为 20 ns。

在 always 语句中，赋值符号有“<=”和“=”两种形式。“<=”叫做非阻塞式赋值，“=”叫做阻塞式赋值。这两种赋值方式的区别将在 4.5.2.3 小节介绍。

4.5.2.2　initial 语句

initial 语句也是一个过程语句，它本身也是并行语句，与其他 initial 语句、always 语句和 assign 语句并行执行。initial 语句没有敏感信号列表，一般用在仿真程序中，不可综合。initial 语句的一般语法格式为：

```
initial
begin   语句或语句块;end
```

initial 语句中的所有内部语句用 begin……end 组成一个块。如果只有一条语句，也可以不要 begin……end。从仿真的 0 时刻开始，initial 内部各条语句顺序执行，而且只执行一遍。例如：

```
reg X,Y;
……
initial X = 4;      //无时延的过程赋值语句，X 在 0 时刻被赋值为 4
initial #3 Y = 8; /* 有时延的过程赋值语句，从 0 时刻开始经过 3 个时间单位之后，
                     Y 被赋值 8 */
```

例 4.10 是一个 initial 语句的应用实例。该程序片段用在 Verilog 模块的仿真中，给输入信号添加激励，产生输入信号流。

例 4.10　initial 语句的应用实例。

```
'timescale 1ns/100ps            //仿真时间标度语句
module test;
  reg D1, D2, D3;
  initial
    begin
      D1 = 0; D2 = 0; D3 = 0; //从 0 时刻执行,三个变量都赋值 0
      # 10  D3 = 1;            //过了 10 ns,D3 赋值为 1,其他两个不变
      # 10  D2 = 1; D3 = 0;    //又过了 10 ns,D2 赋值为 1,D3 赋值为 0,D1 不变
      # 10  D3 = 1;            //又过了 10 ns,D3 赋值为 1,其他两个不变
      # 10  D1 = 1; D2 = 0; D3 = 0;
      # 10  D3 = 1;
      # 10  D2 = 1; D3 = 0;
      # 10  D3 = 1;
      # 10  $ finish;          // $ finish 是系统任务,退出仿真
    end
endmodule
```

在 Verilog 中,以撇号(反引号)引导的语句是预编译指令,可以在综合之前对程序某些内容预先处理。如例 4.10 中的 'timescale 就是预编译指令,说明仿真的时间单位和时间精度,其一般的语法格式为:

'timescale　仿真时间单位/仿真时间精度

仿真时间单位和仿真时间精度的数值只能取 1,10,100 三种,时间单位可以取秒(s)、毫秒(ms)、微秒(μs)、纳秒(ns)和皮秒(ps)。仿真时间单位不能小于仿真时间精度,比如 1 ns/100 ps、10 ns/1 ns、1 ns/1 ns 都是正确的表述。如果程序中书写的延时数值的精度高于仿真时间精度,则按照四舍五入进行取舍。例如针对例 4.10,如果有:

```
# 10.22  D1 = 1; D2 = 0; D3 = 0;
```

则近似成 10.2 个时间单位,即 100 ps 以下的延时就无法表示了。

'timescale 预编译命令放在 module 之外,影响后面所有的仿真延迟时间。例 4.10 产生的激励信号如图 4.6 所示。

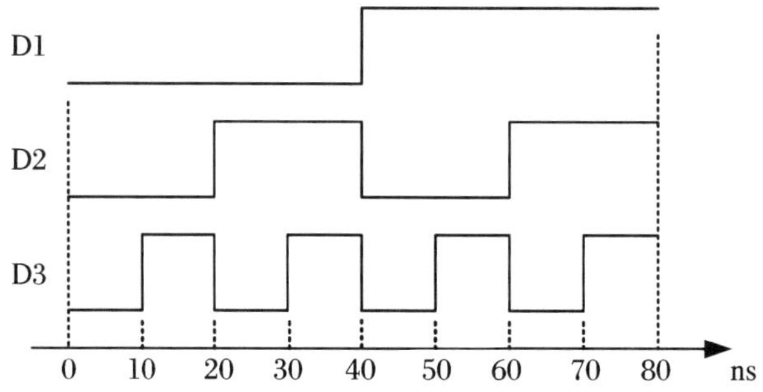

图 4.6　例 4.10 产生的激励信号

4.5.2.3　其他行为描述语句

以上介绍了两种过程语句:always 语句和 initial 语句,它们都是复合结构,内部还包含

其他行为描述语句，如过程赋值语句、if 条件语句、case 语句、循环语句等，以下一一进行介绍。

1. 过程赋值语句

过程赋值语句只能用在 always 语句或 initial 语句中，赋值符号有“<=”和“=”两种形式，“<=”叫做非阻塞式赋值，“=”叫做阻塞式赋值。赋值符号左边的变量必须是寄存器类型。例如：

```
reg A, B;
reg Temp1, Temp2, Temp3;
……
Temp1 = ~A;
Temp2 = #2 A&B;
#5 Temp3 = A^B;
……
```

第一个过程赋值语句没有延时，右边的表达式～A 计算出来以后，立即赋值给 Temp1。第二个赋值语句的右边有延时＃2，是语句内部的延时，即右边的 A&B 计算出来以后，并不立即赋给 Temp2，而是等待 2 个时间单位，再赋值给 Temp2。第三个语句的延时是放在整个赋值语句的前面，表示语句之间的延时，即前一条语句执行完以后，要延时 5 个单位时间，然后再计算右边表达式的值并赋给 Temp3。

(1) 阻塞式赋值语句

采用符号“=”的赋值语句叫做阻塞式赋值语句，其含义就是在这条语句执行的同时，在同一个过程语句中的其他的语句被“阻塞”，即其他语句不能执行，而且该语句的赋值结果是在该语句执行完就立即得到的。例 4.11 是阻塞式赋值语句的实例。

例 4.11　阻塞式赋值语句实例。

```
module EXAMPLE_BLOCKING(A, B, Cin, Cout, Dout);
  input A, B, Cin;
  output Cout, Dout;
  reg Cout, Dout;
  reg T1, T2, T3;
  always @(A, B, Cin)
  begin
    T1 = A&B;
    T2 = B&Cin;
    T3 = A&Cin;
    Cout = (T1 | T2) | T3;
    Dout = (A^B)^Cin;
  end
endmodule
```

在例 4.11 的 always 语句中有五个阻塞式赋值语句。当过程被触发时，它们按顺序执行。当第一句“T1 =A&B;”执行时，后面四句被阻塞，不能执行。当第一句执行完了，T1

获得了 A&B 的值以后,才能执行第二句。第二句执行时,同样也阻塞其他语句。第二句执行完了,T2 获得了 B&Cin 的值以后,才能执行第三句。后面的几句以此类推。

在 initial 语句中,阻塞式赋值语句的执行方式也是一样的。例如:

```
initial
  begin
    Din = #5 0;
    Din = #3 1;
    Din = #10 0;
end
……
```

第一条语句执行时,先延时 5 个时间单位,然后 Din 被赋值为 0,其他两条语句不能执行。第二条语句执行时,先延时 3 个时间单位,再将 Din 赋值 1。最后执行第三条语句,先延时 10 个时间单位,再将 Din 赋值 0。

(2) 非阻塞式赋值语句

采用符号"<="的赋值语句叫做非阻塞式赋值语句,其含义就是在该语句执行的同时,并不限制其他的语句执行,而且该语句的赋值结果要在整个过程结束时才能获得。例 4.12 是非阻塞式赋值语句的实例。

例 4.12 非阻塞式赋值语句实例。

```
module EXAMPLE_NONBLOCKING(A, B, C, D);
  input A, B;
  output C, D;
  reg C, D;
  always @(A, B)
  begin
    C <= A&B;
    D <= A ^ B;
  end
endmodule
```

在例 4.12 的 always 语句中有两个非阻塞式赋值语句。当过程被触发时,可以把这两个语句的执行看成是顺序"启动"。首先是第一句"C<= A&B;"启动,但它没有阻塞其他语句,所以第二句"D<= A ^ B;"随后也"启动"了。这两个语句虽然同时执行,但直到 always 过程结束时,C 才能获得 A&B 的值,D 才能获得 A^B 的值。

(3) 两种过程赋值语句的区别

阻塞式赋值语句和非阻塞式赋值语句在某些情况下是可以互换的,比如例 4.12 中的两个非阻塞式赋值语句就可以换成阻塞式赋值语句,结果不变。但一般情况下,两种过程赋值语句会产生不同的结果。以下用一个例子来说明。

例 4.13 和例 4.14 除了 always 语句中分别采用阻塞式赋值语句和非阻塞式赋值语句之外,其他部分都相同,但是综合出来的硬件电路有很大的差别,如图 4.7 所示。

例 4.13 阻塞式赋值语句描述 D 触发器。

```
module EXAMPLE_B(CLK, D, Q);
```

```
  input CLK, D;
  output Q;
  reg Q;
  reg Q1,Q2;
  always @(posedge CLK)
  begin
    Q1 = D;
    Q2 = Q1;
    Q = Q2;
  end
endmodule
```

例 4.14　非阻塞式赋值语句描述 D 触发器。

```
module EXAMPLE_NB(CLK, D, Q);
  input CLK, D;
  output Q;
  reg Q;
  reg Q1,Q2;
  always @(posedge CLK)
  begin
    Q1 <= D;
    Q2 <= Q1;
    Q <= Q2;
  end
endmodule
```

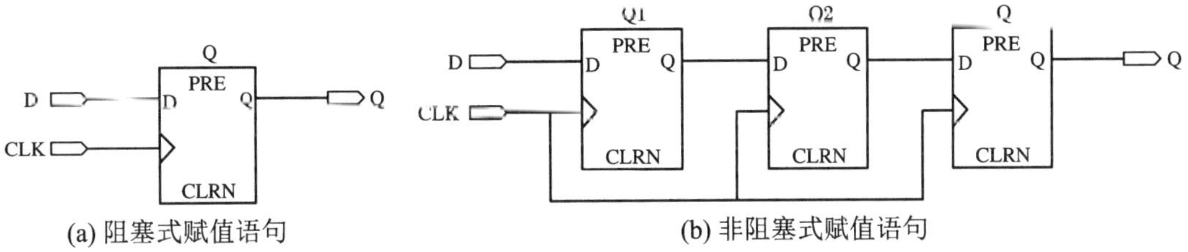

图 4.7　两种过程赋值语句综合结果对比

在例 4.13 中,当时钟上升沿到来时,always 过程语句被触发,三条阻塞式赋值语句按顺序执行,并且互相阻塞。第一句执行完了,Q1 立即就获得了 D 的值;第二句执行完了,Q2 就得到了 Q1 的值。因为执行第二句时,Q1 已经得到 D 的值,所以第二句执行完了,Q2 的值也等于 D。同样,第三句执行完了,Q 得到 Q2 的值,即 D 的值。因此,例 4.13 中的三条阻塞式赋值语句可以等效为语句"Q = D;",综合出来的结果就是一个标准的 D 触发器,如图 4.7(a)所示。

在例 4.14 中,当时钟上升沿到来时,always 过程语句被触发,三条非阻塞式赋值语句按顺序"启动",不互相制约,同时执行。在第一句还未执行完时,第二句就启动了,此时 Q1 还没有获得 D 的新值，所以第二句在执行的时候，是把 Q1 当前的值传送给 Q2。同样，第三句执行时，Q2 还没有得到 Q1 的新值，所以第三句在执行时，是把 Q2 当前的值传递给 Q。在 always 过程语句结束时，Q1，Q2，Q 的值都得到更新。因此，三条非阻塞式赋值语句具有数据存储、按时钟传递的特征，综合出来的结果就是三个 D 触发器的传输链，如图 4.7(b)所示。

注意，在一个过程语句中，对一个变量的赋值可以采用阻塞式赋值语句或者非阻塞式赋值语句，但不能混合使用。

2. if 条件语句

if 条件语句是较常用的条件语句，可以根据条件满足与否，执行不同的操作。if 条件语句只能放在过程语句中，它的一般语法格式有三种：

```
(1) if (条件表达式)
      begin
        语句块;
      end
```

```
(2) if (条件表达式)
      begin
        语句块 1;
      end
      else
      begin
        语句块 2;
      end
```

```
(3) if (条件表达式 1)
      begin
        语句块 1;
      end
    else if (条件表达式 2)
      begin
        语句块 2;
      end
    ……
    else if (条件表达式 n)
      begin
        语句块 n;
      end
    else
      begin
        语句块 n+1;
      end
```

if 条件语句中的“条件表达式”必须放在括号内，即便是一个标识符，也要放在括号内，如 if (A)。条件表达式可以是关系表达式，如 if (A= =B)，或者是逻辑表达式，如 if (A&B)。if (A&B)也可以看成是 if (A&B = =1)的简写形式。

如果条件表达式中的关系成立，则判断为“真”，关系不成立，则判断为“假”。对于逻辑表达式，如果运算结果为 1，则判断为“真”，如果运算结果为 0，x，z，则判断为“假”。

格式一的 if 语句的执行过程是：如果条件表达式被判断为“真”，就顺序执行后面的语句块，否则跳过此 if 语句。例 4.15 给出了用 if 语句设计锁存器程序，图 4.8 为其功能仿真波形。从图 4.8 可见，当 EN 为高电平时，Q 值随 D 值改变而改变。当 EN 为低电平时，Q 值保持不变。

例 4.15　用 if 语句设计锁存器。

```
module LATCH8(EN, D, Q);
  input EN;
  input [7:0] D;
  output [7:0] Q;
  reg [7:0] Q;
    always @(EN or D)
    begin
      if (EN)
        Q <= D;
    end
endmodule
```

在例 4.15 中，当使能信号 EN 为 1 时，执行锁存操作，将输入 D 赋值给 Q。如果 EN 不为 1，则没有给出处理说明，所以格式一是不完整的 if 语句。当条件表达式不成立时，格式一的默认处理方式是保持输出原来的值不变。这个特性与锁存器非常吻合，适于设计带有锁存器的电路。如果在不需要锁存器的情况下使用，可能会导致综合后产生不必要的锁存器。

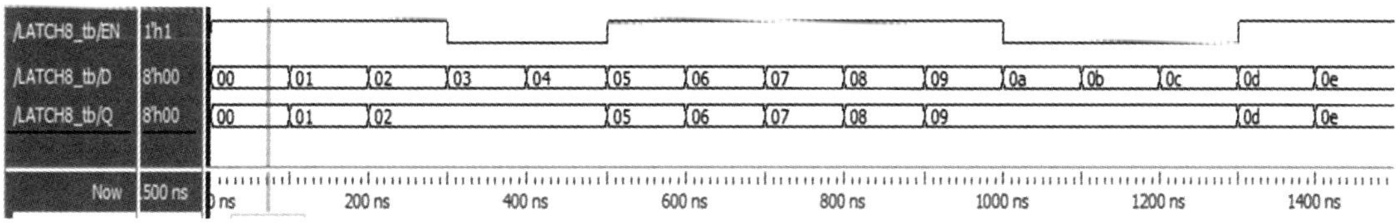

图 4.8　例 4.15 的功能仿真波形

格式二的 if 语句的执行过程是：如果条件表达式被判断为“真”，就顺序执行语句块 1，否则，就顺序执行语句块 2。格式二是完整的 if 语句，对条件表达式的真、假情况都给出了处理语句，可以用于设计具有二分支结构的组合逻辑电路。例 4.16 给出了用格式二的 if 语句设计选择器的程序，图 4.9 为其功能仿真波形。

例 4.16　用 if 语句设计二选一选择器。

```
module SEL2(A, B, S, C);
  input A, B, S;
  output C;
```

```
    reg C;
      always @(A, B, S)
      begin
        if (S)
          C <= A;
        else
          C <= B;
      end
  endmodule
```

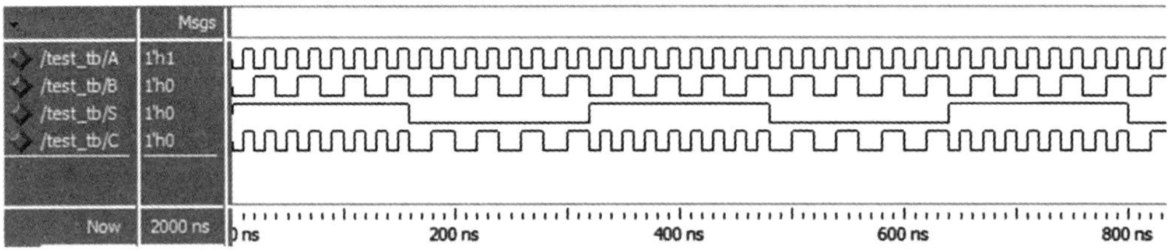

(a)

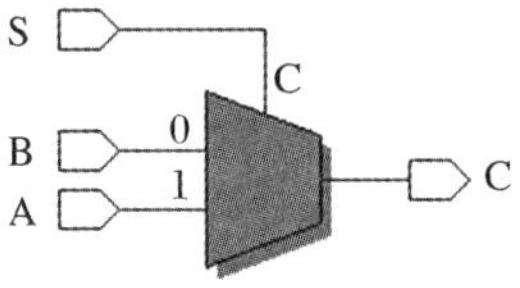

(b)

图 4.9　例 4.16 的功能仿真波形和 RTL 原理图

格式三的 if 语句是多重条件判断语句，它的执行过程是：如果给定的条件表达式 1 为“真”，就顺序执行语句块 1，否则就判断条件表达式 2；如果条件表达式 2 为“真”，就顺序执行语句块 2，否则就判断条件表达式 3。以此类推，直到判断条件表达式 n。如果条件表达式 n 为“真”，就顺序执行语句块 n，否则就执行 else 之后的语句块 $n+1$。在这种形式的 if 语句中，一次执行过程中只能有一个语句块被执行，所以这种 if 语句具有优先级，也就是说，即使条件表达式 1、条件表达式 2 到条件表达式 n 都为“真”，但由于有优先级的存在，只会执行语句块 1。条件表达式次序的变化会造成逻辑功能的变化。例 4.17 给出了用 if 语句实现的四选一选择器。

例 4.17　if 语句实现四选一选择器。

```
module SEL4(A, B, C, D, S, Y);
  input A, B, C, D;
  input [1:0] S;
  output Y;
  reg Y;
    always @(A, B, C, D, S) begin
      if (S= =2'b00)
        Y <= A;
      else if (S= =2'b01)
        Y <= B;
```

```
        else if (S= =2'b10)
          Y <= C;
        else
          Y <= D;
      end
  endmodule
```

if 语句可以进行多重嵌套，例如 if-if-else 语句，这时要注意 else 到底归属于哪一个 if。在 Verilog 语言里规定 else 归属于最靠近的没有 else 的 if。例如：

```
  if (CLK)
    if (RST)
      DOUT <= 4'b0000;
    else
      DOUT <= DOUT + 1;
```

其中，else 归属于 if(RST)。为了使程序清楚易读，可以在 if 嵌套语句中加上 begin……end。例如：

```
    if (S1)
    begin
      if (S0)
          Y <= 2'b11;
      else
        Y <= 2'b10;
    end
    else
    begin
      if (S0)
          Y <= 2'b01;
      else
        Y <= 2'b00;
    end
```

3. case 语句

case 语句是另一种常用的条件语句，只能出现在过程语句中，可以产生多种执行分支。case 语句的一般语法格式为：

```
case (条件表达式)
    取值 1:begin 语句块 1;end
    取值 2:begin 语句块 2;end
    ……
    取值 n:begin 语句块 n;end
    [default:begin 语句块 n+1;end]
endcase
```

case 语句的执行过程是：首先对条件表达式进行计算，得到的值与后面的各项分支取值进行对比，有相等的值就执行后面相应的语句块。例如，条件表达式的值等于“取值 1”，则顺序执行语句块 1，执行完就跳出 case 语句。

如果 case 语句中列出的各项取值能够覆盖条件表达式的取值范围，则可以省略掉 default 分支；如果不能覆盖，则必须要加上最后一项 default 分支，以免综合出不必要的锁存器。各项取值并不要求互相排斥，可以列出相同的值，但只有第一个匹配值对应的语句块会执行，执行完就跳出 case 语句。

case 语句中的各项取值可以是常量，也可以是参数、标识符等。例 4.7 是采用 case 语句设计的四选一选择器，其中各项取值使用的是常量表达式，而例 4.18 中的各项取值采用了参数表达式。

例 4.18 取值为参数表达式的 case 语句。

```
module EXAMPLE_ALU(X, Y, OPcode, R);
  parameter ADD = 2'b00, SUB = 2'b01, MUL = 2'b10, DIV = 2'b11;
  input [7:0] X, Y;
  input [1:0] OPcode;
  output [15:0] R;
  reg [15:0] R;
  always @(X, Y, OPcode)
    case (OPcode)
      ADD: R = X + Y;
      SUB: R = X - Y;
      MUL: R = X * Y;
      DIV: R = X / Y;
    endcase
endmodule
```

case 语句在执行过程中，对条件表达式和各项取值进行逐位比较，每一位的取值可能是 0,1,x,z，即把 x 和 z 也当做一个值来对比。如果条件表达式和各项取值的位宽不同，则采用左边补 0 的方式，统一扩展到最长的位宽。如果有多个取值对应同样的操作，可以把它们一起列出来，中间用逗号分开，例如：

```
case (num)
  1'b0: dout = in1;
  1'b1: dout = in2;
  1'bx, 1'bz: dout = 4'bxxxx;
endcase
```

与 case 语句相对应的还有两种语句：casex 语句和 casez 语句。这两种语句只在处理 x 和 z 时与 case 语句不一样，其他操作与 case 语句相同。在 casez 语句中，如果条件表达式或者各项取值表达式中出现 z 值，那么这个值被忽略掉（或者叫做不关注、无关位），不进行比较。casex 语句把 x 和 z 值都忽略掉，不进行比较。例如：

```
casez (mask)
  4'b1zzz: Ans = 4'b1000;
```

```
    4'b01zz: Ans = 4'b0100;
    4'b001z: Ans = 4'b0010;
    4'b0001: Ans = 4'b0001;
    default: Ans = 4'b0000;
endcase
```

4. 循环语句

循环语句的作用是重复地执行一个语句块。在计算机高级语言程序设计中，循环语句可以大大减少代码量，因此使用较多。但在硬件描述语言代码设计中，过多的循环会大大增加系统资源的开销，同时增加综合的难度，所以循环语句一般用来做算法的实现，而不用于控制电路的设计。Verilog 中有四种循环语句，分别是 for 语句、while 语句、repeat 语句和 forever 语句，其中 forever 语句只能在仿真时使用，不能进行综合。

(1) for 语句

for 语句的语法格式为：

```
for（循环变量初始值表达式;循环控制条件表达式;循环变量修改表达式）
    循环体语句块;
```

for 语句中的循环变量一般采用 integer 类型，它的执行步骤是：

（ⅰ）由"循环变量初始值表达式"确定循环变量的初始值。

（ⅱ）计算"循环控制条件表达式"的值，若为"真"，则执行循环体语句块，并转到步骤（ⅲ）；若为"假"，则结束循环语句。

（ⅲ）按照"循环变量修改表达式"更改循环变量的值。可以采取递增或递减的修改方式，然后转到步骤（ⅱ），继续执行。

例 4.19 是采用移位相加实现 4×4 乘法器的程序实例，其中使用了 for 语句。循环变量 i 在使用之前进行了定义。

例 4.19　for 语句实现 4×4 乘法器。

```
module MUL4_4_1(X, Y, R);
input [3:0] X, Y;
output [7:0] R;
reg [7:0] R;
integer i;
always @(X or Y)
  begin
    R = 0;
    for (i=1; i<= 4; i=i+1)
      if (Y[i-1])
        R = R + (X<<(i-1));
  end
endmodule
```

(2) while 语句

while 语句的语法格式为：

```
while (循环控制条件表达式)
    循环体语句块;
```

while 语句的执行过程是:计算“循环控制条件表达式”的值,若为“真”,就执行一遍循环体语句块,然后重复这个操作直到“循环控制条件表达式”的值为“假”,结束循环语句。在 while 语句的循环体语句中,一定要有类似“循环变量修改”的表达式。

例 4.20 将例 4.19 中的 for 语句改为 while 语句,同样可以实现 4×4 乘法器。

例 4.20 while 语句实现 4×4 乘法器。

```
module MUL4_4_2(X, Y, R);
  input [3:0] X, Y;
  output [7:0] R;
  reg [7:0] R;
  integer i;
  always @(X or Y)
    begin
      R = 0;
      i = 0;
      while (i<4) begin
        i = i + 1;
        if (Y[i-1])
      R = R + (X<<(i-1));
      end
    end
endmodule
```

(3) repeat 语句

repeat 语句是按照给定的循环次数执行的语句,其语法格式为:

```
repeat (循环次数表达式)
    循环体语句块;
```

repeat 语句中的“循环次数表达式”的值可以是常数,也可以是变量,该值在 repeat 语句执行前就已确定。例 4.21 是利用 repeat 语句实现的 4×4 乘法器。

例 4.21 repeat 语句实现 4×4 乘法器。

```
module MUL4_4_3(X, Y, R);
  input [3:0] X, Y;
  output [7:0] R;
  reg [7:0] R, XT;
  reg [3:0] YT;
  always @(X or Y)
    begin
      R = 0;
      XT = X;
```

```
        YT = Y;
        repeat (4) begin
          if (YT[0]) begin
            R = R + XT; end
          YT = YT >> 1;
          XT = XT << 1;
        end
      end
endmodule
```

(4) forever 语句

forever 语句的语法格式为：

forever 循环体语句块;

forever 语句表示连续不断地执行循环体语句块，只能用在仿真程序中，产生周期性的激励信号，不能进行综合，因此 forever 语句通常用在 initial 语句中。例如，可以利用 forever 语句产生连续不断的时钟信号。

```
reg CLK;
……
initial begin
  CLK = 0;
  forever #10 CLK = ~CLK;
end
```

4.5.3 任务和函数

在计算机程序语言设计中，经常会把某些重复使用的功能写成一个独立的子程序。主程序需要使用这些功能时，就直接调用子程序，这样可以减少代码量，也使主程序的结构更加简洁、易读。在 Verilog 中，也有类似的思想，就是把一些重复性比较大的结构写成一个类似"子程序"的结构。这样的结构有两类：一类叫做任务（task）；另一类叫做函数（function）。Verilog 程序可以在不同的位置调用同一个任务或函数。

4.5.3.1 任务

定义任务的一般语法格式为：

```
task  任务名;
    [端口及数据类型说明;]
    begin 语句块;end
endtask
```

任务的定义包含在"task……endtask"之内，task 是关键字，后面的"任务名"是该任务在后续使用中的识别标志，任务名后面有分号。"端口及数据类型说明"是此任务的端口定义语句和数据类型说明。端口相当于此任务的"参数"，通过端口可以进行值的传入和传出。

task 也可以没有端口。任务中可以使用定义该任务的模块中的全局变量。

任务定义中的语句是顺序语句，多条顺序语句要用"begin……end"括起来。任务语句中不能出现 always 和 initial 这样的并行语句。以下是一个 task 的定义。

```
task Reverse_Bit;
  input [7:0] X;
  output [7:0] Y;
  integer i;
  begin
    for (i=0; i<= 7; i=i+1)
      Y[i] = X[7-i];
  end
endtask
```

在以上例子中，开始处是输入、输出端口的定义。注意端口定义的顺序决定了它们在调用任务时的顺序。

任务调用语句的一般语法格式为：

任务名（端口 1，端口 2，…，端口 *n*）；

任务调用语句中的端口名的排列顺序要与任务定义中的端口顺序相匹配。任务调用语句是过程性语句，因此其中的输出端口必须是 reg 类型。例如对以上 Reverse_Bit 的调用语句可以写成：

```
reg [7:0] A, B;
……
Reverse_Bit(A, B); //A 对应 X，是输入数据；B 对应 Y，是位反转后的输出数据
```

例 4.22 是一个包含任务定义和调用的实例。该任务的功能是计算一个 8 位数据中包含的 1 的个数，在模块中被调用了两次，最后输出数值较大者。

例 4.22　任务定义和调用实例。

```
module TASKDEMO(Din1, Din2, R);
  input [7:0] Din1, Din2;
  output [3:0] R;
  reg [3:0] Dout1, Dout2;
  task Bit_Num;
    input [7:0] X;
    output [3:0] Y;
    integer i;
    begin
      Y = 4'b0000;
      for (i=0; i<= 7; i=i+1)
        if (X[i])
          Y = Y + 1;
    end
  endtask
```

```
always @(Din1, Din2)
  begin
    Bit_Num (Din1, Dout1);
    Bit_Num (Din2, Dout2);
  end
assign R = (Dout1>=Dout2) ? Dout1 : Dout2;
endmodule
```

4.5.3.2　函数

定义函数的一般语法格式为：

```
function ［返回值位宽］函数名;
    输入端口说明;
    ［其他说明;］
    begin 语句块;end
endfunction
```

函数的定义包含在“function……endfunction”之内，function 是关键字，“返回值位宽”说明返回值的类型和二进制位数。如果没有“返回值位宽”，则默认为返回值是 1 位二进制数。“函数名”是该函数在后续使用中的识别标志，函数名后面有分号。

“输入端口说明”给出了函数的输入端口定义和数据类型。函数可以包含多个输入端口，或至少包含一个输入端口，但不能包含常规意义上的输出端口和双向端口。函数的输入端口相当于此函数的“参数”，通过输入端口可以将值传递给函数。

函数定义中的语句是顺序语句，多条顺序语句要用“begin……end”括起来。与任务语句一样，函数中也不能出现 always 和 initial 这样的并行语句。以下是一个 function 定义，将任务 Reverse_Bit 改写成了函数 Reverse_Bit。

```
function [7:0] Reverse_Bit;
  input [7:0] X;
  integer i;
  begin
    for (i=0; i<= 7; i=i+1)
      Reverse_Bit[i] = X[7-i];
  end
endfunction
```

从上面的例子可以看出，虽然函数没有直接定义输出端口，但是其函数名隐含地就是一个寄存器类型变量，在函数内部可以直接对这个变量赋值。函数调用是把函数名作为一个操作数来使用，没有独立的调用语句。其调用格式为：

```
函数名 (输入端口 1,输入端口 2,…,输入端口 n)
```

例如，对于以上定义的函数 Reverse_Bit，调用的语句为：

```
reg [7:0] A,F;
……
```

F = Reverse_Bit(A); //A 对应输入参数 X;Reverse_Bit(A)是位反转后的输出数据

因为函数调用被当做一个操作数来使用,所以在过程语句或者连续赋值语句中都可以调用函数,一个函数内部也可以调用其他的函数,但不能调用任务。例 4.23 是一个包含函数定义和调用的实例。该函数的功能是对两个无符号数进行比较,返回较大的值。

例 4.23 函数定义和调用实例。

```
module FUNCTIONDEMO(Din1, Din2, R);
  parameter N = 8;
  input [N-1:0] Din1, Din2;
  output [N-1:0] R;
  function [N-1:0] MAX_Num;
    input [N-1:0] X, Y;
    begin
      if (X>=Y)
        MAX_Num = X;
      else
        MAX_Num = Y;
    end
  endfunction
  assign R = MAX_Num(Din1, Din2);
endmodule
```

4.5.4 模块例化

在 Verilog 程序设计中,可以重复使用一些已经设计好的基本的电路模块,以提高设计效率,使设计更有层次。模块例化(module instantiation)就是指在当前的设计中调用已经设计完成的其他模块的过程,它是 Verilog 设计中结构化描述方式的基础。

4.5.4.1 模块例化语句

在模块例化中,被调用的模块也叫做实例(instance)、实体或元件,它应该在模块例化之前就已经设计完成的。下面我们先设计一个半加器,并将它作为元件来调用,进而设计一个全加器。

例 4.24 是一个半加器的 Verilog 程序。其中 A,B 是两个 1 位输入信号,R 是 A,B 相加的和,C 是 A,B 相加的进位。该程序中采用了两个 assign 语句,它们的顺序是可调换的。

例 4.24 半加器实例。

```
module H_Adder(A, B, R, C);
  input A, B;
  output R, C;
  assign R = A ^ B;
  assign C = A & B;
endmodule
```

半加器设计好以后，它就可以当做一个元件，被其他设计调用。在调用时，模块名 H_Adder就是元件名。

例 4.25 是采用模块例化方式，调用半加器 H_Adder 的 Verilog 程序。其中 a，b 是两个相加的 1 位输入信号，cin 是输入进位信号，r 是全加器的和，cout 是输出进位信号。

例 4.25　全加器实例。

```
module F_Adder(a, b, cin, r, cout);
  input a, b, cin;
  output r, cout;
  wire R1, C1, C2;
  H_Adder U1(.A(a), .R(R1), .B(b), .C(C1));
                                  //模块例化语句 1，端口名关联法
  H_Adder U2(R1, cin,r, C2); //模块例化语句 2，位置关联法
  assign cout = C1 | C2;
endmodule
```

在例 4.25 中，有三个并行语句，其中一个是 assign 语句，另外两个就是模块例化语句。每个模块例化语句调用一次元件，可以用多个模块例化语句对同一个元件进行多次调用。例 4.25 就是用两个模块例化语句对半加器 H_Adder 调用了两次。模块例化语句的语法格式有以下两种：

```
元件名 例化名 (.元件端口名 1(外接端口名 1),
              .元件端口名 2(外接端口名 2),
              ……
              .元件端口名 n(外接端口名 n));      //端口名关联法
元件名 例化名 (端口名 1,端口名 2,…,端口名 n);    //位置关联法
```

书写模块例化语句时，首先要写出被调用的元件名，也就是被调用的模块名。比如全加器的程序要调用半加器，则元件名就是半加器的模块名 H_Adder。元件名之后是例化名，就是给此次调用事件取一个名称。这个例化名由用户自己来取，应满足 Verilog 标识符的要求，不能重复，比如 U1，U2 等。例化名之后是由括号括起来的端口关联表。

端口关联表有端口名关联法和位置关联法两种书写格式。例 4.25 中的第一个例化语句采用的是端口名关联法，即

H_Adder U1(.A(a), .R(R1), .B(b), .C(C1));

端口关联表中不仅出现了当前设计的端口名或线网变量，如 a，b，R1，C1，还出现了元件 H_Adder 的端口名，如 A，B，R，C，并且它们之间有明确的对应关系。比如 .A(a)表示元件端口 A 与当前设计的端口 a 有连接关系，.R(R1)表示元件端口 R 与当前设计的线网变量 R1 有连接关系。由于元件端口和当前设计端口的连接关系有明确的说明，所以端口关联表的端口排列顺序可以改变，即可以写成(.A(a), .B(b), .R(R1), .C(C1))，也可以写成其他顺序，如(.A(a), .R(R1), .B(b), .C(C1))。

例 4.25 中第二个例化语句采用的是位置关联法，端口关联表中只出现当前设计的端口名或变量，例如，cin，r 是全加器的端口，R1，C2 是全加器内部的线网型变量，没有出现元件 H_Adder 的端口名 A，B，R，C，此时元件端口和当前设计端口的连接关系通过位置隐含地进行说明。比如，元件 H_Adder 的端口按照 A，B，R，C 来排列，例化语句的端口关联表按

照 R1,cin,r,C2 来排列,则处于第一个位置的 R1 和 A 就通过相同的位置有了连接关系,以此类推,cin 连接 B,r 连接 R,C2 连接 C。使用位置关联法时,端口关联表的顺序不能随意变动。

元件例化语句也可以用图 4.10 来说明。图 4.10(a)是元件 H_Adder 的端口示意图,图 4.10(b)是全加器的端口示意图及内部结构图。在图 4.10(b)中,U1 是第一个例化语句调用的元件,U2 是第二个例化语句调用的元件。全加器定义的三个线网变量 R1,C1,C2 分别与三条内部连线相对应。通过图 4.10(b),可以看出元件端口与全加器端口及内部线网变量的连接关系。

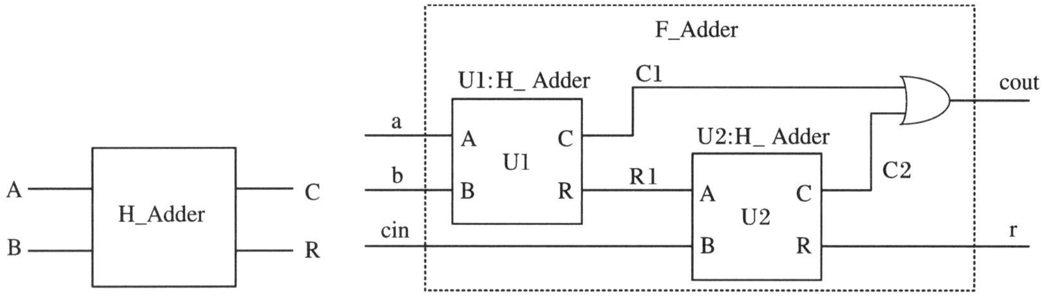

(a) 半加器端口　　(b) 全加器端口和内部结构

图 4.10　半加器和全加器结构

在调用元件时,元件的某些端口如果不需要连接,可以写成诸如.A( )的形式,括号内是空的,表示该端口悬空。悬空的端口如果是输入端口,其值为高阻态 z;如果是输出端口,表示该端口不使用。

在图 4.10 的结构中,全加器调用了半加器,形成了层次结构,半加器为低层,全加器为高层。这里的"低层"和"高层"是相对的,如果全加器作为元件被其他模块调用,那么全加器又变成了低层。在一个电路设计中,这种层次结构可以有若干层,处于最高层的层级叫做顶层(top level)。

作为元件的模块与当前的设计模块可以保存在同一个文件中,也可以分开存为两个文件。当它们存在同一个文件中时,要分清哪个是高层模块,哪个是低层模块,文件名要与高层的模块名相同。当它们分开存放时,文件名为各自的模块名。一般推荐分开存放以使设计的层次化更清晰。

4.5.4.2　参数化模块例化语句

模块例化方式可以使用已有的设计成果,提高设计效率。但是一个模块设计完成以后,往往功能就固定了,有时不符合新设计的需求。比如已有一个 4×4 乘法器,但是新设计中需要一个 8×8 乘法器,就无法直接调用 4×4 乘法器。

为了解决以上问题,在设计元件时可以加上一些参数,形成参数化元件。模块例化时可以通过带参数的例化语句或参数定义语句(defparam)来实现不同功能的元件。以下我们就以参数化 4×4 乘法器为例进行说明。

例 4.26 是带参数的 4×4 乘法器程序,其中的参数就是被乘数、乘数的位宽,用 W 表示。与例 4.19 相比,带参数的元件设计是在程序说明部分先用 parameter 定义参数,程序中凡是跟位宽有关的地方都用 W 表示。

例 4.26　带参数的 4×4 乘法器。

```
module MULTIPLER4 (X, Y, R);
  parameter W=4;
  input [W:1] X, Y;
  output [2*W:1] R;
  reg [2*W:1] R;
  integer i;
  always @(X or Y)
    begin
      R = 0;
      for (i=1; i<= W; i=i+1)
        if (Y[i])
          R = R + (X<<(i-1));
    end
endmodule
```

在 Verilog-2001 标准中，允许在模块名之后直接添加参数表达式 #(parameter W=4)，写成如下的形式：

```
module MULTIPLER4 #(parameter W=4)(X, Y, R);
```

1. 带参数的例化语句

例 4.26 是一个完整的 4×4 乘法器程序。若将该乘法器作为元件进行例化，得到一个 8×8乘法器，则采用带参数的例化语句方式，程序可以写成例 4.27 的形式。

例 4.27　带参数的例化语句。

```
module MULTIPLER8_1 (X1, Y1, R1);
  input [7:0] X1, Y1;
  output [15:0] R1;
    MULTIPLER4 #(.W(8)) L1(.X(X1), .Y(Y1), .R(R1));
endmodule
```

例化语句中的 #(.W(8))就是参数传递表，将 8 传递给 W，这样就可以得到一个 8×8 乘法器。如果元件程序中定义了多个参数，如：

```
module PARADEMO #(parameter W1=4, parameter W2=2)(X, Y, R);
```

那么例化语句可以写成

```
PARADEMO #(.W1(8), .W2(3)) L1(.X(X1), .Y(Y1), .R(R1));
```

2. 参数定义语句

用参数定义语句 defparam 也可以对元件中定义的参数进行赋值。defparam 的语法格式为：

```
defparam  例化名 . 参数名 = 参数值;
```

采用参数定义语句，例 4.27 可以改成为例 4.28 的形式。

例 4.28 参数定义语句。

```
module MULTIPLER8_2 (X1, Y1, R1);
  input [7:0] X1, Y1;
  output [15:0] R1;
  defparam L1.W = 8;
    MULTIPLER4  L1(.X(X1), .Y(Y1), .R(R1));
endmodule
```

如果元件程序中定义了多个参数,用 defparam 可以对多个参数赋值,例如:

```
defparam L1.W1 = 8, L1.W2 = 4;
```

4.5.4.3 基本库元件例化语句

以上两个小节介绍了对已经设计完成的模块进行重复利用的方法,即模块例化方法,其中作为元件的模块需要我们预先进行设计,然后才能调用。在 Verilog 语言库中,已经对一些基本的门电路进行了定义,这些模块不需要我们再进行设计了,可以直接在程序中进行调用。

基本库元件模块包括以下一些类型:

- 多输入门:and,nand,or,nor,xor,xnor;
- 多输出门:buf,not;
- 三态门:bufif0,bufif1,notif0,notif1;
- 上拉、下拉电阻:pullup,pulldown;
- MOS 开关:cmos,nmos,pmos,rcmos,rnmos,rpmos;
- 双向开关:tran,tranif0,tranif1,rtran,rtranif0,rtranif1。

1. 多输入门

多输入门有 6 个,分别是与门(and)、与非门(nand)、或门(or)、或非门(nor)、异或门(xor)和同或门(xnor)。这类基本门有多个输入端口,但只有一个输出端口。多个输入信号进行与、或、异或、同或逻辑操作的处理方式见图 4.5,与非、或非逻辑操作的处理方式见图 4.11。多输入门的例化语句格式为:

基本门元件名[例化名] (输出端口名,输入端口名 1,输入端口名 2,…);

nand	0	1	x	z
0	1	1	1	1
1	1	0	x	x
x	1	x	x	x
z	1	x	x	x

nor	0	1	x	z
0	1	0	x	x
1	0	0	0	0
x	x	0	x	x
z	x	0	x	x

图 4.11 多输入门 nand 和 nor 的逻辑处理方式

其中，例化名可以省略。输出端口默认放在端口关联表的第一个，后面是若干个输入端口。例如：

```
and  U1 (dout, din1, din2);        //两输入与门
or  U2 (dout, din1, din2, din3); //三输入或门
xor  (dout, din1, din2);           //两输入异或门，省略了例化名
```

2. 多输出门

多输出门有 2 个：缓冲门(buf)和非门(not)。这两个基本门只有一个输入端口，但可以有一个或多个输出端口。多输出门的逻辑处理方式如图 4.12 所示，结构如图 4.13 所示，其例化语句格式为：

基本门元件名［例化名］（输出端口名 1，…，输出端口名 n，输入端口名）；

其中，例化名可以省略。输入端口默认放在端口关联表的最后，前面是若干个输出端口。例如：

```
buf  B1 (dout1, dout2, dout3, din);//三输出缓冲门
not  N1 (dout1, dout2, din);        //两输出非门
```

buf	0	1	x	z
输出	0	1	x	x

not	0	1	x	z
输出	1	0	x	x

图 4.12 buf 和 not 的逻辑处理方式

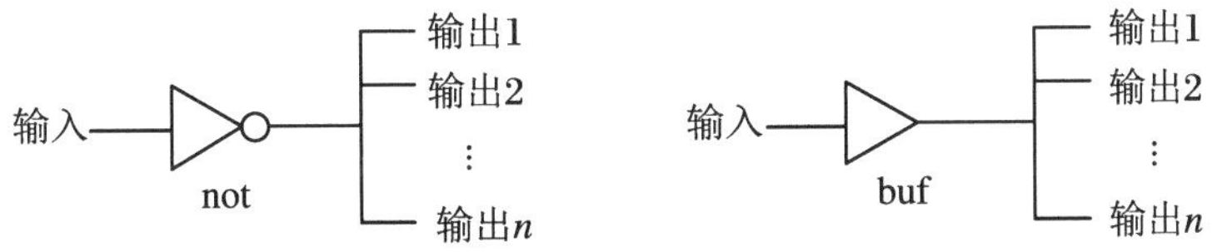

图 4.13 buf 和 not 的结构示意图

3. 三态门

三态门有 4 个，分别是 bufif0，bufif1，notif0，notif1。这类基本门可以对驱动器进行建模，有一个输出端口、一个数据输入端口、一个控制输入端口，其例化语句格式为：

三态门元件名［例化名］（输出端口名，输入数据端口名，输入控制端口名）；

其中，例化名可以省略。端口关联表的第一个是输出端口，第二个是输入数据端口，第三个是输入控制端口。三态门功能表如表 4.15 所示。

以下是调用三态门的两个例化语句。在第一个例化语句中，三态门的控制输入 inCTRL1 为逻辑 0 时，输出 outA1 为高阻状态 z，否则，输入 inB1 传递给 outA1；在第二个例化语句中，三态门的控制输入 inCTRL2 为逻辑 1 时，输出 outA2 为高阻状态 z，否则，输入 inB2 的值取反，传递给 outA2。这两个例化语句描述的电路结构如图 4.14 所示。

```
bufif1  BF1 (outA1, inB1, inCTRL1);
notif0  NT1 (outA2, inB2, inCTRL2);
```

表 4.15 三态门功能

三态门	控制输入端口	输出端口
bufif0	0	输入数据值
	1	z
bufif1	0	z
	1	输入数据值
notif0	0	输入数据的非值
	1	z
notif1	0	z
	1	输入数据的非值

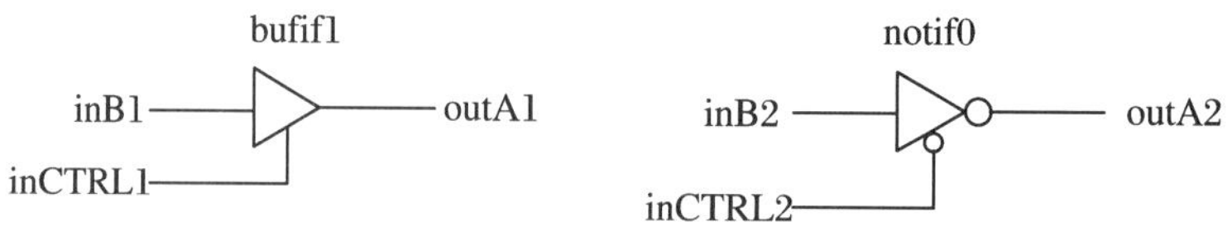

图 4.14 bufif1 和 notif0 的结构示意图

4. 上拉、下拉电阻

上拉、下拉电阻类型的基本门分别用 pullup，pulldown 表示，只有输出端口，没有输入端口。上拉电阻将输出置为 1，下拉电阻将输出置为 0，其例化语句格式为：

上拉/下拉电阻元件名［例化名］（输出端口名）；

例如：

pulldown PD（A）；

此例化语句就是将 A 置为低电平。

5. MOS 开关

MOS 开关包括 cmos，nmos，pmos，rcmos，rnmos，rpmos 几种类型，可以为单向开关建模。nmos 是 n 类型 MOS 管，pmos 是 p 类型 MOS 管，rnmos，rpmos 中的"r"表示电阻，是在输入引线和输出引线之间引入高阻抗。这四种 MOS 开关元件有一个输出端口、一个输入端口和一个控制端口，其例化语句格式为：

MOS 开关元件名［例化名］（输出端口名，输入端口名，控制端口名）；

如果 nmos，rnmos 的控制输入为 0，pmos，rpmos 的控制输入为 1，那么开关关闭，输出为高阻 z。否则，输入数据传送至输出端。例如：

nmos N1（outA1，inB1，inCTRL1）；

rpmos RP1（outA2，inB2，inCTRL2）；

cmos，rcmos 是互补型 MOS 管，有一个输出端口、一个输入端口和两个控制端口，其例化语句格式为：

(r)cmos [例化名] (输出端口名,输入端口名,n 控制端口名,p 控制端口名);

图 4.15 给出了几种 MOS 管的结构示意图。

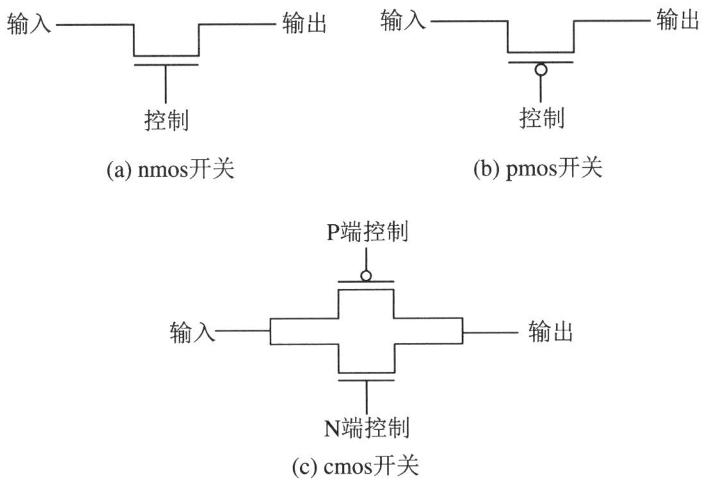

图 4.15　几种 MOS 管结构示意图

6. 双向开关

双向开关包括 tran,rtran,tranif0,tranif1,rtranif0,rtranif1。tran 和 rtran 是无条件双向开关,不能被关闭;后四种双向开关可以通过控制信号来关闭。双向开关的例化语句格式有以下两种:

```
开关元件名 [例化名] (端口名 1,端口名 2);              //tran、rtran 例化语句格式
开关元件名 [例化名] (端口名 1,端口名 2,控制端口名); //其他开关例化语句
```

tran 和 rtran 的端口表只有两个端口,可以无条件地双向传输信号。其他双向开关的端口列表中,第一个参数和第二个参数是双向数据端口,最后一个是控制端口。如果 tranif0 和 rtranif0 的控制端是 1,tranif1 和 rtranif1 的控制端是 0,则禁止数据双向流动。对于 rtran,rtranif0,rtranif1 类型的开关,信号通过开关传输时,信号强度有所减弱。

4.5.5　块语句

在前面的一些程序实例中,出现了 begin……end 结构,这就是一个块语句结构。块语句就是把多条语句组合成语法结构上相当于一条语句的机制。块语句分为顺序块语句和并行块语句两种类型。

4.5.5.1　顺序块语句

顺序块语句处于 initial 或 always 引导的过程语句中,其一般语法格式为:

```
begin  [:块名]
    [块内变量、参数定义];
    语句 1;
    语句 2;
      ⋮
    语句 n;
end
```

书写顺序块语句时,可以给这个块语句取一个名字,也可以把块名省略掉。在块语句内部可以根据需要定义块内变量或参数,但是这些变量或参数只能在该块内使用,是局部量。如果块语句内部定义了局部量,则必须取一个块名作为标志。如果要禁止一个顺序块语句,则该块也必须有名字。

顺序块语句中的语句必须是顺序语句,如 if 语句、case 语句、赋值语句等,这些语句按顺序执行或启动。当块中最后一条语句执行完以后,该语句块才结束。例如:

```
begin : SBLK
  reg [3:0] A;
  A = B & C;
  E = ~A;
end
```

如果只有一条顺序语句,则可以不加顺序块语句。以下是仿真中常常采用的产生输入信号波形的顺序块语句。假设仿真时间单位为 10 ns,在 0 时刻,t 值为 0,经过 2 个时间单位,即 20 ns,t 值变为 1,再经过 3 个时间单位,即 30 ns,t 值变为 0。以此类推,得到的信号波形如图 4.16 所示。顺序块语句中的赋值语句是顺序执行的,因此其时间延迟量是累加的。

```
begin //顺序块语句开始,假设时间单位为 10 ns
  t = 0;
  #2 t = 1;
  #3 t = 0;
  #1 t = 1;
  #5 t = 0;
end
```

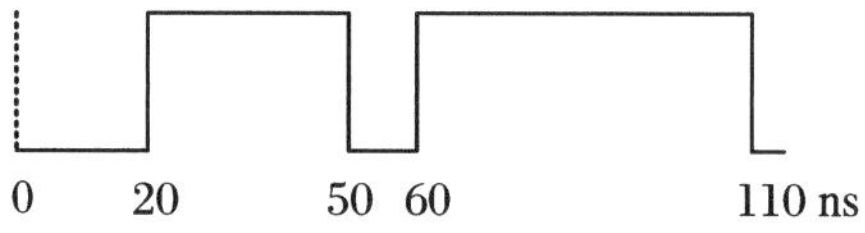

图 4.16 顺序块语句产生的波形

4.5.5.2 并行块语句

并行块语句采用的标识结构为 fork……join,里面包含的语句是并行执行的,其一般语法格式为:

```
fork  [:块名]
    [块内变量、参数定义];
    语句 1;
    语句 2;
     ⋮
    语句 n;
join
```

并行语句块的块名和块内变量、参数定义与顺序语句块相同，但其内部各语句的执行是并行的，一般用于仿真测试程序中。当并行语句块中执行时间最长的语句完成之后（并不一定是最后的语句），就跳出整个语句块。例如：

```
fork //并行块语句开始，假设时间单位为 10 ns
  t = 0;
  #2 t = 1;
  #5 t = 0;
  #6 t = 1;
  #11 t = 0;
join
```

在以上的例子中，赋值语句是并行执行的，时间延迟量都是针对 0 时刻的，得到的信号波形与图 4.16 相同。

习题

1. 描述 Verilog 标识符的自定义原则，并指出下列标识符是否合法：
   3ABC, $ ABC, REG#, reg, \3ABC\, WIRE, \A3BC, ABC_3, _A#B, A-B
2. 下列表达式的二进制形式是什么？
   5'd23, 8'o55, 'B110x1, 3'h12, 'Hef, 16'h95fc, 4'hz, 6'b101, 4'o28, -6'd18
3. 下列实数书写格式是否正确？
   3.26, 5E-2, 6, _78_000.37, 48.92e2
4. Verilog 模块的端口类型有哪几种？说明每种端口的数据流向。
5. 简述 wire 类型和 reg 类型的区别。
6. 完成以下定义。
   定义一个宽度为 8 的 wire 类型地址总线 ADD_BUS;
   定义两个单比特 reg 类型的变量 AT、BT;
   定义一个名称为 idex 的整数;
   定义参数 D0 = 6'b100110, D1 = 5'd17;
   定义一个位宽为 8、容量为 128 的存储器 MEM128。
7. 指出下列表达的错误之处。

(1) integer [3:0] J;
(2) reg mymem [1:16];
　……

```
mymem <= 16'h369C;
```

(3)
```
integer STUDENT;
reg [8:1] NAME;
……
NAME <= STUDENT[17:10];
```

8. 设 A=4'b1010,B=4'b0011,C=2'b00,D=8'h71,则下面各表达式的值是多少?

(1) A&B;(2) C|D;(3) A&&D;(4) ^D;(5) ! C;

(6) A<B;(7) B+D;(8) B>>2;(9) {A,C};(10) {2{D,C}}。

9. Verilog HDL 中有哪些主要的并行语句?它们在程序中的书写顺序是可以调换的吗?

10. always 语句的敏感信号列表的作用是什么?

11. 画出下列 initial 语句产生的信号波形,设时间单位为 10 ns。

```
initial
  begin
  A = 0; B = 0;
  #2  A = 1; B = 1;
  #3  A = 0;
  #4  A = 1; B = 0;
  #5  $finish
  end
```

12. 分别利用 if 和 case 语句实现 16-4 编码器。

13. 定义一个位宽为 8、容量为 64 的存储器,并采用 for 语句将该存储器所有单元都初始化为 8'hFF。

14. 阻塞式赋值和非阻塞式赋值有什么区别?

15. 定义一个完成奇、偶校验的任务,该任务有一个 8 位输入数据端口 datain,一个选择奇校验还是偶校验的选择输入端 sel(1 表示奇校验,0 表示偶校验),还有一个结果输出端 result。

16. 定义一个函数,实现数字 0~9 到其 ASCII 码的转换。

17. 在模块例化语句中,如果端口名列表采用端口名关联法来书写,那么各端口的排列顺序是否可变?如果端口名列表采用位置关联法来书写,那么各端口的排列顺序是否可变?说明原因。

第 5 章　Verilog HDL 程序设计

第 4 章详细介绍了 Verilog HDL 的程序结构、语言要素及主要语句。在此基础上，本章将通过具体实例来进一步阐述如何利用 Verilog HDL 进行数字电路的设计。

5.1　组合电路设计

组合电路设计是数字电路设计中最简单、最基本的设计。所谓组合电路是指数字电路在任何时刻的输出仅取决于该时刻的输入，而与电路先前时刻的状态无关。组合电路的设计主要有简单门电路、编码器和译码器、选择器、比较器及算术运算电路等。

5.1.1　简单门电路

简单门电路主要有与门、或门、非门/反相器、与非门、或非门以及异或门等。这些基本门电路可以采用逻辑运算符、行为描述语句来实现，也可以调用库元件来实现。下面以二输入的异或门为例来说明，其他简单门电路的设计与此类似。

二输入异或门电路的逻辑表达式为 $Y = A \oplus B$，其电路符号如图 5.1 所示，真值表如表 5.1 所示。

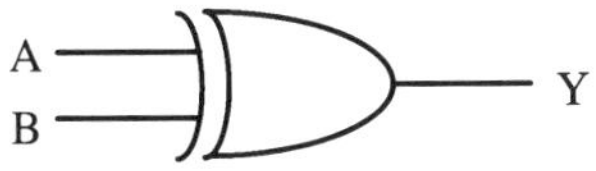

图 5.1　二输入异或电路符号

表 5.1　二输入异或真值表

A	B	Y
0	0	0
0	1	1
1	0	1
1	1	0

例 5.1 为二输入异或门电路的三种实现方式。方法一是根据二输入异或门电路的逻辑表达式进行描述的，采用了逻辑运算符。方法二是根据二输入异或门电路的输入、输出行为来描述的。方法三采用模块例化语句调用库元件 XOR。这三种方法分别是数据流描述、行为描述和结构化描述。

例 5.1 异或门电路的 Verilog 实现

```
module XOR_1 (A, B, Y); //方法一，采用逻辑运算符
  input A, B;
  output Y;
  assign Y = A ^ B;
endmodule

module XOR_2 (A, B, Y); //方法二，采用输入、输出行为描述
  input A, B;
  output Y;
  reg Y;
  always@(A, B)
    case ({A, B})
      2'b00: Y <= 0;
      2'b01: Y <= 1;
      2'b10: Y <= 1;
      2'b11: Y <= 0;
      Default: Y <= x;
    endcase
endmodule

module XOR_3 (A, B, Y); //方法三，调用库元件
  input A, B;
  output Y;
    xor U1 (Y, A, B);
endmodule
```

5.1.2 编码器和译码器

在组合逻辑电路设计过程中，常常会用基本门电路构建更复杂一些的电路，如编码器、译码器和选择器等。这些电路已成为像基本门电路一样重要的逻辑电路。下面以 8-3 编码器和七段数码管译码器为例来介绍编码器和译码器的设计。

编码器就是把 2^n 个输入信号转化为 n 位编码输出，如 8-3 编码器。8-3 编码器的电路框图如图 5.2 所示，其真值表如表 5.2 所示，例 5.2 为其 Verilog 程序。本例采用的是正电平编码方式，也可以采用负电平编码方式。

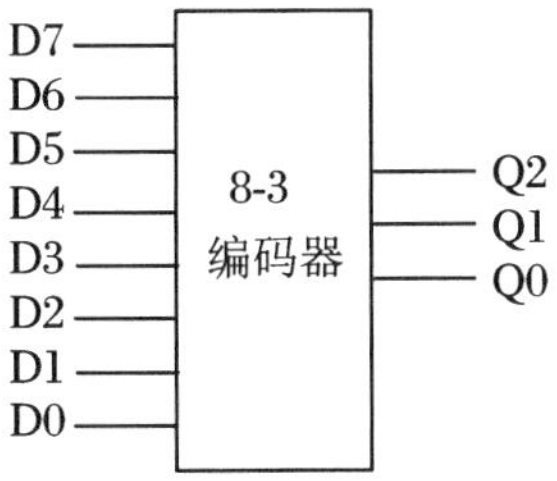

图 5.2　8-3 编码器框图

表 5.2　8-3 编码器真值表

D7	D6	D5	D4	D3	D2	D1	D0	Q2	Q1	Q0
0	0	0	0	0	0	0	1	0	0	0
0	0	0	0	0	0	1	0	0	0	1
0	0	0	0	0	1	0	0	0	1	0
0	0	0	0	1	0	0	0	0	1	1
0	0	0	1	0	0	0	0	1	0	0
0	0	1	0	0	0	0	0	1	0	1
0	1	0	0	0	0	0	0	1	1	0
1	0	0	0	0	0	0	0	1	1	1

例 5.2　8-3 编码器的 Verilog 程序。

```
module Coder83 (D, Q);
  input [7:0] D;
  output [2:0] Q;
  reg [2:0] Q;
  always@(D)
    case (D)
      8'b00000001: Q <= 3'b000;
      8'b00000010: Q <= 3'b001;
      8'b00000100: Q <= 3'b010;
      8'b00001000: Q <= 3'b011;
      8'b00010000: Q <= 3'b100;
      8'b00100000: Q <= 3'b101;
      8'b01000000: Q <= 3'b110;
      8'b10000000: Q <= 3'b111;
      Default: Q <= 3'bxxx;
    endcase
endmodule
```

译码器可以看做编码器的逆过程，比如 3-8 译码器就是 8-3 编码器的逆过程。这里以共阳极七段数码管译码器为例，来说明译码器的设计方法。

七段数码管是用来显示常用数值、小数点和特殊符号的显示设备，它的内部有八个发光二极管，其中七个发光二极管用来显示组成数字的各段，其阴极端分别用 a,b,c,d,e,f,g 标识，一个发光二极管用来显示小数点，其阴极端用 dp 标识，另外还有一个公共阳极端 COM，如图 5.3 所示，这样的七段数码管被称为共阳极数码管。如果所有的负极连接在一起而正极分开，则称为共阴极数码管。

七段数码管译码器的功能是将要显示的数字或符号转换成控制 a,b,c,d,e,f,g,dp 的组合信号，也称为段码。例如要显示数字 0，COM 端必须接高电平，a,b,c,d,e,f 端都接低电平（逻辑 0），g 接高电平（逻辑 1），则数码管上 a,b,c,d,e,f 段都亮，而 g 不亮，显示的数字就为 0。如果 COM 端接到低电平，则数码管都是不亮的。

表 5.3 给出了十六进制数值 0～F 转换成段码的真值表，其中未考虑小数点 dp。小数点的点亮与否和其他七段相同，当 COM 端接高电平，dp 端接低电平时，小数点变亮，反之，小数点不亮。例 5.3 为此译码器的 Verilog 程序。

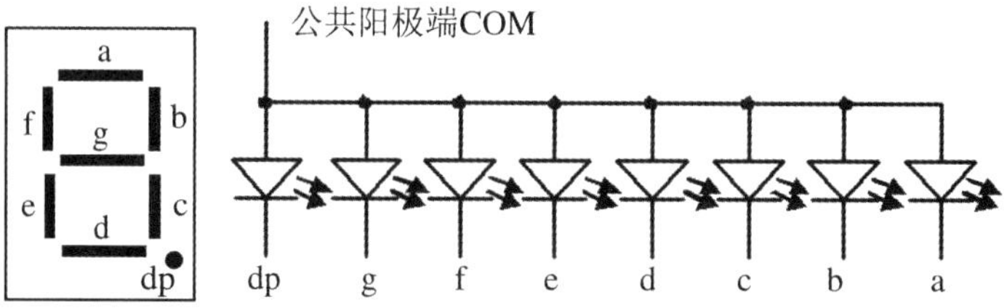

图 5.3 共阳极七段数码管示意图

表 5.3 七段数码管译码真值表(共阳极)

q3 q2 q1 q0	a	b	c	d	e	f	g
0 0 0 0	0	0	0	0	0	0	1
0 0 0 1	1	0	0	1	1	1	1
0 0 1 0	0	0	1	0	0	1	0
0 0 1 1	0	0	0	0	1	1	0
0 1 0 0	1	0	0	1	1	0	0
0 1 0 1	0	1	0	0	1	0	0
0 1 1 0	0	1	0	0	0	0	0
0 1 1 1	0	0	0	1	1	1	1
1 0 0 0	0	0	0	0	0	0	0
1 0 0 1	0	0	0	0	1	0	0
1 0 1 0	0	0	0	1	0	0	0
1 0 1 1	1	1	0	0	0	0	0
1 1 0 0	0	1	1	0	0	0	1
1 1 0 1	1	0	0	0	0	1	0
1 1 1 0	0	1	1	0	0	0	0
1 1 1 1	0	1	1	1	0	0	0

例 5.3　共阳极七段数码管译码器的 Verilog 程序。

```
module Seg7Led (q, A, B, C, D, E, F, G);
  input [3:0] q;
  output A, B, C, D, E, F, G;
  reg [6:0] ATOG;
  always@(q)
  begin
    ATOG = 7'b0000000;
    case (q)
      4'b0000: ATOG = 7'b0000001;
      4'b0001: ATOG = 7'b1001111;
      4'b0010: ATOG = 7'b0010010;
      4'b0011: ATOG = 7'b0000110;
      4'b0100: ATOG = 7'b1001100;
      4'b0101: ATOG = 7'b0100100;
      4'b0110: ATOG = 7'b0100000;
      4'b0111: ATOG = 7'b0001111;
      4'b1000: ATOG = 7'b0000000;
      4'b1001: ATOG = 7'b0000100;
      4'b1010: ATOG = 7'b0001000;
      4'b1011: ATOG = 7'b1100000;
      4'b1100: ATOG = 7'b0110001;
      4'b1101: ATOG = 7'b1000010;
      4'b1110: ATOG = 7'b0110000;
      4'b1111: ATOG = 7'b0111000;
      Default: ATOG = 7'b1111111;
    endcase
end
assign A = ATOG[6];
assign B = ATOG[5];
assign C = ATOG[4];
assign D = ATOG[3];
assign E = ATOG[2];
assign F = ATOG[1];
assign G = ATOG[0];
endmodule
```

5.1.3　选择器

选择器又称数据开关,其功能是把多路并行输入信号的一路送到唯一的输出线上。通

常选择器有 2^n 个并行输入、1 个输出及 n 个数据选择控制信号。选择哪一路输入信号到输出端是由数据选择控制信号来决定的。下面以四选一选择器为例，说明选择器的设计方法。

图 5.4 给出了四选一选择器的电路示意图，表 5.4 为其功能表。例 4.7 已经给出了用 case 语句设计的四选一选择器，这里采用条件操作符来描述四选一选择器，如例 5.4 所示。四选一选择器还可以采用 if 语句或者库元件调用等方式来进行设计。

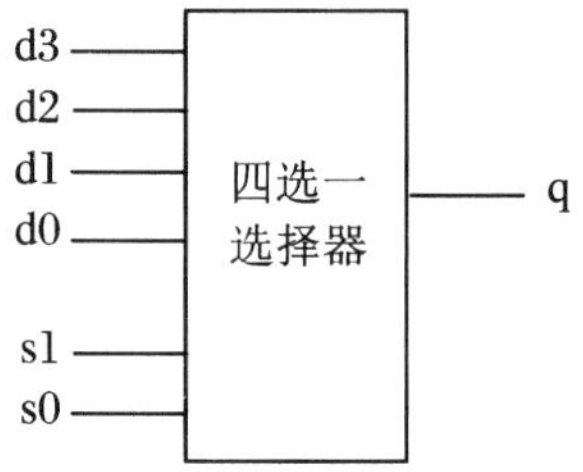

图 5.4　四选一选择器示意图

表 5.4　四选一选择器功能表

s1	s0	q
0	0	d0
0	1	d1
1	0	d2
1	1	d3

例 5.4　四选一选择器的 Verilog 程序。

```
module Selector (d0, d1, d2, d3, s1, s0, q);
  input d0, d1, d2, d3, s1, s0;
  output q;
  wire T1, T2;
  assign T1 = S0 ? d1 : d0;
  assign T2 = S0 ? d3 : d2;
  assign q = S1 ? T2 : T1;
endmodule
```

5.1.4　比较器

当对两路或两路以上的信号判断大小时，就要用到比较器。比较器是数字电路设计中常用的电路模块，一般有两种形式：一种只判断两路信号是否相等；另一种判断两路信号是否相等和比较大小。下面通过例 5.5 和例 5.6 来说明两路 8 位信号的比较器设计。

例 5.5　只判断是否相等的比较器。

```
module Equal (a, b, q);
  input [7:0] a, b;
  output q;
```

```
  assign q = (a == b) ? 1'b1 : 1'b0;
endmodule
```

例 5.5 比较 a 和 b 是否相等，相等时输出 q 为 1，不相等时，输出 q 为 0。

例 5.6　判断相等和大小的比较器。

```
module Comp (a, b, q);
  input [7:0] a, b;
  output [2:0] q;
  reg [2:0] q;
  always@ (a, b) begin
    if (a == b) q <= 3'b010;
    else if (a > b) q <= 3'b100;
    else  q <= 3'b001;
  end
endmodule
```

例 5.6 对 a 和 b 进行比较，如果相等，则 q 为 3'b010(q(1)为 1)，如果 a 大于 b，则 q 为 3'b100(q(2)为 1)，如果 a 小于 b，则 q 为 3'b001(q(0)为 1)。

5.1.5　算术运算电路

算术运算电路是数字电路设计的重要电路，常用的有加法器、乘法器、减法器和除法器等。其中加法器和乘法器两种电路是最基础的运算电路，其他的电路基本上都可以通过这两种电路来实现。下面通过例 5.7 和例 5.8 来介绍两位全加器和两位乘法器的设计。

例 5.7 描述的是两位全加器的电路模块，其中 a，b 是输入的 2 bit 加数，cin 是进位输入，q 是输出的 2 bit 和值，cout 是进位输出。

例 5.7　两位全加器。

```
module FullAdd2 (a, b, cin, q, cout);
  input [1:0] a, b;
  input cin;
  output [1:0] q;
  output cout;
  wire [2:0] Sum;
  assign Sum = a + b + cin;
  assign q = Sum[1:0];
  assign cout = Sum[2];
endmodule
```

例 5.8　两位乘法器。

```
module MUL2_2(M, N, R);
  input [1:0] M, N;
  output [3:0] R;
  wire [1:0] T3;
```

```
  reg [1:0] T1, T2;
  always @(M or N) begin
    begin
      if (N[0]) T1 = M;
      else T1 = 2'b00;
    end
    begin
      if (N[1]) T2 = M;
      else T2 = 2'b00;
    end
  end

  assign R[0] = T1[0];
  assign T3 = {0, T1(1)};

  FullAdd2  U1(.a(T2), .b(T3), .cin(1'b0), .q(R[2:1]), .cout(R[3]));
endmodule
```

例 5.8 描述的是两位乘法器的电路模块,其中 M,N 是输入的 2 bit 乘数,R 是 4 bit 乘法结果。因为二进制乘法可以转化为移位和加法操作,所以例 5.8 中的模块例化 U1 使用了例 5.7 中的两位全加器。

5.2 时序电路设计

数字电路设计中的时序电路在任一时刻的输出不仅取决于该时刻的输入信号,还取决于先前时刻的状态,即与当前时刻和先前时刻的输入都有关,也可以说时序电路是具有“记忆”能力的电路。时序电路的驱动信号是时钟信号,即时序电路只有在时钟信号的边沿到来时,它的状态才会更新。常用的时序电路模块有触发器、寄存器、计数器、分频器和倍频器等。

5.2.1 时钟信号和复位信号

由于时序电路是时钟驱动的,因此时钟信号的描述及使用是非常重要的,所以在介绍具体的时序电路设计前,先对时钟信号和复位信号进行说明。

5.2.1.1 时钟信号描述

时钟信号描述时序电路的执行条件,它一般出现在 always 语句的敏感信号列表里,如 always@ (posedge CLOCK)或者 always@ (negedge CLOCK)。这里 posedge 表示上升沿触发,negedge 表示下降沿触发,CLOCK 是时钟信号名称。例 5.9 是采用时钟边沿触发方式设计的两种 D 触发器，其中 EDFF1 没有复位信号，EDFF2 有异步复位信号 RST。

例 5.9　无复位 D 触发器和异步复位 D 触发器。

```
module EDFF1(CLK, D, Q);
  input CLK, D;
  output Q;
  reg Q;
  always @(posedge CLK)
    Q <= D;
endmodule

module EDFF2(CLK, RST, D, Q);
  input CLK, RST, D;
  output Q;
  reg Q;
  always @(posedge CLK or negedge RST)
    if (! RST) Q <= 0;
    else Q <= D;
endmodule
```

如果 always 语句的敏感信号表里采用 posedge 或 negedge 边沿触发，那么其他输入端口信号就不能列入敏感信号表了。比如在 EDFF1 中，always 语句的敏感信号表是(posedge CLK)，表示该语句在 CLK 上升沿到来时被触发，那么输入 D 就不能再列入敏感信号表了。一旦 CLK 被定义为边沿敏感信号，它就不能在 always 结构中再出现了。

always 语句的敏感信号表中不允许有两个边沿触发信号。在 EDFF2 中，always 语句的敏感信号表是(posedge CLK or negedge RST)，好像有两个边沿触发信号。但是从程序中可以看到，RST 又出现在 if 语句中，并对其电平进行了判断。如果 RST 是低电平，则 D 触发器复位(negedge RST 就表示 RST 是低电位触发)，因此 RST 还是电平敏感信号，与 negedge RST 的表述不一致，这点要特别注意。

表述为边沿敏感、实际为电平敏感的信号，如 RST，只能作为异步复位或置位信号，不能作为一般的异步逻辑信号。EDFF2 中的 RST 就是异步复位信号，仅作为控制条件判断使用，不能作为一般异步逻辑信号再赋给其他信号。例如“A<= RST”是不允许的。

5.2.1.2　同步复位和异步复位

触发器的初始状态是由复位信号决定的，复位信号对触发器复位的操作可分为同步复位和异步复位两种。同步复位是指在给定的时钟边沿到来且复位信号有效时，才会复位，或者说，复位信号也是由时钟触发条件控制来执行的，如例 5.10 所示。异步复位是一旦复位信号有效，就会复位触发器，不管时钟边沿是否到来，如例 5.9 的 EDFF2 所示。

例 5.10　同步复位 D 触发器。

```
module EDFF3(CLK, RST, D, Q);
  input CLK, RST, D;
  output Q;
  reg Q;
```

```
  always @(posedge CLK)
    if (! RST) Q <= 0;
    else Q <= D;
endmodule
```

5.2.2 触发器

在复杂的数字电路设计中，不仅要对输入信号进行逻辑和算术运算，有时还要对这些信号和运算结果进行保存，这时就要设计具有记忆功能的逻辑电路来保存这些数据。触发器就是具有记忆功能的逻辑电路，它可以存储一位数据。常见的触发器有 D 触发器、JK 触发器、T 触发器和 RS 触发器等。下面以具有异步置位和复位的 JK 触发器为例来说明触发器的 Verilog 设计。

具有异步置位和复位的 JK 触发器的电路示意图如图 5.5 所示，其功能表如表 5.5 所示，例 5.11 给出了它的 Verilog 描述。

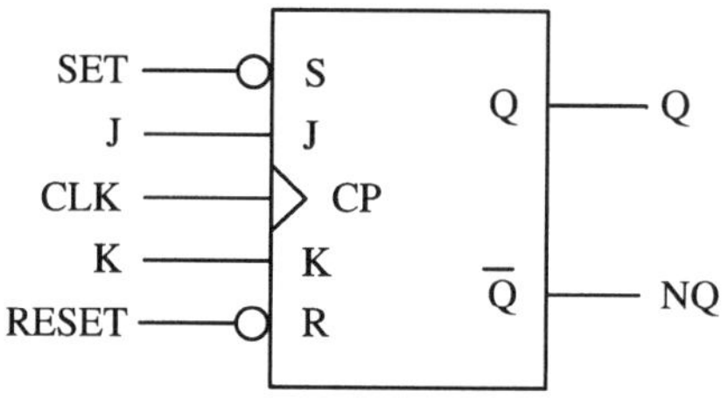

图 5.5 JK 触发器电路示意图

表 5.5 带异步置位/复位的 JK 触发器功能表

S	R	CP	J	K	Q	$\bar{Q}$
0	1	X	X	X	1	0
1	0	X	X	X	0	1
0	0	X	X	X	无效	无效
1	1	上升沿	0	0	保持	保持
1	1	上升沿	0	1	0	1
1	1	上升沿	1	0	1	0
1	1	上升沿	1	1	翻转	翻转
1	1	0	X	X	保持	保持

例 5.11 JK 触发器。

```
module myJKff (J, K, CLK, SET, RESET, Q, NQ);
  input J, K, CLK, SET, RESET;
  output Q, NQ;
  reg Q, NQ;

always @(posedge CLK or negedge SET or negedge RESET)
```

```
    begin
      case ({SET,RESET})
        2'b00: begin Q<= Q; NQ<= NQ; end
        2'b01: begin Q<= 1'b1; NQ<= 1'b0; end
        2'b10: begin Q<= 1'b0; NQ<= 1'b1; end
        2'b11: begin
          case ({J,K})
            2'b00: begin Q<= Q; NQ<= NQ; end
            2'b01: begin Q<= 1'b0; NQ<= 1'b1; end
            2'b10: begin Q<= 1'b1; NQ<= 1'b0; end
            2'b11: begin Q<= ~Q; NQ<= ~NQ; end
            default: begin Q<= Q; NQ<= NQ; end
          endcase
          end
        default: begin Q<= Q; NQ<= NQ; end
      endcase
    end
  endmodule
```

5.2.3　寄存器

在时序逻辑电路设计中，能存储多位二进制数据的同步时序电路被称为寄存器。寄存器是时序逻辑电路设计中的基本模块，由于它是用来存储多位数据的，所以可以用多个具有一位存储能力的触发器来实现。

根据功能和形式的不同，寄存器一般可分为通用寄存器、锁存器和移位寄存器等。从功能和存储数据的角度看，寄存器和锁存器是相同的，但寄存器是同步时钟控制的，而锁存器是电平信号控制的。两者适用的场合一般取决于控制方式、控制信号与数据间的时间关系。若数据滞后于控制信号有效，则使用锁存器；若数据提前于控制信号到达且要求同步操作，则使用寄存器。下面以移位寄存器为例来介绍其 Verilog 程序设计。

移位寄存器除了具有存储数据的功能外，还具有移位功能。移位寄存器通常用来实现串/并转换、数值运算及数据处理等。常用的移位寄存器有串入/串出、串入/并出及循环移位寄存器等。图 5.6 是用 D 触发器构成的串入/并出四位移位寄存器示意图，例 5.12 是其 Verilog 描述程序。

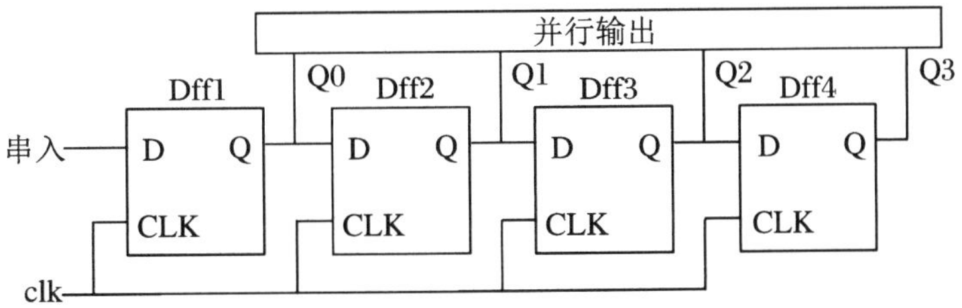

图 5.6　D 触发器构成的串入/并出四位移位寄存器

例 5.12 串入/并出四位移位寄存器。

```
module ShiftReg1 (D, CLK, Q); //调用四个 D 触发器的串入/并出移位寄存器
  input D, CLK;
  output [3:0] Q;
  EDFF1 Dff1 (.CLK(CLK), .D(D), .Q(Q[0]));
  EDFF1 Dff2 (.CLK(CLK), .D(Q[0]), .Q(Q[1]));
  EDFF1 Dff3 (.CLK(CLK), .D(Q[1]), .Q(Q[2]));
  EDFF1 Dff4 (.CLK(CLK), .D(Q[2]), .Q(Q[3]));
endmodule

module ShiftReg2 (D, CLK, Q); //采用非阻塞赋值语句的串入/并出移位寄存器
  input D,CLK;
  output [3:0] Q;
  reg [3:0] Q;
  always @(posedge CLK)
    begin
      Q[0] <= D;
      Q[1] <= Q[0];
      Q[2] <= Q[1];
      Q[3] <= Q[2];
    end
endmodule
```

本例中的第一种设计调用了例 5.9 中的 D 触发器模块 EDFF1。D 触发器作为一个元件,在移位寄存器的设计中被调用了四次。第二种设计采用了非阻塞赋值语句,也可以综合出四个触发器。

例 5.13 是带参数的循环移位寄存器的 Verilog 程序,它描述的是在每个时钟上升沿寄存器循环右移一位且具有异步并行装载的通用循环移位寄存器。

例 5.13 通用循环移位寄存器。

```
module LoopShiftReg #(parameter Width=8) (CLK, LOAD, D, Q);
  input CLK, LOAD;
  input [Width-1:0] D;
  output [Width-1:0] Q;
  reg [Width-1:0] TQ;
  always @(posedge CLK or posedge LOAD)
    begin
    if (LOAD) TQ <= D;
    else
      TQ <= {TQ[0], TQ[Width-1:1]};
    end
  assign Q = TQ;
endmodule
```

5.2.4 计数器

计数器也是时序逻辑电路设计中基本、常用的电路模块，它的功能是利用一组触发器、按照一定规律来记录时钟的个数。计数器所能记录的时钟脉冲的最大数目加 1 称为计数器的模。例如四位二进制计数器可以记录的最大时钟脉冲数是 15，则该计数器的模是 16。计数器主要用于计数、分频、定时、产生节拍脉冲或脉冲序列以及数字运算等。

计数器的种类繁多，可以按照不同的角度进行分类。例如，按照计数器中触发器的时钟工作方式，可分为同步计数器和异步计数器；按照编码方式，可分为二进制计数器、BCD 码计数器、格雷码计数器和循环计数器等。下面主要介绍同步计数器和异步计数器。

同步计数器是指在时钟脉冲的作用下，组成计数器的各个触发器的状态同时发生改变。例 5.14 是四位二进制同步计数器的 Verilog 实现程序，图 5.7 是它的 RTL 原理图，具有异步复位端、同步使能端和进位输出端。

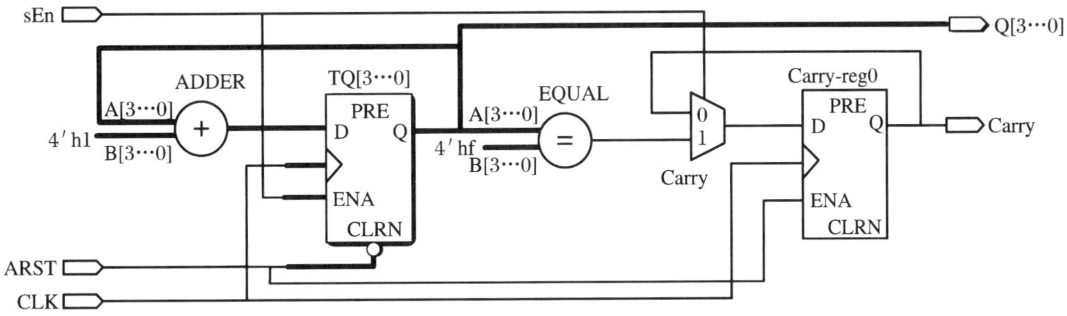

图 5.7 四位同步计数器的 RTL 原理图

例 5.14 四位二进制同步计数器。

```
module SyncCounter (CLK, ARST, sEn, Carry, Q);
  input CLK, ARST, sEn;
  output Carry;
  output [3:0] Q;
  reg Carry;
  reg [3:0] TQ;
    assign Q = TQ;
    always @(posedge CLK or negedge ARST)
    begin
      if (! ARST) TQ <= 4'b0000;
      else if (sEn) begin
          if (TQ= =4'b1111)
          begin
            Carry <= 1'b1;
            TQ <= 4'b0000;
          end
```

```
        else
          begin
          Carry <= 1'b0;
          TQ <= TQ + 1;
          end
      end
    end
endmodule
```

异步计数器是指构成计数器的各个触发器的状态不是在同一时钟的作用下同时改变的，而是低位计数触发器的输出作为相邻高位计数触发器的时钟，通过低位触发器的输出来触发高位触发器。图 5.8 是利用四个 D 触发器构成的四位异步计数器，例 5.15 为其 Verilog 实现程序。在例 5.15 中，先设计了一个具有异步复位的 D 触发器，然后在四位异步计数器中将 D 触发器作为元件调用。在文件存放时，可以把 D 触发器单独存成一个文件，文件名为 AR_Dff.v，把四位异步计数器存为 AsyncCounter.v，其中.v 是 Verilog 源代码文件的后缀。

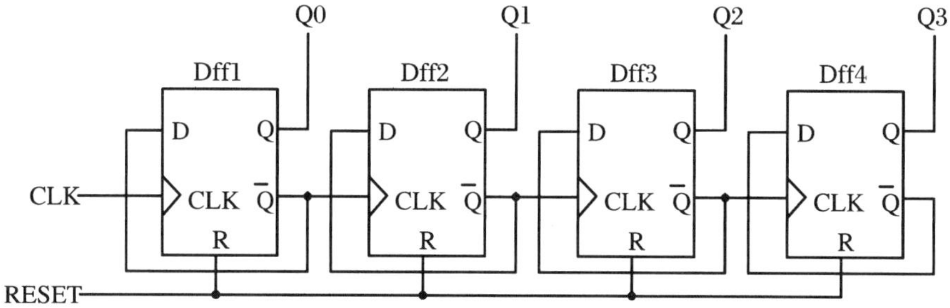

图 5.8 四位异步计数器电路示意图

例 5.15 四位异步计数器。

```
module AR_Dff (CLK, RESET, D, Q, NQ);// 异步复位 D 触发器
  input CLK, RESET, D;
  output Q, NQ;
  reg Q, NQ;
  always @(posedge CLK or posedge RESET)
    if (RESET) begin Q <= 0; NQ <= 1; end
    else begin Q <= D; NQ <= ~D; end
endmodule

module AsyncCounter (CLK, RESET, Q);
  input CLK, RESET;
  output [3:0] Q;
  wire [1:4] TQ;
  AR_Dff Dff1 (.CLK(CLK),.RESET(RESET),.D(TQ[1]),.Q(Q[0]),.NQ(TQ
[1]));
```

```
    AR_Dff Dff2 (.CLK(TQ[1]),.RESET(RESET),.D(TQ[2]),.Q(Q[1]),.NQ
(TQ[2]));
    AR_Dff Dff3 (.CLK(TQ[2]),.RESET(RESET),.D(TQ[3]),.Q(Q[2]),.NQ
(TQ[3]));
    AR_Dff Dff4 (.CLK(TQ[3]),.RESET(RESET),.D(TQ[4]),.Q(Q[3]),.NQ
(TQ[4]));
  endmodule
```

5.2.5 分频器

在数字逻辑电路设计中,时钟信号非常关键。有时硬件系统只提供一个或几个时钟信号,不能满足复杂的系统设计,这时就要通过倍频来获得较高频率的时钟信号,通过分频来获得较低频率的时钟信号。在基于 CPLD/FPGA 的数字逻辑设计中,倍频是无法通过硬件描述语言来实现的,它主要采用 FPGA 自带的锁相电路(如 PLL 或 DLL 等)来实现。而分频除了用锁相电路实现外,还可以通过 Verilog 描述来实现,且可实现各种分频系数的分频电路,如 2 的幂次分频、偶数分频、奇数分频及小数分频等。

在例 5.16 中,分频器的分频系数是 2 的幂次方,可实现 2,4,8,16 等分频电路,输出信号的占空比为 1∶1。图 5.9 给出了例 5.16 的功能仿真结果,实现了 2,4,8,16 的分频信号。从例 5.16 可以看出,要实现更大的 2 的幂次方的分频电路,只要增加计数器 cnt 的位数即可。

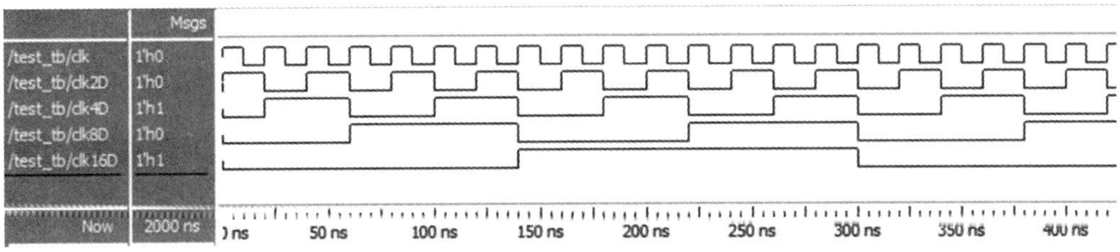

图 5.9 例 5.16 的功能仿真波形

例 5.16 2 的幂次方分频器。

```
module Power2FD (clk, clk2D, clk4D, clk8D, clk16D);
  input clk;
  output clk2D, clk4D, clk8D, clk16D;
  reg [3:0] cnt;
  always @(posedge CLK)
    begin cnt <= cnt + 1; end
  assign clk2D = cnt[0];
  assign clk4D = cnt[1];
  assign clk8D = cnt[2];
  assign clk16D = cnt[3];
endmodule
```

例 5.17 是分频系数为偶数的分频器的 Verilog 描述，此处具体的分频系数是 6。程序中采用了计数的方式，当输入信号的周期计到 3 个时，输出信号就翻转，即输入信号六个周期的时长等于输出信号一个周期的时长，达到 6 分频的目的。以此类推，偶数 N 分频时，只要设置计数器从 0 计到 $\frac{N}{2}-1$ 时对输出的分频时钟进行翻转即可实现任意的偶数分频。图 5.10 是例 5.17 的功能仿真结果，从结果可以看出，输出信号是输入信号的六分频信号。

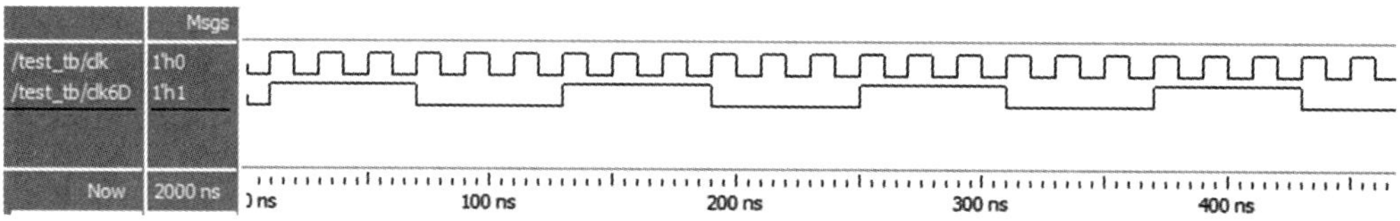

图 5.10　例 5.17 的功能仿真波形

例 5.17　偶数分频。

```
module SixFD (clk, clk6D);
  input clk;
  output clk6D;
  reg clk6D;
  reg [1:0] cnt;
  always @(posedge clk)
    begin
    if (cnt = =2'b10) begin
       cnt <= 2'b00;
      clk6D <= ~clk6D;
      end
    else cnt <= cnt + 1;
  end
endmodule
```

例 5.18 是分频系数为奇数的分频器的 Verilog 描述，此处具体的分频系数是 5。clk 是输入的原始时钟信号，clk5D23R 是 clk 上升沿触发的五分频输出信号，占空比为 2∶3，clk5D23F 是 clk 下降沿触发的五分频输出信号，占空比为 2∶3，clk5D 是五分频输出信号，占空比为 1∶1。图 5.11 是例 5.18 的功能仿真结果。

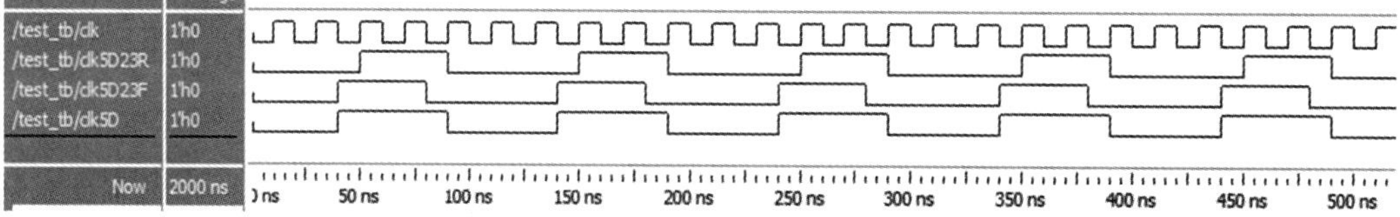

图 5.11　例 5.18 的功能仿真波形

例 5.18　奇数分频。

```
module FiveFD (clk, clk5D23R, clk5D23F, clk5D);
  input clk;
```

```
    output clk5D23R, clk5D23F, clk5D;
    reg clk5D23R, clk5D23F;
    reg [2:0] cnt1, cnt2;
    always @(posedge clk)
      begin
        if (cnt1 = = 3'b010) begin
          clk5D23R <= 1'b1;
          cnt1 <= 3'b011; end
        else if (cnt1 = = 3'b100) begin
          clk5D23R <= 1'b0;
          cnt1 <= 3'b000; end
        else cnt1 <= cnt1 + 1;
      end
    always @(negedge clk)
    begin
    if (cnt2 = = 3'b010) begin
      clk5D23F <= 1'b1;
      cnt2 <= 3'b011; end
    else if (cnt2 = = 3'b100) begin
      clk5D23F <= 1'b0;
      cnt2 <= 3'b000; end
      else cnt2 <= cnt2 + 1;
      end
    assign clk5D = clk5D23R | clk5D23F;
  endmodule
```

从例 5.18 可看出 N 倍奇数分频电路的描述原理为：首先设计两个模 N 的计数器（其中一个计数器为原始时钟信号的上升沿触发，另一个则为下降沿触发），然后在计数器分别计数到 $\frac{N-1}{2}$ 和 $N-1$ 时对输出时钟进行翻转（或取相反的电平值），这样就可得到两个 N 奇数分频的时钟信号，但其占空比不是 1∶1，而是 $\frac{N-1}{2}:\frac{N+1}{2}$。要得到占空比为 1∶1 的 N 倍分频时钟信号，只要将两个计数器产生的两个时钟信号相“或”即可。

例 5.19 是分频系数为小数的分频器的 Verilog 描述，此处具体的分频系数是 2.3。图 5.12 是例 5.19 的功能仿真结果。

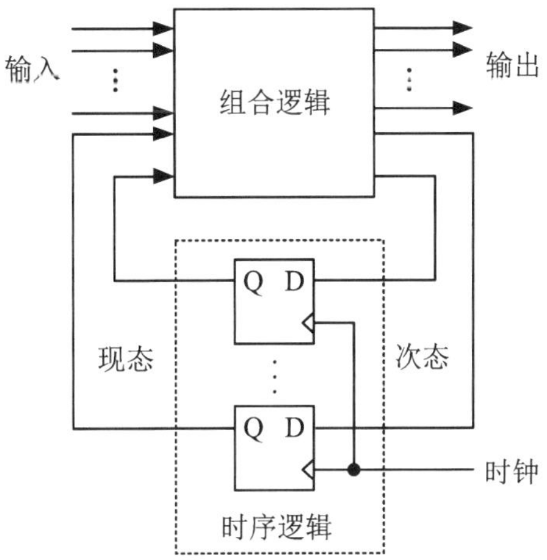

图 5.12　例 5.19 的功能仿真波形

例 5.19 小数分频。

```
module FractionFD (clk, clkout);
  input clk;
  output clkout;
  reg clkout;
  reg [4:0] cnt;
  always @(posedge clk)
    begin
    case (cnt)
      0,1,3,5,7,8,10,12,14,15,17,19,21: begin
        clkout <= 1'b0; cnt <= cnt+1; end
      2,4,6,9,11,13,16,18,20,22: begin
        clkout <= 1'b1;
        if (cnt==22) cnt<= 5'b00000;
        else cnt <= cnt + 1; end
      default: cnt <= 5'b00000;
    endcase
    end
endmodule
```

小数分频的原理是:在若干个分频周期中采取某种方法使某几个周期少计或多计一个时钟,从而在整个计数周期总体平均上获得一个小数分频。简单地说,就是把小数分频系数 X 扩大 n(一般取 10 的幂次倍)倍后变为整数 N,然后以 N 为模设计计数器。在此计数器计数的同时,对输出时钟信号进行 n 次翻转操作,即可实现 X 分频操作。翻转操作相当于 X(下取整)分频和 $X+1$(下取整)分频。另外,在实现翻转操作时要考虑尽可能使整个输出时钟均匀,这时相当于两种分频信号均匀地组合在一起。

以上两种分频信号组合的一般做法是:用 n 减去 X 的小数部分乘以 n 做计数步长,当计数值没有达到一个步长时,采用 X(下取整)分频;当计数值达到一个步长时,进行一次 $X+1$(下取整)分频,并重新记录步长。这个过程可以事先计算,然后直接在 Verilog 描述时列出取值即可。在例 5.19 中,以 23 为模设计计数器,步长为 7,计数值小于 7 时,按 2 分频计数,当计数值达到步长 7 时,进行一次 3 分频。3 分频之后,重新统计步长,采用 2 分频计数到 14,再进行一次 3 分频,以此类推。由于分频时计数值不稳定,会造成分频输出抖动大。因此,在精度要求较高的场合,尽量不要采用此法来分频。

5.3 有限状态机

数字系统中常常会同时包含组合逻辑电路和时序逻辑电路,其结构如图 5.13 所示。在这种结构中,组合逻辑电路进行运算,产生的数据由寄存器构成的时序逻辑电路来存储和转移。从图 5.13 可见，时序逻辑电路的输入来自组合逻辑电路的一部分输出，这一部分输出信号也被叫做“次态”或“下一状态”。而时序逻辑电路的输出又反馈到组合逻辑的输入端，这一部分反馈信号也被称为“现态”或“当前状态”。因此整个数字系统的工作状态就在有限个数目的稳定的状态中转换，形成了时序逻辑电路的有限状态机(Finite State Machine，FSM)模型。

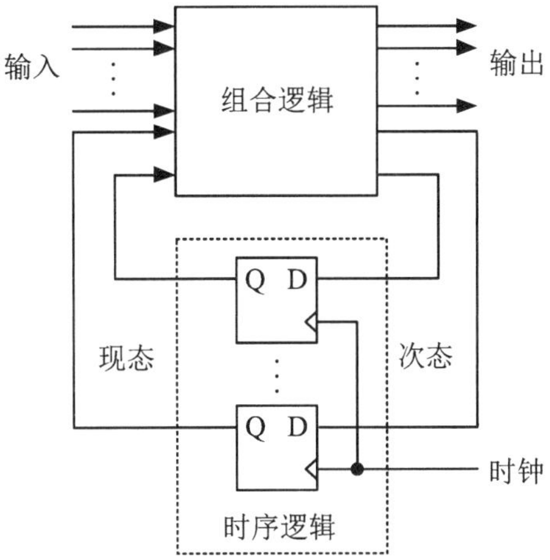

图 5.13 有限状态机模型

有限状态机是数字系统设计中常用的控制单元，其运算速度快，但通用性差，对每个具体的电路都要设计不同的状态机。常用的有限状态机有两种：Moore 状态机和 Mealy 状态机，它们的结构可以改画成图 5.14 的形式。对于 Moore 状态机，其输出只与状态机的当前状态有关，如图 5.14(a)所示；对于 Mealy 状态机，其输出取决于状态机的当前状态和状态机的输入，如图 5.14(b)所示。

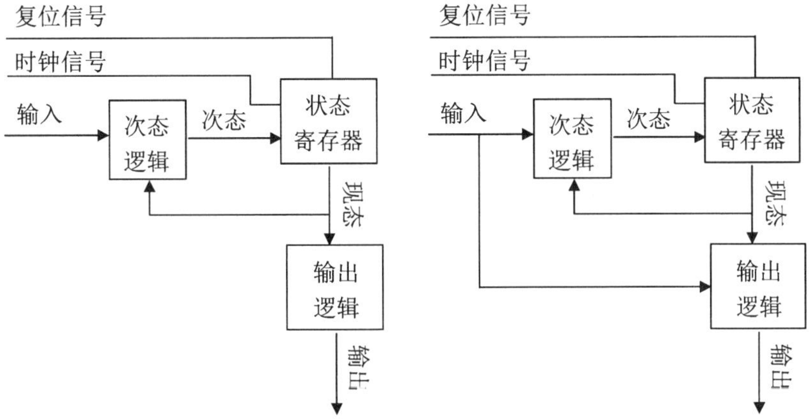

(a) Moore状态机结构图　　(b) Mealy状态机结构图

图 5.14 两种状态机的结构框图

用 Verilog 描述有限状态机没有固定的格式，但要遵循一些基本的编码原则：

- 至少包括一个用于指定有限状态机状态的变量；
- 要有一个时钟用于状态同步；
- 要有状态转换条件和输出指定；
- 要有同步或异步复位信号。

在用 Verilog 描述有限状态机时，一般使用 always 过程语句和 case 语句，有三种描述方式：单 always 过程、双 always 过程和三 always 过程，如表 5.6 所示，表中的次态逻辑、状态寄存器和输出逻辑与图 5.14 中的各部分对应。

单 always 过程描述方式是把次态逻辑、状态寄存器和输出逻辑放在一个 always 过程语句中，代码简单，并有时钟控制，所以输出为寄存器输出，无毛刺，但代码维护和优化困难，占用资源较多。双 always 过程描述方式将组合逻辑和时序逻辑分开，便于资源优化，时间性能好，但组合逻辑输出可能会有毛刺。三 always 过程描述方式的程序结构清晰，在设计同步输出的状态机时，不会产生毛刺，但综合以后的面积比双 always 过程描述方式大。

表 5.6 有限状态机的三种 Verilog 描述方式

<table>
<tr><th colspan="2">描述方式</th><th>过程描述的功能</th><th>过程个数</th></tr>
<tr><td colspan="2">单 always 过程描述</td><td>单个 always 过程描述次态逻辑、状态寄存器和输出逻辑</td><td>1</td></tr>
<tr><td rowspan="3">双 always 过程描述</td><td>形式一</td><td>always 过程 1：描述次态逻辑和输出逻辑
always 过程 2：描述状态寄存器</td><td>2</td></tr>
<tr><td>形式二</td><td>always 过程 1：描述次态逻辑
always 过程 2：描述状态寄存器和输出逻辑</td><td>2</td></tr>
<tr><td>形式三</td><td>always 过程 1：描述次态逻辑和状态寄存器
always 过程 2：描述输出逻辑</td><td>2</td></tr>
<tr><td colspan="2">三 always 过程描述</td><td>三个 always 过程分别描述次态逻辑、状态寄存器和输出逻辑</td><td>3</td></tr>
</table>

下面通过一个状态为（S0，S1，S2，S3）的四状态控制来介绍 Moore 状态机和 Mealy 状态机的 Verilog 描述。此状态机的状态转换图如图 5.15 所示，状态转换在时钟上升沿进行，有异步复位信号，复位时状态机处于 S0 状态。例 5.20 为其 Verilog 描述，程序中同时描述了 Moore 状态机和 Mealy 状态机，图 5.16 为其功能仿真结果。

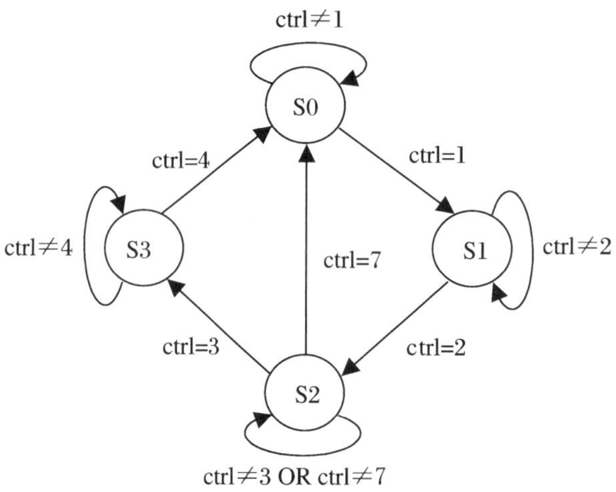

图 5.15 四状态（S0，S1，S2，S3）状态机的状态转换图

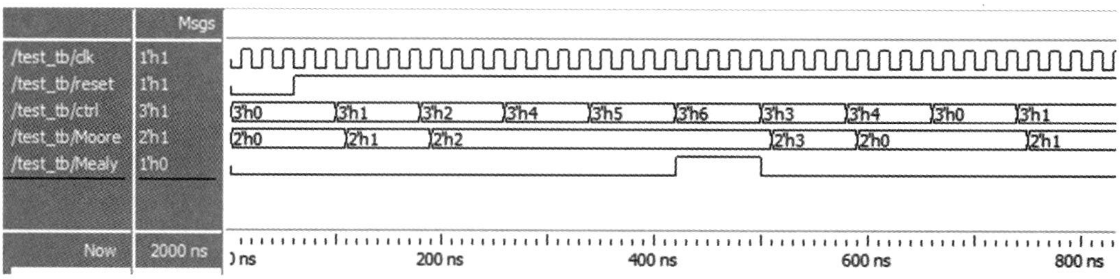

图 5.16 例 5.20 的功能仿真波形

在例 5.20 中，Moore 状态机在 S0，S1，S2，S3 状态的输出分别为 2′b00，2′b01，2′b10，2′b11，Mealy 状态机在 S2 状态且输入为 6 的情况下输出 1，其他情况输出均为 0。

例 5.20　有限状态机之一。

```
module FSM1 (clk, reset, ctrl, Moore, Mealy);
  input clk, reset;
  input [2:0] ctrl;
  output [1:0] Moore;
  output Mealy;
  reg [1:0] Moore;
  reg Mealy;
  parameter S0 = 0, S1 = 1, S2 = 2, S3 = 3; //定义各种状态及其取值
  reg [1:0] st;                            //定义状态变量
  always @(posedge clk or negedge reset) begin
    if (! reset) st <= S0;
    else begin
      case (st)
        S0: begin
          If (ctrl = = 3'b001) st <= S1;
          else st <= S0; end
        S1: begin
          If (ctrl = = 3'b010) st <= S2;
          else st <= S1; end
        S2: begin
          If (ctrl = = 3'b011) st <= S3;
          else if (ctrl = = 3'b111) st <= S0;
          else st <= S2; end
        S3: begin
          If (ctrl = = 3'b100) st <= S0;
          else st <= S3; end
        default: st <= S0;
      endcase end
  end
  always @(st) begin                       //Moore 状态机输出
    case (st)
      S0: Moore <= 2'b00;
      S1: Moore <= 2'b10;
      S2: Moore <= 2'b11;
      S3: Moore <= 2'b01;
      Default: Moore <= 2'b00;
    endcase
```

```
  end

always @(st,ctrl) begin                    //Mealy 状态机输出
    if ((st = = S2) & (ctrl = = 3'b110))
      Mealy <= 1;
    else
      Mealy <= 0;
    end
endmodule
```

Verilog 描述有限状态机时,除了有输入/输出端口的说明之外,还要有各种状态和状态变量的定义。状态机的各种状态取值用 parameter 来定义,要写出具体的值或编码,例如:

```
parameter [1:0] S0 = 0, S1 = 1, S2 = 2, S3 = 3;
reg [1:0] st;
```

图 5.15 有四个状态,可以将其定义为 S0,S1,S2,S3,也可以用其他的标识符来表示这四个状态,如 S4,S5,S6,S7 或者 A00,A10,A20,A30 等,同时要定义各状态的取值。状态的取值也叫做状态编码,常用的有顺序码(二进制码)、格雷码(Gray)、一位热码(One-hot)等。例 5.20 中采用的是顺序码,即用二进制 00,01,10,11 对状态进行编码。

parameter 后面的[1:0]可以省略掉,因为后面定义状态变量 st 时也说明了 st 的宽度。st 是状态变量,其取值只能是 parameter 定义的几种状态。在本例中,st 的取值只能是 S0,S1,S2,S3。

例 5.20 采用的是双 always 过程的描述方式,具体为形式三。第一个 always 过程语句描述的是次态逻辑和状态寄存器,第二个 always 过程语句描述的是输出逻辑。因为本例把 Moore 状态机和 Mealy 状态机放在一个程序里,所以第一个 always 过程语句和第二个 always 过程语句描述的是 Moore 状态机,第一个 always 过程语句和第三个 always 过程语句描述的是 Mealy 状态机。

例 5.21 采用三 always 过程语句的描述方式来描述 Moore 状态机。三个 always 过程语句分别描述状态寄存器、次态逻辑和输出逻辑。程序中需要定义两个状态变量 current_state 和 next_state,分别表示"现态"和"次态"。

例 5.21 有限状态机之二。

```
module FSM2 (clk, reset, ctrl, Moore);
  input clk, reset;
  input [2:0] ctrl;
  output [1:0] Moore;
  reg [1:0] Moore;
  parameter S0 = 0, S1 = 1, S2 = 2, S3 = 3; //定义各种状态及其取值
  reg [1:0] current_state, next_state;      //定义状态变量

  always @(posedge clk or negedge reset) begin
    if (! reset) current_state <= S0;
    else current_state <= next_state;
  end
```

```
    always @(current_state, ctrl) begin
      case (current_state)
        S0: begin
          If (ctrl= =3'b001) next_state <=  S1;
          else next_state <=  S0; end
        S1: begin
          If (ctrl= =3'b010) next_state <=  S2;
          else next_state <=  S1; end
        S2: begin
          If (ctrl= =3'b011) next_state <=  S3;
          else if (ctrl= =3'b111) next_state <=  S0;
          else next_state <=  S2; end
        S3: begin
          If (ctrl= =3'b100) next_state <=  S0;
          else next_state <=  S3; end
        default: next_state <=  S0;
      endcase
       end
  always @(current_state) begin
      case (current_state)
        S0: Moore <=  2'b00;
        S1: Moore <=  2'b10;
        S2: Moore <=  2'b11;
        S3: Moore <=  2'b01;
        Default: Moore <=  2'b00;
      endcase
      end
  endmodule
```

5.4　Verilog HDL 仿真

当一个数字系统设计完成以后,就要对其功能和性能进行评估和检测,仿真就是通常使用的一种检测方式,可以在设计早期发现系统设计中存在的问题。仿真一般分为功能仿真和时序仿真。功能仿真检测的是逻辑电路的功能,忽略电路固有的延时特征,可以对系统进行快速评估。时序仿真要结合电路固有的延时特性来检测电路的功能,更符合电路的实际情况,但仿真难度大,耗时长。

Verilog 语言中有一部分语句和定义是只针对仿真的,不能综合成硬件电路。在此我们先介绍用于仿真、测试的预编译指令、系统任务和系统函数，再介绍仿真测试平台。

5.4.1 预编译指令

预编译指令是 Verilog 语言中一类特殊的语句，其作用是在模块编译之前，预先通知编译器进行一些“预处理”，处理的结果再和源代码一起进行编译。

预编译指令由反引号(')开头，其作用范围是从定义开始到文件结束，或遇到新的预编译指令为止。主要的预编译指令有以下几种：

'define，'undef

'ifdef，'else，'endif

'include

'default_nettype

'resetall

'timescale

其中，'timescale 是仿真时间标度指令，已经在 4.5.2.2 小节进行了介绍，此处不再赘述。

5.4.1.1 'define 指令

'define 指令与 C 语言中的 #define 相似，用于文本的替代，即用一个宏名代替一个字符串，其一般书写格式为：

'define　宏名　字符串

例如：

```
'define BUS_SIZE 16    //用 BUS_SIZE 替代 16
'define ADD a + b      //用 ADD 替代 a + b
```

在文件中引用已经定义过的宏名时，必须要加上反引号，如 'ADD。在编译时，先把宏名和字符串做置换，不做语法检查。如果定义有错误，则在宏定义展开以后做编译时报错。

'undef 的作用是取消宏名，例如：

```
'define BUS_SIZE 16  //用 BUS_SIZE 替代 16
……
reg ['BUS_SIZE:1] Bus;
……
'undef BUS_SIZE        //此指令之后，BUS_SIZE 不再有效
```

5.4.1.2 'ifdef 指令

'ifdef，'else 和 'endif 指令用于有条件的编译。一般情况下，源代码的所有行都要进行编译，但也有特殊情况，某些行在条件满足的情况下才进行编译，否则就不进行编译，此时就可以使用 'ifdef，'else 和 'endif 指令，其一般书写格式为：

```
'ifdef  宏名
    语句段 1;
'else
    语句段 2;
'endif
```

例如：

```
'ifdef ADD_BUS                 //如果定义了宏名 ADD_BUS
  pameter BUS_SIZE = 16;       //则 BUS_SIZE 为 16
'else
  pameter BUS_SIZE = 0;        //则 BUS_SIZE 为 0
'endif
```

其中，else 部分是可选的。

5.4.1.3　'include 指令

'include 是文件包含指令，其作用是在一个文件中嵌入另一个文件，一起进行编译，其一般书写格式为：

```
'include  "路径/文件名"
```

一个 'include 只能包含一个文件，如果要包含多个文件，就要写多个 'include 指令。在编译时，'include 指令会被文件里的内容替代。例如：

```
'include "source_code.v"
'include "D:/decode/primitive.v"
```

对上面第二个语句而言，在编译时，该指令会被“D:/decode/primitive.v”里的内容替代。

5.4.1.4　'default_nettype 指令

'default_nettype 指令的作用是设定默认的线网类型，例如：

```
'default_nettype wand
```

表示将默认的线网类型设置为“线与”类型。在此指令之后，所有默认的线网类型都是“线与”类型。

5.4.1.5　'resetall 指令

'resetall 指令的作用是将所有编译指令重新设置为默认值。例如：

```
'resetall
```

如果前面由 'default_nettype 指令将默认的线网类型设置成“线与”类型，则执行 'resetall 以后，默认的连线重新为线网类型。

5.4.2　系统任务和系统函数

Verilog 语言中提供了丰富的内置式系统任务和系统函数，主要用于仿真和测试。常用的系统任务和系统函数包括显示任务、文件输入/输出任务、仿真结束/暂停任务、仿真时间函数等。系统任务和系统函数都以“$”符号开头。

5.4.2.1 显示任务

在仿真时，显示任务用于显示信息和输出结果。常用的显示任务有 $display，$write，$strobe 和 $monitor 等。

1. $display

系统任务 $display 的作用是根据显示格式要求显示字符串、数值等内容，它的一般语法格式为：

```
$display (“带格式的字符串”,参数1,参数2,…);
```

其中带格式的字符串用双引号括起来，例如：

```
$display (“TEST IS FAILURE.”);          //字符串显示
$display (“A is %d, B is %h”, A, B); //数值显示,设 A=20,B=115
```

运行以后显示的结果分别是：

```
TEST IS FAILURE.
A is 20, B is 73
```

在字符串表达式中，有些字符前面的“\”和“%”是转义符，例如“\t”表示 Tab，“\n”表示换行，“%b”表示二进制格式显示，“%d”表示十进制格式显示等。例如：

```
$display (“1\t%d\n2\t%d\\”, A, B); //数值显示,设 A=20,B=115
```

运行以后显示的结果是：

```
1   20
2   115\
```

表 5.7 给出了常用转义符的含义，其中“%”后的字符可以是大写字母也可以是小写字母，含义都一样。

表 5.7 Verilog 常用转义符

转义符	含　　义	转义符	含　　义
\n	换行	%b 或%B	以二进制格式显示
\t	Tab	%o 或%O	以八进制格式显示
\\	字符\	%d 或%D	以十进制格式显示
%%	字符%	%h 或%H	以十六进制格式显示
%t 或%T	显示当前时间	%c 或%C	以 ASCII 码格式显示
%f 或%F	以十进制实数显示	%s 或%S	显示字符串

2. $write

系统任务 $write 的作用与 $display 一样，也是在仿真器的命令行窗口按要求显示结果。它的一般语法格式为：

```
$write (“带格式的字符串”,参数1,参数2,…);
```

$ write 与 $ display 的区别是 $ display 在文本之后有一个换行符，而 $ write 没有换行符。例如：

```
$ write ("Simulation time is "); //字符串显示，最后不换行
$ write ("%t\n", $ time);        /* 当前仿真时间显示，假设为 20, $ time 是模拟时
                                    间任务 */
```

显示结果为：

Simulation time is 20

3. $ strobe

系统任务 $ strobe 的作用与 $ display 类似，不同之处在于，$ display 可以显示当前变量值，而 $ strobe 要等到当前时刻的所有事件都完成之后，才按要求显示结果。它的一般语法格式为：

$ strobe ("带格式的字符串",参数 1,参数 2,…);

以下是一个 $ strobe 的例子：

```
integer  i;
initial  begin
    i = 1;
    $ display ("After first assignment, i = %d", i);
    $ strobe ("When strobe is executed, i = %d", i);
    i = 2;
    $ display ("After second assignment, i = %d", i);
end
```

显示的结果为：

After first assignment, i = 1

When strobe is executed, i = 2

After second assignment, i = 2

$ display 的显示结果比较容易理解，当 i 值改变以后，$ display 显示结果就改变。而 $ strobe 是在该时刻所有的事件都执行完了以后才显示结果，此时，i 的值已经为 2 了。

4. $ monitor

$ monitor 是一个监控任务，其作用是对多个参数进行监控。只要参数表中有一个参数发生变化，$ monitor 就启动，显示格式化字符串。它的一般语法格式为：

$ monitor ("带格式的字符串",参数 1,参数 2,…);

在仿真过程中，只允许一个 $ monitor 任务执行。如果有多个 $ monitor 任务，则只有最后一个有效。例如：

```
initial  begin
  a = 0; b = 0;
  $ monitor ("\ $ monitor: a = %d", a);
  a = 1;
```

```
    $display ("\$display: a = %d", a);
   a = 2;
    $monitor ("\$monitor: b = %d", b);
   a = 3;
    $display ("\$display, a = %d", a);
end
```

显示的结果为：

$ display：a = 1

$ display：a = 3

$ monitor：b = 0

另外,可以使用系统任务 $ monitoroff 和 $ monitoron 来关闭所有监控任务和打开所有监控任务,使得监控任务更加灵活方便。

5.4.2.2 文件输入/输出任务

在一些大型设计仿真时,常常要将文件中的数据读出或将数据写入文件,因此要用到对文件进行操作的系统任务和系统函数。在 Verilog 中,常用的文件输入/输出系统任务和系统函数如下：

```
文件句柄 = $fopen ("文件路径/文件名");
$fdisplay (文件句柄,"带格式字符串",参数 1,参数 2,…);
$fstrobe (文件句柄,"带格式的字符串",参数 1,参数 2,…);
$fmonitor (文件句柄,"带格式的字符串",参数 1,参数 2,…);
$fwrite (文件句柄,"带格式的字符串",参数 1,参数 2,…);
$fclose (文件句柄);//关闭文件
$feof (文件句柄); //查询是否到文件末尾
```

系统函数 $ fopen 用于打开文件,其返回值是文件句柄,即关于文件的一个整数或指针。$ fclose 用于关闭文件。例如：

```
integer file_pt;
initial  begin
   file_pt = $fopen ("div.tq");
   ……
    $fdisplay (file_pt,"The simulation time is %t", $time);
   ……
    $fclose (file_pt);
end
```

前面介绍了 $ display, $ write, $ strobe 和 $ monitor 等几种显示任务,这些显示任务都有相应的用于文件的变种,即 $ fdisplay, $ fwrite, $ fstrobe 和 $ fmonitor 等。这些用于文件的系统任务可以将信息写入文件中,其第一个参数都是文件句柄。在以上的例子中,当 $ fdisplay 执行完以后,文件中出现如下信息：

The simulation time is 0

另外, $ readmemb 和 $ readmemh 是对文件进行读取的两个系统任务,它们可以将数据从文件中读出来，并加载到存储器中去。其语句格式为：

```
$ readmemb ("文件名",存储器名,起始地址,终止地址);
$ readmemh ("文件名",存储器名,起始地址,终止地址);
```

其中"文件名"和"存储器名"必须有，"起始地址"和"终止地址"是可选项，用十进制表示。文件中只能包括空白(包括空格、换行)、注释和二进制数据(针对 $ readmemb)或十六进制数据(针对 $ readmemh)。例如：

```
reg [0:3] MEMA[0:31];//定义一个 32 个单元的存储器 MEMA,每个单元位宽为 4
……
initial
  $ readmemb ("example.dat", MEMA);/ * 从文件中读出的数据装载到 MEMA 每
                                      个单元中,起始单元是存储器定义范围
                                      左边的值 * /
```

若写成：

```
  $ readmemb ("example.dat", MEMA,16,31);
```

表示读出的数据装载到存储器的起始地址是 16，终止地址是 31。如果数据文件的数据多于存储器的单元数，则数据存入到该存储器的终止地址为止。反之，未赋值的存储器单元内的值默认为 x。

5.4.2.3　仿真结束/暂停任务

常用的仿真控制任务有 $ finish 和 $ stop，语法格式为：

```
$ finish;
$ stop;
```

$ finish 的作用是结束仿真程序，返回操作系统。$ stop 是暂停仿真程序，进入一种交互模式，将控制权交给用户。

5.4.2.4　仿真时间函数

仿真时间函数有如下几种类型：

```
$ time     //返回 64 位整型仿真时间
$ stime    //返回 32 位整型仿真时间
$ realtime //返回实数型仿真时间
```

5.4.3　Verilog 测试平台

Verilog 测试平台(Test Bench)是指用来测试一个 Verilog 实体的程序，也是用 Verilog 的基本语法要素来编写的。该测试平台可以产生激励信号，通过模块例化语句把激励信号传递给被测试的 Verilog 实体，并可以存储或观察被测试的 Verilog 实体的输出信号。将测试输出信号与期望值相比较，就可以判断被测试的 Verilog 实体的内部结构是否正确。

例 5.22 是例 4.24 的半加器的测试平台，我们以此来说明测试平台的编写方法。为方便阅读，将半加器程序重新写在测试平台之后。

例 5.22 半加器测试平台。

```
'timescale 10ns/1ns      //仿真时间标度语句必须存在
module H_Adder_tb;       //仿真测试平台没有端口
reg a, b;                //测试输入信号,定义为 reg 型
wire r, c;               //测试输出信号,定义为 wire 型
//采用 initial 语句对测试输入信号赋值,覆盖输入信号的各种组合
initial begin
  a = 0; b = 0;
  #10 begin a = 0; b = 1; end
  #10 begin a = 1; b = 0; end
  #10 begin a = 1; b = 1; end
  #10 begin a = 0; b = 0; end
  #10 $stop;
  end
//采用模块例化语句调用半加器,把激励信号传递给半加器
H_Adder U1 (.A(a), .B(b), .R(r), .C(c));
endmodule

module H_Adder(A, B, R, C); //半加器程序
  input A, B;
  output R, C;
  assign R = A ^ B;
  assign C = A & B;
endmodule
```

在写测试平台时,首先要给出仿真时间标度语句,该语句属于预编译指令,已经在4.5.2.2小节进行了介绍,此处不再赘述。本例中仿真的时间单位是 10 ns,时间精度是 1 ns。仿真时间标度语句在 module 之外,因此它对以下所有的 module 都有效。

测试平台本身也是一个模块,因此要有模块名,本例中的模块名是 H_Adder_tb,但是后面没有端口名列表,表明这个模块没有对外的输入、输出通道,只有内部信号。

H_Adder_tb 要对半加器 H_Adder 进行验证,因此其内部设置的信号要跟 H_Adder 的端口对应。H_Adder 有两个输入端口 A,B 和两个输出端口 R,C,那么 H_Adder_tb 内部设置的对应信号分别为 a,b,r,c(也可以用相同信号名 A,B,R,C)。要注意的是,对应于输入端口的 a,b 要定义为 reg 型,对应于输出端口的 r,c 要定义为 wire 型。

H_Adder_tb 中有两个并行语句,一个是 initial 语句,一个是模块例化语句,它们的书写顺序可以调换。模块例化语句是将被测试的半加器作为元件放入测试平台中,initial 语句是对半加器的输入端加入激励信号。也可以用两个 initial 语句分别对 a,b 加入激励信号。initial 语句在 4.5.2.2 小节进行了介绍,此处不再赘述。图 5.17 是例 5.22 测试平台的结构框图。

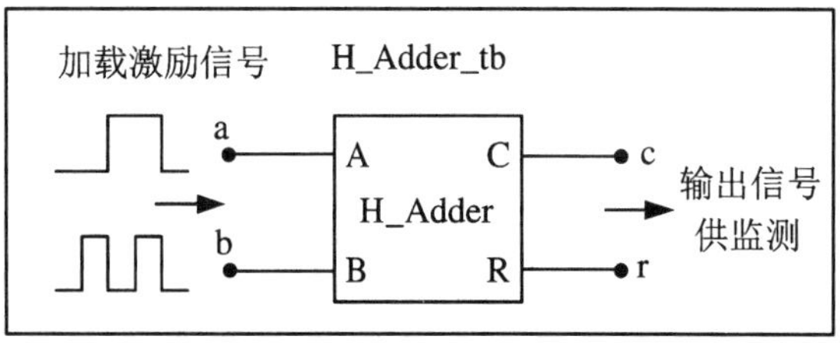

图 5.17 半加器测试平台结构框图

例 5.23 是例 4.8 的十六进制计数器的测试平台。为方便阅读，将十六进制计数器程序重新写在测试平台之后。

例 5.23　十六进制计数器测试平台。

```
'timescale 10ns/1ns
module COUNTER16_tb;
  reg clk, rst, oe;                     //测试输入信号，定义为 reg 型
  wire [3:0] cout;                      //测试输出信号，定义为 wire 型
COUNTER16_1 U1 (clk, rst, oe, cout); //模块例化语句，位置关联
//采用 initial 语句和 always 语句对时钟信号赋值
initial clk = 0;                        //时钟信号初始设为 0
always #1 clk = ~clk;                   //产生周期为 20 ns 的时钟信号
//采用 initial 语句对测试输入信号 rst 赋值
initial begin
  #0 rst = 0; #5 rst = 1; #15 rst = 0; #4 rst = 1;
  #60 $stop;
end
//采用 initial 语句对测试输入信号 oe 赋值
initial begin
  #0 oe = 1; #28 oe = 0; #6 oe = 1;
  #70 $stop;
  end
endmodule

module COUNTER16_1(CLK, RST, OE, COUT); //十六进制计数器
  input CLK, OE, RST;
  output [3:0] COUT;
  reg [3:0] COUT;
  reg [3:0] CT;

  always @(posedge CLK or negedge RST)
  begin
    if (! RST)
      CT <= 4'b0000;
    else
      CT <= CT + 1;
  end
  always @(OE,CT)
    COUT = OE ? CT: 4'bzzzz;
endmodule
```

在测试平台中编写激励信号时应尽量全面覆盖输入信号的各种组合情况，保证对被测模块的有效验证。激励信号的编写方式有以下几种：

1. 周期信号

周期信号，如时钟信号，可以采用 initial 语句和 always 语句结合的方式产生，如例 5.23 所示：

```
initial clk = 0;
always #1 clk = ~clk;
```

另外，也可以利用 forever 语句产生周期性激励信号，例如：

```
initial begin
   clk = 0;
   forever #1 clk = ~clk;
end
```

对于占空比非 1∶1 的周期性信号，可以采用 always 语句产生。下面的语句产生的信号为高电平持续 2 个时间单位，低电平持续 3 个时间单位，如图 5.18 所示，图中时间单位设为 10 ns。

```
always begin
#2 clk = 0;
#3 clk = 1;
end
```

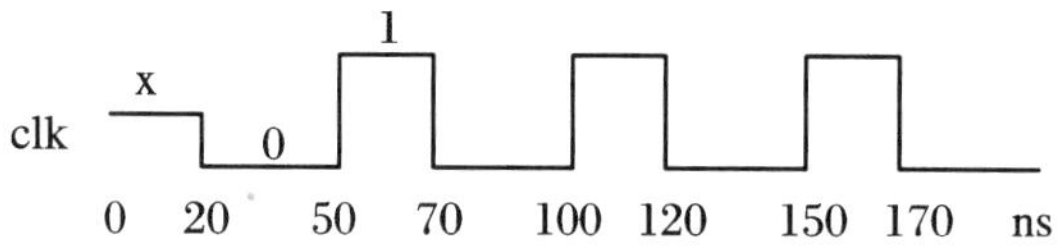

图 5.18 占空比非 1∶1 的周期信号

2. 非周期信号

当非周期信号数据量较少时，可以采用 initial 语句进行穷举，产生激励信号，如例 5.22 所示：

```
initial begin
   a = 0; b = 0;
   #10 begin a = 0; b = 1; end
   #10 begin a = 1; b = 0; end
   #10 begin a = 1; b = 1; end
   #10 begin a = 0; b = 0; end
   #10 $stop;
end
```

当激励信号数据较多时，无法手工输入，则可以将激励信号存放在一个文件中，调用系统函数读入数据。也可以将输出数据存放到一个文件中，以备后续分析。

例 5.24 是对例 5.8 两位乘法器的仿真测试平台。这里把输入激励信号和预期运算结果放在一个数据文件 test.dat 中，每个数据是 8 位，格式为

0 1 1 1 0 0 1 1

被乘数　乘数　　乘积

仿真时,将文件 test.dat 中的数据读入一个存储器中,然后把存储器中的被乘数和乘数逐个传送给乘法器,由乘法器计算结果,得到计算值 r,并与期望值 r_EX 作对比,显示对比结果。

例 5.24　两位乘法器测试平台。

```
'timescale 1ns/100ps
module MUL2_tb;
  reg [1:0] m, n;              //测试输入信号,定义为 reg 型
  wire [3:0] r;                //测试输出信号,定义为 wire 型
  reg [1:8] mymem [1:16];      //定义一个 8 位存储器,16 个单元
  reg [3:0] r_EX;
  integer J;

  MUL2_2  U1(m, n, r);   //模块例化语句,位置关联
  initial begin
    $ readmemb ("test.dat", mymem);
    for (J = 1; J<=  16; J = J + 1)
      begin
        {m, n, r_EX}  =  mymem[J];
        #5;                    //延迟 5 个时间单位,等待电路稳定

        if (r !  =  = r_EX)
          $ display ("Mismatch on vector %b", mymem[J]);
        else
          $ display ("No mismatch on vector %b", mymem[J]);
      end
    end
endmodule
```

仿真输出数据也可以写入一个文件中,便于后续分析研究。例如:

```
integer file_dt;
  initial   begin
  file_dt  =  $ fopen ("simdata.dat");    //打开一个数据文件
  ……
  $ fwrite (file_dt, "%b/n", dataout); //将仿真数据写入文件
  ……
  $ fclose (file_dt);
end
```

5.5 Verilog HDL 模板

以下我们列出 Verilog HDL 的主要语句格式，以便使用时查询。在实际使用时，可以根据需要给模块、端口、信号、变量等取名字，确定端口和各种参数的数量。注意模板中的各个部分并不是每个程序都需要的。

```
module module_name  (port_name1, port_name2, …);
  //端口说明
  input   port_name1,port_name2,…;
  input   [msb: lsb]   port_name3,port_name4,…;
  output   port_name5,port_name6,…;
  output   [msb: lsb]   port_name7,port_name8,…;
  inout   port_name9,port_name10,…;
  inout   [msb: lsb]   port_name11,port_name12,…;
  //数据类型、参数、任务、函数等说明
  wire   port_name5,…;
  wire   [msb: lsb]   port_name7,…;
  reg   port_name6,…;
  reg   [msb: lsb]   port_name8,…;
  parameter   identifier = expression;…
  integer   index;

  task   task_name;
    input   task_port_name1,…;
    input   [msb: lsb] task_port_name2,…;
    output   task_port_name3,…;
    output   [msb: lsb]   task_port_name4,…;
    inout   port_name5,…;
    inout   [msb: lsb]   port_name6,…;
    reg   local_reg_name;
    integer   identifier;
    begin
      procedural_statement
      (always, if, case, for, …)
    end
    endtask

function   [msb: lsb]   function_name
```

```
        input   func_port_name1,…;
        input  [msb: lsb]  func_port_name2,…;
        reg   local_ reg_name;
        integer  identifier;
        begin
          procedural_statement
          (always, if, case, for, …)
        end
    endfunction
    //以下为电路描述语句
    //连续赋值语句
    assign  [delay]  target_name  =  expression;
    //always 语句 1
    always @(sensitibity list)
        begin
          case  (expression)
          item1: begin procedural_statement end;
          item2: begin procedural_statement end;
          ……
          default: begin procedural_statement end;
          endcase
        for (index = value1; index<=  MAX  ; index = index + 1)
          begin
            procedural_statement;
          end
    end
    //always 语句 2
    always @(posedge CLOCK or negedge RESET)
        begin
          if (expression_1)
            begin
              procedural_statement;
            end
          else if (expression_2)
            begin
              procedural_statement;
            end
            ……
          else if (expression_n)
            begin
```

```
                procedural_statement;
            end
        else
            begin
                procedural_statement;
            end
        while (expression)
            begin
                procedural_statement;
            end
    end
//initial 语句 1
        initial
            begin
                identifier = value1;
                # delay1  identifier = value2;
                # delay2  identifier = value3;
                ......
            end
//initial 语句 2
        initial
            begin
                procedural_statement;
            end
//模块例化语句
        module_name  instance_name  (port_associations);
        ( examples:
        H_Adder  U1 (.A(a),  .B(b),  .R(r),  .C(c));
        MULTIPLER4  #(.W(8))  L1 (.X(X1),  .Y(Y1),  .R(R1));
        )
//基本库元件例化语句
        and  U1  (dout, din1, din2);             nand  U2  (dout, din1, din2);
        or  U3  (dout, din1, din2, din3);        xor  (dout, din1, din2);
        nor  U4  (dout, din1, din2, din3);       xnor  (dout, din1, din2);
        buf  B1  (dout1, dout2, dout3, din);     not  N1  (dout1, dout2, din);
         notif0  NT0  (outA2, inB2, inCTRL2);notif1  NT1  (outA3, inB3,
inCTRL3);
        bufif0  BF0  (outA0, inB0, inCTRL0);
        bufif1  BF1  (outA1, inB1, inCTRL1);
endmodule
```

习题

1. 图 5.19 是一个七人表决器的端口示意图，A～G 为七个单比特输入端口。假设输入只能为 0 或 1，则输入为 1 表示赞同，0 表示反对。输出端口 Q1，Q2 表示投票结果，如果赞成票大于等于四票，则点亮绿灯，红灯不亮，反之，点亮红灯，绿灯不亮。EN 为输入使能信号，为 0 时投票无效，所有灯均不亮；为 1 时表决器正常工作。编写实现该七人表决器的 Verilog 程序。

2. 图 5.20 所示为一个分频器，clkin 为 10 MHz 的输入时钟信号，reset 为异步复位信号，clkout 需输出 1 Hz 的时钟信号。当 reset 为高电平时，分频器复位，输出保持低电平；当 reset 为低电平时，分频器正常工作。编写实现该分频器的 Verilog 程序。

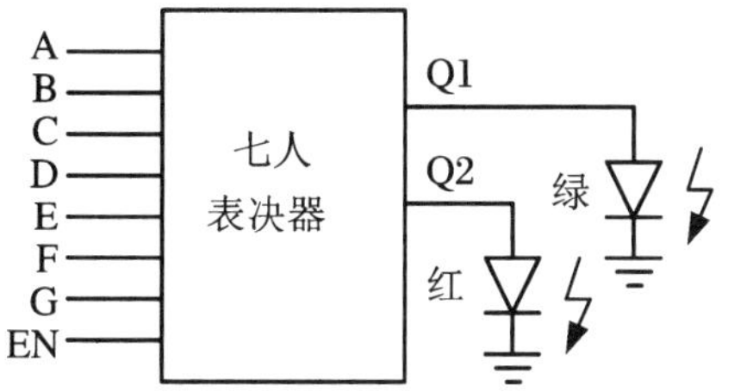

图 5.19

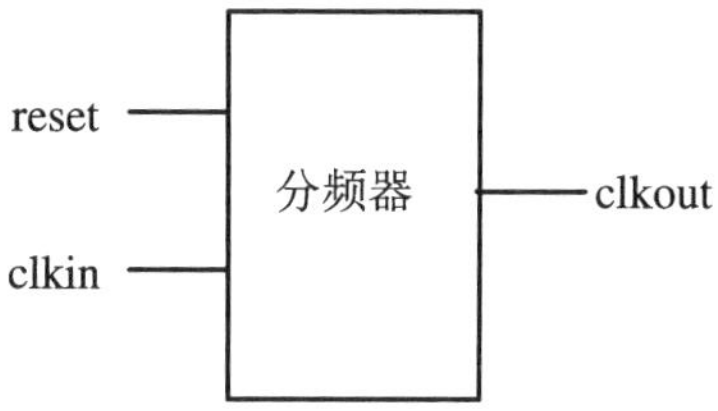

图 5.20

3. 按如下条件分别设计一个 8×8 乘法器，外围端口如图 5.21 所示，A 和 B 为两个 8 位输入数据，R 为输出的 16 位乘积。编写实现以下两种乘法器的 Verilog 程序。

(1) A，B 为无符号数；

(2) A，B 为有符号数。

4. 设计一个十进制计数器，外围端口如图 5.22 所示。clkin 为输入时钟信号，reset 为异步复位信号，qout 为输出结果。当 reset 为高电平时，计数器复位，输出为 4′b0000；当 reset 为低电平时，计数器按十进制正常计数，即计数范围为 0～9。编写实现该计数器的 Verilog 程序。

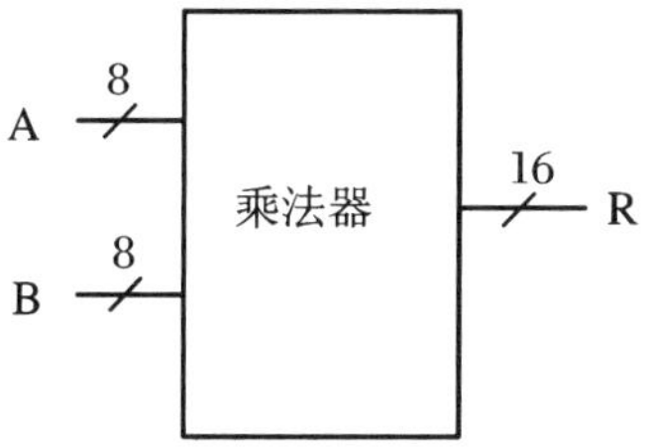

图 5.21

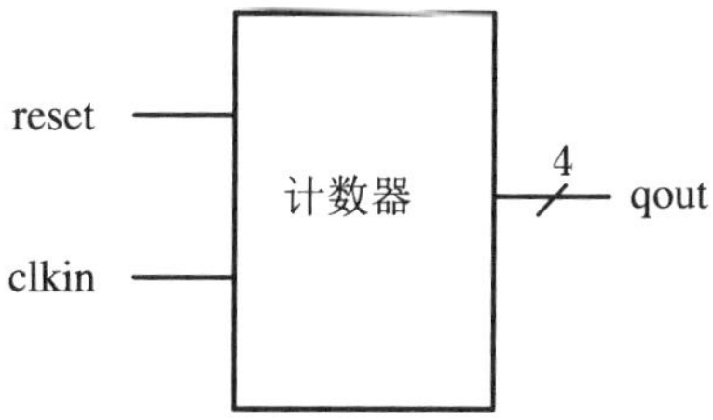

图 5.22

5. 图 5.23 是一个十进制计数器显示模块，计数器的输出直接驱动七段数码管，由数码管显示计数值。以例 5.3 七段数码管译码器和第 4 题的计数器作为两个元件，采用 Verilog HDL 语言中的模块例化方式设计该计数器显示模块。

6. 设计一个奇校验电路，如图 5.24 所示。如果输入的 8 bit 数据中有奇数个 1，则 odd_out 输出为 1，否则输出为 0。编写实现该校验电路的完整的 Verilog 程序。

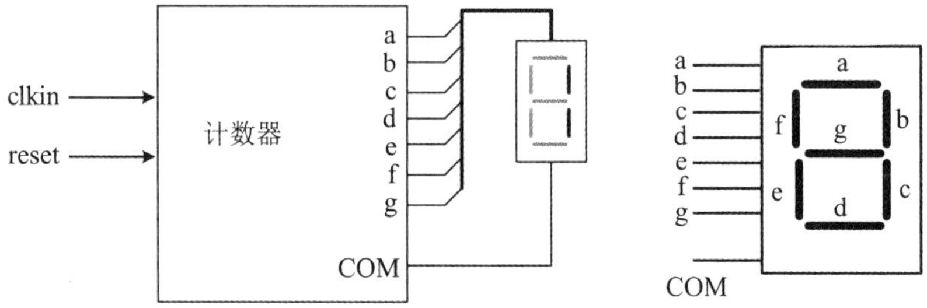

图 5.23

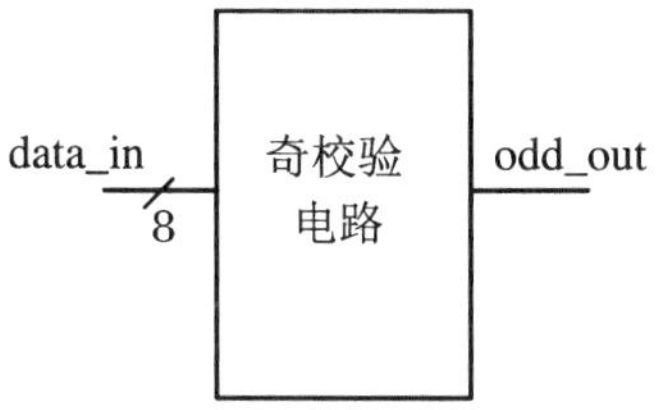

图 5.24

7. 表 5.8 为格雷码的编码方式,利用状态机实现输出为 4 位格雷码的计数器。

表 5.8

计数值	0	1	2	3	4	5	6	7
格雷码	0000	0001	0011	0010	0110	0111	0101	0100
计数值	8	9	10	11	12	13	14	15
格雷码	1100	1101	1111	1110	1010	1011	1001	1000

8. 图 5.25(a)是一个 RAM 模块,容量为 256 个单元,每个单元为 8 位,addr_bus 和 data_bus 分别为 8 位地址线和数据线,clk 为时钟信号,在 clk 上升沿读出地址线指定的单元内部的数据。假设 RAM 内部已经存放了正弦波一个完整周期的 256 个数据点,数据格式为无符号数,如图 5.25(b)所示。要求以 RAM 模块为元件,设计一个正弦波产生器,产生一个 3.9 kHz 的正弦波,如图 5.25(c)所示。其中输入时钟 clkin 为 10 MHz,reset 为异步复位信号,sinout 为 8 位输出结果。当 reset 为高电平时,输出为 8′b00000000;当 reset 为低电平时,连续输出正弦波。编写实现该信号产生器的 Verilog 程序。RAM 模块的端口顺序可自行定义。

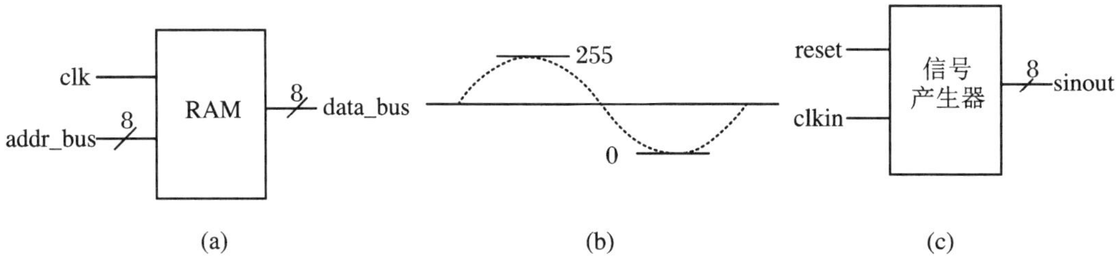

图 5.25

9. 设计一个 60 进制的两位 BCD 码计数器，外围端口如图 5.26 所示。clkin 为输入时钟信号，reset 为异步复位信号，qout 为 8 位输出结果，其中 qout[7]为最高有效位，qout[0]为最低有效位。因为计数采用 BCD 码，所以 qout[7…4]只能表示 0～5，qout[3…0]只能表示 0～9。当 reset 为高电平时，计数器复位，输出为 8′b00000000；当 reset 为低电平时，计数器正常计数。

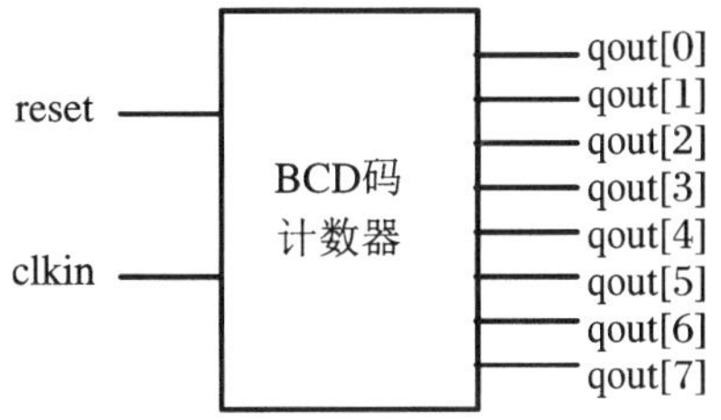

图 5.26

(1) 编写实现该 BCD 码计数器的 Verilog 程序；

(2) 编写该 BCD 码计数器的仿真测试程序。

10. UART(Universal Asynchronous Receiver/Transmitter，通用异步收发器)是一种通用的串口通信方式，可利用两根线 RX/TX 实现收发的全双工通信链路。不发送数据时，传输线保持高电平；发送数据时，发送方首先发一个低电平的起始位。图 5.27 是一种简化了的 UART 收发数据的帧格式，一帧数据包括 1 位起始位、8 位数据位和 1 位停止位，数据帧之间为 2 位高电平。设计一个 UART 发送模块，外围端口如图 5.28 所示。clk 为输入 24 MHz时钟信号，reset 为异步复位信号，datain 为输入的 8 位待发送数据，tx 为串行输出结果。当 reset 为高电平时，tx 输出高电平；当 reset 为低电平时，tx 按图 5.27 的格式将 datain 数据发送出去，传输速率是 9600 bit/s。

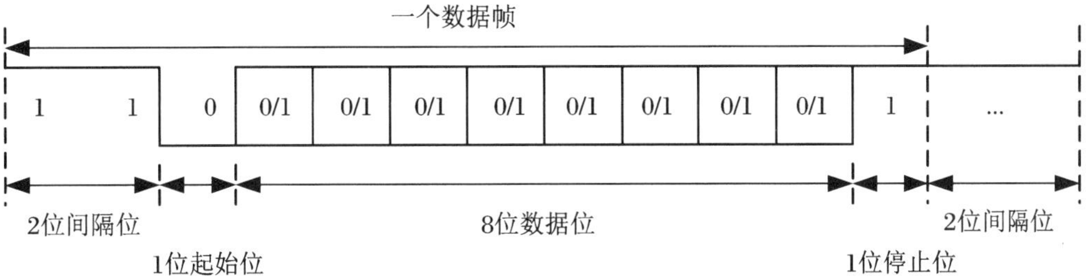

图 5.27

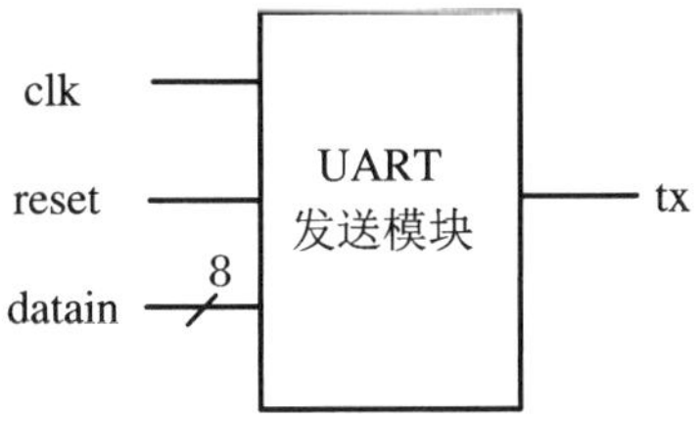

图 5.28

第 6 章　基于 FPGA 设计的软硬件环境

本章介绍基于 FPGA 的系统设计中所使用的硬件环境和开发软件。硬件环境是以 Altera Cyclone Ⅴ FPGA 为核心的开发板;开发软件是 Intel 公司的 Quartus Prime Lite 版。由于目前有关可编程逻辑器件的软、硬件开发环境有很多种,所以要根据实际需要加以选择。

6.1　FPGA 硬件系统结构简介

本节介绍我们在实验中使用的 FPGA 硬件平台的结构。该实验平台以 Cyclone Ⅴ FPGA 为核心构建,特点是多功能、设计方便灵活、性能较强,其核心板可以很方便地更换为其他类型或厂家的 FPGA,适合于学校教学和项目开发之用。

6.1.1　FPGA 硬件平台

FPGA 硬件平台的实物图如图 6.1 所示,它采用了"底板 + 核心板"的双板式结构。底板上固定安装了数码管、小键盘、蜂鸣器等输入输出元器件,还配有 ADC、DAC、音频编解码芯片等芯片,具有丰富的可用资源。另外硬件上还预留了四个扩展 EMOD 接口,可以外接用户设计的板卡,这样可以最大限度地使用有限的 I/O 端口资源。

核心板是硬件平台的主要部分,板上配有一片 Cyclone Ⅴ FPGA 芯片,型号为 5CEFA2F23C8N。由于核心板与底板的接口被设计成通用接口的形式,所以可以通过更换不同型号的核心板,形成以不同厂家的可编程逻辑器件为核心的硬件平台。这里的开发系统可与 Xilinx、Altera、Lattice 等 PLD 公司的产品相适配,满足不同的需求。

6.1.2　核心板结构

核心板通过两排插针插在底板中央的插座上,与底板连接成一个整体,由底板提供电源和配置通路。主机通过 USB BLASTER 下载配置文件到核心板并进行在线调试。核心板的结构主要包括:

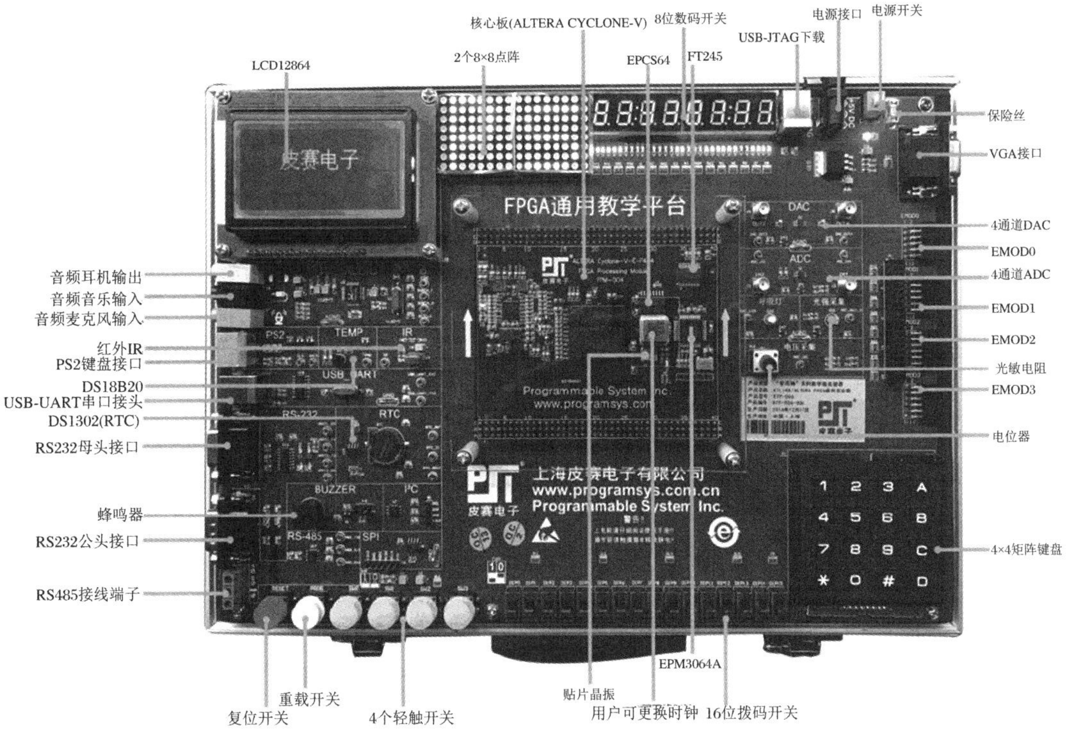

图 6.1　FPGA 硬件系统实物图

(1) 核心板中央配有一块 Cyclone Ⅴ FPGA 芯片,具体型号为 5CEFA2F23C8N。该型号的 FPGA 内部有 25K 逻辑单元(LE)、9434 个自适应逻辑块(ALM),M10K 存储容量为 1760 Kb,MLAB 存储块容量为 196 Kb,还有精度可变的 DSP 模块 25 个、18×18 乘法器 50 个、PLL 锁相环 4 个、通用 I/O 端口(GPIO)224 个、LVDS 发送器和接收器各 56 个,以及 1 个硬核存储器控制器。

(2) 核心板上有 USB BLASTER 下载电路,采用了 USB 接口芯片 FT245RL,因此就不需要外接 USB BLASTER 下载电路,主机与 FPGA 硬件平台连接只需要一根 USB 接口下载电缆,使用方便。

(3) 核心板安装有 50 MHz 固定频率贴片式晶振和 50 MHz 用户可插拔晶振,用户可根据自己的需要选择。

(4) 核心板有 64 Mb SPI 接口的 Flash 存储器,型号为 EPCS64。该存储器是非易失性存储器,可以存放 FPGA 的配置代码。

(5) 核心板有 V_{CC}和 GND 接口,分别与 FPGA 芯片的 V_{CC}和 GND 相连,插在底板上可从底板获得 +5 V 电源。另外核心板上还采用了多电压调节器 ADP5052 芯片,为 FPGA 提供高性能的多种电压源。

6.1.3　底板结构

底板上安装了电源模块以及一些常用的输入、输出设备,具有丰富的硬件资源,可提供多种类型的实验项目和设计课题。另外,用户也可以按自己的需要设计电路模块,并通过底板上预留的四个扩展 EMOD 接口与 FPGA 连接。

1. 电源开关

底板具有电源总开关，当把电源适配器输出的 +5 V 直流电源接入底板电源插座后，打开电源总开关，整个硬件电路获得 +5 V 稳压源，此时，电源指示灯亮。

2. 用户输入设备

底板上的用户输入设备包括 16 个拨码开关、1 个 4×4 矩阵键盘、1 个红外接收器和 6 个轻触按键。6 个轻触按键中有 1 个是复位开关，有 1 个是程序重载开关，剩下 4 个为用户可用开关。

3. 用户输出设备

底板上的用户输出设备包括 32 位红色发光二极管、8 位红色七段数码管、2 个 8×8 点阵、1 个 LCD12864 液晶屏和 1 个 VGA 显示器接口。

4. 音频电路

底板的音频电路以音频编解码芯片 ALC202 为核心进行构建。该芯片具有模/数转换、数/模转换等功能，可以完成模拟音频信号和数字音频信号之间的相互转换，完成双通道音频信号的编解码处理。音频信号处理遵循 AC'97 标准，外部接口包括一个 AC'97 立体声麦克风音频输入、AC'97 立体声音频线信号输入、AC'97 立体声音频信号输出。另外，底板上还提供了 1 个蜂鸣器，可以用于声音提示。

5. 模数转换器

底板配有串行模数转换器 ADC084S021，可完成模拟信号的采集。ADC084S021 是 4 个通道、低功耗的 ADC，数据分辨率为 8 bit，高速的串行接口可实现 50～200 kbps 的采样速率。在本硬件平台中，ADC084S021 的 4 路模拟输入分别为：1 路光敏器光照强度信号、1 路电压调节信号以及 2 路独立 SMA 通用模拟输入信号。

6. 数模转换器

底板配有串行数模转换器 DAC084S085，可完成数字信号到模拟信号的转换。DAC084S085 有 4 个输出通道，可转换的数字信号为 8 bit，供电电压为 2.7～5.5 V，最高的工作时钟频率为 40 MHz。在本硬件平台中，DAC084S085 的 4 路模拟输出分别为：1 路呼吸灯亮度信号输出、1 路蜂鸣器音量变化信号输出以及 2 路独立 SMA 通用模拟信号输出。

7. 应用电路

为了增强硬件平台的灵活性，在底板上还设计了两个应用电路：一个是以 DS1302 芯片为核心的数字时钟电路；另一个是以 DS18B20 芯片构建的数字温度采集电路。

DS1302 是一种高性能、低功耗的实时时钟芯片，可提供秒、分、时、星期、日、月和年的计时功能，一个月小于 31 天时可以自动调整，且具有闰年补偿功能。

DS18B20 是一线式数字温度计，可提供 9～12 位精度的摄氏温度测量值，测温范围为

$-55 \sim +125$ ℃,并具有非易失性的用户可编程设定的上、下限温度报警功能。

8. 通信总线接口

为了与各种外部设备进行通信,底板配有多种通信接口,包括:1个DB9-MALE RS232串行通信总线接口、1个DB9-FEMALE RS232串行通信总线接口、1个接线端子式RS485串行通信接口、1个USB-UART串行通信接口、1个PS2通信接口、一个I^2C总线存储器存储电路以及1个SPI总线存储器存储电路。

9. 通用扩展接口和测试点

底板上配有4个通用扩展接口EMOD,每个接口提供8个I/O连线、电源和地,可以外接更多的通用设备。另外底板在ADC、DAC、RS232、RS485、音频电路、RTC、测温电路、PS2接口、红外测试电路等处设置了测试点,以方便实验调试。

6.2 FPGA设计软件

因为实验平台采用了Altera Cyclone Ⅴ 芯片,所以设计软件采用了Quartus Prime软件。Quartus Prime软件是Intel公司的先进的EDA设计工具,支持VHDL、Verilog和System Verilog等硬件描述语言的设计输入,它可以将设计、综合、布局、布线以及系统的验证全部整合到一个无缝的集成环境之中。

Quartus Prime软件配备了一系列可供客户选择的IP核,可使设计人员在进行FPGA、CPLD和SoC设计时,获得良好的设计性能,并且该软件工具使用方便,可以在最短的时间内将产品推向市场。Quartus Prime软件还支持许多第三方EDA工具,提供了与这些第三方工具的接口,用于完成综合、静态时序分析、板级仿真、信号完整性分析和形式验证等功能。

6.2.1 Quartus Prime简介

目前Quartus Prime设计软件有三个版本:专业版(Pro)、标准版(Standard)和精简版(Lite)。这三个版本的设计软件可以在不同的硬件平台上为用户提供强大的FPGA、CPLD和SoC的设计能力,满足用户不同设计阶段的需求。

Quartus Prime Pro版本支持Altera最先进的FPGA和SoC产品,包括Agilex、Stratix 10、Arria 10以及Cyclone 10 GX等系列器件。Quartus Prime Standard版本除了支持Cyclone 10 LP、MAX 10系列器件之外,还支持更早期的一些器件。Quartus Prime Lite版本是免费的、无须授权的版本,支持用户对Altera的大规模FPGA产品的设计进行初步学习。表6.1给出了三个版本所支持的器件和包含的设计工具,表中勾号(√)表示支持。

表 6.1　Quartus Prime 软件不同版本支持的设计工具和流程

Quartus Prime 软件包含的设计工具			Pro	Standard	Lite
支持的器件	Intel Agilex series		√		
	Intel Stratix series	Ⅳ，Ⅴ		√	
		10	√		
	Intel Arria series	Ⅱ			√[1]
		Ⅱ，Ⅴ		√	
		10	√	√	
	Intel Cyclone series	Ⅳ，Ⅴ		√	√
		10 LP		√	√
		10 GX	√[2]		
	Intel MAX series	Ⅱ，Ⅴ，10		√	√
设计流程	Partial reconfiguration		√	√[3]	
	Block-based design		√		
	Incremental optimization		√		
设计输入方式/规划	IP Base Suite		√	√	需购买
	Intel HLS Compiler		√	√	√
	Platform Designer（Standard）			√	√
	Platform Designer（Pro）		√		
	Design Partition Planner		√	√	
	Chip Planner		√	√	√
	Interface Planner		√		
	Logic Lock regions		√	√	
	VHDL		√	√	√
	Verilog		√	√	√
	System Verilog		√	√[4]	√[4]
	VHDL-2008		√	√	
功能仿真	Questa-Intel FPGA Starter Edition software		√	√	√
	Questa-Intel FPGA Edition software		√[5]	√[5]	√[5]
编译（包括综合、布局、布线）	Fitter（Place and Route）		√	√	√
	Register retiming		√	√	
	Fractal synthesis		√		
	Multiprocessor support		√	√	

续表

Quartus Prime 软件包含的设计工具		Pro	Standard	Lite
时序和功耗验证	Timing Analyzer	√	√	√
	Design Space Explorer Ⅱ	√	√	√
	Power Analyzer	√	√	√
	Power and Thermal Calculator	√[6]		
在系统调试	Signal Tap Logic Analyzer	√	√	√
	Transceiver toolkit	√	√	
	Intel Advanced Link Analyzer	√	√	
操作系统	Windows/Linux 64 bit support	√	√	√

注：1. 唯一支持的 Arria Ⅱ FPGA 是 EP2AGX45 器件。

2. 专业版软件免费支持 Cyclone 10 GX 器件。

3. 仅适用于 Cyclone Ⅴ 和 Stratix Ⅴ 器件，部分重新配置功能需要授权。

4. 支持的语言有限。

5. 需要额外的授权。

6. 集成在 Quartus Prime 软件中，可作为独立工具使用。仅支持 Intel Agilex 和 Intel Stratix 10 器件。

6.2.2 Quartus Prime 的主要软件工具

随着 FPGA 内部可实现的系统规模越来越大、复杂度越来越高，系统设计效率就变得越来越重要，如何缩短设计时间、降低功耗、提高设计效率也成为 FPGA 软件工具的研究目标。

6.2.2.1 主要软件工具介绍

Quartus Prime 可为用户提供设计输入、约束输入、综合、布局布线、时序分析、仿真、系统级设计、功耗分析等各阶段的工具，以及一些实时调试工具等。以下对表 6.1 中列出的一些主要软件工具和设计流程进行进一步介绍。

1. 优化设计流程及功能

在 Quartus Prime 软件的 Pro 版本和 Standard 版本中包含了局部重新配置（Partial Reconfiguration）、基于模块的设计（Block-Based Design）以及增量优化（Incremental Optimization）等功能。

局部重新配置就是在 FPGA 上创建一个物理区域，并可以重新配置该区域以实现不同的功能。针对该区域中实现的功能，可以进行综合、布局、布线、时序收敛并生成配置比特流。Quartus Prime Pro 支持 Arria 10 FPGA 和 SoC 的局部重新配置功能，并采用简单易懂的图形用户界面来进行设计。局部重新配置的主要优点是成本低、电路板占用空间小、功耗低。

基于模块的设计由 Quartus Prime Pro 支持，分为两种设计流程：基于增量块的编译流程和设计块复用流程。这种方式需要有时序收敛的可复用模块或设计模块，适合于开发团队协同工作，增加了设计的灵活性和有效性。

Quartus Prime Pro 的增量优化是一种更快的设计检查和确认方法，也成为设计签核(sign-off)方法，可减少完整设计的迭代次数。在 Quartus Prime Pro 的设计流程中增加了早期布局阶段，增强了增量优化能力。除了设计流程中的 I/O 和 HSSI 布局、逻辑布局、布线及布线后优化之外，早期布局可使设计更精准地收敛。

2. Platform Designer

Platform Designer 是 Quartus Prime Pro 中的系统集成工具，是基于 Quartus Prime Standard 软件的 Platform Designer 功能构建的。Platform Designer 通过自动生成互连逻辑来连接 IP 功能模块和子系统，从而在 FPGA 设计过程中节省大量的时间和人力。Platform Designer 还支持多种设计输入方法，如寄存器传输级(RTL)输入、基于模块的设计输入、原理图输入和黑匣子方式等。

3. Interface Planner

Interface Planner 是接口规划工具，可对 FPGA 器件的外设架构进行识别、有效地分配接口，并通过实时匹配和合法性检查来防止非法管脚分配。这个分配流程消除了复杂的错误消息，也不需要等全编译完成，从而将 I/O 设计速度提高了 10 倍。

4. HLS 编译器

HLS(High-level Synthesis)编译器是一种高层次综合工具，它接受 C++ 代码作为输入，并生成针对英特尔 FPGA 的优化达标的寄存器传输级设计 (RTL)。图 6.2 是包含 HLS 编译器的设计流程，它可以将 C++ 程序转换成 RTL 代码，加快开发进度。

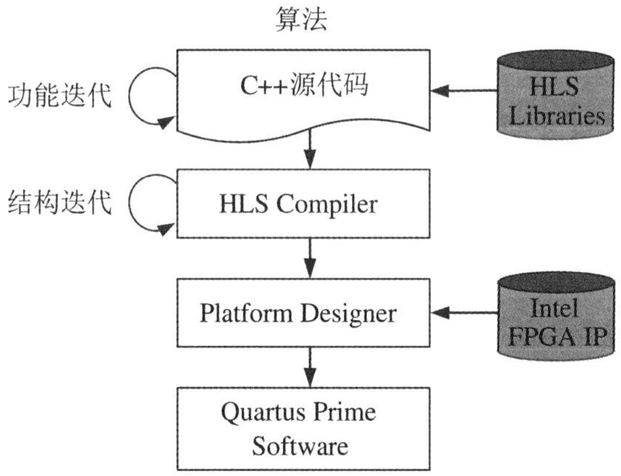

图 6.2 包含 HLS 的设计流程

5. Power Analyzer

Intel 公司的功耗分析技术体现在各种功耗分析工具上，包括适用于 Stratix 10 和 Agilex 器件的全新功耗和散热计算器 (PTC)、早期功耗估算器 (EPE) 以及 Quartus Prime 软件中的功耗分析工具(Power Analyzer)等。这些功耗分析工具可以估算从早期设计概念到设计实施的各阶段的功耗。

6. Timing Analyzer

Timing Analyzer是时序分析工具，它提供标准的Synopsys公司的设计约束（SDC）支持，以实现准确的时序和快速的时序收敛，并可快速执行高级时序验证。

7. DSP Builder

DSP Builder软件是针对Altera FPGA进行数字信号处理（DSP）模块设计的工具，它采用基于模型的设计流程，可以根据数字信号处理算法生成HDL程序代码。DSP Builder将MathWorks公司的MATLAB和系统级设计工具Simulink的算法开发、仿真、验证功能与Quartus Prime软件集成在一起，大大缩短了DSP设计周期。

DSP Builder软件由标准模块组（Standard Blockset）和高级模块组（Advanced Blockset）组成，建议使用高级模块组进行新项目设计。图6.3是DSP Builder软件的处理流程，其特点包括：

- 提供卓越的定点数和IEEE 754单精度浮点数的DSP实现与矢量处理；
- 提供精确到位和精确到周期的仿真模型；
- 自动生成HDL测试平台；
- 便于集成复杂的DSP功能。

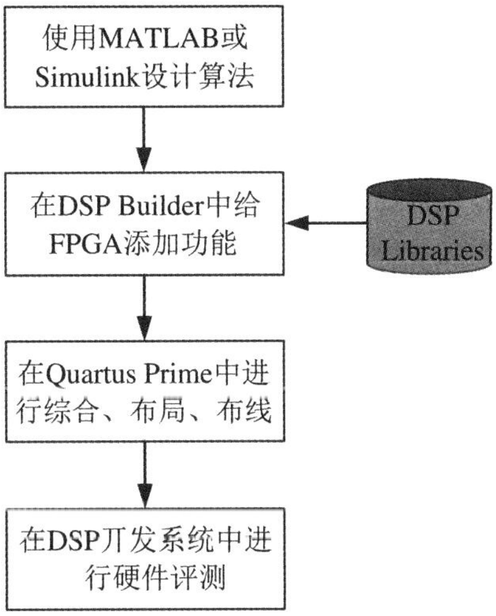

图6.3　DSP Builder软件处理流程

6.2.2.2　Quartus Prime设计流程

Quartus Prime集成环境包括系统级设计、嵌入式软件开发、可编程逻辑器件设计、综合、布局和布线以及验证和仿真等。对可编程逻辑器件而言，Quartus Prime设计软件可以根据设计者的需要，提供整个FPGA或CPLD设计的解决方案。Quartus Prime的典型设计流程如图6.4所示。

图6.4中的每个步骤都可以通过Quartus Prime软件图形用户界面、EDA工具界面和命令行界面提供的功能来完成。可以在整个流程中只使用这些界面中的一个，也可以在设计流程的不同阶段使用不同的界面。

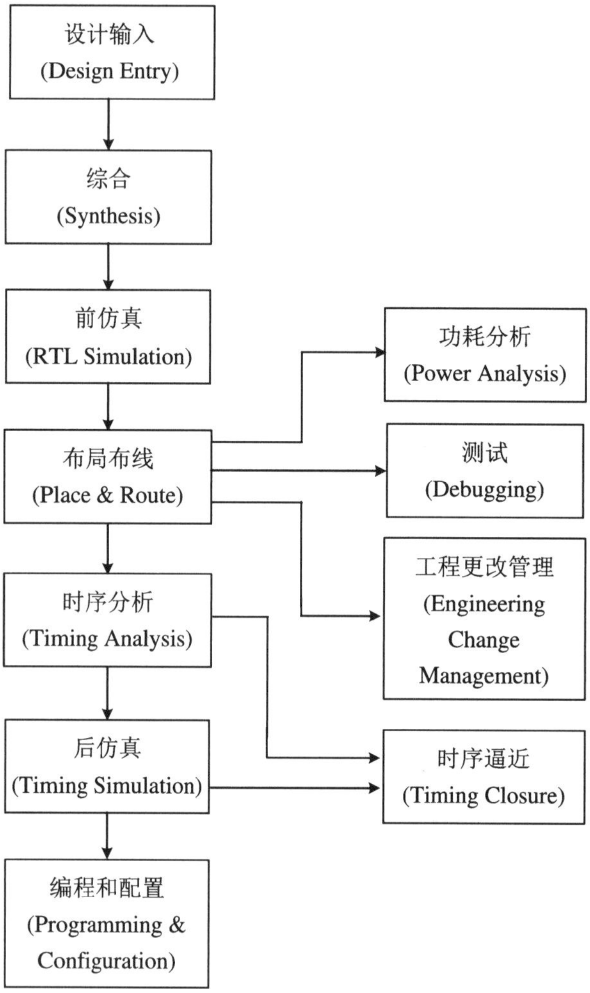

图 6.4 Quartus Prime 的典型设计流程

Quartus Prime 软件中包括一个模块化编译器(Compiler),可以把设计流程中的多个步骤一并处理。该编译器包括以下处理模块(标有星号的模块表示根据设置,在完成编译时可选择使用):

- Analysis & Synthesis(分析和综合);
- Partition Merge *(分区合并);
- Fitter(适配器);
- Assembler *(汇编器);
- Timing Analyzer *(时序分析仪);
- EDA Netlist Writer *(EDA 网表编写程序);
- Design Assistant *(设计助手);
- Power Analyzer *(功耗分析仪)。

在设计中,所有的这些 Compiler 模块可以作为完整编译的一部分,通过选择"Processing"菜单中的"Start Compilation"子菜单来运行。若要单独运行各个模块,可以选择"Processing"菜单中的"Start"子菜单,然后从 Start 子菜单中为模块选择相应的指令,还可以逐步运行一些 Compiler 模块。

Quartus Prime 图形界面具有 Windows 操作系统下一般应用软件的基本特征，比如菜单栏、工具条、状态栏等。另外，Quartus Prime 图形界面还有工程管理(Project Naviator)、任务管理(Tasks)、信息提示(Messages)及工作窗口等，具体使用方法在下一小节详细介绍，这里先将设计中使用的菜单选项、步骤做一个总结。

(1) 使用“File”菜单中的“New Project Wizard”建立新工程并指定目标器件或器件系列。

(2) 使用“Design Files”建立 VHDL、Verilog HDL 或 AHDL 设计文件。根据需要，还可以使用“Tools”菜单下的 MegaWizard Plug-In manager 生成宏功能模块和 IP 功能的自定义变量，在设计中将它们例化。

(3) 使用“Assignments”菜单下的 Assignment Editor、Pin Planner、Settings 对话框、Floorplan Editor、Design Partitions 窗口、LogicLock 功能指定初始设计的各项约束。

(4) 使用 Analysis & Synthesis 对设计进行综合。

(5) 如果设计含有分区，而没有进行完整编译，则需要采用 Partition Merge 合并分区。

(6) 通过使用 RTL Simulator 和 Gate Level Simulation 命令在设计中执行功能仿真和时序仿真。

(7) 使用 Fitter 对设计进行布局布线。

(8) 使用 Power Analyzer 进行功耗估算和分析。

(9) 使用 Timing Analyzer 对设计进行时序分析。

(10) 使用物理综合、Timing Closure 平面布局图、LogicLock 功能、Settings 对话框和 Assignment Editor 改进时序，达到时序逼近。这一步可选。

(11) 使用 Assembler 为设计建立编程文件。

(12) 使用编程文件、Programmer 和 Altera 硬件对器件进行编程，或将编程文件转换为其他文件格式以供嵌入式处理器等其他系统使用。

(13) 使用 Signal Tap Logic Analyzer、SignalProbe 功能或 Chip Editor 对设计进行调试。这一步可选。

(14) 使用 Chip Editor、Resoure Property Editor 和 Change Manager 进行工程更改。

6.2.3 Quartus Prime 操作实例

本小节将通过一个实例来进一步介绍 Quartus Prime 图形用户界面的设计步骤。这个实例是设计一个 3-8 译码器，输入信号为 3 bit，分别用 a，b，c 表示，输出信号为 8 bit，分别用 y0～y7 表示。图 6.5 示出了该实例的框图和真值表。

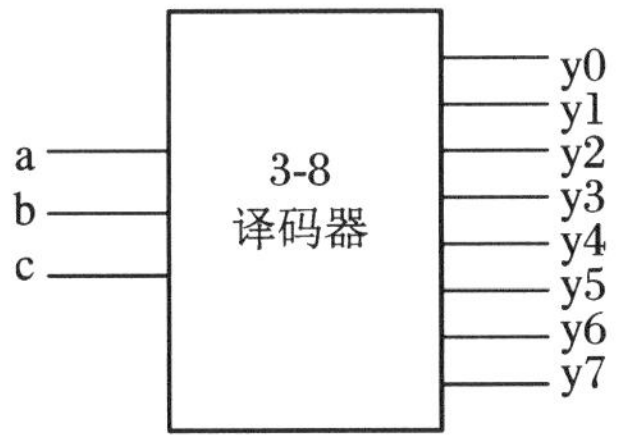

a	b	c	y7	y6	y5	y4	y3	y2	y1	y0
0	0	0	1	1	1	1	1	1	1	0
0	0	0	1	1	1	1	1	1	1	1
0	1	0	1	1	1	1	1	0	1	1
0	1	1	1	1	1	1	1	1	1	1
1	0	0	1	1	1	0	1	1	1	1
1	0	1	1	1	0	1	1	1	1	1
1	1	0	1	0	1	1	1	1	1	1
1	1	1	0	1	1	1	1	1	1	1

图 6.5　3-8 译码器框图和真值表

此实例采用的设计软件是 Quartus Prime Lite 版本。下面就从创建新工程开始一步一步地介绍整个设计的过程，以帮助初学者熟悉 Altera FPGA 的开发环境、设计步骤和流程。

6.2.3.1 打开 Quartus Prime 软件

在安装了 Quartus Prime Lite 版本的计算机桌面上，用鼠标左键双击 Quartus Prime 图标，如图 6.6 所示。如果桌面上没有 Quartus Prime 图标，可以到安装软件的目录下找到 Quartus.exe 文件，双击打开。

图 6.6 Quartus Prime 图标

打开的 Quartus Prime 界面如图 6.7 所示，具有菜单栏、工具条、状态栏等，还有工程管理(Project Naviator)、任务管理(Tasks)、信息提示(Messages)及工作窗口。

6.2.3.2 创建一个新工程

在图 6.7 所示的 Quartus Prime 界面上，用鼠标左键单击(以下简称“单击”)“File”菜单，选择“New...”命令，在弹出的 New 窗口中选择“New Quartus Prime Project”项后，单击“OK”按钮，如图 6.8 所示。

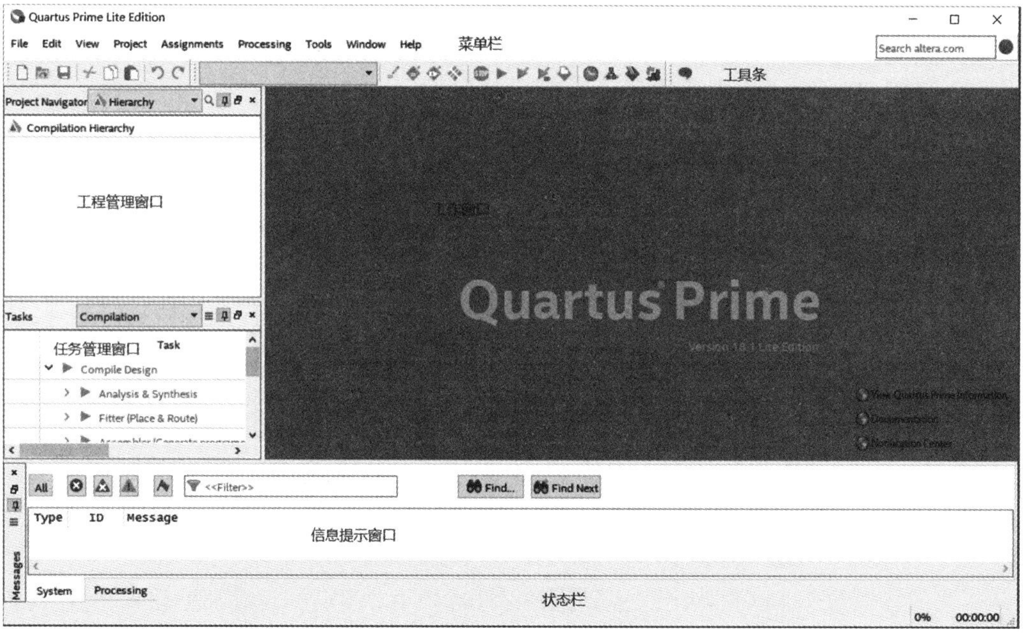

图 6.7 Quartus Prime 界面

在打开的“New Project Wizard”窗口中，给出了创建一个新工程需要设定的内容，如图 6.9 所示。单击“Next> ”按钮进入新工程向导第一步，如图 6.10 所示。

新工程创建第一步是“Directory, Name, Top-Level Entity”，是设置新工程的工作路径、工程名称和顶层实体名称。单击“What is the working directory for this project?”最右边的“...”按钮，在弹出的“选择文件夹”窗口中左边选择“计算机”下的“本地磁盘(D:)”，然后在窗口的右边单击鼠标右键，选择“新建”下的“文件夹”，并将文件夹重命名为“FPGA_

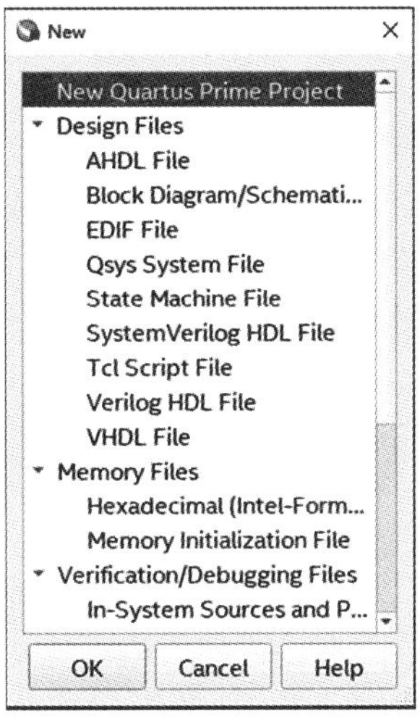

图 6.8　创建新工程

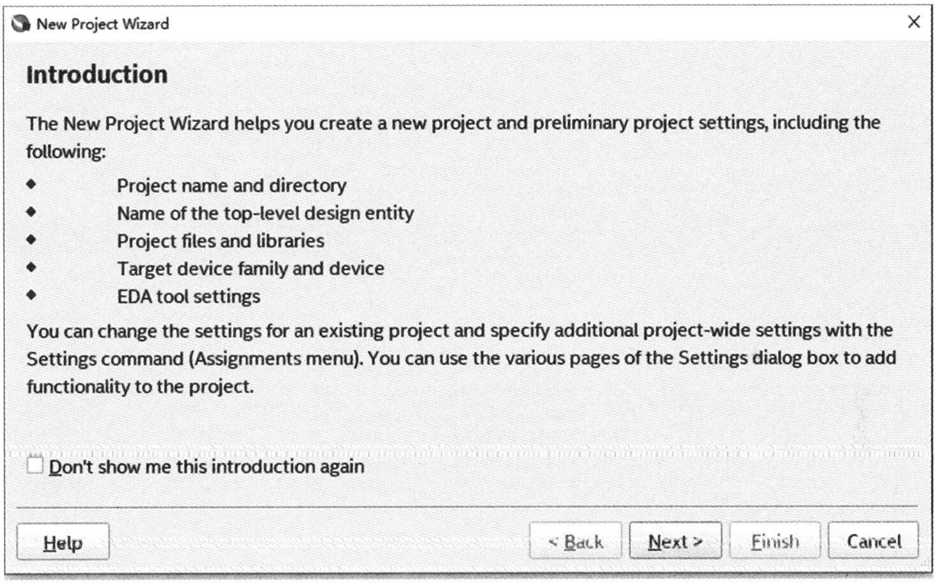

图 6.9　新工程向导的简介

EXP”。以同样的方式，再于“FPGA_EXP”文件夹下新建“FPGA_EXP1”文件夹，如图 6.11 所示。

选择好工程存放的文件夹后，指定“What is the name of this project?”为 FPGA_EXP1，同时会自动确定“What is the name of the top-level design entity for this project? This name is case sensitive and must exactly match the entity name in the design file.”，如图6.12所示。单击“Next> ”按钮进入“工程类型”选择窗口，如图 6.13 所示。

“工程类型”中有两个选项，选项“Empty project”表示创建一个新工程，要说明工程文件、库、目标器件，还要设置 EDA 工具。选项“Project template”表示利用已有工程模板来创建一个新工程。已有工程模板可以来自 Quartus Prime 自带的模板，也可以从网上下载。这里选择“Empty project”，然后单击“Next> ”按钮，进入新工程向导第二步。

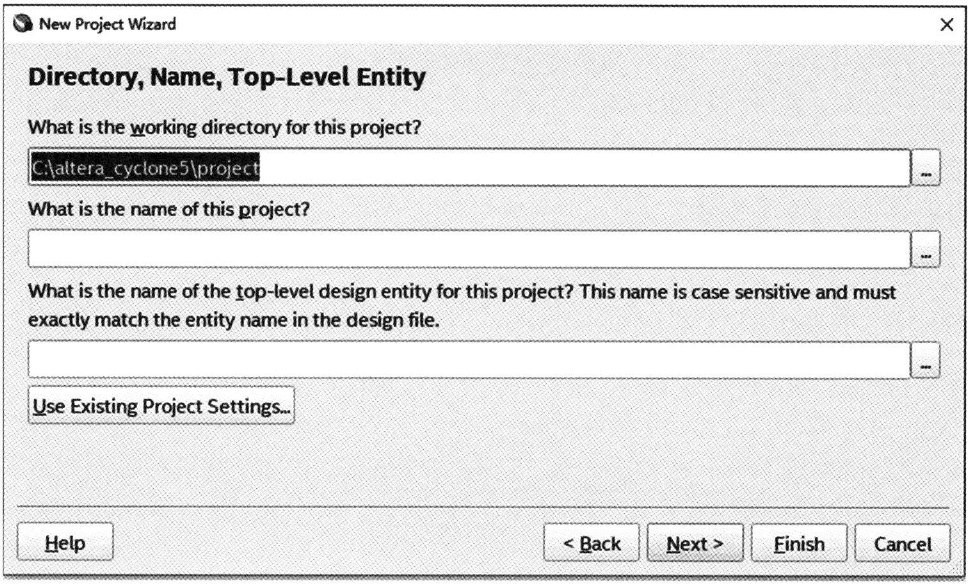

图 6.10　新工程向导第一步

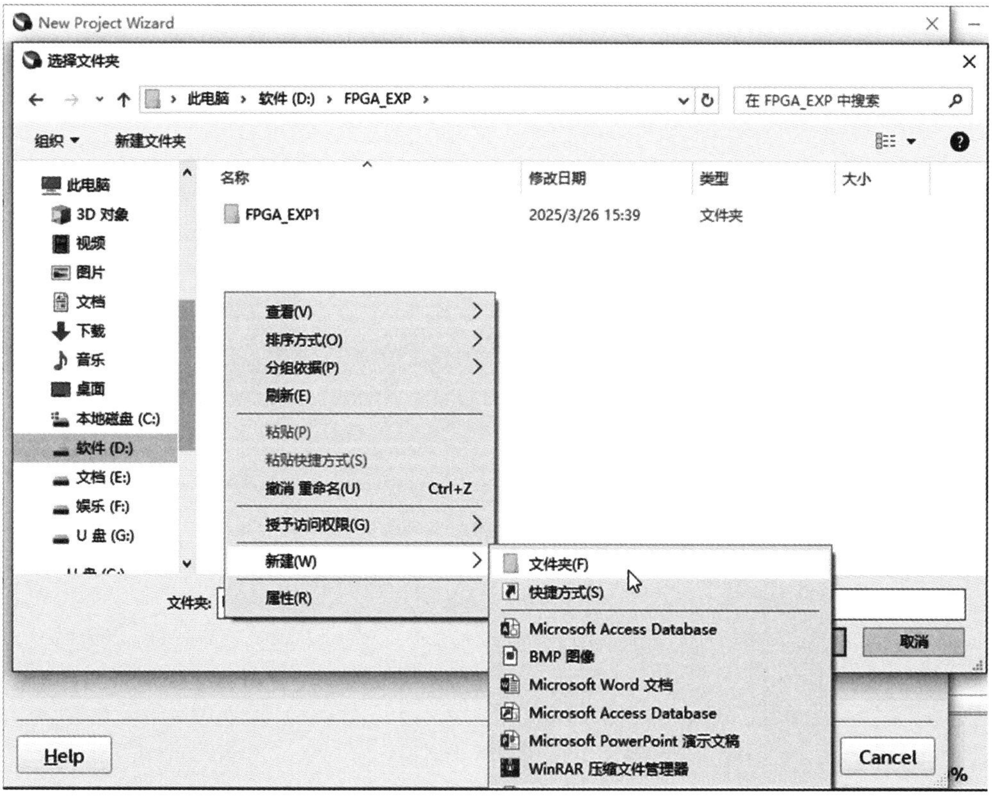

图 6.11　建立工作路径和文件夹

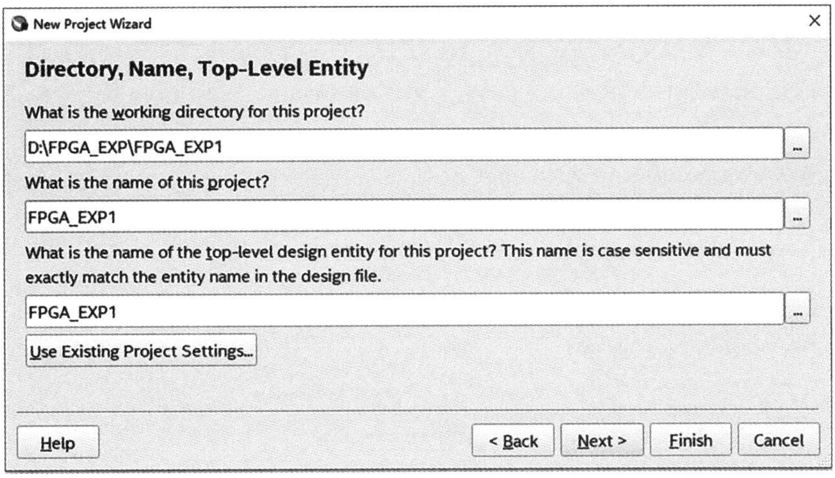

图 6.12　创建新工程第一步的设定

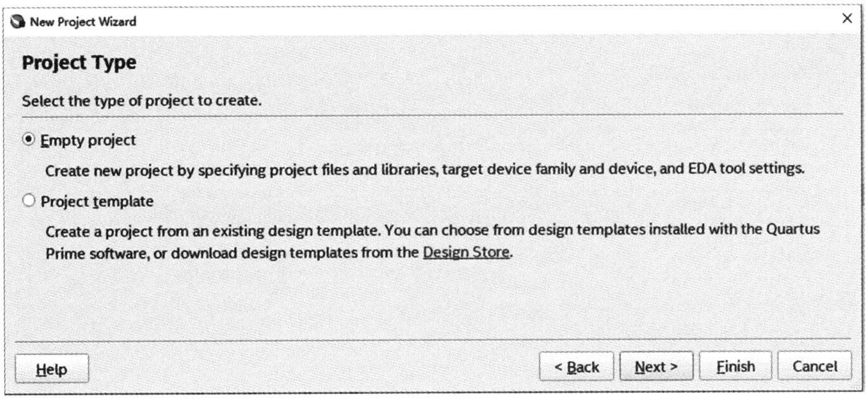

图 6.13　创建新工程第一步的工程类型选择

新工程创建第二步是"Add Files"。如果已有设计文件，可以在这一步将其添加到当前工程中来。在此工程中没有设计好的文件，因此直接单击"Next> "按钮，如图 6.14 所示。

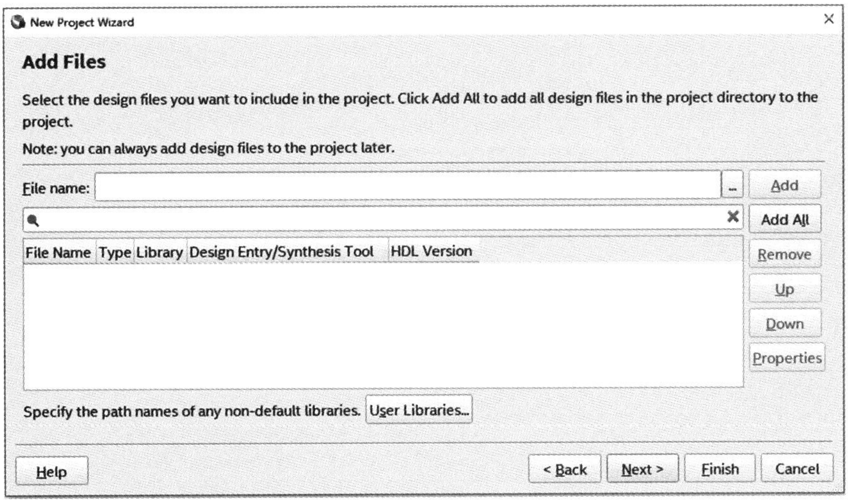

图 6.14　创建新工程第二步添加文件

新工程创建第三步是“Family，Device & Board Settings”，选择所使用的 FPGA 芯片系列、型号和开发板。此处选择“Device family”中的“Family”为“Cyclone Ⅴ”；“Device”为“Cyclone Ⅴ E Extended Features”；再选择“Show in ‘Available devices’ list”中的“Package”为“FBGA”、“Pin count”为“484”和“Core speed grade”为“8”；最后在“Available devices”中选择“Name”为“5CEFA2F23C8”那一行，如图 6.15 所示。因为此处使用的硬件开发板为自制开发板，因此“Board”部分不做选择。选择好目标 FPGA 器件型号后，单击“Next> ”进入新工程向导第四步。

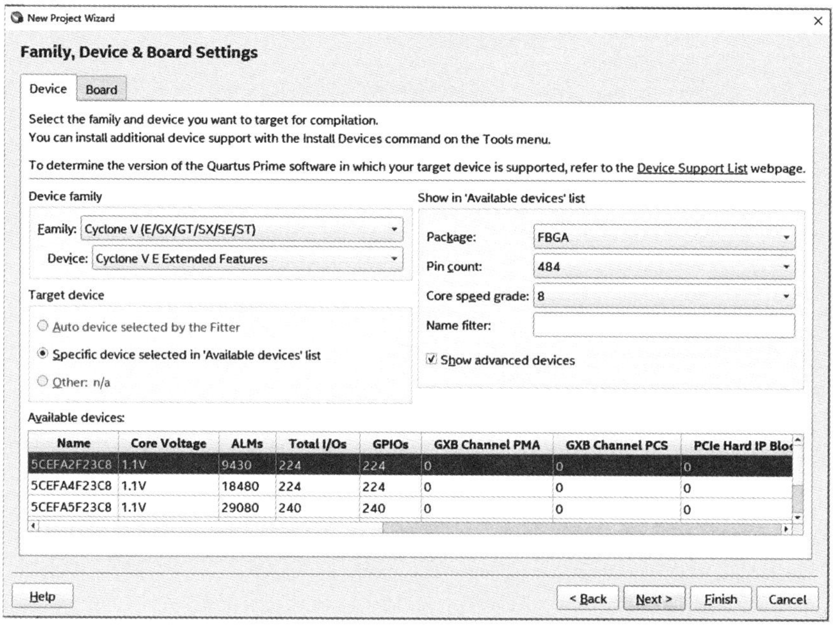

图 6.15 创建新工程第三步选择器件

新工程创建第四步是“EDA Tool Settings”，设置所使用的一些 EDA 工具。例如，将“Simulation”那行中的“Tool Name”选择为“ModelSim”，“Format(s)”选择为“Verilog HDL”，其他的保持默认的“None”，如图 6.16 所示。单击“Next> ”按钮进入新工程向导最后一步。

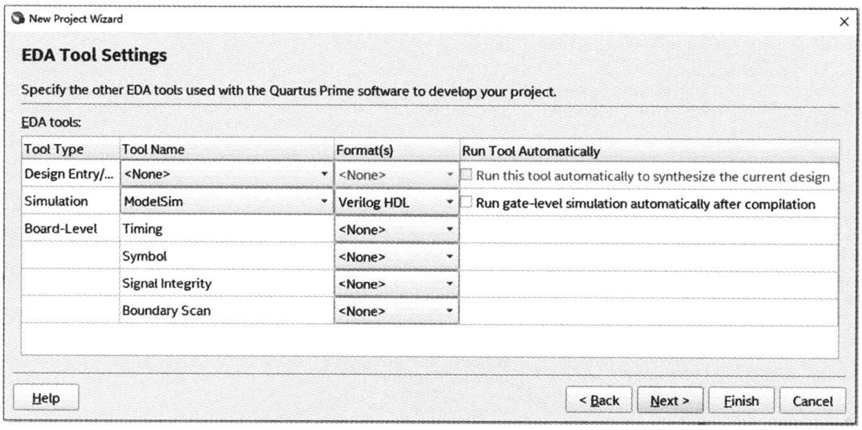

图 6.16 创建新工程第四步选择 EDA 工具

新工程创建第五步是“Summary”，即给出新工程的各项设置，用户可查看新工程的设置是否正确。如果有不正确的设置，则单击“< Back”按钮返回前面的步骤重新设置。全部设置都核对正确后，单击“Finish”按钮完成新工程的创建，如图 6.17 所示。

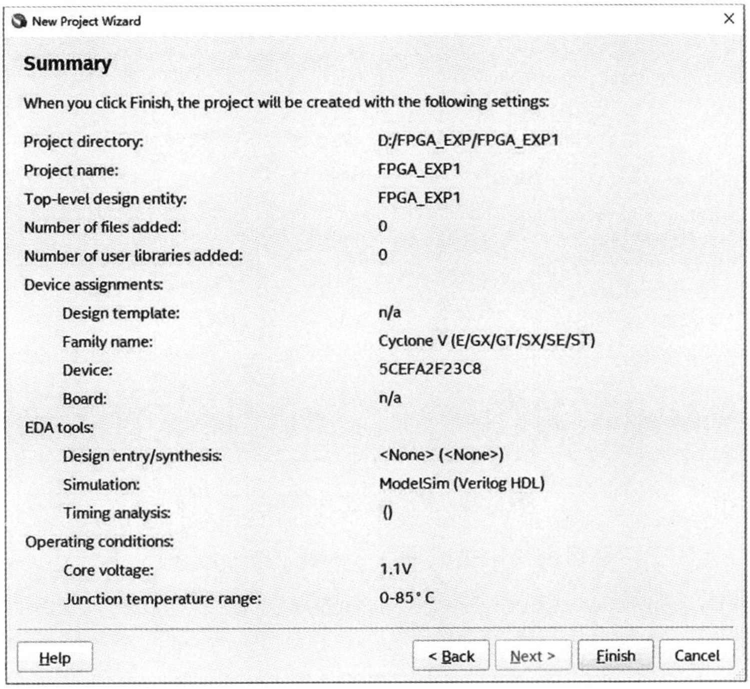

图 6.17　创建新工程第五步核对设定

6.2.3.3　添加设计文件及代码

此步骤是为新创建的工程添加设计文件及代码。在 Quartus Prime 界面中，用鼠标左键单击“File”菜单，选择“New...”命令，在弹出的 New 窗口中选择“Verilog HDL File”项，如图 6.18 所示。然后单击“OK”按钮，则在工作区中会打开 Verilog 文件编辑窗口，如图 6.19 所示。

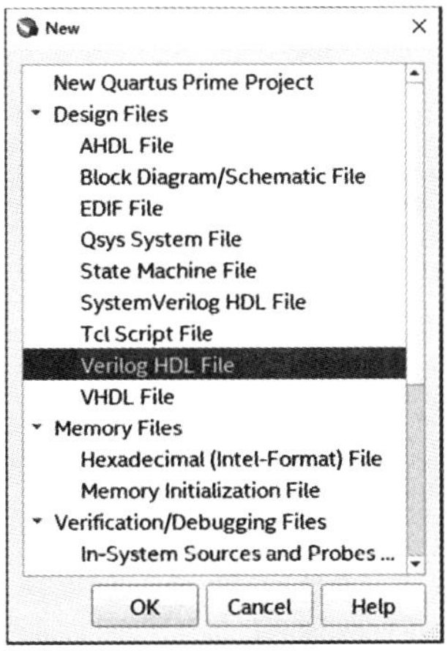

图 6.18　选择要添加的文件类型

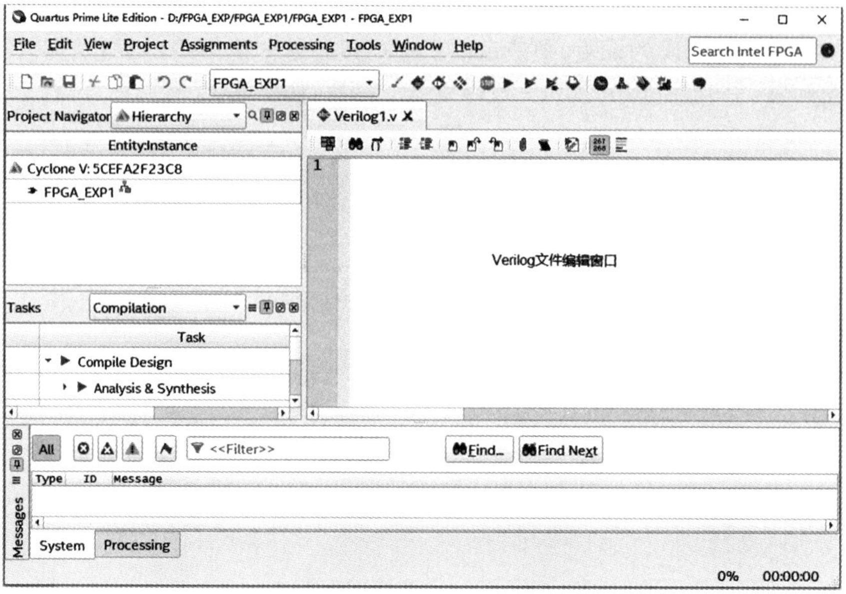

图 6.19 Verilog 文件编辑窗口

我们在 Verilog 文件编辑窗口中输入描述 3-8 译码器的代码：

```
module FPGA_EXP1(a, b, c, y0, y1, y2, y3, y4, y5, y6, y7);
input a, b, c;
output y0, y1, y2, y3, y4, y5, y6, y7;
reg y0, y1, y2, y3, y4, y5, y6, y7;
always @(a or b or c)
  begin
    y0 <= 1'b1; y1 <= 1'b1; y2 <= 1'b1; y3 <= 1'b1;
    y4 <= 1'b1; y5 <= 1'b1; y6 <= 1'b1; y7 <= 1'b1;
    case ( {a, b, c} )
      3'b000: y0 <= 1'b0;
      3'b001: y1 <= 1'b0;
      3'b010: y2 <= 1'b0;
      3'b011: y3 <= 1'b0;
      3'b100: y4 <= 1'b0;
      3'b101: y5 <= 1'b0;
      3'b110: y6 <= 1'b0;
      3'b111: y7 <= 1'b0;
    endcase
  end
endmodule
```

代码输入完成后，用鼠标左键单击“File”菜单，选择“Save”命令。在弹出的“另存为”窗口中位置① “保存在”处选择当前工程文件夹“FPGA_EXP1”，在位置② “保存类型”处选择“Verilog HDL Files”，文件名为“FPGA_EXP1”。如果这些参数已经默认且一致，就不用重新设置了。最后单击③处“保存”按钮完成设计文件的输入，如图 6.20 所示。

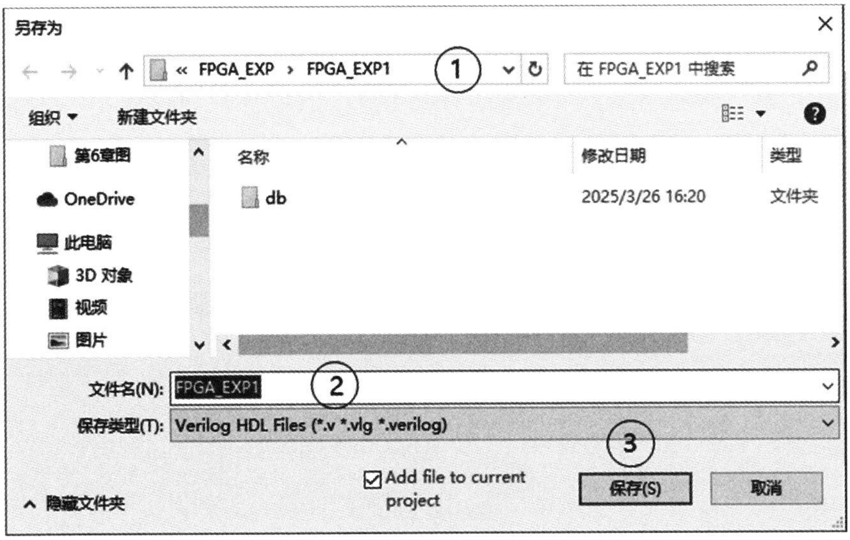

图 6.20　存储文件

6.2.3.4　编译设计工程

这一步是对所做的设计进行分析和综合（Analysis & Synthesis），识别语法错误、设计错误，综合出 RTL 原理图。在 Quartus Prime 界面中，用鼠标左键单击“Processing”菜单，选择“Start”子菜单中的“Start Analysis & Synthesis”命令，完成功能仿真前的分析和综合，如图 6.21 所示。

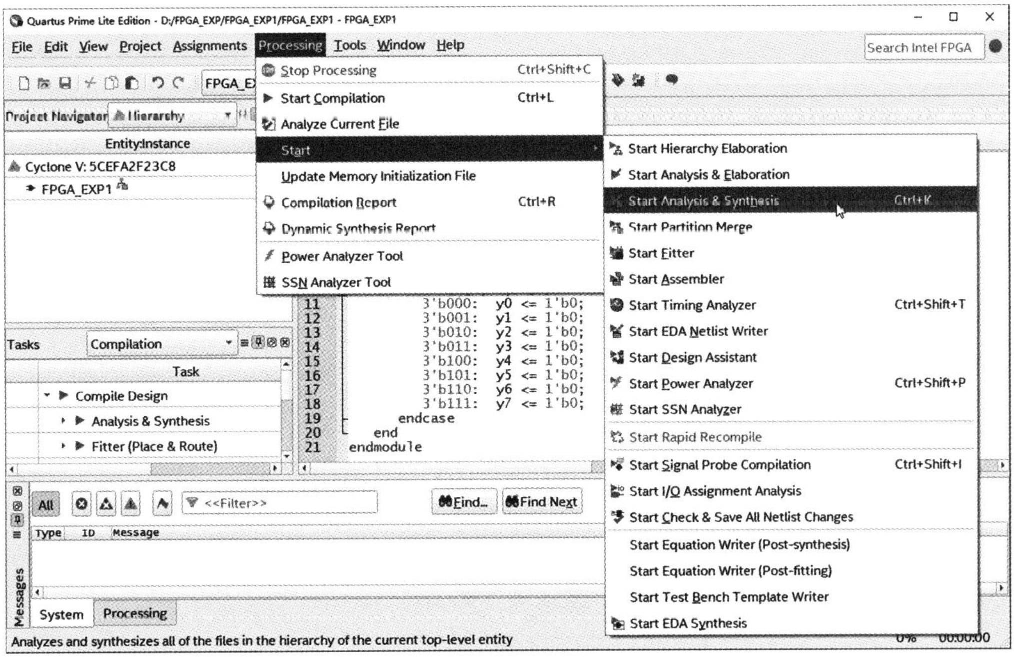

图 6.21　分析和综合命令

如果工程设置和代码输入正确，在执行“Start Analysis & Synthesis”命令后，会在“Messages”窗口显示“ Quartus Prime Analysis & Synthesis was successful. 0 errors, 1 warnings...”，如图 6.22 所示。如果工程设置或代码输入有误，就要检查工程设置或代码输入，修改正确后再回到这一步重新执行“Analysis & Synthesis”命令，直到弹出“Quartus Prime Analysis & Synthesis was successful”信息。

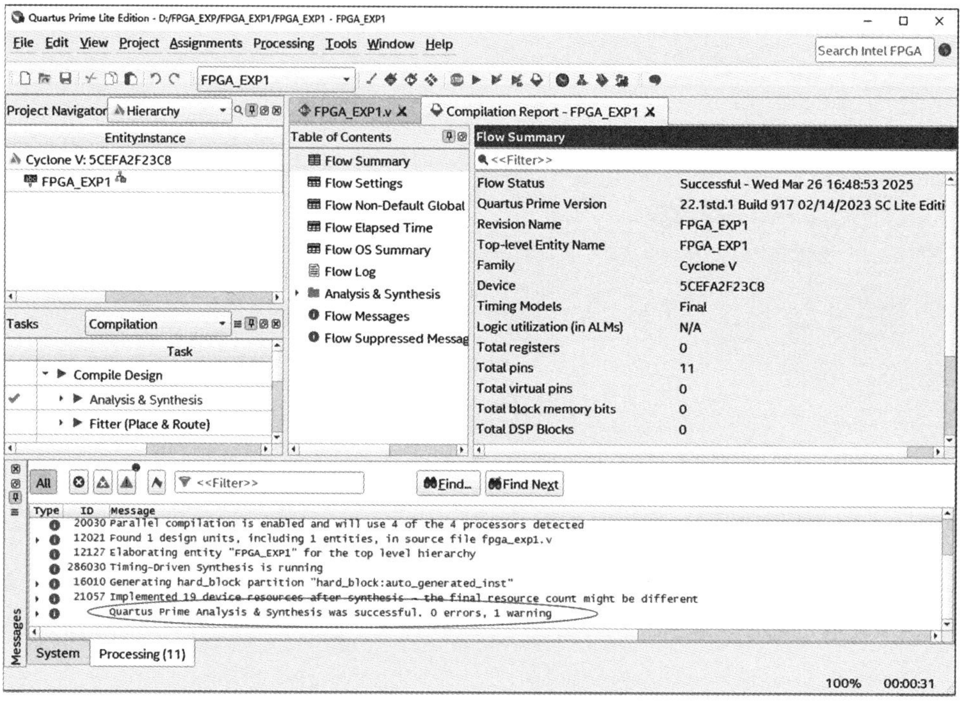

图 6.22　分析和综合执行成功

6.2.3.5　功能仿真

功能仿真也称为前仿真或 RTL 仿真，主要检查所设计的逻辑功能是否正确，不考虑实际的延时问题。在功能仿真之前，要先为工程添加仿真文件及代码，仿真文件及代码也叫做 Verilog HDL 的测试平台（TestBench）。

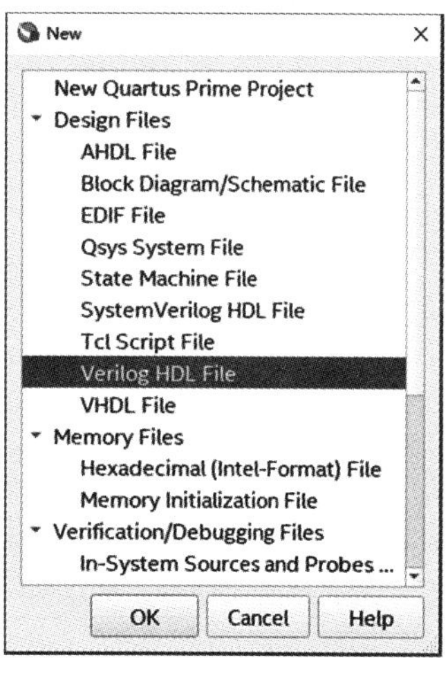

图 6.23　设置一个 TestBench 文件

在 Quartus Prime 界面中，用鼠标左键单击“File”菜单，选择“New...”命令，在弹出的“New”窗口中选择“Verilog HDL Files”项，如图 6.23 所示。

单击“OK”按钮，在工作区会再打开一个 Verilog HDL 设计文件编辑窗口，然后在此窗口中输入以下代码。注意第一行代码的第一个撇号是键盘左上角按键上的撇号，不是一般使用的单撇号。

```
'timescale 10ns/1ns
module FPGA_EXP1_tb();
  reg a, b, c;
```

```
    wire y0, y1, y2, y3, y4, y5, y6, y7;
    always begin
      #0 a = 1'b0; #0 b = 1'b0; #0 c = 1'b0; //abc=000
      #2 c = 1'b1;                           //abc=001
      #2 b = 1'b1; #0 c = 1'b0;              //abc=010
      #2 c = 1'b1;                           //abc=011
      #2 a = 1'b1; #0 b = 1'b0; #0 c = 1'b0; //abc=100
      #2 c = 1'b1;                           //abc=101
      #2 b = 1'b1; #0 c = 1'b0;              //abc=110
      #2 c = 1'b1;                           //abc=111
      #2 b = 1'bx;                           //abc=1x1
      #2 b = 1'b1; #0 c = 1'bz;              //abc=11z
      #2;
      end
    FPGA_EXP1 U1 (a, b, c, y0, y1, y2, y3, y4, y5, y6, y7);
  endmodule
```

代码输入完成后，用鼠标左键单击“File”菜单，选择“Save”命令，在弹出的“另存为”窗口中位置①处，选择当前工程文件夹“FPGA_EXP1”，在位置②“保存类型”处，选择为“Verilog HDL Files”、文件名设置为“FPGA_EXP1_tb”。如果这些参数已经默认且一致，就不用重新设置了。最后单击位置③“保存”按钮完成设计文件的输入。如图 6.24 所示。

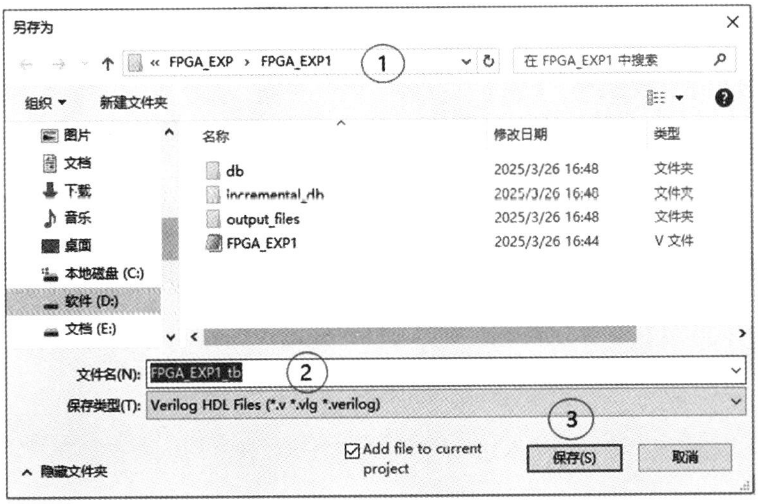

图 6.24　存储 TestBench 文件

为了检查 TestBench 代码的语法，再次执行“Processing”菜单下“Start”子菜单中的“Start Analysis & Synthesis”命令，直至代码没有语法错误。

在功能仿真之前，还要对仿真工具进行设置。例如，如果设置了 Modelsim 为仿真软件，则单击“Tools”菜单，选择“Options...”命令，在弹出的“Options”窗口的左侧单击“General”下的“EDA Tool Options”，然后按图 6.25 设置右侧“EDA Tool Options”页面下的“ModelSim”之“Directory Containing Tool Executable”为实际软件安装的路径，本例中的路径设置为“D:\modeltech64\win64”。如果该路径已经设置过了,则跳过此设置步骤。图6.25中的路径可以在位置①直接输入,也可通过单击位置②的“...”按钮选择仿真工具所在的文件夹。

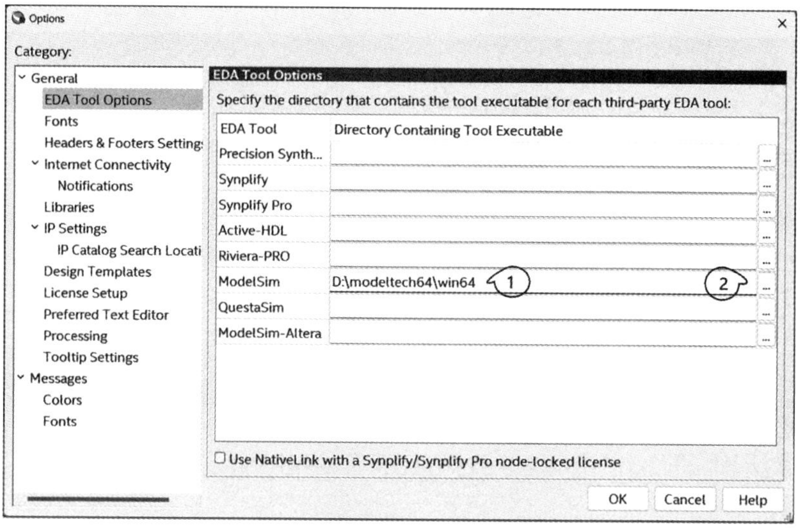

图 6.25 设置仿真工具的路径

下面进行功能仿真设置。单击“Assignments”菜单,选择“Settings...”命令,在弹出的“Settings”窗口的左侧单击“EDA Tool Settings”下的“Simulation”,然后按图6.26设置右侧的“Simulation”参数。

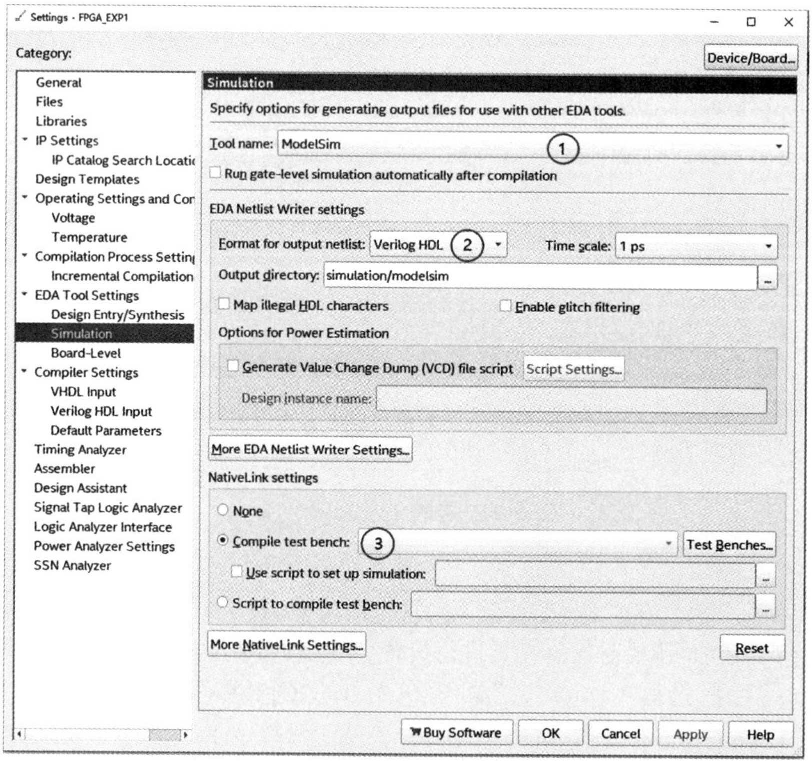

图 6.26 功能仿真设置

单击图 6.26 中③处最右侧的“Test Benches...”按钮，在弹出的“Test Benches”窗口中单击“New...”按钮，按图 6.27 设置“New Test Bench Settings”。

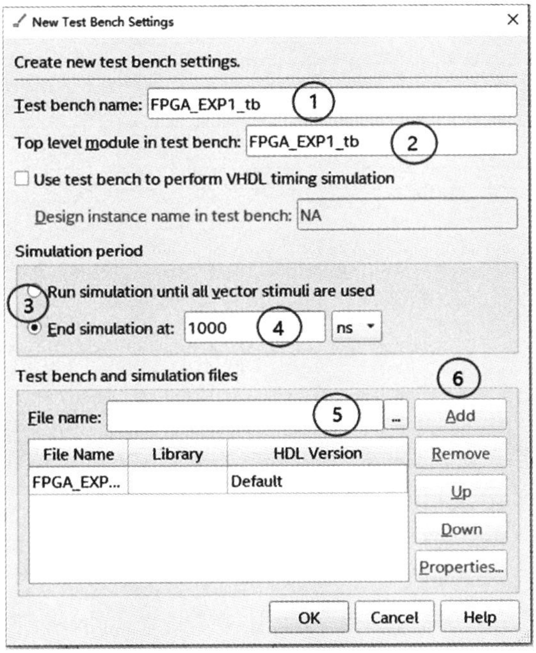

图 6.27　Test Bench 设置

在图 6.27 位置①处输入“FPGA_EXP1_tb”，位置②会自动同步位置①的内容。在位置③，单选“End simulation at:”，并在位置④填上“1000”，同时选择单位为“ns”。再单击位置⑤后“...”按钮选择编辑好的“FPGA_EXP1_tb.v”文件，最后单击位置⑥处的“Add”按钮完成“Test bench and simulation files”的添加。

设置完成以后，就可以启动仿真软件，完成功能仿真。单击“Tools”菜单，选择“Run Simulation Tool”子菜单中的“RTL Simulation”命令来启动功能仿真。等待仿真软件完全打开并跑完设定的 1000 ns 之后，再通过工具条上的缩放工具做适当的调整，就能看到完整的仿真结果，如图 6.28 所示。

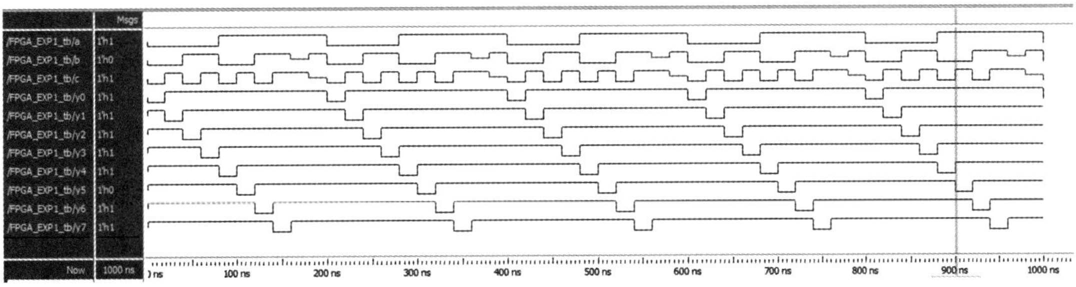

图 6.28　完整仿真波形

从图 6.28 的仿真结果可看出，仿真的结果是以 200 ns 为周期不断重复的，原因是编写 Verilog TestBench 时，激励信号采用 always 语句赋值，赋值的动作是循环进行的，一直到仿真时间达到 1000 ns 时结束。对于仿真结果，只要分析一个周期就可以了，比如图 6.29 是仿真波形的第一个周期。

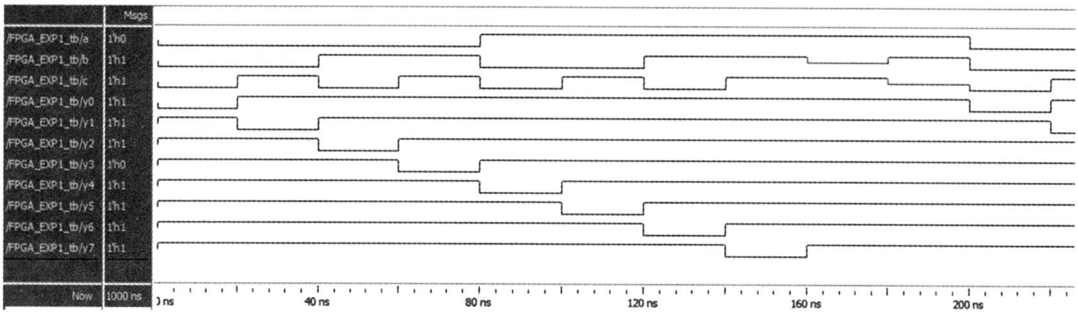

图 6.29 仿真波形的第一个周期

在图 6.29 中，0～20 ns 输入 abc 为“000”，输出只有 y0 为低电平“0”；20～40 ns 输入 abc 为“001”，输出只有 y1 为低电平“0”；接下来每过 20 ns 依次只有一个输出为低电平，直到 160～180 ns 和 180～200 ns 时间段，因为输入出现了“x”“z”等取值，不在译码范围内，所以没有输出低电平。仿真结果验证了所设计的译码器是正确的。

6.2.3.6 管脚分配

在对 FPGA 进行配置之前，要先进行管脚分配。单击“Assignments”菜单，选择“Pin Planner”命令打开“Pin Planner”窗口，如图 6.30 所示。注意图中圈出的地方与设计工程是否一致，若不一致，要修改后再往下做。

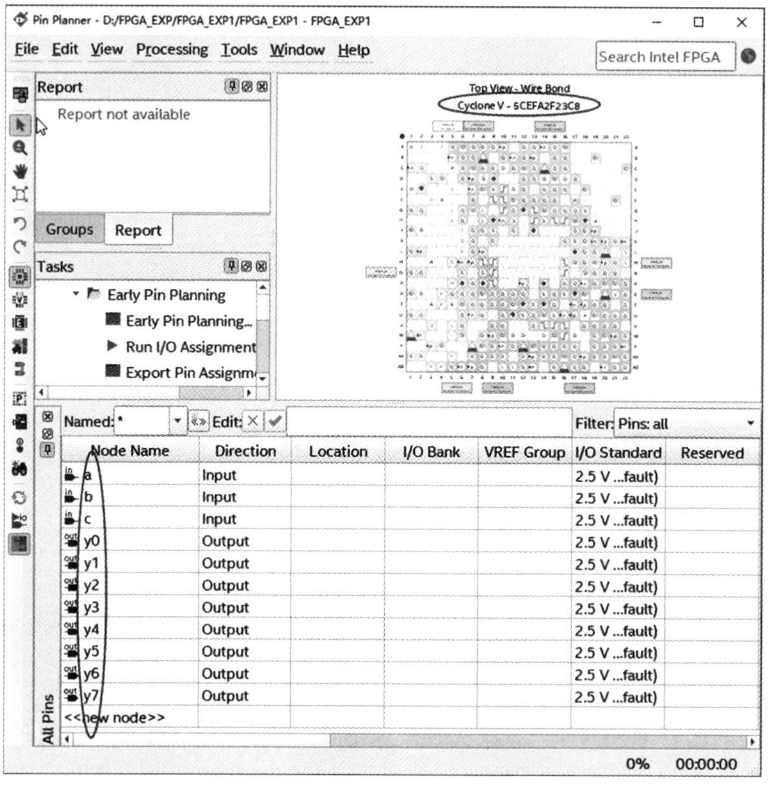

图 6.30 管脚分配界面

图 6.30 中，需要添加的约束是管脚（“Location”），也就是 FPGA 内部设计中的输入和输出需要连接到对应的 FPGA 外部管脚，以便 FPGA 内部的设计与 FPGA 芯片外部的器件连接起来。通过查阅硬件系统的实验指导书的“FPGA 管脚约束”，分别为输入 a,b,c 找一个对应“拨码开关”的 FPGA 管脚，并在图 6.30 中输入信号对应的“Location”处直接输入相应的管脚编号。同样，为输出 y0～y7 找一个对应的“LED 灯”的 FPGA 管脚，并在图 6.30 中输出信号对应的“Location”处直接输入相应的管脚编号。每次输入管脚编号后记得按键盘的“Enter”键，其他列参数不用处理，默认即可。管脚分配完成后的 Pin Planner 界面如图 6.31 所示。

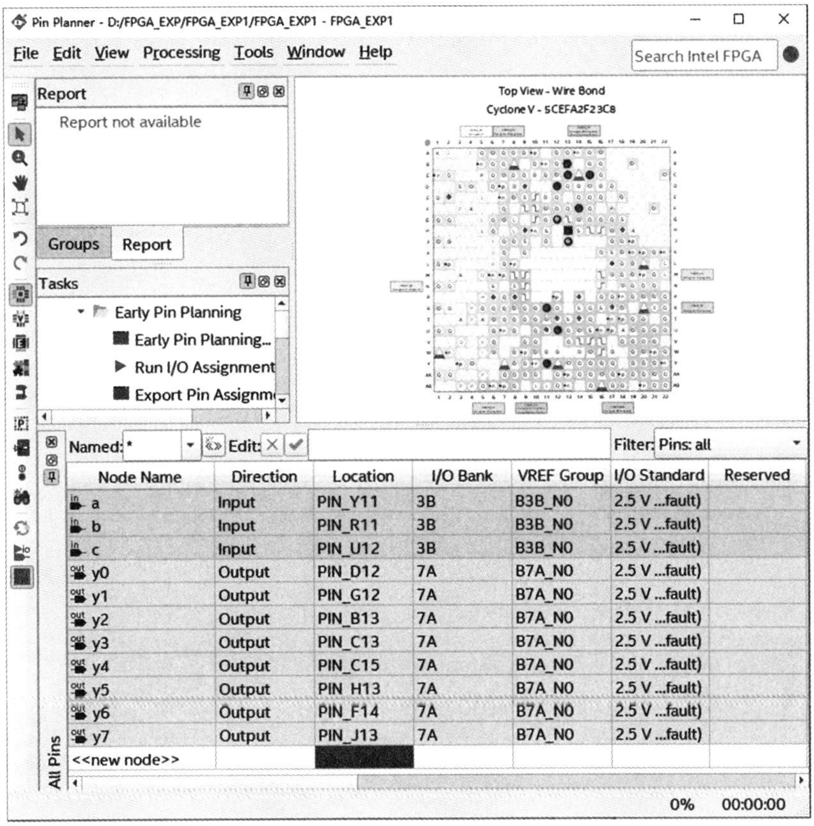

图 6.31　管脚分配完成

在此教程中，我们选择了拨码开关 DIP0，DIP1，DIP2 作为设计中输入信号 a,b,c 的输入设备，选择了发光二极管 D0～D7 作为设计中输出信号 y0～y7 的显示设备。实验时也可以根据需要，自行选择输入和输出设备。

在管脚约束完成以后，可以直接关闭“Pin Planner”窗口，下次修改或添加时再打开“Pin Planner”即可。

6.2.3.7　全编译设计工程

全编译设计工程包括分析与综合（Analysis & Synthesis）、适配（Fitter）、汇编（Assembler）。单击“Processing”菜单，选择“Start Compilation”命令，实现 Analysis & Synthesis、Fitter 及 Assembler 等完整的全编译过程。成功编译后会出现图 6.32 中的提示

信息。

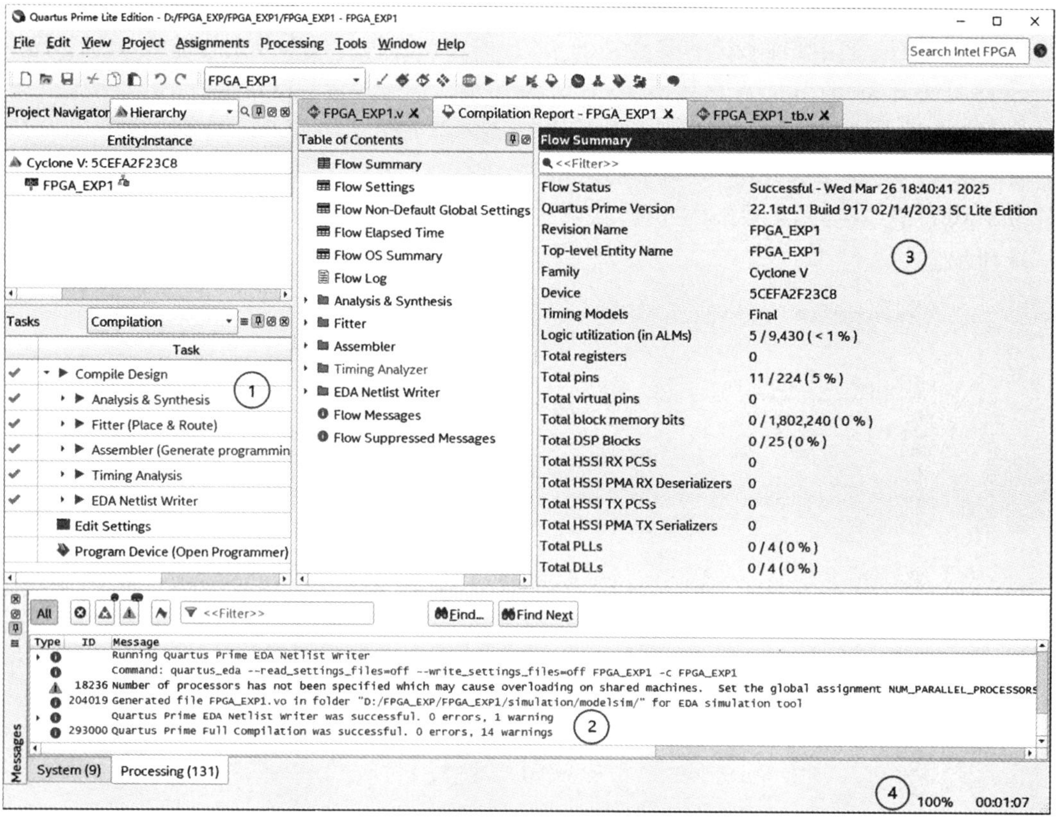

图 6.32　全编译成功

在图 6.32 中,位置①会在编译的过程中指示编译进度及是否完全通过。位置②提示窗口说明全编译成功,但有 14 个警告。位置③则是在编译正确完成后给出的各个阶段的信息及摘要信息等。位置④以百分比的方式指示编译的进度及编译过程所用的时间。

6.2.3.8　硬件验证

1. 硬件连接

我们使用的 FPGA 实验箱与 PC 机连接时需要一个电源适配器和一根 USB 下载电缆,如图 6.33(a)、图 6.33(b)所示。

打开实验箱,用 USB 数据线连接 FPGA 实验箱和计算机机箱上的 USB 接口。连接 USB 数据线时一定要注意 USB 数据线接头的形状和方向,不可胡乱、蛮力连接。连接电源时,将电源适配器的一端连接到 FPGA 实验箱的电源插座 +5 V DC 端,如图 6.33(c)所示,另一端连接到 220 V 电源插头。电源连接完成后,按下电源开关 Power 给 FPGA 实验箱加电,如图 6.33(d)所示。

注意:在首次给实验箱加电时,要给 FPGA 实验箱的下载线安装驱动,此时请耐心等待驱动安装完成后,再往下做实验。

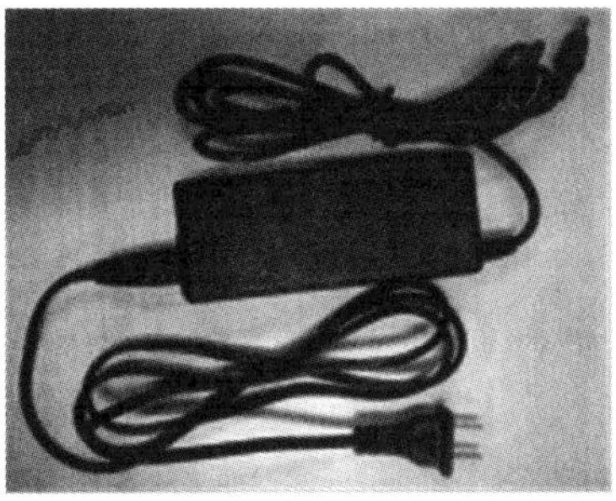

(a) 电源适配器

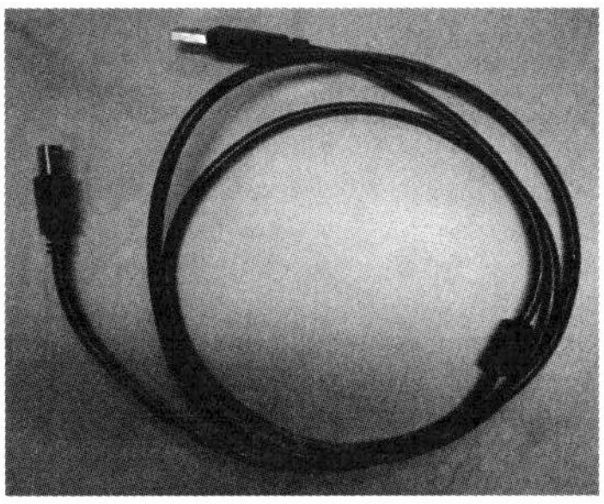

(b) USB数据线

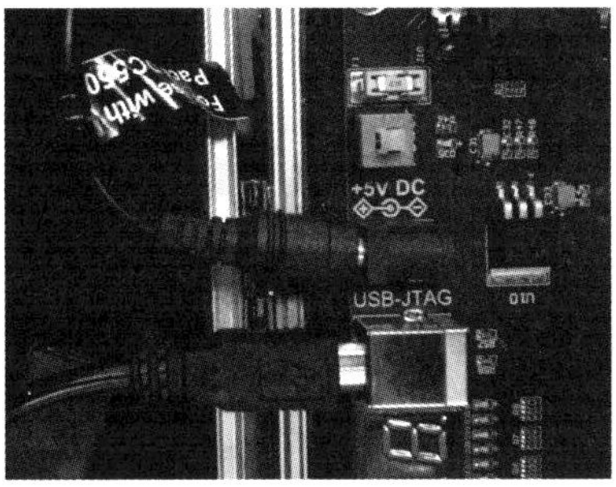

(c) 电源、下载线接口位置

(d) 电源开关

图 6.33　硬件连接示意图

2. 软件操作

下载配置文件时，单击“Tools”菜单，选择“Programmer”命令，在打开的“Programmer”窗口中如果“Hardware Setup...”按钮后显示“No Hardware”，则要单击“Hardware Setup...”按钮进行下载线设置；如果“Hardware Setup...”按钮后显示“USB-Blaster [USB-0]”，则不用设置下载线。如图 6.34 所示。

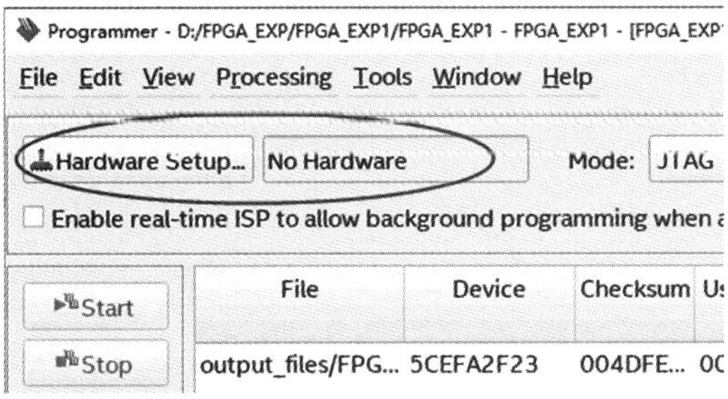

(a) 需要进行下载线设置

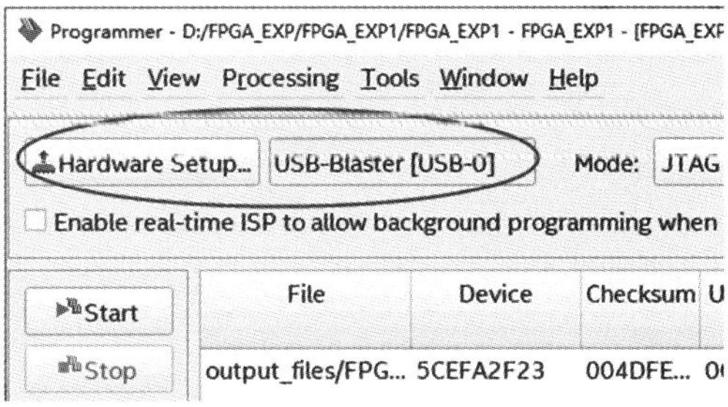

(b) 不需要进行下载线设置

图 6.34　下载线设置判断

单击“Hardware Setup...”按钮，在“Hardware Setup”窗口，通过位置①或位置②的下载线列表来完成下载线的设置，如图 6.35 所示。

如果在图 6.35 的位置①和位置②都没有找到 USB-Blaster，表示实验箱的下载线驱动程序没有正确安装，因此要先安装下载线驱动程序，然后再设置 USB-Blaster。

USB-Blaster 选择好以后，单击“Close”按钮完成下载线设置，返回“Programmer”窗口

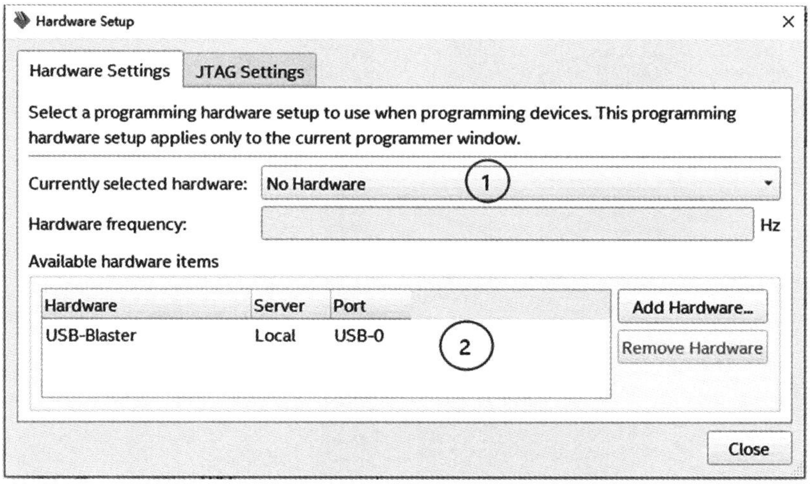

图 6.35　下载线设置

并核对图 6.36 中①～④标记处信息，无误后单击⑤处“Start”按钮，把设计电路下载到实验箱的 FPGA 芯片 5CEFA2F23 中。这一步也叫做 FPGA 的配置。

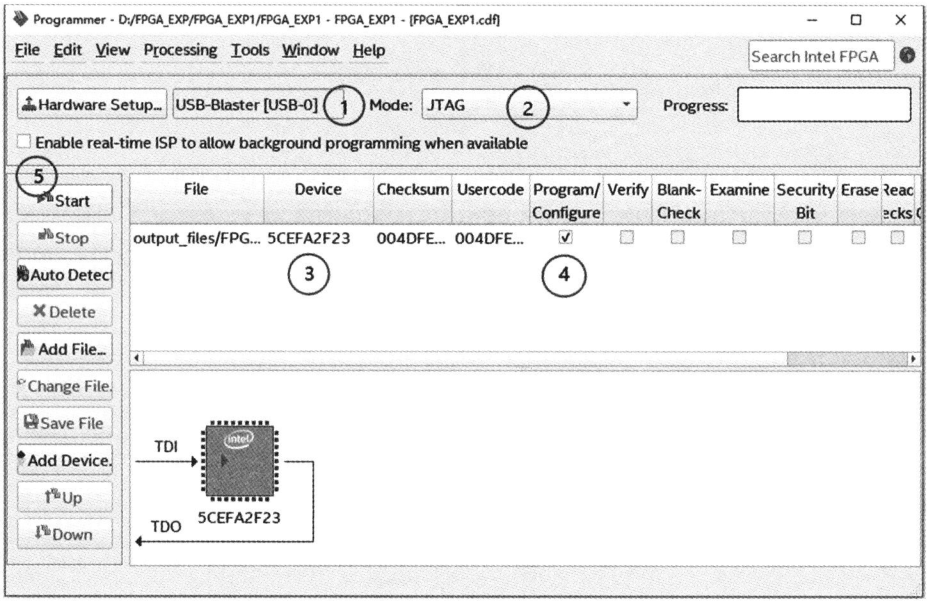

图 6.36　FPGA 的配置

3. 硬件验证

根据之前为工程添加约束时的管脚分配，FPGA 实验箱上拨码开关中的 DIP0，DIP1，DIP2 分别通过 FPGA 的 Y11，R11，U12 管脚连接到了设计中的输入端口 a，b，c，LED 灯中的 D0～D7 通过 FPGA 的 D12，G12，B13，C13，C15，H13，F14，J13 管脚连接到了设计中的输出端口 y0～y7。我们在实验箱上分别找到 DIP0，DIP1，DIP2 和 D0～D7，如图 6.37 所示。

图 6.37 中位置①标出了拨码开关 DIP0，DIP1，DIP2 的位置。当 DIP0，DIP1，DIP2 拨

图6.37　FPGA实验箱上对应的端口器件

向下（实验箱外侧）时表示相应的拨码开关给输入端口提供了低电平"0"，反之则提供了高电平"1"。图中位置②标出的LED灯亮表示设计输出是高电平"1"，反之则输出低电平"0"。

接下来我们就要在操作DIP0，DIP1，DIP2的同时，观察LED灯D0～D7的状态，并记录硬件验证的逻辑关系，结果如表6.2所示。

从表6.2中的数据可以看出，DIP0，DIP1，DIP2和D0～D7的逻辑关系完全符合所设计的3-8译码器的逻辑关系，也就是说3-8译码器的硬件验证完全正确。至此，我们完成了Altera FPGA设计的基本流程和步骤。

表6.2　硬件验证记录表

端口	对应器件	状态1	状态2	状态3	状态4	状态5	状态6	状态7	状态8
a	DIP0(Y11)	Down(0)	Down(0)	Down(0)	Down(0)	Up(1)	Up(1)	Up(1)	Up(1)
b	DIP1(R11)	Down(0)	Down(0)	Up(1)	Up(1)	Down(0)	Down(0)	Up(1)	Up(1)
c	DIP2(U12)	Down(0)	Up(1)	Down(0)	Up(1)	Down(0)	Up(1)	Down(0)	Up(1)
Y0_n	D0(D12)	Off(0)	On(1)	On(1)	On(1)	On(1)	On(1)	On(1)	On(1)
Y1_n	D1(G12)	On(1)	Off(0)	On(1)	On(1)	On(1)	On(1)	On(1)	On(1)
Y2_n	D2(B13)	On(1)	On(1)	Off(0)	On(1)	On(1)	On(1)	On(1)	On(1)
Y3_n	D3(C13)	On(1)	On(1)	On(1)	Off(0)	On(1)	On(1)	On(1)	On(1)
Y4_n	D4(C15)	On(1)	On(1)	On(1)	On(1)	Off(0)	On(1)	On(1)	On(1)
Y5_n	D5(H13)	On(1)	On(1)	On(1)	On(1)	On(1)	Off(0)	On(1)	On(1)
Y6_n	D6(F14)	On(1)	On(1)	On(1)	On(1)	On(1)	On(1)	Off(0)	On(1)
Y7_n	D7(J13)	On(1)	On(1)	On(1)	On(1)	On(1)	On(1)	On(1)	Off(0)

6.3 实验设计项目

采用HDL语言进行逻辑电路的设计虽然形式上也是编程序,但实质上与采用高级语言进行软件编程是不一样的。高级语言编写的代码经过编译、汇编之后,转换成机器码,由CPU逐条执行,而HDL程序经过综合以后,得到逻辑电路的网表文件,描述的是硬件电路。为了进一步学习HDL描述硬件电路的方法,本节给出几个设计项目,并结合我们的软硬件平台,分析用Verilog HDL编程的思路和硬件实现。

6.3.1 LED跑马灯控制电路

跑马灯就是让一排LED灯按照一定的时间间隔依次、循环地点亮。用FPGA来控制LED实现跑马灯,需要在FPGA中实现跑马灯的控制电路。

6.3.1.1 设计分析

分析一下跑马灯的实现效果,可以总结出FPGA中的控制电路要完成三个功能:确定时间间隔、改变亮灭的位置以及输出控制信号。

由于FPGA中实现的是硬件电路,因此不能像高级语言那样采用for循环来实现定时。在FPGA中,定时要通过分频器、计数器和输入时钟信号来实现。如果设计的跑马灯是每隔1 s跑动一次,那么首先要得到1 Hz的时钟信号。我们所用的硬件平台中的时钟信号是50 MHz,所以要设计分频器,获得1 Hz的时钟信号。

当一排LED灯需要循环点亮时,要控制当前亮灯的位置和下一次亮灯的位置,这项工作可以由计数器来完成。按照计数器的计数值来确定哪一个位置的灯应该点亮。

最后,根据计数器的计数值进行译码,把亮灯的位置转换成LED灯的驱动信号,通过FPGA的管脚送给LED灯,实现跑马灯的效果。

通过以上的分析,我们可以总结出跑马灯控制电路的结构图如图6.38所示,包括分频器、计数器和译码器三个部分。在进行程序设计时,可以把这三个模块分别写成独立的Verilog程序,作为元件,然后再写一个顶层实体调用三个元件。也可以把三个部分写在一个Verilog程序里,用三个always语句来描述三个部分的行为。以下我们给出两种编程方式的程序。在设计中,系统输入时钟为50 MHz,LED灯有8个,轮流点亮的时间间隔为1 s。

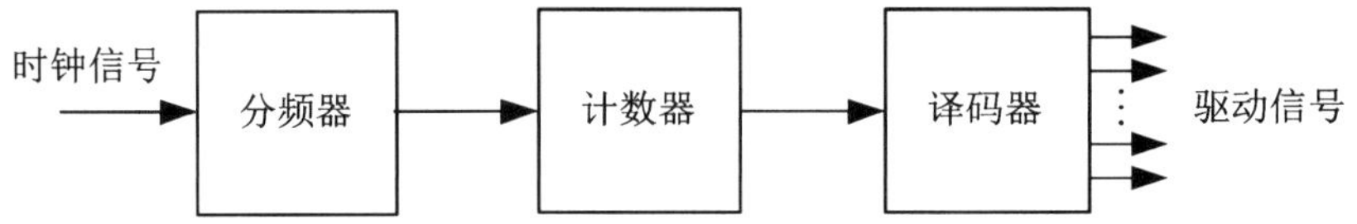

图6.38 跑马灯控制电路框图

6.3.1.2 模块例化方式

采用模块例化方式时，先分别设计分频器 Div50MHz、计数器 Counter8 和译码器 Decoder38，并将它们作为元件，然后再设计顶层实体 LED8，调用三个元件。如果要修改跑马灯的跳动速率，可以修改分频器的分频因子；如果 LED 灯的个数不是 8，要修改计数器的计数范围以及译码器的输出信号。例程如下：

```
module Div50MHz(clk, clkout);     //分频器
  input clk;                      //原始时钟信号
  output clkout;                  //1 Hz 输出时钟信号
  reg clkout;
  integer cnt;

  always @(posedge clk)
    begin
    if (cnt == 24999999)
      begin
      cnt <= 0;
      clkout <= ~clkout;
      end
    else cnt <= cnt + 1;
    end
endmodule
****************************************
module Counter8(clk, q);          //计数器
  input clk;
  output [2:0] q;
  reg [2:0] tmp_q;

  assign q <= tmp_q;
  always @(posedge clk)
    begin
    if (tmp_q == 3'b111)
      tmp_q <= 3'b000;
    else
      tmp_q <= tmp_q + 3'b001;
  end
endmodule
****************************************
module Decoder38 (din, dout);    //译码器
  input [2:0] din;
  output [7:0] dout;
```

```
  reg [7:0] dout;

  always @(din)
    case (din)
      3'b000: dout = 8'b00000001;
      3'b001: dout = 8'b00000010;
      3'b010: dout = 8'b00000100;
      3'b011: dout = 8'b00001000;
      3'b100: dout = 8'b00010000;
      3'b101: dout = 8'b00100000;
      3'b110: dout = 8'b01000000;
      3'b111: dout = 8'b10000000;
      default: dout = 8'b00000000;
    endcase
endmodule
****************************************
module LED8(clk, dout);          //顶层模块
  input clk;
  output [7:0] dout;
  wire clk1hz;
  wire [2:0] mq;

  Div50MHz U1 (clk, clk1hz);
  Counter8 U2 (clk1hz, mq);
  Decoder38 U3 (mq, dout);
endmodule
```

6.3.1.3 三个 always 语句方式

当把所有模块都写到一个 Verilog 程序中时，可以采用三个 always 语句分别实现分频器、计数器和译码器，三个 always 语句之间通过 reg 类型的信号来连接。例程如下：

```
module LED8(clk, dout);          //顶层模块
  input clk;
  output [7:0] dout;
  reg [7:0] dout;
  reg clk1hz;
  integer cnt;
  reg [2:0] mq;

  always @(posedge clk)
    begin
    if (cnt == 24999999)
       begin
```

```
            cnt <= 0;
            clk1hz <= ~clk1hz;
            end
        else cnt <= cnt + 1;
        end

    always @(posedge clk1hz)
        begin
            if (mq = = 3'b111)
                mq <= 3'b000;
            else
            mq <= mq + 3'b001;
        end

        always @(mq)
            case (mq)
            3'b000: dout = 8'b00000001;
            3'b001: dout = 8'b00000010;
            3'b010: dout = 8'b00000100;
            3'b011: dout = 8'b00001000;
            3'b100: dout = 8'b00010000;
            3'b101: dout = 8'b00100000;
            3'b110: dout = 8'b01000000;
            3'b111: dout = 8'b10000000;
            default: dout = 8'b00000000;
        endcase
endmodule
```

6.3.2　七段数码管动态扫描控制电路

七段数码管是用七个不同形状的发光二极管(LED)摆放在不同的位置构成的。通常为了方便使用,七段数码管还会多出一段用来表示“小数点”,因此七段数码管实际上是八段,习惯上仍称为“七段数码管”。第 5 章已经介绍了一个七段数码管显示数字的原理,这里要讨论的是多位数码管的连接方式和控制方式。

6.3.2.1　七段数码管的工作原理

七段数码管分共阴极和共阳极两种封装形式,当七段数码管中所有 LED 的负极连接在一起进行控制,而所有 LED 的正极单独控制时,称为共阴极数码管,反之则称为共阳极数码管。本设计中,FPGA 硬件系统上用到的是共阳极七段数码管,如图 6.39 所示,8 个 LED 的正极端连接在一起,负极端 a,b,c,d,e,f,g,dp 是分开的。

从图 6.39 中可以看到,要控制一个数码管正常显示,FPGA 必须要提供 9 个控制信号。

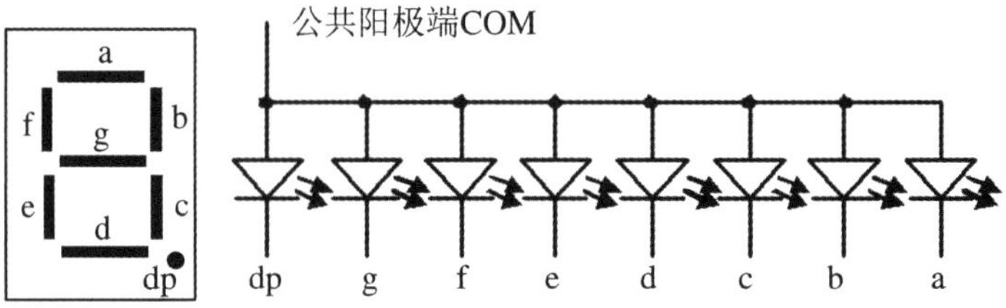

图 6.39　共阳极七段数码管结构示意图

当配备多个数码管时(如 8 个),如果每个数码管都要配备 9 个控制信号,对 FPGA 的 I/O 端口资源占用量过大,是不可取的方式。通常是将 8 个七段数码管的相同段的控制端连接在一起,通过一根控制信号线进行控制。例如 8 个七段数码管的 8 个 a 端连接在一起,用一个信号 A 控制,8 个 b 端连接在一起,用一个信号 B 控制,以此类推,这样对多个数码管而言,控制数码管负极端的信号只要 8 根线,如图 6.40 所示。而 8 个七段数码管中的每一个阳极则分别由一根控制信号线单独控制,如图中的 LED_S0～LED_S7 所示,这样连接起来的 8 位七段数码管就是动态的连接方式。LED_S0～LED_S7 叫做位控制信号,A,B,C,D,E,F,G,DP 叫做段控制信号。

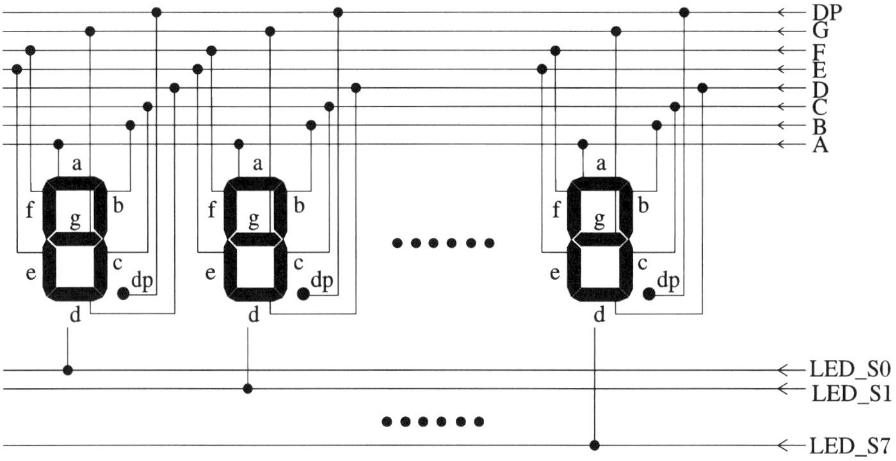

图 6.40　多位共阳极七段数码管的动态连接方式

6.3.2.2　动态扫描控制器的设计思路

在应用设计中,需要用不同的数码管来显示不同的数字。但是从以上电路连接方式可以看出 8 个数码管的段控制信号是连接在一起的,段控制信号是同时送到所有的数码管的。因此要实现在 8 位七段数码管上同时显示不同的数字(如 0～9,A～F),就要采取动态扫描的方式,得到如图 6.41 所示的显示效果。

图 6.41　8 位数码管显示不同数字的效果

数码管动态扫描的思想是将时间分成很小的间隔(比如 20 μs),在每个时间间隔里只允许一个数码管显示,但 8 个数码管按照时间间隔轮流循环显示。当一个数码管点亮的频率大于每秒 50 次时,人眼就无法分辨其亮灭的状态,看到数码管一直是亮的,这样就达到图 6.41的显示效果。

按照动态扫描的思想,首先需有 8 个锁存器来保存要显示的数字,每个锁存器存储 4 bit数据,锁存器中的数据可以通过拨码开关进行修改,由拨码开关来确定修改哪一个锁存器、更新的值是多少。因此要在 FPGA 中设计锁存器,并且要能接收拨码开关的输入信号。

在动态扫描时,FPGA 要向数码管发送段码(a,b,c,d,e,f,g,dp 的组合,确定显示哪一个数字)和位码(LED_S0～LED_S7 的组合,确定哪一个数码管显示),段码和位码必须要保持匹配稳定,即在图 6.41 中,第一个数码管显示时,段码一定要是数字 0 的段码;第二个数码管显示时,段码一定要是数字 1 的段码,以此类推。

因为要显示的数据是存储在锁存器里的,因此 FPGA 在一个时间间隔内,要从 8 个锁存器里选一个数据出来。锁存器里存储的数据是 4 bit,不能直接送给数码管,还要经过 4-7 译码器译码后得到段码,再送给数码管的负极端 a,b,c,d,e,f,g。第 5 章中的例 5.3 给出了 4-7译码器的 Verilog 代码。

FPGA 把位码信号送给数码管正极端 LED_S0～LED_S7,其中只有 1 bit 是高电平,其他 7 bit 都是低电平,保证一个时间间隔内只有一个数码管可以点亮。为了得到循环产生的位码,FPGA 中首先要设计一个 0～7 计数器,其计数值再经 3-8 译码器后输出。注意,这里的 3-8 译码输出值中只能有一个为高电平。

根据以上分析,可以得到数码管动态扫描控制电路的框图,如图 6.42 所示,其中 8 个锁存器的具体结构可以有不同的实现方式,图 6.43 给出了一种参考方式。

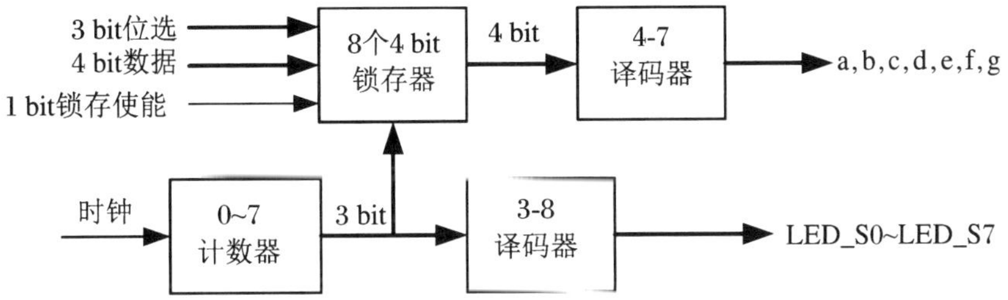

图 6.42　数码管动态扫描控制电路的框图

6.3.2.3　项目设计

根据以上给出的七段数码管的工作原理和控制电路的设计思路,采用 Verilog 语言进行设计,在 FPGA 中实现七段数码管的动态控制电路,最后在 8 个数码管同时显示不同的数字,并可以通过拨码开关修改要显示的数字。具体要求如下:

(1) 采用 Verilog 语言编写实现七段数码管动态扫描控制电路的完整程序;

(2) 编写 Verilog Test Bench,设置相关参数,完成功能仿真;

(3) 查看 RTL 级的电路原理图;

(4) 在 FPGA 硬件系统上验证设计结果。

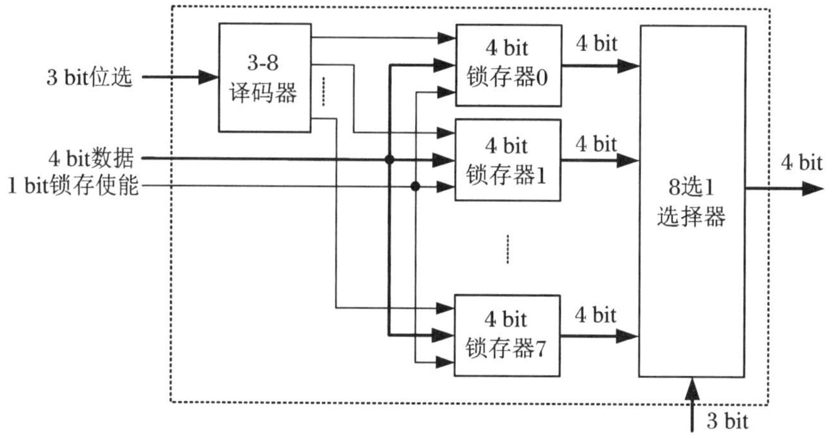

图 6.43 可设置锁存器的结构框图

6.3.3 矩阵键盘扫描控制电路

矩阵键盘是数字系统中常用的一种输入设备，它由 4×4 的按键开关组成阵列，可实现 16 种状态的输入。

6.3.3.1 工作原理

矩阵键盘的实物图及内部结构如图 6.44 所示，其中黑色长方条表示按键，圆圈表示触点。从图中可见每个按键有左、右两个触点，每一行按键的右触点连接在一起，形成一条行信号线，因此行信号有 4 根线，分别用 SW_R0，SW_R1，SW_R2，SW_R3 表示。每一列按键的左触点连接在一起，形成一条列信号线，因此列信号有 4 根线，分别用 SW_C0，SW_C1，SW_C2，SW_C3 表示。若按键没有被按下，则两个触点不连通；如果某个按键被按下，则左、右两个触点连通，导致其左边列信号线和右边行信号线连接在一起。

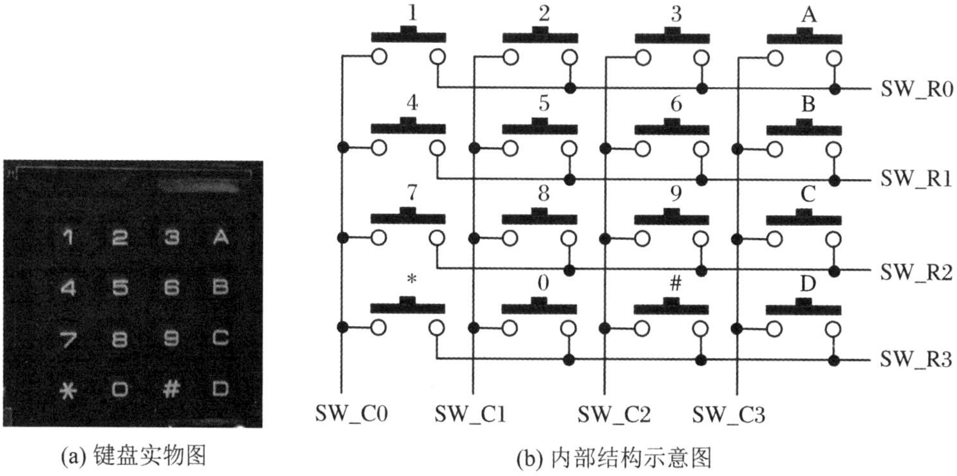

图 6.44 矩阵键盘的实物图和内部结构示意图

在我们使用的硬件平台中，矩阵键盘和 FPGA 的 I/O 管脚的连接关系如图 6.45 所示，行信号 SW_R0，SW_R1，SW_R2，SW_R3 与 FPGA 四个通用 I/O 管脚相连，管脚号分别为 Y21，Y19，W21 和 V21；列信号 SW_C0，SW_C1，SW_C2，SW_C3 也连接到 FPGA 的四个通用 I/O 管脚上，管脚号分别为 AB22，AB20，AA20 和 Y17。另外，四根行信号线 SW_R0，SW_R1，SW_R2，SW_R3 通过电阻连接到正电源上，表示连接了上拉电阻，阻值为 4.7 kΩ。SW_C0，SW_C1，SW_C2，SW_C3 没有接上拉电阻（也可以根据需要，换成四根列信号线接上拉电阻）。

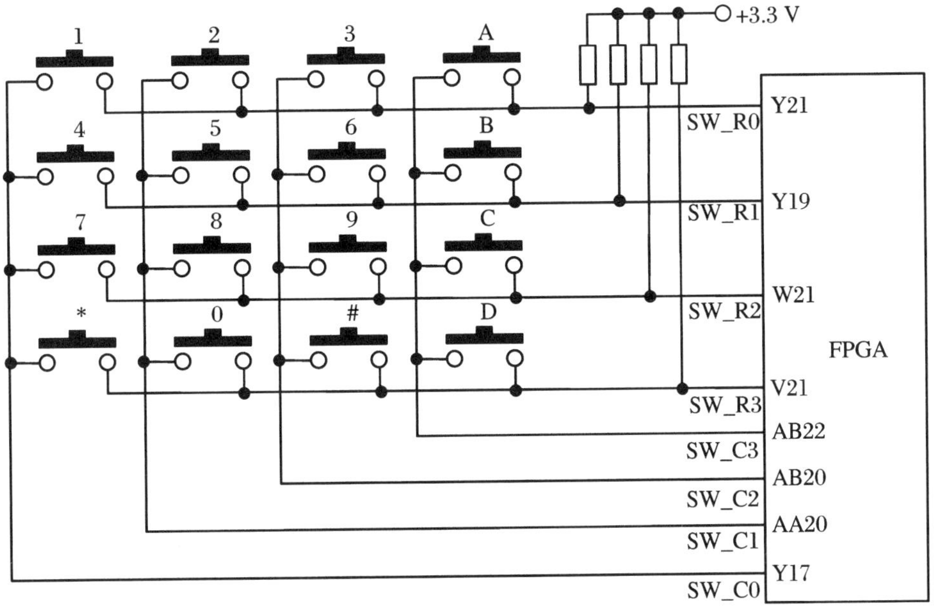

图 6.45　矩阵键盘与 FPGA 连接示意图

FPGA 使用的 I/O 电平为 3.3 V 的 LVTTL 标准，即电压小于 0.8 V 为低电平，高于 2.0 V为高电平。通过矩阵键盘与 FPGA 的硬件连接图可看出，由于行信号通过 4.7 kΩ 的电阻上拉到 +3.3 V 的电源电压，所以在没有按键按下的情况下，如果 FPGA 通过对应的 I/O管脚来读取 4×4 矩阵键盘的行信号时，得到的四根线的状态都应为高电平“1”，而读取列信号时为无输入状态，即列信号是悬空的。

6.3.3.2　设计思路

以上我们分析了矩阵键盘的工作原理和无按键按下时的状态，那么如何在 FPGA 中判断 4×4 键盘阵列中的哪个键被按下呢？由于矩阵键盘中有 16 个按键，而键盘与 FPGA 的连接只有 8 根线，显然是不能用一根信号线来判断一个按键是否被按下的，这里要采用动态扫描的方式来进行判断。

若采用动态扫描的方式，FPGA 就不能把行信号和列信号全部读取进来。对 FPGA 而言，可以把行信号作为一组输入信号，列信号作为一组输出信号，分别进行控制。FPGA 通过不断地给列信号输出一个扫描序列，再通过读取行信号来判断哪个按键被按下，即 FPGA 向列信号 SW_C0，SW_C1，SW_C2，SW_C3 循环输出“1110，1101，1011，0111”来驱动键盘阵列，每输出一个列序列之后，紧接着读取相应的四个行信号，根据 SW_R0，SW_R1，SW_R2，

SW_R3 的状态来判断 16 个按键中哪个键被按下，并对其状态做编码输出。例如，当列驱动信号输出"1110"(信号排列顺序：SW_C3，SW_C2，SW_C1，SW_C0)时，下一时钟周期读取回来的行信号为"0111"(信号排列顺序：SW_R3，SW_R2，SW_R1，SW_R0)，则可判断按键"*"被按下。这个动态扫描过程不停地进行，以便实时准确地获取键盘的输入状态，以供其他电路使用。

根据以上分析，我们可以得到 4×4 矩阵键盘动态扫描控制电路的框图，如图 6.46 所示。FPGA 中的控制电路要不断向列信号线发送驱动信号，同时读取行信号线的状态进行判断。如果有按键被按下，还要将判断出来的按键号码显示在一个数码管上。

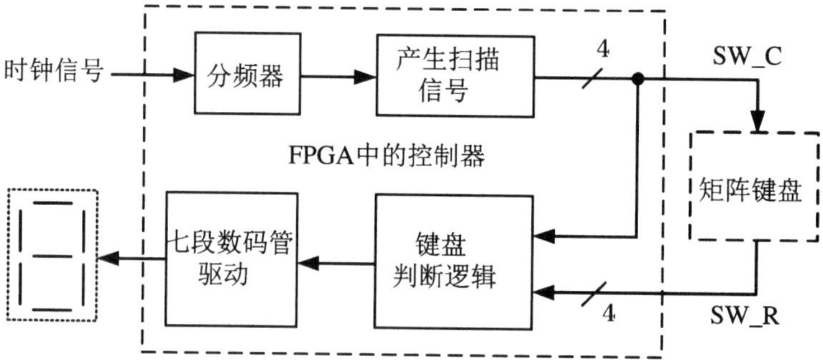

图 6.46　矩阵键盘控制器的结构框图

6.3.3.3　仿真测试文件的编写

矩阵键盘控制器的仿真测试文件可以参考 5.4.3 小节关于 Verilog 测试平台的相关内容来编写。本设计需要注意的是在编写包含时钟端口的仿真测试文件时，时钟信号要单独产生，其他的输入信号另外产生。可以采用 initial 语句和 always 语句结合的方式产生时钟，例如：

```
initial clk = 0;
always #1 clk = ~clk;
```

其他信号可以采用 initial 语句赋值，产生激励信号，例如：

```
initial begin
a = 0; b = 0;
#10 begin a = 0; b = 1; end
#10 begin a = 1; b = 0; end
#10 begin a = 1; b = 1; end
#10 begin a = 0; b = 0; end
#10 $stop;
end
```

在编写时序设计仿真测试文件时，注意不要在时钟脉冲有效沿(如上升沿)改变地址、数据或控制信号的高低电平，同时还要注意满足建立时间和保持时间。

在仿真结束后，通过"Tools"菜单"Netlist Viewers"子菜单下的"RTL Viewer"命令查看设计电路的 RTL 级的电路结构。

6.3.3.4　项目设计

根据以上给出的 4×4 矩阵键盘动态扫描控制电路的设计思路，采用 Verilog 语言进行设计，在 FPGA 中实现矩阵键盘的动态控制器，最后在 1 个数码管上显示被按下的按键编号。具体要求如下：

(1) 采用 Verilog 语言编写实现 4×4 矩阵键盘动态扫描控制器的完整程序；

(2) 编写 Verilog 仿真测试文件，设置相关参数，完成功能仿真；

(3) 查看 RTL 级的电路原理图；

(4) 在 FPGA 硬件系统上验证设计结果。

6.3.4　序列检测器

序列检测器用途很广，在数据通信、雷达和遥测等领域中常用于检测同步识别标志。序列检测器主要是用一种跳转图来检测一组或多组序列信号，如果收到的序列中包含需要检测的序列，则输出标志为"1"，否则输出标志为"0"。

6.3.4.1　工作原理

要检测串行码"111010011"，首先要有被测码，也就是说要有序列产生器。有了序列产生器以后，就可以用序列检测器检测序列产生器的输出。如果序列产生器的序列包含被测序列，则序列检测器输出状态"1"，无被测序列则输出状态"0"或无输出。本设计就是要实现序列产生器和序列检测器，具体结构如图 6.47 所示。

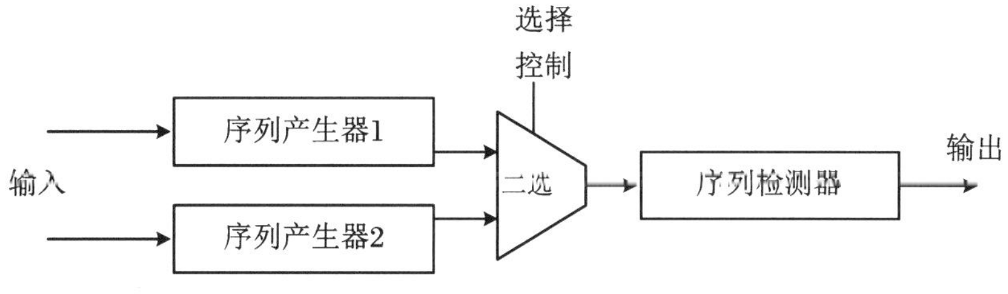

图 6.47　序列检测原理图

图 6.47 包含两个序列产生器、一个选择器和一个序列检测器。两个序列产生器中的一个产生含有"111010011"的序列，另一个不包含。通过选择器选一路序列送入序列检测器，如果输入的序列包含"111010011"，则序列检测器输出状态"1"，表示检测到被测序列，否则序列检测器输出状态"0"，表示没有检测到被测序列。

6.3.4.2　设计思路

序列的产生可以看做一个有限状态机(请参考 5.3 节)，它有 N 个状态，除节拍时钟和复位信号以外，不需要其他输入，但每个状态都有一个输出，可以相同也可以不同。例如，一个包含"110001"的序列产生器的状态转换图如图 6.48 所示。

图 6.48 所示的状态转换图是一个没有输入信号的封闭状态转换图，当其处于其中一个状态时，下一时刻会强制转换到下一个状态。图中如"S0/1"的符号表示当前状态为"S0"，当

前输出为“1”。那么图 6.48 所产生的序列就是形如“11000110110001101100001…”的序列，其中包含了“110001”序列。

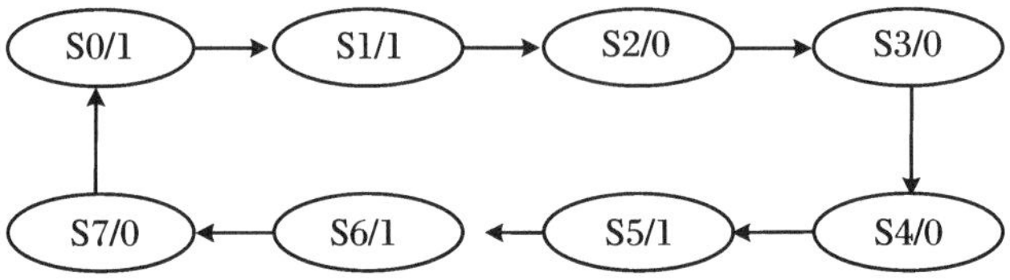

图 6.48 包含“110001”序列的状态转换图

改写图 6.48 中的序列产生转换图，就可以实现包含和不包含“111010011”序列的状态转换图，实现两个序列产生器。

序列检测器也可以看做一个状态机，它的输入是一个序列，输出是检测到特定序列与否的标志信号。这里序列检测器要检测“111010011”序列，检测“111010011”序列的状态转换图如图 6.49 所示。

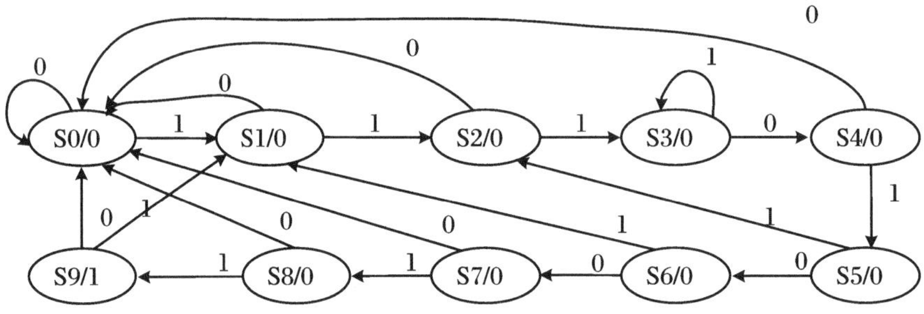

图 6.49 检测“111010011”序列的状态转换图

图 6.49 中如“S0/0”的符号表示当前状态为“S0”，当前输出为“0”，状态的转换是根据外部输入信号是“1”还是“0”来决定的。例如，当状态机的当前状态是 S0 时，如果此时外部输入是“1”，则跳转到状态 S1；如果外部输入是“0”，则状态保持在 S0 不变。

6.3.4.3 项目设计

根据以上给出的序列产生器和序列检测器的原理，采用 Verilog 语言进行设计，在 FPGA 中实现图 6.47 所示的序列产生器和序列检测器电路模块，最后在 1 个 LED 灯上显示是否检测到序列，LED 灯亮表示检测到序列，LED 灯不亮表示没有检测到序列。具体要求如下：

(1) 采用 Verilog 语言编写实现序列产生器和序列检测器的完整程序；

(2) 编写 Verilog 仿真测试程序，设置相关参数，完成功能仿真；

(3) 查看 RTL 级的电路原理图；

(4) 在 FPGA 硬件系统上验证设计结果。

6.3.5 ROM IP 的调用

Intel FPGA 宏功能模块是复杂的高级构建模块，可在 Quartus Prime 设计文件中与逻辑门和触发器等基本单元一起使用，方便用户设计。Intel 提供的参数化宏功能模块和 LPM 功能均针对 Intel FPGA 器件结构做了优化，必须使用宏功能调用(MegaWizard)才可使用一些专用的宏功能模块，如存储器、DSP 模块、PLL 等。本设计项目以一个 ROM 存储器为例介绍宏功能调用的基本步骤。

本设计的内容是首先调用一个 Intel FPGA 的宏功能模块 ROM，容量是 1024×8 bit，并在 ROM 中存放正弦波一个完整周期的数据。再编写顶层实体，将 ROM 模块当做元件调用，实现一个正弦波产生器。最终采用 Quartus Prime 中自带的嵌入式逻辑分析仪 SignalTap 来观察硬件输出结果。SignalTap 的采样部件可以随设计文件一起下载于目标芯片中，采样部件可以捕捉目标芯片内部的信号，但不影响硬件电路的正常工作。

6.3.5.1　产生正弦信号

利用 MATLAB 产生一个周期的非负正弦波，然后对其采样，取 1024 点 8 位数据，并按.mif 格式写入文件里。具体步骤：

(1) 打开 MATLAB。

(2) 编写 sin_table_matlab.m 并运行。一种 sin_table_matlab.m 程序如下所示：

```
x = 0: 2 * pi/1023: 2 * pi;
y = 255/2.0 * (1 + sin(x));
sin_table = uint8(y);
fid = fopen ('mystorage.mif', 'w');
fprintf (fid, 'WIDTH = 8; \n');
fprintf (fid, 'DEPTH = 1024; \n\n');
fprintf (fid, 'ADDRESS_RADIX = UNS; \n\n');
fprintf (fid, 'DATA_RADIX = UNS; \n\n');
fprintf (fid, 'CONTENT BEGIN \n \t0\t:\t');
for k = 1:1024
fprintf (fid, '%d\t', sin_table(k));
if (k<1024) fprintf (fid, ';\n\t%d\t:\t', k); end
end
fprintf (fid, ';\nEnd;');
fcolse (fid);
```

(3) 在当前的文件夹下产生存储器初始化文件 mystorage.mif。

6.3.5.2　利用 MegaWizard 生成存储器模块

按照 6.2.3 小节的操作步骤创建一个新的 Quartus Prime 工程，名为 FPGA_EXP5，并将存储器初始化文件 mystorage.mif 复制到 Quartus Prime 工程文件夹下。

选择“Tools”菜单里的“IP Catalog”命令，打开“IP Catalog”窗口，并找到“Library”下的“Basic Functions”下的“On Chip Memory”，并选择“ROM:1-PORT”，如图 6.50 所示。以下就是添加一个 ROM IP 模块的步骤。

(1) 点击“IP Catalog”窗口下方的“ADD”按钮，弹出设置 IP 模块名称和文件类型的窗口，如图 6.51 所示。这里给 IP 模块取名为 mystorage，类型为 Verilog。

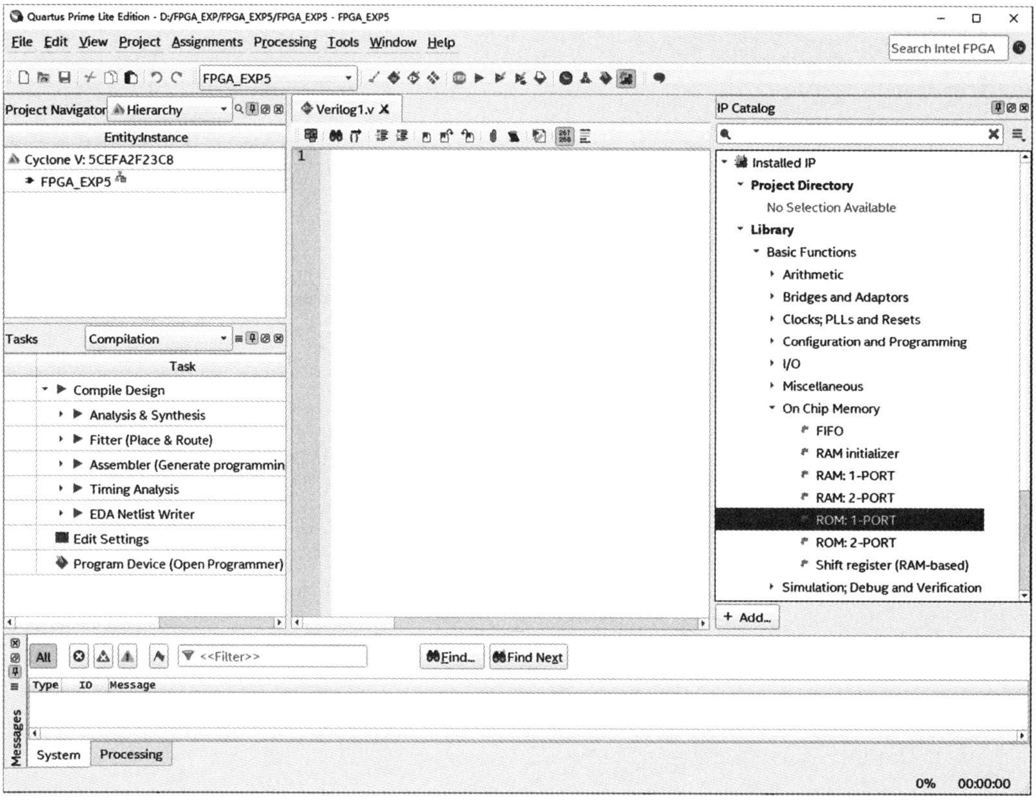

图 6.50 选择存储器 IP 类型

(2) 在图 6.51 中点击“OK”按钮，弹出“MegaWizard Plug-In Manager [page 1 of 5]”窗口，如图 6.52 所示。选择“How wide should the ‘q’ output bus be?”为“8”；“How many 8-bit words of memory?”为“1024”，其他保持默认设置。

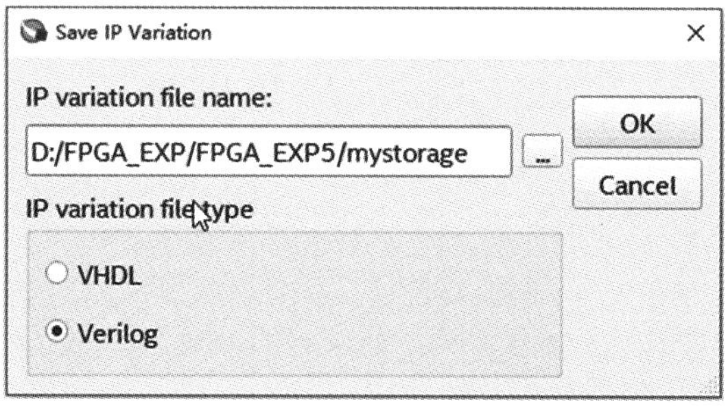

图 6.51 IP 模块名称及类型

(3) 在图 6.52 中点击“Next> ”按钮，进入“MegaWizard Plug-In Manager [page 2 of 5]”窗口，如图 6.53 所示。此处可以保持默认设置，直接点击“Next> ”按钮。

(4) “MegaWizard Plug-In Manager [page 3 of 5]”窗口中，选择“Do you want to specify the initial content of the memory?”为“Yes, use this file for the memory content data”，并通过“Browse...”按钮选择当前工程下的存储器初始化文件“mystorage.mif”，如图 6.54 所示。

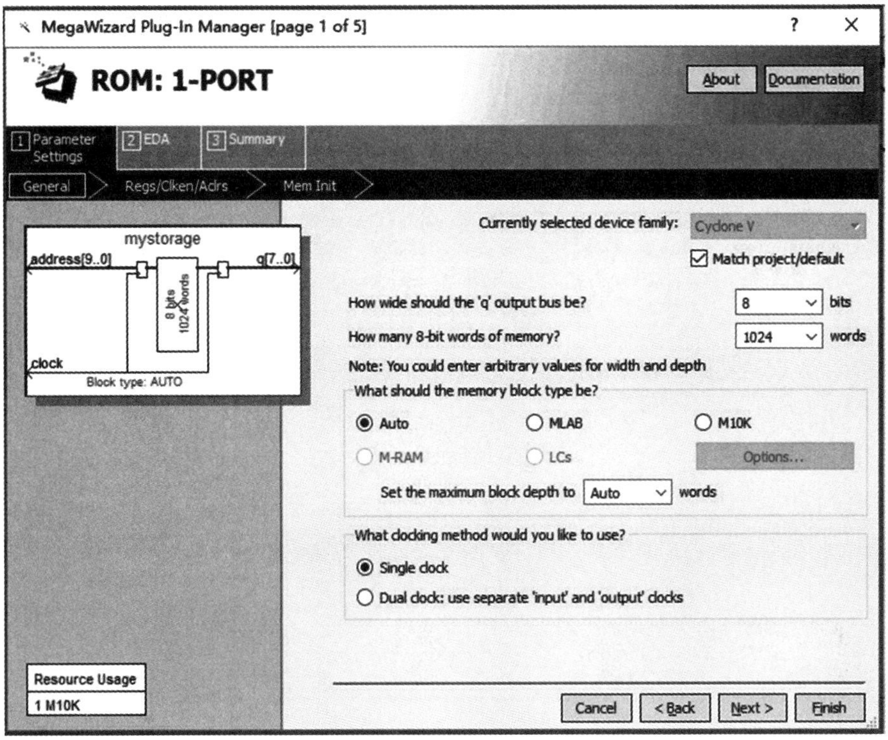

图 6.52　ROM 设置一

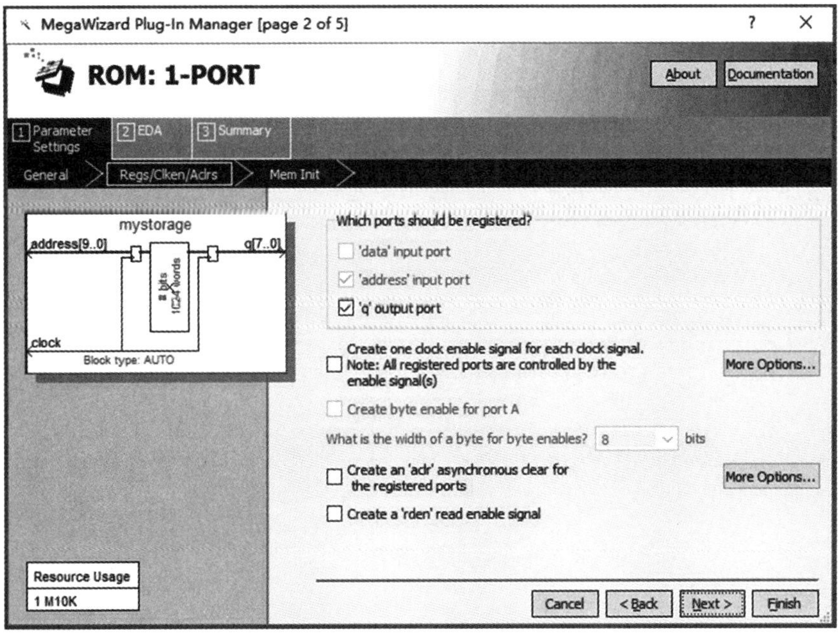

图 6.53　ROM 设置二

(5) 点击图 6.54 中的“Next> ”按钮，在弹出的“MegaWizard Plug-In Manager [page 4 of 5]”窗口中，保持默认设置，如图 6.55 所示。

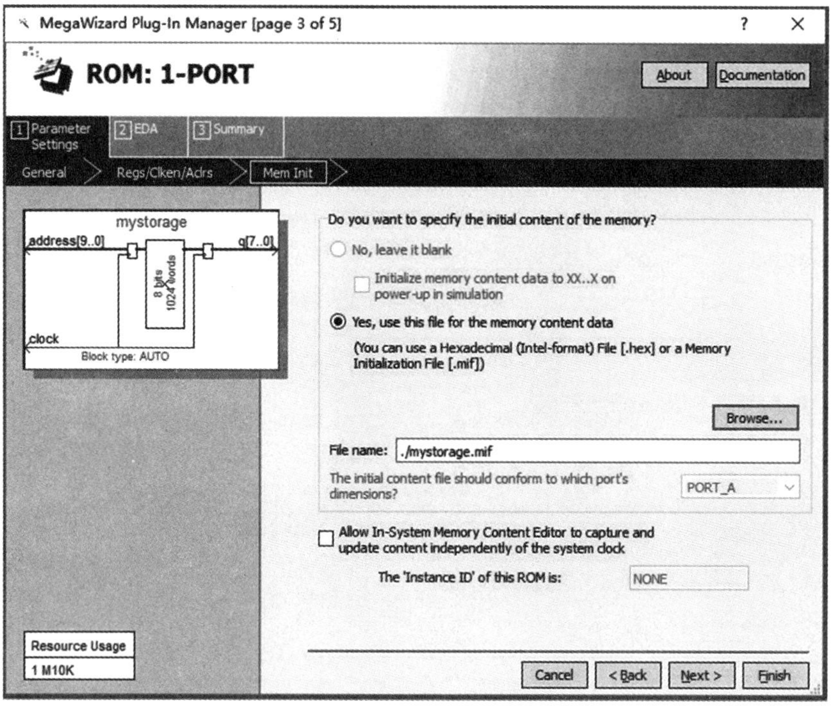

图 6.54 ROM 设置三

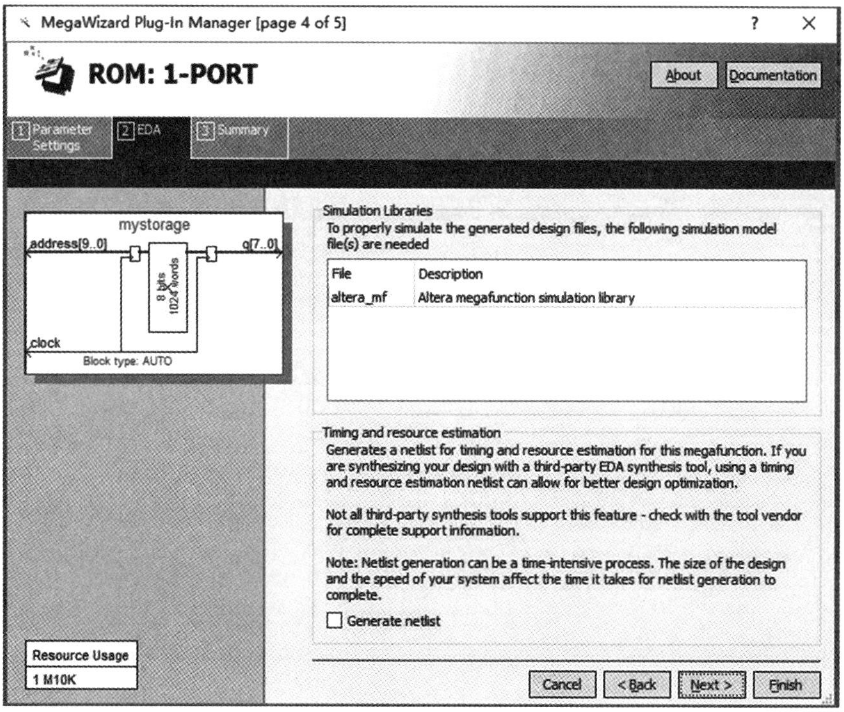

图 6.55 ROM 设置四

(6)“MegaWizard Plug-In Manager [page 5 of 5]”窗口中,可以选择生成相关的文件,如图 6.56 所示。点击“Finish”之后,会出现弹窗询问是否要将 ROM 加入工程中,选择

“Yes”,则可以在工程中看到 mystorage. qip,打开可看到文件 mystorage. v。

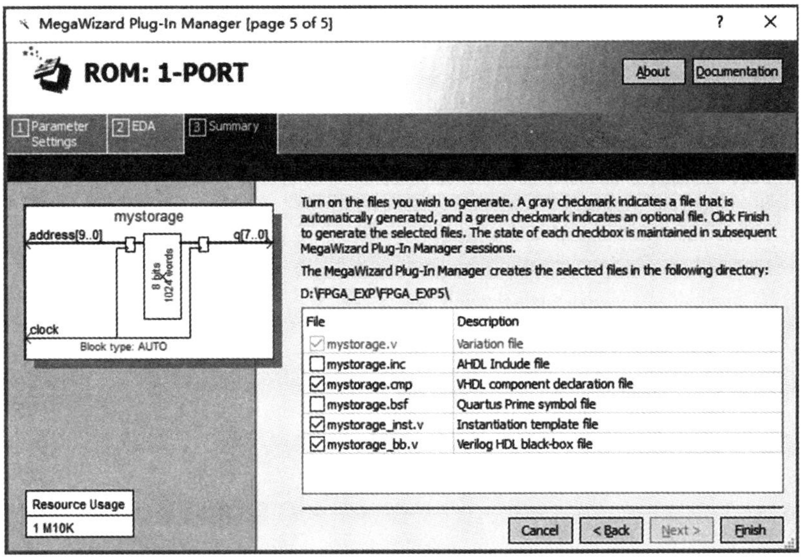

图 6.56　ROM 设置五

6.3.5.3　编写顶层模块

(1) 在 Quartus Prime 界面的“Project Navigator”窗口中位置①处选择“Files”,展开“mystorage. qip”后,双击位置②处的“mystorage. v”,可以打开“mystorage. v”文件,可在位置③处查看 mystorage 模块的端口定义,如图 6.57 所示。可以看到 mystorage 模块的端口定义为:

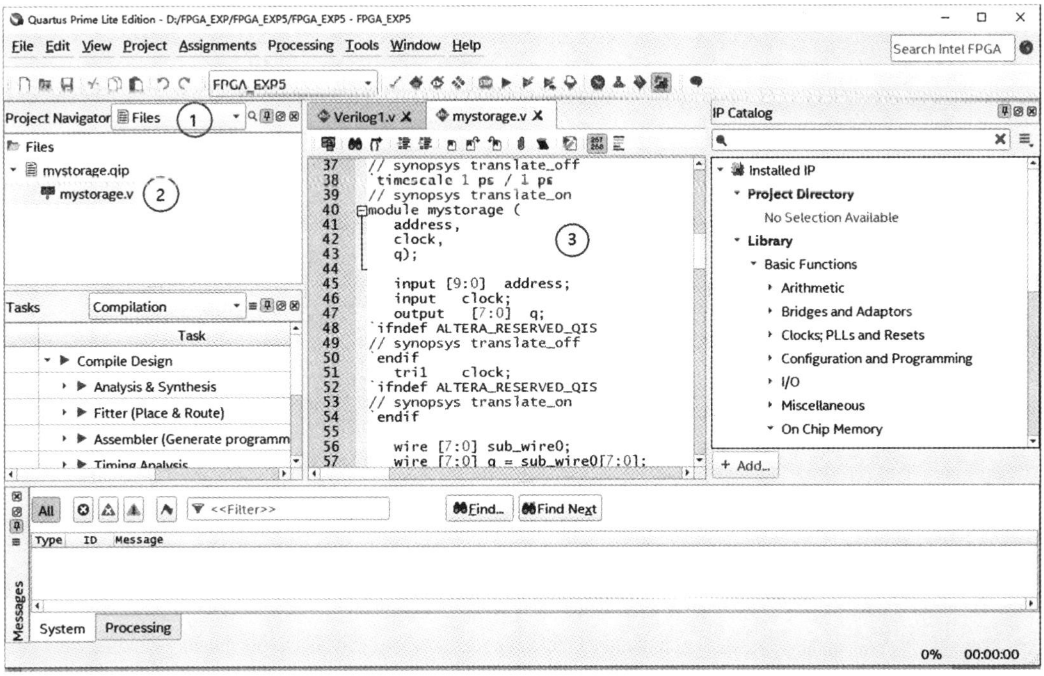

图 6.57　模块 mystorage 的端口定义

```
module mystorage (address, clock, q);
  input [9:0]  address;
  input clock;
  output[7:0] q;
……
```

(2) 为工程添加顶层 Verilog 文件,模块名与工程名一致,也叫做 FPGA_EXP5。顶层模块 FPGA_EXP5 的输入端口有复位 rstn 和时钟 clock,输出端口 q 输出 8 位正弦波数据。

(3) 在顶层模块中添加一个 always 语句,设计一个计数器。这个计数器的输出作为 mystorage 模块的地址,以便 mystorage 存储器中存储的正弦波数据依次输出。将存储器 mystorage 作为元件,在顶层模块中进行调用。

6.3.5.4 综合和仿真

顶层模块 FPGA_EXP5 编写完成以后,进行存储,并通过菜单"Processing"下的"Start",找到"Start Analysis & Synthesis"命令进行语法检查和综合。这一步操作成功以后,可通过"Tools"菜单"Netlist Viewers"子菜单下的"RTL Viewer"命令查看电路的 RTL 级结构图。

编写 Verilog 仿真测试文件,并设置相关参数后完成功能仿真。如果仿真时钟的周期为 20 ns,则仿真的时间长度要大于 20 μs 才可以看到一个完整的正弦波周期。

仿真结果的数字显示不直观,可以用模拟图的方式查看仿真结果,具体设置为:① 右键单击输出端口 q,选择 Radix 下的 Unsigned。② 右键单击输出端口 q,选择 Format 下的 Analog(automatic),如图 6.58 所示。

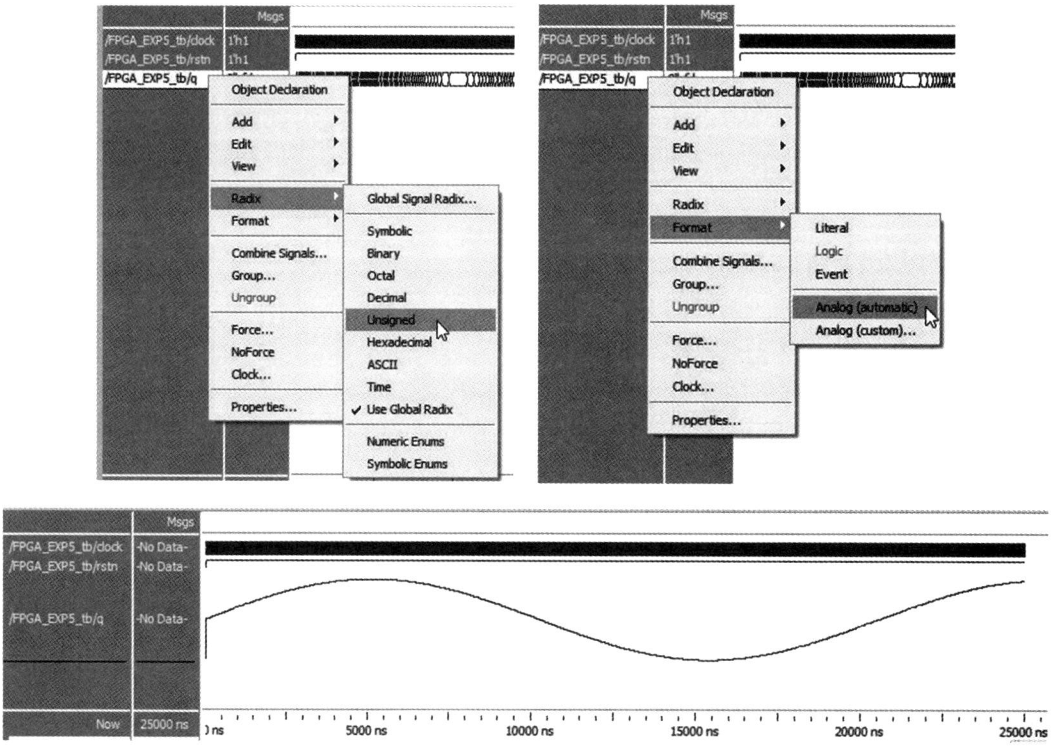

图 6.58 仿真结果

仿真完成以后，可以对该设计的端口做管脚约束。例如，可以将复位端口 rstn 分配到轻触按键或者拨码开关上，时钟端口 clk 分配到系统时钟上，8 位数据输出分配到 D/A 数据管脚或者板卡的扩展管脚上。

6.3.5.5　添加 Signal Tap Logic Analyzer 模块

Signal Tap Logic Analyzer 是 Quartus Prime 自带的逻辑分析仪模块，其采样部件可以随设计文件一起下载到目标芯片中，捕捉目标芯片内部的信号，但不影响硬件电路的正常工作。在工程中添加 Signal Tap Logic Analyzer 的步骤是：

(1) 将硬件电路连接好，给 FPGA 目标板加电。

(2) 单击“File”菜单，选择“New...”命令，在打开的“New”窗口中选择“Signal Tap Logic Analyzer File”，如图 6.59 所示。点击“OK”按钮，进入 Signal Tap Logic Analyzer 窗口，如图 6.60 所示。

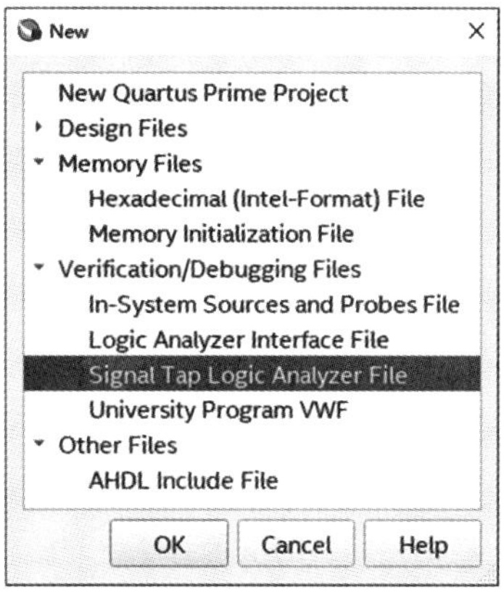

图 6.59　添加 Signal Tap Logic Analyzer 文件

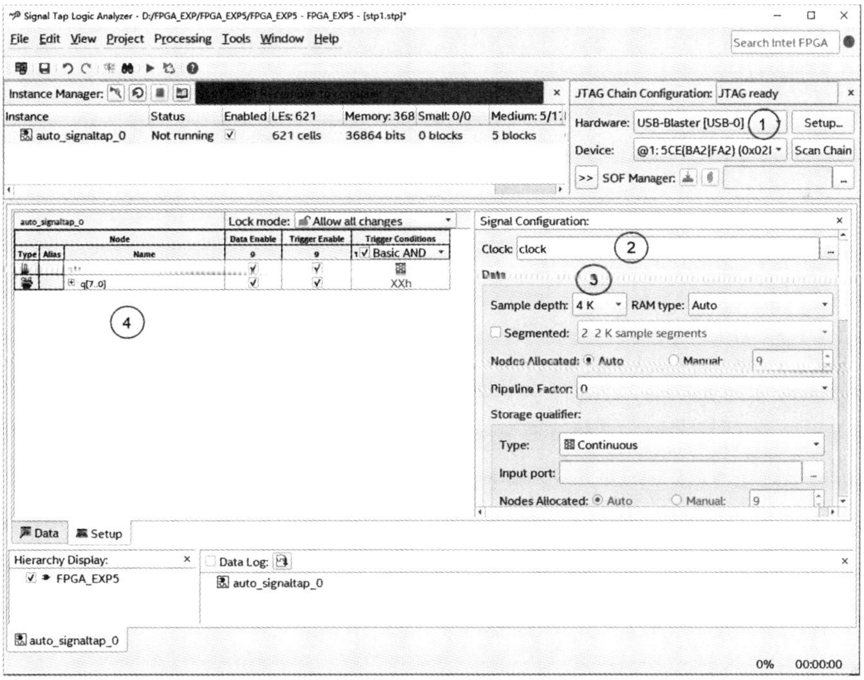

图 6.60　设置 Signal Tap Logic Analyzer

(3) 设置 Signal Tap Logic Analyzer 的参数，如图 6.60 所示，具体设置如下：

(ⅰ) 如果“Hardware”和“Device”后的参数正确就不用设置了，否则要通过“Setup...”按钮完成设置。

(ⅱ)通过“Clock:”最右侧的“...”按钮设置 Signal Tap Logic Analyzer 的工作时钟为设计中的时钟。点击之后的窗口如图 6.61 所示。

在图 6.61 中先单击ⓐ处的按钮展开“Options”项,再于 Options 项中的 Filter 里选择“Pins:all”后,单击ⓒ处“List”按钮,然后在ⓓ处双击鼠标左键。最后单击“OK”按钮完成时钟的设置。

(ⅲ)设置 Sample Depth 为 4 K,其他参数默认。

(ⅳ)在位置④处双击鼠标左键,在弹出的 Node Finder 窗口中,选择 q 和 rstn,方法同第(ⅱ)步时钟的设置。如图 6.62 所示。

(ⅴ)最后在图 6.60 界面中,通过“File”菜单中的“Save”或“Save As...”保存 Signal Tap Logic Analyzer 文件到当前工程文件夹下,并在弹出的“Do you want to enable Signal Tap File‘文件名.stp’for the current project”窗口中,单击“Yes”按钮。

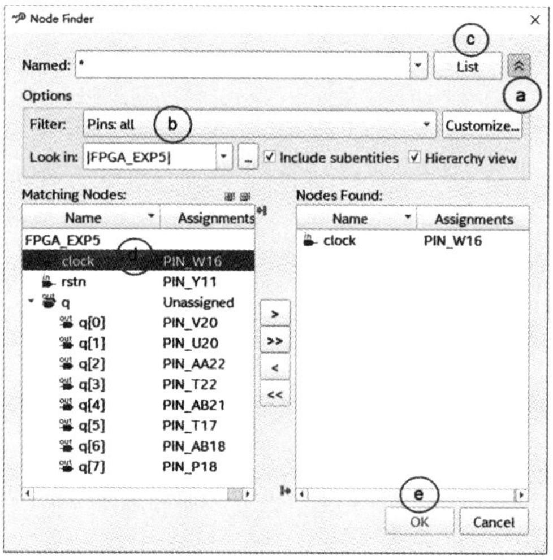

图 6.61 设置 Signal Tap Logic Analyzer 的工作时钟

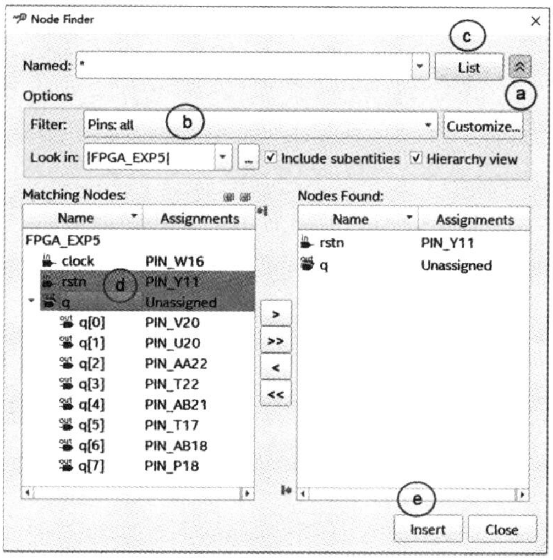

图 6.62 设置要观察的信号 q 和 rstn

6.3.5.6 硬件验证结果

添加好 Signal Tap Logic Analyzer 文件之后,要重新使用“Start compilation”命令对工程进行编译。如果编译成功,就把产生的配置文件下载到目标芯片中。待文件配置完成以后,可以通过 Signal Tap Logic Analyzer 观察硬件工作的结果,具体步骤如下:

(1) 单击 Signal Tap Logic Analyzer 窗口中“Processing”菜单下的“Autorun Analysis”命令,启动 Signal Tap Logic Analyzer,如图 6.63 所示。

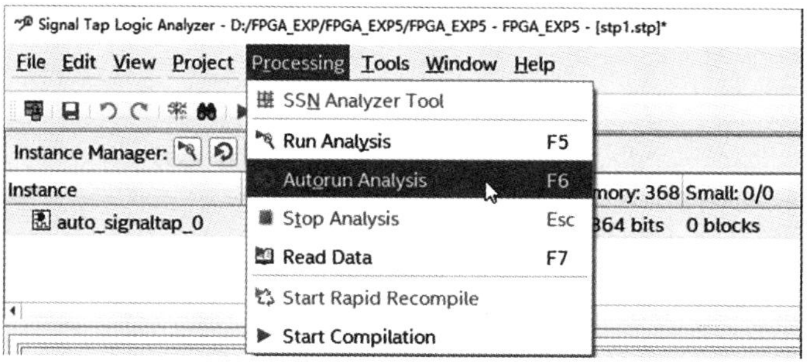

图 6.63 启动 Signal Tap Logic Analyzer

(2) 将“Setup”页面切换到“Data”页面，如图 6.64 中的位置①所示。

(3) 在图 6.64 中的位置②处的输出 q 上单击鼠标右键，选择弹出菜单中“Bus Display Format”子菜单下的“Unsigned Line Chart”命令。

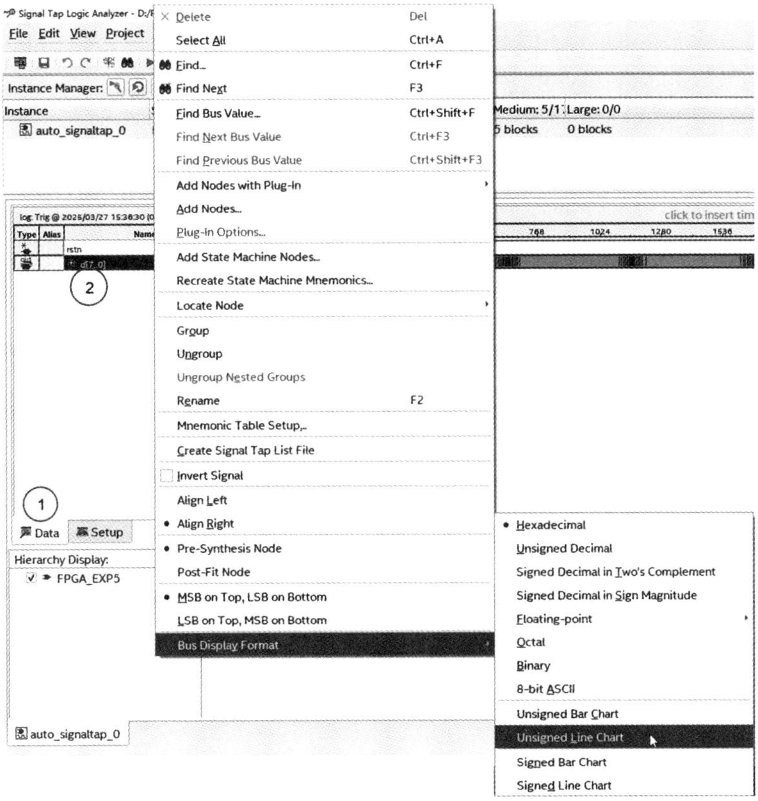

图 6.64　设置输出数据显示格式

(4) 最后可以通过 Signal Tap Logic Analyzer 看到设计的硬件输出结果为连续的正弦信号，如图 6.65 所示。

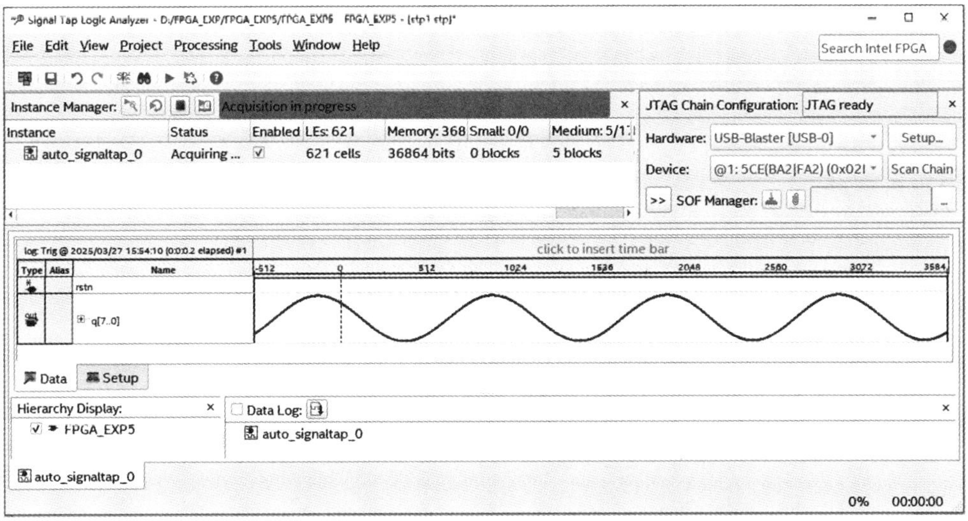

图 6.65　Signal Tap Logic Analyzer 捕获的正弦信号波形

习题

1. 总结一下 FPGA 硬件开发板一般由哪些部分组成。
2. 按照 6.2 节的说明学习 Quartus Prime Lite 软件的使用。
3. 按照 6.3.1 小节的说明验证 LED 跑马灯的设计。
4. 按照 6.3.2 小节的说明完成七段数码管动态扫描控制电路的设计。
5. 按照 6.3.3 小节的说明完成矩阵键盘扫描控制电路的设计。
6. 按照 6.3.4 小节的说明完成序列检测器的设计。
7. 按照 6.3.5 小节的说明完成 ROM IP 调用实现正弦信号发生器的设计。

第3篇

系统电路设计方法与实例

第 7 章　系统电路设计的硬件基础

当一个电子系统的模型经过仿真、验证之后，其可行性和有效性得到了验证，下一步就可以考虑该系统软、硬件的功能划分以及如何实现的问题。因为本书的关注点是硬件电路，所以对软件功能的实现不做探讨，只讨论与硬件电路设计相关的内容。

系统电路设计就是利用电路原理和电子技术的相关知识设计出各功能模块的电路结构形式，给出元器件参数，达到性能指标要求。系统电路设计包括电路原理图设计和 PCB 图设计。

本章首先对构成电路模块的常用电子元器件的基本原理和作用进行介绍，然后介绍利用国产 EDA 软件进行电路原理图设计和 PCB 图设计的方法。

7.1　电子元器件基础

电子元器件是构建电子系统的基本单元，常用的有电阻、电容、电感、晶体管等。随着集成电路技术的发展，越来越多的基本电路可以集成到半导体中，产生了各种类型、各种功能的集成电路产品，因此集成电路也是构建电子系统的基本单元。

7.1.1　电阻器

电阻器(resistance)是电子系统设计中较常用的电子元件，因其对电流具有阻碍作用，故被称为电阻器，简称电阻。在电路原理图中电阻器用 R 表示，其图形符号如图 7.1 所示。

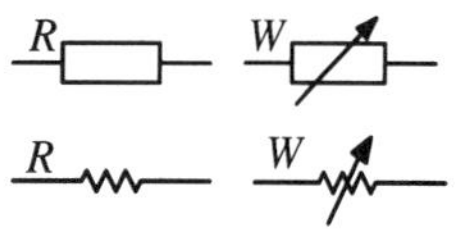

图 7.1　电路图中的电阻器符号

电阻器在电子系统中主要用于电路的保护、分压、分流、限流、缓冲以及阻抗匹配等，其主要技术参数包括电阻值、精度和额定功率。电阻值的单位是欧姆(Ω)、千欧(kΩ)和兆欧(MΩ)，$1\ \text{M}\Omega = 10^3\ \text{k}\Omega = 10^6\ \Omega$。

电阻器的标称值与实际值是有偏差的，这个偏差就是电阻器的精度，一般在一个标定的范围内，如 ±1%，±2%，±5%，±10%等，也就是电阻的实际值会在标称值上下一定的范围内波动。

当电流通过电阻时，电阻因阻碍电流流动而产生热。电阻器所能承受的热量是有限度的，如超过限度，电阻器就会被烧坏。若要电阻器长时间工作而不损坏，就需要在工作电压下将通过电阻器的电流限制在一个安全的范围内，这就是额定功率 P，计算公式为

$$P = UI = \frac{U^2}{R} = I^2 R \tag{7.1}$$

其中 R，U，I 分别为电阻值、电阻两端的电压值和流过电阻的电流值。例如，一个电阻器标称为"10 Ω±10% 1/8 W"，表示这个电阻器的实际值在 9～11 Ω 之间，若长时间在直流电压下工作，此电阻器两端电压应不超过 1.17 V，不然会损坏电阻器。

7.1.1.1　电阻器的种类

电阻器可按不同的标准来分类。若按结构或电阻值是否可变来划分，可分为固定电阻器和可变电阻器。固定电阻器即常见的两个管脚电阻，阻值不变；可变电阻器也称电位器，用 W 表示，常见为三个管脚，也有多管脚的数字电位器。若按加工材料来划分，可分为薄膜（碳膜、金属膜以及金属氧化膜等）电阻器、绕线电阻器、水泥电阻器等。若按外形或封装形式来划分，可分为直插电阻器和贴片电阻器等。另外还有一类特殊的电阻器，它们的电阻值会随着外界的温度、湿度、光强以及压力的改变而改变，这就是热敏电阻器、湿敏电阻器、光敏电阻器和压敏电阻器。图 7.2 列出了几种常见的电阻器，实际上电阻器的种类和外形更加丰富多样。

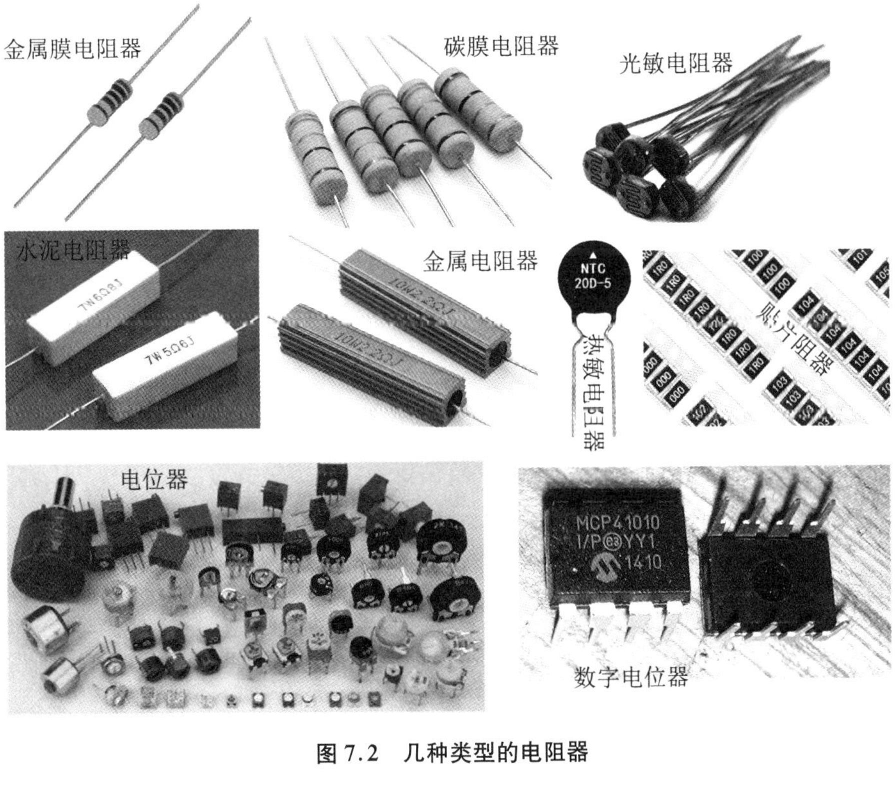

图 7.2　几种类型的电阻器

7.1.1.2　电阻器的选用

在电子系统设计中选用什么类型的电阻器，一般需要从设计本身的需求考虑。比如高频电路中可选用分布电感和电容小的非线绕电阻器，如碳膜电阻器、金属和金属氧化膜电阻

器、薄膜电阻器、厚膜电阻器、合金电阻器和防腐蚀镀膜电阻器等；而小信号放大电路中可选用低噪声电阻器，如碳膜电阻器、金属膜电阻器和线绕电阻器等。选择电阻值时要选用最接近电路中计算值的标准电阻器，同时要考虑电阻器的精度。对于额定功率的选择，一般按要求的功率选择即可，大功率电阻器的选用一般需要留出 1～2 倍的余量。对于特殊电阻器要严格按照使用需求进行选择。

除了考虑电阻器的类型、电阻值和额定功率外，还要考虑其外形封装、精度、质量、寿命以及价格等多方面的因素。

7.1.1.3 电阻器的检测

电阻器在使用前需要进行检测，以判断其是否能在设计中使用。最简单的检测方法是观察电阻器的外观、标志和保护层是否完好，有无烧焦、伤痕、裂痕、腐蚀以及管脚是否松动等现象。如从电阻器的外观看不出问题，还可以借助万用表等电子仪器进行检测。

用数字万用表检测电阻器时，一般需要注意以下六点：

(1) 选择合适的万用表量程，并将两表笔短接以确认万用表是好的。

(2) 对电阻独立进行测量，不要在电路回路中测量。对于在回路中的电阻可焊下一脚后再测量。

(3) 测量时手不要接触测量回路(被测电阻与万用表的表笔构成的测量回路)。

(4) 万用表的精度会影响测量的结果。

(5) 特殊电阻器的检测需要选用合适的万用表或借助辅助手段。

(6) 当测出的电阻值接近标称值时，可以认为电阻是好的，若相差太多或显示断路，电阻就是坏的。

7.1.2 电容器

电容器(capacitor)就是存储电荷的器件，由两个金属电极及中间的绝缘材料(也称介质)构成。任何两个绝缘且靠得很近的导体都可构成电容器。在电子系统中，电容器常用于电源或信号的滤波、旁路、去耦以及信号的耦合、谐振、补偿、充放电、储能、隔直流等。

电容器容纳电荷的能力用电容量表示，简称为电容，用字母 C 表示，单位为法拉(F)。常用的电容值单位有微法(μF)、纳法(nF)和皮法(pF)，换算关系为

$$1\ \mathrm{F} = 10^6\ \mu\mathrm{F} = 10^9\ \mathrm{nF} = 10^{12}\ \mathrm{pF}$$

电容器还有精度(允许误差)和额定电压两个重要的技术参数。电容器的标称电容量与实际值是有偏差的，一般在一个标定的范围内，如 ±2%，±5%，±10%，±20%等，这个偏差就是电容器的精度，即电容器的实际电容量会在标称值上下波动的一个误差范围。在允许的环境温度和技术参数下，电容器可以长期稳定地工作。

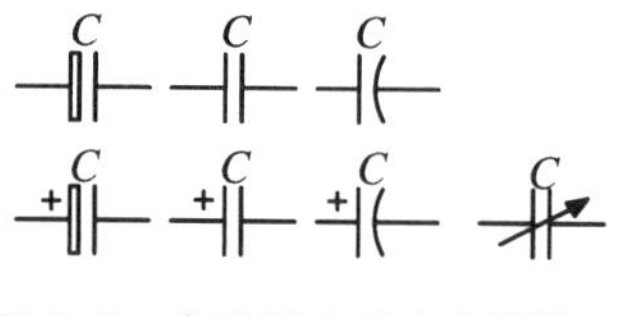

图 7.3 电路图中的电容器符号

电容器能够承受的最高直流电压有效值称为电容器的耐压，即额定工作电压。标准的额定电压有 6.3 V、10 V、16 V、25 V 等。电容器用在交流电路中时，最高的交流电压原则上不能超过直流工作电压值。在绘制电路图时一般用图 7.3 所示的电容器符号。

7.1.2.1　电容器的种类

电容器从原理和结构上可分为有极性电容器和无极性电容器、固定电容器和可变电容器等;从工艺和材料上可分为有机介质电容器、无机介质电容器、电解电容器和气体介质电容器等。其中有机介质电容器包括漆膜电容器、混合介质电容器、纸介电容器、有机薄膜介质电容器、纸膜复合介质电容器等,无机介质电容器包括陶瓷电容器、云母电容器、玻璃膜电容器、玻璃釉电容器等,电解电容器包括铝电解电容器、钽电解电容器、铌电解电容器、钛电解电容器及合金电解电容器等,气体介质电容器包括空气电容器、真空电容器和充气电容器等。

电容器从用途上可分为高频电容器、低频电容器、高压电容器、低压电容器、耦合电容器、旁路电容器、滤波电容器、中和电容器、调谐电容器等;从外形和安装方式上可分为圆柱形电容器、圆片形电容器、管形电容器、叠片形电容器、长方形电容器、珠状电容器、方块状电容器、异形电容器以及插针和贴片电容器等。图 7.4 示出了一些常见的电容器。

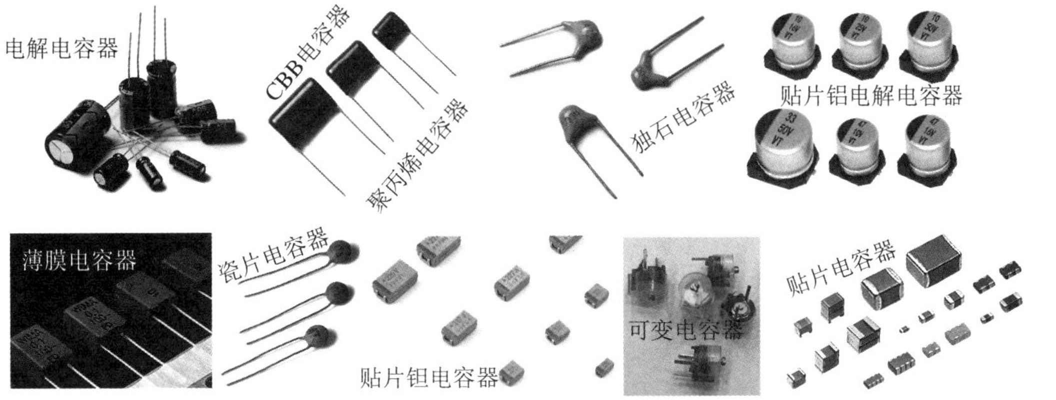

图 7.4　几种类型的电容器

7.1.2.2　电容器的选用

选用电容器时,可根据设计需求选择满足相关技术参数且成本允许的类型。在低频耦合、旁路、去耦等性能要求不严格的应用中,一般采用纸介电容器、电解电容器等。低频放大器的耦合电容器可选用 1～22 μF 的电解电容器。旁路电容根据电路工作频率来选,如在低频电路中,发射极旁路电容可选容量在 10～220 μF 之间的电解电容器;在中频电路中,可选用 0.01～0.1 μF 的纸介、金属化纸介、有机薄膜电容器等;在高频电路中,则应选用云母电容器和瓷介电容器。在电源滤波和退耦电路中,可选用电解电容器。

选用电容器时也要考虑其精度,比如旁路、退耦、低频耦合电路中的电容器精度要求不高,可选相近容量或容量略大些的电容器,但在振荡回路、延时回路、音调控制电路中的电容器的电容量就应尽可能和计算值一致。在滤波器和电路网络中,对电容量的精度则有更高的要求,须选用高精度的电容器。

另外,在选用电容器时,电容器的额定电压应高于实际工作电压,并留有足够余量,防止因工作电压的波动导致电容器损坏。一般来说,电容器的额定电压要高于工作电压 10%～20%。在电压波动幅度较大的电路中,须留有更大的余量。有极性的电容器不能用于交流电路。

电解电容器的耐温性能很低，如果工作电压超过允许值，介质损耗增大，很容易导致温升过高，损坏电容器。在安装电容器时，应尽量远离发热元件（如大功率管、变压器等）。如果工作环境温度较高，则应降低工作电压后再使用。

7.1.2.3 电容器的检测

电容器在使用前需要进行检测，以判断其是否可以用在设计中。最简单的检测方法是观察电容器的外观、标志和保护层是否完好，有无烧焦、伤痕、裂痕、腐蚀以及管脚是否松动等现象。如果从电容器的外观看不出问题，可以借助数字万用表/电容表等电子仪器进行检测。

用数字万用表检测电容器时，一般需要注意以下五点：

(1) 选择合适的万用表电容挡量程，并将电容器的管脚插到测量电容的专用插孔进行测量。

(2) 可用万用表的电阻挡测量电容器的好坏，方法是用红表笔和黑表笔分别接触被测电容器的两个管脚，此时万用表显示值将从"000"开始逐渐增加，直至显示溢出符号"1"。若始终显示"000"，则说明电容器内部短路；若始终显示溢出，则可能是电容器内部极间断路，也可能是所选择的电阻挡不合适。检查电解电容器时需要注意，红表笔（带正电）接电容器正极，黑表笔接电容器负极。

(3) 万用表的精度以及与被测电容器是否良好接触会影响测量的结果。

(4) 特殊电容器的检测需要选用合适的万用表或借助辅助测量手段等。

(5) 在测出的电容量接近标称值或在允许的误差范围内，可以认为电容器是好的，若相差太多或显示短路、断路，则电容器就是坏的。

7.1.3 电感器

电感器(inductor)是能够把电能转化为磁能储存起来的元件。电感器的结构类似于变压器，但只有一个绕组，一般由骨架、绕组（线圈）、屏蔽罩、封装材料、磁心或铁心等组成。

在电子系统中，电感器常用于滤波、振荡、延迟、陷波、信号筛选、噪声过滤、稳定电流以及抑制电磁波干扰等电路中。因为电容具有"阻直流、通交流"的特性，电感有"通直流、阻交流"的功能，因此电感常与电容一起组成 LC 滤波电路。例如，把伴有干扰信号的直流电通过 LC 滤波电路，交流干扰信号通过电感就会变成热能消耗掉，得到比较纯净的直流电流。通过电感器的交流信号的频率越高，电感器表现出的阻抗就越大，交流信号就越不可能通过电感器。

在电路图中，电感器用 L 表示，如图 7.5 所示，其衡量单位是"亨利(H)"，简称"亨"。常用的电感单位还有毫亨(mH)和微亨(μH)，换算关系如下：

$$1\ \text{H} = 10^3\ \text{mH} = 10^6\ \mu\text{H}$$

电感器的标称电感值与实际值是有偏差的，这就是电感器的精度。这个偏差一般在一个标定的范围内，如 ±0.2%，±0.5%，±10%，±15% 等。一般来说，振荡或滤波电路对电感器精度要求高，允许偏差为 ±0.2%～±0.5%，而耦合、高频阻流等电路对电感器的精度要求较低，允许偏差为 ±10%～±15%。

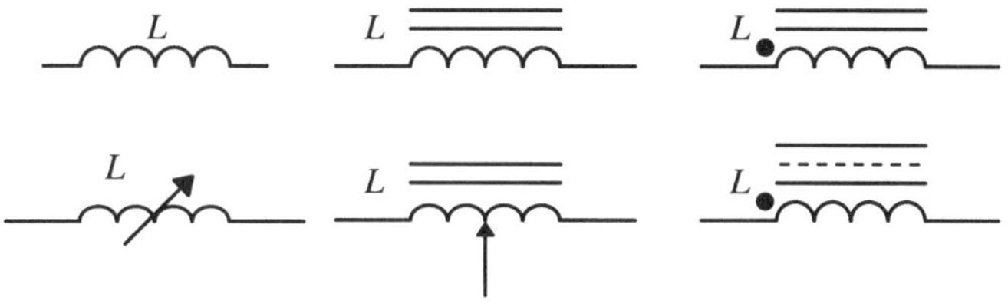

图 7.5　电路图中的电感器符号

电感器的额定电流指电感器在允许工作环境下可以承受的最大电流。当工作电流超过此额定电流时，电感器就会发热，从而使其性能参数发生改变，甚至还会因过流而烧毁。

电感器的品质因数是指电感器工作在某一频率的交流电压时所呈现的感抗与其等效损耗电阻之比。电感器的 Q 值越高，其损耗越小，效率越高。

电感器的分布电容是指线圈的匝与匝之间、线圈与磁心之间、线圈与地之间、线圈与金属之间存在的电容。电感器的分布电容越小，其稳定性越好。分布电容会使等效耗能电阻变大，品质因数变小。减少分布电容常用丝包线或多股漆包线，有时也用蜂窝式绕线法等。

7.1.3.1　电感器的种类

按原理和结构划分，电感器可分为固定电感器和可变电感器；按导磁体性质划分，可分为空芯线圈、铁氧体线圈、铁芯线圈、铜芯线圈等电感器；按用途划分，可分为天线线圈、振荡线圈、扼流线圈、陷波线圈、偏转线圈等电感器；按绕线结构划分，可分为单层线圈、多层线圈、蜂房式线圈、密绕式线圈、间绕式线圈等电感器；按安装方式划分，可分为直插和贴片电感器等。图 7.6 给出了几种电感器的实物图。

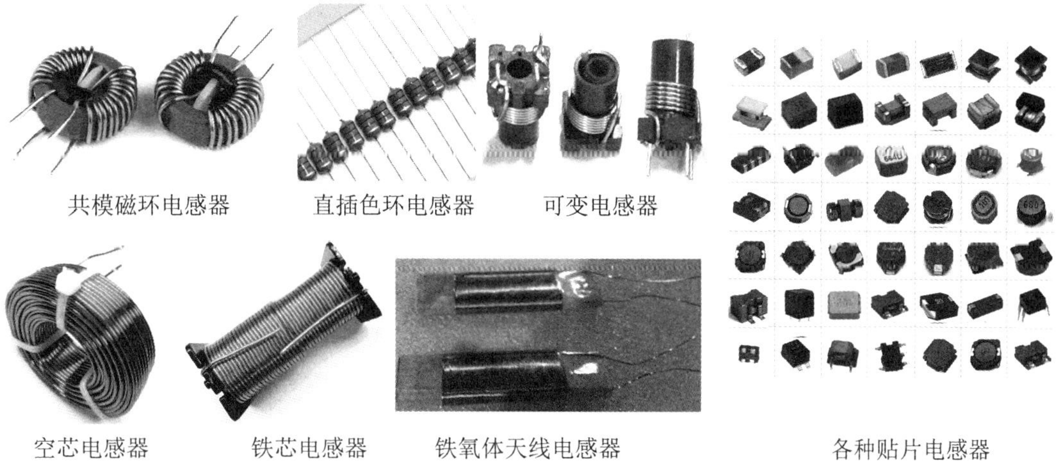

图 7.6　几种类型的电感器

电感器可由电导材料（如铜线）绕磁芯制成，磁芯也可用铁磁性材料代替。比空气磁导率高的芯材料可以把磁场更紧密地约束在电感元件周围，从而增大了电感。一般电感器用外层瓷釉线圈（enamel coated wire ）环绕铁氧体（ferrite）线轴制成，而有些防护电感把线圈完全置于铁氧体内。一些电感元件的芯可以调节，以方便改变电感量。小电感可以用一种铺设螺旋轨迹的方法直接蚀刻在印刷电路板（Printed Circuit Board，PCB）上，也可用制造晶体管的工艺制作在集成电路中。还有一种叫做“旋转子”的电路，它用一个电容和主动元件表现出与电感元件相同的特性。用于隔离高频干扰的电感元件经常用一根穿过磁柱或磁珠的金属丝构成。

7.1.3.2 电感器的选用

在选用电感器时,可根据设计需求选择满足相关技术参数的电感器,同时还要考虑成本、外形尺寸、安装方式等因素。在电子系统中,电感器主要有三类应用:

(1) 功率用电感:常用于电源电路中的电压转换,比如 DC/DC 电源;

(2) 去耦用电感:常用于电源线和信号线上的噪声滤除;

(3) 高频用电感:常用于射频电路,完成偏置、匹配和滤波等。

在具体应用中选择电感器时,还需要考虑以下因素:

(1) 选用 Q 值高的电感器;

(2) 选择耐压和额定电流不低于实际电路电流的电感器;

(3) 选择电感量与电路要求相同的电感器,特别是调谐回路、高频电路等;

(4) 有抗电强度要求的电路,要选择耐高压的电感器;

(5) 考虑电感器引线和管脚的拉力、扭力以及耐焊性和可焊性;

(6) 选用贴片电感器时,要特别考虑外形尺寸和额定电流的要求,特殊环境下还要考虑温度、湿度等因素。

7.1.3.3 电感器的检测

电感器在使用前需要进行检测,以判断其好坏,能否用在设计电路中。比较简单的检测方法是观察电感器的外观、标志和保护层是否完好,有无烧焦、伤痕、裂痕、腐蚀情况以及管脚是否松动等现象。如果从电感器的外观看不出问题,可借助万用表等电子仪器进行检测。

用数字万用表检测电感器时,一般需要注意以下三点:

(1) 选择万用表的量程为电阻挡的小挡位,比如 200 Ω 或 2 kΩ 挡进行测量。

(2) 一般电感器的直流电阻为 0 Ω 到几百欧。

(3) 如果测量的直流电阻与标称值比较近,可以认为电感器是好的;如果万用表的读数为“1”(断路或超量程),或者与标称值相差很大,可以认为电感器已损坏。

要测量具体的电感器的技术参数,一般需要使用专用的电感器测量仪器或者采用辅助电路通电法进行测量,如 *RLC* 测量仪、电感测量仪,采用谐振法及交流电桥法测量电感等。

7.1.4 磁珠

磁珠(magnetic bead)是一种专用于抑制信号线、电源线上的高频噪声和尖峰干扰的元件,具有吸收静电脉冲的能力。磁珠具有很高的电阻率和磁导率,可简单地看做电阻与电感的串联,且电阻值和电感值会随频率的变化而变化,在高频时呈现阻性,所以能在相当宽的频率范围内保持较高的阻抗,从而提高调频滤波效果。磁珠的主要原料为铁氧体。铁氧体的制作材料是一种立方晶格结构的亚铁磁性材料,为铁镁合金或铁镍合金,它的制造工艺和机械性能与陶瓷相似,颜色为灰黑色。

磁珠的等效电路如图 7.7(a)所示,是三个元件(一个电感、一个电容和一个电阻)并联之后再与电阻 R_{DC}的串联结构。R_{DC}是一个恒定值,但后面三个元件都是频率的函数,即它们的感抗、容抗和阻抗会随着频率的变化而变化，如图 7.7(b)所示。在低频段，感抗 X 起主要作用，反射噪声；在高频段，阻抗 R 起主要作用，吸收噪声并转变为热能。X 和 R 曲线的交点称为阻抗特性的转折点。在转折点频率以下，磁珠表现为感性，反射噪声；在转折点频率以上，磁珠表现为电阻性，吸收噪声并转化为热能。

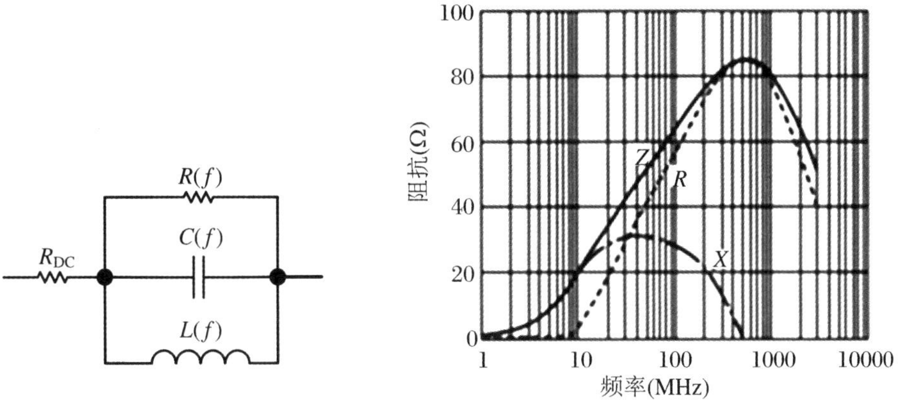

(a) 磁珠的等效电路　　(b) 阻抗随频率的变化

图 7.7　磁珠的等效电路和阻抗随频率的变化曲线

在电子系统中，磁珠用来吸收 *RF* 电路、锁相环 *PLL*、振荡电路和高频存储器电路(DDR、SDRAM、RAMBUS)等的输入电源中的高频信号。例如，在传输线电路中，直流是有用信号，*RF* 噪声是叠加在直流上的交流干扰信号，可以采用磁珠作为高频衰减器，消除 *RF* 噪声。

磁珠的电路符号与电感一致，但从型号或参数上可以区分磁珠和电感。磁珠的单位是欧姆(Ω)，而不是亨利(H)，这是因为磁珠的单位是按它在某一频率产生的阻抗来标称的。磁珠的数据手册上会提供频率和阻抗的特性曲线图，一般以 100 MHz 为标准，比如“600 Ω @100 MHz”就是在 100 MHz 频率时磁珠的阻抗相当于 600 Ω。型号为 HH-1H3216-500 的磁珠的含义是：

HH：磁珠系列标志，表示用于电源滤波，用于信号线是 HB 系列；

1：表示一个组件封装了一个磁珠，若为 4 则是并排封装四个磁珠；

H：表示组成物质，符号 H、C、M 为中频应用(50～200 MHz)，T 为低频应用(50 MHz)，S 为高频应用(200 MHz)；

3216：表示封装尺寸，长 3.2 mm，宽 1.6 mm，即 3216 封装；

500：表示阻抗，一般为 100 MHz 下，阻值为 50 Ω。

7.1.4.1　磁珠的种类

根据应用条件，可将磁珠分为普通型磁珠、尖峰型磁珠、高频型磁珠、阵列型磁珠和大电流磁珠等；根据磁珠的结构和外形，可分为叠层片式磁珠、直插磁珠和贴片磁珠等。图 7.8 给出了几种磁珠的实物图。

直插磁珠　　穿芯磁珠　　贴片磁珠

图 7.8　几种类型的磁珠

7.1.4.2　磁珠的选用

选用磁珠需要考虑的因素有:噪声的频率范围、高频噪声来源、噪声衰减指标、磁珠工作环境(温度、湿度、电压、电流等)以及电路板上的空间等,最后再根据磁珠的直流电阻、额定电流以及频率和阻抗特性进行选用。

例如,对于 3.3 V、300 mA 电源,要求输出电压不低于 3.0 V,那么磁珠的直流电阻应小于 1 Ω((3.3 V－3 V)/0.3 A),此时可选择磁珠的直流电阻为 0.5 Ω,以防参数漂移。对噪声的抑制能力来说,若要求将 100 MHz、300 mVpp 的噪声经过磁珠以后降到 50 mVpp 的水平,假设负载为 45 Ω,那么就应该选择 225 Ω@100 MHz,DCR<1 Ω 的磁珠(225 Ω＝(45 Ω/50 mV)×250 mV)。

普通滤波器是由无损耗的电抗元件构成的,它在线路中的作用是将阻带频率反射回信号源,所以这类滤波器又叫反射滤波器。当反射滤波器与信号源阻抗不匹配时,就会有一部分能量被反射回信号源,造成干扰电平的增强。为解决这个问题,可在滤波器的进线上使用铁氧体磁环或磁珠套,利用磁环或磁珠把高频成分转化为热损耗。因此磁环和磁珠实际上对高频成分起吸收作用,所以也称之为吸收滤波器。

不同的铁氧体抑制元件有不同的最佳抑制频率范围,通常磁导率越高,抑制的频率就越低。此外,铁氧体的体积越大,抑制效果越好。当体积一定时,长而细的形状比短而粗的抑制效果好,内径越小抑制效果也越好。但在有直流或交流偏流的情况下,还存在铁氧体饱和的问题,抑制元件横截面越大,越不易饱和,可承受的偏流越大。使用磁环时,可以让穿过磁环的导线反复绕几下,以增加电感量。

铁氧体抑制元件应当安装在靠近干扰源的地方。对于输入/输出电路,铁氧体抑制元件应尽量靠近屏蔽壳的进、出口处。对铁氧体磁环和磁珠构成的吸收滤波器,除了应选用高磁导率的有耗材料外,还要注意它的应用场合。它们在线路中对高频成分所呈现的电阻是十至几百欧姆,因此它在高阻抗电路中的作用并不明显,而在低阻抗电路,如功率分配、电源或射频电路中使用非常有效。

7.1.4.3　磁珠的检测

磁珠在使用前需进行检测,以判断其好坏、是否可以用在设计中。比较简单的检测方法是观察磁珠的外观、标志和保护层是否完好,有无烧焦、伤痕、裂痕、腐蚀情况以及管脚是否松动等。如果磁珠的外观没有问题,可以借助万用表的电阻挡测量磁珠两端的电阻值。若测量的电阻值为 0 或小于 1 Ω，可以认为磁珠是好的。对于磁珠的其他参数的测量，则需要用到信号源、示波器或者频谱仪等设备。

7.1.4.4　磁珠与电感器的区别

电感器是储能元件，而磁珠是能量转换（消耗）元件。电感多用于电源滤波回路，抑制传导性干扰；磁珠多用于信号回路，抑制电磁辐射干扰。两者均可用于处理电磁兼容（ElectroMagnetic Compatibility，EMC）、电磁干扰（ElectroMagnetic Interference，EMI）等问题。EMI 有辐射和传导两个途径，不同的途径应采用不同的抑制方法，前者用磁珠，后者用电感。

磁珠是用来吸收超高频信号的，而电感是一种蓄能元件，用在 *LC* 振荡电路、中低频滤波电路等，其应用频率很少超过 50 MHz。

电源和地线的连接一般用电感，而对信号线则多采用磁珠。另外，电感一般用于电路的匹配和信号质量的控制上。

7.1.5　保险丝

保险丝（fuse）也被称为电流保险丝，IEC127 标准将它定义为“熔断体”，主要起过载保护作用。如果电路中正确安置了保险丝，在电流异常升高到一定值时，保险丝会自熔断，从而切断电源，保护电路安全运行。

保险丝一般由熔体、电极和支架三部分组成。熔体是保险丝的核心，熔断时起到切断电流的作用。同一类、同一规格保险丝的熔体材质相同，几何尺寸相同，电阻值要尽可能小且一致，最重要的是熔断特性要一致。电极通常有两个，是连接熔体与电路的重要部件，须有良好的导电性，不应有明显的安装接触电阻。保险丝的熔体一般都是纤细柔软的，支架的作用就是将熔体固定并使三个部分成为刚性整体，便于安装、使用。支架必须有良好的机械强度、绝缘性、耐热性和阻燃性，在使用中不应产生断裂、变形、燃烧及短路等现象。

另外，电力电路及大功率设备所使用的保险丝不仅有一般保险丝的三个组成部分，还有灭弧装置，因为这类保险丝所保护的电路不仅工作电流较大，而且当熔体发生熔断时其两端的电压也很高，往往会出现熔体已熔化（熔断）甚至已汽化，但是电流并没有切断的现象，其原因就是在熔断的一瞬间，保险丝的两电极之间发生拉弧现象。灭弧装置必须有很强的绝缘性与很好的导热性，且呈负电性，例如石英砂就是常用的灭弧材料。还有一些保险丝有熔断指示装置，它的作用就是当保险丝熔断后其本身发生一定的外观变化，易于被维修人员发现，例如发光、变色、弹出固体指示器等。

保险丝的主要技术指标有额定电流、额定电压、分断能力、电压降/冷电阻以及熔断特性（过载能力、时间/电流特性）等。

7.1.5.1　保险丝的种类

按保护形式划分，保险丝可分为过电流保护与过热保护。过电流保护保险丝就是常说的保险丝，也叫限流保险丝。过热保护保险丝一般被称为温度保险丝。温度保险丝又分为低熔点合金型、感温触发型和记忆合金型等。图 7.9 给出了几种保险丝的实物图。

按用途划分，保险丝可分为电力保险丝、机床保险丝、电器仪表保险丝（电子保险丝）、汽

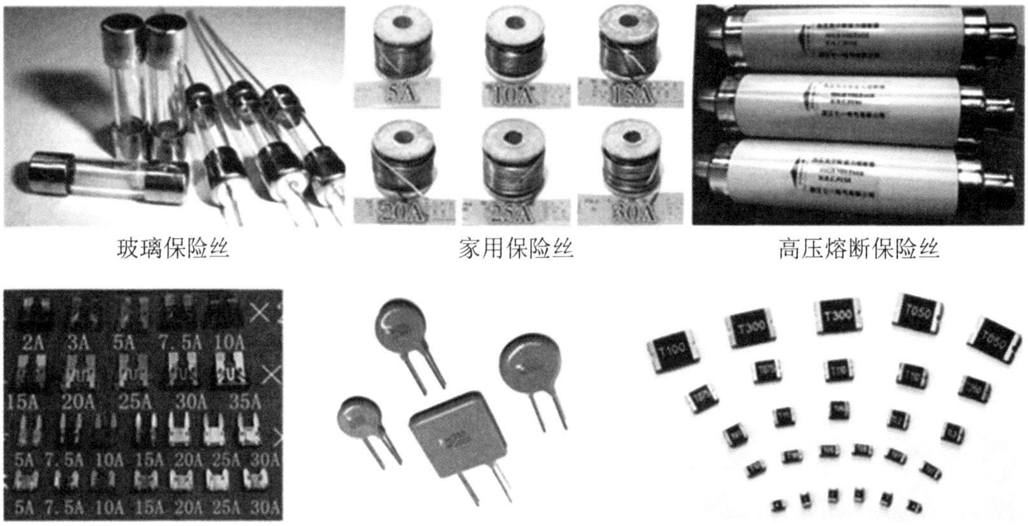

玻璃保险丝　家用保险丝　高压熔断保险丝

汽车保险丝　自恢复保险丝　贴片保险丝

图 7.9　几种类型的保险丝

车保险丝；按体积划分，保险丝可分为大型、中型、小型及微型保险丝；按额定电压划分，保险丝可分为高压保险丝、低压保险丝和安全电压保险丝；按分断能力划分，保险丝可分为高、低分断能力保险丝；按形状划分，保险丝可分为平头管状保险丝（又可分为内焊保险丝与外焊保险丝）、尖头管状保险丝、铡刀式保险丝、螺旋式保险丝、插片式保险丝、平板式保险丝、裹敷式保险丝、贴片式保险丝；按材料划分，保险丝可分为玻璃保险管、陶瓷保险管；按熔断速度划分，保险丝可分为特慢速保险丝（一般用 TT 表示）、慢速保险丝（一般用 T 表示）、中速保险丝（一般用 M 表示）、快速保险丝（一般用 F 表示）、特快速保险丝（一般用 FF 表示）等。

有一种常用的可恢复保险丝，它由经过特殊处理的聚合树脂及分布在里面的导电粒子组成。在正常操作下，聚合树脂紧密地将导电粒子束缚在结晶状的结构外，构成链状导电通路，此时可恢复保险丝为低阻状态，线路上流经可恢复保险丝的电流所产生的热能小，不会改变晶体结构。当线路发生短路或过载时，大电流产生的热量使聚合树脂融化，体积迅速增大，形成高阻状态，工作电流迅速减小，从而对电路进行限制和保护。

7.1.5.2　保险丝的选用

保险丝是安全器件，必须选用经过安全认证的产品。常用的安全认证有 IEC 和 UL 规格，中国常用 IEC 规格的 CCC 安全认证。选用保险丝一般需要考虑额定电流、额定电压、分断能力、电压降/冷电阻以及熔断特性等因素。

保险丝的额定电流是指电路能够正常工作的最大电流值，不能把希望保险丝熔断的电流作为保险丝的额定电流。UL 规格的保险丝会有折减率，比如电路工作电流 $I_r = 1.5$ A，应该选择 UL 规格的保险丝额定电流为 $I_n = I_r / O_f = 1.5/0.75 = 2$ A。其中 I_r 是电路工作电流，O_f 是 UL 规格保险丝的折减率，I_n 为保险丝的额定电流。IEC 规格的保险丝没有折减率，即 $I_r = I_n$。

保险丝的额定电压一般指保险丝断开后能够承受的最大电压值。通常选择保险丝的额定电压不低于电路电压。

保险丝工作时的环境温度越高，其寿命就越短。UL 和 IEC 规格保险丝的技术指标一般都是在环境温度为 25 ℃下的指标。保险丝如需工作在温度较高的环境中，则需要考虑保险丝的温度折减率（T_f）。

在保护电路中要求保险丝阻值越小越好，这样它的损耗功率就小，因此最大电压降或冷电阻也是选择保险丝时的重要技术参数。当保险丝通过一定的直流额定电流并达到热平衡时，保险丝两端的电压称为保险丝的电压降；当电流小于额定电流的 10%时，保险丝呈现出来的电阻值称为保险丝的冷电阻。

当流经保险丝的电流超过额定电流时，熔体温度逐渐上升，最后保险丝会被烧断，这归属为一种过载状态。保险丝在不同过载电流负载下熔断的时间是有范围的，称之为保险丝的时间-电流特性或安秒特性，也就是熔断特性，它是保险丝最主要的电性能指标。根据熔断特性的不同，在阻性电路中可选择快速保险丝，以保护对电流比较敏感的元器件；在有较大浪涌电流的感性或容性电路中，可选择延时保险丝，它可以承受浪涌脉冲的冲击。

在规定电压下，保险丝能够安全切断的最大电流称为保险丝的分断能力（也称为最大分断能力或短路分断能力）。选择保险丝时需要注意，当流经保险丝的电流相当大以至短路时，仍要求保险丝能安全分断电路，且不带来任何破坏性。如果被保护系统是直接连接到电源输入电路或保险丝被置于电源输入部分时，一定要使用高分断能力的保险丝。在大部分二次电路中，特别是当电压低于电源电压时，选用低分断能力保险丝就可以了。

在选择保险丝时，还要综合考虑保险丝的熔化热能值、耐脉冲冲击次数、耐久性以及结构特征和安装形式等。

7.1.5.3　保险丝的检测

保险丝在使用前需要进行检测，以判断其好坏，是否可以用在设计中。比较简单的检测方法是观察保险丝的外观、标志和保护层是否完好，有无烧焦、伤痕、裂痕、腐蚀情况以及管脚是否松动等。如果从保险丝的外观看不出问题，可以借助万用表等电子仪器进行检测。用数字万用表检测保险丝时，一般需要注意以下五点：

(1) 选择万用表的量程为电阻挡的小挡位，比如 200 Ω 或 2 kΩ 挡进行测量。

(2) 一般保险丝的直流电阻为 0 Ω 或非常小。

(3) 如果测量的直流电阻为 0 Ω 或非常小，可以认为保险丝是好的；如果万用表的读数为“1”（断路或超量程），可认为保险丝是坏的。

(4) 也可以使用数字万用表的二极管挡检测保险丝，如果万用表的蜂鸣器发出响声可以认为保险丝是好的，否则就是坏的。

(5) 要测量保险丝的具体技术参数，一般需要使用专用的测量仪器或者采用辅助电路通电法进行测量。

7.1.6　二极管

二极管（diode）是具有两个电极的电子元件，它只允许电流按单一方向流过，在电路图中用字母 D 表示。目前的二极管大多是由硅或锗等半导体材料制造的，其内部有一个 PN 结和两个引线端子。

当二极管两端加上正向电压时，引起正向电流，称为二极管的正向偏置。正向偏置电压很小时，二极管不会导通，流过二极管的正向电流很微弱。当正向偏置电压达到“门槛电压”（锗管为0.1～0.3 V，硅管为0.5～0.7 V）后，二极管才会导通。导通后二极管两端的电压基本上保持不变（锗管约为0.3 V，硅管约为0.7 V），也就是二极管的“正向压降”。

二极管两端如果加反向电压，会形成在一定反向电压范围内与反向偏置电压值无关的反向饱和电流，二极管处于截止状态，称为二极管的反向偏置。当外加反向电压达到一定程度时，产生载流子的倍增过程，会出现很大的反向击穿电流，导致二极管反向击穿。PN结的反向击穿分为齐纳击穿和雪崩击穿。

二极管广泛地应用在各种电子系统中，如电源的整流、通信中调制和检波，以及用做电子开关、限幅、变容、阻尼瞬态电压抑制、发光等元件，因此二极管的电路图绘制符号也比较多，图7.10给出了二极管的多种图形符号。

二极管的主要技术参数有最大整流电流、最高反向工作电压、反向电流、动态电阻、最高工作频率、电压温度系数等。

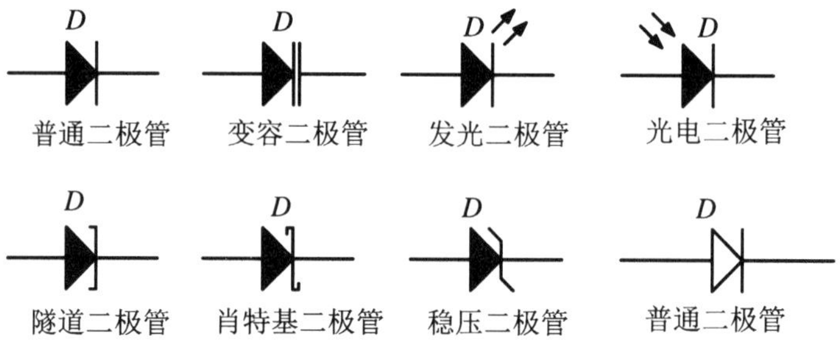

图7.10 电路图中的二极管符号

7.1.6.1 二极管的种类

二极管种类繁多，按所用的半导体材料不同可分为锗二极管（Ge管）和硅二极管（Si管）等；按用途不同可分为检波二极管、整流二极管、稳压二极管、开关二极管、隔离二极管、限幅二极管、调制二极管、混频二极管、放大二极管、变容二极管、雪崩二极管、激光二极管、肖特基二极管、发光二极管、硅功率开关二极管、旋转二极管等；按结构不同可分为点接触型二极管、面接触型二极管、平面型二极管、扩散型二极管等；按发光颜色不同可分为白光二极管、红光二极管、绿光二极管、蓝光二极管等；按安装方式不同可分为直插二极管和贴片二极管等。图7.11给出了部分二极管的实物图。

7.1.6.2 二极管的选用

选用二极管时，一般要先确定二极管在电路中的作用，再根据技术参数在相应的类别中选择合适的二极管。一些常用的二极管选用注意事项总结如下。

整流二极管一般为平面型硅二极管，用于各种电源整流电路中。选用整流二极管时，主要考虑其最大整流电流、最大反向工作电流、截止频率及反向恢复时间等参数。普通串联稳压电源电路中使用的整流二极管对截止频率的反向恢复时间要求不高，只要选择最大整流电流和最大反向工作电流符合要求的整流二极管即可。而用于开关稳压电源的整流电路及脉冲整流电路中的整流二极管，应选工作频率较高、反向恢复时间较短的整流二极管。

稳压二极管一般用在稳压电源中，作为基准电压源，或用在过电压保护电路中，作为保

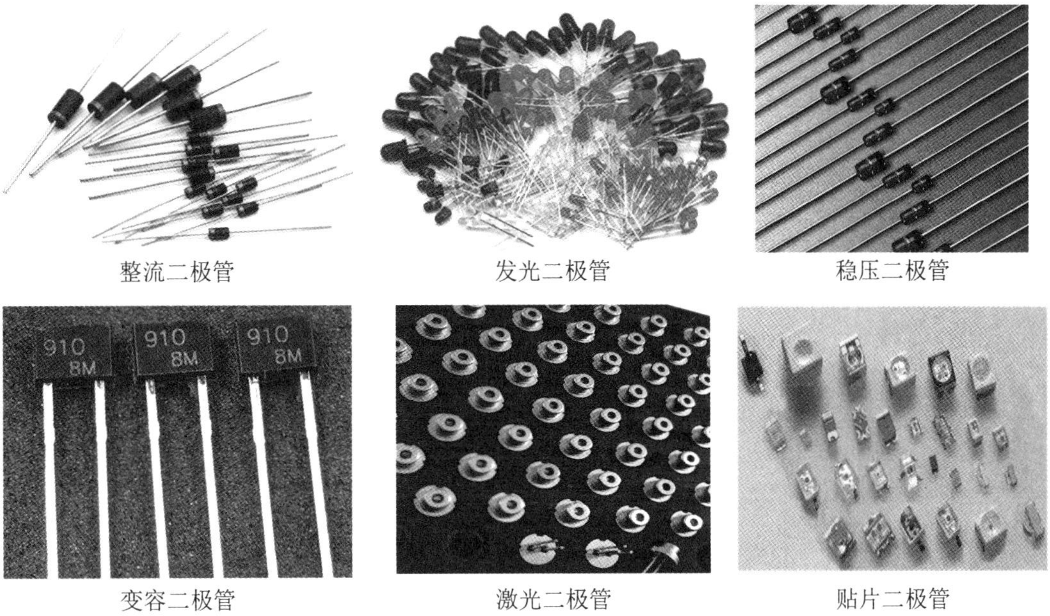

图 7.11　几种类型的二极管

护二极管。在选用稳压二极管时，应满足应用电路中主要参数的要求。稳压二极管的稳定电压值应与应用电路的基准电压值相同，稳压二极管的最大稳定电流应高于应用电路的最大负载电流 50%左右。

选用发光二极管时，除了考虑一些重要技术参数（如工作电流等）外，还会考虑发出的光的颜色、外形尺寸等。

7.1.6.3　二极管的检测

二极管在使用前需要进行检测，以判断其好坏，是否能用在设计电路中。简单的检测方法是观察二极管的外观，看其标志和保护层是否完好，有无烧焦、伤痕、裂痕、腐蚀情况以及管脚是否松动等。如果二极管的外观没有问题，可以借助万用表等电子仪器进行检测。用数字万用表检测二极管时，一般需要注意以下五点：

（1）普通二极管（包括检波二极管、整流二极管、阻尼二极管、开关二极管、续流二极管）是由一个 PN 结构成的半导体器件，具有单向导电特性。通过万用表检测其正、反向电阻值，可以判别出二极管的正、负电极，还可估测出二极管是否损坏。

（2）将数字万用表切换到电阻挡（2 kΩ 以上量程），接着用两表笔分别接二极管的两个电极，测出一个结果后，对调两表笔，再测出一个结果。两次测量的结果中，有一次测量出的阻值较大（为反向电阻），一次测量出的阻值较小（为正向电阻）。在阻值较小的一次测量中，红表笔接的是二极管的正极，黑表笔接的是二极管的负极。若两次测量的结果相差不大，则可以认为二极管已损坏。

（3）可以直接用数字万用表的二极管挡进行测量。在选择数字万用表的二极管挡时，红表笔和黑表笔间有 +2.8 V 的电压（红表笔为正极）。当两个表笔分别接到二极管两个管脚时，万用表的读数为二极管两端的压降。正常情况下，正向测量时万用表显示几百毫伏的压降，反向测量的读数为溢出“1”。若正反测量的读数一致，或相差不大，则可以认为二极管已损坏。

(4) 二极管技术参数需要使用专用的仪器设备或辅助电路进行测量。

(5) 对于不同类型的二极管,在测量时会有差别,比如在检测发光二极管时,可以观察其是否发光来判断其管子的好坏和正负极。

7.1.7 三极管

三极管(transistor)全称为半导体三极管,也称为双极型晶体管、晶体三极管,是一种控制电流的半导体器件,具有电流放大作用,也用做无触点开关,是电子电路的核心器件,用字母 T 或 Q 表示。三极管由一块半导体基片上制作的两个相距很近的 PN 结构成,两个 PN 结把整块半导体分成三部分,中间部分是基区,两侧分别是发射区和集电区。从三个区各引出一个电极,分别称为基极(B)、发射极(E)和集电极(C),排列方式有 PNP 和 NPN 两种,如图 7.12 所示。

从广义上说,三极管除了双极型晶体管,还有达林顿管、晶闸管(可控硅)、场效应管(MOS 型和结型),以及绝缘栅双极型晶体管等。

根据三极管基极对发射极的外加电压不同,三极管可以工作在截止或饱和状态,相当于电子开关;如果发射结正向偏置,集电结反向偏置,则三极管可工作在放大状态,实现电流的放大作用。

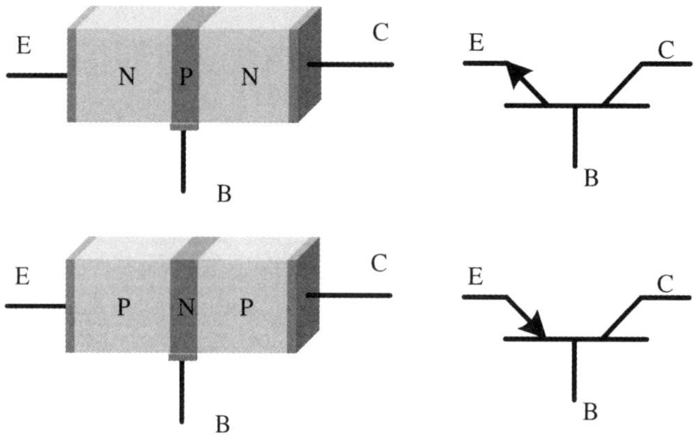

图 7.12 三极管的结构和符号

三极管的技术参数有直流参数和交流参数。直流参数主要有直流电流放大系数和电极间反向电流,交流参数主要有交流电流放大系数和特征频率等。另外还有一些极限参数,如集电极最大允许电流和功率损耗、反向击穿电压等。

三极管的型号一般是以数字 3 开头的一串字母和数字组合,例如 3DG110A。第 1 位的数字 3 表示三极管,第 2 位的字母 D 表示 NPN 硅三极管。如果第 2 位是 A,表示 PNP 锗管,B 表示 NPN 锗管,C 表示 PNP 硅管。第 3 位的字母 G 表示高频小功率管。如果第 3 位是 D,则表示低频大功率管,X 则表示低频小功率管,K 则表示开关管等。第 4～6 位的数字 110 表示同类器件的序号。第 7 位的字母 A 表示同类器件的不同规格。

7.1.7.1　三极管的种类

三极管应用广泛，种类也很多。三极管按材质可分为硅管、锗管等；按结构可分为 NPN、PNP 等；按功能可分为开关管、功率管、达林顿管、光敏管等；按功率可分为小功率管、大功率管等；按频率可分为低频管、高频管等；按安装方式可分为直插三极管、贴片三极管等。这些分类之间还可以交叉、组合，形成更多的类型，如高频小功率管、PNP 硅管、NPN 硅管等。图 7.13 给出了几种三极管实物图。

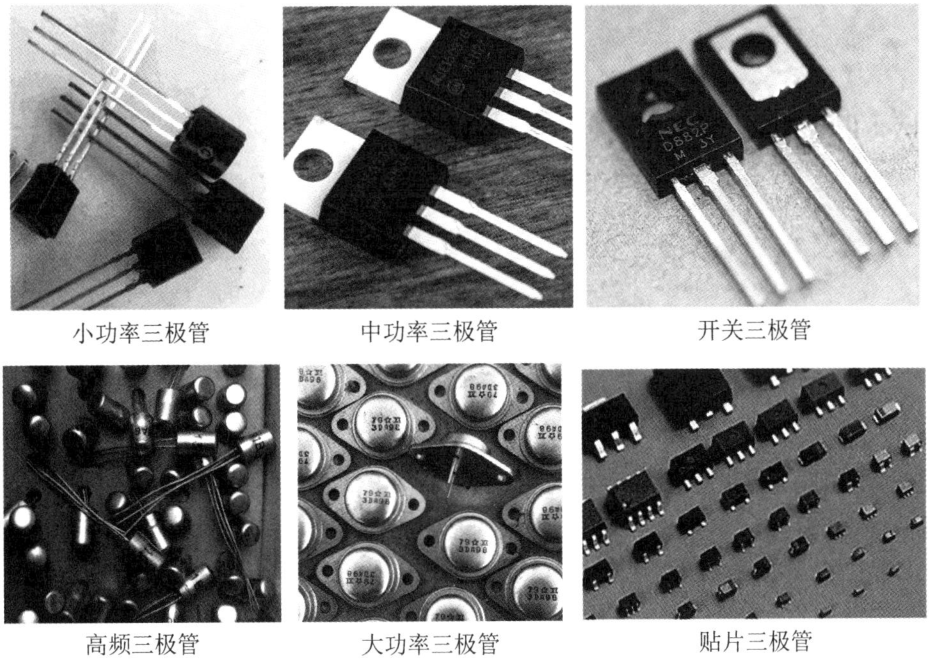

图 7.13　几种类型的三极管

7.1.7.2　三极管的选用

在选用三极管时，首先确定使用目标，然后再结合三极管的四个极限参数进行选择。四个极限参数分别是集电极最大允许电流 I_{cm}、集-射反向击穿电压 BV_{CEO}、集电极最大允许耗散功率 P_{cm}和特征频率 f_T。

一般低频小功率三极管工作在小信号状态，主要用于低频信号放大，输出功率小于 1 W；高频小功率三极管主要用于工作频率大于 3 MHz、功率小于 1 W 的高频振荡及放大电路；低频大功率三极管主要用于特征频率 f_T在 3 MHz 以下、功率大于 1 W 的低频功率放大电路中，也可在大电流输出稳压电源中做调整管，有时在低速大功率开关电路中也会用到它；高频大功率三极管主要用于特征频率 f_T大于 3 MHz、功率大于 1 W 的电路中，起到功率驱动、放大的作用，也可用于低频功率放大或开关稳压电路。

另外，在考虑三极管的极限参数时，一般按“2/3 安全原则”选择合适的性能参数，即工作时的集电极电流 I_C选择小于三极管集电极最大允许电流 I_{cm}的 2/3，集电极功率 P_W选择小于集电极最大允许功率的 2/3，集-射反向电压 U_{CE}选择小于基极开路时的集-射反向击穿电压 BV_{CEO}的 2/3，工作频率 f 选择为三极管特征频率 f_T的 15%。

7.1.7.3 三极管的检测

三极管在使用前需要进行检测，以判断其好坏，是否可以用在设计电路中。比较简单的检测方法是观察三极管的外观，看其标志和保护层是否完好，有无烧焦、伤痕、裂痕、腐蚀情况以及管脚是否松动等。如果三极管的外观没有问题，可以借助数字万用表等电子仪器进行检测。

首先，用数字万用表检测三极管的基极。三极管的结构表明三极管基极是三极管中两个 PN 结的公共极，因此只要找到两个 PN 结的公共极，也就找到了三极管的基极。用数字万用表检测三极管基极的具体方法是选择万用表电阻挡，先用红表笔放在三极管的一只脚上，用黑表笔去测量三极管的另两只脚，如果两次全通，则红表笔所放的脚就是三极管的基极。如果一次没找到，则红表笔换到三极管的下一个管脚，再测两次；如还没找到，则红表笔再换到最后一个管脚上，测两次；如果还没找到，则改用黑表笔放在三极管的一个管脚上，用红表笔去测两次看是否全通，若一次没成功再换。这样最多量 12 次，就可以找到基极了。

其次，用数字万用表检测三极管的类型。三极管有 PNP 和 NPN 两种类型，检测时只需知道基极是 P 型材料还是 N 型材料就行了。在用数字万用表的电阻挡检测时，红表笔代表电源正极，如果红表笔接基极时对其他两极导通，则说明三极管的基极为 P 型材料，即为 NPN 型三极管。如果黑表笔接基极时对其他两极导通，则说明三极管的基极为 N 型材料，即为 PNP 型三极管。

再次，用数字万用表检测三极管的好坏。通过万用表的电阻挡测量三极管的结电阻，一般发射结和集电结间的正向电阻值比较小，其他的电阻值为几百欧、几千欧到无穷大。如果测量结果满足这个条件，说明三极管是好的，否则三极管已损坏。如果三极管的三个电极已找到，也可以通过数字万用表的三极管专用测量接口去测量三极管的直流电流放大系数 H_{fe}，如测量的结果为 70～700，则说明三极管是好的，否则是坏的。

最后，三极管技术参数的测量需要使用专用的仪器设备或辅助电路。

7.1.8 集成电路

集成电路（Integrated Circuit，IC）是 20 世纪 60 年代初期发展起来的一种半导体器件，它是经过氧化、光刻、扩散、外延、蒸铝等半导体制造工艺，把构成具有一定功能的电路所需的半导体、电阻、电容等元器件及它们之间的连接导线全部集成在一小块硅片上，然后焊接封装在一个管壳内的电子器件。集成电路内所有元器件在结构上已成为一个整体，是一种电路小型化的方式。

集成电路也称为微电路（microcircuit）、微芯片（microchip）或芯片（chip），它的封装外壳有圆壳式、扁平式或双列直插式等多种形式，在电路中用字母“*IC*”或“*U*”表示，或者用集成电路的具体标志表示，如图 7.14 所示。

集成电路具有体积小、重量轻、引出线和焊接点少、寿命长、可靠性高和性能好等优点，同时成本低，便于大规模生产，因此广泛应用在工业、民用电子设备、军事等各个方面。采用集成电路来装配电子设备，其装配密度比晶体管提高很多倍，设备的稳定工作时间也大大延长。

随着集成电路的规模越来越大，电路图的绘制也不局限于一张图纸、一个芯片。将一个芯片的不同功能划分开进行绘图和描述成为当前电子系统设计中非常普遍的方式。

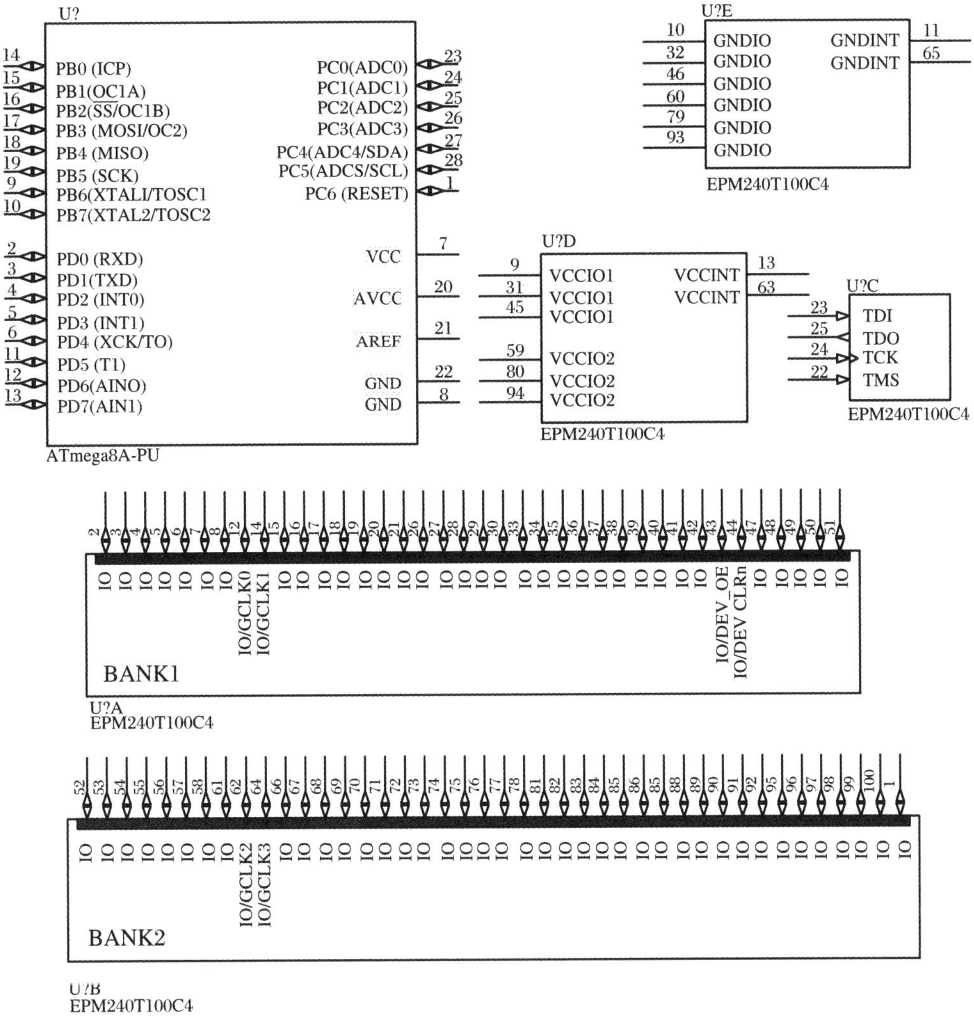

图 7.14　电路图中集成电路的符号

7.1.8.1　集成电路的种类

集成电路种类繁多，分类的方法也不同，但常用的分类方式是按照集成电路处理的信号划分为模拟集成电路、数字集成电路和混合集成电路（模拟、数字电路在同一块芯片里）。常见的集成电路如图 7.15 所示。

数字集成电路以微处理器（Micro Processing Unit，MPU）、数字信号处理器（Digital Signal Processor，DSP）和微控制器（Micro Control Unit，MCU）为代表，使用二进制处理逻辑“0”和逻辑“1”信号，在几平方毫米的面积上有几千至数十亿个逻辑门、触发器、多任务器和其他电路。这些小尺寸电路与板级电路相比，速度更快，功耗更低，制造成本也降低了。

模拟集成电路以传感器、电源控制电路和运算放大器为代表，完成模拟信号放大、滤波、解调、混频等功能。使用模拟集成电路可以减轻电路设计师的负担，提高了设计效率。

混合集成电路可以把模拟电路和数字电路集成在单一芯片上，例如模/数转换器（ADC）

和数/模转换器(DAC)等。这种电路尺寸更小,成本更低,同时提高了可靠性,易于使用。

单片机芯片　FPGA可编程芯片

计算机CPU芯片　TQFP封装芯片　BGA封装芯片

图 7.15　几种类型的集成电路

集成电路按集成度可分为小规模集成电路(Small Scale Integrated Circuits,SSIC)、中规模集成电路(Medium Scale Integrated Circuits,MSIC)、大规模集成电路(Large Scale Integrated Circuit,LSIC)、超大规模集成电路(Very Large Scale Integrated Circuits,VLSIC)、特大规模集成电路(Ultra Large Scale Integrated Circuits,ULSIC)、巨大规模集成电路(Giga Scale Integration Circuits,GSIC)等。

集成电路的封装和安装方式也有多种类型,按字母顺序可分为 BGA(Ball Grid Array)、DIP(Dual In-line Package)、FQFP(Fine pitch Quad Flat Package)、LCC(Leadless Chip Carriers)、LGA(Land Grid Array)、MFP(Mini Flat Package)、PGA(Pin Grid Array)、PLCC(Plastic Leaded Chip Carrier)、QFN(Quad Flat Non-leaded)、QFP(Quad Flat Package)、SOIC(Small Out-line IC,同 SOP、SO)、TQFP(Thin Quad Flat Package)等。

7.1.8.2　集成电路的选用和检测

在选用集成电路时,要根据实现的电路功能进行挑选。首先选择满足设计功能要求的芯片类型,然后再根据芯片的性能指标、安装方式、功耗、散热、集成度等选择具体芯片。

检测集成电路时,可以从外观上观察其标志和保护层是否完好,有无烧焦、伤痕、裂痕、腐蚀情况以及管脚是否松动等。如果 IC 的外观没有问题,就必须借助专用的仪器设备和辅助电路进行功能的检测了。

7.2　系统电路设计流程

从第1章内容可知，系统电路设计是电子系统设计的一部分，就是利用电路原理和电子技术的相关知识设计出各功能模块的硬件电路结构。从结构上来说，一个电子系统的硬件电路可以分为多个功能模块，比如模拟电路包含放大器、滤波器、电源电路等模块，数字电路包含基本逻辑门电路、单片机、嵌入式处理器、可编程逻辑器件等模块。这些模块的具体设计内容都有相应的课程，在此不做讨论。这里我们只对系统电路的一般设计方法进行总结。

7.2.1　系统电路设计方法和步骤

系统电路的设计方法也可以分为自顶向下（Top-Down）和自底向上（Bottom-Up）两种。自顶向下设计方法的思路在第1章和第2章中进行了详细的描述，这里不再赘述。简单归纳一下，就是从整体和宏观的功能入手，采用层次化描述，逐步将整体功能细化成很多个相对完整、不可再分且易于实现的小模块，并力求模块间的组织关系清晰明了，从而实现整个设计。

自底向上设计方法也是传统设计方法，是从硬件电路的元器件开始，不断地通过搭积木的方式进行功能设计和整合。到了功能无法再整合时，就换一种方法再重新整合。如此不断地反复尝试，直到实现整个设计。

这两种设计方法都存在局限性，但针对目前复杂的大规模系统设计，一般采用自顶向下设计方法；对于小规模系统，可以采用自底向上的设计方法，方便灵活。也可以在采用自顶向下方法时，结合自底向上方法，取长补短，为整个设计的顺利完成提供更大的灵活性。

系统电路设计主要包括电路原理图设计和PCB设计，它们的设计流程已经在第2章中进行了描述，这里再总结一下实际设计工作的几个步骤：

(1) 根据总体目标进行需求分析。根据总体需求分析具体要做什么、实现哪些功能、硬件电路完成需要的时间等，写成计划书。

(2) 选择元器件和单元模块。根据计划书查找功能、性能及成本等满足要求的元器件、芯片或单元模块；通过分析、仿真以及测试等方法确定选用的元器件、芯片或单元模块，并完成硬件电路的设计。

(3) 绘制电路原理图。采用EDA软件在计算机里绘制设计好的硬件电路原理图，并通过EDA软件进行仿真，验证硬件电路的性能和功能。

(4) 绘制印刷电路板（PCB）图。在确认所设计的硬件电路的功能和性能以后，根据电路图、设计功能、接口、元器件形状、尺寸和性能等进行PCB图的绘制、检查与仿真验证等工作。

(5) 加工和装配PCB。最后进行PCB的加工制作与元器件的装配，并对装配了元器件的PCB进行硬件测试。

在以上设计过程中，如果某一步出现了问题，就需要返回到之前的步骤进行检查和修正。

7.2.2 系统电路设计实例

本小节以微控制器最小系统的设计来说明系统电路设计步骤。这里选用了8位微控制器芯片 ATmega8A，其最小系统的硬件电路只需要包含微控制器芯片、电源供电接口、时钟电路、复位电路、程序烧写接口以及扩展接口。

7.2.2.1 ATmega8A 微控制器

ATmega8A 是 ATMEL 公司 8 位 AVR 低功耗微控制器，它基于 AVR 增强的精简指令集（Reduced Instruction Set Computer，RISC）架构，执行单时钟周期指令，可以达到 1 MIPS/MHz（Million Instructions Per Second/MHz）性能。ATmega8A 芯片内集成了较大容量的存储器和丰富的硬件接口，应用范围很广。

ATmega8A 芯片内部结构主要由 AVR CPU、电源管理和时钟控制、存储器、定时器、ADC 模块以及外部接口构成，如图 7.16 所示。

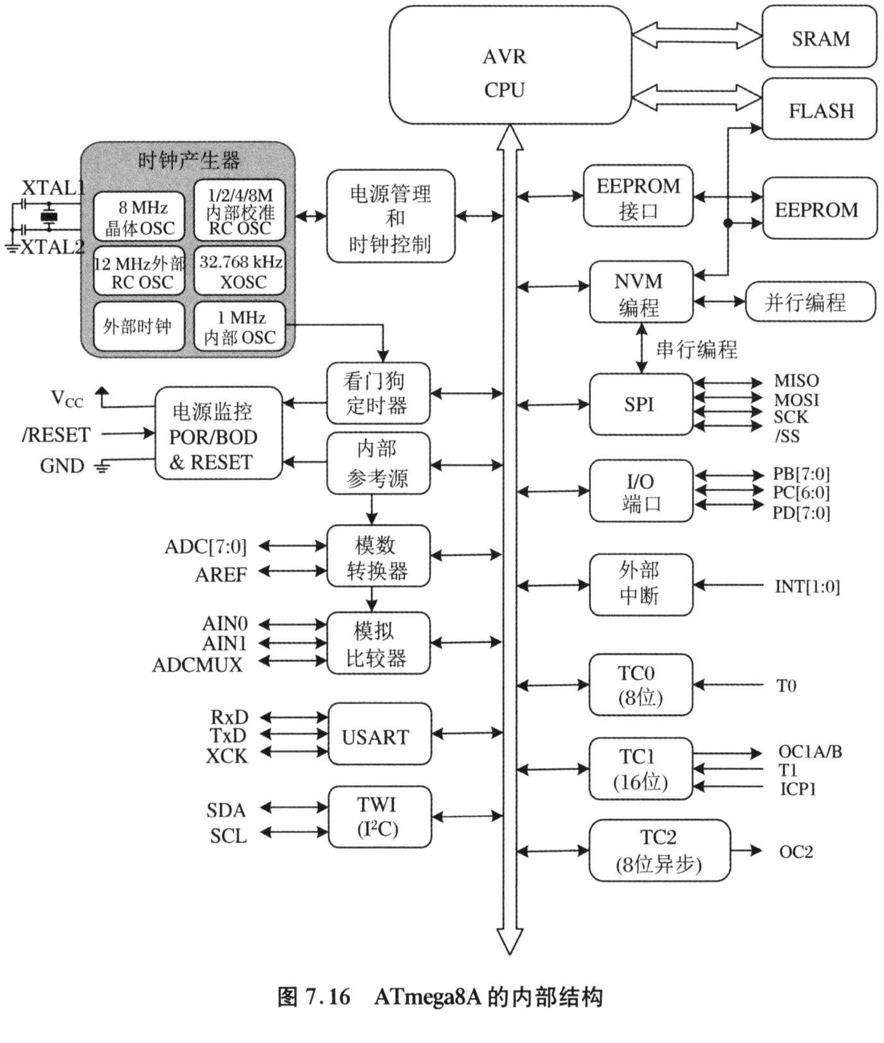

图 7.16 ATmega8A 的内部结构

AVR CPU 是 ATmega8A 芯片的核心，完成计算、控制外设以及处理中断等工作，其内部采用了哈佛结构，即程序存储器(Flash Program Memory)和数据存储器(Data SRAM)是分开的，可以同时访问，以提高运行速度，如图 7.17 所示。程序存储器里的指令执行采用了一级流水线结构，即当一条指令在执行时，就从程序存储器预取下一条指令，这样就实现了每个时钟周期都在执行指令。

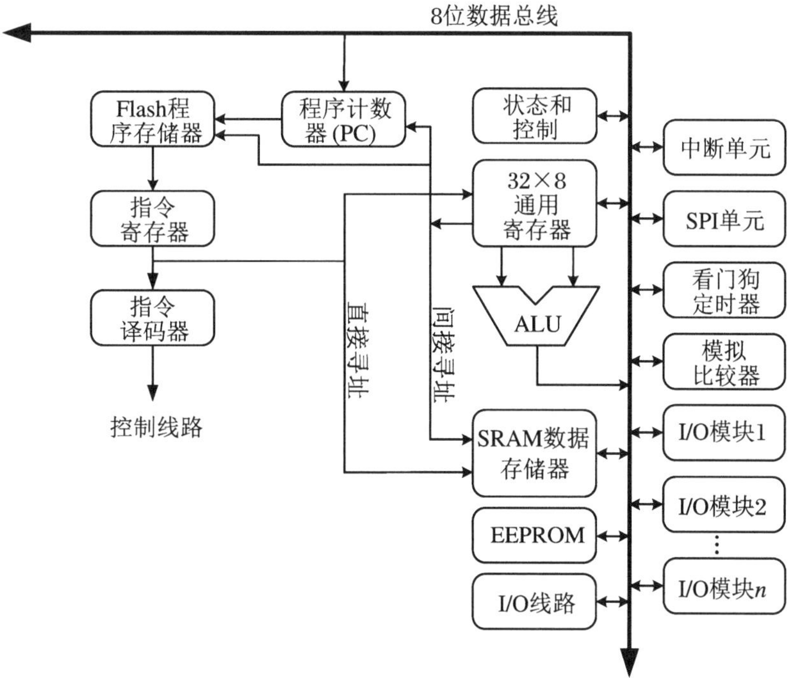

图 7.17　AVR CPU 结构框图

CPU 的核心是算术逻辑运算单元(Arithemetic Logic Unit，ALU)，完成算术、逻辑及位操作，同时还支持有符号数、无符号数及小数的乘法。由于与 32 个通用寄存器直接相连，ALU 可以在一个时钟周期完成两个通用寄存器间或一个寄存器与立即数间的操作。在 ALU 执行操作后，会更新状态寄存器(Status Register，SREG)的值，利用状态寄存器的值可以改变程序执行的顺序。

ATmega8A 内部有程序存储器(FLASH)、数据存储器(SRAM)和 EEPROM 存储器。FLASH 程序存储器有 8 K 字节，可以在系统重复编程。由于 AVR 的指令都是 16 或 32 位的，故而 FLASH 存储器是按 4 K×16 位形式组织的。此外，为了程序的安全，FLASH 程序存储器被分成了启动程序区和应用程序区两部分。ATmega8A 的程序计数器(Program Counter，PC)是 12 位的，可以访问 4 K 程序存储器空间。ATmega8A 数据存储器空间包含了 32 个通用寄存器、I/O 寄存器和 SRAM 等。

ATmega8A 具有内部时钟源，可为芯片提供 1 MHz、2 MHz、4 MHz、8 MHz 的工作时钟，另外也提供多种形式的外部时钟输入，如晶体、时钟脉冲等。芯片的工作时钟源由时钟选择电路选择，再由 AVR 时钟控制单元进行片内时钟分发。分发后的时钟具有不同的时钟域，这样可以通过睡眠模式选择关闭不需要的模块，以降低芯片功耗。图 7.18 示出了 ATmega8A 内部的时钟分布。

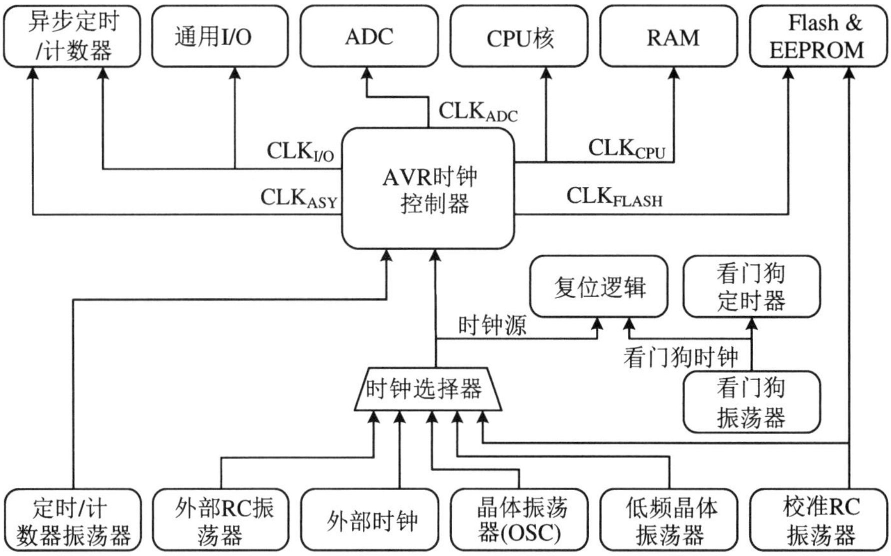

图 7.18 ATmega8A 内部时钟分布

ATmega8A 具有多种睡眠模式,每种睡眠模式通过关闭不用的片内模块来降低芯片功耗,满足各种应用需求。ATmega8A 片内有不同的时钟域,关闭一个域的时钟即可停止此模块的工作(部分异步工作模块除外)。退出睡眠模式的方式有中断、定时器、ADC 等。

ATmega8A 复位时,所有 I/O 寄存器设置为初始值,然后从复位向量处开始执行程序。如程序中没有开启中断,则中断向量表没有用,可用来放置常规程序。ATmega8A 具有四个复位源:上电(Power-on)、外部(RESET 管脚)、看门狗(Watchdog)和掉电(Brown-out)复位。任何一个复位源有效都会立即复位 I/O 端口。当所有复位源撤销后,会引入延时计数以增加内部复位时间,使得常规程序开始前电源能够稳定。

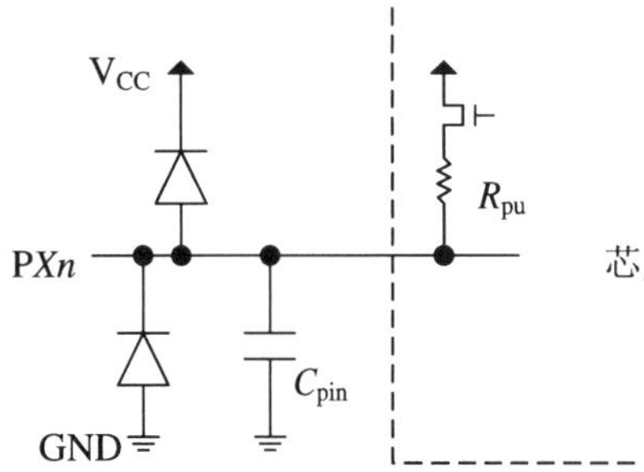

图 7.19 I/O 管脚等效电路

ATmega8A I/O 端口具有真正的读-修改-写功能,也意味着改变一个端口管脚的方向(输入或输出)、输出值(当管脚配置为输出模式时)、上拉电阻(当管脚配置为输入模式时)不会无意中改变其他端口管脚的对应设置。每个 I/O 管脚具有对称的输出电路,可以直接驱动 LED,同时有双向保护二极管和可配置的固定值上拉电阻,如图 7.19 所示。

习惯上用 PORT*Xn* 来表示 *X* 端口的第 *n* 位,如 PORTB1 表示 B 端口的第 1 位。每个 I/O 端口有 3 个寄存器(I/O 存储器地址空间),分别是数据寄存器 PORT*X*(*X* 表示端口 B,C 或 D,下同)、数据方向寄存器 DDR*X* 和端口管脚输入寄存器 PIN*X*(只读)。每个端口管脚通过 PORT*X*、DDR*X* 和 PIN*X* 的对应寄存器位 PORT*Xn*、DDR*Xn* 和 PIN*Xn* 来设置和访问。

ATmega8A 芯片有三种封装形式:DIP28、TQFP32 以及 QFN/MLF32,其外形管脚如图 7.20 所示,管脚列表和说明如表 7.1 所示。了解芯片的封装形式、管脚功能和分布是硬件电路设计的重要内容。

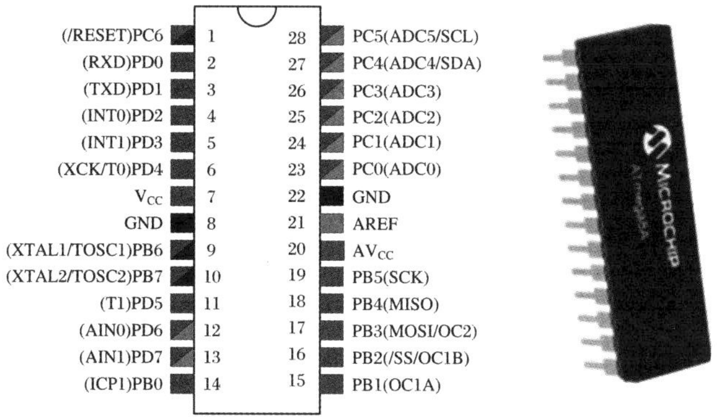

(a) ATmega8A DIP28

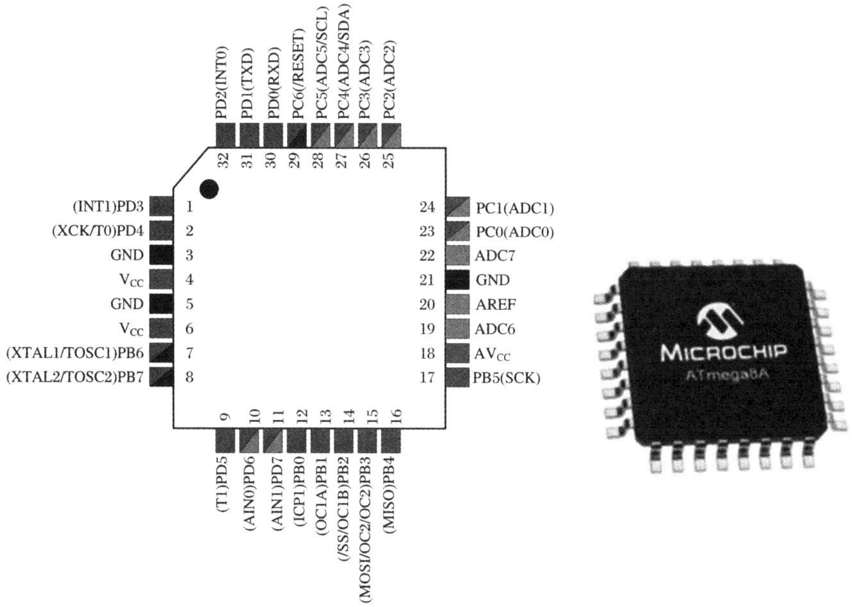

(b) ATmega8A TQFP32

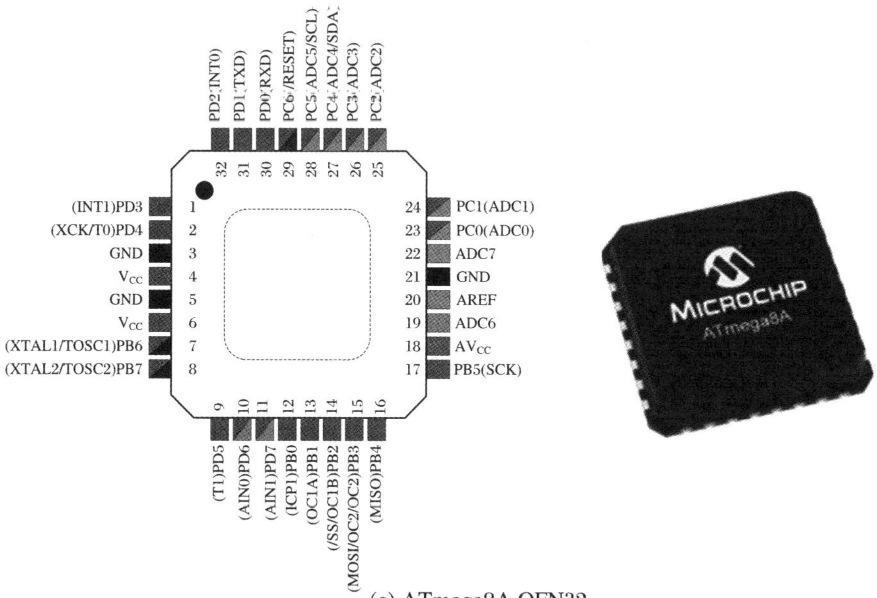

(c) ATmega8A QFN32

图 7.20　ATmega8A 封装与管脚分布

要使 ATmega8A 芯片工作，需要通过所有的 V_{CC} 和 GND 管脚给芯片中的数字电路供电，通过 AVCC 管脚给模拟电路（ADC）供电，同时还要通过 AREF 管脚给 ADC 模块提供模拟参考电压。通用 I/O 管脚（PB0～PB7、PC0～PC6 和 PD0～PD7）一般还具有第二种接口功能，有的管脚还有第三种接口功能，这是芯片的管脚复用。管脚复用是通过有关寄存器的控制，使管脚与芯片内部不同模块进行电路切换，相当于有一个电子开关，从而改变管脚用途，也减少了芯片封装时的管脚数量。

表 7.1　ATmega8A 芯片不同封装对应的管脚列表

管脚	DIP28 封装				TQFP32 封装			QFN32 封装		
	功能 1	功能 2	功能 3	说明	1	2	3	1	2	3
1	PC6	/RESET	IO、复位输入		PD3	INT1		PD3	INT1	
2	PD0	RXD	IO、串口输入		PD4	XCK	T0	PD4	XCK	T0
3	PD1	TXD	IO、串口输出		GND			GND		
4	PD2	INT0	外中断输入 0		V_{CC}			V_{CC}		
5	PD3	INT1	外中断输入 1		GND			GND		
6	PD4	XCK	T0		V_{CC}			V_{CC}		
7	V_{CC}		+2.7～5.5 V		PB6	XTAL1	TOSC1	PB6	XTAL1	TOSC1
8	GND		电源地		PB7	XTAL2	TOSC2	PB7	XTAL2	TOSC2
9	PB6	XTAL1	TOSC1	外接晶体	PD5	T1		PD5	T1	
10	PB7	XTAL2	TOSC2		PD6	AIN0		PD6	AIN0	
11	PD5	T1	IO、T1 输入		PD7	AIN1		PD7	AIN1	
12	PD6	AIN0	IO，模拟比较器正、负输入		PB0	ICP1		PB0	ICP1	
13	PD7	AIN1			PB1	OC1A		PB1	OC1A	
14	PB0	ICP1	TC1 输入捕获		PB2	/SS	OC1B	PB2	/SS	OC1B
15	PB1	OC1A	TC1 匹配输出		PB3	MOSI	OC2	PB3	MOSI	OC2
16	PB2	/SS	OC1B	SPI、输出匹配	PB4	MISO		PB4	MISO	
17	PB3	MOSI	OC2		PB5	SCK		PB5	SCK	
18	PB4	MISO			AVCC			AVCC		
19	PB5	SCK			ADC6	ADC 模拟输入		ADC6		
20	AVCC		模拟电源		AREF			AREF		
21	AREF		模拟参考源		GND			GND		
22	GND		电源地		ADC7	ADC 模拟输入		ADC7		
23	PC0	ADC0	ADC 模拟输入		PC0	ADC0		PC0	ADC0	
24	PC1	ADC1	ADC 模拟输入		PC1	ADC1		PC1	ADC1	
25	PC2	ADC2	ADC 模拟输入		PC2	ADC2		PC2	ADC2	

续表

管脚	DIP28 封装				TQFP32 封装			QFN32 封装		
	功能 1	功能 2	功能 3	说明	1	2	3	1	2	3
26	PC3	ADC3	ADC 模拟输入		PC3	ADC3		PC3	ADC3	
27	PC4	ADC4	SDA	TWI (I^2C)	PC4	ADC4	SDA	PC4	ADC4	SDA
28	PC5	ADC5	SCL		PC5	ADC5	SCL	PC5	ADC5	SCL
29					PC6	/RESET		PC6	/RESET	
30					PD0	RXD		PD0	RXD	
31					PD1	TXD		PD1	TXD	
32					PD2	INT0		PD2	INT0	

7.2.2.2　兼容 ATmega328P 的电路设计

ATmega8A 的片上存储空间只有 8 K 字节，对于代码量、运算量较小的设计是足够了，但对于代码量、运算量较大的设计可能不够用，因此可以考虑让硬件电路兼容一款片上存储空间更大的微控制器，如 ATmega328。

在硬件电路设计时，如需兼容多款不同的 MCU 芯片，则应通过 MCU 芯片手册确认它们在外形、管脚、功能以及外围电路等方面可以兼容。通过查阅几种 MCU 的数据手册，可以发现 ATmega8A 与 ATmega328(P/PB)为相同的 8 位 MEGAAVR MCU，其主要区别是程序存储空间的大小、工作电压范围、工作频率以及各种外设数量的不同。表 7.2 是几种 MCU 的主要参数。

表 7.2　几种 MCU 的主要参数

	ATmega8A	ATmega328P	ATmega328PB
程序存储器 FLASH(KB)	8	32	32
数据存储器 SRAM(B)	1024	2048	2048
PWM 通道	3	6	10
工作频率(MHz)	0～16	0～20(4.5～5.5 V)	0～20(4.5～5.5 V)
I/O 数量	23	23	23
工作电压(V)	2.7～5.5	1.8～5.5	1.8～5.5
管脚数量	28,32	28,32	28,32
封装类型	DIP，TQFP	DIP，TQFP	DIP，TQFP

通过查询芯片数据手册可以发现芯片的工作频率与供电电压有关，如需要 MCU 工作在 0～20 MHz，则供电电压必须在 4.5～5.5 V。因此要设计一款兼容表 7.2 中三款芯片的 MCU 电路板，首先要统一供电电压。对于电路板来说，通过 +5 V 的 USB 供电比较方便，可由计算机或充电器供电。

以上三款芯片都有片内最高 8 MHz 的 RC 振荡器时钟（只能是 1 MHz、2 MHz、4 MHz、

8 MHz 之一),出厂时默认为 1 MHz。如果需要 MCU 工作在其他时钟频率,则要外接时钟电路,这里暂且选用 16 MHz 的外接晶体电路。

在通用硬件电路的设计中,芯片封装的兼容(管脚的兼容)比较重要,因为封装一旦确定,加工成电路板以后,就无法变动了。同时,还要考虑功能、性能与外围电路等的兼容性。ATmega8A 与 ATmega328P 都有 28 个管脚的双列直插封装(DIP28),而且它们的管脚位置是一致的,只是 328P 的管脚的复用功能多一些,因此在电路板设计时可以认为它们是完全兼容的,对于初学者来说优先选择这种兼容方式。ATmega328PB 只有 32 管脚的封装,而且以上三款芯片对应的 32 个管脚的 TQFP 封装都是兼容的,因此选择这种封装也是完全可以的,不过对于初学者来说,TQFP 封装的焊接是有难度的。

因此,我们首选 DIP28 封装的 ATmega8A 芯片以兼容相同封装的 ATmega328P,并采用排孔预留接口的方式,以兼容 32 管脚的 TQFP 封装的 MCU 芯片,甚至兼容 TQFP44 封装的 AVR 芯片。

7.2.2.3 MCU 最小系统的设计

确定了 MCU 采用 DIP28 封装的 ATmega8A 芯片,并兼容 ATmega328P 芯片,+5 V 电源由 USB 提供,接下来将确定 MCU 的外围电路。

由 MCU 的芯片手册可知,AVR 芯片具有在系统编程(In System Programming,ISP)功能,即计算机通过下载设备(如下载线)直接连接 MCU 电路板,将程序下载到芯片里。ISP 编程可以采用 SPI 接口的串行方式或 I/O 端口的并行方式,这里采用 SPI 接口方式,下载线是 USB ISP。USB ISP 下载线通过 USB 接口与计算机连接,并通过一段 10 芯排线与 ATmega8A 芯片连接。这段 10 芯排线的两头都是简易的牛角压头,一一对应,其与 MCU 的连接关系如表 7.3 所示。

表 7.3 USB ISP 下载线与 MCU 的连接

USB ISP(10 芯排线压接头)	电路板(ATmega8A)
5:RST	P1 或 P2:1(1)
7:SCK	P3 或 P4:19(19)
9:MISO	P3 或 P4:18(18)
1:MOSI	P3 或 P4:17(17)
2:V_{CC}(+5 V)	电源接口:+5.0 V
10:GND	电源接口:GND

USB ISP 下载线与 MCU 连接的 10 芯排线的第 2 根为 +5 V 电源,来自计算机 USB 接口的 +5 V 电源,第 4,6,8,10 根线均为电源地。为了供电安全,可在电源正极加上 500 mA 的保险丝。另外,MCU 的 AVCC 电源管脚是给 ADC 模拟部分供电的,可以使其经过磁珠后再供电,以减小电源波动。第 1,5,7,9 根线为串行烧写 MCU 时的复位线和 SPI 接口连线,可直接与 MCU 对应管脚连接起来。

MCU 芯片复位设计是在复位管脚 PIN1 外接 RC 上电复位电路,也可以再加个手动复位开关。不过因 AVR MCU 芯片本身具有加电自复位的功能,为了简化设计,可不外接复位电路。

外接时钟电路可以使用芯片内部振荡器，同时在 XTAL2 和 XTAL1 之间连接一个晶体和两个电容，以便更灵活地选择 MCU 的工作频率。图 7.21给出了 MCU 外部时钟电路。

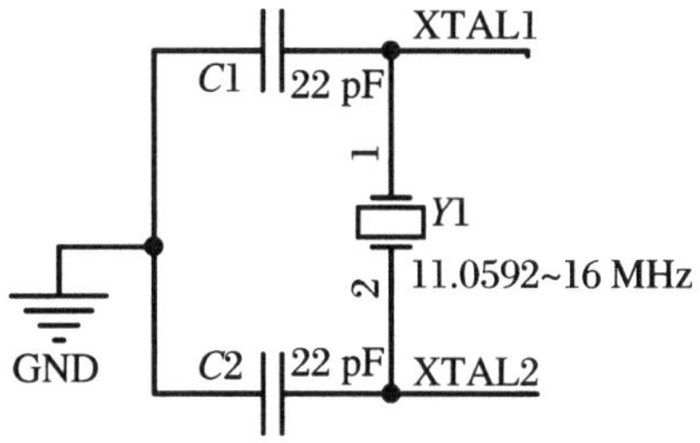

图 7.21　MCU 外部时钟电路

最后，给供电电源添加一个 LED 指示灯，用于指示电源加载与否。扩展接口可以选择通用的 2.54 mm间距的排针和排孔，以兼容各种功能模块的接口。

经过以上分析和设计，我们得到了图 7.22 所示的 MCU 最小系统框图。位于框图核心位置的是 DIP28 封装的 MCU 芯片，周边是 ISP 下载接口与供电、外部时钟电路等。在 MCU 芯片的四周放置了 32 管脚和 44 管脚的兼容排孔接口，再往外就是连接各个外部功能模块的扩展接口。

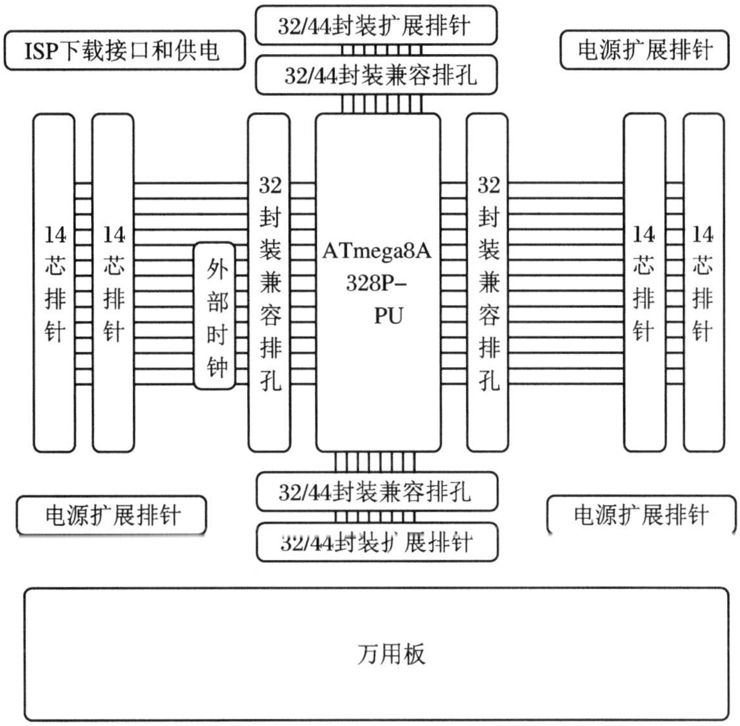

图 7.22　MCU 最小系统设计框图

扩展接口与芯片对应管脚一一相连。1～28 号管脚各扩展出两个连接点，29～44 号兼容管脚因空间有限或使用不多仅扩展出一个连接点。在下载线以外的三个角上放置供电扩展接口，以便给各个外部功能模块供电。最后在电路板一侧留出一定的空间作为万用板，以方便搭建一些简单的实验电路。

硬件电路设计完成后，下一步就是原理图设计和 PCB 图设计了。原理图设计和 PCB 图设计需要使用 EDA 软件，包括图形输入、仿真、验证等环节。

7.3 原理图设计

硬件电路模块设计完成以后,需要将电路原理图输入计算机中,并进行仿真和检测,这些工作都要由 EDA 软件来完成。嘉立创 EDA 软件是一款高效、免费的国产电路板绘制软件,可在多种操作系统上运行,也可以通过浏览器注册后在线使用。

本教材使用的是工程离线版嘉立创 EDA 客户端软件。该版本可以在安装时选择或者安装后通过"设置"菜单里的"桌面客户端设置"中的"运行版本设置"来选择。在使用嘉立创 EDA 软件时,要求计算机连接网络,以使用其线上的元器件库。

7.3.1 在 EDA 客户端新建工程

打开嘉立创 EDA 客户端软件,确认工作模式为工程离线模式且计算机已连接网络。也可以通过菜单中"设置"以及子菜单,如快捷键设置…、个人偏好…、系统设置…、语言设置…等,完成不同参数的设置,如图 7.23 所示。

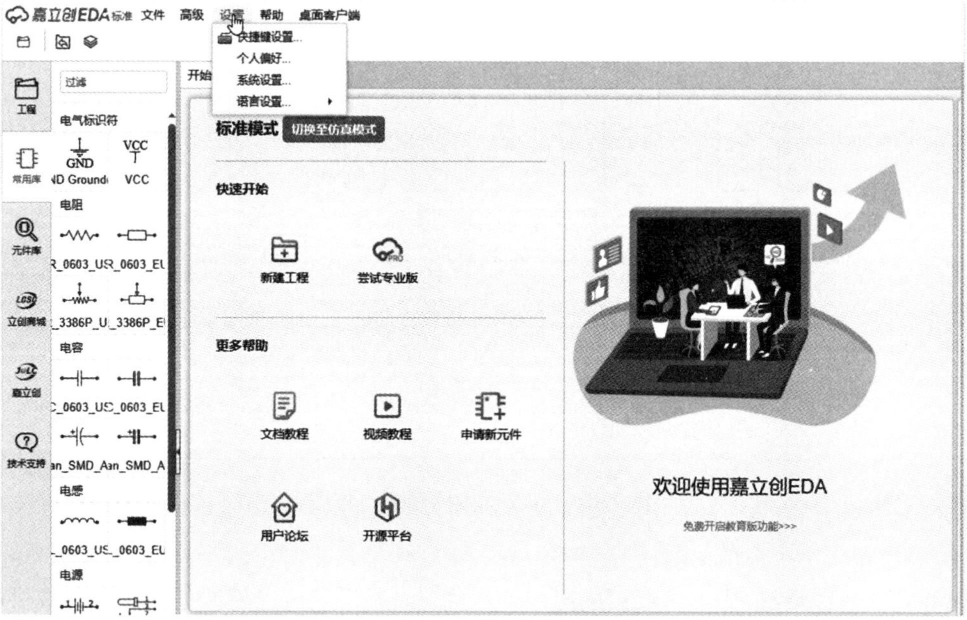

图 7.23　嘉立创 EDA 软件的打开界面

在进行原理图设计之前,要先新建一个工程,具体操作如下:

将鼠标移动到"文件"菜单下"新建"子菜单下的"工程…"命令上,点击鼠标左键,打开"新建工程"窗口。在"新建工程"窗口中设置工程的标题为"PCB_IEDP",设置描述信息,例如"电子设计:姓名日期",然后点击"保存"按钮即可建立一个新的工程。此时还会打开一个名为"Sheet_1"的新建原理图绘制窗口,如图 7.24 所示。

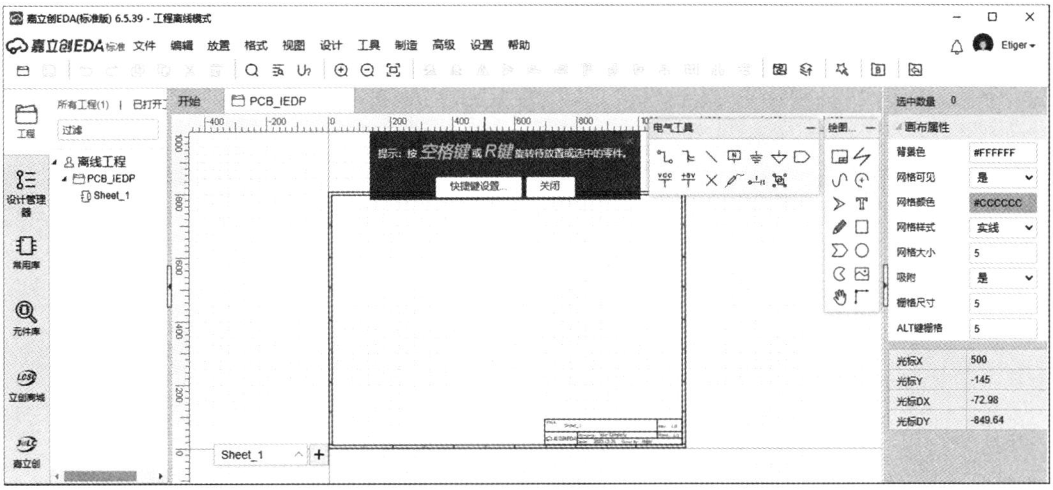

图 7.24　创建新工程界面

嘉立创 EDA 的客户端界面包含四个关键的区域：主菜单栏、导航面板、工作区和属性面板，如图 7.25 所示。

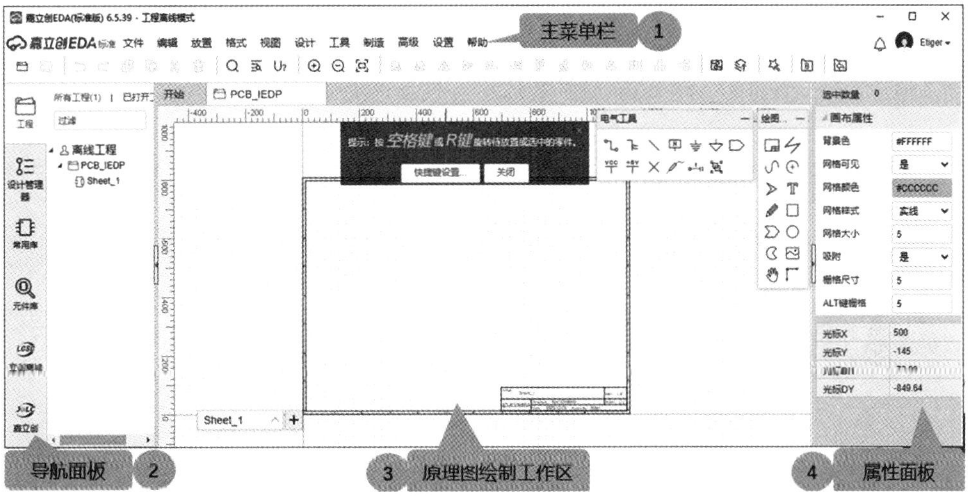

图 7.25　客户端界面的四个关键区域

主菜单栏在界面顶部，按功能分组，清晰明了，可根据需求进行各种操作。最左侧的导航面板是很重要的部分，在这里可找到设计的工程、系统基础库、设计管理器以及元件库等，它们的具体功能为：

(1)“工程”页面可找到所有的设计工程，支持右键菜单进行操作，如打开工程文件夹等。

(2) 系统基础库中包含了常用的元器件，鼠标左键点击需要的元器件后移到画布上再次点击鼠标左键，即可在画布上放置元器件。可以连续放置同一个器件，点击鼠标右键或按 ESC 键可以结束当前元器件的放置。当鼠标指针移到基础库中的元器件上时，可以点击元器件右下角的三角符号选择器件类型。

(3) 设计管理器可以在原理图界面检查每个零件和每条网络连线，在 PCB 界面可以查看设计规则错误(DRC)。

(4) 元件库拥有更多的在线符号库和封装库,包括系统库、共享库和个人制作库。

EDA软件界面的工作区可以是原理图绘制区,也可以是PCB图绘制区。在打开原理图绘制文件时,工作区为原理图绘制画布,可以完成原理图的创建和绘制、库文件符号绘制和编辑等工作。在打开PCB文件时,工作区为PCB绘制画布,可以完成PCB图的创建、布局和编辑等。另外,工作区还可以完成仿真原理图的创建、绘制编辑和波形查看等。在空白处通过右键菜单里的画布属性可以设置画布的背景颜色、网格等。

在原理图或PCB图绘制画布下会显示对应的工具栏。例如,在原理图绘制时,显示电气工具和绘图工具,在PCB图绘制时,会显示PCB绘制工具。这些工具栏的大小可调节,位置可随意拖动。

属性面板在最右侧,可以根据工作区选择或操作的对象显示其属性、参数,并可进行修改。例如可修改画布属性、背景颜色、网格样式与大小等。

7.3.2 元器件放置

如果新建工程时没有一起新建并打开原理图绘制画布,或者需要新建一张画布,都可以通过“文件”菜单的“新建”子菜单中的“原理图”命令新建原理图文件。

在“已打开的工程”栏中,在“Sheet_1”原理图名上点击鼠标右键,选择“修改”命令,修改原理图的名称为“SCH_IEDP”。点击原理图画布左下角的“+”,可以添加一张新的画布,如图7.26所示。

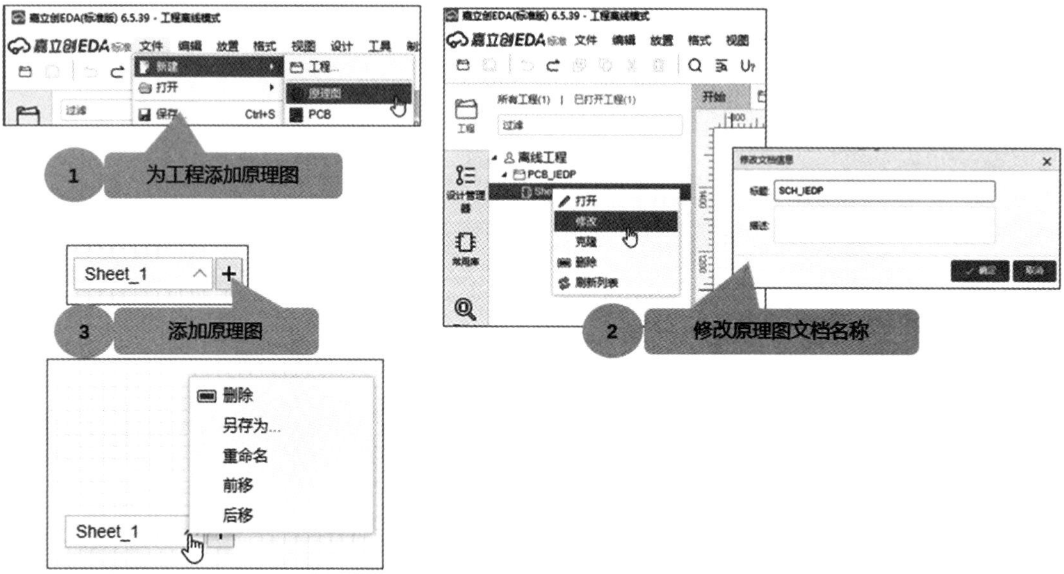

图7.26 添加原理图

7.3.2.1 放置ATmega8A-PU

新建了原理图画布以后,下面要在原理图画布上放置“ATmega8A-PU”元器件,具体为:

(1) 点击嘉立创EDA软件界面左侧的“元件库”,在打开的“元件库”窗口上方的搜索框里输入“ATmega8A”关键字后，点击搜索框后的搜索图标（或按“Enter”键）进行元器件符号的搜索，如图 7.27 所示。

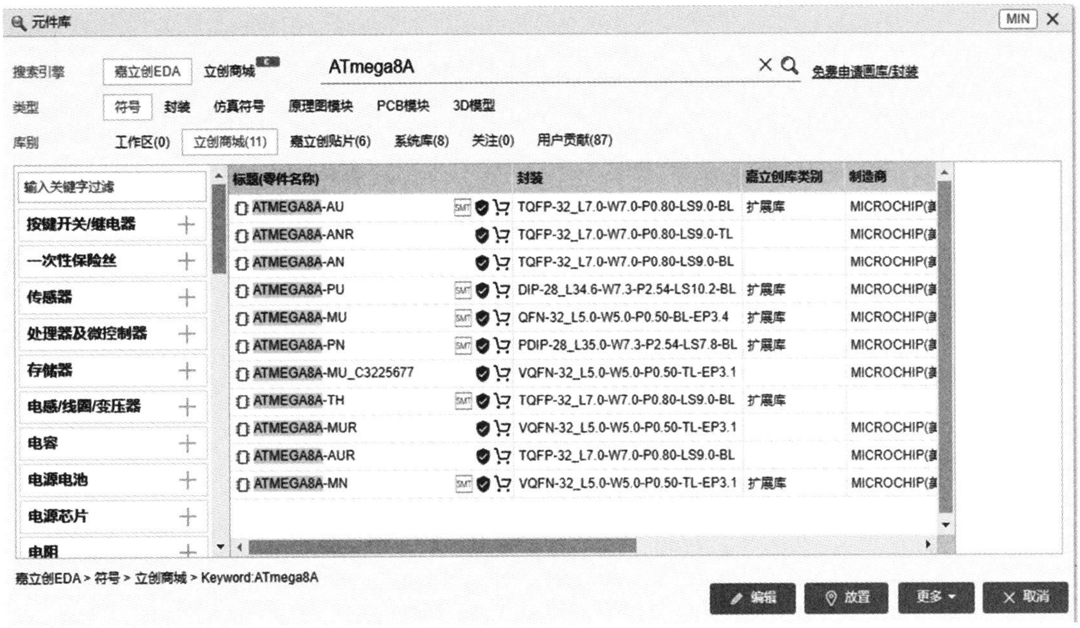

图 7.27　搜索 ATmega8A-PU 元器件

(2) 在搜索到的元器件列表里选择标题为“ATmega8A-PU”的元器件，然后点击右下方的“放置”按钮（也可以直接放置），移动鼠标指针（带有 ATmega8A-PU 元件）到原理图画布左上方放置一个“ATmega8A-PU”器件，如图 7.28 所示。

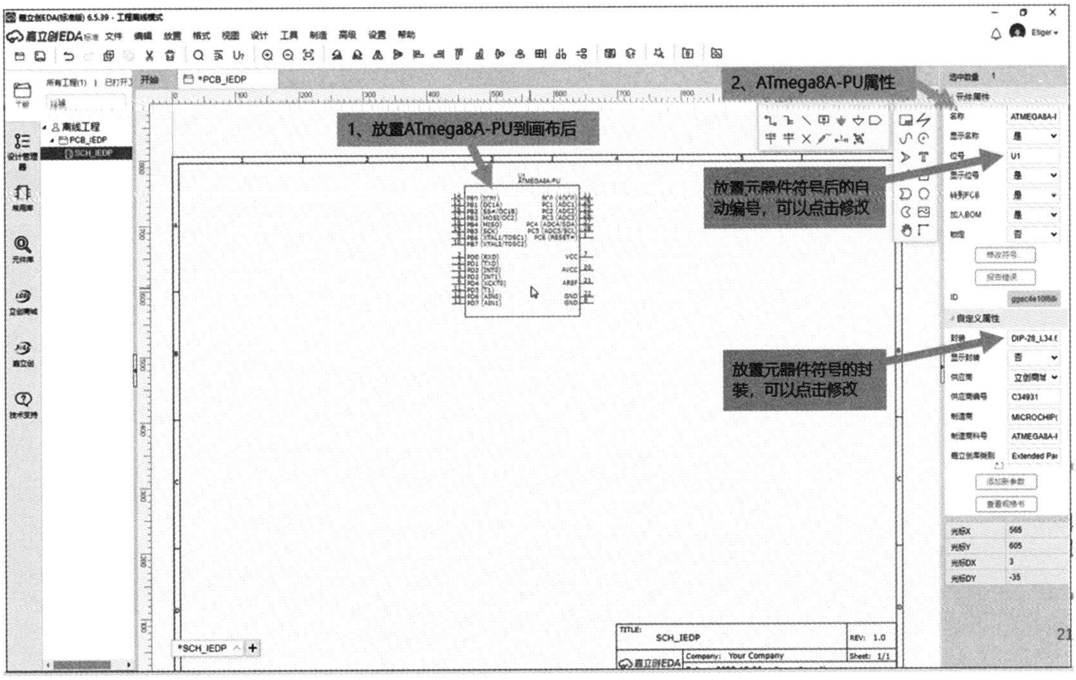

图 7.28　放置 ATmega8A-PU

(3) 单击鼠标右键取消"ATmega8A-PU"元器件的连续放置。

7.3.2.2 放置排针

在原理图画布上放置各种排针的操作如下：

(1) 点击嘉立创 EDA 软件界面左侧的"元件库"，在打开的"元件库"窗口上方的搜索框里输入"header-male"关键字后，点击搜索框后的搜索图标(或按"Enter"键)进行元器件符号的搜索。

(2) 在搜索到的元器件列表里选择(点选)标题为"Header-Male-2.54_1×4"的排针，放置 2 个；选择"Header-Male-2.54_1×8"的排针，放置 2 个；选择"Female header 2.54-1 * 14P"的排针，放置 2 个；选择"Header-Male-2.54_2×5"的排针，放置 1 个。这些排针要放到画布上合适的位置，如图 7.29 所示。注意，这里把"Female header 2.54-1 * 14P"当做排针使用，因为其与排针的符号和封装是相同的，只是说明不同。

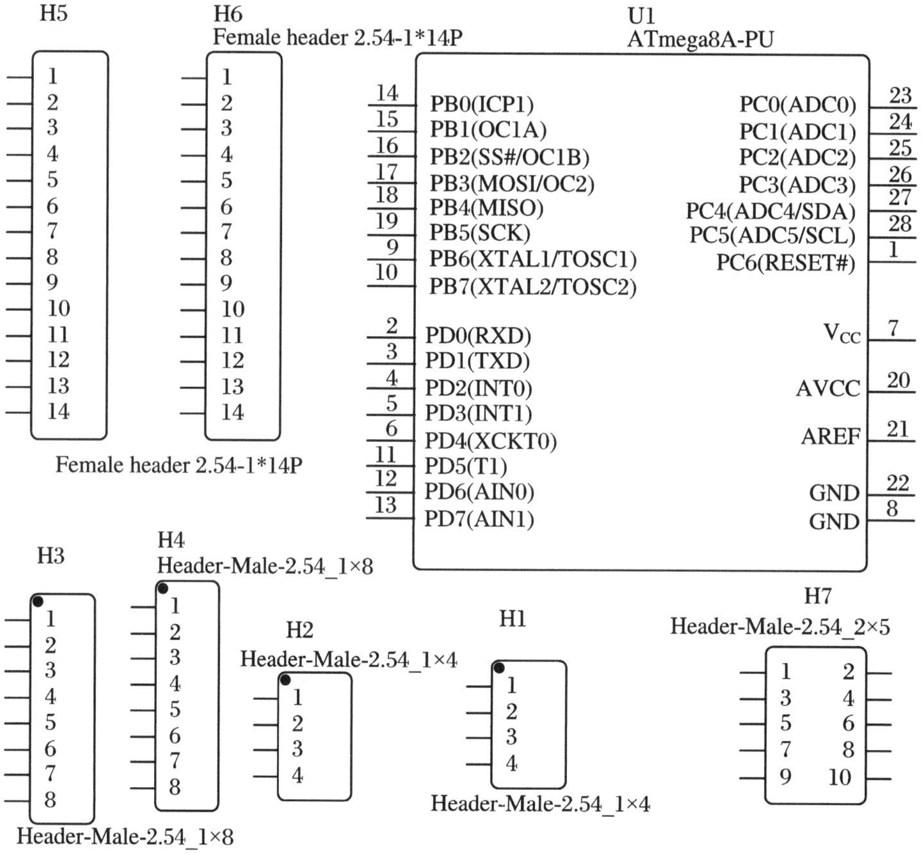

图 7.29 在原理图画布上放置各种排针

放置元器件时的一些辅助操作如下：

(1) 画布的放大与缩小：滚动鼠标滚轮(或按"A"与"Z"键)可以放大或缩小鼠标指针所在位置的画布；

(2) 拖动画布：按住鼠标右键并移动鼠标可以移动画布；

(3) 元器件旋转：放置元器件时，按空格键可进行旋转，按 X 键可沿 X 轴镜像翻转，按

Y 键可沿 Y 轴镜像翻转。

(4) 调整多个元器件位置：按住 Ctrl 键后，在多个元器件上点击鼠标左键或者在多个元器件周围按住鼠标左键拖一个矩形框对多个元器件进行框选后，再将鼠标指针放在选中的其中一个元器件上，按住鼠标左键即可拖动重新放置。

(5) 选中几个元器件后，还可通过工具栏里的对齐工具进行对齐等位置调整。

7.3.2.3　放置电阻等元器件

在原理图画布上放置电阻、电容、电感等元器件的操作如下：

(1) 点击嘉立创 EDA 软件界面左侧的“元件库”，在打开的“元件库”窗口上方的搜索框里输入“R0805”关键字后，点击搜索框后的搜索图标（或按“Enter”键）进行元器件符号的搜索。接着在搜索到的元器件列表里选择（点选）标题为“TR0805B1KP0525”、阻值为“1kΩ”的电阻，放置 1 个到原理图画布上。

(2) 在打开的“元件库”窗口上方的搜索框里输入“22pF”关键字后，点击搜索框后的搜索图标（或按“Enter”键）进行元器件符号的搜索。接着在搜索到的元器件列表里选择（点选）标题为“0805CG220J500NT”、容值为“22pF”、封装为“C0805”的电容，放置 2 个到原理图画布上。

(3) 在打开的“元件库”窗口上方的搜索框里输入“LED0805”关键字后，点击搜索框后的搜索图标（或按“Enter”键）进行元器件符号的搜索。接着在搜索到的元器件列表里选择（点选）标题为“SZYY0805Y”、封装为“LED0805-R-RD”的发光二极管，放置 1 个到原理图画布上。

(4) 在打开的“元件库”窗口上方的搜索框里输入“SMD0805”关键字后，点击搜索框后的搜索图标（或按“Enter”键）进行元器件符号的搜索。接着在搜索到的元器件列表里选择（点选）标题为“JK-SMD0805-050”、封装为“F0805”的贴片自恢复保险丝，放置 1 个到原理图画布上。

(5) 在打开的“元件库”窗口上方的搜索框里输入“CBG2012”关键字后，点击搜索框后的搜索图标（或按“Enter”键）进行元器件符号的搜索。接着在搜索到的元器件列表里选择（点选）标题为“CBG201209U301T”、封装为“L0805”的贴片磁珠，放置 2 个到原理图画布上。

(6) 在打开的“元件库”窗口上方的搜索框里输入“16MHz”关键字后，点击搜索框后的搜索图标（或按“Enter”键）进行元器件符号的搜索。接着在搜索到的元器件列表里选择（点选）标题为“XIHCELNANF-16MHz”、封装为“49S”的晶体，放置 1 个到原理图画布上。

以上元器件放置完成后的图形符号如图 7.30 所示。操作过程中要随时通过菜单、工具栏中的保存命令或 Ctrl+S 键等保存工程和文件，以防止数据丢失。

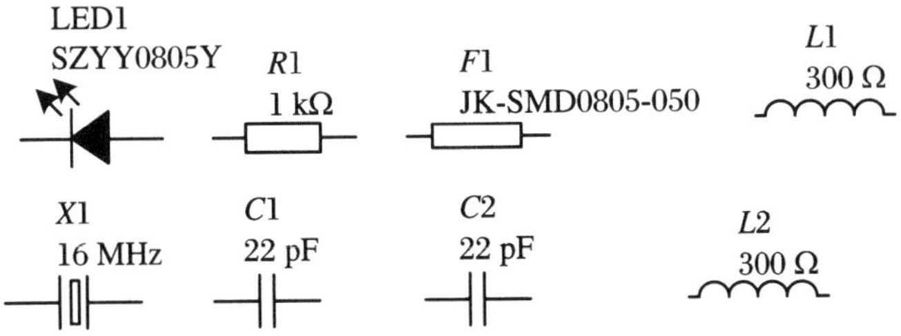

图 7.30　放置电阻等元器件

在原理图画布上放置的元器件均为原理图模型或称为器件符号。器件符号用以下四个部分来表明元器件的含义：

（1）元器件编号的首字母一般表示器件的种类，如：P——接插件、U——芯片、C——电容、R——电阻、D——二极管、L——电感/磁珠、Y——晶体等。

（2）形状可进一步表示器件种类，如电容、电阻、电感等。

（3）管脚及其编号表示管脚数量、输入/输出，管脚名称说明管脚的功能与作用。管脚最外侧的端点一般为管脚的电气连接点（元器件之间互连的连接点）。

（4）备注或值表示元器件的具体型号或技术参数值等。

7.3.3 连接元器件

电路原理图是根据电路中各元器件的连接关系来绘制的。由 7.2.2 小节可知，我们设计的实验电路板主要是将 MCU 的每个管脚扩展为实验时方便连接的 2.54 mm 排针等。另外为了给外接模块提供电源，还在实验电路板上扩展了给模块供电的电源连接排针等。

在绘制嘉立创 EDA 软件的原理图时，大部分对象在点选后，都可通过右侧的属性面板查看和修改属性，也可以在对象上点击鼠标右键，打开属性弹窗查看和修改它的属性。比如，点击画布空白区，可在右侧的属性面板查看和修改画布属性，或在画布空白区点击鼠标右键选择“属性”命令，在属性弹窗里修改画布的参数等。

画布属性中的网格是用于标识间距和校准元器件符号的线段，其单位是像素（pixel）。可以通过属性设置网格颜色、样式、网格大小以及可见与否等。画布属性中的栅格是元器件符号和走线移动的格点距离，以确保对齐。可以设置栅格大小、是否吸附等。

嘉立创 EDA 原理图绘制操作主要通过“放置”菜单下的命令，或者“电气工具”与“绘图工具”两个工具栏。其中“电气工具”是指具有电气功能的对象，比如导线、网络标签等；“绘图工具”则是放置指示性的符号、文字等，如图纸的名称、边框等。

在嘉立创 EDA 软件中，连接元器件有导线（wire）连接和网络标签（net label）连接两种常用方式。这里的导线与真实的导线具有相同的含义和作用，可以连接两个或多个器件的管脚。导线上的任一点都具有电气连接特性，即导线上的任一点都可以进行互连（注意与绘图工具中的线条（line）以及元器件管脚的区别）。另外，两个或多个相同名称的网络标签被视为连接在一起，即相当于用导线将它们连接在一起，在复杂的、多点的电路连接中便于理解和查看。

7.3.3.1 导线连接元器件

我们以连接 LED 发光二极管的负极与电阻管脚为例，来说明导线连接的绘制方法，具体过程如下：

（1）通过缩放工具和移动工具，把工作区聚焦到原理图画布中要连接的元器件的管脚（起点或终点均可）。

（2）点击“放置”菜单下的“导线”命令（快捷键为 W）或点击“电气工具”栏中的“导线”图标。

（3）将变成“十”字形的鼠标指针移动到电阻的右侧管脚最外侧，当鼠标指针出现黑色圆点时，点击鼠标左键可用导线连接此管脚，再将鼠标指针移动到 LED 左侧管脚最外侧，同样在鼠标指针出现黑色圆点时，点击鼠标左键即可用导线完成两个元件管脚的连接，如图 7.31所示。

(4) 点击鼠标右键或按 ESC 键结束导线连接操作，或继续用导线连接其他元器件管脚。

(5) 画导线时，在需要转弯的地方点击左键。另外，点击“回退”键可退回上一个绘制点。

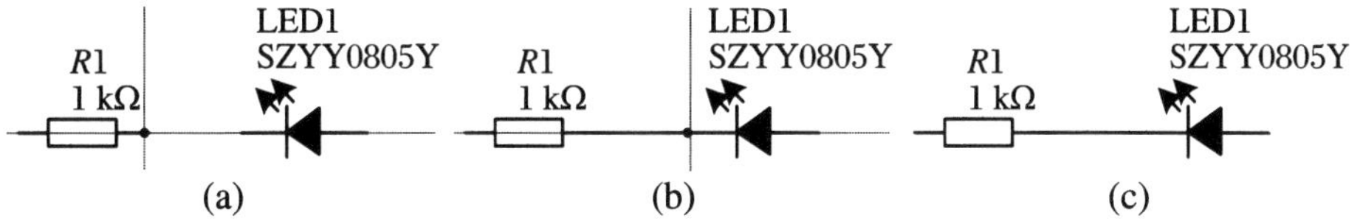

图 7.31　导线连接元器件

7.3.3.2　网络标签连接元器件

连接 LED 发光二极管与电阻管脚也可以采用网络标签方式，具体过程如下：

(1) 通过缩放工具和移动工具，把工作区聚焦到原理图画布中要连接的元器件的管脚(起点或终点均可)。

(2) 可以调整电阻 *R*1 和 LED1 间的距离，以便于放置网络标签。

(3) 点击“放置”菜单下的“导线”命令或点击“电气工具”栏中的“导线”图标。

(4) 将变成“十”字形的鼠标指针移动到 LED 负极管脚最外侧，当鼠标指针出现黑色圆点时，点击鼠标左键，可用导线连接此管脚，然后平移鼠标指针一定距离，再顺序点击鼠标左键和鼠标右键，就给此管脚添加了一段延长的导线；同样的方法给电阻右侧管脚添加一段延长导线。这里的管脚延长导线用于放置网络标签，如图 7.32(a)所示。

(5) 点击“放置”菜单下的“网络标签”命令或点击“电气工具”栏中的“网络标签”图标(快捷键为 N)，此时鼠标指针会出现带有网络标签(可能是“netLabel1”，也可能是上次使用的标签名)的“十”字形。按“Tab”键，在“属性”窗口里设置其“名称”为新的网络标签名(如“NL_DL”)，然后回车就可以放置新的网络标签了，如图 7.32(b)所示。注意不要与其他网络标签名重名，不然会与其他管脚形成错误的连接。

(6) 将带有网络标签名的鼠标指针(灰色“十”字形)移到 LED 负极管脚最外侧或延长导线上，点击鼠标左键，在此管脚放置一个网络标签(可以连续放置多个相同或带有序号的网络标签)。同样给电阻右侧管脚添加相同标签。此时网络标签名相同的两个管脚就视为连接起来了。如图 7.32(c)所示。

(7) 点击鼠标右键或按 ESC 键结束放置网络标签操作。

(8) 放置网络标签后，可点击相应的标签名并通过属性面板修改其名称。

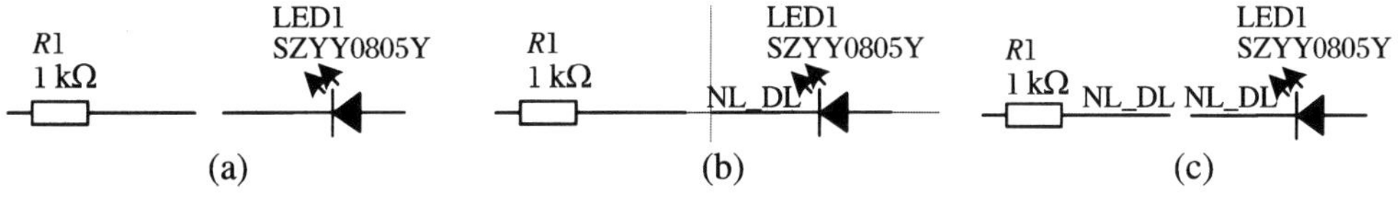

图 7.32　网络标签连接元器件

7.3.3.3 电源正负极的连接

电路中的电源正负极可以用特殊的符号网络标签绘制，具体操作如下：

(1) 点击 EDA 软件界面左侧的“基础库”，点击“电气标识符”下电源正负极的符号“V_{CC}”和“GND”(点击符号右下角的三角或鼠标右键可选择不同的符号形状与网络名称)，或点击“电气工具”栏中的“V_{CC}”(快捷键为 Ctrl + Q)和“GND”(快捷键为 Ctrl + G)图标，放置电源符号网络标签。

(2) 如果要添加实验电路板上 +5 V 电源正极符号网络标签，可用标识符“+5 V”网络标签连接所有 +5 V 电源管脚(供电/被供电连通)；同样用标识符“GND”连通所有电源负极(也称为“地”)。

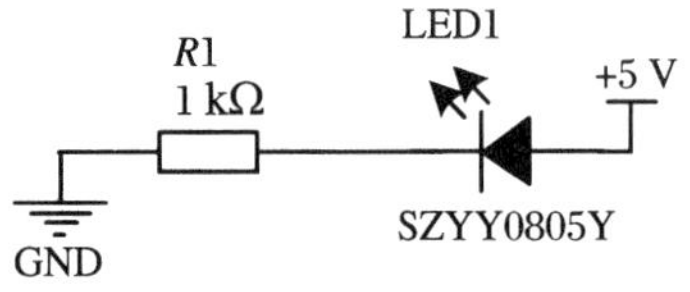

图 7.33 电源指示灯电路的绘制

(3) 符号网络标签的作用同一般网络标签，仅符号形式不同。

(4) 在 LED 电源指示灯电路里添加电源正负极的符号网络标签。这里的 LED 为电源指示灯，电阻则用来限流，如图 7.33 所示。

7.3.3.4 USB ISP 下载接口电路的绘制

采用上述元器件的各种连接方法，可以完成“Header-Male-2.54_2×5”接口插座的连接。这个插座是给 ATmega8A 芯片烧写程序的接口，USB 接口的 +5 V 电源通过一个保险丝与管脚 2 连接，管脚 10 接“地”，由管脚 2 和管脚 10 给电路板提供 +5 V 的电源。

PIN17、PIN18、PIN19 和 PIN1 连接到 ATmega8A 管脚的 SPI 串行编程接口，后面须在 ATmega8A 对应的管脚放置相同的网络标签才算真正完成了连接，如图 7.34 所示。

没有连接的“Header-Male-2.54_2×5”管脚为悬空，不使用。也可放置非连接标志“X”，标注其没有连接。

7.3.3.5 外接晶体电路的绘制

采用上述元器件的各种连接方法及相关辅助操作(如改变元器件方向等)，可以完成 ATmega8A 外接晶体电路的连接，如图 7.35 所示，其中 ATmega8A 的 PIN9 和 PIN10 外接到由晶体和电容构成的无源晶体电路上。注意，在绘制原理图时，可以根据实际情况移动或调整器件的位置、方向等。

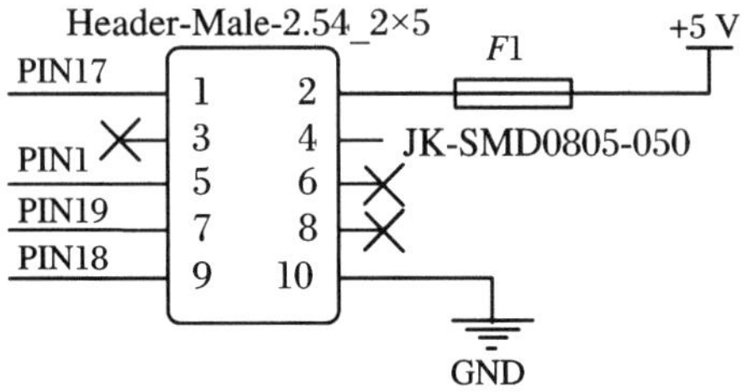

图 7.34 USB ISP 下载接口的绘制

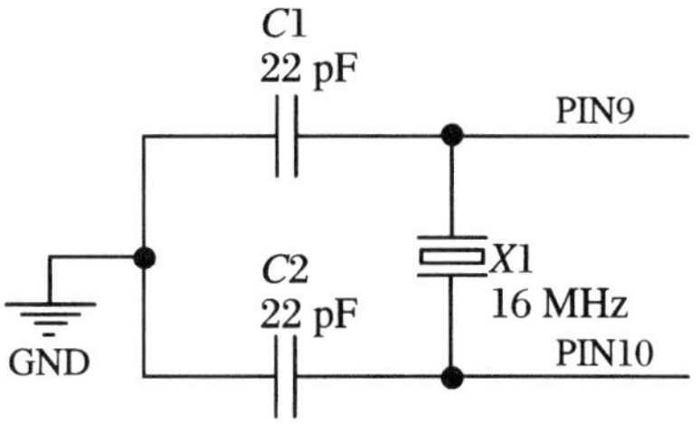

图 7.35 ATmega8A 外接时钟晶体电路的绘制

7.3.3.6　ATmega8A 供电电路的绘制

采用上述原理图绘制方法和相关辅助操作(如缩小或放大画布等),将来自 USB ISP 下载接口的 +5 V 电源的正、负极分别连接到 ATmega8A 的 PIN7 和 PIN8 管脚,给 MCU 的数字电路部分供电,如图 7.36 所示。然后在 +5 V 电源的正、负极各通过一个磁珠连接到 ATmega8A 的模拟电路供电管脚 PIN20 和 PIN22,以使 MCU 的模拟电路部分工作稳定。同一导线或管脚可以有多个网络标签,但系统后期仅保留一个。

7.3.3.7　ATmega8A 芯片的绘制

采用上述原理图绘制方法给 MCU 每个管脚绘制延长导线,再以"PIN + 管脚编号"为每个管脚的网络标签,如图 7.37 所示。

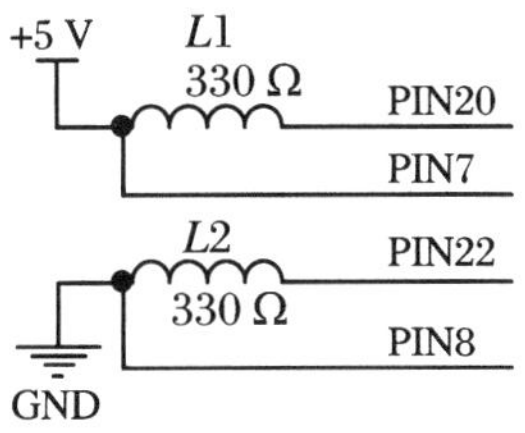

图 7.36　ATmega8A 供电电路的绘制

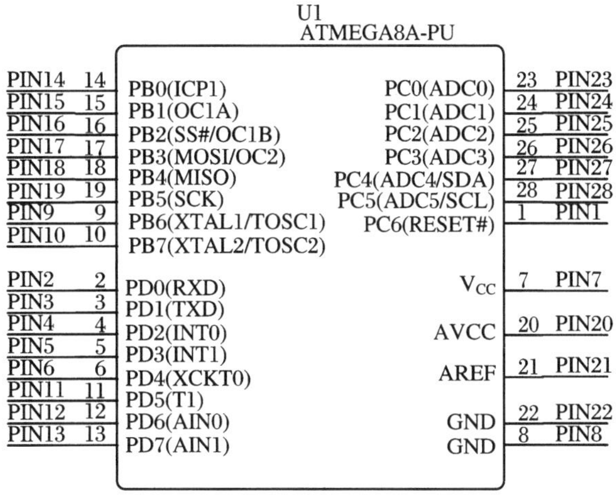

图 7.37　MCU 芯片的绘制

放置网络标签时,如果网络名以数字结尾,则可以连续放置且其网络名后的数字会自动递增。

绘制管脚延长线时可以选择一条或多条绘制好的延长导线进行复制、粘贴(Ctrl + C/V),注意粘贴时导线与管脚需对接(即有明显的吸附)后才能放置。

绘制完 MCU 芯片各管脚网络名之后,之前绘制的电路导线将与相同的 MCU 管脚网络名完成连接。

7.3.3.8　ATmega8A 管脚扩展接口的绘制

采用上述原理图绘制方法给两个"Female header 2.54-1 * 14P"单排针的每个管脚画延长导线,再分别放置名为"PIN1～PIN28"的网络标签,使其分别连接到 MCU 的对应管脚。

选中绘制好的两个"Female header 2.54-1 * 14P"排针,包括符号、延长导线及网络标签名,复制、粘贴一次,扩展为四个排针,即为每个 ATmega8A 管脚扩展两个排针接口,如图 7.38所示。

在原理图绘制时,元器件、连线、网络标签等都可以进行选择、复制或粘贴,也可以在选好以后按"Delete"键进行删除。

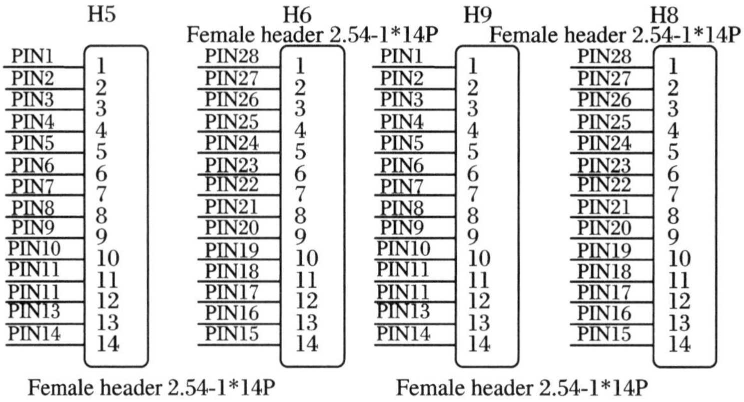

图 7.38　ATmega8A 管脚扩展接口的绘制

7.3.3.9　ATmega8A/328-AU 兼容接口的绘制

选中图 7.38 中绘制的两个"Female header 2.54-1＊14P"扩展接口，包括符号、连线及网络名(要求网络名为 PIN1～PIN28)，然后进行复制并粘贴一次，作为 MCU 兼容接口的排孔(因为兼容接口的符号与封装跟扩展接口是一样的)，如图 7.39(a)所示。

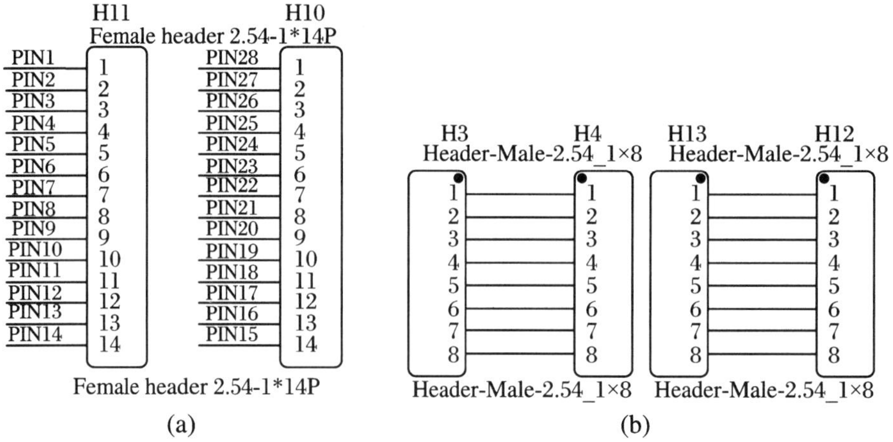

图 7.39　MCU 兼容接口(排孔)的绘制

点选图 7.39(b)中标号为 H3 的"Header-Male-2.54_1×8"，并按一次"X"键，得到其水平镜像符号。调整镜像符号的位置，然后将两个"Header-Male-2.54_1×8"对应的管脚用导线连接起来。

选择已经绘制好的相互连接的 2 个"Header-Male-2.54_1×8"，包含符号、连接导线等，进行复制并粘贴一次，完成 MCU 兼容接口的绘制，如图 7.39(b)所示。

7.3.3.10　供电扩展接口的绘制

供电扩展接口是指给模块提供 +5 V 电源的三组排针。这里将一个"Header-Male-2.54_1×4"的四个管脚都连接到 +5 V，另一个"Header-Male-2.54_1×4"的四个管脚都连接到 GND。

选中已经绘制好的两个“Header-Male-2.54_1×4”，包含器件符号、连接导线和网络标签等，然后进行复制并粘贴两次，完成供电扩展接口的绘制，如图 7.40 所示。

在绘制电路原理图时，可以选择要调整的器件及其连接导线等，重新调整位置，使其紧凑且不重叠、不交叉，便于查看。图 7.41 是 MCU 实验电路板原理图经过调整后的总览图。

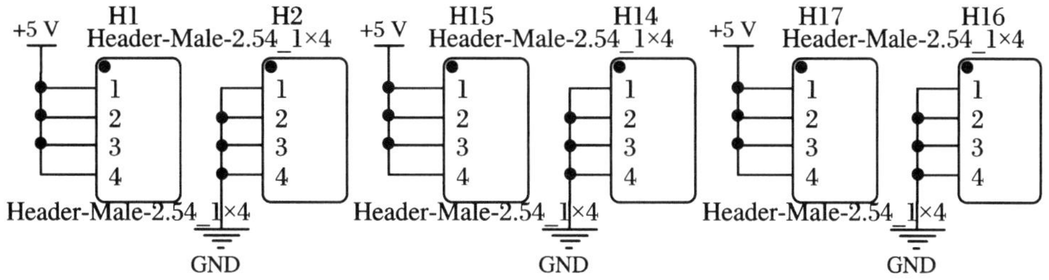

图 7.40　供电扩展接口的绘制

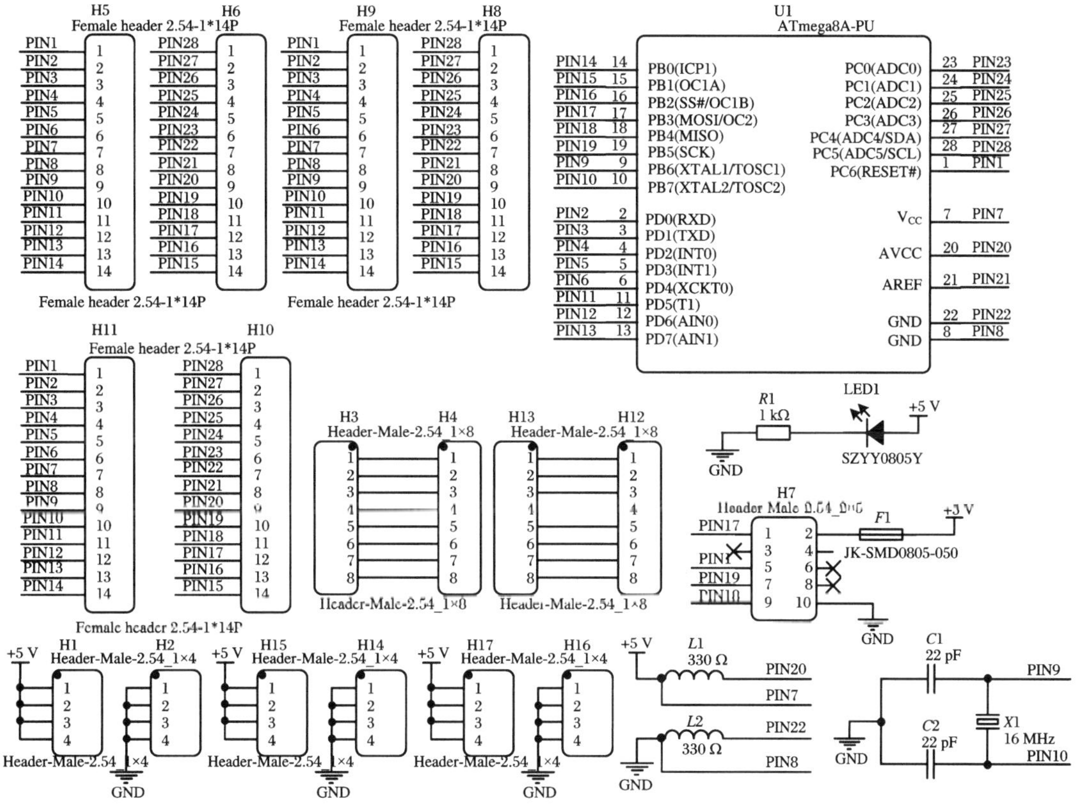

图 7.41　MCU 最小系统原理图总览

7.3.4　元器件编号

通过以上操作，硬件电路的元器件都摆放、连接完成，其中每个元器件都有编号，例如 U1，H1 等。元器件编号是元器件的唯一识别符号，在同一张原理图中不能重复出现。

嘉立创 EDA 原理图中的元器件编号是全局的，即使创建了多张原理图也可保持编号的连续性。当放置元器件时，编辑器会自动增序元器件编号，无须手动编号。也可以双击编号或点选编号，然后在右边属性面板里手动修改编号。

当创建一个元器件数量较多的原理图时，很可能会出现编号重复、缺失等问题，这时可以使用"编辑"菜单里的"标注"命令进行全局编号，如图 7.42 所示。

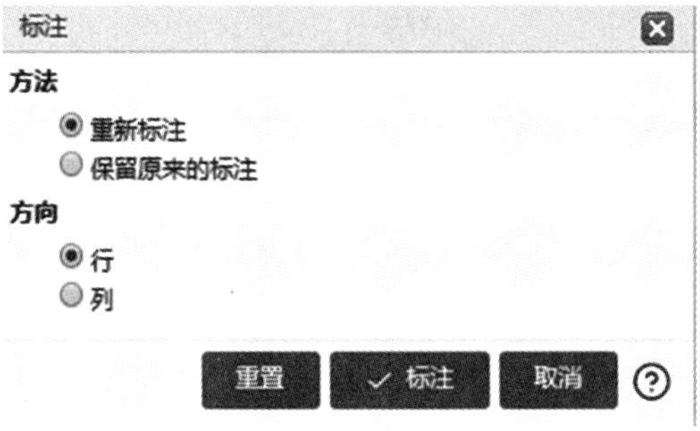

图 7.42 原理图中的元器件编号

在"标注"窗口里"方法"下的"重新标注"是对全部元器件编号进行重新标注，包括已经存在的编号；"保留原来的标注"只对新增的还没有分配编号的元器件进行标注，原来存在编号的元器件不做变更。"方向"下的"行"从顶部第一行开始，从左到右进行编号；"列"从左边第一列开始，从上到下进行编号。

点击"标注"按钮进行标注操作，点击"重置"按钮将全部元器件编号后的数字都改成"?"。在元器件进行标注后，按"重置"并不能恢复原来的标注。如标注后不满意，可以使用撤销功能(快捷键 CTRL + Z)恢复原来的标注。

7.3.5 原理图检查

在嘉立创 EDA 软件中绘制完原理图后，可以使用设计管理器来查找原理图中存在的问题。点击左侧导航面板中的"设计管理器"(快捷键 CTRL + D)打开设计管理器，在原理图下可以很方便地检查每个元件和每条网络，如图 7.43 所示。

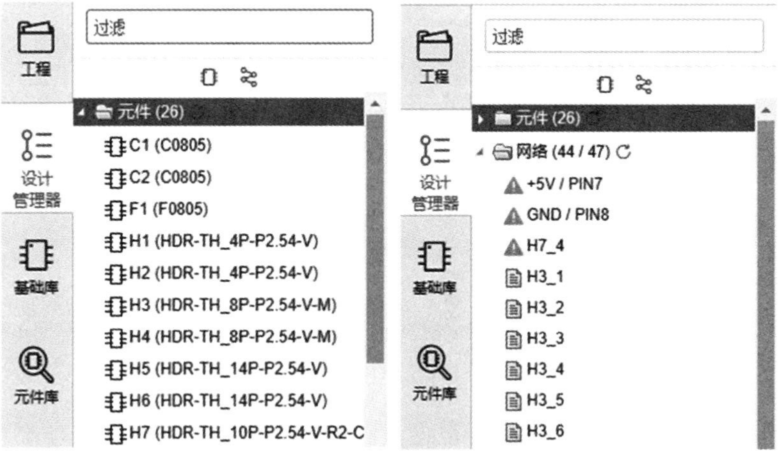

图 7.43 设计管理器检查原理图

在图 7.43 中的“网络”下存在三个问题(前面有感叹号图标)。点击“+5V/PIN7”和“GND/PIN8”,可以在设计管理器下方看到问题的提示信息都为“导线存在多个网络标签...”,这个我们在绘制原理图时已经做过说明,是特意提供多组电源,而且嘉立创 EDA 原理图中允许多个不同网络名称同时存在同一条导线上。当进行电路仿真或转换为 PCB 时,仅选择第一个放置的网络标签作为网络名,所以这个问题可以忽略。

当点击“H7_4”网络名时,设计管理器给出的提示为“该网络连接不完整...”,原因是 H7 的第四管脚没有用,也没有放置“非连接标志”符号。在 H7 的第四管脚放置一个“非连接标志”符号并保存、刷新(点击“网络”标签后的刷新图标)后,该问题消除。

设计管理器的使用说明如下:

(1) 过滤/筛选器:可查找元件编号、封装名称、网络名和管脚名。

(2) 元件:点选的元件会在画布中高亮显示,点下方“元件引脚”中管脚时,会在画布中提示是哪个管脚(“十”字形虚线聚焦)。

(3) 网络:这里列出所有网络连接关系,每个网络至少连接两个引脚,否则这里会有错误标志。如果引脚不需要连接,请放置“非连接标志”。点击网络,画布上对应的导线会高亮显示,导线会变粗。点击画布可以取消高亮。

(4) 网络引脚/元件引脚:这里列出网络连接到的引脚或元器件的所有引脚,点击它时会出现定位线,可定位元件引脚的位置。

注意,若原理图存在多页,设计管理器会自动关联整个原理图的元件与网络信息。设计管理器的文件夹不会自动刷新数据,必须手动点击“刷新”图标进行刷新。

在绘制完原理图、进入 PCB 绘制之前,可以使用封装管理器来查找原理图中元器件封装存在的问题。点击“工具”菜单下的“封装管理器”,或选中元器件后,在右边属性面板处点击封装输入框,就可打开封装管理器,如图 7.44 所示。

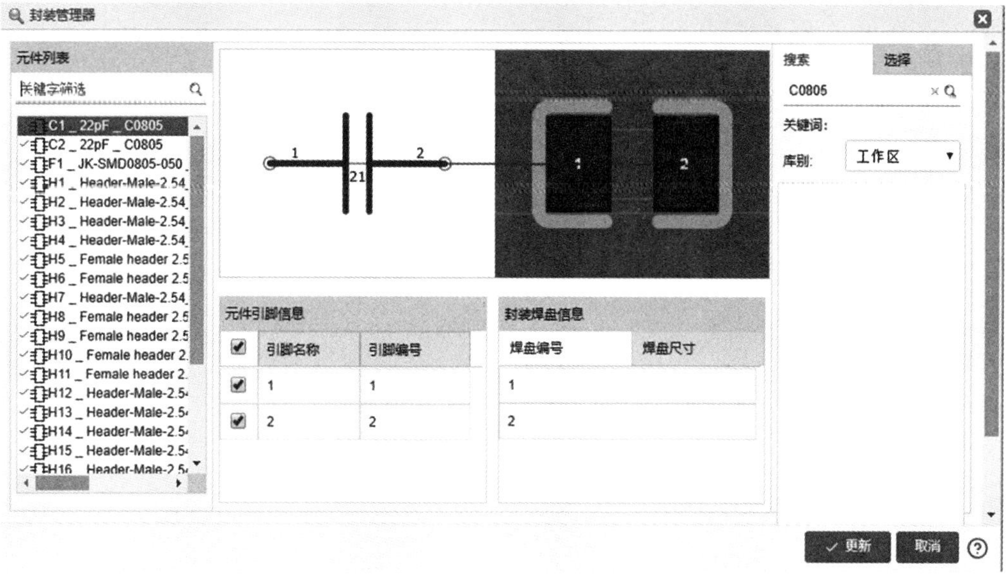

图 7.44　封装管理器检查元器件的封装

芯片“封装”是指把集成在硅片上的电路连接点用导线接引到封装外壳的管脚上,再通过外壳管脚和印刷电路板上的导线与其他器件相连接,从而实现内部芯片与外部电路的连接。“封装”起着安装、固定、密封、保护芯片及增强电热性能等方面的作用，同时也方便运输。绘制 PCB 时的“元件封装”(footprint)则是电路板加工时留给元器件的安装位置、结构、形状等。

在绘制 PCB 之前，需要检查元器件的封装是否正确。在打开封装管理器后，它会自动检查元件的封装是否存在、是否正确。如元件没有指定封装，或封装不在库中，或元件的管脚编号与封装焊盘编号无法对应，封装管理器会在元件名前给出错误图标，并标红元件名。图 7.44 显示，没有发现元件封装问题。

另外，在封装管理器里不但可以指定元器件的封装，还可以批量修改封装，查看元件管脚对应封装里的哪个焊盘，修改封装的管脚信息等。

7.4 PCB 设计

原理图输入、检查完成以后，就可以进行 PCB 设计了。在 EDA 软件中可以新建 PCB 文件，也可以直接将原理图转换成 PCB 图文件，然后再进一步进行布局、布线、调整、检查等工作，最后产生 PCB 生产加工文件。

7.4.1 新建 PCB 绘制文件

在原理图绘制界面，点击“设计”菜单下的“原理图转 PCB”命令，在弹出的“警告”窗口点击“否，继续进行”，因为原理图绘制时存在网络标签同名，可以忽略。然后弹出了“新建 PCB”窗口，如图 7.45 所示。

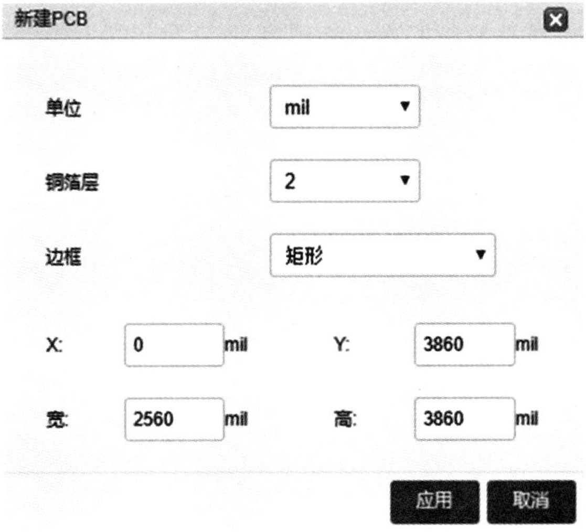

图 7.45 新建 PCB 设置

在图 7.45 中，选择“单位”为“mil”，“铜箔层”为“2”，即两层板，“边框”选择“矩形”。设置“宽”(电路板的宽度)为 2560 mil,“高”(电路板的高度)为 3860 mil,这样会在 PCB 画布上自动给出电路板的边框。同时设置“X”为 0 mil,“Y”为 3860 mil,即将边框放置在右上角(第一象限)。点击“应用”按钮完成 PCB 的设置与转换,如图 7.46 所示。

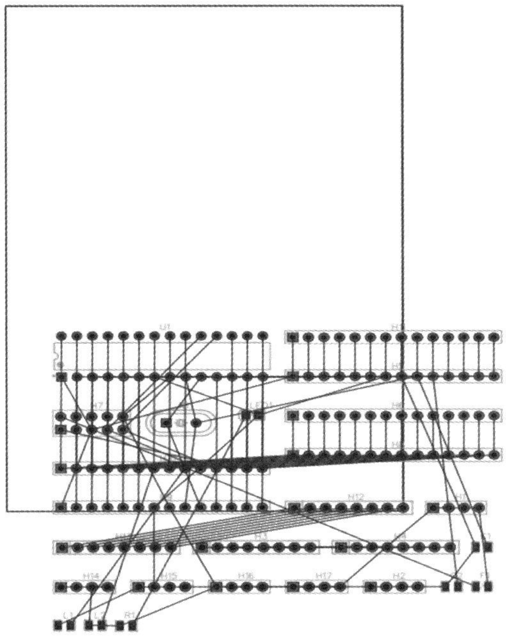

图 7.46　从原理图转换到 PCB

在图 7.46 中,元器件的编号与其封装靠近,与原理图一一对应。元器件管脚间的连接信息则通过细线进行标注。细线是虚拟线,也称“飞线”,会根据元器件封装位置的改变而自动调整。在画上真正的连接导线后,“飞线”会自动消失。保存或另存转换后的 PCB 文件到当前工程后,可修改文件名。

电路板边框还可以通过“工具”菜单下的“边框设置”重新进行设置,也可以通过在“层与元素”浮窗里选择“边框层”后,使用“PCB 工具”浮窗(或“放置”菜单)里的导线与圆弧等工具自定义绘制 PCB 边框。

另外,也可以通过“文件”菜单里“新建”子菜单下的“PCB”命令或在左侧的工程导航窗口里工程名上点击鼠标右键,选择“新建 PCB”命令,为当前工程添加一个 PCB 绘制文件并在弹出的“新建 PCB”窗口进行电路板参数设置。在 PCB 绘制界面,再点击“设计”菜单中的“导入变更”命令,将原理图导入新建的 PCB 画布里。点击“放置”菜单里的“尺寸”命令给电路板的边框放置横向和纵向的尺寸标注。

7.4.2　PCB 绘制说明

PCB 用来安装或焊接元器件,一般分为单层板、双层板和多层板。这里的“层”是指可以绘制导线的层数,比如单层板只有一层可以绘制导线(一般为铜箔导线),双层板有两层可以绘制导线或安装元器件,一般称为顶层(top 层)和底层(bottom 层),多层板有三层或三层以上的导线层,但一般只有顶层和底层可以安装元器件。

除了绘制导线的层以外，在绘制或加工 PCB 时还有其他一些非导线层，如印刷字符(器件外形、编号等)的丝印层(顶层和底层)、阻止焊锡的阻焊层、焊接元器件管脚的助焊层，还有打孔信息的钻孔层、禁止布线层以及确定电路板外形尺寸的机械层(边框层)等。

焊盘是指焊接元器件的可焊接点，与元器件的管脚一一对应，一般有通孔和表贴两种焊盘。通孔是穿过电路板的金属化孔，中间是金属化的连接导线，表贴是在同一层的焊盘，它们都是用来焊接元器件管脚的。

当两层以上的电路板的不同层导线要连接起来时，使用金属化过孔。金属化过孔一般是比焊盘小的孔，只作为连接电路的导线用，不能用来焊接元器件管脚。

另外还有一种通孔称做安装孔，主要用于元器件的安装、固定，它可以是金属化的或非金属化的通孔。

在绘制 PCB 之前一般需要将原理图文件中的电路连接信息以及元器件的封装导入 PCB 绘制文件，然后将元器件的封装位置进行调整以满足设计要求，这一步操作称做布局；根据元器件管脚之间的连接关系，用导线将它们连接起来的操作叫做布线。

7.4.3 PCB 设计规则的设置

设置 PCB 设计规则或约束是为了绘制出满足要求的电路板。PCB 设计的规则多而细，例如电气、布线、加工、工艺等规则。不同电路板对设计规则的要求不同，因此在绘制 PCB 之前尽可能明确并设置好各项规则，以提高 PCB 布局、布线的效率与成功率。

点击“设计”菜单里的“设计规则”命令，打开 PCB 规则设置窗口，如图 7.47 所示。可以采用默认设置，其各项含义如下：

(1) 规则：默认规则是 Default，点击“新增”按钮，可以设置多个规则，规则支持自定义不同的名字，每个网络只能应用一个规则，每个规则可以设置不同的参数。

(2) 线宽：当前规则的走线宽度。PCB 的导线宽度不能小于该线宽。

(3) 间距：当前规则的元素间距。PCB 的两个不同网络的元素的间距不能小于这个间距。

(4) 孔外径：当前规则的孔外径。PCB 的孔外径，如通孔的外径、过孔的外径、圆形多层焊盘的外径等不能小于该孔外径。

(5) 孔内径：当前规则的孔内径。PCB 的孔内径，如过孔的内径、圆形多层焊盘的孔内径等不能小于该孔内径。

(6) 线长：当前规则的导线总长度。PCB 的同网络的导线总长度不能大于该长度，否则报错。如果线长输入框留空，则无限制长度。包括导线、圆弧等。

图 7.47 中设置参数的单位跟随当前画布的单位，这里采用了默认的英制单位 mil。其他选项可以都采用默认设置。具体作用如下：

(1) 勾选“实时设计规则检测”会在画图的过程中开启检测 DRC 错误的功能，如存在 DRC 错误，则显示 X 警示标识。但当 PCB 规模较大时开启这个功能可能会出现卡顿现象。

(2) 勾选“检测元素到铺铜的距离”会检测元素到铺铜的间隙。如果不开启该项，移动了封装之后必须要重建铺铜(快捷键 Shift + B)，否则 DRC 无法检测出铺铜短路的元素。

(3) 勾选“检测元素到边框的距离”，需在后面输入检测的距离值。当元素到边框的值小于这个值时，设计管理器会报错。

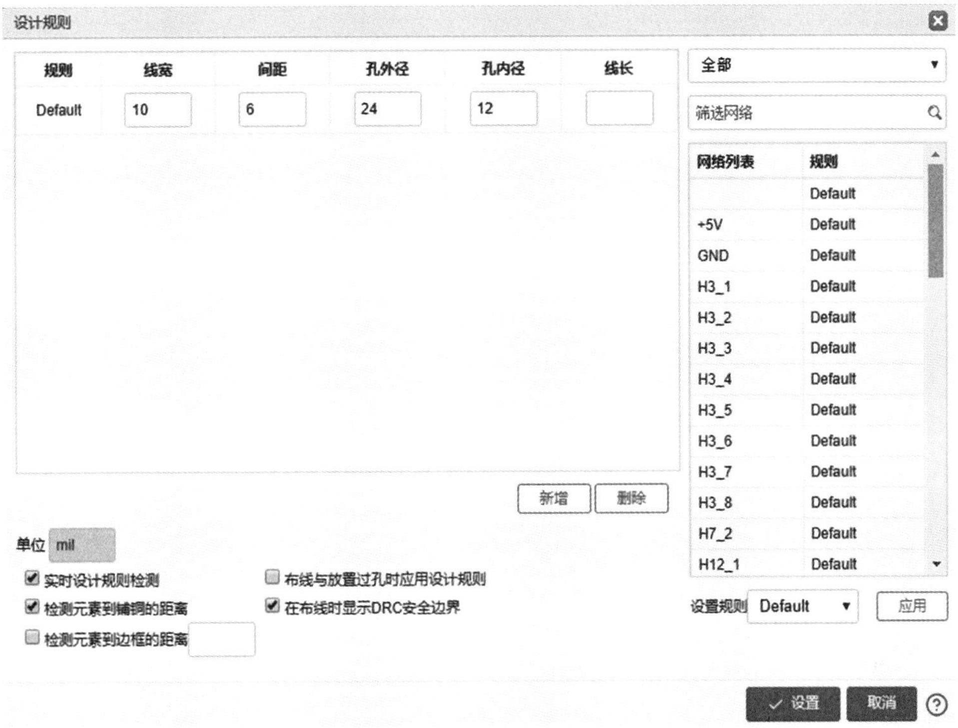

图 7.47　设计规则的设置

(4) 勾选“布线与放置过孔时应用规则”，当画布放置与规则相同的过孔时，其大小会使用规则里设置的参数，导线绘制同理。

(5) 勾选“布线时显示 DRC 安全边界”，在绘制导线时，导线外面的一圈线圈的大小采用规则设置的间距。另外，还可为每条网络设置对应的规则。不过嘉立创 EDA 工具目前不支持设置复杂的高级规则。

(6) 在右边网络列表中选中一个或者多个网络名，可以进行关键字筛选和按照规则分类筛选，然后在下方“设置规则”选择要设置的规则，最后点击“应用”按钮，那么这个网络名就应用了该规则。

当所有的设置都完成以后，点击“设置”按钮，应用设置好的各项规则。

7.4.4　PCB 的布局

布局是将所有的元器件封装合理地放置在 PCB 上的过程。布局需要综合考虑各方面因素，比如电路板的层数等，这里采用默认的双层板，在顶层和底层都可以安装元器件。

布局主要采用模块化方式，即原理上连线紧密、功能上依赖性强的元器件放置在一起，同时考虑走线、元器件方向等。核心器件，如 CPU，MCU 等，尽可能放在中心位置；接插件放在 PCB 的边沿，且尽可能放在与核心器件连线多的一侧；核心器件的外围器件尽可能靠近核心器件。同时需要注意元器件的外形、手工焊接是否方便等。

另外，在布局时也要使用 EDA 软件提供的一些工具，如原理图与 PCB 交互布局(布线)工具，即先在两个 EDA 窗口中分别打开原理图与 PCB 图，然后通过“工具”菜单里的“交叉选择”命令(快捷键 Shift + X)进行交叉选择,在 PCB 画布上选择一个或多个封装后,在原理图窗口中对应的元器件符号也被选中,反之亦然,使用非常方便。

7.4.4.1 放置 ATmega8A

我们首先放置核心器件 ATmega8A(编号 U1)。按照一般布局方式,核心器件尽可能放在中心位置,因此我们将 ATmega8A 放在 PCB 的上方中间位置,操作方法如下:

(1) 直接在器件封装上按住鼠标左键并移动,将元器件封装放置到画布合适的地方,同时配合画布的缩放以提高效率。通过空格键调整 U1 的方向为垂直正向。

(2) 通过原理图画布交叉选择元器件的封装更直观方便。

(3) 元器件封装的坐标一般为元器件中心位置的坐标,注意画布的原点之前设置在左下角。点击 PCB 画布中的元器件封装,在右侧的属性面板中设置其“X/Y”坐标值,可精确定位元器件封装的位置。例如,将 U1 放在画布上方居中,设置其“X 坐标”为 PCB 宽度的一半,即 2560/2 = 1280 mil,“Y 坐标”为 3860 − 600 − 700 = 2560 mil(700 是 U1 高度的一半,600 为 U1 与上边框的距离),如图 7.48 所示。

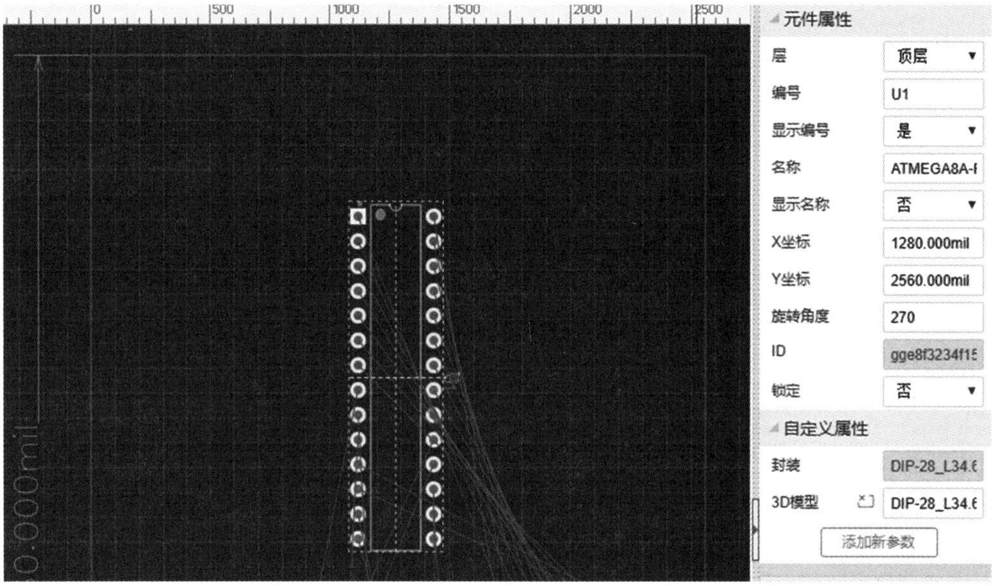

图 7.48 放置 ATmega8A

7.4.4.2 放置 MCU 扩展接口

在 PCB 画布里有 6 个“Female header 2.54-1 * 14P”封装,其位置排列是无序的,不利于快速找到要操作的元器件封装。而在原理图中,元器件符号是按序编号的,可以很容易地找到要操作的元器件。可采用上述介绍的原理图和 PCB 之间的交叉选择工具来提高布局、布线的效率。

要将 MCU 扩展接口 H5/H9 和 H6/H8 放置在 U1 周边,首先在原理图内选中扩展接口 H5 和 H9(Ctrl + 鼠标点选),可看到在 PCB 画布中同时选择了 H5 和 H9 的封装,然后将它们移至 U1 的左边。调整 H5 和 H9 的方向(通过空格键进行旋转或通过封装属性里的旋转角度进行调整),使它们与 U1 的连接平行不交叉(通过飞线进行判断和操作)。同样,将

H6 和 H8 放置在 U1 的右边,并调整合适的方向。

通过鼠标拖动或"格式"菜单(或系统工具栏)下"对齐"命令对齐选中的器件。注意,器件方向或管脚不同时无法完全对齐,需要拖动对齐,或者调整封装的 X/Y 坐标。比如要调整 H5 和 H9 的管脚与 U1 左侧的管脚一一对齐,可以先查看 U1 左侧焊盘的 Y 坐标(左上焊盘的 Y 坐标为 3210 mil)与 H5 和 H9 对应的焊盘(H5 和 H9 已经顶对齐)的 Y 坐标(最上边焊盘的坐标为 3250 mil),计算其差值(−40 mil),再设置 H5 或 H9 的 Y 坐标为原 Y 坐标 −40 mil。这样就实现 H5 和 H9 的焊盘与 U1 左侧的焊盘一一对应且对齐了。同样的方法将 H6 和 H8 的焊盘与 U1 右侧的焊盘一一对应且对齐。

接着通过器件封装属性里的 X 坐标调整 H5 距电路板左边框 200 mil,H9 距电路板左边框 400 mil,H8 距电路板右边框 200 mil,H6 距电路板右边框 400 mil。完成的 U1 扩展接口的布局如图 7.49 所示。

注意,原理图绘制时元器件符号的位置或元器件编号的方式与顺序可能不同,会导致元器件的封装编号与文中的情况不一致,因此需要根据实际的元器件编号进行布局和布线。

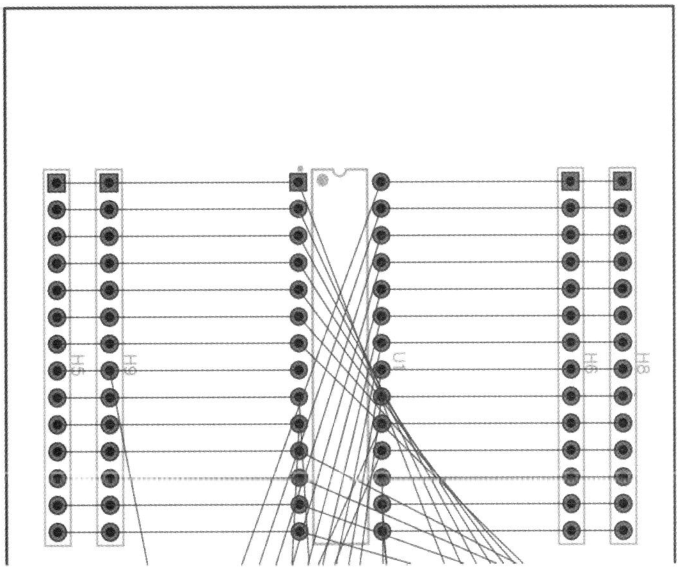

图 7.49　MCU 扩展接口 H5/H9 和 H6/H8 的布局

7.4.4.3　放置 MCU 兼容接口

采用上述方法放置 MCU 兼容接口 H11/H10 和 H3/H4/H12/H13。将 H11 与 U1 左侧管脚对齐后,设置 H11 的 X 坐标为 U1 的 X 坐标减去 350 mil,即 930 mil;同样将 H10 与 U1 右侧管脚对齐后,设置 H10 的 X 坐标为 U1 的 X 坐标加上 350 mil,即 1630 mil。

将 H3 和 H4 移到 U1 的上方并调整其方向为水平(第一个管脚在最左边)。调整 H4 左侧的第一个焊盘与 H11 上方第一个焊盘的 X 坐标(930 mil)相同,通过查看 H4 和 H11 第一个焊盘的坐标,再设置 H4 的 X 坐标。也可以通过"编辑"菜单里的"测量距离"命令(快捷键为 M)测量两个焊盘(也可以测量其他对象的距离)的距离。通过测量 X 和 Y 两个方向的距离(或间距 DX 与 DY),调整器件位置或判断元器件的布局是否满足要求。采用同样方式调整 H4 焊盘的 Y 坐标,使之与 H11 上方第一个焊盘的 Y 坐标距离为 120 mil。采用以上方法调整 H3，使之在 H4 上方，并与 H4 在 X 方向距离为 0，在 Y 方向距离为 180 mil，如图 7.50所示。

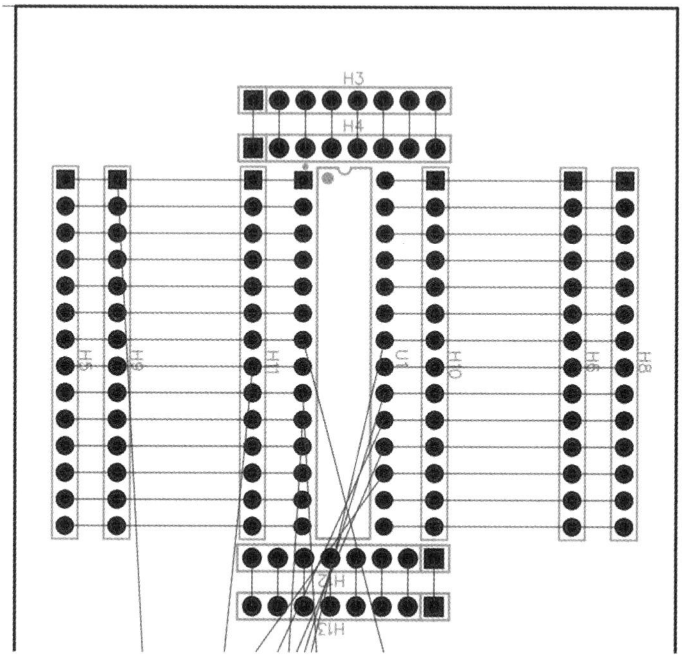

图 7.50 MCU 兼容接口 H11/H10 和 H3/H4/H12/H13 的布局

同样将 H12 和 H13 移动到 U1 的下方并调整其方向为水平(第一个管脚在最右边)。调整 H12 的 X 坐标，使 H12 右侧的第一个焊盘与 H10 下方的第一个焊盘的 X 坐标相同，Y 坐标距离 H10 下方第一个焊盘的 Y 坐标 120 mil。同样调整 H13，使之在 H12 下方，并与 H12 在 X 方向距离为 0，在 Y 方向距离为 180 mil，如图 7.50 所示。

7.4.4.4 放置晶体和磁珠

将晶体 X1 移动到距离 H11 左边 180 mil 处，并使 X1 的两个焊盘与 H11 的 PIN9 和 PIN10 焊盘平行，且尽可能地与它们等距离(水平距离约 180 mil)。将电容 C1/C2 移动到 X1 对应管脚旁，并通过其属性界面中的“层”将“顶层”调整为“底层”，即将 C1 和 C2 放置在底层，并调整其方向和位置使之靠近 X1 对应管脚的左侧 100 mil 左右，且与 X1 的两个焊盘平行对齐。同样方法将连接 AVCC 的磁珠 L1/L2 调整到“底层”，并调整其方向和位置使之靠近 H6 对应管脚的左侧(飞线作为参考)大约 150 mil(L1 和 L2 右侧管脚距离 H6 对应管脚 150 mil)，如图 7.51 所示。

7.4.4.5 放置编程接口、保险丝和电源指示灯

将编程接口 H7 移动到板子左上角合适位置，并调整其方向为水平，然后将保险丝 F1 移到 H7 右侧合适位置，再将电源指示灯 LED1 和电阻 R1 移到板子上方保险丝右侧合适位置。F1，LED1，R1 按顺序放置在 H3 的上方，并调整其方向和位置，后期布线时可根据情况再做调整。如图 7.52 所示。

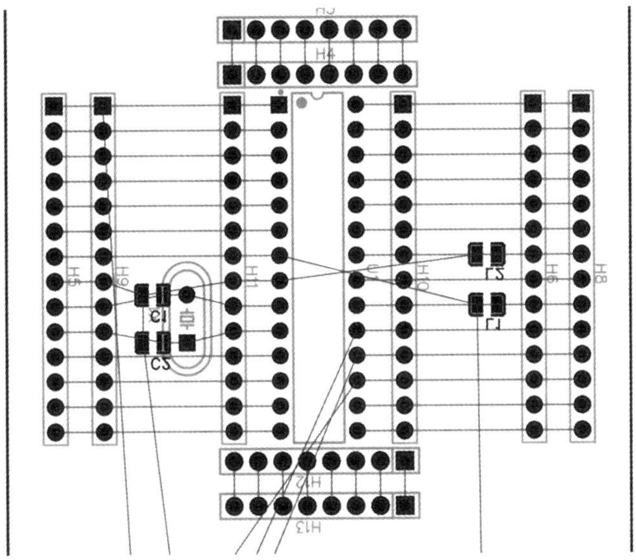

图 7.51 MCU 外部晶体和 AVCC 磁珠的布局

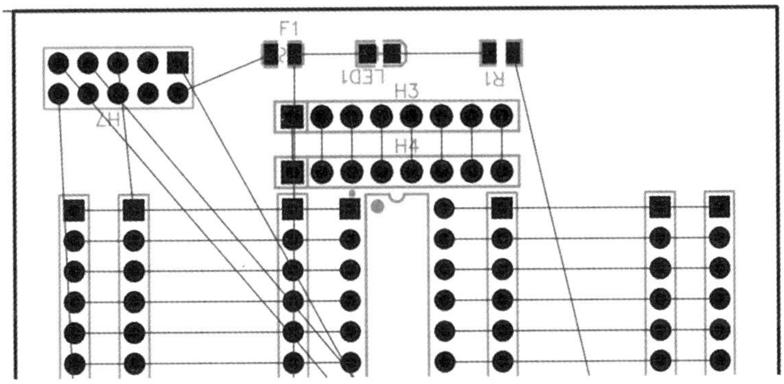

图 7.52 编程接口、保险丝和电源指示灯的布局

7.4.4.6 放置电源外扩供电接口

将外扩供电接口 H1 和 H2 接口移动到 H5/H9 下方横向放置,并修改 H1 的 Y 坐标,使其距离 H5/H9 下方第一个焊盘 150 mil,且 H1 左侧第一个焊盘与 H5 下方第一个焊盘的 X 坐标相同。同样将 H2 放在 H1 正下方 120 mil 处,如图 7.53 所示。

将外扩供电接口 H15 和 H14 移动到 H6/H8 下方横向放置,并修改 H15 的 Y 坐标,使其距离 H6/H8 下方第一个焊盘 150 mil,且 H15 右侧第一个焊盘与 H8 下方第一个焊盘的 X 坐标相同。同样将 H14 放在 H15 正下方 120 mil 处,如图 7.53 所示。

将外扩供电接口 H16 和 H17 移动到 H6/H8 上方横向放置,并修改 H16 的 Y 坐标,使其距离 H6/H8 上方第一个焊盘 200 mil,且 H16 右侧第一个焊盘与 H8 上方第一个焊盘的 X 坐标相同。同样将 H17 放在 H16 正上方 120 mil 处,如图 7.53 所示。

至此电路板元器件封装的布局就结束了,后期在布线时还可以根据实际情况进行调整。在布局的过程中熟练掌握元器件封装的坐标调整方法、元器件封装方向的调整、多个封装的对齐等操作,可以提高布局的效率。对于复杂的、新的 PCB,一般采用模块化布局方式,再结

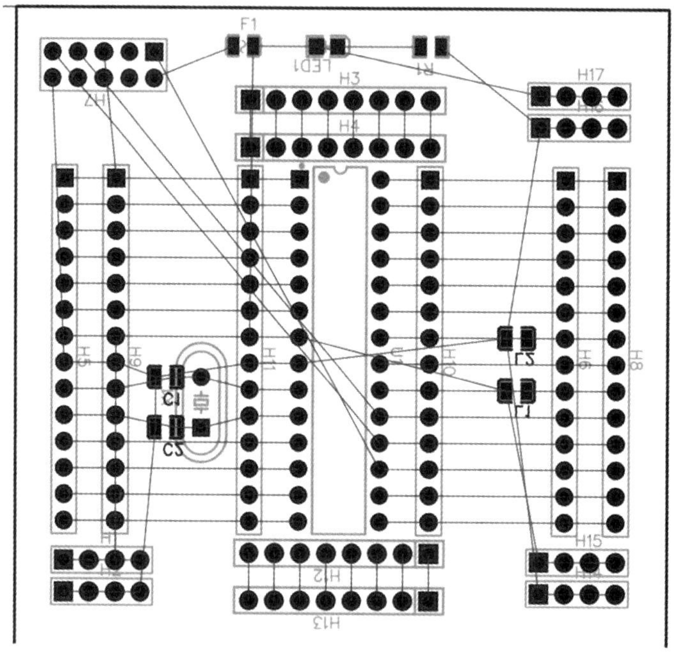

图 7.53 外扩供电接口的布局

合布线过程反复调整,使元器件封装的布局更优。

7.4.5 电路板的布线

PCB 的布线就是根据原理图将各元器件的管脚通过导线、过孔等连接起来,使安装了元器件的电路板与原理图的电路连接一致。

开始布线前,要再次确定电路板的层数。这里使用默认的双层板,即可以在顶层和底层放置元器件以及连接导线。电路板的布线依据是已经绘制完成的电路原理图,也即 PCB 画布中各个封装管脚间的飞线。同时,电路板布线也需要遵循已经设置好的布局、布线规则,如线宽、线距等。

布线时还需要遵循一些基本的原则,比如模块化布线,即先处理核心模块的导线连接,然后处理与核心模块紧密关联的模块,再处理其他模块,最后处理电源和地网络等;具体布线时要求连接导线尽可能短且宽、分支导线尽可能短、导线间距尽可能大;同时要求导线的宽度不要突变、避免导线的转角为直角或锐角、避免各种可能产生干扰的走线,如“天线”“断头线”和“环线”等。

7.4.5.1 PCB 工具说明

当用嘉立创 EDA 软件绘制 PCB 时,主要使用“放置”菜单下的命令,即“PCB 工具”浮窗工具栏,以及“布线”与“工具”菜单里的命令,还有“层与元素”浮窗工具栏等。

在“PCB 工具”浮窗里提供了各种 PCB 绘制工具,如图 7.54 所示,依次有导线、焊盘、过孔、文本、圆弧、中心圆弧、圆、移动、通孔、图片、画布原点、量角器、连接焊盘、铺铜、实心填充、尺寸、矩形、组合/解散符号、图纸设置等,以下对这些工具进行说明。

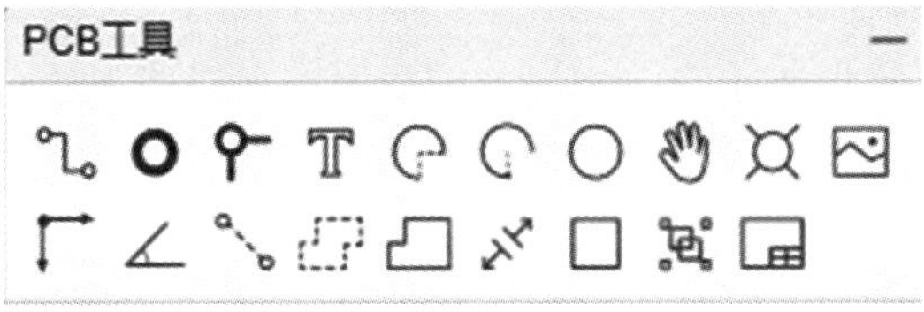

图 7.54 PCB 绘制工具栏

1. 导线

导线(快捷键 W)的作用是在信号层对元器件进行电气连接(电路板元器件之间物理上的连接)。选中一条导线后,可在右边属性面板中修改它的属性。如想给导线进行"开窗"(即不加绝缘漆,而是加锡),可点击导线,在其右边属性面板中点击"创建开窗区"。这里的导线也可以绘制在非信号层,如丝印层、机械层等进行非电气绘制。

2. 焊盘

"焊盘"(快捷键 P)工具的作用是放置一个用于安装元器件的焊盘。选中一个焊盘时,可在右边属性面板中修改它的属性,也可以用鼠标左键双击焊盘,在弹出的属性对话框里修改属性。焊盘的主要属性有:

(1) 层:若放置的焊盘是表贴类型(SMD)或焊盘只出现在单层,则需要选择顶层或底层;若放置的焊盘是通孔类型,则需要选择多层,此时焊盘将在顶层和底层出现,连接包括内层的全部铜箔层。单层焊盘不支持设置钻孔。

(2) 编号:单独放置的焊盘可自定义编号,原理图转换后的焊盘编号与器件的管脚编号一一对应。通过鼠标放置的焊盘的编号可递增,通过复制、粘贴放置的焊盘的编号保持不变。

(3) 形状:焊盘的形状有圆形、椭圆形和多边形等。选择多边形时,可以通过"编辑坐标点"创建复杂的形状。

(4) 网络:如果 PCB 图由原理图转换而来,则会默认生成一个网络。单独放置的焊盘,其网络名为空。

(5) 宽和高:该属性用来设置焊盘的大小。圆形焊盘的宽和高相等,多边形焊盘的宽和高不能编辑。

(6) 孔形状:多层焊盘的内孔的形状有圆形和槽形。普通插件的封装是圆形孔,但某些特殊元器件的管脚是长方形、长圆形或其他类型通孔,即槽孔。设置焊盘为槽孔时,生成的 Gerber 加工文件是通过多个钻孔拼接组成的。如果钻孔是圆的,则不要设置为槽形。

(7) 孔直径:孔直径就是多层焊盘的内孔直径,也是通孔焊盘的钻孔直径。贴片类型的焊盘的孔直径为 0。

(8) 金属化:该属性表示多层焊盘内壁是否金属化。金属化后的焊盘将连接所有铜层。当焊盘是内壁无铜的螺丝孔时,该属性需选择"否"。

(9) 编辑坐标点:该属性仅支持多边形焊盘的坐标点编辑。异形焊盘的绘制可通过编辑坐标点来实现。

(10) 助焊扩展:该属性仅针对单层焊盘,影响开钢网的焊盘上锡区域大小。如果一个焊盘不在钢网开孔,则可设置该值为负数。该属性的数值设置得比焊盘对角线大即可。

(11) 阻焊扩展：该属性影响绿油在焊盘上开窗区域的大小。如果一个焊盘不再开窗(覆盖绿油)，则可以设置该值为负数。该属性的数值设置得比焊盘对角线大即可。

3. 过孔

绘制双层板或多层板时可通过放置过孔(快捷键 V)使不同的布线层连通。在导线上放置两个过孔可将两个过孔间的走线切换至其他层或者移除。布线过程中，使用快捷键(换到底层快捷键为 B，换到顶层快捷键为 T)换层可以自动添加过孔。嘉立创 EDA 的过孔默认盖油，如改为开窗，则不盖油。可点击属性面板的“创建开窗区”按钮，将过孔转换为多层焊盘，以实现开窗。另外，嘉立创 EDA 不支持内层填埋孔和盲孔，所有过孔均可以在顶层和底层看见，且焊盘和过孔不能太小，需保持外径比内径大 4 mil。

4. 文本

“文本”(快捷键 S)工具用来放置普通的英文字母文本，如需不同的字体，则要手动加载。嘉立创 EDA 自带谷歌字体，当输入的字体不能按默认字体显示时，会自动转为谷歌字体。可以在编辑器内手动加载字体。如需输入汉字或需要不同的字体，则要手工添加用户计算机上的字体。添加方法为：

(1) 放置一个文本并点击它，然后在右边属性面板“字体”处点击“字体管理”，再新增字体。

(2) 点击“新增”按钮，并在打开的窗口选择本地的字体文件后确认，即可完成添加。字体文件必须是 ttf 或者 otf 格式。

5. 移动

“移动”(快捷键 D)工具的作用是整体移动，并断开连接。当用工具移动封装时，连接的走线会与其他封装分离并跟随移动，表现与直接鼠标批量选择后的移动一致。当单选一个封装并用鼠标移动时，走线会拉伸跟随，不会分离；当单选一个封装并用方向键移动时，走线会与封装分离，仅移动封装。

6. 通孔和画布原点

通孔就是安装孔，也是非金属化孔，其直径大小可设置。如果要画槽孔，可用实心填充(类型设置为槽孔)或者绘制一条导线，通过鼠标右键菜单里的“转为槽孔”命令将其转换为槽孔。

“画布原点”(快捷键 HOME)工具可以设置画布原点以满足定位要求。

7. 铺铜

“铺铜”(快捷键 E)工具完成铺铜功能，可保留整块铜箔区域使其接地或接电源。可以围绕需要铺铜的区域绘制铺铜区，一般沿着板子边框或在板子边框外部绘制，顶层和底层需要分别绘制。一块板子可以绘制多个铺铜区并分别设置。绘制铺铜区时，用快捷键 L 和空格键改变绘制路径的模式和方向，与绘制导线类似。选中铺铜线框，可修改其属性。

8. 层与元素工具栏

“层与元素”工具用来展示当前的活动层，可对不同层进行切换、编辑，如图 7.55 所示。在图中，点击“全部层”下列各层对应的眼睛图标，可设置该层是否显示。但隐藏 PCB 层只是视觉上的隐藏，在照片预览、3D 预览和导出 Gerber 时仍会导出对应层。点击层的颜色标识区，将铅笔图标切换至对应层，表示该层为活跃层，已进入编辑状态，可进行布线等操作。点击图钉图标可以固定住层工具，使其不自动收起。

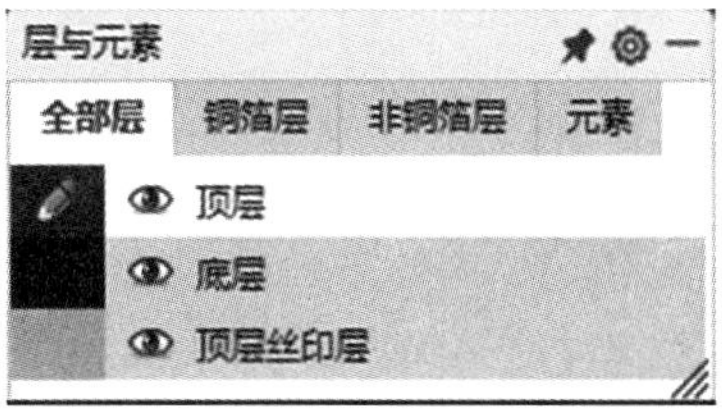

图 7.55　“层与元素”工具

另外，还可使用以下切换层的快捷键：

T：切换至顶层；

B：切换至底层；

1：切换至内层 1；

2：切换至内层 2；

3：切换至内层 3；

4：切换至内层 4；

*（星号）：循环切换信号层；

+、-：往上逐个切换层，或往下逐个切换层；

SHIFT + S：循环隐藏非当前层（会保留多层）。

在图 7.55 中的“元素”标签页中，可以对各种元素进行筛选，如对元件、编号、导线、焊盘、铺铜、文本等进行勾选时，可通过鼠标操作画布内的对应元素。取消勾选则无法进行鼠标操作，包括点选、框选、拖动等操作。点击眼睛图标可以批量修改对应元素的显示和隐藏。

9. 层管理器

点击“层与元素”工具右上角的齿轮图标，或者点击“工具”菜单里的“层管理器”命令，或者在画布上点击鼠标右键菜单里的“层管理器”，打开其设置界面。“层管理器”的设置仅对当前的 PCB 有效，如图 7.56 所示。“层管理器”中的参数和名称说明如下：

(1) 铜箔层：嘉立创 EDA 最多支持 34 层铜箔层。顶层和底层都是默认的铜箔层，无法被删除。当 4 个铜箔层切换到 2 个时，需要先将内层的所有元素删除。

(2) 显示：如果不让某层的名称显示在“层工具”里，可把该层的勾选去掉。注意这里只是对层名的隐藏，如果隐藏的层有其他元素，如导线等，在导出 Gerber 时，该层将一起被导出。

(3) 名称：层的名称。内层支持自定义名称。

(4) 类型：不同类型的层，包括：

(ⅰ) 信号层：信号连接用的层（导线绘制层/布线层），如顶层、底层等。

(ⅱ) 内电层：内部的电气层，默认为铺铜层，是负片的形式。在内电层绘制导线和圆弧是对其进行分割，分割出的内电区块可分别设置不同的网络。产生 Gerber 时，以正片的方式生成，即绘制的导线会产生对应宽度的间隙（无铜）。

注意：绘制内电层的分割线时，线的起点和端点必须超过边框线的中心线，否则内层区块无法被分割；使用内电层时，PCB 不能有多个闭合边框，否则只会有一个闭合边框内部正常生成内电层。

图 7.56　层管理器

（ⅲ）非信号层：如丝印层、机械层、文档层等。

（ⅳ）其他层：只做显示用，如飞线层、孔层。

(5) 颜色：可为每层设置不同的颜色。

(6) 透明度：默认透明度为 0%，数值越高，层就越透明。

(7) 层定义：

（ⅰ）顶层/底层：PCB 顶面和底面的铜箔层，用于信号走线、元器件安装。

（ⅱ）内层：内部的铜箔层，用于信号走线和铺铜。可以设置为信号层和内电层。

（ⅲ）顶层丝印层/底层丝印层：印在 PCB 上的白色字符层。

（ⅳ）顶层锡膏层/底层锡膏层：该层是给贴片焊盘制造钢网用的，帮助焊接，它决定了上锡膏的区域大小。如果电路板不需要贴片，则这个层对生产没有影响。该层也称为正片工艺时的助焊层。

（ⅴ）顶层阻焊层/底层阻焊层：板子的顶层和底层盖油层，一般是绿油。绿油的作用是阻止不需要的焊接。该层属于负片绘制方式，当有导线或者区域不需要盖绿油时，则在对应的位置进行绘制。在 PCB 生成后，这些区域将没有绿油覆盖，方便上锡等操作。没有绿油覆盖一般也被称为开窗。

（ⅵ）边框层：板子形状定义层，定义板子的实际加工尺寸。

（ⅶ）顶层装配层/底层装配层：元器件的简化轮廓，用于产品装配和维修。该层用于文档打印，对 PCB 制作没有影响。

（ⅷ）机械层：在 PCB 设计中记录信息，生产时默认不采用该层的形状进行制造。在用 AD 文件生产时，会用机械层做边框。用 Gerber 文件生产时，机械层仅做文字标识用，比如工艺参数、V 割路径等。该层不影响板子的边框形状。

（ⅸ）文档层：与机械层类似，但该层仅在编辑器可见，不会生成在 Gerber 文件里。

（ⅹ）飞线层：PCB 网络飞线的显示，这个不属于物理意义上的层，只是为了方便使用和设置颜色，故放置在层管理器中进行配置。

（ⅺ）孔层：与飞线层类似，这个不属于物理意义上的层，只用于通孔（非金属化孔）的显示和颜色配置。

（ⅻ）多层：与飞线层类似，用于金属化孔的显示和颜色配置。当焊盘层属性为多层时，它将连接包括内层的每个铜箔层。

（xiii）错误层：与飞线层类似，为 DRC（设计规则错误）的错误进行标识和颜色配置。

7.4.5.2　ATmega8A 及其周边元器件的布线

在 PCB 布线时，优先对核心器件 ATmega8A（U1）及其周边的扩展接口、兼容接口、晶体和编程接口布线。点击“层与元素”浮窗里“全部层”下方的“顶层”前的颜色块（或按快捷键 T）切换到顶层，然后点击“放置”菜单下或“PCB 工具”浮窗里的“导线”命令（或按快捷键 W），接着将带“十”字形的鼠标指针移到布线起点焊盘（如 U1 的第一脚焊盘）上，这时指针会被吸附到焊盘中心，并以高亮点显示。点击鼠标左键开始布线（布线网络会呈高亮，其他飞线暂时隐藏），移动指针到布线终点焊盘的中心，同样指针会被吸附到焊盘中心，并以高亮点显示，最后点击左键，完成一条导线的连接。

用上述方法，并结合布线时的多种操作完成 U1 及外围扩展接口、兼容接口的布线，如图 7.57 所示。如一条导线上有多个焊盘，可选择最外侧两个作为布线的起止点。点击鼠标右键或按“ESC”键结束导线的绘制。

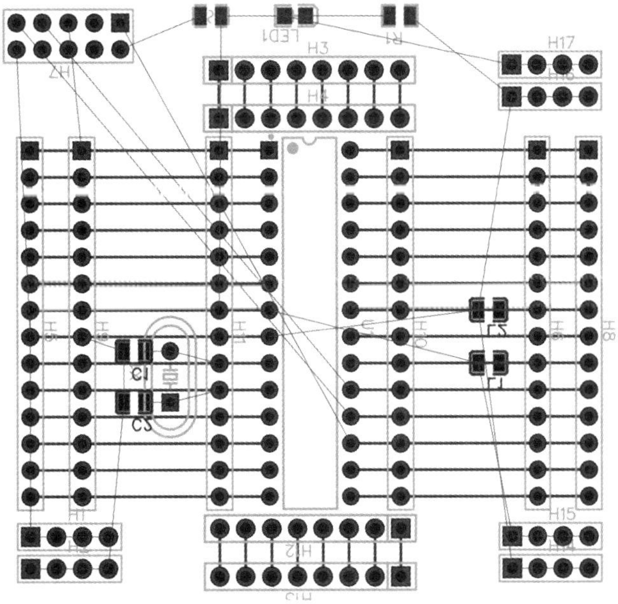

图 7.57　ATmega8A 及扩展接口、兼容接口的布线

在对晶体进行布线时，因为晶体 X1 已经与其要连接的管脚很近，且布局时也做了精确的调整，使 X1 的两个焊盘等间隔位于 PIN9 和 PIN10 网络间（若误差很大，此时也可以进行调整），所以这里直接通过“导线”将 X1 的两个焊盘在顶层分别连接一段很短的导线到 PIN9

和 PIN10。

点击“层与元素”浮窗里“全部层”下方“底层”前的颜色块(或按快捷键 B)切换到底层，然后点击“放置”菜单下或“PCB 工具”浮窗里的“导线”命令(或按快捷键 W)。分别连接 X1 的两个焊盘到 C1 和 C2 的一个焊盘，分别连接 H6 的两个焊盘到 L1 和 L2 的一个焊盘。同样在“底层”完成 U1 的管脚与编程接口 H7 间的连接(根据飞线提示，原理图等使用上述的布线方法)，如图 7.58 所示。

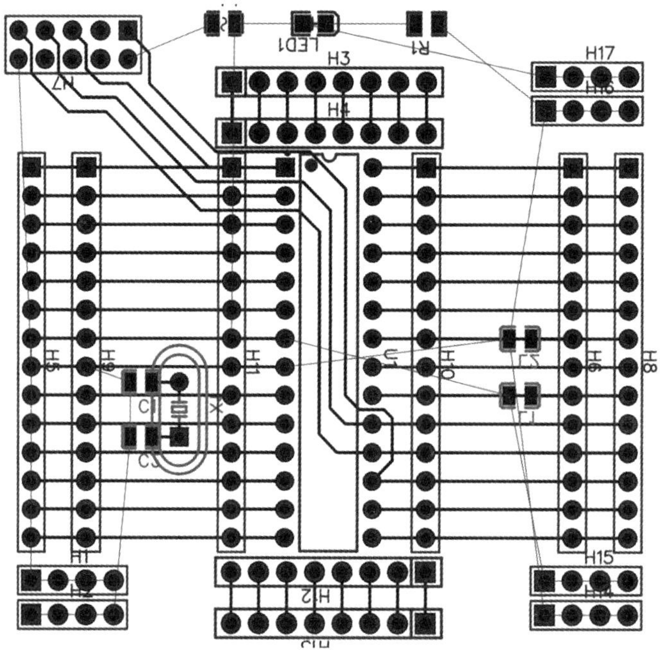

图 7.58　编程接口和晶体的布线(白底显示)

7.4.5.3　电源部分的布线

实验电路板由编程接口(H7)的管脚 2 和管脚 10 供电，提供 +5 V、最大 500 mA 的电源，板上的电源部分包括保险丝、电源指示灯以及由 +5 V 和 GND 区域组成的电源网络。

首先进行保险丝和电源指示灯的布线。在布线时，将“顶层”作为当前操作层，调整保险丝 F1、发光二极管 LED1 和电阻 R1 的位置，从 H7 的管脚 2 连一条宽 30 mil 的导线到 F1(布线时按“Tab”键，修改线宽为 30 mil 后再画导线)，F1 串联在电源的正极。注意，电源正极的网络名为“+5V”(它的网络标签名“PIN7”被忽略了)，电源负极的网络名为“GND”(它的网络标签名“PIN8”被忽略了)。

同样用 30 mil 的导线连接 F1，LED1 和 R1。点击“放置”菜单下的“焊盘”命令(快捷键 P)，在 LED1 的两个焊盘上各放一个焊盘，并在属性面板里修改其孔直径为 36 mil，宽、高为 60 mil，金属化选“是”，点鼠标右键或按“ESC”键结束放置。再将两个焊盘移动到 LED1 和 R1 中间位置的上下两边，并与 LED1 对应焊盘连起来。

点击“放置”菜单下的“铺铜”命令(快捷键 E)，在 F1 和 LED1 之间铺上铜。按“Tab”键选择铺铜的网络名为“+5V”，然后画线，高度约为 F1 焊盘的 3 倍，宽度需覆盖 F1 与 LED1 相连的焊盘。这样画一个封闭矩形，形成一块大面积铜。铺铜完成后，可在属性面板里修改铺铜的参数，选择“保留孤岛”为“否”，选“填充样式”为“全填充”等。

再点击“放置”菜单下的“过孔”命令（快捷键 V），先按“Tab”键修改其网络为“+5V”，并在铺铜区放置 6 个过孔，点击鼠标右键结束放置。再于过孔的属性面板设置其外径为 40 mil，过孔内径为 20 mil（可以框选 6 个过孔一起设置），并对齐排列为两行三列（设置过孔的坐标或通过对齐工具），如图 7.59 所示。

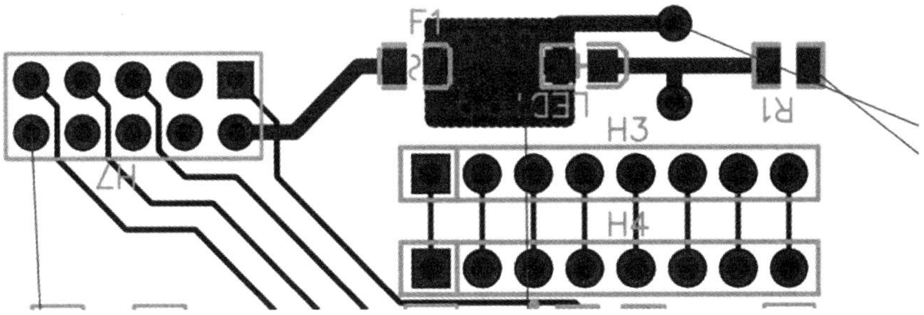

图 7.59　电源接口与指示灯的布线

除了对电源接口、保险丝和电源指示灯进行布线以外，还要设置大块的 +5 V 和 GND 区域，形成电源网络，以方便连接电路板上多个元器件。具体操作如下：

（1）将底层连接到 GND 网络的单层焊盘通过多层焊盘或打过孔等方式连到顶层，即将电容 C1 和 C2 的 GND 网络焊盘用 10 mil 的导线连接到 H9 的 GND（PIN8）网络焊盘上；在磁珠 L2 的 GND 焊盘上放置一个过孔（40/20 mil）并移动到顶层两条连线的中间，再连接到 L2 的 GND 焊盘。

（2）点击“放置”菜单里的“通孔”命令，在 PCB 四角放置安装孔。放置左上角的安装孔时，可适当调整之前的布线等（拖动调整）。设置通孔直径为 122 mil，调整通孔的 X/Y 坐标进行定位，使安装孔离电路板的近边各 4 mm（约 158 mil）。

（3）将当前工作层切换到“顶层”，点击“放置”菜单下的“铺铜”命令（快捷键 E），在顶层上半部分（有元器件封装的部分）全部铺上铜。铺铜前按“Tab”键，设置铺铜的网络名为“GND”，再环绕电路板的上半部分画一个封闭矩形，形成一块大面积的铜，作为电源的地（负极），点击鼠标右键结束铺铜。然后再点选“铺铜”，在属性面板里设置“间距”为 15 mil，“保留孤岛”为“否”，“填充样式”为“全填充”等。

（4）将当前工作层切换到“底层”，点击“放置”菜单下的“铺铜”命令，在底层上半部分（有元器件封装的部分）全部铺上铜。铺铜前按“Tab”键，设置铺铜的网络名为“+5V”，再环绕电路板的上半部分画一个封闭矩形，形成一块大面积的铜，作为电源的 +5 V（正极），点击鼠标右键结束铺铜。然后再点选“铺铜”，在属性面板里设置“间距”为 15 mil，“保留孤岛”为“否”，“填充样式”为“全填充”等。

7.4.5.4　万用板布线

为了方便电路板扩充，本设计将电路板下方的空余地方做成万用板，即按标准间距放置通用的焊盘阵列。

点击“放置”菜单下的“焊盘”命令，在电路板下方空余处全部放置孔直径为 0.9 mm（36 mil），宽/高为 1.5 mm（60 mil）的焊盘，金属化选“是”，调整焊盘之间的距离都为 2.54 mm（100 mil）。可通过复制、粘贴快速放置焊盘，同时可用“格式”菜单里的对齐、分布工具设置坐标，再用快捷键 M 测量距离等，加快焊盘阵列的放置，结果如图 7.60 所示。

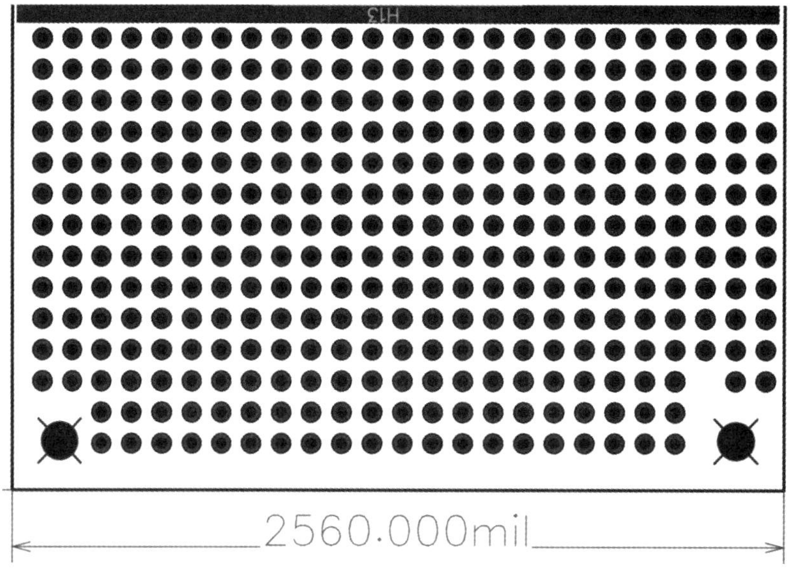

图 7.60 放置焊盘阵列(万用板)

7.4.5.5 丝印字符的调整与放置

丝印层是印在 PCB 上的白色字符层，用于标注元器件的类型、编号和名称等。丝印层器件编号的尺寸、位置等可以根据需要进行调整。

调整丝印层元器件编号的尺寸的操作为：点选任意一个器件编号，并在其上点击鼠标右键，在弹出的菜单里点击“查找相似对象”命令，在打开的窗口里对“层”“文本”“字体”“线宽”“高”“旋转角度”和“锁定”全部选为“任意”，然后点击“查找相似对象”窗口下方的“查找”按钮，这样就选中了所有的器件编号。关闭“查找相似对象”窗口，再通过右侧的属性面板设置“线宽”为 8 mil，设置“高”为 40 mil，从而调整了所有丝印层字符的大小。

调整丝印层元器件编号的位置的操作为：分别切换到“顶层丝印层”和“底层丝印层”，在器件编号上按住鼠标左键并拖动器件编号，一一调整到合适位置，以不遮挡其他丝印、焊盘以及不被遮挡为标准。另外，可以通过空格键调整器件编号的方向。

在我们设计的实验电路板中，点击“放置”菜单下的“文本”命令，在 PCB 上放置丝印层的文字，用于标注管脚编号、电源正负极、管脚功能、电路板名称(汉字)、器件位置等。放置汉字丝印字符时，只能调整字符的高度或添加需要的字库。

在顶层丝印层放置以下字符：

(1) 在 H5 和 H8 的外侧放置 U1 对应的管脚编号“1～28”(可以自动递增放置)；在兼容接口按序放置扩展的管脚编号“29～36”和“37～44”。

(2) 在 H9 和 H6 的内侧放置 U1 对应管脚的第一功能，如“PB0～PB7”“PC0～PC6”“PD0～PD7”以及电源和地等。

(3) 在功能模块供电的接口放置电源的正负极指示“+”和“-”，可以设置为默认字体。

(4) 在 U1 下和兼容接口侧面放置 MCU 的安装型号“ATMEGA8A/328P-PU”和“ATMEGA8A/328P-AU”。

(5) 在兼容接口外侧放置指示信息“排孔”，在扩展接口侧边放置指示信息“排针”。

(6) 在右上角放置“电子设计实践基础”，可以调整高度。

(7) 在万用板的焊盘间连续放置“0～9”编号以方便使用。

在底层丝印层放置类似的字符：

(1) 复制“顶层丝印层”中的字符信息(管脚编号以及 U1 管脚的第一功能等)到底层丝印层，复制、粘贴后设置字符所在的丝印层，并自动镜像。

(2) 放置“姓名”和“信号”字符信息。

丝印层设置完成后的结果如图 7.61 所示。

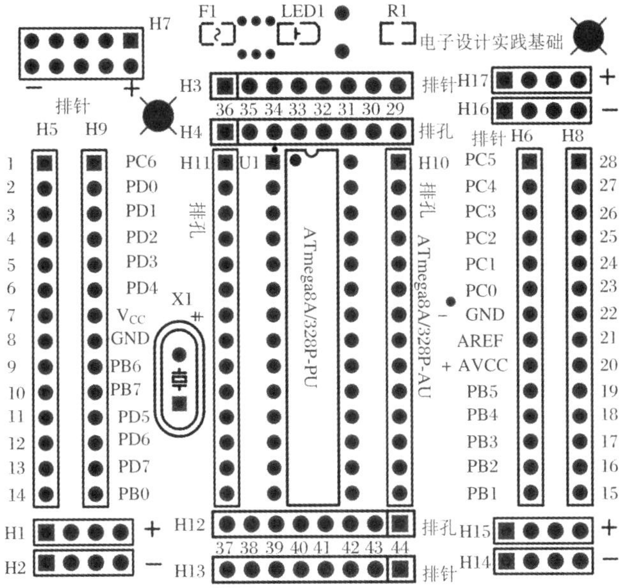

(a) 顶层丝印层

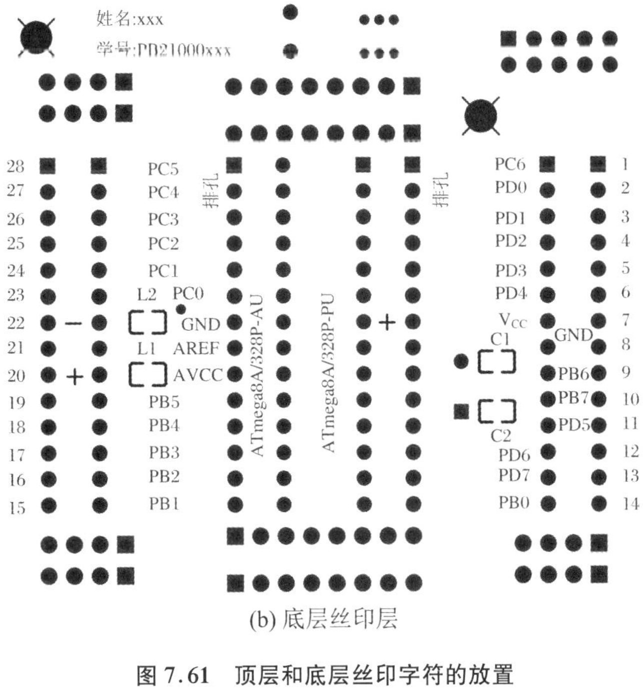

(b) 底层丝印层

图 7.61　顶层和底层丝印字符的放置

7.4.6 PCB 设计规则检查

PCB 的布线完成以后，可以对其进行 PCB 设计规则检查。点击左侧面板的“设计管理器”，再点击侧窗中“DRC 错误”后的“刷新”按钮图标，或者点击“设计”菜单里的“检查 DRC”命令，进行 DRC 检查，然后可以在设计管理器中查看 DRC 错误信息。点击错误选项，会在画布中高亮显示错误的位置，并在左下方提示错误类型。根据提示修改 PCB 图，直到无 DRC 检查错误，此时 PCB 的绘制就完成了。

如直接通过原理图转为 PCB 时，实时 DRC 检查是开启的，但是之前的旧 PCB 文档是关闭的，需要自行打开。设计规则检查只能发现部分很明显的错误。DRC 错误的颜色可以在层管理器里面进行设置。如果 PCB 比较大且有大面积铺铜，则进行 DRC 检查会花一定的时间，需要耐心等待。

7.4.7 PCB 加工文件

完成 PCB 设计之后，可以生成 PCB 的加工文件，即 Gerber 文件。点击“文件”菜单里的“生成 PCB 制板文件(Gerber)”命令，或点击“制造”菜单里的“生成 PCB 制板文件”命令，产生 PCB 加工文件。执行命令后会打开弹窗，询问是否进行 DRC 检查或者网络检查(存在没有完成的连接时)，此时可以根据需要选择对应的检查按钮。如果检测没有网络错误或者 DRC 错误，会弹出 Gerber 生成对话框，点击“生成 Gerber”按钮，可得到 Gerber 文件，保存到计算机后是一个 ZIP 压缩包，内部包含了制造文件和钻孔文件等。

Gerber 文件的组成和 PCB 编辑器的图层有一定的差别，并不完全相同。生成后的 Gerber 文件是一个压缩包，解压后可以得到如下文件：

(1) Gerber_BoardOutline. GKO：边框文件。PCB 板厂根据该文件切割板子形状。嘉立创 EDA 绘制的槽孔、实心填充的非镀铜通孔在边框文件中有所体现。

(2) Gerber_TopLayer. GTL：PCB 顶层，顶层为铜箔层。

(3) Gerber_BottomLayer. GBL：PCB 底层，底层为铜箔层。

(4) Gerber_TopSilkLayer. GTO：顶层丝印层。

(5) Gerber_BottomSilkLayer. GBO：底层丝印层。

(6) Gerber_TopSolderMaskLayer. GTS：顶层阻焊层，也可以称为开窗层，默认板子盖油，在该层绘制的元素对应到顶层的区域则不盖油。

(7) Gerber_BottomSolderMaskLayer. GBS：底层阻焊层，也可以称为开窗层，默认板子盖油，在该层绘制的元素对应到底层的区域则不盖油。

(8) Gerber_Drill_PTH. DRL：金属化钻孔层。此文件显示的是内壁需要金属化的钻孔位置。

(9) Gerber_Drill_NPTH. DRL：非金属化钻孔层。此文件显示的是内壁不需金属化的钻孔位置。

(10) Gerber_TopPasteMaskLayer. GTP：顶层助焊层，开钢网用。

(11) Gerber_BottomPasteMaskLayer. GBP：底层助焊层，开钢网用。

注意，在生成制造文件之前，务必进行照片预览，查看设计管理器的 DRC 错误项，避免生成有缺陷的文件。

嘉立创 EDA 支持 SMT 坐标信息的导出，以便于工厂进行 SMT 贴片。坐标文件只在 PCB 文件中导出。点击"文件"菜单里的"导出坐标文件"或"制造"菜单里的"坐标文件"命令都可以导出"csv"格式的 SMT 坐标信息。如果需要底层元件镜像后的坐标，则可以勾选"底层元件镜像后的坐标"选项，一般不需要勾选。对于包含拼板后的元件坐标，如用了编辑器的自带拼板功能，可以勾选该选项。

另外嘉立创 EDA 还支持诸如 PDF、Altium Designer、DXF 和 Eagle 等多种格式的文件导出。

习题

1. 图 7.62 所示是两个充、放电电路图，其中包括电源、电阻、电容、开关和灯。图 7.62(b) 在充、放电回路中分别串入了直流数字电流表，在电容两端并接了一个电压表，用于观察充、放电过程中的电流及电压的变化。要求在嘉立创软件中搜索出这些元器件的模型，然后按照本章所描述的画电路原理图的方法绘制出图 7.62 所示的电路原理图。

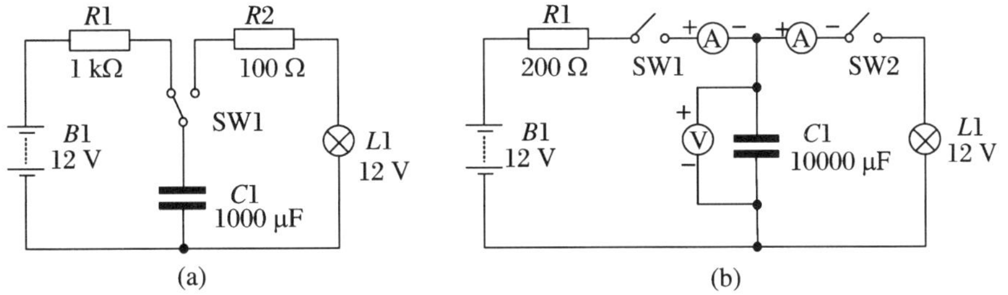

图 7.62　题 1 图

2. 图 7.63 所示是一个用运算放大器实现的同相求和电路。在此电路中，输入信号是 $V1$，$V2$，运算放大器工作电源是 V_{CC}，使用同相运算放大器对两个输入信号做加法，得到的结果是 V_O。要求在嘉立创软件中搜索出这些元器件的模型，并绘制出图 7.63 所示的电路原理图。

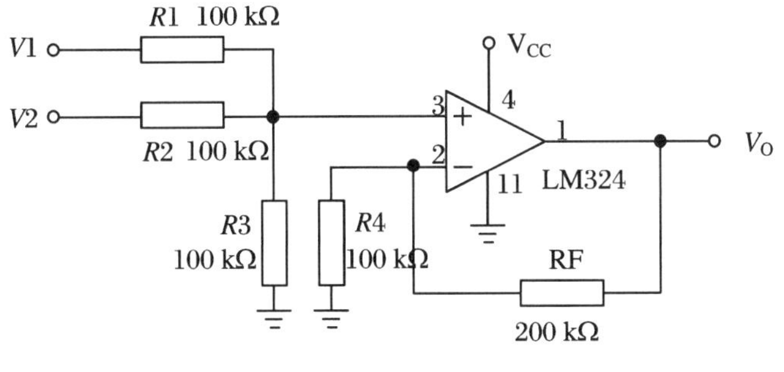

图 7.63　题 2 图

3. 采用四个 D 触发器实现四位计数器的电路图如图 7.64 所示。CLK 为时钟输入端，RESET 为异步复位端，四个 Q 端为计数值的输出端。为了观察计数器计数的动态过程，把四个 Q 端接到四个发光二极管上。要求在嘉立创软件中搜索出这些元器件的模型，并绘制出图 7.64 所示的电路原理图和 PCB 图。

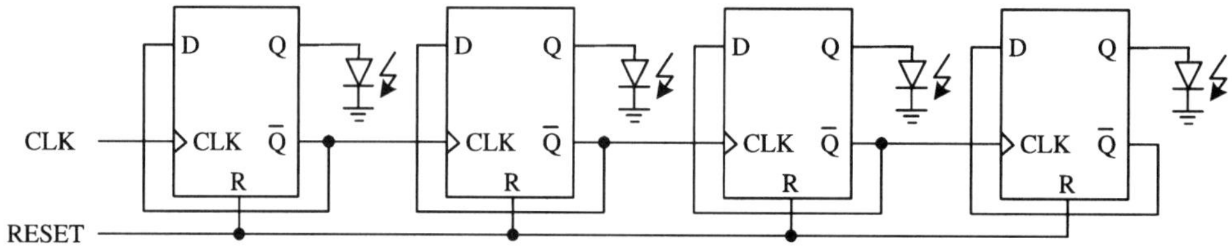

图 7.64　题 3 图

4. 图 7.65 是 8051 单片机最小系统，单片机采用的型号是 AT89C51。除了最小系统必要的电源、时钟、复位电路之外，在 P1 口外加一个数码管。P1 口是 8 位的并行口，此处用到了 P1.0～P1.6 七个引脚，分别连接的是数码管的段选信号 a，b，c，d，e，f，g。要求在嘉立创软件中搜索出这些元器件的模型，并绘制出图 7.65 所示的电路原理图和 PCB 图。

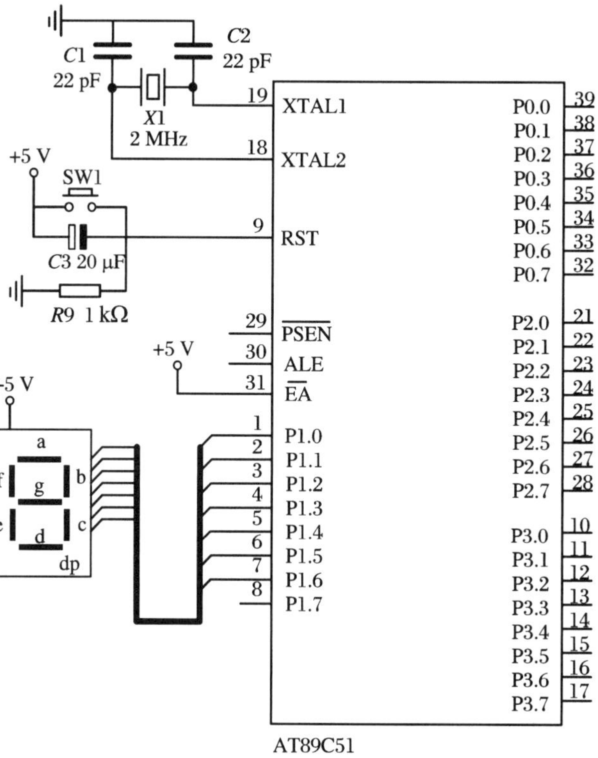

图 7.65　题 4 图

第 8 章　以 FPGA 为核心的系统电路设计

与模拟信号处理相比，数字信号处理具有很多优势。数字信号抗干扰能力强，数字电路结构规整，易于实现，再加上有功能强大的计算机进行数字信号处理，因此现代复杂电子系统的核心控制、处理部分大多是数字系统。本章主要介绍以 FPGA 为核心构建的系统电路设计。

8.1　数字系统实现架构

随着集成电路技术的发展，数字系统的集成度越来越高，导致系统的主要功能集中在一块或几块超大规模集成电路上，因而形成了以这些超大规模集成电路为核心的电子系统架构。这些超大规模集成电路包括各种类型的微处理器（MCU）、数字信号处理器（DSP）、可编程逻辑器件（PLD）和专用集成电路（ASIC）等。

8.1.1　智能系统概念

以处理器为核心的电子系统经常被称为智能系统，因为这种系统可以对输入信号、环境条件进行感知、预测、采集、处理、判断，进而可以对外界条件、外界设备做出响应和控制。这种自适应和自学习的能力是智能控制的重要特点。

由于智能控制的对象往往具有模型不确定性、高度非线性和任务复杂性等特点，因而经典控制理论和简单电路系统已经无法处理了，而以处理器为核心的电子系统却可以很容易地实现自适应、自学习的过程，将计算技术和实用技术结合在一起，实现智能控制。

智能电子系统不仅包含硬件的设计，还包含软件的设计，软、硬件设计之间既相互依存又相互制约。有时要从硬件设计的角度对软件设计提出一些特定的要求，或从软件设计的角度对硬件设计提出一些特定的要求，有时也可以互换软、硬件的部分功能。较多地使用硬件来完成系统功能，可以提高工作速度，减少软件工作量，但硬件结构会比较复杂；较多地使用软件来完成系统功能，可降低硬件的结构和成本，但运行速度会受到影响，也增加了软件工作量，因此软、硬件之间的功能划分十分重要。

在进行智能电子系统设计时，决定软、硬件功能划分的因素主要有总体目标、工作速度、研发成本、主流技术等，这些因素要进行综合考虑。例如，军用系统、航天系统要在各种恶劣环境下使用，必须考虑抗干扰、抗辐射等性能，不仅要有很强的自适应性，还要采用硬件冗余来保证可靠性；实时处理系统强调实时性，要求系统工作速度快，关键功能需要采用硬件完成。硬件实现功能的研发成本主要在处理器及其他重要元器件的购置和二次开发上，软件实现功能的研发成本主要在算法研究和人工编写、调试程序上，同时还应考虑设计周期的长短。另外，电子系统的设计采用当前的主流技术才能保证先进性和兼容性。

智能电子系统的核心器件可以是微处理器、DSP、PLD、ASIC 等，以不同核心器件构建系统的侧重点有所不同。单片机、嵌入式处理器等通用微处理器着重于控制功能，DSP 侧重于实时数字信号处理运算，而 PLD 侧重于灵活的硬件重构。目前很多复杂的电子系统在控制、计算、重构等方面都有要求，因此也可以构建多种、多个处理器并存的智能电子系统。图 8.1(a)所示为单处理器系统，只有一个核心器件，图 8.1(b)所示为多处理器系统，有 FPGA 和 DSP 两个核心器件。

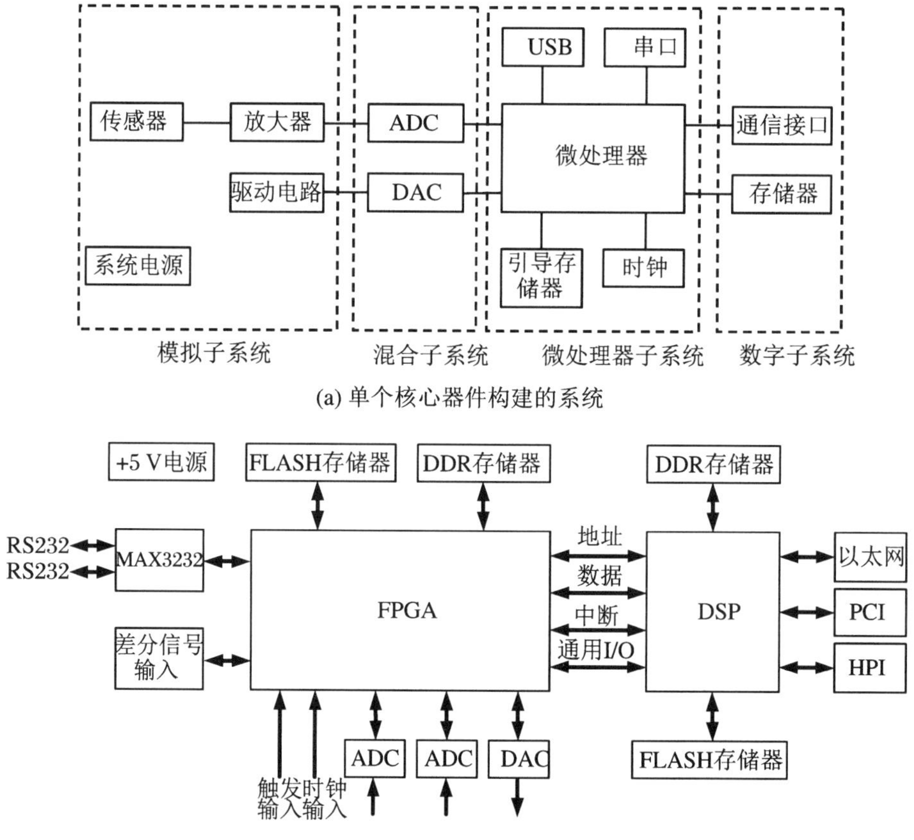

(a) 单个核心器件构建的系统

(b) 多个核心器件构建的系统

图 8.1 智能电子系统结构图

随着集成电路技术的发展，出现了将多个处理器内核、多种处理器内核集成在一块芯片内的 SoC 芯片，例如德州仪器公司的 TMS320DM6446 双核系统，其内部就包含了一个 TMS320C64x DSP 内核和一个 ARM926EJ 嵌入式 RISC 内核。ARM926EJ 内核负责控制和管理任务，TMS320C64x 负责完成密集的计算任务，两者分工合作，提供了功能强大的多媒体信息开发平台。图 8.2 给出了 TMS320DM6446 双核系统的内部结构图。

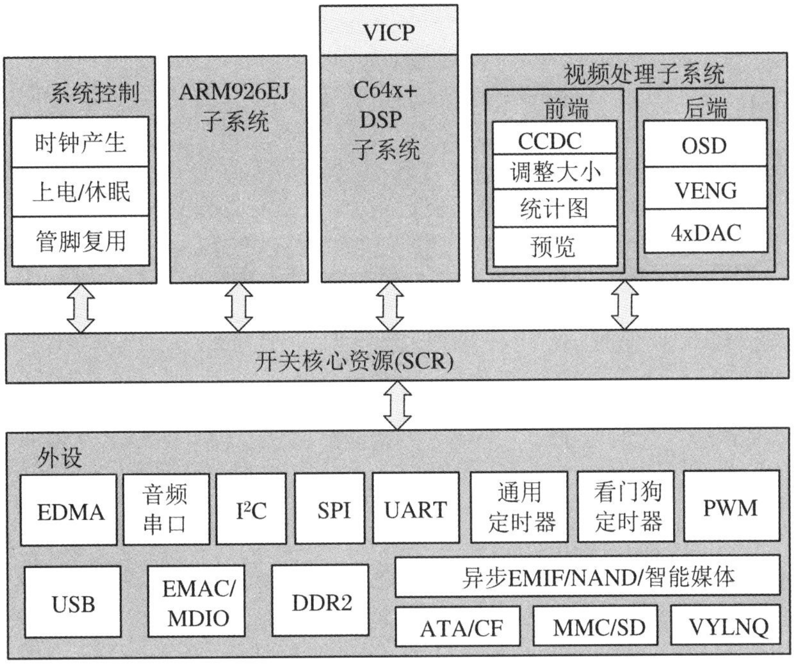

图 8.2　TMS320DM6446 双核系统内部结构图

同样，也有将 PLD 器件和嵌入式处理器结合起来的 SoC 芯片，例如 Xilinx 公司的 Zynq-7000 可编程 SoC 芯片，其内部有 667 MHz 的双核 Cortex-A9 处理器，还有 28000 个的可编程逻辑单元。除此以外，Zynq-7000 内部还有大量的存储器、数字信号处理单元、ADC，可以方便地构造出数字信号处理电路架构和数据采集通道。图 8.3 是 Zynq-7000 可编程 SoC 芯片的内部结构图。

8.1.2　FPGA 实现智能系统

到目前为止，FPGA 的发展过程大致可以分为三个阶段，第一个阶段的 FPGA 是可编程逻辑芯片，内部结构包括必要的三个部分：可编程逻辑块、可编程 I/O 模块和可编程内部连线，主要实现逻辑功能，起到逻辑黏合作用。这个阶段的 FPGA 也叫做逻辑级 FPGA 芯片，如 Xilinx 公司的 XC3000 系列和 Altera 公司的 FLEX8000 系列等。

随着集成度越来越高，性能越来越强，FPGA 的发展进入了第二个阶段，其内部添加了诸如大块的嵌入式 RAM、数字时钟管理器等模块，也支持更多类型的 I/O 端口标准，可以实现一个系统的功能，因此也叫做系统级 FPGA 芯片。典型的芯片有 Xilinx 公司的 Virtex 和 Spartan 系列、Altera 公司的 Cyclone 和 Stratix 系列等。

FPGA 发展的第三个阶段的标志是芯片内部集成了更加丰富的硬件资源，如乘法器、DSP 模块和高速接口等，应用延伸到数字信号处理、高密度运算、通信接口等更广阔的领域。随着 FPGA 把更多的硬核、软核集成进来，单个 FPGA 平台就可以实现多种应用功能，因此这个阶段的 FPGA 也叫做平台级 FPGA，可以完成视频/图像处理、高速数字通信、高性能数字信号处理等功能，也可以实现嵌入式系统。

随着 FPGA 功能的改进和密度的增加，其灵活性和能力都得到了提升，未来的数字系统

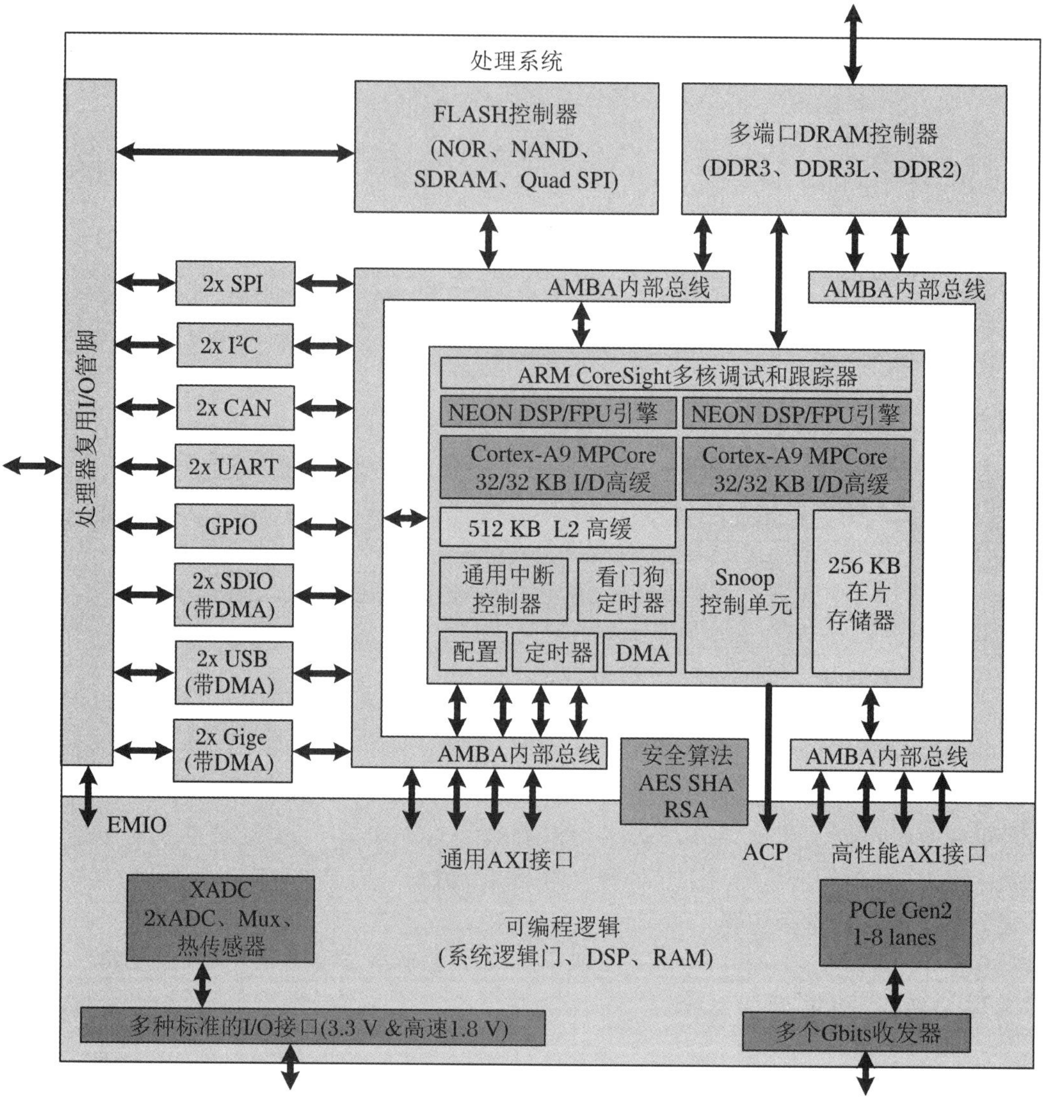

图 8.3　Zynq-7000 可编程 SoC 内部结构图

的设计就体现为可编程逻辑设计和嵌入式软件设计，可以通过配置 FPGA 来实现电子产品的功能升级和智能化、个性化的发展，因此，采用 FPGA 芯片实现智能化的 SoC 是未来微电子技术的一个发展方向。

8.2　FPGA 最小系统设计

以 FPGA 为核心构建的系统电路与其他微处理器系统电路有很多相似之处，硬件上主要包括核心部分和通道部分。为了与微处理器系统电路保持一致，这里也将 FPGA 系统电路的核心部分称为最小系统。

最小系统包括 FPGA 芯片正常工作所需的电源、时钟和配置等电路，它在各种应用系统中基本相同，具有典型结构；通道部分又分为输入通道、输出通道、人机通道和相互通道等，这部分内容视不同应用目标而不同。本节以 Altera 公司的 Cyclone 系列 FPGA 芯片为例，描述 FPGA 基本系统的硬件架构和构建方法。

8.2.1　Cyclone 器件外部管脚

Cyclone 系列 FPGA 的内部结构和特点在 3.4.3 小节已经介绍过了，这里以 Cyclone 器件中的 EP1C6 为例说明其外部管脚功能和特性。图 8.4 给出了 144 个管脚的 TQFP 封装的 EP1C6 外形图及内部的 I/O 分块图(BANK)，表 8.1 给出了各管脚的功能。

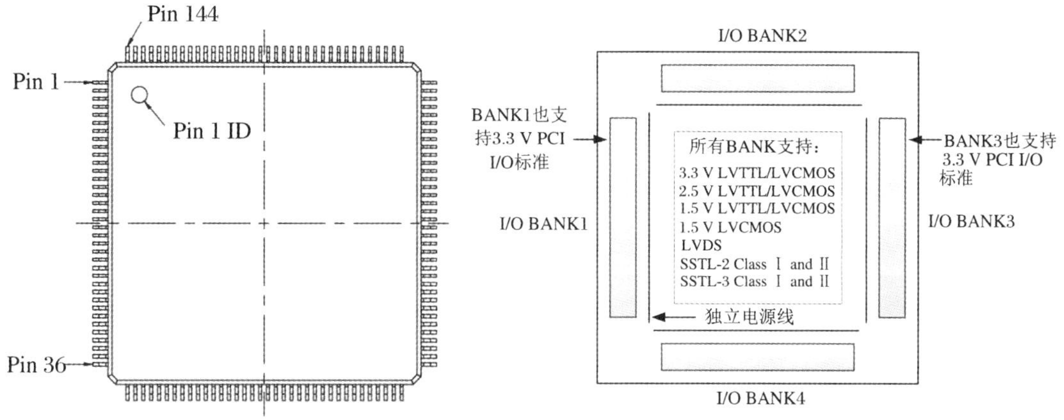

图 8.4　EP1C6 的 TQFP 封装管脚图和内部 I/O 分块图

由图 8.4 可见，EP1C6 的管脚分布在芯片四周，管脚号为 1～144。芯片每一边的 36 个管脚在内部是属于同一个块(BANK)的，整个芯片内部有四个 I/O BANK。这种 I/O 分块的机制可以使同一个块内的管脚具有相同的特性，比如使用的时钟或电源是相同的，支持同样的 I/O 标准等。而处于不同块的管脚可以使用不同电压值的电源或不同频率的时钟，也可以支持不同的 I/O 标准。因此同一片 FPGA 芯片就可以通过配置不同块里的管脚来连接不同 I/O 标准的外部设备。

EP1C6 器件的外部管脚主要包括专用功能管脚和通用 I/O 管脚。专用功能管脚主要有电源、地端、时钟、配置和 JTAG 管脚等，其功能固定，而通用 I/O 管脚可以由用户进行设计和使用。

表 8.1 中列出了 EP1C6 每个管脚所处的块(B1～B4)、管脚名称、管脚功能和可选功能以及管脚号等信息。以 1 号和 2 号管脚为例，它们都位于 BANK1(B1)中，可以作为通用输入/输出管脚(IO)单独使用，也可以作为低电压差分信号第 14 对的“正”输入(LDVS14p)和“负”输入(LDVS14n)。当用于差分信号输入时，1 号管脚一定要跟 2 号管脚配对，而不能跟其他的管脚进行配对。在 FPGA 芯片进行配置时，1 号和 2 号管脚的功能分别是 INIT_DONE 和 CRC_ERROR。如果 BANK1 要外接符合 SSTL(Stub Series Terminated Logic)标准的 DDR 存储器，1 号和 2 号管脚的参考电源都是 VREF0B1。若 BANK1 接了外部存

储器,则这个块中的其他 I/O 端最好不要再用做其他用途。

表 8.1 Cyclone EP1C6 器件的管脚描述

块号	VREF	管脚功能/名称	可选功能	配置时功能	管脚号
B1	VREF0B1	IO	LVDS14p	INIT_DOWN	1
B1	VREF0B1	IO	LVDS14n	CRC_ERROR	2
B1	VREF0B1	IO	LVDS13p	CLKUSR	3
B1	VREF0B1	IO	LVDS13n		4
B1	VREF0B1	IO	VREF0B1		5
B1	VREF0B1	IO			6
B1	VREF0B1	IO	LVDS12p		7
B1	VREF0B1	VCCIO1			8
B1	VREF0B1	GND			9
B1	VREF0B1	IO	DPCLK1		10
B1	VREF1B1	IO	VREF1B1		11
B1	VREF1B1	IO		nCSO	12
B1	VREF1B1	DATA0		DATA0	13
B1	VREF1B1	nCONFIG		nCONFIG	14
—	VREF1B1	VCCA_PLL1			15
B1	VREF1B1	CLK0	LVDSCLK1p		16
B1	VREF1B1	CLK1	LVDSCLK1n		17
—	VREF1B1	GNDA_PLL1			18
—	VREF1B1	GNDG_PLL1			19
B1	VREF1B1	nCEO		nCEO	20
B1	VREF1B1	nCE		nCE	21
B1	VREF1B1	MSEL0		MSEL0	22
B1	VREF1B1	MSEL1		MSEL1	23
B1	VREF1B1	DCLK		DCLK	24
B1	VREF1B1	IO		ASDO	25
B1	VREF1B1	IO	PLL1_OUTp		26
B1	VREF1B1	IO	PLL1_OUTn		27
B1	VREF2B1	IO	DPCLK0		28
B1	VREF2B1	VCCIO1			29
B1	VREF2B1	GND			30
B1	VREF2B1	IO	VREF2B1		31
B1	VREF2B1	IO			32
B1	VREF2B1	IO	LVDS1p		33

续表

块号	VREF	管脚功能/名称	可选功能	配置时功能	管脚号
B1	VREF2B1	IO	LVDS1n		34
B1	VREF2B1	IO	LVDS0p		35
B1	VREF2B1	IO	LVDS0n		36
B4	VREF2B4	IO	LVDS71p		37
B4	VREF2B4	IO	LVDS71n		38
B4	VREF2B4	IO	LVDS69p		39
B4	VREF2B4	IO	LVDS69n		40
B4	VREF2B4	IO	LVDS68p		41
B4	VREF2B4	IO	LVDS68n		42
B4	VREF2B4	GND			43
B4	VREF2B4	VCCIO4			44
—	VREF2B4	GND			45
—	VREF2B4	VCCINT			46
B4	VREF2B4	IO	DPCLK7		47
B4	VREF2B4	IO	VREF2B4		48
B4	VREF2B4	IO	LVDS67p		49
B4	VREF2B4	IO	LVDS63p		50
B4	VREF2B4	IO	LVDS63n		51
B4	VREF1B4	IO	LVDS62p		52
B4	VREF1B4	IO	LVDS62n		53
—	VREF1B4	GND			54
—	VREF1B4	VCCINT			55
B4	VREF1B4	IO	VREF1B4		56
B4	VREF1B4	IO	LVDS61p		57
B4	VREF1B4	IO	LVDS61n		58
B4	VREF1B4	IO	LVDS59n		59
B4	VREF0B4	IO			60
B4	VREF0B4	IO	VREF0B4		61
B4	VREF0B4	IO	DPCLK6		62
—	VREF0B4	GND			63
—	VREF0B4	VCCINT			64
B4	VREF0B4	GND			65
B4	VREF0B4	VCCIO4			66
B4	VREF0B4	IO	LVDS55p		67

续表

块号	VREF	管脚功能/名称	可选功能	配置时功能	管脚号
B4	VREF0B4	IO	LVDS55n		68
B4	VREF0B4	IO	LVDS54p		69
B4	VREF0B4	IO	LVDS54n		70
B4	VREF0B4	IO	LVDS52p		71
B4	VREF0B4	IO	LVDS52n		72
B3	VREF2B3	IO	LVDS51n		73
B3	VREF2B3	IO	LVDS51p		74
B3	VREF2B3	IO	LVDS50n		75
B3	VREF2B3	IO	LVDS50p		76
B3	VREF2B3	IO	LVDS49n		77
B3	VREF2B3	IO	LVDS49p		78
B3	VREF2B3	IO	VREF2B3		79
B3	VREF2B3	GND			80
B3	VREF2B3	VCCIO3			81
B3	VREF2B3	IO	DPCLK5		82
B3	VREF2B3	IO	LVDS48n		83
B3	VREF2B3	IO	LVDS48p		84
B3	VREF2B3	IO	LVDS47n		85
B3	VREF1B3	CONF_DOWN		CONF_DOWN	86
B3	VREF1B3	nSTATUS		nSTATUS	87
B3	VREF1B3	TCK		TCK	88
B3	VREF1B3	TMS		TMS	89
B3	VREF1B3	TDO		TDO	90
—	VREF1B3	GNDG_PLL2			91
B3	VREF1B3	CLK3	LVDSCLK2n		92
B3	VREF1B3	CLK2	LVDSCLK2p		93
—	VREF1B3	VCCA_PLL2			94
B3	VREF1B3	TDI		TDI	95
B3	VREF1B3	IO	VREF1B3		96
B3	VREF0B3	IO	LVDS39p		97
B3	VREF0B3	IO	LVDS38n		98
B3	VREF0B3	IO	LVDS38p		99

续表

块号	VREF	管脚功能/名称	可选功能	配置时功能	管脚号
B3	VREF0B3	IO	DPCLK4		100
B3	VREF0B3	GND			101
B3	VREF0B3	VCCIO3			102
B3	VREF0B3	IO			103
B3	VREF0B3	IO	VREF0B3		104
B3	VREF0B3	IO	LVDS36n		105
B3	VREF0B3	IO	LVDS36p		106
B3	VREF0B3	IO	LVDS35n		107
B3	VREF0B3	IO	LVDS35p		108
B2	VREF0B2	IO	LVDS34n		109
B2	VREF0B2	IO	LVDS34p		110
B2	VREF0B2	IO	LVDS32n		111
B2	VREF0B2	IO	LVDS32p		112
B2	VREF0B2	IO	LVDS31n		113
B2	VREF0B2	IO	LVDS31p		114
B2	VREF0B2	VCCIO2			115
B2	VREF0B2	GND			116
—	VREF0B2	VCCINT			117
—	VREF0B2	GND			118
B2	VREF0B2	IO	DPCLK3		119
B2	VREF0B2	IO	VREF0B2		120
B2	VREF0B2	IO			121
B2	VREF1B2	IO	LVDS27n		122
B2	VREF1B2	IO	LVDS25n		123
B2	VREF1B2	IO	LVDS25p		124
B2	VREF1B2	IO	VREF1B2		125
—	VREF1B2	VCCINT			126
—	VREF1B2	GND			127
B2	VREF1B2	IO	LVDS24n		128
B2	VREF1B2	IO	LVDS24p		129
B2	VREF2B2	IO	LVDS23n		130
B2	VREF2B2	IO	LVDS23p		131
B2	VREF2B2	IO	LVDS19p		132
B2	VREF2B2	IO	VREF2B2		133

续表

块号	VREF	管脚功能/名称	可选功能	配置时功能	管脚号
B2	VREF2B2	IO	DPCLK2		134
—	VREF2B2	VCCINT			135
—	VREF2B2	GND			136
B2	VREF2B2	VCCIO2			137
B2	VREF2B2	GND			138
B2	VREF2B2	IO	LVDS18n		139
B2	VREF2B2	IO	LVDS18p		140
B2	VREF2B2	IO	LVDS17n		141
B2	VREF2B2	IO	LVDS17p		142
B2	VREF2B2	IO	LVDS15n	DEV_OE	143
B2	VREF2B2	IO	LVDS15p	DEV_CLRn	144

8.2.2 FPGA 的电源

以 Cyclone 器件中的 EP1C6 为例，它的电源管脚有 VCCINT、VCCIO 和 VREF 三种。VCCINT 是内部操作和输入缓冲器的电源，BANK2 和 BANK4 各有三个；VCCIO 是 I/O 端口输出驱动的电源，每个 BANK 有两个（VCCIO1～VCCIO4 各两个）；VREF 是外接诸如 DDR 存储器时的参考电源，每个 BANK 有三个（VREF0Bx～VREF2Bx，x 取 1,2,3,4）。其中 VCCINT 和 VCCIO 是专用管脚，只能作为电源使用，而 VREF 在不连接外部存储器时，也可以作为通用 I/O 管脚使用。

Cyclone 系列 FPGA 的 VCCINT 必须接 1.5 V 电源。如果 VCCINT 接了 1.5 V 电源，那么输入的管脚可以兼容 1.5 V、1.8 V、2.5 V 和 3.3 V 的信号。VCCIO 可以根据输出的要求接 1.5 V、1.8 V、2.5 V 或 3.3 V 的电源，例如 VCCIO 管脚如果接到 1.5 V 的电源上，则输出电平就和电平是 1.5 V 的外接系统兼容。如果 VCCIO 管脚接到 3.3 V 的电源上，则输出高电平就是 3.3 V，可以和 3.3 V 或 5.0 V 电平的外接系统兼容。

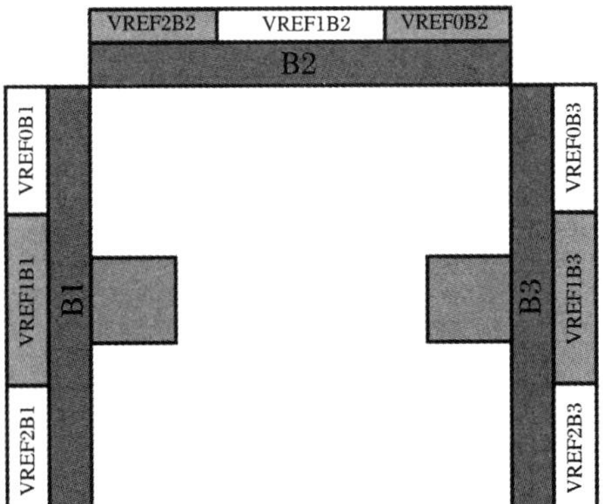

图 8.5 EP1C6 的参考电源区域图

当 Cyclone 器件连接外部存储器时，要满足 SSTL-2 或 SSTL-3 标准，此时要使用参考电源 VREF。当连接 SSTL-2 标准的存储器时，VCCIO 为 2.5 V，则 VREF 为 1.25 V；当连接 SSTL-3 标准的存储器时，VCCIO 为 3.3 V，则 VREF 为 1.5 V。图 8.5 给出了各块中的参考电源的使用区域。

由于 Cyclone 器件可以工作在多电压的环境中，因此它们可以兼容各种可能的供电顺序，也就是说 VCCIO 和 VCCINT 的供电先后顺序无关紧要。

Cyclone 器件在供电前后都可以接入信号，不会被损坏。在供电期间，Cyclone 器件不驱动外部信号。一旦器件运行条件达到且器件被配置了，那么就可以完成用户设定的功能。

8.2.3　FPGA 的时钟

Cyclone 器件内部有一个全局时钟网络和最多两个锁相环（PLL），可以有效地管理时钟。器件外部有四个专用的时钟管脚（CLK0～CLK3），两个位于 BANK1，两个位于 BANK3。另外，Cyclone 器件还有八个管脚是时钟复用管脚（DPCLK0～DPCLK7），可用于高扇出数的控制信号，如时钟、异步清零、预置和时钟使能等。不用于时钟管脚时，它们可当作通用 I/O 管脚来使用。

全局时钟网络包括八条全局时钟线，可以为整个器件内部 IOE、LE 和存储器模块等资源提供时钟信号，也可以作为控制信号使用，比如时钟使能、同步或异步清零等。内部逻辑也可以驱动全局时钟网络，产生全局时钟、异步清零、时钟使能和其他需要大扇出数的控制信号。图 8.6 给出了全局时钟产生的结构图。

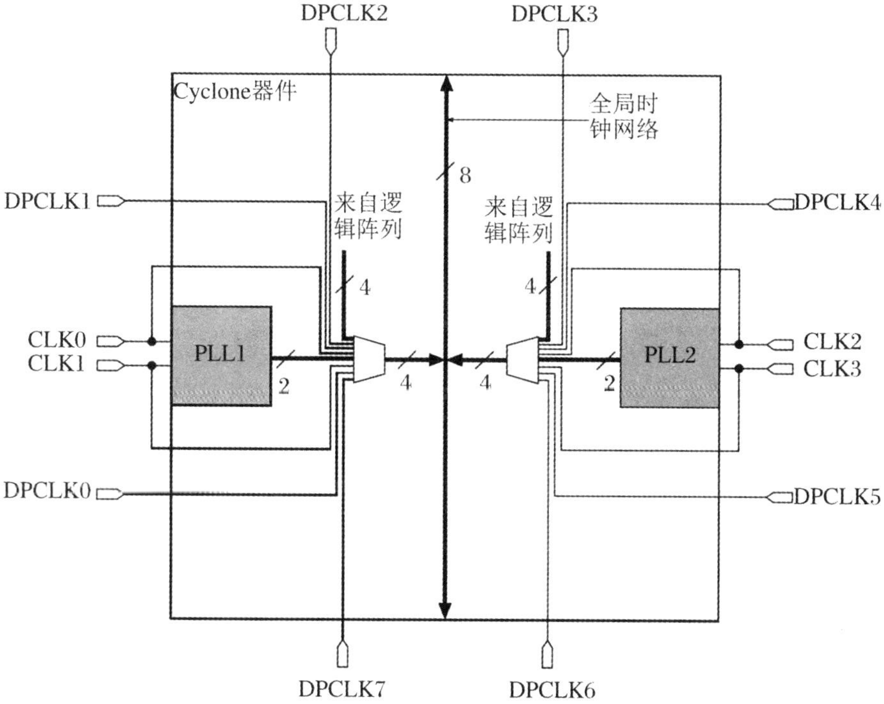

图 8.6　全局时钟产生结构图

Cyclone 器件内部的 PLL 提供时钟倍乘、移相和支持差分 I/O 等功能。倍乘就是 PLL 可以进行时钟频率合成，采用的合成系数是 $m/(n\times$后分频因子$)$。其中 n 是预分频系数，m 是反馈系数，控制环路驱动 VCO，把频率匹配到 $f_{IN}\times(m/n)$，如图 8.7 所示。每个频率输出端都有一个后分频计数器，把 VCO 输出的高频时钟分下来。如果 PLL 有多个时钟输出，而且每个时钟频率还不一样，那么 VCO 就被设置成多个输出频率在 VCO 频率规格范围内的最小公倍数。例如，如果一个 PLL 的输出时钟为 33 MHz 和 66 MHz，则 VCO 就被设置成 330 MHz(VCO 范围内的最小公倍数)。

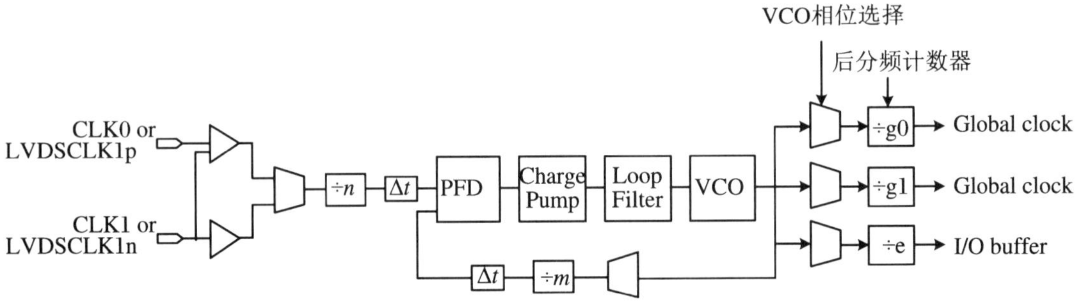

图 8.7　PLL 结构图

图 8.7 中,预分频系数 n 的取值范围是 1～32,反馈系数 m 的取值范围是 2～32,后分频系数 g0,g1 用于全局时钟,e 用于外部时钟,它们的取值范围都是 1～32。

PLL 还具有增强的可编程控制的时钟相移功能。工程师可以输入用角度或者时间表示的相位偏移值,对每个时钟输出端或者所有时钟输出端进行相移设置。相移分辨率为 VCO 周期的八分之一。另外时钟的占空比也可以通过程序来设置。

8.2.4　FPGA 的配置

Cyclone 器件内部的逻辑、电路和连接关系都是利用 CMOS SRAM 存储单元进行配置的。在系统上电时,对 FPGA 内部的配置存储器 SRAM 装载数据的物理过程叫做配置。配置过程完成之后,紧接着就是初始化,寄存器被复位,I/O 管脚被使能,FPGA 作为一个逻辑器件开始操作。配置和初始化叫做命令模式(command mode),器件的正常逻辑操作叫做用户模式(user mode)。

Cyclone 器件的配置有三种模式:主动串行(AS)、被动串行(PS)和 JTAG 模式。Cyclone 器件上有两个管脚 MSEL1 和 MSEL0,它们连接的电平决定了器件的配置模式,如表 8.2 所示。为了避免在检测配置模式时出现问题,MSEL 管脚必须连接到所在 BANK 的 VCCIO 或者 GND,并且不加上拉或下拉电阻。MSEL 管脚也不能由其他的处理器或器件来驱动。

JTAG 方式具有优先权,若采用 JTAG 模式,则 MSEL 的状态就被忽略掉。如果系统总是采用 JTAG 模式配置,那么 MSEL 也应该接到 GND,而不要浮空。

表 8.2　Cyclone 器件配置模式

配置模式	MSEL1	MSEL0	描　　述
主动串行(AS)	0	0	使用低成本的串行配置器件(EPCS1、EPCS4、EPCS16 或 EPCS64)
被动串行(PS)	0	1	使用增强型或 EPC2 配置器件,MasterBlaster 或 ByteBlasterMV 下载线,或串行数据源
JTAG 模式	0 或 1	0 或 1	使用 MasterBlaster 或 ByteBlasterMV 下载线,或有 Jam/JBC 文件的微处理器

表 8.3 给出了 Cyclone 器件配置管脚和 JTAG 管脚的功能。从表中可以看出,不同的配置模式需要连接的信号线有所不同。

表 8.3　Cyclone 器件配置管脚和 JTAG 管脚

管脚名称	功　能	说　明
CONF_DONE	双向(开漏)	专用配置状态管脚,不能用做用户定义的 I/O 管脚
nSTATUS	双向(开漏)	专用配置状态管脚,不能用做用户定义的 I/O 管脚
nCONFIG	输入	专用配置控制输入。该信号变低则复位目标器件,低到高的跳变启动配置。当 nCONFIG 为低时,所有 I/O 管脚处于高阻态
DCLK	输入(PS 模式),输出(AS 模式)	专用配置管脚。在被动串行配置模式,DCLK 是一个输入时钟,用于从外部数据源把配置数据传入 Cyclone 器件的时钟;在主动串行配置模式,DCLK 是一个从 Cyclone 器件输出的时钟(Cyclone 器件作为主机)
DATA0	输入	专用的配置数据输入管脚
nCE	输入	专用芯片使能信号,低电平有效。用来检测在一系列的器件中,哪一个是当前有效的。当 nCE 为低时,器件被使能;当 nCE 为高时,器件被禁止
nCEO	输出	当器件配置完成时,该管脚被驱动到低电平。在多个器件的配置过程中,前一个器件的 nCEO 管脚给后一个器件提供 nCE 信号
ASDO	I/O、输出	该管脚在主动串行配置模式中使用,是从 Cyclone 器件输出的有效串行数据。Cyclone 器件控制配置过程,并且把地址和控制信息输出到 ASDO 上。在被动串行配置模式时,该管脚作为用户可使用的 I/O 管脚
nCSO	I/O、输出	该管脚是片选输出,可以使能/禁止一个串行配置过程,在主动串行配置模式使用。Cyclone 器件控制配置过程,通过把 nCSO 驱动为低来启动串行配置。在被动串行配置模式,该管脚作为用户可使用的 I/O 管脚
CRC_ERROR	I/O、输出	该管脚是高电平有效,表示检错电路已经检测到配置 SRAM 比特中的错误。这个管脚是否使用是可选的,并且是在 CRC 检错电路启动时使用
INIT_DONE	I/O、输出(开漏)	该管脚是一个复用管脚,如果作为 INIT_DONE 来使用,就表示 Cyclone 器件已经进入用户模式;如果没有作为 INIT_DONE 来使用,也可以作为用户使用的 I/O 管脚。在配置完成以后,该管脚可以作为用户使用的 I/O 管脚
CLKUSR	I/O、输入	可选择的用户提供的时钟输入管脚,对一个或多个器件进行初始化的同步。配置完成以后,该管脚可以作为用户使用的 I/O 管脚

续表

管脚名称	功　　能	说　　　　明
DEV_CLRn	I/O、输入	这是一个复用管脚，可以覆盖所有器件的寄存器的清零端。当该管脚被驱动为低电平时，所有寄存器都被清零；当该管脚被驱动为高电平时，所有寄存器按定义方式工作
DEV_OE	I/O、输入	这是一个复用管脚，可以覆盖所有器件的三态。当该管脚被驱动为低电平时，所有 I/O 管脚都是三态的；当该管脚被驱动为高电平时，所有 I/O 管脚按定义方式工作
MSEL[1…0]	输入	专用模式选择控制管脚，可以设置器件的配置模式
TMS	输入	专用 JTAG 输入管脚
TDI	输入	专用 JTAG 输入管脚
TCK	输入	专用 JTAG 输入管脚
TDO	输出	专用 JTAG 输出管脚

8.2.4.1 主动串行模式

在主动串行模式下，Cyclone 器件作为主机，在上电或重新配置时，要从一个串行配置器件中读取配置数据。我们以 Altera 的串行配置器件 EPCS1 为例，来说明 Cyclone 器件的主动串行配置模式。

EPCS1 就是 FLASH 存储器，它有串行接口，可以存储配置数据，在 FPGA 上电或者重新配置时，其内部数据可以被装载到 FPGA 里。EPCS1 的容量是 1 MB，其外部管脚如图 8.8 所示，各管脚功能如表 8.4 所示。

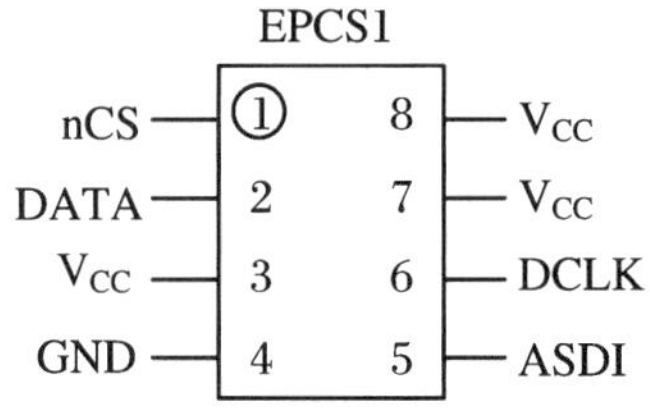

图 8.8　EPCS1 外部管脚图

表 8.4　EPCS1 管脚功能

管脚名称	标号	说　　　　明
nCS	1	输入信号，低电平有效的片选信号。当该信号为高电平时，EPCS1 没有被选中，DATA 线是高阻态。当该信号为低电平时，启动器件，使器件进入主动模式。上电之后，在串行器件进行操作之前，需要给 nCS 一个下跳沿
DATA	2	在读/配置过程中，DATA 管脚将串行数据从配置器件输出，送给 FPGA。DATA 数据的转变是在 DCLK 的下降沿进行的
V_{CC}	3,7,8	电源，接至 3.3 V
GND	4	接地端
ASDI	5	输入管脚，将串行数据送入配置器件中
DCLK	6	输入时钟，由 FPGA 提供。该信号提供串行接口的时序。ASDI 上的数据在 DCLK 的上升沿被锁存进配置器件，DATA 上的数据在 DCLK 的下降沿修改，并且在 DCLK 的上升沿锁存到 FPGA 里

图 8.9 给出主动模式下的 EPCS1 配置器件与 Cyclone 器件的连接图。EPCS1 配置器件的四个管脚 DATA、DCLK、ASDI 和 nCS 直接与 FPGA 的 DATA0、DCLK、ASDO 和 nCSO 相连。其中图 8.9(a)的 EPCS1 是由下载电缆进行烧写的，所以加了一个连接电缆的插座；图 8.9(b)的 EPCS1 是由 Altera 编程器（APU）或第三方编程器烧写的，用户不必再烧写，因此只显示了与 FPGA 的连接。

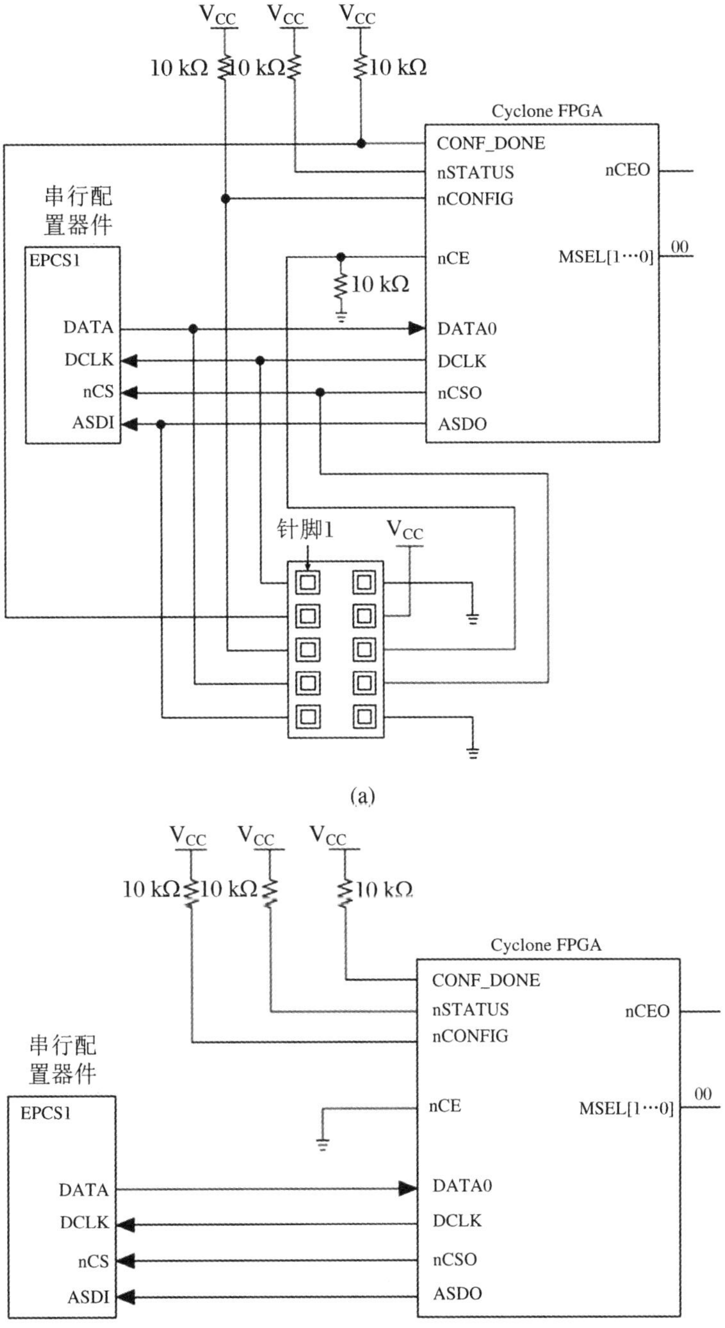

图 8.9　主动模式下 EPCS1 与 FPGA 的连接图

图 8.9 中的 V_{CC} 均为 3.3 V，EPCS1 只能用单块芯片，不能级联起来使用。另外管脚 MSEL1 和 MSEL0 必须要接到低电平，即“00”才是主动模式。

在主动模式下，Cyclone 的 FPGA 器件作为主机给 EPCS1 提供 DCLK 时钟。FPGA 器件通过 nCSO 管脚把 nCS 拉到低电平，以此来启动串行配置器件 EPCS1。接着，FPGA 通过 ASDO 管脚发送指令和地址给 EPCS1，EPCS1 响应指令，在 DCLK 的下降沿把配置数据发送到 FPGA 的 DATA0 管脚，这些数据在 DCLK 的上升沿被锁存到 FPGA 内部。

在主动配置过程中，FPGA 控制 nSTATUS 和 CONF_DONE 管脚。如果 CONF_DONE 管脚在配制结束时没有变为高电平或者该信号过早地变成了高电平，则 FPGA 将使 nSTATUS 管脚变低以重新开始配置。一旦配置成功完成，FPGA 释放 CONF_DONE 管脚，则 CONF_DONE 管脚被外部 10 kΩ 的电阻拉到高电平上。CONF_DONE 管脚变为高电平以后，FPGA 的初始化就开始了，并经过 136 个时钟周期完成。初始化之后，FPGA 就进入用户模式。

串行配置器件只能用单块芯片，不能级联起来使用，因此在对多片 FPGA 芯片进行配置时，要注意配置文件的大小是否超出配置器件的容量。图 8.10 给出了主动模式下对多个 Cyclone FPGA 配置的硬件连接图，此时级联的所有器件必须都是 Cyclone 系列器件。

在图 8.10 中，第一片 FPGA 是主动模式，其 MSEL1 和 MSEL0 为“00”，即接到低电平，后续的 FPGA 必须是被动模式，其 MSEL1 和 MSEL0 为“01”。前一级的 FPGA 的配置输出使能信号（nCEO）连接到后一级 FPGA 的配置使能信号（nCE）。

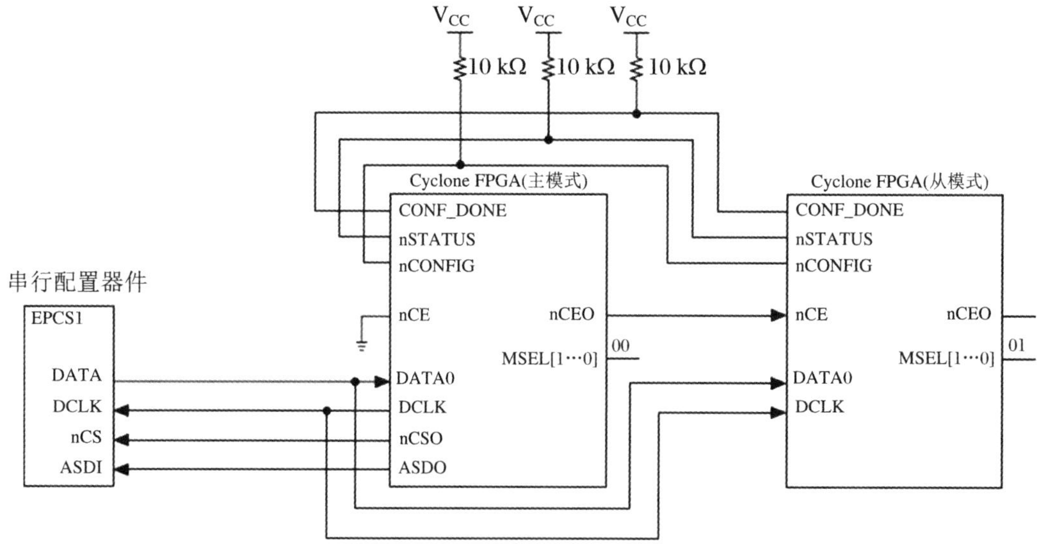

图 8.10 主动模式下 EPCS1 对多片 FPGA 的配置连接图

8.2.4.2 被动串行模式

在被动串行模式下，配置过程是由一个外部串行配置器件、嵌入式处理器或 PC 机来控制的。配置数据在 DCLK 上升沿通过 DATA0 管脚送到 FPGA 内部。图 8.11 给出了在外部主机控制下的被动配置连接图。

在图 8.11 中，外部主机从存储器中读取配置数据，并送至 FPGA 的 DATA0 管脚。如果 FPGA 的 nCEO 管脚不用，可以不连接或作为用户 I/O 管脚使用。

FPGA 的配置过程包括复位、配置和初始化。FPGA 器件在上电时复位，nSTATUS 保持为低电平，所有用户 I/O 管脚变为高阻态。开始配置时，外部主机必须要将 FPGA 的 nCONFIG 管脚从低电平转为高电平。一旦 nCONFIG 管脚为高电平，FPGA 器件就跳出复位状态，释放 nSTATUS 管脚，随即 nSTATUS 管脚被外部的上拉电阻拉到高电平。nSTATUS 管脚被释放以后，FPGA 器件就准备接收配置数据。

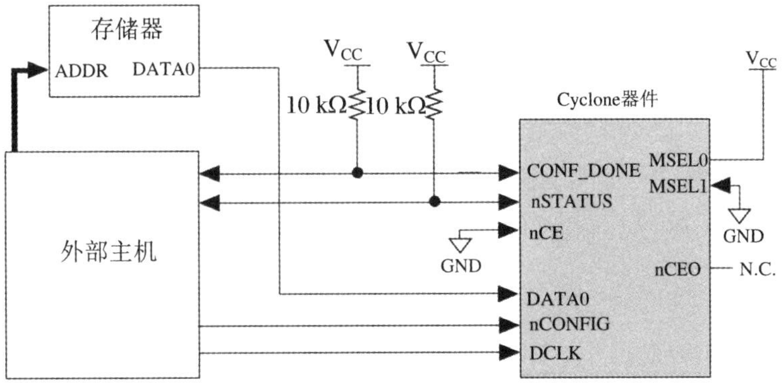

图 8.11　被动模式下外部主机对 FPGA 的配置连接图

配置数据连续地在 DCLK 上升沿锁存到 FPGA 中，直到 FPGA 接收到所有的配置数据，释放掉 CONF_DONE 管脚，CONF_DONE 管脚被上拉电阻拉到高电平为止。CONF_DONE 管脚上的低电平到高电平的转换表示配置过程的结束和初始化的开始。

初始化所需时钟可以来自器件内部的振荡器或者外部可选的 CLKUSR 管脚。内部振荡器是默认设置，若采用内部振荡器，则可以保证有足够的时钟进行初始化。

当初始化完成以后，FPGA 进入用户模式，用户 I/O 管脚不再有上拉电阻，其功能就是用户设置的功能。

图 8.12 给出了多片 FPGA 采用被动串行配置的连接图。第一片 FPGA 的 nCE 接地，前一片 FPGA 的 nCEO 接后一片 FPGA 的 nCE，最后一片的 nCEO 可以不连接。当前一片 FPGA 配置完成以后，它的 nCEO 管脚变为低电平，使后一片 FPGA 的 nCE 有效，启动后一片 FPGA 的配置。

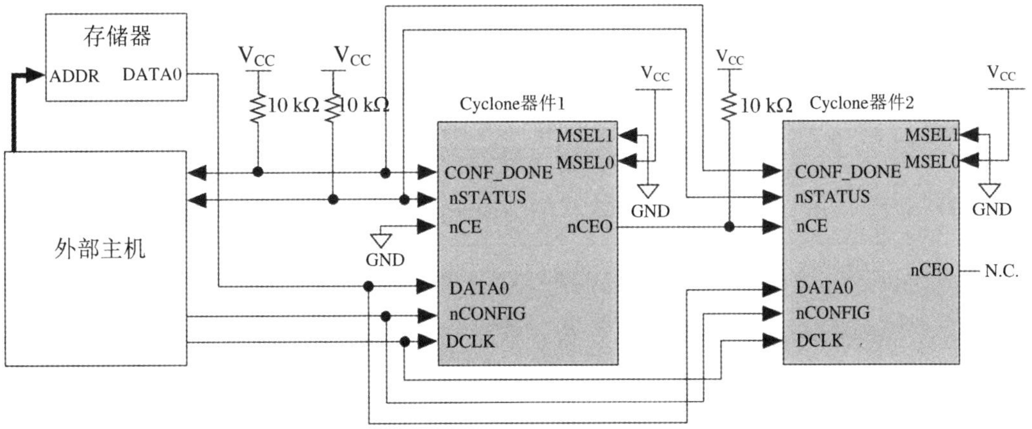

图 8.12　被动模式下外部主机对多片 FPGA 的配置连接图

8.2.4.3 JTAG 模式

联合测试行动组(Joint Test Action Group,JTAG)制定了一套用于边界扫描测试(Boundary-Scan Test,BST)的规范,即 IEEE Std. 1149.1-1990 规范,可以对超大规模集成电路进行测试,也可以对引线间隔致密的 PCB 进行测试。

1. JTAG 工作原理

遵守 BST 规范的芯片内部结构如图 8.13 所示,在芯片边界上为每一个管脚设置了边界扫描单元,另外还有控制边界扫描单元工作模式的测试访问端口(TAP)控制器及指令寄存器等。用于 JTAG 边界扫描控制的外部管脚有五个,其中 TDI,TDO,TMS,TCK 四个管脚为主要管脚,还有一个可选管脚 TRST,它们的功能说明见表 8.5。这些管脚合在一起称为 JTAG 接口,通过 JTAG 接口可以对内部核心信号、输入/输出管脚和专用管脚进行扫描检测。

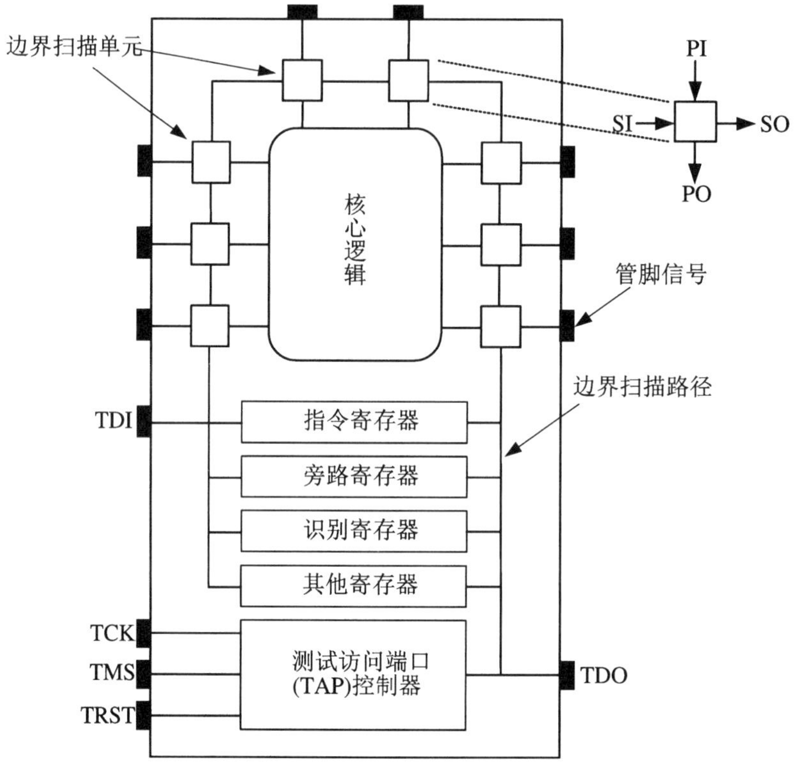

图 8.13 带 BST 功能的芯片结构示意图

表 8.5 JTAG 管脚功能

管脚名称	管脚类型	说明
TDI	测试数据输入	指令或编程数据的串行输入管脚。数据在 TCK 的上升沿输入。如果不需要 JTAG 接口,该管脚接 Vcc 就可以禁止 JTAG 电路

续表

管脚名称	管脚类型	说　　明
TDO	测试数据输出	指令或编程数据的串行输出管脚。数据在 TCK 的下降沿输出。如果数据不从器件输出，该管脚为高阻态。如果不需要 JTAG 接口，该管脚悬空就可以禁止 JTAG 电路
TMS	测试模式选择	提供控制信号以确定 TAP 控制器状态机的转换。状态机内部的转换出现在 TCK 的上升沿之前，因此 TMS 必须要在 TCK 的上升沿之前建立。如果不需要 JTAG 接口，该管脚接 Vcc 就可以禁止 JTAG 电路
TCK	测试时钟	BST 电路的输入时钟。有些操作在该时钟的上升沿执行，有些操作在下降沿执行。如果不需要 JTAG 接口，该管脚接 GND 就可以禁止 JTAG 电路
TRST	测试复位	可以对 TAP 控制器的状态机进行重置

在图 8.13 中可以看到边界扫描单元将 JTAG 检测电路与核心逻辑电路联系起来，同时又隔离了核心逻辑电路和芯片管脚。所有边界扫描单元合在一起构成边界扫描寄存器（Boundary Scan Register，BSR）。BSR 仅在进行 JTAG 测试时有效，在集成电路正常工作时无效，不影响集成电路功能。

每个边界扫描单元有四个数据端，PI 为并行输入端，PO 为并行输出端，SI 为串行输入端，SO 为串行输出端。边界扫描单元有四种工作模式，分别为正常模式、捕获模式、更新模式和串行扫描模式。正常模式下，这些边界扫描单元是“透明”的，数据从 PI 端直接传递到 PO 端，仿佛边界扫描单元不存在；捕获模式下，边界扫描单元捕获 PI 端的数据，存入自身内部；更新模式下，边界扫描单元更新 PO 端的数据，将自身内部数据输出至 PO 端；串行扫描模式下，一个边界扫描单元的 SO 端输出的数据串行移位到相邻的下一个边界扫描单元的 SI 端，形成一条串行扫描路径。串行扫描数据由 TDI 管脚串行输入芯片，由 TDO 管脚串行移出芯片。

与边界扫描相关的寄存器包括一个指令寄存器和几个数据寄存器。指令寄存器存放当前指令。TAP 控制器根据指令寄存器里的内容来处理接收到的数据。数据寄存器主要有三个：边界扫描寄存器（Boundary Scan Register，BSR）、旁路寄存器（Bypass Register，BR）和识别寄存器（Identification Register，IR）。BSR 是主要的测试数据寄存器，它的作用是把数据从器件 I/O 管脚移入和移出；BR 是一个把数据从 TDI 直接传到 TDO 的单位寄存器，可以用来测试电路中的其他器件；IR 含有器件的识别码和版本序号，含有器件边界扫描配置的详细情况。扫描电路还可以有其他数据寄存器，但不是必需的。

测试访问端口（TAP）控制器是一个被 TMS 信号控制的状态机，它控制着 JTAG 系统的行为。TMS 信号是在 TCK 时钟上被采样的，因为 TMS 可以取 0 和 1 两种值，所以状态机所有的状态都有两个跳转路径。状态的转换使得信息从数据寄存器或指令寄存器中读取，也可以对数据寄存器或指令寄存器进行设定。

2. JTAG 在线编程

JTAG 接口最初用来对芯片进行测试、检查芯片是否有问题，现在 JTAG 接口还常用于

FLASH 存储器、处理器、FPGA 等器件的在线编程，大大提高了设计效率。Cyclone 器件的 JTAG 配置模式就是通过 JTAG 接口将配置数据传送到 FPGA 中的。

Quartus Prime 软件可以自动生成 JTAG 配置的 SOF 文件，并且可以通过 Quartus Prime 软件中的编程器用下载电缆进行配置。

JTAG 配置模式具有优先权。一旦使用了 JTAG 配置模式，就会忽略掉其他配置模式。JTAG 配置模式使用 JTAG 接口的四根信号线 TDI、TDO、TMS 和 TCK。TCK 管脚有内部的弱下拉电阻，其他三个管脚有内部的弱上拉电阻。在 JTAG 配置过程中，所有的 I/O 管脚都是高阻态。

在 JTAG 模式中，可以使用 USB-Blaster、MasterBlaster、ByteBlaster Ⅱ 或 ByteBlasterMV 下载电缆把数据送到器件中。图 8.14 给出了 JTAG 模式下对单片 FPGA 的配置连接图。

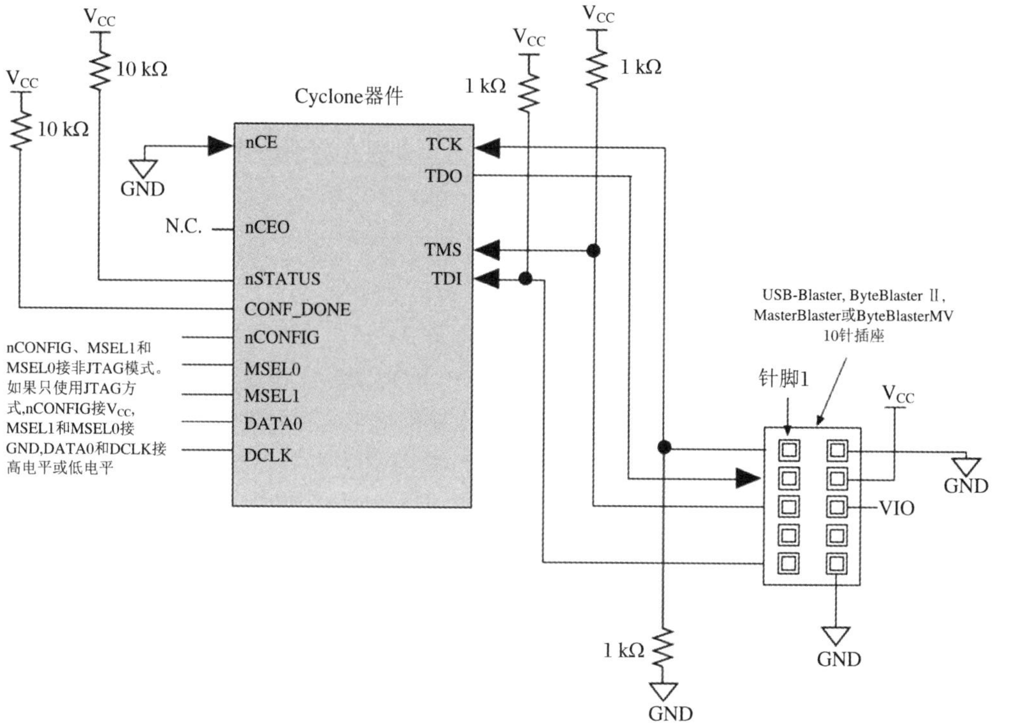

图 8.14　JTAG 模式下对单片 FPGA 的配置连接图

在图 8.14 中，上拉电阻要跟 USB-Blaster、MasterBlaster、ByteBlaster Ⅱ 或 ByteBlasterMV 下载电缆接到相同的电源上。插座上的 VIO 是 MasterBlaster 输出驱动器的参考电压，必须要跟器件的 VCCIO 匹配。用 ByteBlasterMV 下载电缆时，该管脚不连接；用 USB-Blaster 和 ByteBlaster Ⅱ 下载电缆时，该管脚在主动模式下连接 nCE，其他情况下不连接。器件的 nCE 必须接 GND 或驱动到低电平。

图 8.15 是 JTAG 模式对多片 FPGA 进行配置的连接图，其中每片 FPGA 的配置管脚连接方式同图 8.14，只是多片 FPGA 时，前一片 FPGA 的 TDO 与后一片 FPGA 的 TDI 相连。如果要对 JTAG 链中的一个器件进行配置，编程软件可以把其他器件都设置为 BYPASS 模式。处于 BYPASS 模式的器件只是用旁路寄存器把从 TDI 管脚来的数据传到

TDO 管脚，而不做任何处理，这样就方便软件改变要配置的目标器件。

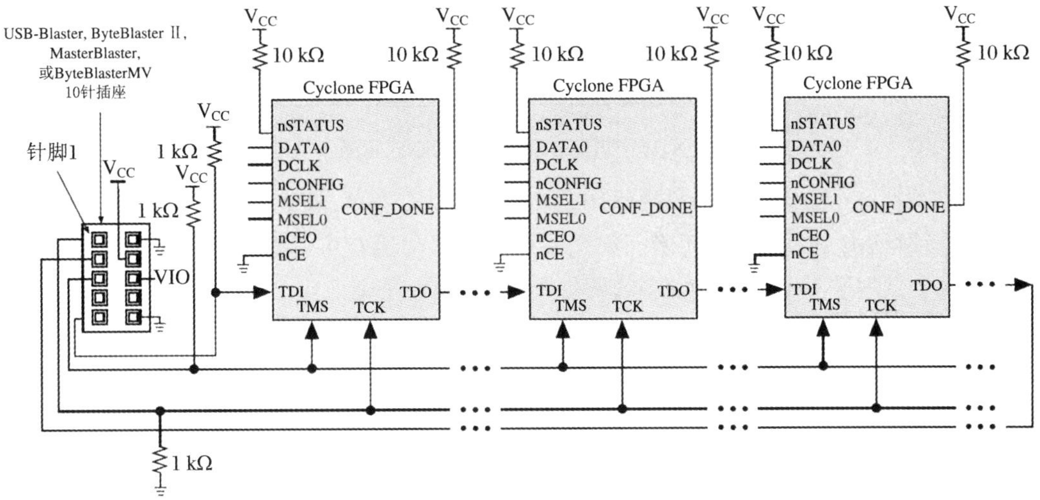

图 8.15　JTAG 模式下对多片 FPGA 的配置连接图

在配置结束时，软件通过 JTAG 接口检测 CONF_DONE 管脚。如果 CONF_DONE 管脚不是高电平，Quartus Prime 软件提示配置失败；如果 CONF_DONE 管脚转变为高电平，则 Quartus Prime 软件提示配置成功。当配置的比特流通过 TDI 口发送给 FPGA 器件之后，TCK 还会保持一定数量的时钟以完成 FPGA 的初始化。

8.3　FPGA 外围电路设计

FPGA 最小系统设计完成以后，FPGA 芯片就可以正常工作了。如果要构建以 FPGA 为核心的应用系统，还要进行外围电路的设计。外围电路主要包括输入通道、输出通道、人机通道及相互通道等，具体选用哪一种或哪几种通道要根据不同的应用目标来确定。

8.3.1　输入通道设计

在一些应用系统中，对被控对象状态的测试及对控制条件的监测是不可缺少的环节，被测信号是通过输入通道进入系统电路的。因为 FPGA 采用硬件实现功能，具有响应速度快的优势，所以常常作为系统的前端电路，完成输入信号的获取工作。

被测对象的原始信息获取是由传感器完成的，不同的传感器输出的信号类型、数量、大小等都不相同。对于模拟量信号，传感器输出一般是小信号，因此应将信号电压放大到能满足 A/D 转换要求的电压，经数据采集以后接入 FPGA 系统。对于频率信号和开关信号，能满足 TTL 电平要求时可直接接入 FPGA 系统。这里我们主要描述如图 8.16 所示的输入通道。

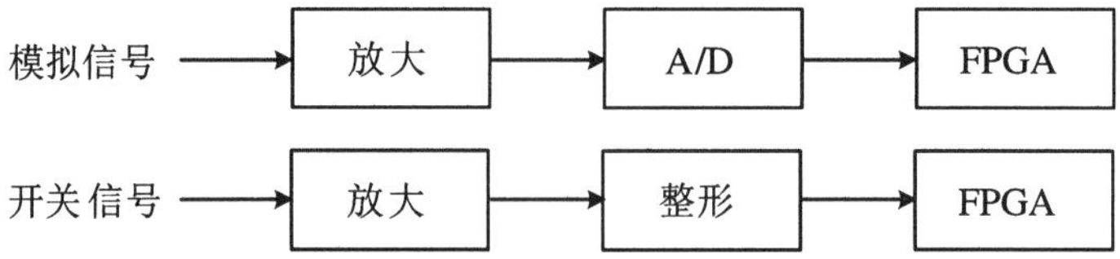

图 8.16　FPGA 系统电路的输入通道

图 8.16 是单个输入信号的通道结构,对于多个输入信号,可采用一个采集通道结构或多个采集通道结构,如图 8.17 所示。采用一个数据采集通道可以节约硬件资源,但速度较慢;采用多个数据采集通道占用较多的硬件资源,但速度较快。

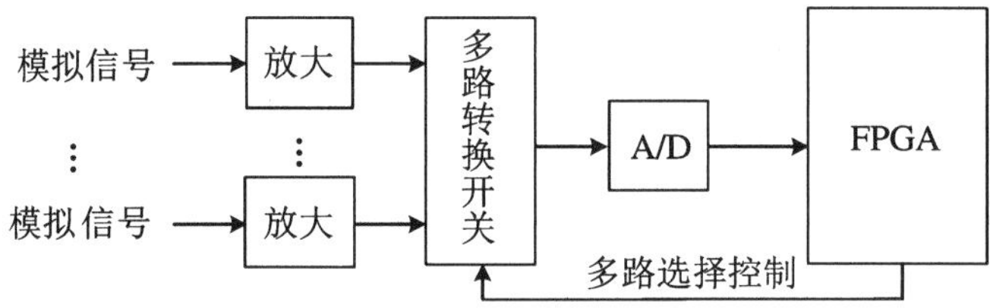

(a) 单个采集通道

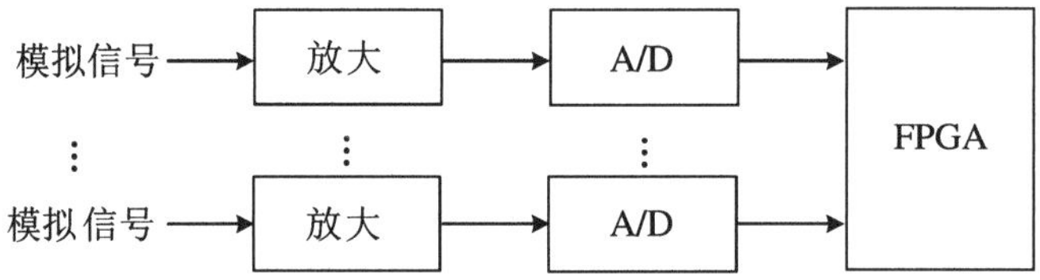

(b) 多个采集通道

图 8.17　多路模拟电压信号采集通道

输入通道是一个应用系统的信号采集通道,包含从信号的产生、变换到输入 FPGA 芯片等一系列过程。因此,在输入通道的设计中必须考虑信号的获取、调节、A/D 转换以及抗干扰等诸多方面的问题。

8.3.1.1　信号的获取和调节

输入通道中,首先要将外界非电参量,如压力、温度、速度、流量、位移等物理量转换成电信号量,这些转换环节可以通过敏感元件、传感器或测量仪表来实现。

通过敏感元件拾取被测信号时,敏感元件能将被测的物理量变换成电压、电流或 R,L,C 参量的变化。对于 R,L,C 参量型敏感元件,要设计相应的转换电路,使这类参量变换成电流或电压量。这种方式多被专业测量人士采用。

通过传感器拾取被测信号时,传感器的输出信号可以是模拟信号,也可以是频率信号,输出模拟信号可以是电压,也可以是电流。对于模拟电压信号,经放大后最大可达 +5 V、+10 V或 ±5 V 等符合 A/D 转换要求的信号范围,并由 A/D 转换器变换成数字量输入应用系统。

近年来传感器的发展趋势之一就是研制大信号输出的集成传感器,将信号放大、调节电路与敏感元件集成于一体。采用这种传感器可大大简化输入通道的结构。

信号调节的任务是将传感器或敏感元件输出的电信号转换成能满足数字电路接口或

A/D 输入要求的标准电平信号，主要是小信号放大、信号滤波以及对频率量、开关量的放大整形等。

8.3.1.2　抗干扰措施

输入通道与被测对象紧靠在现场中，而且传感器输出的是小信号，因此输入通道容易被外界干扰。在设计时必须充分考虑到干扰的抑制与隔离。

电源隔离可以采用 DC/DC 变换器实现。DC/DC 变换器的输入回路与输出回路是隔离的，可以切断系统电源与输入通道电源的干扰。

模拟通道隔离可以通过隔离放大器实现。信号调节电路中采用隔离放大器作为小信号放大器，可以防止现场干扰源通过传感器电源进入输入通道。

数字通道隔离可以通过光电耦合器实现。光电耦合器一般放在输入通道的数字通道中，紧靠核心芯片的输入端。

8.3.1.3　A/D 转换器

大多数的应用场合都采用 A/D 转换器将外界输入的模拟信号转换成数字信号，然后进行数字信号处理。因为 FPGA 采用硬件结构实现功能，速度比较快，因此在应用系统设计中，A/D 转换器往往是和系统中的 FPGA 芯片连接在一起的，实现高速采样。

A/D 转换器主要有并行比较型、逐次逼近型和双积分型等几种典型结构。并行比较型 A/D 转换器的转换速度最快，转换时间可以达到几十纳秒，但高分辨率的并行转换器价格昂贵，通常用的是低分辨率的转换器。逐次逼近型 A/D 转换器是目前种类最多、数量最大、应用最广泛的 A/D 转换器，具有较快的转换速度，转换时间可达几微秒，价格适中，可用于大多数应用场景。双积分型 A/D 转换器的转换时间较长，一般要达到 40～50 ms，但精度可以做得比较高，对交流干扰有很强的抑制作用。

我们以 Cyclone 器件 EP1C6 为例，说明 FPGA 与 A/D 转换器的连接设计，这里采用了串行 A/D 转换器 TLC549。

TLC549 是一种 8 位逐次逼近式 A/D 转换器，输入是模拟信号，输出是三态数字信号，适合与微处理器或其他串行数字设备连接。TLC549 的外部管脚图和内部结构图如图 8.18 和图 8.19 所示。TLC549 的控制信号主要是 I/O CLOCK 和片选$\overline{CS}$，外部时钟频率最高为 1.1 MHz。V_{CC}电源电压范围是 3～6 V，输入模拟信号范围是 0～V_{CC}。

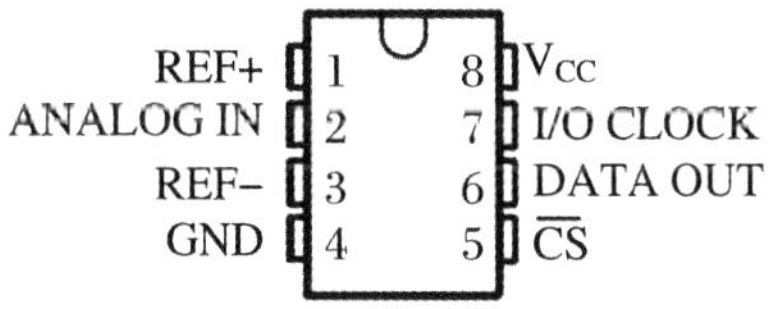

图 8.18　TLC549 外部管脚图(俯视图)

TLC549 有一个片内的系统时钟，时钟频率为 4 MHz。这个片内的时钟可以使片内系统的操作独立于串行输入/输出时序，以适应更多的应用需求。TLC549 每秒可以完成 40000 次的转换。

TLC549 片内有独立的采样保持电路，可以自动或在控制器的控制下进行采样。另外还有差分参考电源，更有利于逐次转换、标定和隔离电源噪声。图 8.20 给出了 TLC549 的工作时序图。

图 8.21 是 TLC549 的连接电路图，它的时钟 CLOCK、片选$\overline{CS}$和数据输出 D_OUT 分别连接到 EP1C6 FPGA 的 27,28 和 11 管脚上，相对应的连线名称为 AD_CLK、AD_CS 和

AD_OUT。

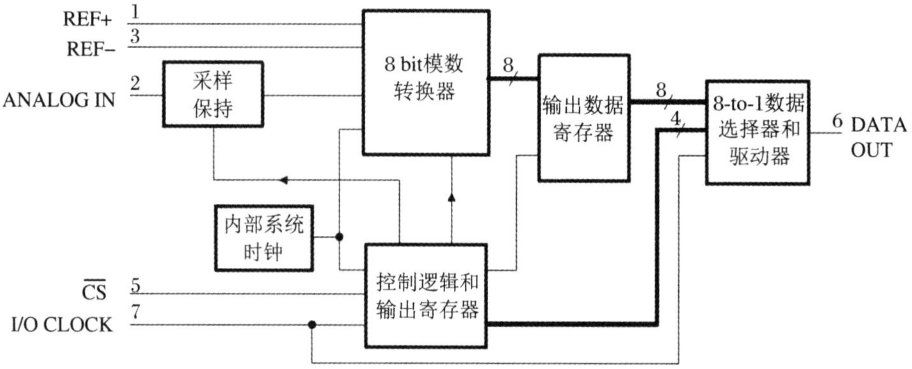

图 8.19 TLC549 内部结构图

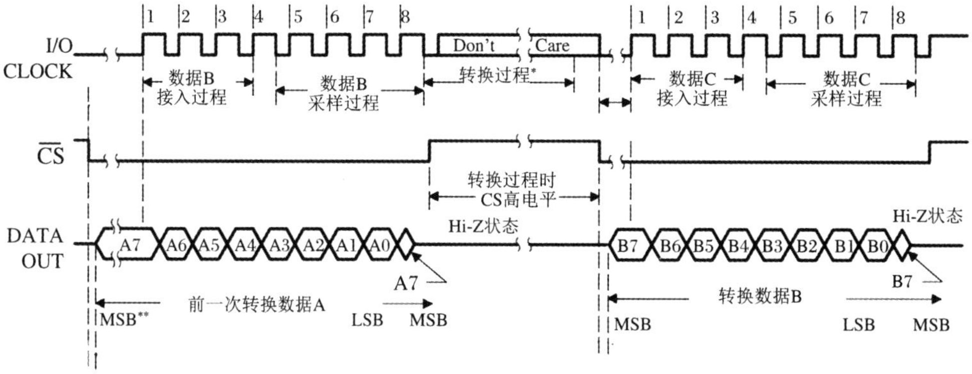

* 转换周期需要36个内部时钟(最大17 μs)。在CS变低之后的第8个I/O时钟的下降沿启动转换周期。

** 在CS变低以后，最高有效位A7自动出现在数据输出线上，后面的A6~A0在其后的7个I/O时钟的下降沿输出。B7~B0也以同样的方式输出。

图 8.20 TLC549 工作时序图

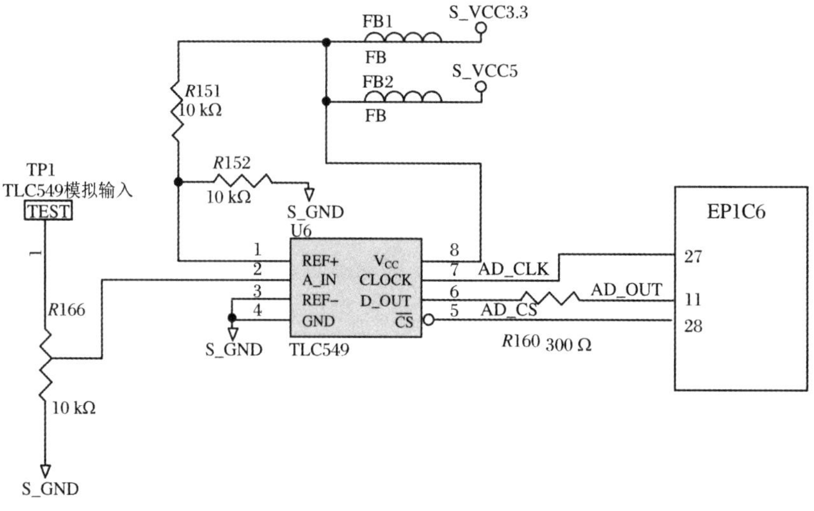

图 8.21 TLC549 与 FPGA 的连接

按照图 8.21 的连接关系，在 FPGA 中要设计一个 A/D 转换器的控制器，保证 AD_CLK、AD_CS 和 AD_OUT 上的信号满足图 8.20 的时序关系。以下给出一个 A/D 控制器的设计方案，模块框图如图 8.22 所示。其中 SYS_CLK 为 FPGA 可用时钟，假设为 1 MHz，FPGA 接收到一个字节数据以后，由 S_DATA 端口输出。

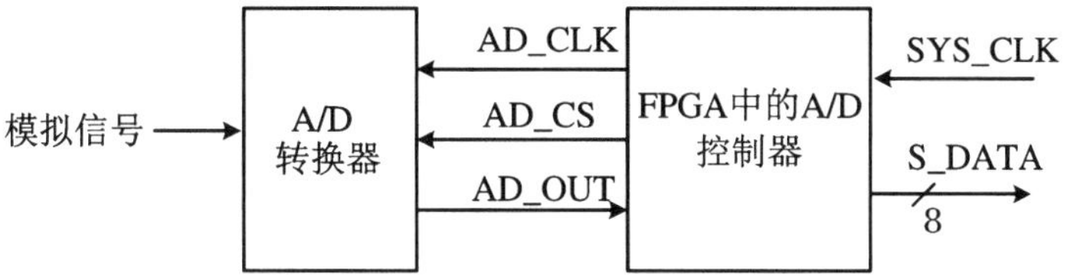

图 8.22　A/D 控制器模块示意图

A/D 控制器的设计思路是将 SYS_CLK 直接送到 AD_CLK 端口，因此 A/D 转换器的工作时钟是 1 MHz。用一个计数器进行 0～25 的循环计数，一个计数周期内完成 A/D 转换器的接入过程(4 个时钟周期)、采样过程(4 个时钟周期)和转换过程(17 个时钟周期，即 17 μs)，还留一个时钟周期产生 AD_CS 下降沿。Verilog 参考程序如下，仿真结果如图 8.23 所示。

```
module ADC_CTROLLER (SYS_CLK, AD_OUT, AD_CLK, AD_CS, S_DATA);
  input SYS_CLK, AD_OUT;
  output AD_CLK, AD_CS;
  output [7:0] S_DATA;
  reg AD_CS;
  reg [7:0] S_DATA;
  reg [4:0] cnt;
  reg [7:0] data_shift;
  assign AD_CLK = SYS_CLK;
//产生 0～25 的循环计数器
  always @(posedge SYS_CLK)
  begin
    if (cnt = = 5'b11001)  begin
      cnt <= 5'b00000; end
    else cnt <= cnt + 5'b00001;
  end
//产生片选信号
  always @(negedge SYS_CLK)
  begin
    if (cnt = = 5'b00000)  begin
      AD_CS <= 1'b0; end
    else if (cnt = = 5'b01000)  begin
      AD_CS <= 1'b1;
      S_DATA <= data_shift; end
```

```
    end
//读取 AD_OUT 线上的串行数据
    always @(posedge SYS_CLK)
    begin
      if (! AD_CS) begin
        data_shift[7:1] <= data_shift[6:0];
        data_shift[0] <= AD_OUT;
      end
      else data_shift <= data_shift;
    end
endmodule
```

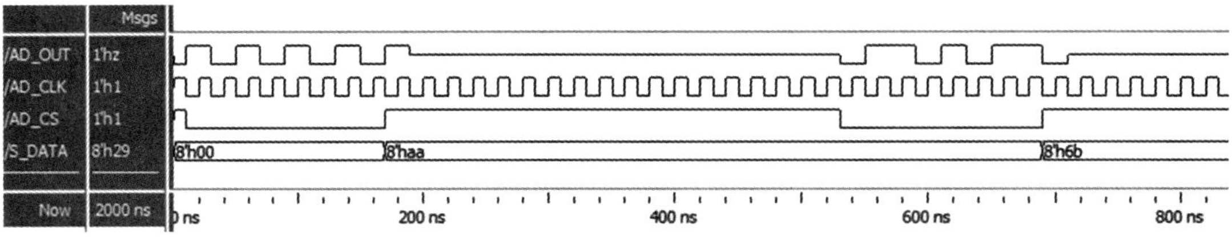

图 8.23 A/D 控制器的功能仿真结果

A/D 转换器的模拟输入信号有动态范围限制，但在某些应用中模拟输入信号可能会超过输入动态范围，例如双极性的交流信号，因此需要对输入的交流信号进行处理。可以采用图 8.24 所示的电压跟随器，在接入 A/D 转换器之前把模拟信号 V_{in} 的动态范围调整到 0～V_{CC} 之间。图中的跟随器总的输出电压为 $V_{OUT} = V_{in} + V_{直流}$。

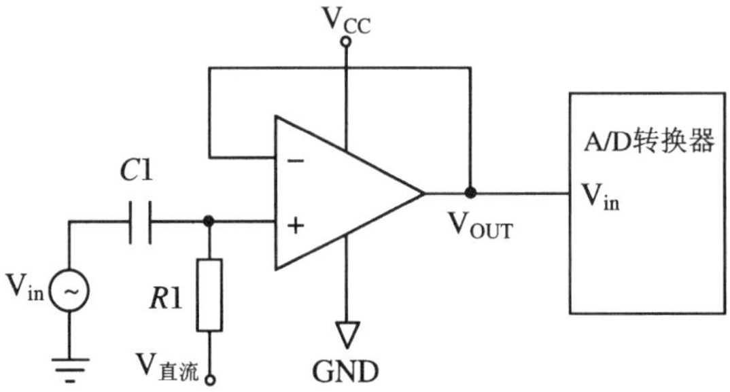

图 8.24 交流信号接入 A/D 转换器的方式

图 8.25 是热敏电阻信号采集和光敏电阻信号采集电路。因为外部传感器电路连接比较简单，只要将图 8.21 中的 A/D 转换器的输入端 A_IN 的输入电路替换掉就可以了。图中 R_T 表示热敏电阻，R_P 表示光敏电阻。

在 FPGA 系统的输入通道中，电流/电压转换电路、滤波电路和放大电路通常采用运算放大器和专用集成电路完成，可参考模拟电路等课程，此处不再赘述。

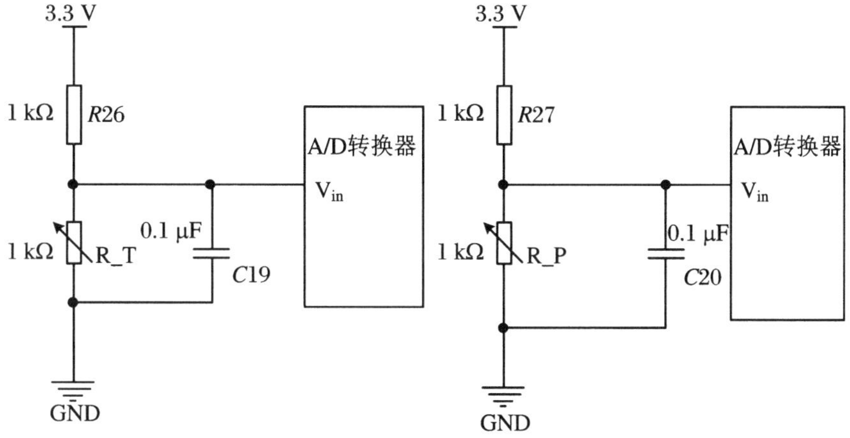

图 8.25 热敏电阻和光敏电阻信号采集电路

8.3.2 输出通道设计

在一些应用系统中，经过处理的信号要输出并对控制对象实施控制。因此，在这样的系统中要有输出通道。输出通道有三种典型结构，如图 8.26 所示。

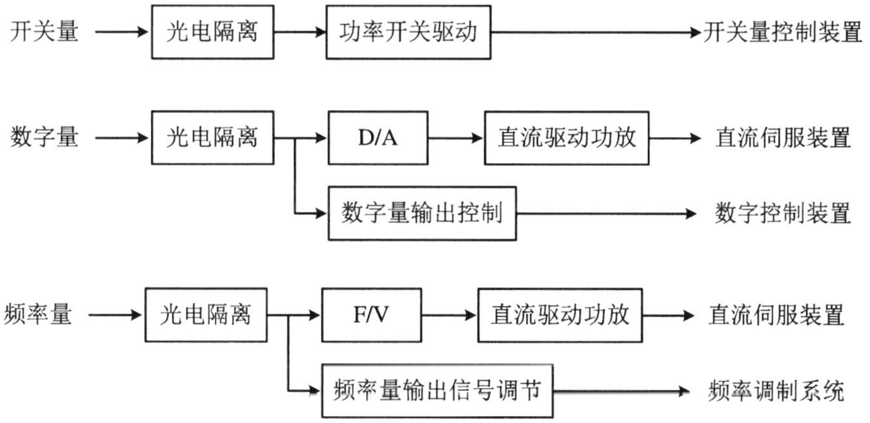

图 8.26 输出通道典型结构

控制器输出的数字信号通过 I/O 端口或数据总线传送给控制对象，这些数字信号主要有开关量、二进制数字量和频率量，可直接用于开关量控制装置、数字控制装置及频率调制系统。但对于一些模拟控制系统，则应通过数/模转换器把数字量转换成模拟控制信号。

在实际应用系统中，大量使用的是开关量的驱动、控制，而这些开关量是通过 FPGA 的 I/O 端口或者扩展 I/O 端口输出的，驱动能力有限，不足以驱动如继电器、步进电机、电磁开关等功率开关，因此需要一些大功率的开关接口电路。

常用的功率驱动器件有线驱动器（如 74LS245 等）、功率晶体管、功率场效应管、达林顿晶体管、闸流晶体管、机械继电器和固态继电器等，它们的驱动电路如图 8.27 所示。

应用系统中的直流伺服装置经常要用到线性功率驱动。FPGA 内部的控制器通过数/模转换器输出的模拟信号由线性功率驱动接口转换成伺服系统需要的功率输出。线性功率

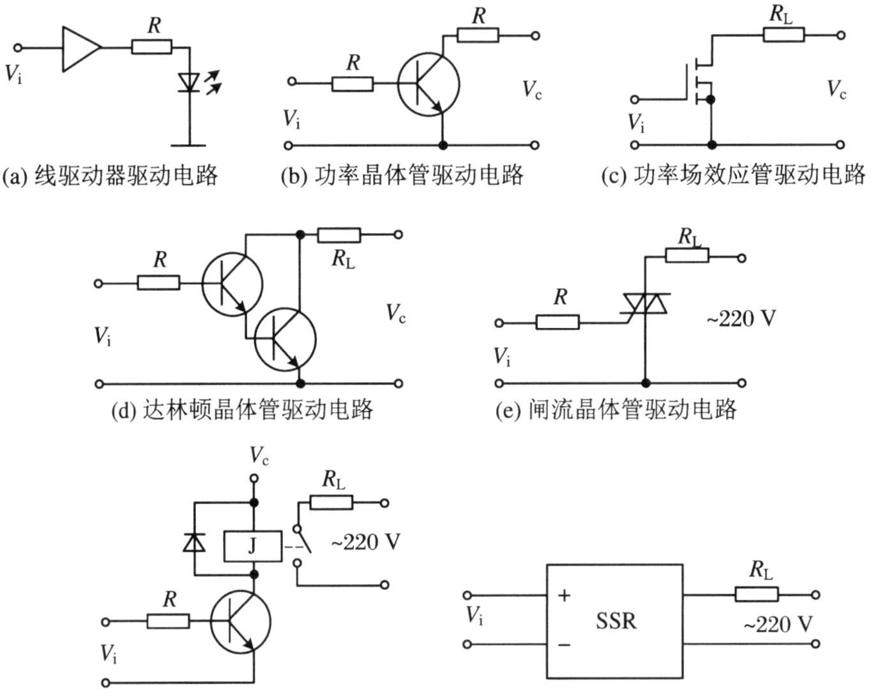

(a) 线驱动器驱动电路 (b) 功率晶体管驱动电路 (c) 功率场效应管驱动电路

(d) 达林顿晶体管驱动电路 (e) 闸流晶体管驱动电路

(f) 机械继电器驱动电路 (g) 固态继电器驱动电路

图 8.27 常用功率驱动电路

驱动接口一般可以由分立元件构成或直接采用集成功率放大器，后者可以大大简化电路，提高系统性能。

在 D/A 转换接口的设计中，需要考虑 D/A 转换器的输入方式、精度指标、转换时间及工作环境等。目前，D/A 转换芯片内部也集成了一些外围电路，使 D/A 转换器的结构、性能有了很大的提高，也方便了与控制器的连接。

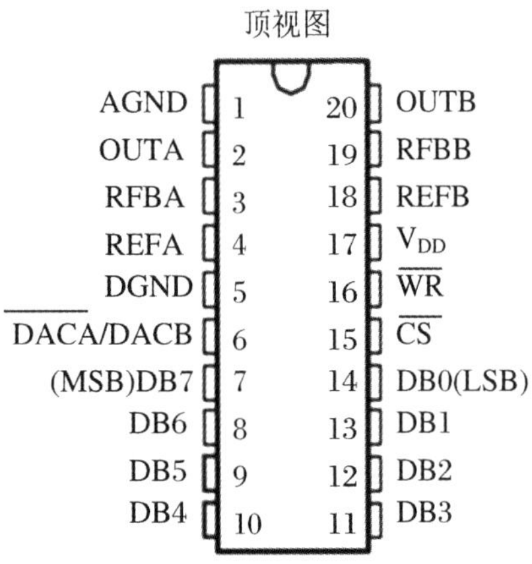

图 8.28 TLC7528 管脚图

我们以 Cyclone 器件 EP1C6 为例，说明 FPGA 输出通道中 D/A 转换电路和放大器电路设计，此处采用了并行 D/A 转换器 TLC7528 和运放 LM358。

TLC7528 是一种 8 位并行输入、双通道输出的 D/A 转换器，其外部管脚如图 8.28 所示，内部结构如图 8.29 所示。主要的控制信号是 $\overline{\text{DACA}}$/DACB、$\overline{\text{CS}}$ 和 $\overline{\text{WR}}$，当 $\overline{\text{CS}}$ 和 $\overline{\text{WR}}$ 有一个为高电平时，两路输出均处于保持状态。当 $\overline{\text{CS}}$ 和 $\overline{\text{WR}}$ 都为低电平时，若 $\overline{\text{DACA}}$/DACB 为低电平，则数据写入到锁存器 A；若 $\overline{\text{DACA}}$/DACB 为高电平，则数据写入到锁存器 B。该 D/A 转换器适合于微处理器等控制器连接，从数字量输入到模拟电流输出的传输延迟是 80 ns，电源电压为 5～15 V。

TLC7528 内部有两个独立的 D/A 转换器(DAC)，每一个 DAC 又包含一个 R-2R 电阻网络、模拟开关和输入数据锁存器。电阻网络的每一条支路都有独立的电流，这些支路电流可以通过开关添加到 DAC 的输出和模拟地 AGND 之间，形成模拟输出信号。多数应用场景中，TLC7528 添加一个外部运放和参考电源即可。图 8.30 是 TLC7528 的工作时序，其中 t_{su}是信号建立时间，t_h是信号保持时间，t_w 是写信号的有效时间，它们的最小值如表 8.6 所示。

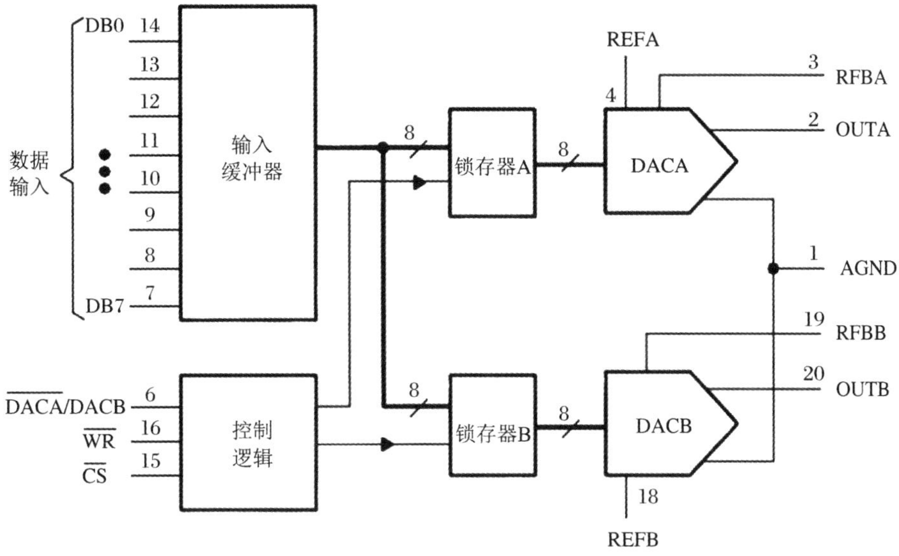

图 8.29　TLC7528 内部结构图

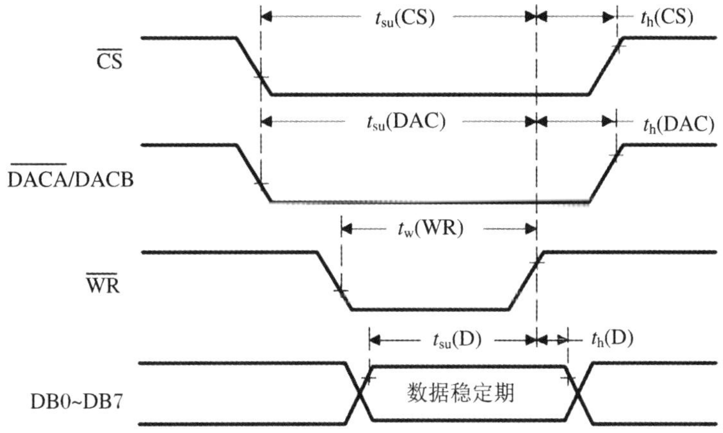

图 8.30　TLC7528 工作时序

表 8.6　TLC7528 时序参数最小值(单位:ns)

t_{su}(CS)	t_h(CS)	t_{su}(DAC)	t_h(DAC)	t_w(WR)	t_{su}(D)	t_h(D)
50	0	50	10	50	25	10

TLC7528 的输出可以组合成不同的应用电路，图 8.31 给出了单极性编码输出的电路连接方式。在这种电路连接方式下，当 DAC 的输入端的输入数字量为 00000000 时，输出的电压为(0/256) V_I，当 DAC 的输入数字量为 11111111 时，输出的电压为(255/256) V_I。

图 8.32 是 TLC7528 的电路连接图，它与 FPGA 的连接是数字部分的连接，包括 8 位数据线 DB0～DB7、控制线 $\overline{\text{DACA}}$/DACB、$\overline{\text{CS}}$和$\overline{\text{WR}}$。其输出信号接后端的增益调整和相位补偿电路，如图 8.33 所示，输出 DA_OUTA 和 DA_OUTB 在 PCB 上留了测试点。

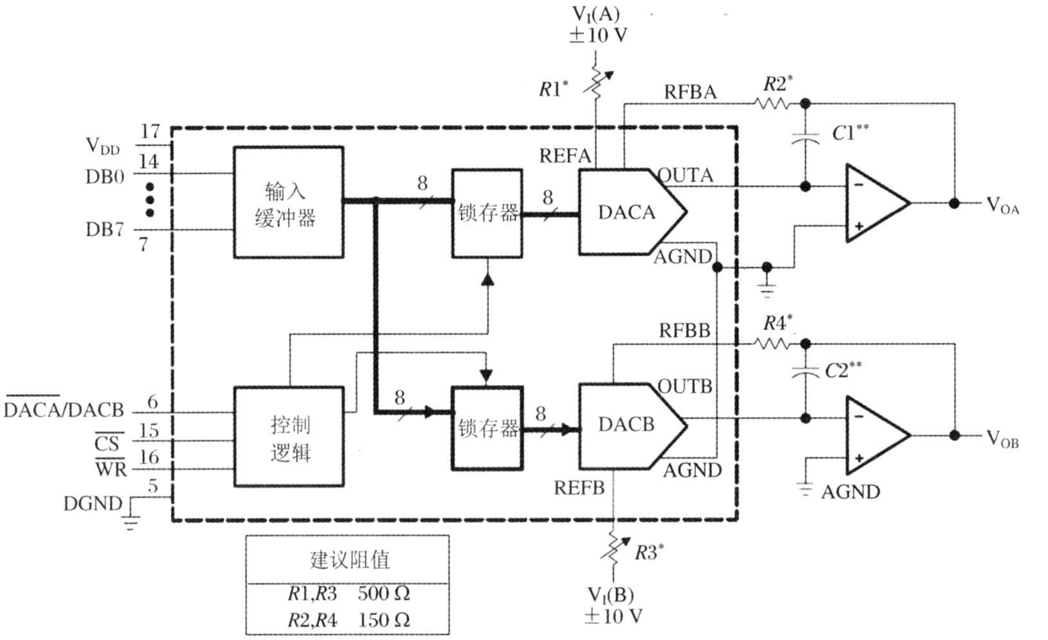

* 增益调整时才需要用到R1,R2,R3,R4,参见建议阻值。增益调整时输入数字量255。

** 使用高速运放时要使用相位补偿电容C1和C2(10~15 pF),以防止啸叫和振荡。

图 8.31 TLC7528 单极性输出连接图

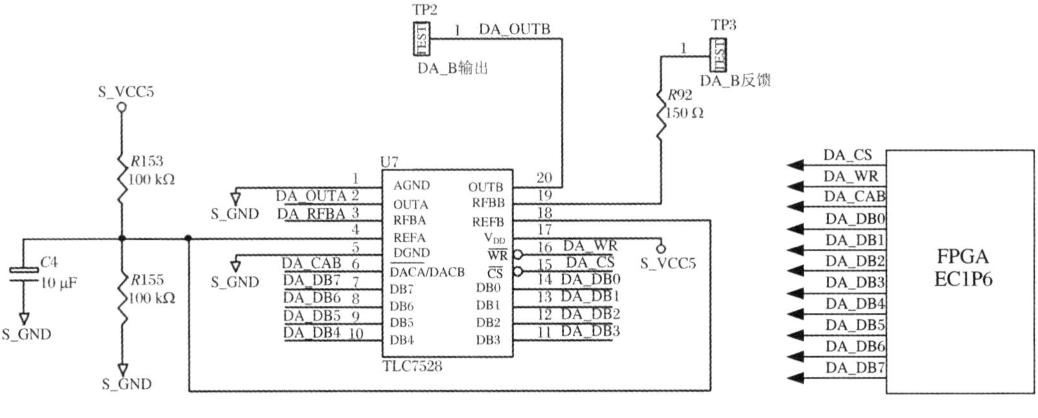

图 8.32 TLC7528 电路连接图

如果 FPGA 连接了外部的 D/A 转换器，则需要在 FPGA 内部设计一个 D/A 控制器，提供 D/A 转换器正常工作的控制信号和数字量。这里给出一个双通道转换的 D/A 控制器结构图，如图 8.34 所示。其中 SYS_CLK 是提供给 D/A 控制器的时钟，周期设定为 10 ns，DATA_OUT 传送的是 8 位数字量。双通道的情况下，DATA_OUT 交替输入通道 A 和通道 B 的数据，再由 D/A 控制器的输出端口 DA_DB 传递给 D/A 转换器。

D/A 控制器的设计思路是用一个计数器对 SYS_CLK 进行 0～11 的循环计数，前六个

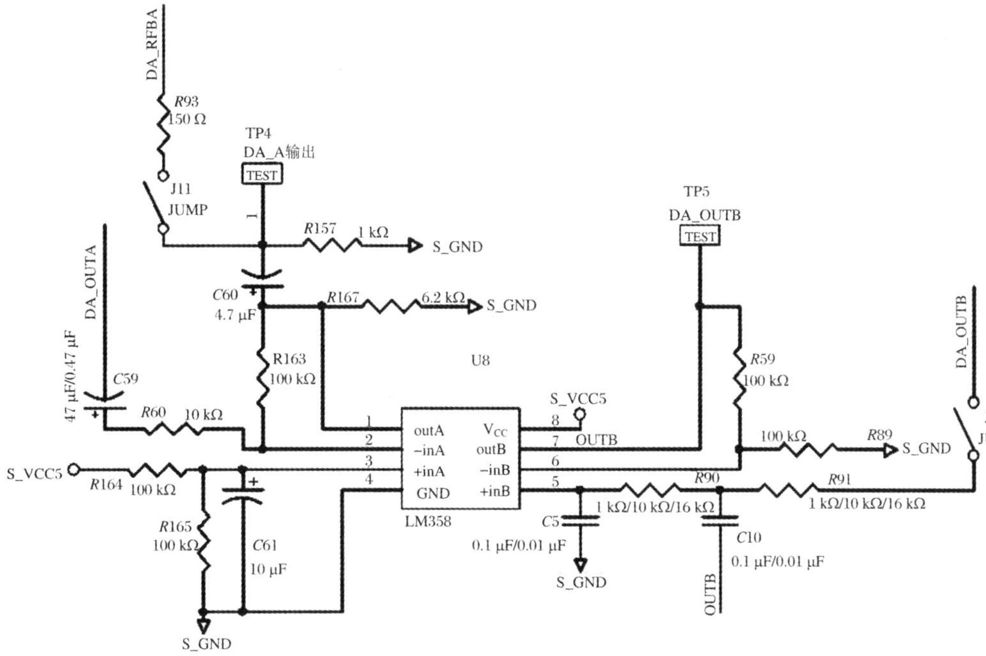

图 8.33　TLC7528 输出端的增益调整和相位补偿电路图

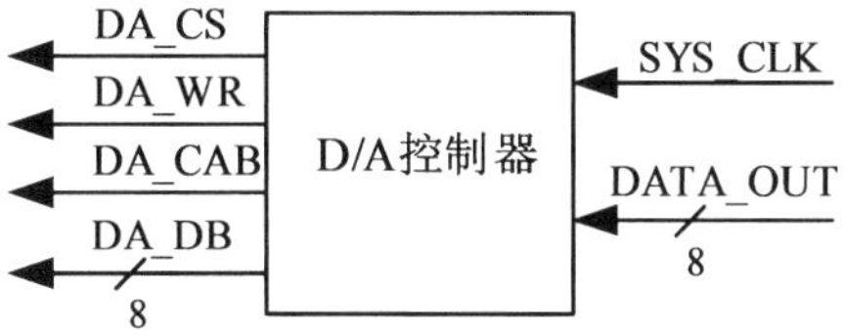

图 8.34　FPGA 中的 D/A 控制器框图

时钟周期给通道 A 送数据，后六个时钟周期给通道 B 送数据，交替进行。同时要满足图 8.30中的时序关系。该控制器的 Verilog 参考程序如下：

```
  module DAC_CTROL (SYS_CLK, DATA_OUT, DA_CS, DA_WR, DA_CAB, DA
_DB);
      input SYS_CLK;
      input [7:0] DATA_OUT;
      output DA_CS, DA_WR, DA_CAB;
      output [7:0] DA_DB;
      reg DA_CS, DA_WR, DA_CAB;
      reg [7:0] DA_DB;
      reg [3:0] cnt;
  //产生 0～11 的循环计数器
      always @(posedge SYS_CLK)
      begin
        if (cnt = = 4'b1011)  begin
```

```
      cnt <= 4'b0000；end
    else cnt <= cnt + 4'b0001；
  end
//产生片选信号、写信号和通道选择信号
  always @(negedge SYS_CLK)
  begin
    case (cnt)
      4'b1011：begin DA_CS <= 1'b0；DA_WR <= 1'b0；DA_CAB <= 1'b0；end
      4'b0100：begin DA_CS <= 1'b1；DA_WR <= 1'b1；end
      4'b0101：begin DA_CS <= 1'b0；DA_WR <= 1'b0；DA_CAB <= 1'b1；end
      4'b1010：begin DA_CS <= 1'b1；DA_WR <= 1'b1；end
      default：begin DA_CS <= DA_CS；
               DA_WR <= DA_WR；
               DA_CAB <= DA_CAB；end
    endcase
  end
//输出数字量
  always @(posedge SYS_CLK)
  begin
    case (cnt)
      4'b1011：begin DA_DB <= DATA_OUT；end
      4'b0101：begin DA_DB <= DATA_OUT；end
      default：begin DA_DB <= DA_DB；end
    endcase
  end
endmodule
```

D/A 控制器的功能仿真结果如图 8.35 所示。从图中可见，通道选择信号 DA_CAB 为低电平时选择通道 A，输出的数据是递增的锯齿波；DA_CAB 为高电平时选择通道 B，输出的数据是递减的锯齿波。DA_CS、DA_WR 低电平持续 50 ns，DA_CAB 高、低电平持续 60 ns，DA_DB 在 DA_WR 上升沿前后分别为 50 ns 和 10 ns，满足图 8.30 的时序要求。

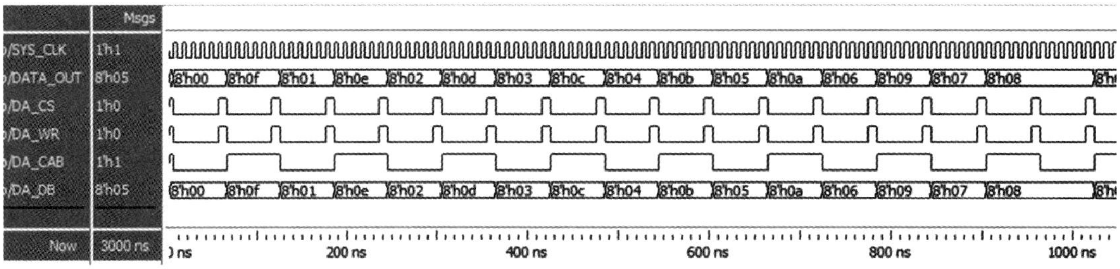

图 8.35　D/A 控制器功能仿真结果

8.3.3 人机通道设计

人机通道的作用是方便人对应用系统进行状态干预、数据输入，同时应用系统也要向人报告运行状态和运行结果。

在人机通道中，人对系统状态干预和数据输入所用的外部设备通常是接触式按键和键盘，另外还有遥控键盘、远程开关及语音控制接口等非接触式设备。系统报告运行状态和运行结果的设备有各种指示灯、LED/LCD显示器、打印机、蜂鸣器以及发展比较快的语音设备等。

8.3.3.1 按键和键盘的连接

在数字系统中，除了复位按键有专用的电路，其他的按键或键盘都是以开关状态来设置控制功能和输入数据的。按键和键盘与FPGA的典型连接方式如图8.36所示。

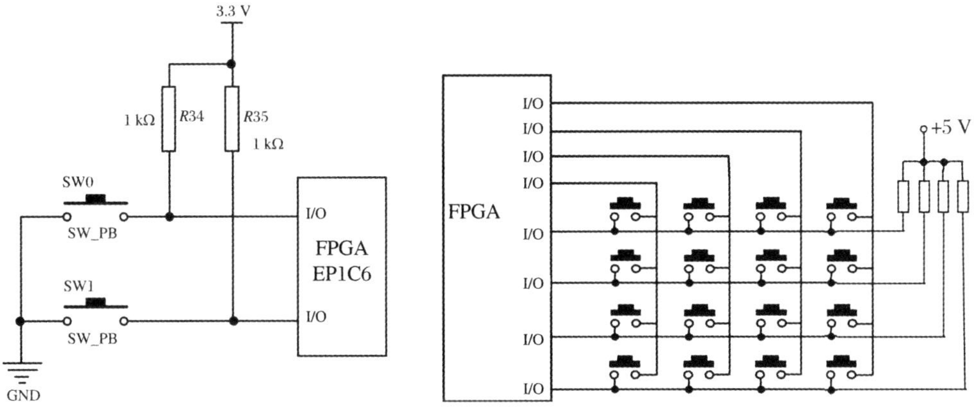

(a) 独立按键　(b) 矩阵键盘

图8.36　按键与键盘的连接

独立按键与FPGA的连接方式一般是一个按键单独连接一根I/O端口线，其状态不会影响其他I/O端口线的工作状态，如图8.36(a)所示。这种方式设置灵活，软件控制方便，但如果按键较多，就会占用比较多的I/O端口线。

矩阵键盘是把多个按键排成阵列，每一行按键共用一根I/O端口线，每一列按键也共用一根I/O端口线，如图8.36(b)所示。例如4×4键盘的连接一共需要8根I/O端口线，比独立按键的连接减少一半的端口线。

矩阵键盘中有无按键按下是由列线送入全扫描字、行线读入状态来判断的，例如给列线依次送入低电平，如果行线输入状态都为高电平，则无按键按下，否则说明有按键按下，所按下的按键位于送入低电平的列线与读到低电平的行线的交叉点上。详细过程参见6.3.3小节。

8.3.3.2 显示设备的连接

数字系统中主要使用的显示设备有发光二极管(LED)、液晶显示器(LCD)以及有机发光二极管显示屏(OLED)等。

1. 发光二极管

单个 LED 与一般的二极管工作原理相似,有一个阴极和一个阳极。当阳极电压高于阴极时,LED 导通,同时发光。当阴极电压高于阳极时,LED 截止,不发光。LED 的导通电压在 2.0 V 左右,导通时,发光强度随着流经 LED 的电流的大小而变化。

数码管是用 8 个发光二极管组合在一起的显示设备,可以通过不同 LED 灯的亮、灭组合显示字母或数字。图 8.37 示出了共阳极数码管的结构和外形。

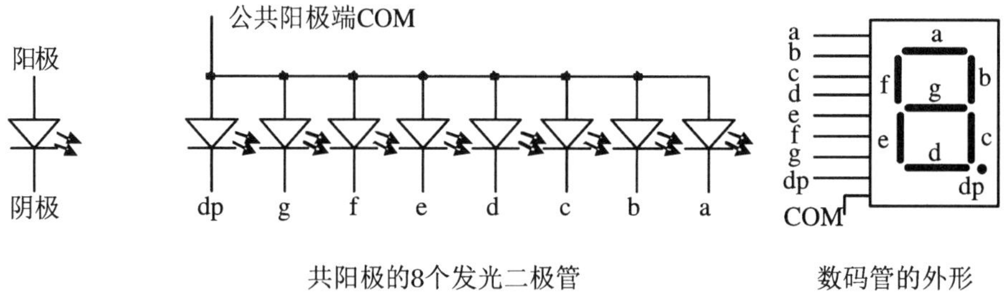

图 8.37 数码管的结构与外形

共阳极数码管的 8 个发光二极管的阳极连接在一起,形成公共端 COM,阴极是分开的,分别用 a,b,c,d,e,f,g,dp 来表示,其中 dp 用来显示小数点,a,b,c,d,e,f,g 用来控制其他 7 个灯的亮、灭,以此组成字母或数字,所以数码管又叫做七段数码管,每个发光二极管就是一个显示段。例如,当 a,b,c,d,e,f 都亮,而 g 不亮时,显示的数字就为 0。

LED 灯与 FPGA 的连接分为静态方式和动态扫描方式。静态方式就是一个 LED 灯占用一个端口,同一时刻可以显示不同灯的状态。这种方式占用的端口较多,但是能获得较高的显示亮度,FPGA 中的控制逻辑也比较简单。

动态扫描方式就是在不同的时刻送出不同 LED 灯的控制信号,轮流循环地控制各 LED 灯。只要扫描的频率足够高,利用人眼的残留效应就能得到稳定的显示状态。这种方式占用的外部 I/O 端口数量少,但控制逻辑复杂,占用 FPGA 内部的资源多一些。

图 8.38(a)示出了 FPGA 与 LED 灯的连接图,LED 灯的负端直接连接到 FPGA 的 I/O 端口,正端通过串联电阻连接到电源上。当 FPGA 的 I/O 端口输出低电平时,LED 灯加上正向电压,导通发光。

图 8.38(b)示出了采用动态扫描方式连接数码管的电路图。从图中可见,多个数码管的 a 端连接在一起,占用 FPGA 的一个 I/O 端口,多个 b 端也连接在一起,占用另一个 I/O 端口,c,d,e,f,g,dp 端接法相同,占用不同的 I/O 端口。但是每个数码管的公共阳极端 COM 都独立占据一个 I/O 端口。在进行数码管动态扫描显示时,FPGA 把要显示的字符编码信号同时送到两个数码管的阴极端,但是只有当 COM 端为高电平时,相应的数码管才能显示。七段数码管的详细设计过程参见 6.3.2 小节。

图 8.39 示出了 8×8LED 点阵的结构图,从图中可见,每一行的 8 个 LED 灯的阳极端连接在一起,每一列 LED 灯的阴极端连接在一起。限流电阻可以接在行方向或者列方向。如果第 1 列接低电平,第 1 行接高电平,则左上角的 LED 灯就被点亮。由多个 LED 灯的点亮状态就可以显示图形、汉字或字符。

FPGA 对 LED 点阵的控制可以采用多种电路连接形式,图 8.40 给出了一种连接方式,

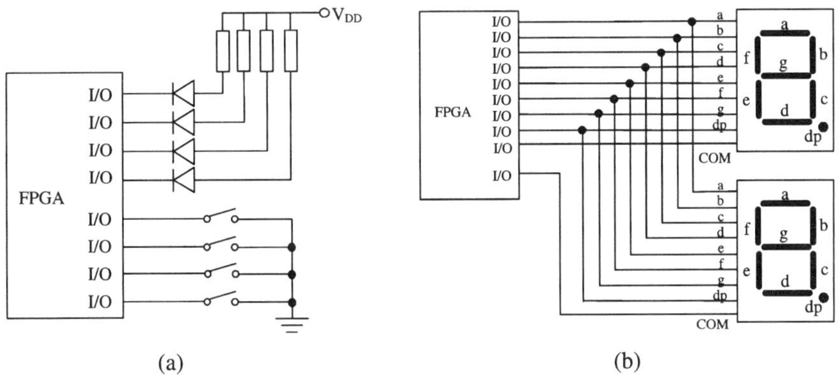

图 8.38　FPGA 与 LED 的连接图

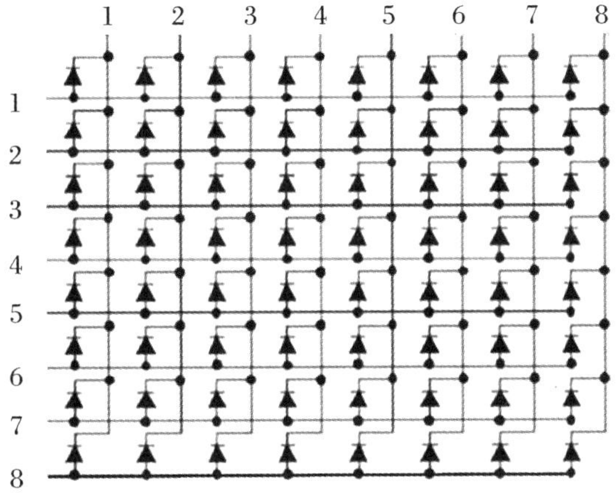

图 8.39　8×8LED 点阵的结构图

是将 LED 点阵的 8 条列线连接在 FPGA 的一组 I/O 管脚上，8 条行线通过限流电阻接在 FPGA 的另一组 I/O 管脚上。FPGA 内部逻辑按照设定向行和列两组 I/O 端口输出与内部字符对应的代码电平，送至 LED 点阵的行列线(高电平驱动)，从而选中相应的像素 LED 发光，并利用人眼的视觉残留效应显示整个字符。

图 8.40 中的 LED 点阵占用了 16 个 I/O 端口。如果 FPGA 没有那么多 I/O 端口可以使用，则可以采用少量 I/O 端口译码方式来驱动行、列信号。

2. 液晶显示器

LCD 显示器是一种将液晶显示器件、连接件、集成电路、PCB、背光源、结构件装配在一起的组件，有时也被称为"液晶显示模块"，具有功耗低、体积小、显示内容丰富、超薄轻巧等诸多优点，得到越来越广泛的应用。常用的 LCD 显示器主要有数显液晶屏、字符点阵液晶屏和图形点阵液晶屏三大类。

DM12864 图形点阵液晶屏可以显示汉字和图形，内置 8192 个中文汉字(16×16 点阵)、128 个字符(8×16 点阵)及 64×256 点阵显示 RAM(GDRAM)。该液晶屏的电源电压为 3.3～5 V，通过软件可设置光标显示、画面移位、自定义字符和睡眠模式等。DM12864 液晶模块的外部有 20 个管脚，各管脚的定义如表 8.7 所示。

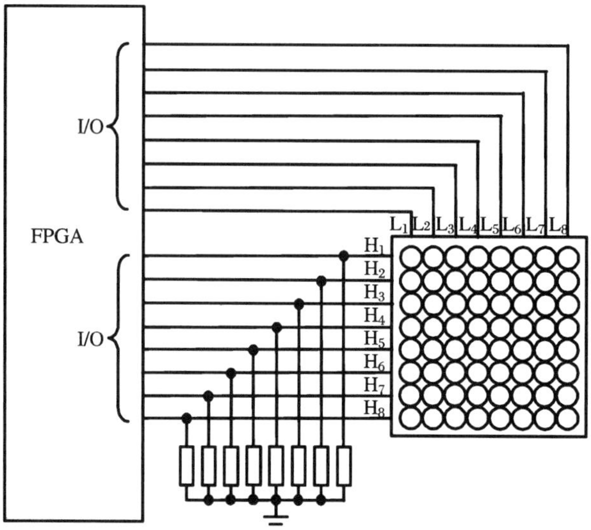

图 8.40 FPGA 与 8×8LED 点阵的连接图

表 8.7 12864 型液晶模块的管脚配置

管脚号	管脚名称	功　能　说　明
1	V_{SS}	电源地
2	V_{DD}	电源正端
3	V0	LCD 驱动电压输入端
4	RS(CS)	并行模式的数据/指令(H/L)选择信号;串行模式的片选信号
5	R/W(SID)	并行模式的读/写(H/L)选择信号;串行模式的数据线
6	E(CLK)	并行模式的使能信号;串行模式的同步时钟
7	DB0	数据线 0
8	DB1	数据线 1
9	DB2	数据线 2
10	DB3	数据线 3
11	DB4	数据线 4
12	DB5	数据线 5
13	DB6	数据线 6
14	DB7	数据线 7
15	PSB	并/串模式选择,H——并行模式,L——串行模式
16	NC	空脚
17	RST	复位管脚,低电平有效
18	NC	空脚
19	LED_A	背光源正极(LED+5 V)
20	LED_K	背光源负极(LED0V)

DM12864 液晶模块有两种工作方式：当 PSB 管脚接高电平时，液晶模块为并行工作方式，使用 DB0～DB7 数据线同时传送数据；当 PSB 管脚接低电平时，液晶模块为串行工作方式，SID 为数据线。并行方式下，通过控制信号 RS、R/W 的高、低电平组合共同决定四种控制模式，如表 8.8 所示，使能信号操作指令见表 8.9。

表 8.8　控制模式

RS	R/W	功　能　说　明
L	L	主机写指令到 LCD 指令暂存器(IR)
L	H	主机读出忙标志(BF)机地址计数器(AC)状态
H	L	主机写数据到数据暂存器(IR)
H	H	主机从数据暂存器(DR)中读出数据

表 8.9　使能信号操作指令

E 状态	执行操作	结　　果
H -> L	I/O 缓冲 -> DR	配合 R/W 的低电平写数据或写指令
H	DR -> I/O 缓冲	配合 R/W 的高电平读数据或读指令
L/L -> H	无动作	

图 8.41 给出了一种 FPGA 与 DM12864 的连接图，FPGA 采用了 I/O 端口与 DM12864 液晶模块进行连接。从图中可见，该连接方式使用了 8 根数据线，因此 DM12864 工作在并行模式下。FPGA 外部硬连线较为简单，主要的控制功能在 FPGA 内部完成。我们以图 8.41 的电路为例，在 FPGA 中设计一个控制模块。该控制模块的功能是在 DM12864 上显示“中国科大”四个汉字，并间隔 1 s 刷新一次。

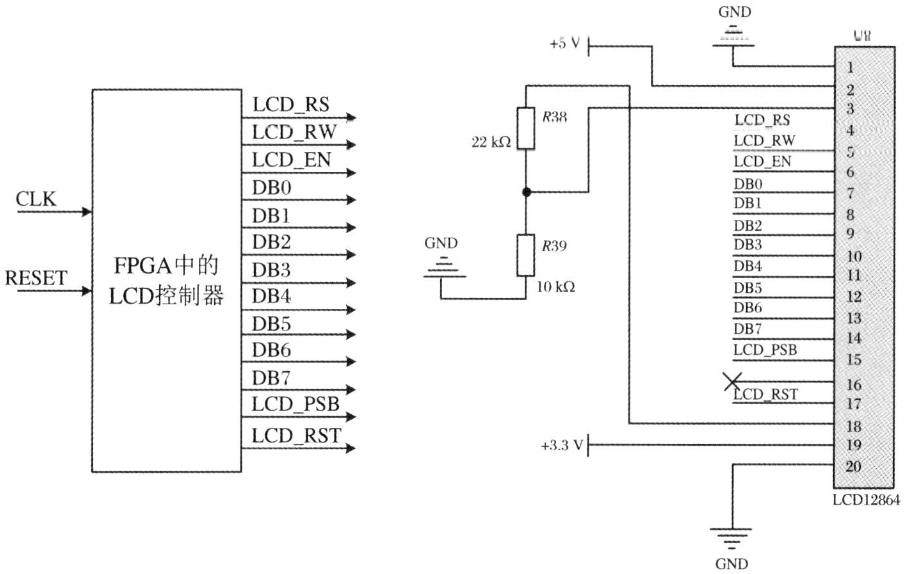

图 8.41　FPGA 与 DM12864 的连接图

通过查询 DM12864 的数据手册，可以得到并行模式下写操作和读操作的时序关系，如图 8.42 和图 8.43 所示，其中各时间参数要求如表 8.10 所示。按照此时序关系，由 RS、R/W、E、DB0～DB7 配合完成模式切换和数据传输。

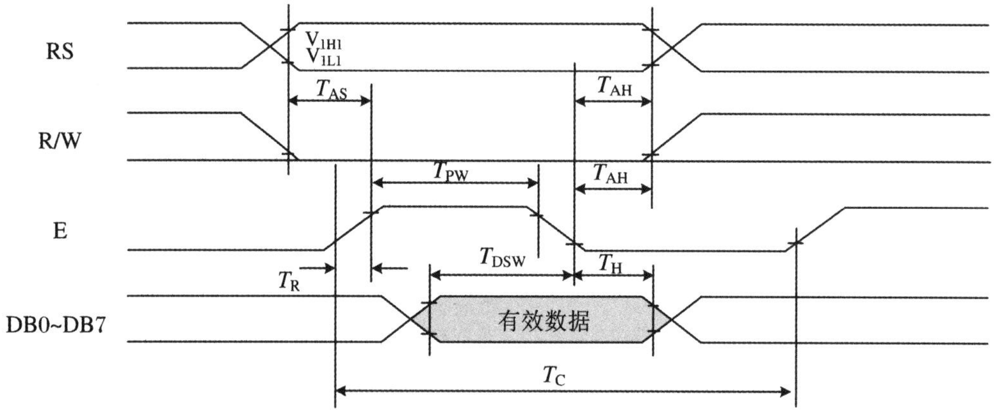

图 8.42 往液晶模块写数据的时序

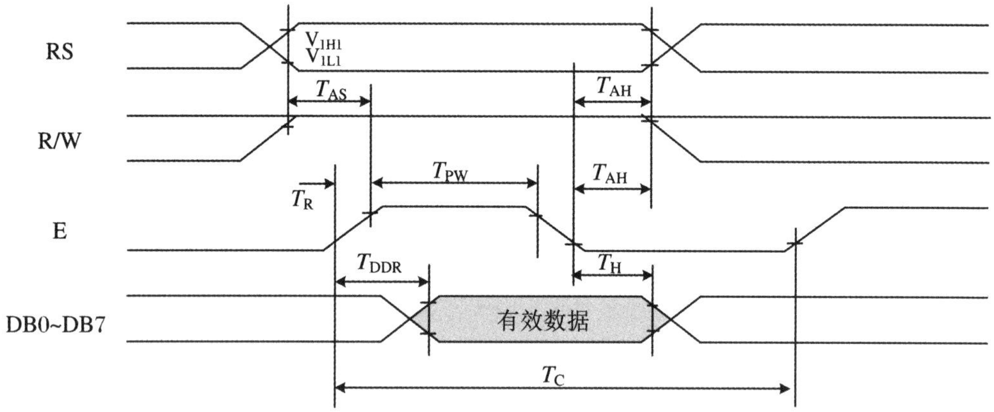

图 8.43 从液晶模块读数据的时序

表 8.10 并行模式时序参数

符号	含义	最小值	典型值	最大值	单位
f_{EX}	外部时钟频率	480	540	600	kHz
	写模式				
T_C	使能信号周期时长	1200	–	–	ns
T_{PW}	使能脉冲宽度	140			ns
T_R，T_F	使能上升/下降时长	–	–	25	ns
T_{AS}	地址建立时间	10			ns
T_{AH}	地址保持时间	20			ns
T_{DSW}	数据建立时间	40			ns

续表

符号	含　　义	最小值	典型值	最大值	单位
T_H	数据保持时间	20			ns
	读　　模　　式				
T_C	使能信号周期时长	1200	–	–	ns
T_{PW}	使能脉冲宽度	140			ns
T_R，T_F	使能上升/下降时长	–	–	25	ns
T_{AS}	地址建立时间	10			ns
T_{AH}	地址保持时间	20			ns
T_{DDR}	数据延迟时间	–	–	100	ns
T_H	数据保持时间	20			ns

在 FPGA 中实现 DM12864 控制器的设计思路是将 FPGA 的控制操作看成一个状态机,其状态转换图如图 8.44 所示,状态的转换条件是设定的时间到则状态转换。图中设定了八种工作状态,具体含义如表 8.11 所示。有关 DM12864 的指令集请参考相关手册。

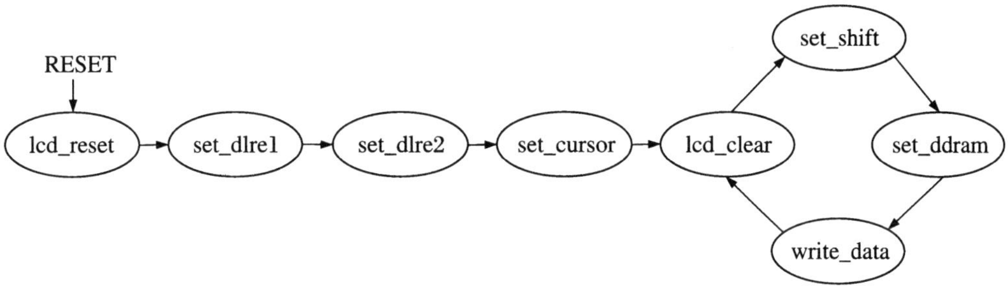

图 8.44　LCD 控制器的状态转换图

表 8.11　工作状态操作内容

状　　态	操　　作　　内　　容
lcd_reset	对 LCD 进行复位操作
set_dlre1	向 LCD 写入功能设置指令,设置 DL 位
set_dlre2	向 LCD 写入功能设置指令,设置 RE 位
set_cursor	向 LCD 写入显示状态开关指令
lcd_clear	向 LCD 写入清屏指令
set_shift	向 LCD 写入进入点设置指令
set_ddram	向 LCD 写入 DDRAM 起始地址
write_data	向 LCD 写入要显示的汉字编码

基于上述设计思路，我们给出一种实现图 8.44 状态机的参考程序，这里假设控制器使用的时钟 CLK 是 500 kHz。如果 FPGA 的外部时钟频率较高，则可以添加一个分频器，将时钟频率分频到 500 kHz，再提供给 LCD 控制器使用。

```
module LCD (CLK, RESET, LCD_RS, LCD_RW, LCD_EN, DB0, DB1, DB2,
DB3, DB4, DB5, DB6, DB7, LCD_PSB, LCD_RST);
    parameter cnt_value = 50;
    input CLK, RESET;
    output LCD_RS, LCD_ RW, LCD_EN, LCD_PSB, LCD_RST;
    output DB0, DB1, DB2, DB3, DB4, DB5, DB6, DB7;
    reg LCD_RS, LCD_ RW, LCD_EN, LCD_RST;
    reg[7:0] data;

    parameter[3:0] lcd_reset = 0;
    parameter[3:0] set_dlre1 = 1;
    parameter[3:0] set_dlre2 = 2;
    parameter[3:0] set_cursor = 3;
    parameter[3:0] lcd_clear = 4;
    parameter[3:0] set_shift = 5;
    parameter[3:0] set_ddram = 6;
    parameter[3:0] write_data = 7;
    reg[2:0] st;

    parameter data0 = 8'b11010110;     //“中”的汉字编码 D6D0
    parameter data1 = 8'b11010000;
    parameter data2 = 8'b10111001;     //“国”的汉字编码 B9FA
    parameter data3 = 8'b11111010;
    parameter data4 = 8'b10111111;     //“科”的汉字编码 BFC6
    parameter data5 = 8'b11000110;
    parameter data6 = 8'b10110100;     //“大”的汉字编码 B4F3
    parameter data7 = 8'b11110011;

    assign LCD_PSB = 1'b1 ;   //PSB 管脚设定为高电平，LCD 是 8 位并行模式
    assign DB0 = data[0];
    assign DB1 = data[1];
    assign DB2 = data[2];
    assign DB3 = data[3];
    assign DB4 = data[4];
    assign DB5 = data[5];
    assign DB6 = data[6];
    assign DB7 = data[7];

    always @(posedge CLK or negedge RESET)
    begin : exam
```

```
reg [25:0] cnt;
if (RESET = = 1'b0)
  begin
    st <= lcd_reset ; cnt <= 0; LCD_EN <= 1'b0 ;
    LCD_RS <= 1'b0 ; LCD_RW <= 1'b0 ; LCD_RST <= 1'bz ;
  end
else begin
  case (st)
    lcd_reset : begin
      cnt = cnt + 1;
      if (cnt < 100 * cnt_value)
        begin LCD_RST <= 1'b0 ; end   //LCD_RST 持续 10 ms 有效
      else if (cnt = = 100 * cnt_value)
          begin
            LCD_RST <= 1'b1 ;   cnt = 0;   st <= set_dlre1 ;
          end
      end
    set_dlre1 : begin
          cnt = cnt + 1;
          if (cnt < cnt_value)
              begin
                  LCD_EN <= 1'b0 ; LCD_RS <= 1'b0 ;
                  LCD_RW <= 1'b0 ;
              end
          else if (cnt < 2 * cnt_value)
              begin   data <= 8'b00110000 ; end   //功能设定指令,设置 DL 位
          else if (cnt < 20 * cnt_value)
              begin   LCD_EN <= 1'b1 ; end
          else if (cnt = = 20 * cnt_value)
              begin   LCD_EN <= 1'b0 ; end
          else if (cnt = = 25 * cnt_value)
              begin   cnt = 0;   st <= set_dlre2 ;   end
          end
    set_dlre2 : begin
          cnt = cnt + 1;
          if (cnt < cnt_value)
              begin   LCD_EN <= 1'b0 ;   end
          else if (cnt < 2 * cnt_value)
              begin   data <= 8'b00110000 ;   end //功能设定指令,设置 RE 位
          else if (cnt < 20 * cnt_value)
```

```
                begin  LCD_EN <= 1'b1 ; end
            else if (cnt == 20 * cnt_value)
                begin
                LCD_EN <= 1'b0 ;  cnt = 0;  st <= set_cursor ;
                end
            end
        set_cursor : begin
            cnt = cnt + 1;
            if (cnt < cnt_value)
                begin  LCD_EN <= 1'b0 ;  end
            else if (cnt < 2 * cnt_value)
                begin data <= 8'b00001100 ; end  //设定显示状态开关
            else if (cnt < 20 * cnt_value)
                begin  LCD_EN <= 1'b1 ;  end
            else if (cnt == 20 * cnt_value)
                begin
                LCD_EN <= 1'b0 ; cnt = 0; st <= lcd_clear ;
                end
            end
        lcd_clear : begin
            cnt = cnt + 1;
            if (cnt < cnt_value)
                begin
                LCD_EN <= 1'b0 ; LCD_RS <= 1'b0 ; LCD_RW <= 1'b0 ;
                end
            else if (cnt < 8000 * cnt_value)
                begin  data <= 8'b00000001 ;  end  //清除显示
            else if (cnt < 8100 * cnt_value)
                begin  LCD_EN <= 1'b1 ;  end
            else if (cnt == 9000 * cnt_value)
                begin  LCD_EN <= 1'b0 ;  end
            else if (cnt == 10000 * cnt_value)
                begin  cnt = 0;  st <= set_shift ; end
            end
        set_shift: begin
            cnt = cnt + 1;
            if (cnt < cnt_value)
                begin  LCD_EN <= 1'b0 ; end
            else if (cnt < 2 * cnt_value)
                begin  data <= 8'b00000110 ;  end  //进入点设定
```

```
        else if (cnt < 20 * cnt_value)
            begin  LCD_EN <= 1'b1 ;  end
        else if (cnt == 20 * cnt_value)
            begin
            LCD_EN <= 1'b0 ;  cnt = 0;  st <= set_ddram ;
            end
        end
    set_ddram : begin
        cnt = cnt + 1;
        if (cnt < cnt_value)
            begin  LCD_EN <= 1'b0 ;  end
        else if (cnt < 2 * cnt_value)
            begin  data <= 8'b10010010 ;  end  //设定 DDRAM 地址
        else if (cnt < 20 * cnt_value)
            begin  LCD_EN <= 1'b1 ; end
        else if (cnt == 20 * cnt_value)
            begin
                LCD_EN <= 1'b0 ;  cnt = 0;  st <= write_data ;
            end
        end
    write_data : begin
        cnt = cnt + 1;
        if (cnt < cnt_value)
            begin
                LCD_EN <= 1'b0; LCD_RS <= 1'b1;  LCD_RW <= 1'b0;
            end
        else if (cnt < 2 * cnt_value)
            begin  data <= data0 ; end  //写入汉字编码
        else if (cnt < 20 * cnt_value)
            begin  LCD_EN <= 1'b1 ;  end
        else if (cnt<21 * cnt_value)
            begin  LCD_EN<=1'b0;  end
        else if (cnt<22 * cnt_value)
            begin  data<=data1;  end
        else if(cnt<40 * cnt_value)
            begin  LCD_EN<=1'b1;  end
        else if (cnt<41 * cnt_value)
            begin  LCD_EN<=1'b0;  end
        else if (cnt<42 * cnt_value)
            begin data<=data2; end
```

```
            else if(cnt<60 * cnt_value)
                begin  LCD_EN<=1'b1; end
            else if (cnt<61 * cnt_value)
                begin  LCD_EN<=1'b0; end
            else if (cnt<62 * cnt_value)
                begin  data<=data3; end
            else if (cnt<80 * cnt_value)
                begin  LCD_EN<=1'b1;  end
            else if(cnt<81 * cnt_value)
                begin  LCD_EN<=1'b0;  end
            else if (cnt<82 * cnt_value)
                begin  data<=data4; end
            else if (cnt<100 * cnt_value)
                begin  LCD_EN<=1'b1; end
            else if(cnt<101 * cnt_value)
                begin  LCD_EN<=1'b0;  end
            else if (cnt<102 * cnt_value)
                begin  data<=data5;  end
            else if (cnt<120 * cnt_value)
                begin  LCD_EN<=1'b1;  end
            else if(cnt<121 * cnt_value)
                begin  LCD_EN<=1'b0;  end
            else if (cnt<122 * cnt_value)
                begin  data<=data6;  end
            else if (cnt<140 * cnt_value)
                begin LCD_EN<=1'b1;  end
            else if(cnt<141 * cnt_value)
                begin  LCD_EN<=1'b0;  end
            else if (cnt<142 * cnt_value)
                begin  data<=data7;  end
            else if (cnt<160 * cnt_value)
                begin  LCD_EN<=1'b1; end
            else if(cnt<161 * cnt_value)
                begin  LCD_EN<=1'b0;  st<=lcd_clear;  cnt=0; end
            end
        default : begin
            LCD_EN <= 1'bz ; LCD_CS <= 1'bz ; LCD_RW <= 1'bz ;
   data <= 8'bzzzzzzzz ;  cnt = 0;
            end
      endcase
```

```
    end
  end
endmodule
```

8.3.3.3　蜂鸣器的连接

蜂鸣器经常作为报警或提醒的声音装置用在实际系统中，其驱动电路如图 8.45 所示，驱动信号来自 FPGA 的 I/O 管脚。只要在 FPGA 的 I/O 管脚上输出音频范围内的周期信号，就可以驱动蜂鸣器发出声音。该驱动电路与通用微处理器驱动蜂鸣器的电路相同。

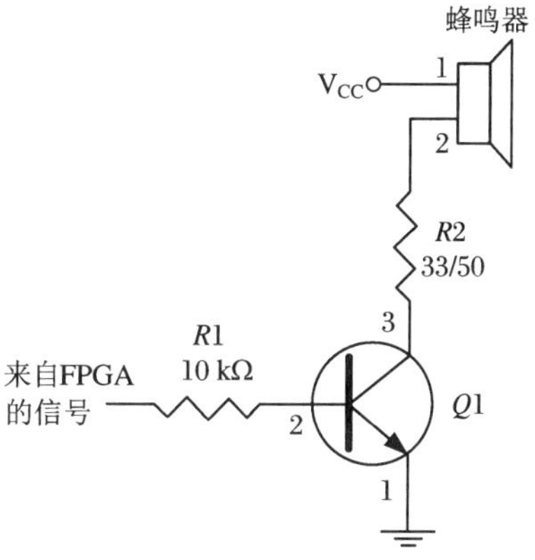

图 8.45　FPGA 驱动蜂鸣器电路图

8.3.4　相互通道设计

相互通道是指 FPGA 与微处理器或 FPGA 与其他外部设备之间实现通信和连接的通道接口。在较大规模的智能系统中，当单个处理器的能力不足以完成控制任务时，不可避免地要采用以多种 VLSI 为核心的系统。FPGA 可以在内部灵活地实现多种接口电路，方便与其他处理器或外设进行连接。

8.3.4.1　FPGA 与存储器的连接

FPGA 具有灵活的硬件重构能力，可以根据应用需求，在内部构建处理器、逻辑电路，也可以根据外部设备需要，设计相应的接口控制器，以完成与外部设备的连接。

在 FPGA 中，可以通过配置软核处理器使 FPGA 具有处理器的功能，比如 Altera 公司的 32 位嵌入式软核处理器 NiosⅡ。当 FPGA 作为处理器工作时，常常要外接各种类型的存储器，这里以 FPGA 通过 I^2C 接口与 EEPROM 存储器连接为例进行说明。

图 8.46 中的 24LC02 是容量为 2048 比特的串行 EEPROM 存储器，采用 I^2C 标准的两线接口。当 WP 管脚接到 V_{CC} 时，芯片处于写保护状态，此时芯片不能写入；当 WP 管脚接到 V_{SS} 时，芯片处于可写入状态。I^2C 接口的两根线 SCL 和 SDA 用做同步控制器和 EEPROM 之间的时钟和数据。

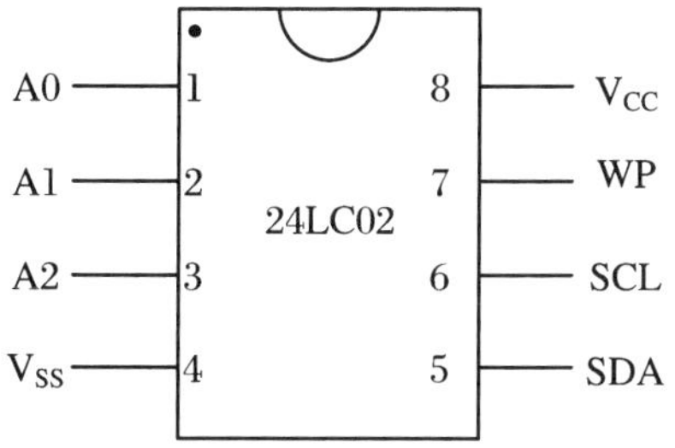

引脚号	引脚名称	功能描述
1,2,3	A0,A1,A2	地址输入
4	V_{SS}	地
5	SDA	数据I/O
6	SCL	时钟输入
7	WP	写保护
8	V_{CC}	电源

图 8.46　EEPROM 芯片管脚及功能

图 8.47 给出了 FPGA 与 24LC02 的连接关系图。FPGA 作为主机通过 SCL 线向存储器提供时钟信号,数据通过 SDA 进行双向传送。SDA 是漏极开路方式,可以实现"线或"功能,需要接上拉电阻。WP 接低电平,表示可以进行写入操作。地址线 A0、A1、A2 都接到低电平,表示该存储器芯片的地址是 000。

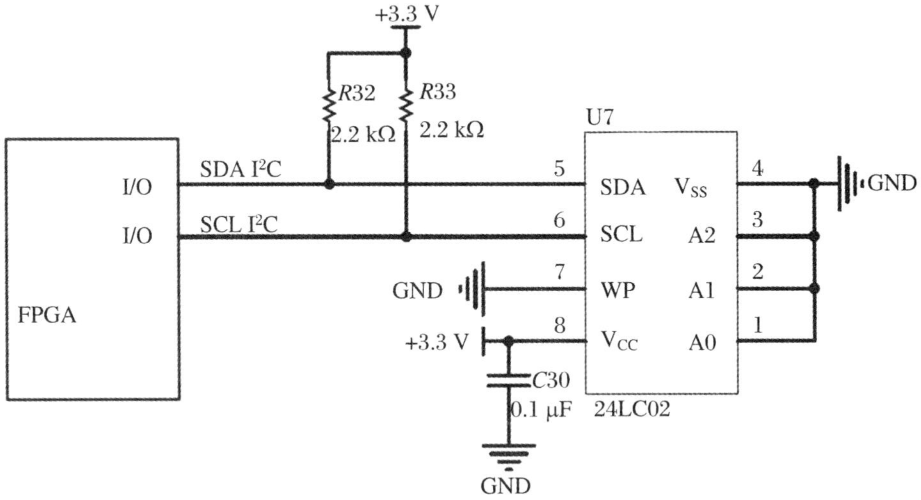

图 8.47 FPGA 与 EEPROM 的连接关系图

FPGA 作为主机控制存储器的读写。在时钟信号 SCL 为高电平期间,如果 SDA 线上有一个从"高"到"低"的跳变,则表示 START 条件。所有操作必须以 START 开始。在时钟信号 SCL 为高电平期间,如果 SDA 线上有一个从"低"到"高"的跳变,则表示 STOP 条件。所有操作必须以 STOP 结束。

图 8.48 给出了 24LC02 存储器的工作时序,表 8.12 给出了时序参数值。按照 24LC02 存储器的工作时序,在 FPGA 中设计一个存储器控制器,就可以对 24LC02 进行读写操作。

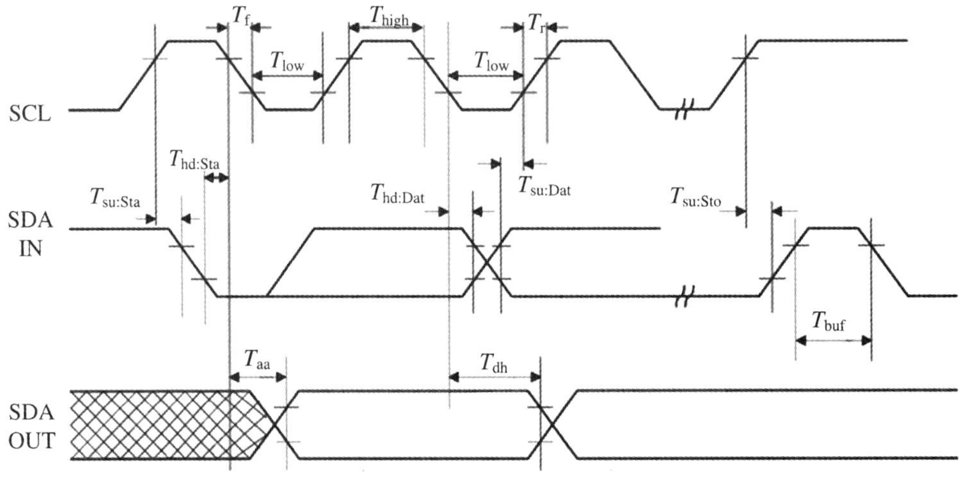

图 8.48 24LC02 工作时序

表 8.12　24LC02 时序参数值

符　号	参 数 含 义	最小值	最大值	单 位
F_{scl}	时钟频率	0	100	kHz
T_{high}	时钟高电平持续时间	4000	–	ns
T_{low}	时钟低电平持续时间	4700	–	ns
T_{r}	SDA 和 SCL 上升时间	–	1000	ns
T_{f}	SDA 和 SCL 下降时间	–	300	ns
$T_{hd:Sta}$	START 条件保持时间	4000	–	ns
$T_{su:Sta}$	START 条件建立时间	4700	–	ns
$T_{hd:Dat}$	数据输入保持时间	0	–	ns
$T_{su:Dat}$	数据输入建立时间	250	–	ns
$T_{su:Sto}$	STOP 条件建立时间	4000	–	ns
T_{aa}	输出有效时间	300	3500	ns
T_{buf}	总线闲时间	4700	–	ns
T_{dh}	数据输出保持时间	300	–	ns
T_{wr}	写周期时间	–	10	ms

一个主机可以连接几块 24LC02 存储器，最大容量为 16 KB。因此在 START 之后，主机就会把要访问的存储器的地址通过 SDA 线发送出去。各存储器接收地址信息，如果发现是自己的有效地址，则发送确认信号并进行后续操作。每块存储器的地址由 A2、A1、A0 连接的电位来确定。

当 FPGA 作为处理器使用时，也可以外接其他存储器，例如 SDRAM。FPGA 连接 SDRAM 的硬件电路相对比较简单，只要将 SDRAM 管脚直接与 FPGA 的通用 I/O 管脚连接即可，主要的设计还是在 FPGA 内部。在 FPGA 内部要完成处理器的设计，并保证处理器的地址和数据线锁定到与 SDRAM 地址和数据线连接的 I/O 管脚上。通过 FPGA 内部处理器上运行程序来完成对 SDRAM 的访问。

需要注意的是，FPGA 的 I/O 管脚是分块（BANK）的，每个块可以接独立的时钟和电源。与 SDRAM 连接时，尽量使用同一个块中的 I/O 管脚。当 FPGA 的一个块用来与 SDRAM 连接时，同一个块中剩余的管脚尽量不要用于其他设备的连接。

8.3.4.2　FPGA 与接口芯片的连接

FPGA 在与外部设备连接时，经常需要进行接口标准的转换，比如 UART 和 RS232 之间的转换、UART 和 USB 之间的转换等，因此 FPGA 需要外接一些接口转换芯片。

图 8.49 所示是 FPGA 的两个 UART 接口转换成 RS232 接口的实例。来自 FPGA 的串口 1 的信号 UART_TX1 和 UART_RX1 通过 MAX232 转换器转换为 RS-232 标准接口，通过 9 针插座外接电缆线。来自 FPGA 的串口 2 的信号 UART_TX2 和 UART_RX2 通过 MAX232 转换器转换为 RS-232 标准接口，接到 J7 插座上。在这种连接关系下，FPGA 中要设计 UART 串口模块。

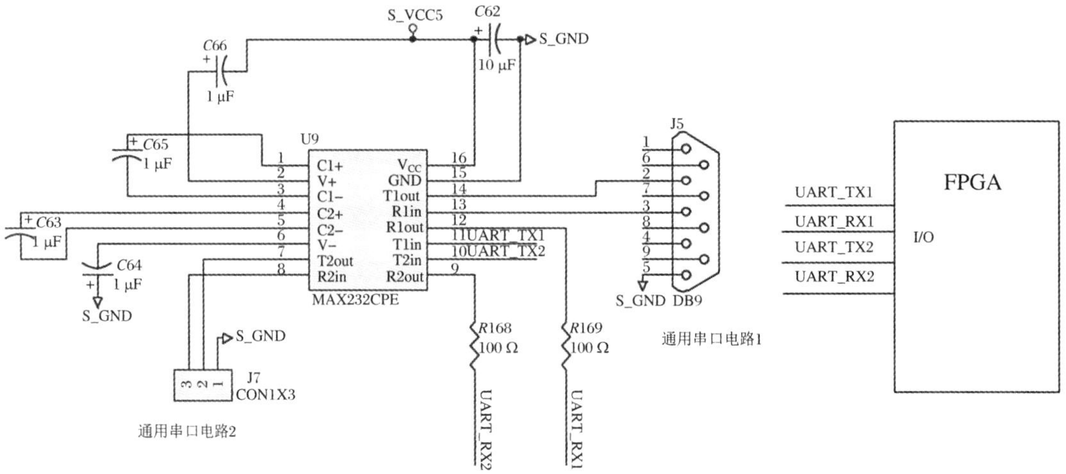

图 8.49 UART 转 RS232 接口电路图

图 8.50 给出了一个使用 CH340 芯片的 UART 转 USB 接口的电路实例。CH340 芯片可以实现 USB 转串口、USB 转 IrDA 红外或 USB 转打印口等功能，还提供常用的 MODEM 联络信号。图中由 FPGA 实现的串口信号连接到 CH340 的 TXD 和 RXD 管脚，经 CH340 转换成 USB 信号，再由 UD+、UD−连接到 USB 插座 J16 上。在这种连接关系下，FPGA 中要设计 USB 接口模块。

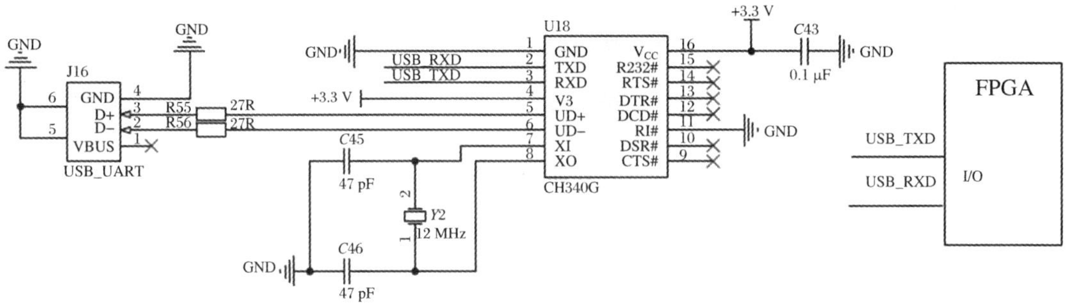

图 8.50 UART 转 USB 接口电路图

如果在 FPGA 内部实现了某种标准接口，则在 FPGA 外部也可以直接连接对应接口的设备。如果在 FPGA 内部实现了 USB 或 PS2 接口，则在 FPGA 外部可以直接设置相应的插座，连接 USB 接口设备和 PS2 接口设备，如图 8.51 和图 8.52 所示。

8.3.4.3 FPGA 与处理器的连接

FPGA 与微处理器、DSP 等连接有多种形式，可以通过标准接口连接，也可以通过微处理器提供的总线连接。我们以 SAMSUNG 公司的嵌入式处理器 S3C2410X 与 FPGA 的连接加以说明。

S3C2410X 是 SAMSUNG 公司推出的 16/32 bit RISC 微处理器，为手持设备及一般应用提供了低价格、低功耗、高性能、小尺寸的微控制器解决方案。为了降低系统整体的价格，S3C2410X 采用了并行的系统结构，并在芯片上集成了丰富的外设接口。

S3C2410X 采用了 ARM920T 的 CPU 内核、0.18 μm CMOS 工艺的标准单元和附属存

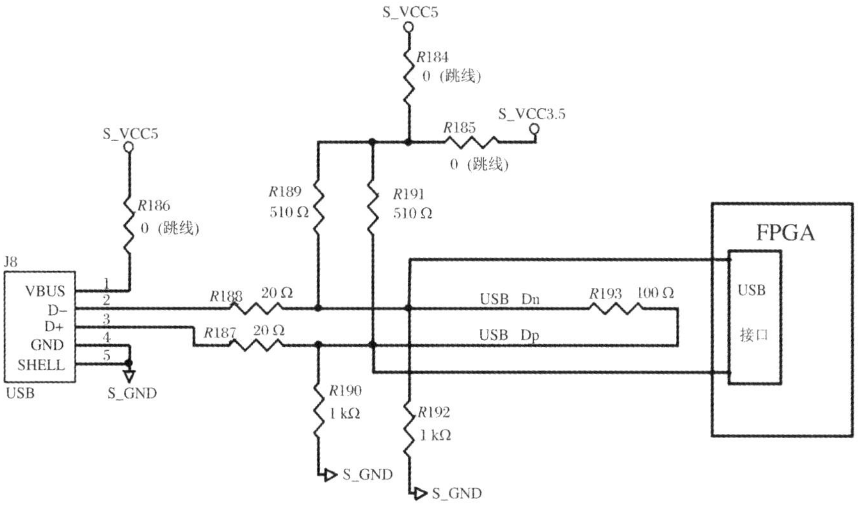

图 8.51　FPGA 内部实现 USB 接口

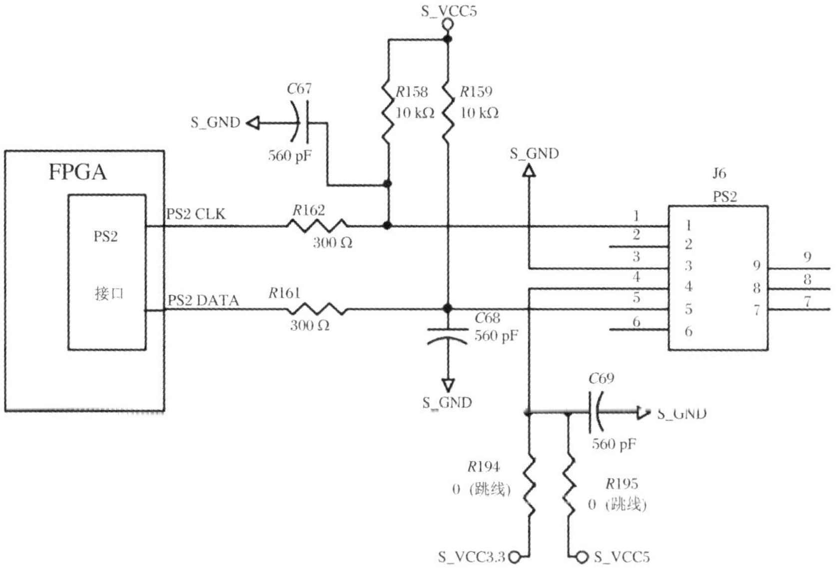

图 8.52　FPGA 内部实现 PS2 接口

储器，还采用了改进的微控制器总线结构（Advanced Microcontroller Bus Architecture，AMBA）。ARM 内核的指令为 32 位字长，另外还可支持 16 位字长的压缩形式的指令集（Thumb Instruction Set）。

图 8.53 给出了 S3C2410X 的内部结构图。从图中可见，S3C2410X 除了对外提供系统总线、存储器控制器接口之外，还提供 USB、I^2C、I^2S、SPI、GPIO 等多种标准接口。S3C2410X 的系统总线接口包括数据线 DATA、地址线 ADDR、片选信号 nGCS、写使能信号 nWE、输出使能信号 nOE、总线请求信号等。通过这些信号线，S3C2410X 可以把 FPGA 当做自己的外设来访问。S3C2410X 通过系统总线与 FPGA 连接的硬件电路连接的示意图如图 8.54 所示。

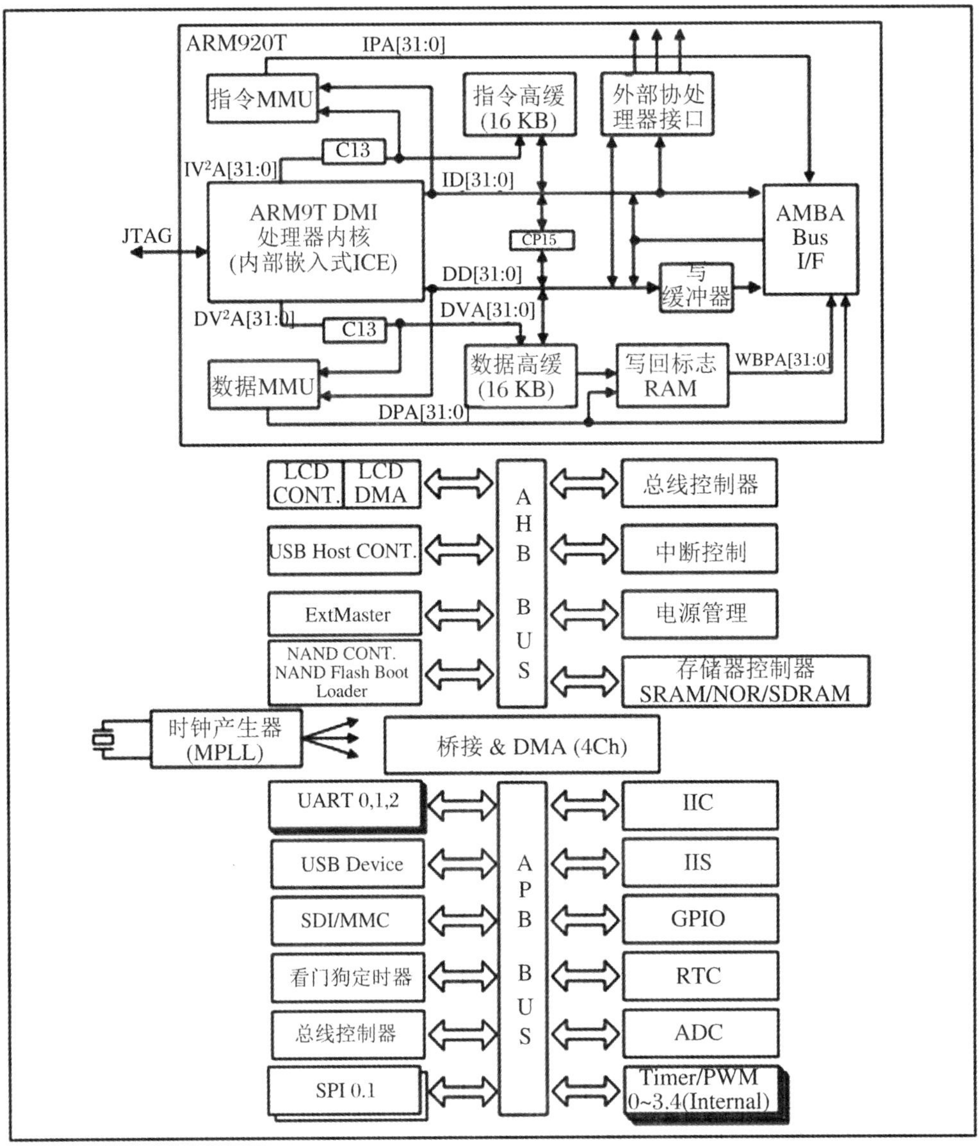

图 8.53　S3C2410X 的内部结构图

在图 8.54 中，S3C2410X 的系统总线提供了地址线、数据线和控制线，这些连接线通过如 74LVCH162245 这样的缓冲器之后，再连接到 FPGA 的通用 I/O 管脚上。在某些应用场景下，也可能需要两级缓冲器，这些缓冲器起到隔离、再驱动和控制等作用。例如从 S3C2410X 输出的控制线是一组信号线，包括写使能信号 nWE、输出使能信号 nOE 以及写字节使能信号 nWBE[3:0]等。控制线中的各信号线通过缓冲器以后，性质不变。地址线与控制线类似，也是单向传输，所以缓冲器可以单向打开。而 S3C2410X 的数据线是双向传输，所以缓冲器的传输方向由组合逻辑控制，这个组合逻辑可以用 CPLD 来实现，产生缓冲器的门控信号。

FPGA 内部的设计可以根据处理器提供的信号进行。在图 8.54 中，可以在 FPGA 中设计存储器或者存储器映射方式的外设。

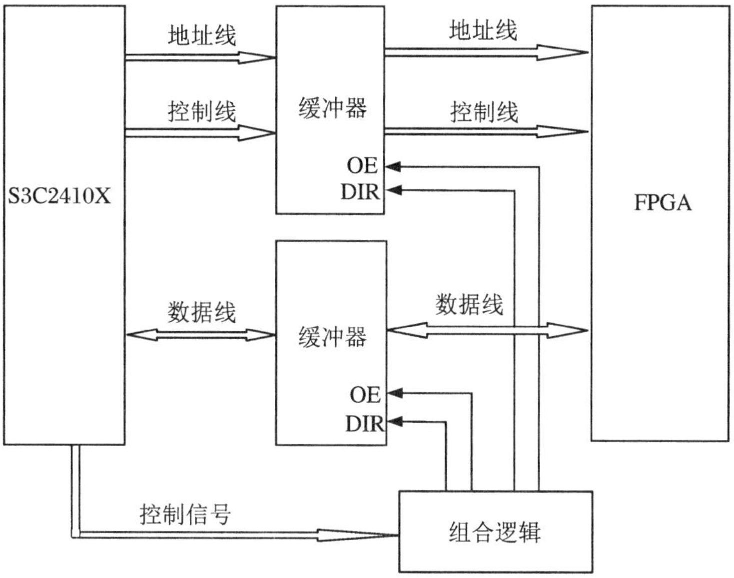

图 8.54　S3C2410X 与 FPGA 的硬件连接图

S3C2410X 芯片内部还有一些专用的标准接口，包括 I^2C 总线、I^2S 总线和 SPI 总线接口等，也可以通过这些标准接口与 FPGA 相连，如图 8.55 所示。此时，在 FPGA 中也要设计相应的接口。

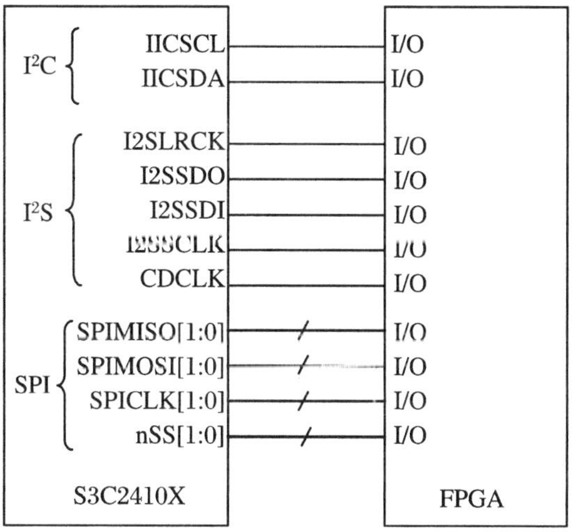

图 8.55　S3C2410X 的专用接口与 FPGA 的连接图

8.4　FPGA 系统设计实例

本节给出一个以 Cyclone FPGA 为核心构建的系统实例，FPGA 芯片型号为 EP1C6，主要包括 FPGA 最小系统和各种通道的设计。

8.4.1 FPGA 最小系统

最小系统是指能使系统运行的最小硬件配置电路。FPGA 的最小系统一般包括晶振、复位电路、电源和配置电路等。图 8.56 给出了系统的核心电路图,我们以此图来进行说明。

8.4.1.1 时钟电路和复位电路设计

数字系统的工作是在时钟的控制下进行的,因此时钟电路对 FPGA 最小系统来说至关重要。因为 FPGA 的外部时钟频率一般在几十兆赫兹以上,所以建议采用外部有源晶振。

EP1C6 器件外部有 4 个专用的全局时钟管脚(CLK0~CLK3),本设计中,CLK0 外接有源晶振 $U1$,如图 8.57 所示,提供 20 MHz 的时钟,CLK1 没有使用,CLK2 作为外部 RESET 信号,CLK3 连接了开关,作为单步时钟输入端,这两个管脚都是低电平有效,电路如图 8.58 所示。本设计中,EP1C6 器件的 8 个时钟复用管脚 DPCLK0~DPCLK7 当做通用 I/O 管脚来使用。

8.4.1.2 电源电路设计

在电子系统中,有源器件的供电电源必须是直流稳压电源。早期的有源器件要求的供电电压一般是 5 V,目前随着技术的发展,更多器件的供电电压是 3.3 V 或 2.5 V,而芯片的核心供电电压可以降低到 1.8 V。

提供给电子系统的直流电源可以来自电源适配器,或者来自计算机的 USB 接口。如果直流电源提供的是 +5 V 电源,而 FPGA 需要的是 +3.3 V 电源,则需要添加稳压电路,将 +5 V电源转换为 +3.3 V 电源。

图 8.59(a)所示是一种提供 +3.3 V 电源的稳压电路图,采用了 AMS1117 进行稳压。AMS1117 是一种低压降稳压器,它的稳压管由一个 PNP 驱动的 NPN 管组成。AMS1117 的输出电压有固定式和可调式,输出电压的种类有:1.2 V、1.5 V、1.8 V、2.5 V、2.85 V、3.0 V、3.3 V 和 5.0 V。该片内部有过热切断电路,可以进行过热和过载保护。图中的 AMS1117-3.3 输出电压为 3.3 V,输出电流不大于 1 A,其贴片封装的顶视图如图 8.59(b)所示,管脚 1 是接地端,管脚 2 是输出电压端,管脚 3 是输入电压端。

为了保证 AMS1117 的稳定性,对于可调式稳压器,其输出需要连接一个至少 22 μF 的钽电容;对于固定式稳压器,可以根据具体应用采用更小的电容。通常情况下,线性调整器的稳定性随着输出电流的增加而降低。

图 8.60 所示是以 EP1C6 为核心的 FPGA 系统的稳压电源电路图。从图中可见,适配器提供的 +5 V 电源通过开关 $K17$ 接入。当 $K17$ 接通时,LED 灯 $L34$ 导通发光,表示电源接通。+5 V 电源通过稳压模块 LDO_1117 稳压产生 +3.3 V 和 +1.5 V 电压,并通过电感或磁珠进行传送,电容进行滤波,消除传输线中的高频噪声。LDO_1117 是低压差线性稳压器,具有更小的输入/输出压差、输入电流和负载电流。

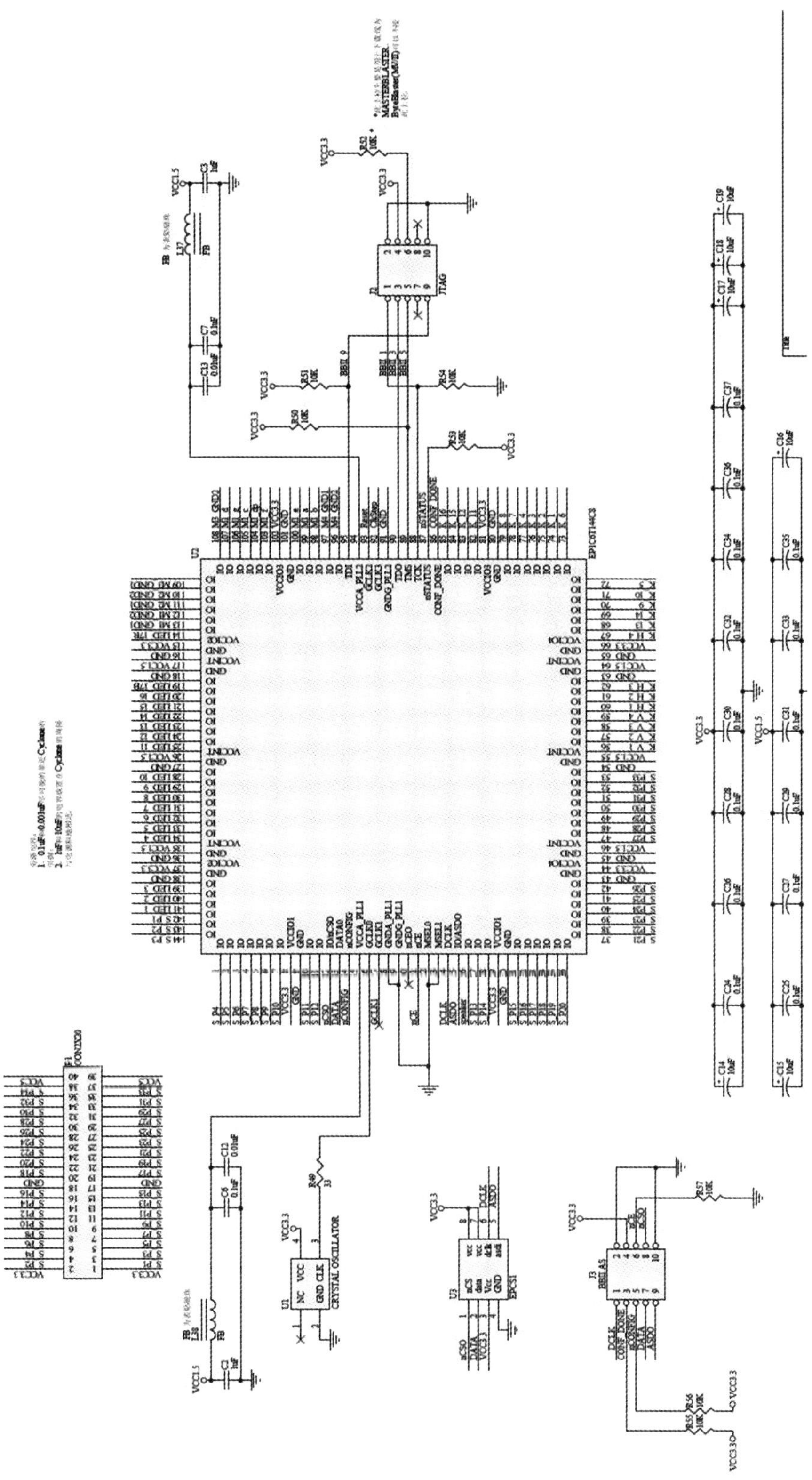

图 8.56　FPGA 系统的核心电路图

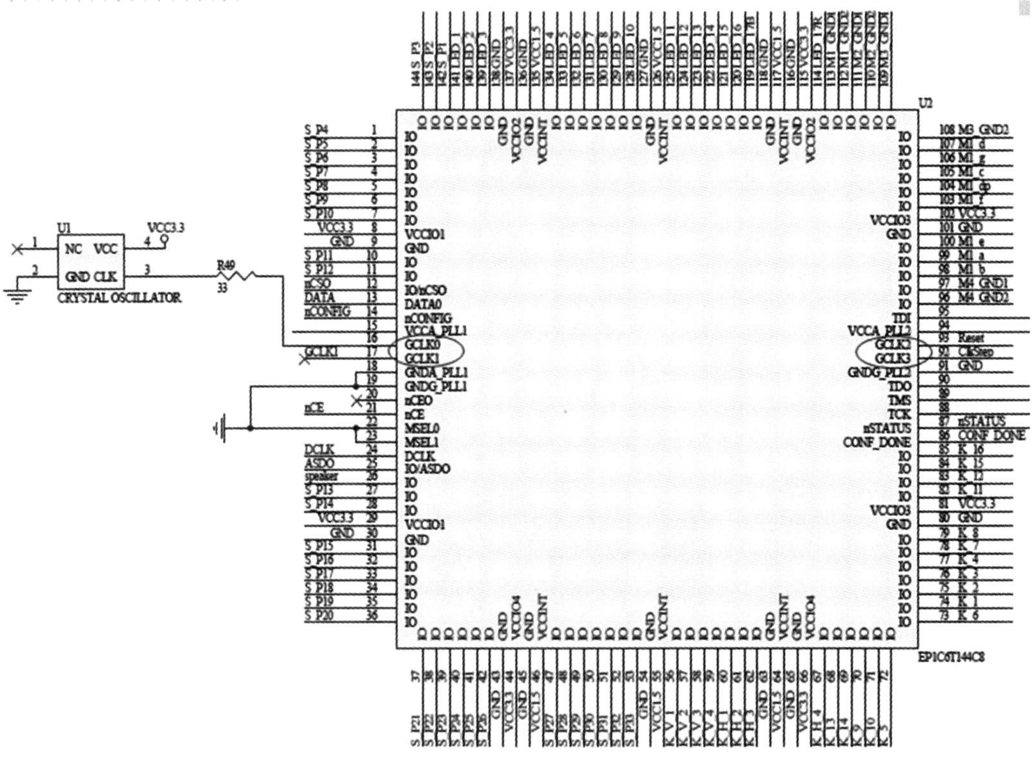

图 8.57 FPGA 的外接有源时钟

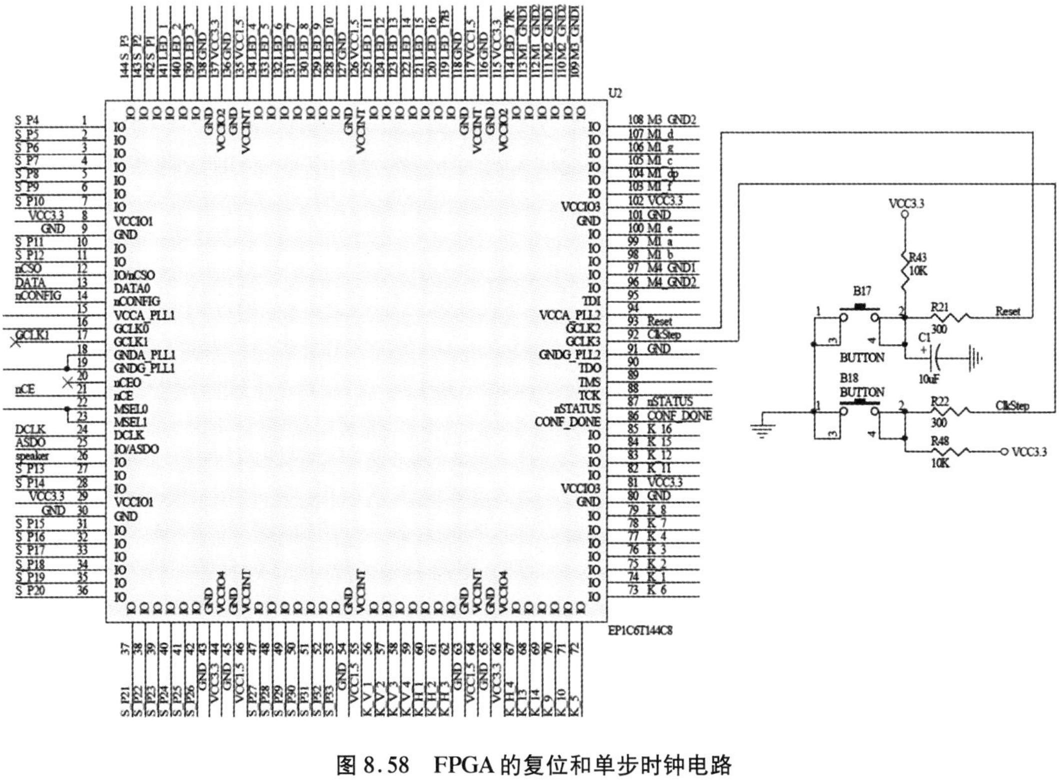

图 8.58 FPGA 的复位和单步时钟电路

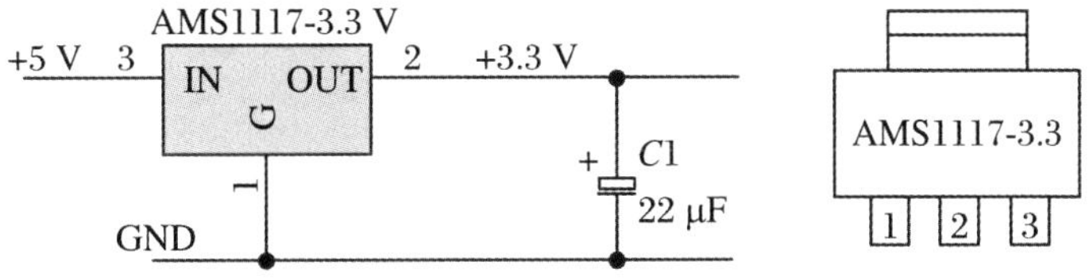

(a) 稳压电路图　　(b) 封装顶视图

图 8.59　提供 3.3 V 电源的稳压电路

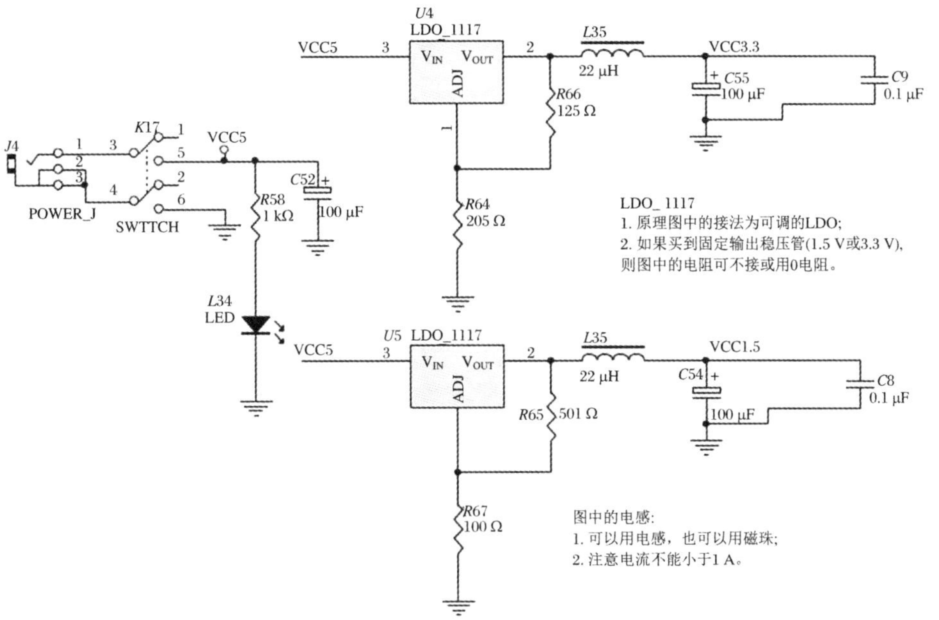

图 8.60　FPGA 系统的稳压电源电路

从图 8.56 中可以看到 FPGA 的电源分布情况。EP1C6 的 VCCINT 管脚在 BANK2(117,126 和 135 号管脚)和 BANK4(46,55 和 64 号管脚)中各有三个,它们都连接到 +1.5 V,为内部操作和输入缓冲器提供电源;VCCIO 在每个 BANK 有两个,都连接到 +3.3 V,为 I/O 端口输出驱动提供电源。由于设计中没有连接外部存储器,所以参考电源 VREF(VREF0Bx～VREF2Bx,x 取 1,2,3,4)都作为用户 I/O 管脚。另外,无论内部锁相环是否使用,其供电管脚 VCCA_PLL1 和 VCCA_PLL2 都必须连接到 +1.5 V。

8.4.1.3　配置电路设计

本设计中的配置电路采用了两种方式:主动串行模式(AS)和 JTAG 模式。从图 8.56 中可以看到,第 22,23 管脚的 MSEL1 和 MSEL0 接低电平,表示可以采用主动串行模式对 FPGA 进行配置,串行配置器件采用了 EPCS1,器件标号为 *U*3。插座 *J*3 为 ByteBlaster Ⅱ 下载电缆的接口,可以对 EPCS1 进行在线烧写,ByteBlaster Ⅱ 下载电缆与 EPCS1 连接的原理与图 8.9(a)相同。

EP1C6 器件也可以采用 JTAG 模式来配置,此时就忽略掉 MSEL1 和 MSEL0 管脚的状态。ByteBlaster Ⅱ 下载电缆通过 *J*2 的插座连接到 FPGA 的 JTAG 接口,其配置方式同图 8.14。

8.4.2 FPGA 系统的通道设计

本设计中的通道设计包括输入通道、输出通道、人机通道和相互通道的部分电路。应用设计中可以根据实际需要进行添加。

8.4.2.1 输入通道

本设计实例中，输入通道主要是 A/D 转换电路，此处采用了串行 A/D 转换器 TLC549，其外部管脚、功能特性和编程实例前面已有描述，此处重新给出设计的电路原理图，如图 8.61所示。

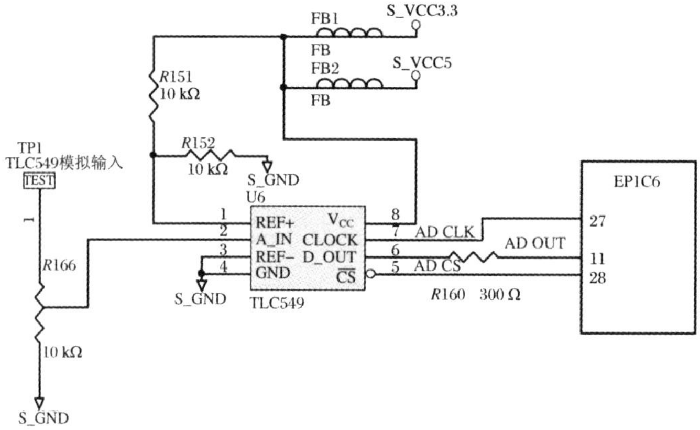

图 8.61 TLC549 与 FPGA 连接的电路图

8.4.2.2 输出通道

本设计实例的输出通道主要是 D/A 转换电路和放大器，此处采用了并行 D/A 转换器 TLC7528 和运放 LM358。这些器件的外部管脚和功能特性前面已有描述，此处重新给出设计的电路原理图，如图 8.62 所示。

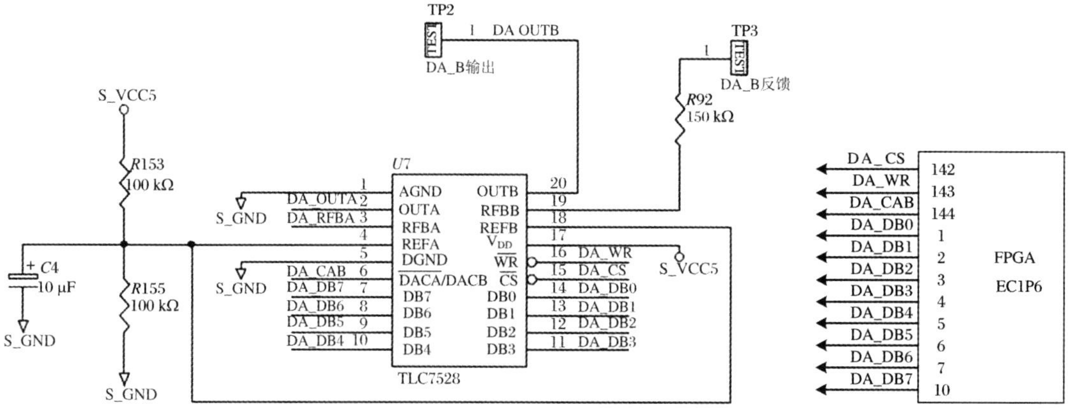

图 8.62 TLC7528 与 FPGA 连接的电路原理图

输出通道中还有一个输出驱动蜂鸣器的电路，如图8.63所示，驱动信号来自FPGA的26号管脚。

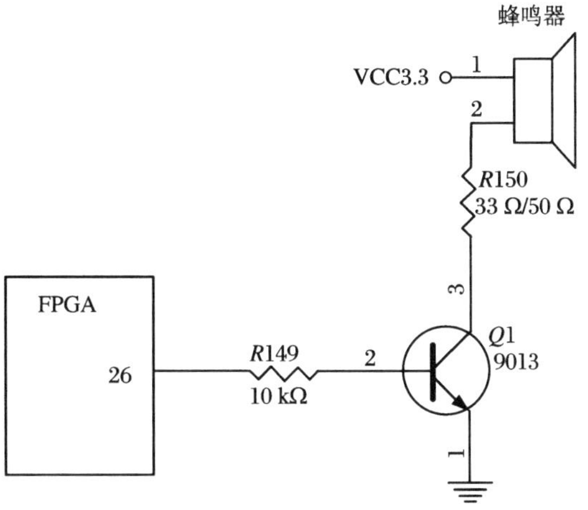

图8.63　FPGA驱动蜂鸣器电路图

8.4.2.3　人机通道

人机通道连接的器件和连接方式在前面已有详细介绍，此处只把本设计中的人机交互通道电路图展示出来。主要包括数据开关、LED灯、矩阵键盘、数码管等，如图8.64所示。

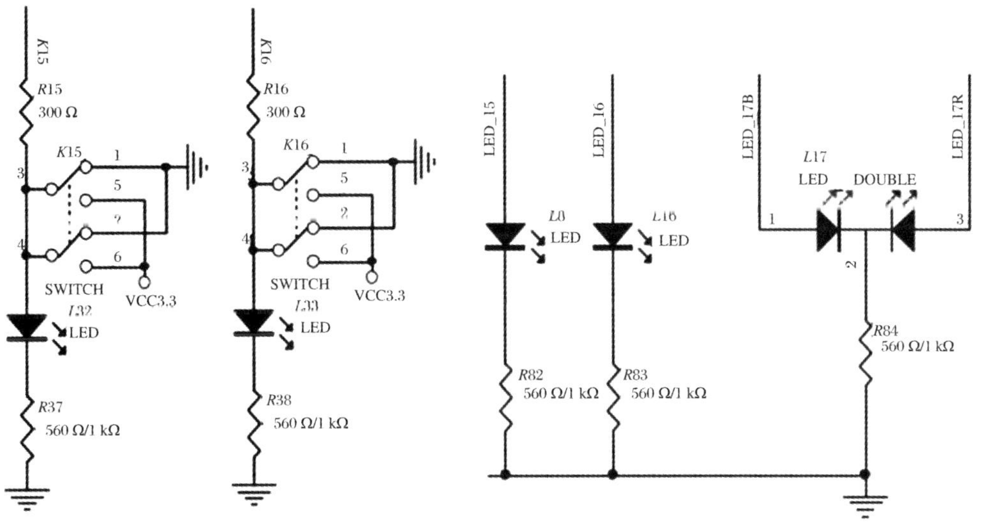

(a) 数据开关　　(b) LED灯

图8.64　FPGA系统人机通道的外设

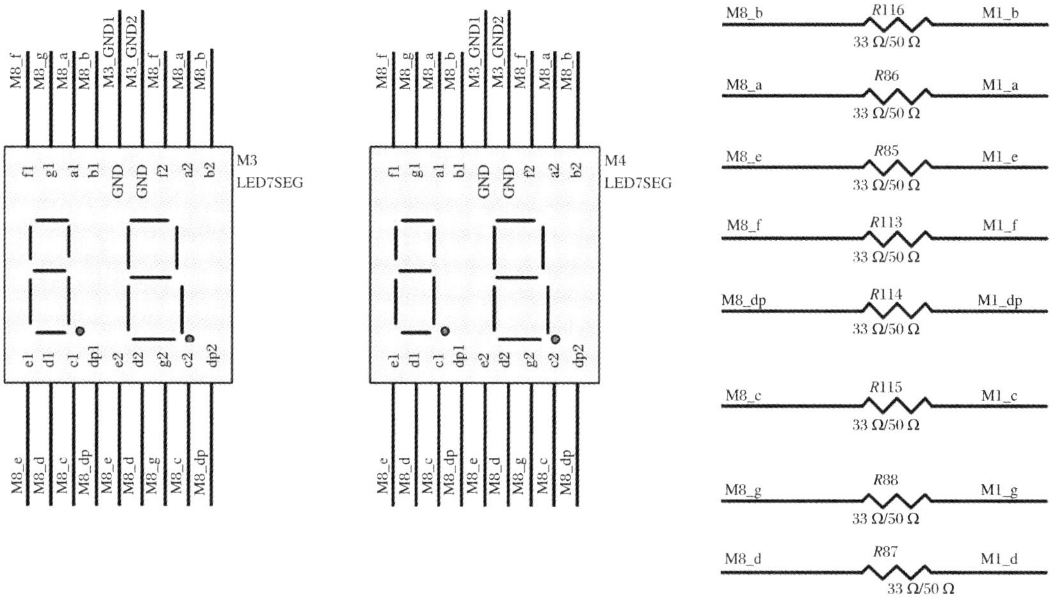

(c) 数码管

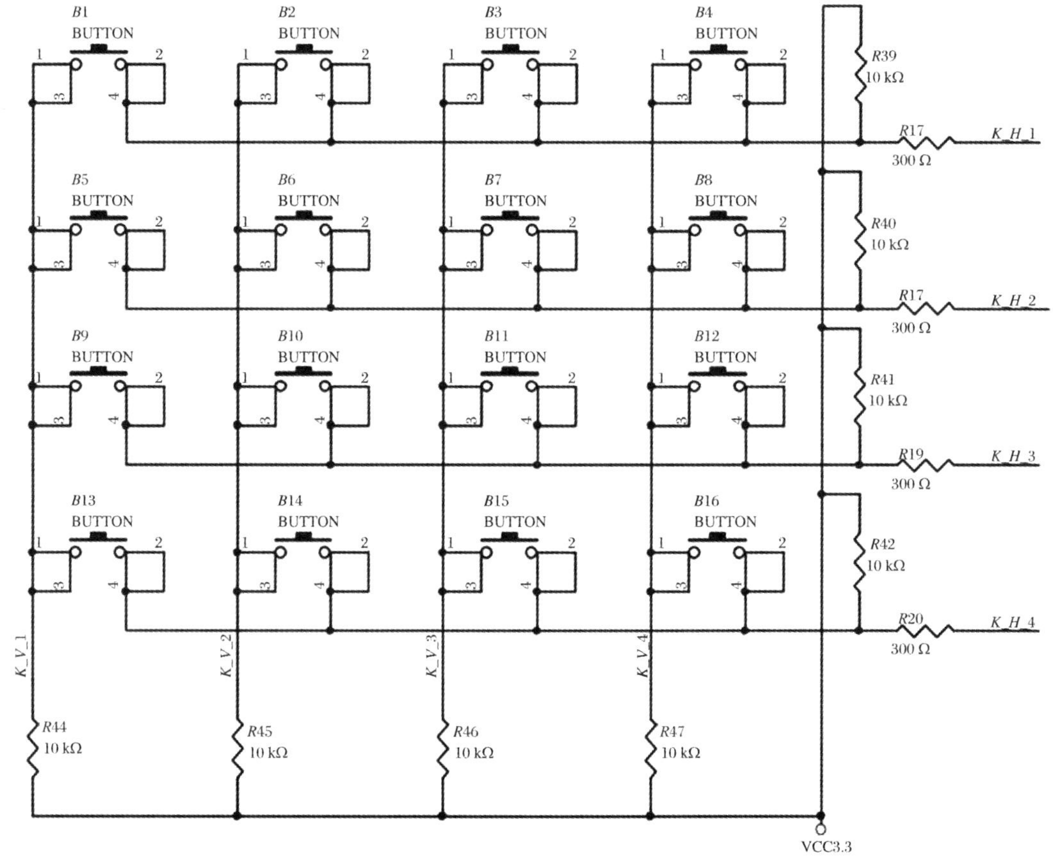

(d) 矩阵键盘

图 8.64 FPGA 系统人机通道的外设(续)

8.4.2.4　相互通道

本设计中,相互通道主要设置了两个串行接口和一个 USB 接口。串口电路图如图 8.65 所示。来自 FPGA 的串口 1 的信号 UART_TX1 和 UART_RX1 通过 MAX232 转换器转换为 RS-232 标准接口,通过 9 针插座外接电缆线。来自 FPGA 的串口 2 的信号 UART_TX2 和 UART_RX2 通过 MAX232 转换器转换为 RS-232 标准接口,接到 J7 插座上。

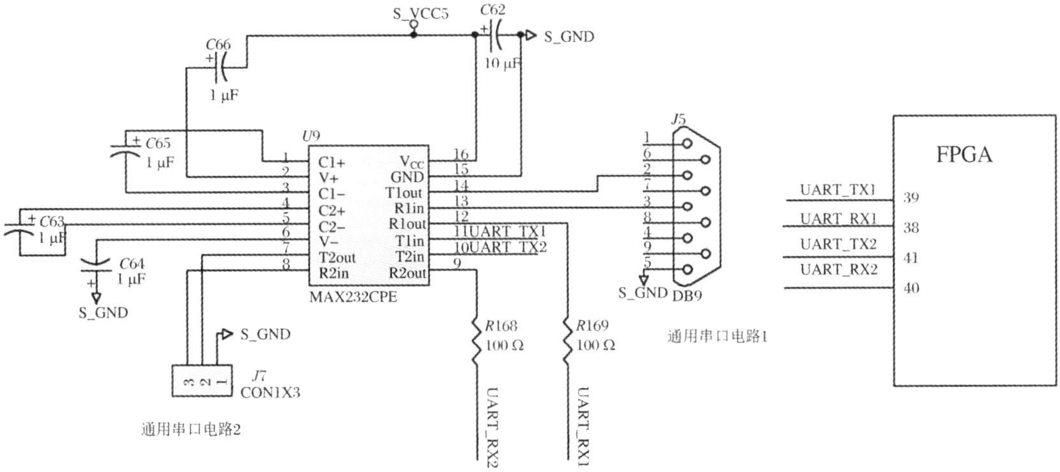

图 8.65　UART 接口电路图

图 8.66 给出了一个简单的 USB 接口电路,该接口通过扩展板插槽 P1 转接到 FPGA 的 31,32 号管脚。

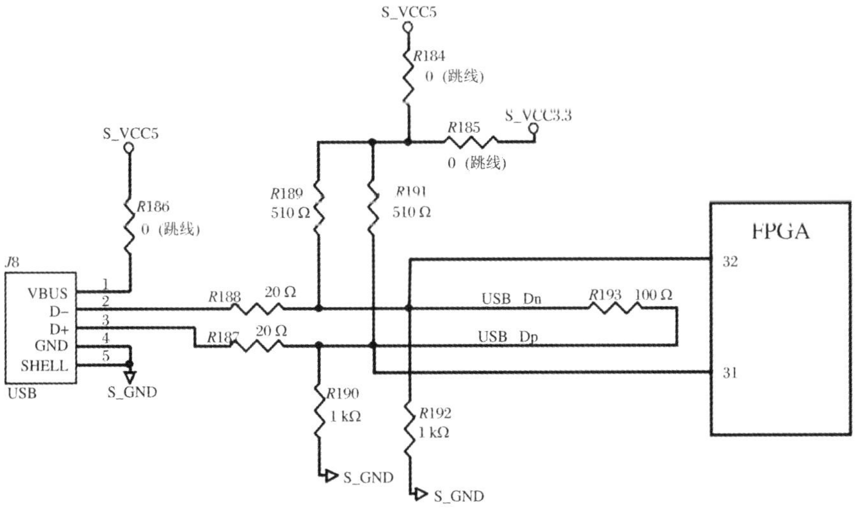

图 8.66　USB 接口电路图

8.4.3　FPGA 系统设计实例总结

本节给出的 FPGA 系统设计实例由主板和扩展板构成,其中主板的布局结构如图 8.67

所示，扩展板的布局结构如图 8.68 所示。主板是以 ALTERA 公司 Cyclone FPGA 芯片 EP1C6T144C8 为核心设计的系统，具有低功耗、低成本、高密度等特点。EP1C6T144C8 含有 5980 个逻辑单元(LE)、两个锁相环(PLL)、20 块 M4K RAM 和 92160 比特 RAM 存储器等内部资源，支持 LVTTL、LVCMOS、PCI 等单端 I/O 标准，同时还支持通道速度为 640 Mbps 的 LVDS 差分 I/O。

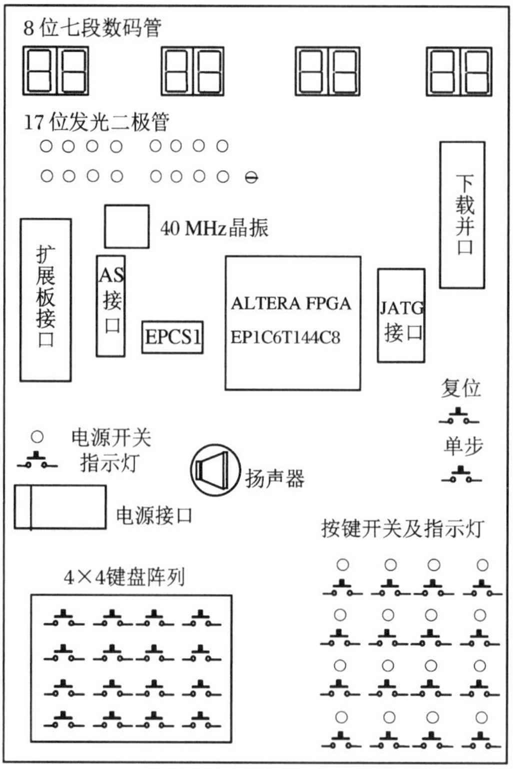

图 8.67 FPGA 系统主板的布局结构

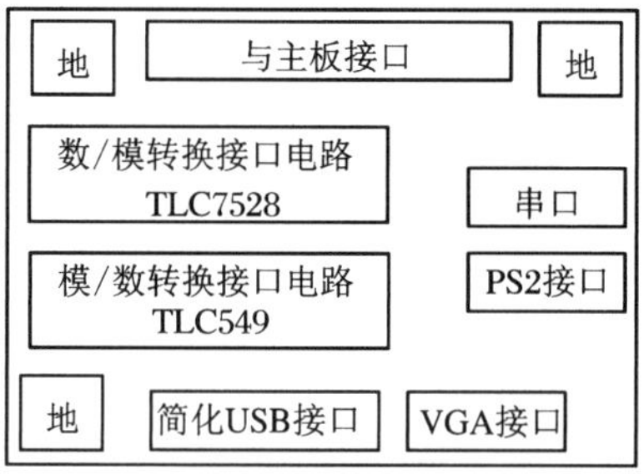

图 8.68 FPGA 系统扩展板的布局结构

8.4.3.1 主板和扩展板结构

FPGA 系统主板的主要技术指标有：

(1) 一片相当于 12 万门的 FPGA 芯片 EP1C6T144。

(2) 7 段数码管显示器，采用 8 位动态显示方式。

(3) 33 个($L1$~$L33$)发光二极管(LED)。

(4) 输入控制设备包括：按键开关 $K1$~$K16$ 输入 16 位高低电平信号，矩阵键盘 $B1$~$B16$ 输入 16 种脉冲信号，按键 $B17$ 产生由高电平到低电平(¯|_|¯)的脉冲复位信号，按键 $B18$ 产生单步时钟信号(¯|_|¯)。

(5) 时钟信号有单步信号和晶体振荡器两种。单步信号用于手动控制和调试等；20 MHz 晶体振荡器是硬件提供的系统时钟信号。

(6) 配有扬声器电路。

(7) 配有子板扩展接口，可以用来连接各种扩展板。

(8) 配有上电加载程序的存储器 EPCS1，用于上电时硬件电路的自检与测试。

(9) 配有 USB_Blaster 下载线，可通过计算机 USB 接口进行下载与在线调试。

FPGA 系统扩展板的主要技术指标有：

(1) 配有 RS232 接口；

(2) 配有 VGA 接口；

(3) 配有 PS2 接口；

(4) 简化的 USB 接口；

(5) 配有串行 A/D 转换器 TLC549，并行 D/A 转换器 TLC7528。

表 8.13 给出了实例系统中 FPGA 管脚与外部设备的连接关系。

表 8.13　FPGA 的管脚对应表(EP1C6)

器件名称	编号/符号	EP1C6	器件名称	编号/符号	EP1C6
晶振:20 MHz 时钟信号	*U*1:Gclk0	6	输入数据开关 *K*	*K*4	7
单步时钟输入	*B*18:Step	92	输入数据开关 *K*	*K*5	72
低电平复位	*B*17:Reset	93	输入数据开关 *K*	*K*6	73
双色输出发光管 LED	*L*17R	114	输入数据开关 *K*	*K*7	78
	*L*17B	119	输入数据开关 *K*	*K*8	79
输出发光管 LED	*L*16	120	输入数据开关 *K*	*K*9	70
输出发光管 LED	*L*15	122	输入数据开关 *K*	*K*10	71
输出发光管 LED	*L*14	124	输入数据开关 *K*	*K*11	82
输出发光管 LED	*L*13	128	输入数据开关 *K*	*K*12	83
输出发光管 LED	*L*12	130	输入数据开关 *K*	*K*13	68
输出发光管 LED	*L*11	132	输入数据开关 *K*	*K*14	69
输出发光管 LED	*L*10	134	输入数据开关 *K*	*K*15	84
输出发光管 LED	*L*9	140	输入数据开关 *K*	*K*16	85
输出发光管 LED	*L*8	121	键盘(行 1)	*K_H*_1	60
输出发光管 LED	*L*7	123	键盘(行 2)	*K_H*_2	61
输出发光管 LED	*L*6	125	键盘(行 3)	*K_H*_3	62
输出发光管 LED	*L*5	129	键盘(行 4)	*K_H*_4	67
输出发光管 LED	*L*4	131	键盘(列 1)	*K_V*_1	56
输出发光管 LED	*L*3	133	键盘(列 2)	*K_V*_2	57
输出发光管 LED	*L*2	139	键盘(列 3)	*K_V*_3	58
输出发光管 LED	*L*1	141	键盘(列 4)	*K_V*_4	59

续表

器件名称	编号/符号	EP1C6	器件名称	编号/符号	EP1C6
七段数码管(共阴) M1,M2,M3,M4 共用数据线 (动态扫描)	a	99	扬声器	Speaker	26
	b	98	数模转换 TLC7528	DA_CS	142
	c	105		DA_CAB	143
	d	107		DA_WR	144
	e	100		DA_DB0	1
	f	103		DA_DB1	2
	g	106		DA_DB2	3
	dp	104		DA_DB3	4
七段数码管 M1 控制端	M1_GND1	113		DA_DB4	5
	M1_GND2	112		DA_DB5	6
七段数码管 M2 控制端	M2_GND1	111		DA_DB6	7
	M2_GND2	110		DA_DB7	10
七段数码管 M3 控制端	M3_GND1	109	模数转换 TLC549	AD_OUT	11
	M3_GND2	108		AD_CLK	27
七段数码管 M4 控制端	M4_GND1	97		AD_CS	28
	M4_GND2	96	串口 1 RX1	RX	38
输入数据开关 *K*	*K*1	74	串口 1 TX1	TX	39
输入数据开关 *K*	*K*2	75	串口 2 TX2	TX	40
输入数据开关 *K*	*K*3	76	串口 2 RX2	RX	41

8.4.3.2 系统上电自检

实例系统主板配有一片上电加载程序的串行 EEPROM 存储器 EPCS1,用于开发板上电时的自检与测试。烧写到 EPCS1 中的测试程序包括:分频电路、七段数码管扫描电路、发光二极管测试电路、4×4 键盘扫描电路、按键开关测试电路和扬声器测试电路等。各部分电路的操作及功能如下:

(1) 分频电路:由 20 MHz 的晶振产生整个系统所需的各种时钟信号。

(2) 七段数码管扫描电路:当无按键按下时,控制 8 位数码管同时显示计数器的值(0~F);当有按键按下时,则控制计数器从相应的按键表示的数值开始计数,并在数码管上显示出来。

(3) 发光二极管测试电路:当 *K*1~*K*16 全弹起时,控制两行发光二极管的上一行与下一行轮流显示;当 *K*1~*K*16 至少有一个按下时,只控制显示对应的发光二极管。

(4) 4×4 键盘扫描电路:当有按键按下时,便会在七段数码管上显示按键所代表的数值。

(5) 按键开关测试电路:当有按键按下时,控制对应的发光二极管亮。

(6) 扬声器测试电路：当无按键按下时，扬声器中会播放《梁祝》音乐的片段。当有按键按下时，则无声音输出。

8.4.3.3　系统实物

图 8.69 是 FPGA 系统实例的实物图，FPGA 主板和扩展板之间采用排线相连。也可以设计其他功能的扩展板，通过排线与主板相连，使系统结构灵活多变。

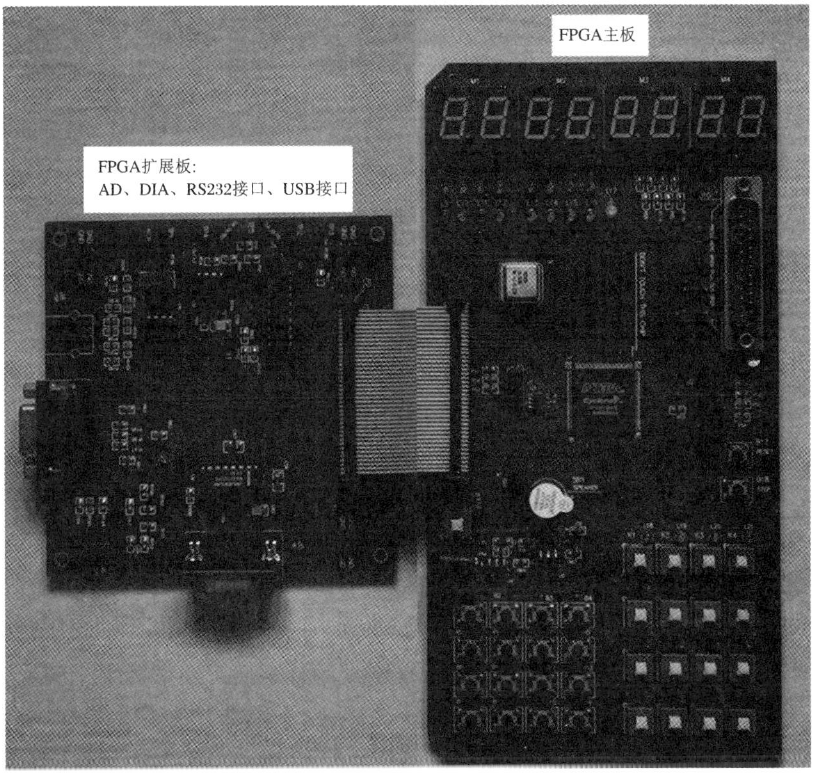

图 8.69　FPGA 系统实物图

习题

1. 为什么以微处理器为核心的电子系统被称为智能系统？
2. 简述智能电子系统的软、硬件设计的相互关系以及各自的特点。
3. 采用通用微处理器、DSP 和 PLD 为核心构建的系统各有什么侧重点？
4. 以 TMS320DM6446 和 Zynq-7000 为例，了解 SoC 芯片内部的硬件结构。
5. 简述 FPGA 在实现系统方面的几个发展阶段。
6. 什么叫做 FPGA 最小系统？
7. 以 Cyclone 器件中的 EP1C6 为例（TQFP 封装），说明 FPGA 管脚功能的分类以及 I/O 单元分块的目的。
8. 以 EP1C6 为例（TQFP 封装），说明其外部电源管脚、时钟管脚有哪几种类型。
9. 什么叫做 FPGA 的配置？Cyclone 系列 FPGA 的配置有哪几种方式？上电时的配

置方式是如何确定的?

10. 以 FPGA 为核心构建的系统电路的外围电路包括哪些部分?各部分的主要功能是什么?

11. 了解 LED 灯、按键、矩阵键盘、数码管、点阵、蜂鸣器的工作原理以及用 FPGA 控制它们的方式。

12. 以书中 TLC549 模/数转换器为例,了解 ADC 与 FPGA 的硬件连接方法,学习在 FPGA 中设计 ADC 控制器的方法,并采用 Verilog HDL 语言编写实现 ADC 控制器的程序。

13. 以书中 TLC7528 数/模转换器为例,了解 DAC 与 FPGA 的硬件连接方法,学习在 FPGA 中设计 DAC 控制器的方法,并采用 Verilog HDL 语言编写实现 DAC 控制器的程序。

参 考 文 献

[1] 何小艇. 电子系统设计[M]. 5 版. 杭州:浙江大学出版社,2015.

[2] 马建国,孟宪元. 电子设计自动化技术基础[M]. 北京:清华大学出版社,2004.

[3] 路而红. 专用集成电路设计与电子设计自动化[M]. 北京:清华大学出版社,2004.

[4] 孟宪元,钱伟康. FPGA 现代数字系统设计[M]. 北京:清华大学出版社,2019.

[5] 池保勇. 模拟集成电路与系统[M]. 北京:清华大学出版社,2009.

[6] 郭齐胜. 系统建模原理与方法[M]. 长沙:国防科技大学出版社,2003.

[7] 徐宝云,王文瑞. 计算机建模与仿真技术[M]. 北京:北京理工大学出版社,2009.

[8] 肖汉光,邹雪,宋涛. MATLAB 大学教程[M]. 北京:电子工业出版社,2016.

[9] Rabaey J M. 数字集成电路:电路、系统与设计[M]. 2 版. 周润德,译. 北京:电子工业出版社,2017.

[10] 王振红. FPGA 电子系统设计项目实践[M]. 北京:清华大学出版社,2017.

[11] 任爱锋,袁晓光,杨延华,等. FPGA 技术及其应用:以国产高云 FPGA 为例[M]. 西安:西安电子科技大学出版社,2024.

[12] 黄继业,陈龙,潘松. EDA 技术与 Verilog HDL[M]. 3 版. 北京:清华大学出版社,2017.

[13] 魏廷存,陈莹梅,胡正飞. 模拟 CMOS 集成电路设计[M]. 北京:清华大学出版社,2010.

[14] 韩雁,韩晓霞,张世峰. 模拟集成电路与数字集成电路设计工具实用教程[M]. 北京:电子工业出版社,2019.

[15] 陈铖颖,张锋,戴澜,等. 集成电路 EDA 与验证技术[M]. 西安:西安电子科技大学出版社,2019.

[16] 童诗白,华成英. 模拟电子技术基础[M]. 5 版. 北京:高等教育出版社,2015.

[17] 佘小平,奚大顺. 电子系统设计:基础篇[M]. 4 版. 北京:北京航空航天大学出版社,2019.

[18] 杨艳,傅强. 模拟电子设计导论[M]. 北京:电子工业出版社,2016.

[19] 曾繁泰,李冰,李晓林. EDA 工程概论[M]. 北京:清华大学出版社,2002.

[20] 曾繁泰,郝修田,张新. 现代电子设计方法教程[M]. 北京:高等教育出版社,2004.

[21] 张铁. MATLAB 信号处理:算法、仿真与实现[M]. 北京:清华大学出版社,2022.

[22] 马洪连,吴振宇. 电子系统设计:面向嵌入式硬件电路[M]. 北京:电子工业出版社,2018.

[23] 李莉. 深入理解 FPGA 电子系统设计[M]. 北京:清华大学出版社,2020.

[24] 石侃. 详解 FPGA:人工智能时代的驱动引擎[M]. 北京:清华大学出版社,2021.

[25] 黄正谨,徐坚,章小丽,等. CPLD 系统设计技术入门与应用[M]. 北京:电子工业出版社,2002.

[26] Altera Corporation. MAX7000 Data Sheet[R/OL]. (2005-09-01)[2024-06-03]. www.altera.com.

[27] Altera Corporation. Cyclone Device Handbook: Volume 1 [R/OL]. (2008-08-08)[2024-06-03]. www.altera.com.

[28] Altera Corporation. Cyclone Ⅴ Data Sheet[R/OL]. (2016-12-09)[2024-06-03]. www.intel.cn.

[29] 李庆华. 通信 IC 设计:上册[M]. 北京:机械工业出版社,2016.

[30] Wakerly J F. 数字设计原理与实践[M]. 林生,金京林,葛红,等译. 北京:机械工业出版社,2003.

[31] EDA先锋工作室，王诚，吴继华，等，Altera FPGA/CPLD设计：基础篇[M]. 北京：人民邮电出版社，2005.

[32] Bhasker J. Verilog HDL硬件描述语言[M]. 2版.徐振林，等译.北京：机械工业出版社，2000.

[33] Sutherland HDL, Inc. Verilog HDL Quick Reference Guide[S/OL].(2007-09-01)[2024-06-03]. www.sutherland-hdl.com.

[34] 李玉虎. 电子设计实践基础[M]. 合肥：中国科学技术大学出版社，2022.